普通高等院校环境科学与工程类系列规划教材

水污染控制工程
（第 2 版）

主 编　姜承志　苏会东　张丽芳
副主编　石君君　魏砾宏　崔　丽
　　　　褚　润　岳丹丹

中国建材工业出版社

图书在版编目(CIP)数据

水污染控制工程/姜承志，苏会东，张丽芳主编. --2版. --北京：中国建材工业出版社，2023.2
普通高等院校环境科学与工程类系列规划教材
ISBN 978-7-5160-3533-7

Ⅰ. ①水… Ⅱ. ①姜… ②苏… ③张… Ⅲ. ①水污染—污染控制—高等学校—教材 Ⅳ. ①X520.6

中国版本图书馆CIP数据核字（2022）第125909号

水污染控制工程（第2版）
Shuiwuran Kongzhi Gongcheng（Di-er ban）
主　编　姜承志　苏会东　张丽芳
副主编　石君君　魏砾宏　崔　丽　褚　润　岳丹丹

出版发行：中国建材工业出版社
地　　址：北京市海淀区三里河路11号
邮　　编：100831
经　　销：全国各地新华书店
印　　刷：北京雁林吉兆印刷有限公司
开　　本：787mm×1092mm　1/16
印　　张：27.75
字　　数：680千字
版　　次：2023年2月第2版
印　　次：2023年2月第1次
定　　价：78.00元

本社网址：www.jccbs.com，微信公众号：zgjcgycbs
请选用正版图书，采购、销售盗版图书属违法行为
版权专有，盗版必究。本社法律顾问：北京天驰君泰律师事务所，张杰律师
举报信箱：zhangjie@tiantailaw.com　举报电话：(010) 57811389
本书如有印装质量问题，由我社市场营销部负责调换，联系电话：(010) 57811387

本书编委会

主　编
姜承志（沈阳理工大学）
苏会东（沈阳理工大学）
张丽芳（沈阳理工大学）

副主编
石君君（佛山科学技术学院）
魏砾宏（沈阳航空航天大学）
崔　丽（沈阳工业大学）
褚　润（甘肃农业大学）
岳丹丹（沈阳农业大学）

参　编
王　奕（沈阳理工大学）
付　尧（沈阳工学院）
刘祚希（沈阳航空航天大学）
刘　颖（沈阳工业大学）
肖羽堂（华南师范大学）

前　言
（第 2 版）

自从 2020 年以来，线上课程已经成为常态，学生对教材具有自学功能的要求越来越强烈。根据多年"水污染控制工程"理论课、课程设计及毕业设计的经验发现，学生对"水污染控制工程"基本的理论方法比较容易掌握，但是在进行课程设计、毕业设计时，对水污染控制工程方法、公式的使用及参数的选用和设计计算仍比较困惑，不知如何下手。对此，本书在保持第一版特点和风格的基础上，扩充、更新了一些水污染控制工程技术、方法，尤其是针对城市污水和工业废水处理工程的技术设施、主要构筑物的计算方法增加了大量的工程设计计算案例，使学生能够在理论课学习的基础上，特别是课程设计及毕业设计时进行参考。本书主要包括以下设计实例：

1. 城市生活污水处理的全流程中主要构筑物的设计计算实例。悬浮物去除的设施包括格栅、调节池、沉砂池、沉淀池、二沉池、污泥浓缩池的设计计算实例；城市污水生物处理的常规方法包括水解池、活性污泥曝气池、A^2/O 池、SBR 池、氧化沟、UASB 池、生物滤池、生物转盘、生物接触氧化池、生物塘等的设计计算实例。

2. 工业废水的处理方法包括化学沉淀法、化学中和法、混凝法、出水消毒技术、吸附法、离子交换法等设计计算实例。

3. 污水处理厂高程设计计算、建设投资与经营管理费用计算实例。

修订后，水污染控制工程技术的基本概念、基本原理清晰；水污染控制工程最新技术趋势和方法明确；水污染控制工程技术设计计算有实例可参考。

教材是学生信赖的学习工具，希望本书可以为环境工程及相关专业学生及相关专业人员提供参考和借鉴。

本书由姜承志、苏会东、张丽芳担任主编；石君君、魏砾宏、崔丽、褚润、岳丹丹担任副主编；王奕、付尧、刘祚希、刘颖、肖羽堂参与编写。具体编写分工如下：苏会东第1章、第8章，姜承志编写第3章，张丽芳编写第5章5.4~5.6节、第7章、第10章，王奕编写第11章，魏砾宏编写第2章2.5~2.8节，刘祚希编写第2章2.1~2.4节，崔丽编写第4章、第5章5.1~5.3节，褚润编写第6章第6.1~6.9节，付尧编写第6章6.10、6.11节、第9章。

由于编者水平有限，书中难免存在疏漏和错误之处，敬请广大读者批评指正。

编者

2022年3月

前　言

水污染控制工程是解决人类面临水污染问题的重要措施，水污染控制技术是环境工程技术人员需要掌握的必备专业知识。根据教育部高等工业学校环境工程类专业教材委员会制定的"水污染控制工程教学基本要求"，为满足普通高等院校环境工程专业对水污染控制工程60~80学时的教学要求编写了本书。本书是普通高等院校环境科学与工程类系列规划教材。

本书根据水中污染物的处理原理设章，针对水污染控制的基本理论、基本方法、工艺流程以及技术的最新进展进行系统的阐述，注重概念和理论的严谨性，适当融入工程实例和最新成果，体现工程实践特色，以培养学生的专业素养、工程能力和创新意识。每章配有习题与思考，教材最后一章为废水处理相关试验，旨在使学生掌握基本理论，具备解决实际问题的初步能力。

本书由姜承志、苏会东、张丽芳主编，褚润、王奕、周丽娜副主编。编写分工如下：苏会东编写第1、2、9章，姜承志编写第3章及第4章4.1、4.3~4.5节，张丽芳编写第5、7、10章，褚润编写第6、8章及第4章4.2节，王奕编写第11章，周丽娜编写第12章。全书由苏会东负责统稿。

本书可作为普通高等院校环境工程专业教学用书，亦可作为其他相近专业的教材或教学参考书，同时也可供从事环境工程设计、管理及科研工作的人员参考使用。

在本书编写过程中，吸收了以往相关教材的优点，借鉴了近年来高校及设计部门的资料与相关文献，在此向所有文献作者表示感谢！中国建材工业出版社对本书的编写和出版做了大量的工作，在此一并表示衷心感谢！

由于编者水平有限，书中难免存在疏漏和错误之处，敬请广大读者批评指正。

编者

2016年8月

目 录

1 绪论 ………………………………………………………………………… 1
  1.1 水资源及水循环 ……………………………………………………… 1
      1.1.1 地球水资源的天然分布及我国水资源概况 ……………… 1
      1.1.2 水的自然循环和社会循环 …………………………………… 2
  1.2 水体污染 ……………………………………………………………… 3
      1.2.1 天然水质背景值 …………………………………………… 3
      1.2.2 水体污染的概念 …………………………………………… 4
      1.2.3 水污染物的来源 …………………………………………… 4
  1.3 污染物种类及水质指标 ……………………………………………… 5
      1.3.1 污染物的种类 ……………………………………………… 5
      1.3.2 水质指标 …………………………………………………… 6
  1.4 水体的自净 …………………………………………………………… 6
  1.5 污水出路与排放标准 ………………………………………………… 8
      1.5.1 污水出路 …………………………………………………… 8
      1.5.2 水质标准 …………………………………………………… 9
  1.6 废水处理的基本途径与方法 ………………………………………… 10
      1.6.1 按处理方法进行分类 ……………………………………… 11
      1.6.2 按处理程度进行分类 ……………………………………… 11
  习题与思考 ……………………………………………………………… 14

2 物理处理法 ……………………………………………………………… 15
  2.1 格栅 …………………………………………………………………… 15
      2.1.1 格栅的作用及种类 ………………………………………… 15
      2.1.2 格栅的设计与计算 ………………………………………… 17
      2.1.3 格栅的设计与计算实例 …………………………………… 18
  2.2 污水的均化 …………………………………………………………… 19
      2.2.1 水量调节 …………………………………………………… 19
      2.2.2 水质调节 …………………………………………………… 21
  2.3 过滤 …………………………………………………………………… 23
      2.3.1 筛网过滤 …………………………………………………… 23
      2.3.2 颗粒介质过滤 ……………………………………………… 24
  2.4 重力分离理论 ………………………………………………………… 28
      2.4.1 沉淀 ………………………………………………………… 28

2.4.2　沉淀池的工作原理 …………………………………………… 30
　2.5　沉砂池 ………………………………………………………………… 31
　　　2.5.1　平流沉砂池 …………………………………………………… 32
　　　2.5.2　曝气沉砂池 …………………………………………………… 34
　　　2.5.3　钟式沉砂池 …………………………………………………… 36
　2.6　沉淀池 ………………………………………………………………… 37
　　　2.6.1　沉淀池设计的一般规定 ……………………………………… 37
　　　2.6.2　平流沉淀池 …………………………………………………… 38
　　　2.6.3　竖流式沉淀池 ………………………………………………… 41
　　　2.6.4　辐流式沉淀池 ………………………………………………… 45
　　　2.6.5　斜管（板）沉淀池 …………………………………………… 46
　　　2.6.6　隔油与破乳 …………………………………………………… 48
　2.7　离心分离法 …………………………………………………………… 49
　　　2.7.1　离心分离原理 ………………………………………………… 49
　　　2.7.2　离心分离设备 ………………………………………………… 50
　2.8　气浮法 ………………………………………………………………… 52
　　　2.8.1　气浮的基本原理 ……………………………………………… 52
　　　2.8.2　气浮的方法 …………………………………………………… 54
　　　2.8.3　压力溶气气浮法系统的组成及设计 ………………………… 57
　习题与思考 …………………………………………………………………… 62

3　化学法 ……………………………………………………………………… 63
　3.1　中和法 ………………………………………………………………… 63
　　　3.1.1　概述 …………………………………………………………… 63
　　　3.1.2　酸性废水的中和处理 ………………………………………… 64
　　　3.1.3　碱性废水的中和处理 ………………………………………… 71
　3.2　化学混凝法 …………………………………………………………… 72
　　　3.2.1　概述 …………………………………………………………… 72
　　　3.2.2　混凝机理 ……………………………………………………… 72
　　　3.2.3　混凝剂 ………………………………………………………… 74
　　　3.2.4　影响混凝效果的主要因素 …………………………………… 78
　　　3.2.5　化学混凝的设备 ……………………………………………… 79
　　　3.2.6　设计计算 ……………………………………………………… 82
　3.3　化学沉淀法 …………………………………………………………… 86
　　　3.3.1　概述 …………………………………………………………… 86
　　　3.3.2　氢氧化物沉淀法 ……………………………………………… 86
　　　3.3.3　硫化物沉淀法 ………………………………………………… 89
　　　3.3.4　碳酸盐沉淀法 ………………………………………………… 92
　　　3.3.5　卤化物沉淀法 ………………………………………………… 92
　　　3.3.6　钡盐沉淀法 …………………………………………………… 93
　　　3.3.7　其他沉淀方法 ………………………………………………… 93

3.4 氧化还原法 ……………………………………………………… 95
　　3.4.1 基本原理 …………………………………………………… 96
　　3.4.2 化学氧化法 ………………………………………………… 97
　　3.4.3 化学还原法 ………………………………………………… 100
　　3.4.4 电化学法 …………………………………………………… 101
　　3.4.5 高级氧化法 ………………………………………………… 105
3.5 消毒技术 ………………………………………………………… 108
　　3.5.1 液氯消毒 …………………………………………………… 109
　　3.5.2 次氯酸钠消毒 ……………………………………………… 117
　　3.5.3 二氧化氯消毒 ……………………………………………… 118
　　3.5.4 紫外线消毒 ………………………………………………… 123
　　3.5.5 臭氧消毒 …………………………………………………… 130
习题与思考 …………………………………………………………… 133

4 废水处理物理化学法 ………………………………………………… 134
4.1 吸附法 …………………………………………………………… 134
　　4.1.1 基本原理 …………………………………………………… 134
　　4.1.2 吸附剂 ……………………………………………………… 139
　　4.1.3 吸附工艺过程及设备 ……………………………………… 140
　　4.1.4 吸附剂的再生 ……………………………………………… 147
　　4.1.5 吸附法在废水处理中的应用 ……………………………… 148
4.2 离子交换法 ……………………………………………………… 149
　　4.2.1 离子交换平衡 ……………………………………………… 149
　　4.2.2 离子交换剂 ………………………………………………… 150
　　4.2.3 离子交换动力学 …………………………………………… 152
　　4.2.4 离子交换工艺过程及设备 ………………………………… 153
　　4.2.5 离子交换系统的设计 ……………………………………… 157
　　4.2.6 离子交换法在废水处理中的应用 ………………………… 161
4.3 萃取法 …………………………………………………………… 164
　　4.3.1 概述 ………………………………………………………… 164
　　4.3.2 萃取剂的选择和再生 ……………………………………… 164
　　4.3.3 萃取工艺过程 ……………………………………………… 165
　　4.3.4 萃取设备及计算 …………………………………………… 166
　　4.3.5 萃取法在废水处理中的应用实例 ………………………… 168
4.4 膜法水处理 ……………………………………………………… 169
　　4.4.1 概述 ………………………………………………………… 169
　　4.4.2 扩散渗析法 ………………………………………………… 170
　　4.4.3 电渗析法 …………………………………………………… 171
　　4.4.4 反渗透法 …………………………………………………… 174
　　4.4.5 微滤 ………………………………………………………… 180
　　4.4.6 超滤法 ……………………………………………………… 181

4.4.7　液膜分离技术 ·· 183
　4.5　渗透汽化 ·· 184
　4.6　超临界处理技术 ·· 187
　习题与思考 ··· 189

5　污水生物处理的基本概念和生化反应动力学基础 ···················· 191
　5.1　概述 ·· 191
　　　5.1.1　污水生物处理的概念 ·· 191
　　　5.1.2　废水生物处理中重要的微生物 ·· 192
　　　5.1.3　生物处理法在废水处理中的地位 ····································· 192
　5.2　微生物的新陈代谢 ·· 193
　　　5.2.1　微生物的分解代谢 ·· 193
　　　5.2.2　合成代谢 ··· 195
　5.3　污水的生物处理 ·· 195
　　　5.3.1　好氧生物处理 ·· 195
　　　5.3.2　厌氧生物处理 ·· 196
　5.4　微生物生长的影响因素与生长规律 ·· 196
　　　5.4.1　微生物生长的影响因素 ·· 196
　　　5.4.2　微生物的生长规律 ·· 198
　5.5　反应速率和微生物生长动力学 ·· 200
　　　5.5.1　反应速率 ··· 200
　　　5.5.2　微生物群体的增长速率 ·· 201
　　　5.5.3　底物利用速率 ·· 202
　　　5.5.4　微生物增长与有机底物降解 ··· 204
　5.6　污水可生化性的评价方法 ·· 205
　习题与思考 ··· 207

6　活性污泥法 ·· 208
　6.1　活性污泥法的基本原理 ·· 208
　　　6.1.1　活性污泥的概念与基本流程 ··· 208
　　　6.1.2　活性污泥处理废水中有机质的过程 ······························· 210
　　　6.1.3　活性污泥的增长特点 ·· 210
　　　6.1.4　活性污泥指标 ·· 211
　　　6.1.5　活性污泥净化反应影响因素 ··· 213
　6.2　活性污泥处理系统的工艺类型 ·· 214
　6.3　活性污泥数学模型 ·· 221
　　　6.3.1　建立模型的假设 ·· 221
　　　6.3.2　劳伦斯-麦卡蒂模型 ··· 222
　6.4　曝气设备和曝气池 ·· 224
　　　6.4.1　活性污泥法基本要素 ·· 224
　　　6.4.2　曝气的原理 ··· 224
　　　6.4.3　曝气设备 ··· 228

		6.4.4 曝气池池型	230
	6.5	活性污泥法系统设计和运行中的一些重要问题	232
	6.6	二次沉淀池	239
		6.6.1 二次沉淀池的沉淀过程	239
		6.6.2 二次沉淀池的构造和计算	239
		6.6.3 二次沉淀池的设计计算实例	242
	6.7	活性污泥法的设计	243
		6.7.1 设计内容和一般规定	243
		6.7.2 工艺流程的选择	244
		6.7.3 曝气时间与曝气池的设计计算	244
		6.7.4 活性污泥法曝气池设计计算实例	247
	6.8	脱氮除磷原理与工艺	250
		6.8.1 脱氮的原理与工艺	250
		6.8.2 除磷原理与工艺	256
		6.8.3 同步脱氮除磷工艺	260
		6.8.4 同步脱氮除磷 A^2/O 处理方法设计计算	262
	6.9	SBR 法	264
		6.9.1 SBR 工艺的类型	264
		6.9.2 SBR 工艺的设计计算	265
		6.9.3 SBR 工艺设计实例	268
	6.10	氧化沟法	271
		6.10.1 氧化沟设计	271
		6.10.2 氧化沟的设计计算实例	275
	6.11	活性污泥处理系统的维护管理	278
	习题与思考		280
7	生物膜法		282
	7.1	概述	282
		7.1.1 生物膜	282
		7.1.2 生物膜处理工艺的主要特点	285
		7.1.3 生物膜法反应动力学介绍	286
	7.2	生物滤池	289
		7.2.1 影响生物滤池性能的主要因素	289
		7.2.2 普通生物滤池构造与设计	290
		7.2.3 高负荷生物滤池构造与设计	293
		7.2.4 塔式生物滤池	299
		7.2.5 生物滤池的运行	301
	7.3	生物转盘法	301
		7.3.1 生物转盘的净化机理与组成	302
		7.3.2 工艺流程	303
		7.3.3 生物转盘的设计计算	304

    7.3.4 生物转盘法的研究进展 …………………………………………… 306
  7.4 生物接触氧化法 …………………………………………………………… 306
    7.4.1 概述 ……………………………………………………………………… 306
    7.4.2 生物接触氧化池的构造 …………………………………………… 307
    7.4.3 生物接触氧化法的工艺流程 ……………………………………… 308
    7.4.4 生物接触氧化法的设计计算 ……………………………………… 309
  7.5 曝气生物滤池 ……………………………………………………………… 311
    7.5.1 曝气生物滤池的构造、原理与工艺 ……………………………… 311
    7.5.2 曝气生物滤池的设计 ……………………………………………… 314
  7.6 生物流化床 ………………………………………………………………… 315
    7.6.1 生物流化床的概述 ………………………………………………… 315
    7.6.2 生物流化床的原理 ………………………………………………… 316
    7.6.3 生物流化床的主要构造 …………………………………………… 319
    7.6.4 生物流化床的设计计算 …………………………………………… 319
  7.7 序批式生物膜反应器 ……………………………………………………… 321
  7.8 生物膜法的进展 …………………………………………………………… 323
  习题与思考 ……………………………………………………………………… 323

8 污水自然处理 324

  8.1 稳定塘 ……………………………………………………………………… 324
    8.1.1 概述 ……………………………………………………………………… 324
    8.1.2 好氧塘 …………………………………………………………… 326
    8.1.3 兼性塘 …………………………………………………………… 328
    8.1.4 厌氧塘 …………………………………………………………… 329
    8.1.5 曝气塘 …………………………………………………………… 330
    8.1.6 稳定塘系统工艺流程及设计计算 ………………………………… 330
    8.1.7 稳定塘系统设计计算的实例 ……………………………………… 332
  8.2 污水土地处理系统 ………………………………………………………… 338
    8.2.1 污水土地处理净化机理 …………………………………………… 338
    8.2.2 污水土地处理系统的类型 ………………………………………… 339
  习题与思考 ……………………………………………………………………… 345

9 污水的厌氧生物处理 346

  9.1 污水厌氧生物处理的基本原理 …………………………………………… 346
  9.2 污水厌氧生物处理方法 …………………………………………………… 351
    9.2.1 普通厌氧消化池 …………………………………………………… 351
    9.2.2 水解反应器 ………………………………………………………… 351
    9.2.3 厌氧接触法 ………………………………………………………… 356
    9.2.4 上流式厌氧污泥床反应器 ………………………………………… 357
    9.2.5 膨胀颗粒污泥床（EGSB）及厌氧内循环（IC）反应器 ………… 366
    9.2.6 厌氧流化床 ………………………………………………………… 368

		9.2.7 厌氧生物滤池	368
		9.2.8 厌氧生物转盘和挡板反应器	370
		9.2.9 两相厌氧消化工艺	371
	9.3	厌氧生物反应器的运行与管理	372
		9.3.1 厌氧设备的启动	372
		9.3.2 运行监测	372
		9.3.3 运行管理中的安全要求	373
	习题与思考		373
10	污泥的处理与处置		374
	10.1	污泥概述	374
		10.1.1 污泥的来源与种类	374
		10.1.2 污泥的主要特性	374
		10.1.3 污泥量	376
		10.1.4 污泥中的水分及分离方法	376
		10.1.5 污泥的处理与处置方式	376
	10.2	污泥处理工艺	377
	10.3	污泥浓缩	378
		10.3.1 重力浓缩	378
		10.3.2 气浮浓缩	384
		10.3.3 离心浓缩	387
	10.4	污泥稳定	388
		10.4.1 污泥的生物稳定	388
		10.4.2 污泥的化学稳定	393
	10.5	污泥调理与脱水	394
		10.5.1 污泥调理	394
		10.5.2 污泥脱水	395
	10.6	污泥的资源化与处置	401
		10.6.1 污泥的综合利用	401
		10.6.2 湿式氧化	403
		10.6.3 污泥的焚烧	403
	习题与思考		404
11	污水处理厂设计		405
	11.1	概述	405
		11.1.1 主要设计资料	405
		11.1.2 设计原则	406
		11.1.3 设计步骤	407
		11.1.4 设计文件编制	407
	11.2	厂址选择	409
	11.3	工艺流程选择确定	410
	11.4	平面布置与高程布置	411

11.4.1　平面布置 ……………………………………………………………… 411
　　　11.4.2　高程布置 ……………………………………………………………… 415
　11.5　技术经济分析 ……………………………………………………………… 420
　　　11.5.1　技术经济分析的主要内容 …………………………………………… 420
　　　11.5.2　建设投资与经营管理费用 …………………………………………… 420
　　　11.5.3　经济比较与分析方法 ………………………………………………… 422
　　　11.5.4　社会效益与环境效益评估 …………………………………………… 423
　11.6　污水处理厂的运行 ………………………………………………………… 423
　　　11.6.1　工程验收和调试运行 ………………………………………………… 423
　　　11.6.2　运行管理及水质监测 ………………………………………………… 424
习题与思考 ………………………………………………………………………… 424
参考文献 …………………………………………………………………………… 425

1 绪 论

> **学习提示**
>
> **本章学习要点：**了解水资源及水循环；掌握水污染的含义；了解水污染物的来源、种类；了解水质指标；了解水体污染与水体自净的关系；掌握废水处理的基本途径与方法。

没有水，就没有生命。水是支持人类生存不可或缺的宝贵资源，它在地球上分布很广，但极其不均匀。水是十分有限和脆弱的自然资源，人类的生产和生活极易使其受到污染。随着世界经济的迅猛发展，人口数量的大幅增长，人类生活水平的逐步提高，工业化和城市化步伐加快，用水量急剧增加，加之日益严重的水环境污染，致使水资源日益短缺，水环境生态系统日益恶化，对人类社会的可持续发展构成了严重的威胁。因此，如何科学地、有效地防治水污染已经成为一个全球性的研究课题。

1.1 水资源及水循环

地球上的天然水总量约为 $13.86 \times 10^8 \text{ km}^3$，它具有与地球几乎相等的年龄（约45亿年），如此大量的水资源经久不失的原因何在？这与水的性质、大气的化学组成、地球引力以及太阳照射等诸多因素有关。受这些因素的影响，水总是处于无休无止的循环之中，它可通过自身的循环过程不断复原和更新。但是，水的循环又非常容易使水体污染物得以转移，从而通过自然循环过程使水污染范围扩大化、复杂化。因而，了解水资源和水循环的有关知识，对于加强水污染控制具有重要意义。

1.1.1 地球水资源的天然分布及我国水资源概况

1. 地球水资源的天然分布

天然水以气、液、固三种状态存在于自然界，海洋、河流、湖泊、冰川水、地下水、大气水、土壤水、矿物水和生物水等在地球上形成了一个紧密联系、相互作用又不断交换的水圈。水圈的上界比较明显，即地表水的表面，其下界接近于地表水的底面。实际上，考虑到水体沉积物中的渗透水和地下水，水圈的下界还要降低。表1-1是水资源的天然分布情况，从表1-1列出的分布比例可见，地球上97.47%的水为难以利用的咸水，淡水资源量只占水资源总量的2.53%左右。可供人类利用的水资源量还不到1%，并且这部分水资源中，只有不到全球总储水量万分之一（占淡水资源总量的0.34%）的水与人类生产生活关系最为密切。通常所说的水资源主要指这部分可供使用的、逐年在陆地上可以得到恢复和更新的淡水资源。

由于水资源在不同地区的分布极不平衡，加之日益严重的水源污染，使得在一定的时空范围内，水资源量十分有限，水资源危机在一些地区频频出现。淡水资源短缺已成为一个全球性的环境问题。

表1-1 地球水资源分布情况

水环境类别	水储量/$\times 10^9 m^3$	占总储量的比例/%	占淡水储量的比例/%
海洋水	1338000	96.5	
地下水	23400	1.7	
其中：地下咸水	12870	0.94	
地下淡水	10530	0.76	30.1
土壤水	16.5	0.001	0.05
冰川与永久雪盖	24064.1	1.74	68.7
永冻土底冰	300	0.022	0.86
湖泊水	176.4	0.013	
其中：咸水	85.4	0.006	
淡水	91.0	0.007	0.26
沼泽水	11.47	0.0008	0.08
河网水	2.12	0.0002	0.006
生物水	1.12	0.0001	0.003
大气水	12.9	0.001	0.04
总计	1385984.61	100	
其中：淡水	35029.21	2.53	100

2. 我国水资源状况

在世界上，我国的水资源量仅次于巴西、俄罗斯、加拿大，居第四位。水资源总储量平均每年可达$2.8 \times 10^{12} m^3$，但人均水资源拥有量仅为$2340 m^3/a$，为世界平均值的1/4。从人均拥有量看，我国属于缺水国家。

我国水资源呈现三个特点：

(1) 水量的地域分布不均衡。我国水资源分布与降水分布基本一致，呈现东南多，西北少，由东南沿海地区向西北内陆地区递减的趋势。

(2) 水量的时程分布不均匀。我国大部分地区冬春少雨，夏秋则易造成洪涝灾害，全年降水量多集中在夏季湿润高温时节，降水量和径流量在一年内分布很不均匀。此外，年际变化也很大，并且有少水年和多水年的持续出现。

(3) 南北的水资源开发利用不平衡。南方多水地区的水利用程度低，北方降水少的地区，地表水的开发利用程度较高。

1.1.2 水的自然循环和社会循环

由于太阳照射、冷却、地球引力等自然因素的作用，地球上的水总是处于不断的循环变化之中。水循环的主要过程有降水、径流、蒸发、蒸腾、渗流等。这些过程构成水的自然循环，如图1-1所示。

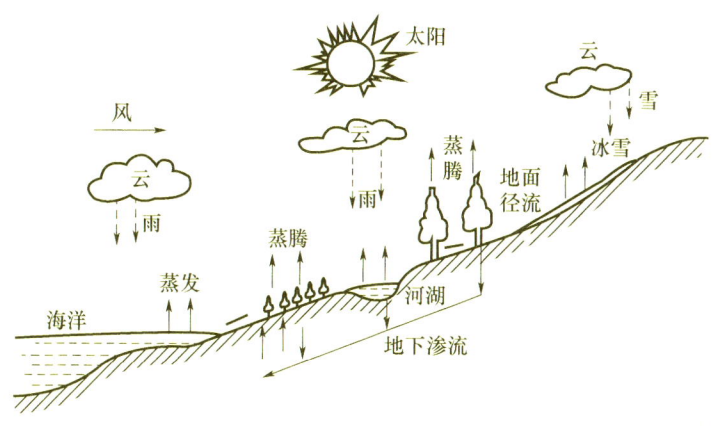

图 1-1 水的自然循环过程

1.2 水 体 污 染

1.2.1 天然水质背景值

天然水从本质上看，应属于未受人类排污影响的各种天然水体中的水。这种水目前的范围在日益减少，只有在河流的源头、荒凉地区的湖泊、深层地下水、远离陆地的大洋等处，才可能取得代表或近似代表天然水质的天然水。尽管如此，我们仍可以从这样的天然水中发现一些有用的规律。

水是自然界中最好的溶剂，天然物质和人工生成的物质大多数可溶解在水中。因此可以认为，自然界并不存在由 H_2O 组成的"纯水"。在任何天然水中都含有各类溶解物和悬浮物，并且随着地域的不同，各种水体中天然水含有的物质种类不同，浓度各异，但它却代表着天然水的水质状况，故称其为天然水质背景值，或水环境背景值。

从水循环角度来看，天然水是在其循环过程中改变了其成分与性质的。在太阳照射的热力作用下，由海洋水面蒸发的水蒸气，虽接近纯水，但它在空中再凝结成雨滴时，则需有凝结核。在大气层中可作凝结核的物质有海盐微粒、土壤的盐分、火山喷出物和大气放电产生的 NO 和 NO_2 等。因此，从雨水开始天然水中已含有各种化学成分，如 Cl^-、SO_4^{2-}、CO_3^{2-}、HCO_3^-、NO_3^-、Na^+、Ca^{2+}、Mg^{2+}、NH_4^+、I^-、Br^- 等。雨水补给到各水体中，其化学成分会进一步增多。表 1-2 列出了天然水中含有的各种物质。

表 1-2 天然水中的物质

天然水中的物质	溶解气体	主要气体：N_2、O_2、CO_2
		微量气体：H_2、CH_4、H_2S
	溶解物质	主要离子：Cl^-、SO_4^{2-}、CO_3^{2-}、HCO_3^-、Na^+、Ca^{2+}、Mg^{2+}、Fe^{2+}、Fe^{3+}、NH_4^+、NO_2^-、NO_3^-、HPO_4^{2-}、$H_2PO_4^-$、PO_4^{3-}
		微量元素：Br^-、I^-、F^-、Ni、Ti、V、Ba、Rn 等

续表

天然水中的物质	胶体物质	无机胶体：SiO_2、$Fe(OH)_3$、$Al(OH)_3$
		有机胶体：腐殖质胶体
	悬浮物质	细菌、藻类及原生动物、泥土、黏土、其他不溶物质

受到人类活动影响的水体，其水中所含的物质种类、数量、结构均会与天然水质有所不同。以天然水中所含的物质作为背景值，可以判断人类活动对水体的影响程度，以便及时采取措施，提高水体水质，使之朝着有益于人类的方向发展。

1.2.2 水体污染的概念

当前水体污染的概念分为以下几种，第一种是：水体受人类活动或自然因素的影响，使水的感官性状、物理化学性能、化学成分、生物组成以及底质等方面恶化，称为"水污染"。第二种是：排入水体的工业废水、生活污水及农业径流等的污染物质，超过了该水体的自净能力，引起的水质恶化称为"水污染"。第三种是：污染物质大量进入水体，使水体原有的用途遭到破坏称为"水污染"。

《中华人民共和国水污染防治法》2017年修订版第九十一条对水污染的定义为：水污染，是指水体因某种物质的介入，而导致其化学、物理、生物或者放射性等方面特性改变，从而影响水的有效利用，危害人体健康或者破坏生态环境，造成水质恶化的现象。

自然界各水体均为成分复杂的溶液，其中含有各类溶解物质，而并非纯的 H_2O。因此，对水污染的定义，不能仅从其含有什么物质及其含量来界定。其次，我们研究水污染的目的是保护水源，以便更好地利用水资源，因此，水污染定义又必须与水的使用价值联系起来。这样水体污染可以认为：污染物进入河流、海洋、湖泊或地下水等水体后，排入水体的污染物在数量上超过该物质在水体中的本底含量和水体的环境容量，使水体的水质和水体沉积物的物理、化学性质或生物群落组成发生变化，从而降低了水体的使用价值和使用功能的现象。这样就同我们的用水要求联系起来了，也使我们保护水体有一定的目的，即不使其失去使用价值。

1.2.3 水污染物的来源

水污染物是指直接或者间接向水体排放的能导致水体污染的物质。水污染物来自然污染源和人为污染源。自然污染源主要是自然因素造成的，如特殊的地质条件使某些地区的某些或某种化学元素大量富集，天然植物在腐烂过程中产生某种毒物，以及降雨淋洗大气和地面后挟带各种物质流入水体，都会影响该地区的水质。人为污染源是人类生活和生产活动中产生的废水对水体的污染，包括生活污水、工业废水、农田排水和矿山排水等。此外，污染气体及气溶胶的沉降，废渣和垃圾倾倒在水中或岸边，或堆积在土地上，经降雨淋洗流入水体，都能造成污染。当前对水体产生危害的主要是人为污染。

(1) 生活污水是指居民在日常生活中所产生的废水，主要包括生活废料和人的排泄物，包括厨房洗涤、沐浴、洗衣等废水，以及冲洗厕所等污水。废水的成分及其变化取决于居民的生活状况、生活水平及生活习惯。污染物的浓度则与用水量有关。生活污水的水质特征是水质较稳定，但浑浊、色深且具有恶臭，呈微碱性，一般不含有毒物质。由于生活污水适于各种微生物的生长繁殖，所以往往含有大量的细菌、病毒和寄生虫卵。生活污水中所含固体物质占总质量的 0.1%～0.2%，其中溶解性固体占固体总量的 3/5～2/3，而其中主要是各种无机盐和可溶性的有机物质，悬浮固体占总量的1/3～2/5，而其中有机成分几乎占2/3以上。此外，生活污水中还含有氮、磷等营养物质。表1-3所列为城市生活污水的典型组成。

表1-3 城市生活污水的典型组成　　　　　　　　　　　　单位：mg/L

项目	无机的	有机的	总量	BOD$_5$
可沉固体	40	100	140	55
不可沉固体	25	70	95	65
溶解固体	210	210	420	40
总固体	275	380	655	160
氮	15	20	35	
磷	5	3	8	

（2）工业废水是各工业生产过程中排出的废水的统称，其中包括生产工艺排水，机器设备冷却水，烟气洗涤水，设备和场地清洗水等。工业废水的成分复杂，性质各异，它们所含的有机需氧物质，化学毒物，无机固体悬浮物，重金属离子，酸、碱、热、病原微生物、植物营养物等均可对环境造成污染。

工业废水通常有三种分类方法：

第一种是按行业和产品加工对象分类，如冶金废水、炼焦煤气废水、纺织印染废水、金属酸洗废水、制革废水、农药废水、化学肥料废水等。

第二种是按工业废水中所含主要污染物的性质分类，含无机污染物为主的称无机废水，含有机污染物为主的称有机废水。这种分类方法比较简单，对考虑治理对策有利。如对无机废水一般采用物理化学的方式处理。有机废水一般采用生物法处理。不过在工业生产中，一种废水中既含有机又含无机成分，这样在考虑处理工艺时必须有针对性地采用综合治理方法。

第三种是按废水中所含污染物的主要成分分类，如酸性废水、碱性废水、含氰废水、含酚废水、含镉废水、含铬废水、含有机磷废水、含放射性废水等。这种分类法的优点是突出了废水的主要污染成分。根据其所含的主要成分，可以有针对性地考虑处理手段，或者进行有效回收。

（3）农业废水。随着农药与化肥的大量使用，农业径流排水已成为水体的主要污染源之一。施用于农田的农药与化肥除一小部分被植物吸收外，大部分残留在土壤或漂浮于大气中，经降水洗淋、冲刷及农田灌溉排水，残留的农药与化肥最终会随降水及灌溉排水径流排入地面水体或渗入地下水中。此外，农业废弃物（包括农作物的秆、茎、叶以及牲畜粪便等）也会随各种途径进入水体中，造成水体的污染。

1.3　污染物种类及水质指标

1.3.1　污染物的种类

废水中的污染物种类大致可分为：无机污染物、需氧污染物、营养性污染物、酸碱污染物、有毒污染物、油类污染物、生物污染物、感官性污染物、热污染等。水体中的污染物大致分类见表1-4。

表1-4 水体中的污染物分类

分类	主要污染物
无机无毒物	无机酸、碱、盐中无毒物质
无机有毒物	铝、汞、砷、镉、铬、氟化物、氰化物等重金属元素及无机有毒化学物质
耗氧有机物	碳水化合物、蛋白质、油脂、氨基酸等
植物营养物	铵盐、磷酸盐和磷、钾等
有机有毒物	酚类、有机磷农药、有机氯农药、多环芳烃、苯等
病原微生物	病菌、病毒、寄生虫等
放射性污染	铀、锶、铯等
热污染	含热废水

1.3.2 水质指标

水质指标是指水和其中所含杂质共同表现出来的物理、化学和生物学的综合特性。各项水质指标表示水中杂质的种类、成分和数量，是判断水质的具体衡量指标。水质指标种类很多，有上百项。它们可以分为物理性、化学性和生物学三类。

1. 物理性水质指标

（1）感官物理性指标：温度、色度、嗅和味、浑浊度、透明度等。

（2）其他物理性水质指标：如总固体、悬浮固体、溶解固体、可沉固体、电导率等。

2. 化学性水质指标

（1）一般化学性水质指标：如pH、碱度、硬度、各种阴（阳）离子、总含盐量等。

（2）有毒的化学性水质指标：如各种重金属、氰化物、多环芳烃、各种农药等。

（3）氧平衡指标：如溶解氧（DO）、生化需氧量（BOD）、化学需氧量（COD）、总有机碳（TOC）、总需氧量（TOD）等。

3. 生物学水质指标

包括细菌总数、总大肠菌群数、各种病源细菌、病毒等。

1.4 水体的自净

污染物随污水排入水体后，经过物理的、化学的与生物化学的作用，使污染物的浓度降低或总量减少，受污染的水体部分地或完全地恢复原状，这种现象称为水体自净或水体净化。水体所具备的这种能力称为水体自净能力或自净容量。水体的自净能力是有限的，若排入水体污染物的数量超过水体的自净能力，就会导致水体污染。

水体自净过程非常复杂，按机理可分为物理净化、化学净化和生物净化三类。

1. 物理净化

污水或污染物排入水体之后，可沉淀的固体逐渐沉至水底形成底泥，悬浮胶体和溶解污染物则因混合稀释而逐渐降低其在水中的浓度。水体中的污染物通过稀释、混合、沉淀与挥发，使浓度降低的过程称为物理净化。

污水排入水体后，在流动的过程中逐渐和水相混合，使污染物的浓度不断降低的过程称为稀释。污水稀释的程度用稀释度来表示，所谓稀释度或稀释比就是参与污水混合的河水流量与河水总流量之比。污水排入河流后需流经一定的距离或时间，才能达到与全部河水的完全混合，达到完全混合所需的时间受许多因素影响，主要有河水流量与污水流量之比、河流水文条件及污水排放口的位置（岸边或河中）和型式（单点或多点排放）等。大江大河的河床宽阔，污水与河水不易达到完全混合，而只能与一部分河水混合，并在排污口的一侧形成长度与宽度都较稳定的污染带，至于湖泊、水库、海湾达到完全混合更加困难。影响稀释的因素更多，如水流方向和速度、风向和风速、水温和潮汐等。

1）稀释

稀释效果受两种运动形式的影响，即对流与扩散。

（1）对流（或称平流）：污染物随水流方向（即纵向）运动称为对流（或称为平流）。对流是沿纵向（即水流方向）、横向（即河宽方向）和深度方向（竖向）运动的统称。

（2）扩散：扩散有3种方式：①分子扩散，由于污染物分子的布朗（Brown）运动引起的物质分子扩散使浓度降低称为分子扩散；②紊流扩散，由于水体的流态（紊流）造成的污染物浓度降低称为紊流扩散；③弥散，由于水体各水层之间的流速不同，使污染物浓度分散称为弥散。湖泊、水库等静水体，在没有风生流、异重流（由温度差、浓度差引起）、行船等产生的紊动作用时，扩散稀释的主要方式是分子扩散，流动水体的扩散方式主要是紊流扩散与弥散，分子扩散可忽略不计。

2）混合

污水排入河流的混合过程包括以下几个阶段。

（1）竖向混合阶段：污染物排入河流后因分子扩散、紊流扩散、弥散作用逐步向河水中分散，由于一般河流的深度与宽度相比较小，所以首先在深度方向上达到浓度分布均匀，从排放口到深度上达到浓度分布均匀的阶段称为竖向混合阶段，同时也存在横向混合作用。

（2）横向混合阶段：当深度上达到浓度分布均匀后，在横向上还存在混合过程。经过一定距离后污染物在整个横断面上达到浓度分布均匀，这一过程称为横向混合阶段。

（3）断面充分混合阶段：在横向混合阶段后，污染物浓度在横断面上处处相等。河水向下游流动的过程中，持久性污染物的浓度将不再变化，非持久性污染物浓度将不断降低。

3）沉淀与挥发

污染物中的可沉物质，可通过沉淀去除，使水体中污染物的浓度降低，但底泥中污染物的浓度增加，如果长期沉淀，淤积河床，一旦受到暴雨冲刷或扰动，可对河水造成二次污染。

2. 化学净化

水体中的污染物通过氧化还原、酸碱反应、分解合成、吸附凝聚（属于物理化学作用）等过程，使存在形态发生变化及浓度降低的过程称为化学净化。

1）氧化还原

氧化还原是水体化学净化的主要作用，水体中的溶解氧可以与某些污染物产生氧化还原反应，如铁、锰等重金属离子可被氧化成难溶性的氢氧化铁、氢氧化锰而沉淀。硫离子可被氧化成硫酸根随水流迁移。还原反应则多在微生物的作用下进行，如硝酸盐在水体缺氧条件下，由反硝化细菌的作用还原成氮（N_2）而被去除。

2）酸碱反应

水体中存在的地表矿物质（如石灰石、白云石、硅石）以及游离二氧化碳、碳酸系碱度等，对排入的酸碱有一定的缓冲能力，使水体的pH维持稳定。当排入的酸、碱超过缓冲能力后，水体的pH就会发生变化。若变成偏碱性水体，会引起某些物质的逆向反应。例如，已沉淀于底泥中的三价铬可被氧化成六价铬，硫化砷能够生成硫代亚砷酸盐而重新溶解；若变成偏酸性水体，上述反应会逆向进行。

3）吸附与凝聚

吸附与凝聚属于物理化学作用，产生这种净化作用的原因在于天然水中存在大量具有很大表面能并带有电荷的胶体微粒，胶体微粒有使能量变为最小及同性相斥、异性相吸的物理现象，它们将吸附和凝聚水中各种阴、阳离子，然后扩散或沉淀，达到净化的目的。

3. 生物净化

水体中的污染物通过水生生物特别是微生物的活动，使其存在形态发生变化，有机物无机化，有害物无害化，浓度降低，总量减少的过程叫生物净化作用。生物化学净化作用是水体自净的主要原因。河流中呈胶体和溶解状态的有机污染物在有溶解氧的条件下，被好氧微生物氧化降解为简单和稳定的无机物，如水、二氧化碳、氨氮和磷酸盐等。氨氮再由硝化菌作用转变成硝酸盐。好氧生物净化过程中所消耗的溶解氧，由水面复氧和水体中水生植物的光合作用产生的氧来补充，耗氧和复氧过程同时进行。沉于水体底部的有机物则发生厌氧的生物降解过程，最后形成甲烷、二氧化碳、氨和硫化氢等化合物。当排入水体中的有机污染物含量过高，大量消耗水体中的溶解氧，超过水体水面复氧和水生植物的光合作用复氧的总复氧量，就会使水体发生厌氧过程，变成黑臭水体。

1.5 污水出路与排放标准

1.5.1 污水出路

随着我国社会经济的快速发展，城镇化水平不断提高，城镇污水排放量持续增加，科学合理地处理好城镇污水的出路是生态环境可持续发展的重要保障。城镇污水经过处理后的最终出路是返回到自然水体或经过深度处理后再生利用。

1. 污水经过处理后排放

排放是污水净化后的传统出路和自然归宿，也是目前最常用的方法。污水直接排放会破坏水体的环境功能，为了避免污水对水体的污染，保护水体生态，污水必须经过处理达到排放标准后才能排入水体。但通常经处理净化后的污水仍含有少量的污染物，排入水体后有一个逐步稀释、降解的自然净化过程。污水处理厂的排放口一般设在城镇江河的下游或海域，以避免污染城镇给水厂水质和影响城镇水环境质量。

2. 污水的再生利用

我国水资源十分短缺，人均水资源只有世界平均水平的1/4，水已成为未来制约国民经济发展和人民生活水平提高的重要因素。一方面城镇缺水十分严重，另一方面大量处理后的城镇污水直接排放，既浪费了资源，又增加了水体环境负荷。

与城镇供水量几乎相等的城镇污水，经过城镇污水处理厂处理后的出水水质、水量相对稳定，不受季节洪水、枯水等因素影响，是可靠的潜在水资源，经适当处理后回用于水质要求较低的市政用水、工业冷却水等，是解决城镇水资源短缺的有效途径。这不仅可以减少城镇对优质饮用水水资源的消耗，更重要的是可以缓解干旱地区城镇缺水的窘迫状态。因此，城镇污水的再生利用是开源节流、减轻水体污染程度、改善生态环境、解决城镇缺水问题的有效途径之一。

1.5.2 水质标准

为了保护宝贵的天然水资源，就要防止生活污水和工农业生产废水任意向水体排放。世界各国都制定了相应的政策法规，要求废水或污水在排放前要进行有效的无害化处理。但是处理到什么程度符合排放要求？天然水体的水质在什么水平是安全的或较为安全的？这就需要制定相应的技术准则，以供人们在水环境管理和水污染控制工作中遵循。这种技术准则称作水质标准。水质标准应该遵循科学性、技术可行性、经济可行性、地区差异性、时效性（按不同时期分阶段制定标准）的原则。

水质标准分为水环境质量标准和污（废）水排放标准两大类。

1. 水环境质量标准

天然水体是人类的重要资源，为了保护天然水体的质量，不因污水的排入而导致其恶化甚至破坏，在水环境管理中需要控制水体水质分类达到一定的水环境标准要求。水环境质量标准是污水排入水体时采用排放标准等级的重要依据，我国目前水环境质量标准主要有《地表水环境质量标准》（GB 3838—2002）、《海水水质标准》（GB 3097—1997）、《地下水质量标准》（GB/T 14848—2017）。

依据地表水水域环境功能和保护目标，《地表水环境质量标准》（GB 3838—2002）按功能高低依次将水体划分为五类：Ⅰ类主要适用于源头水、国家自然保护区；Ⅱ类主要适用于集中式生活饮用水地表水源地一级保护区、珍稀水生生物栖息地、鱼虾类产卵场、幼鱼的索饵场等；Ⅲ类主要适用于集中式生活饮用水地表水源地二级保护区、鱼虾类越冬场、洄游通道、水产养殖区等渔业水域及游泳区；Ⅳ类主要适用于一般工业用水区及人体非直接接触的娱乐用水区；Ⅴ类主要适用于农业用水区及一般景观要求水域。《海水水质标准》（GB 3097—1997）按照海域的不同使用功能和保护目标，将海水水质分为四类：第一类适用于海洋渔业水域、海上自然保护区和珍稀濒危海洋生物保护区；第二类适用于水产养殖区、海水浴场、人体直接接触海水的海上运动或娱乐区，以及与人类食用直接有关的工业用水区；第三类适用于一般工业用水区、滨海风景旅游区；第四类适用于海洋港口水域、海洋开发作业区。

《污水综合排放标准》（GB 8978—1996）规定，地表水Ⅰ、Ⅱ类水域和Ⅲ类水域中划定的保护区，以及海洋水体中第一类海域，禁止新建排污口，现有排污口应按水体功能要求实行污染物总量控制，以保证受纳水体水质符合规定用途的水质标准。

2. 污（废）水排放标准

污（废）水排放标准，根据控制形式可分为浓度标准和总量控制标准。根据地域管理权限，可分为国家排放标准、地方排放标准。

1) 浓度标准

浓度标准规定了排出口向水体排放污染物的浓度限值，其单位一般为毫克每升（mg/L）。我国现有的国家标准和地方标准基本上都是浓度标准。浓度标准的优点是指标明确、管理方便，对每个污染物指标都执行一个标准；缺点是由于未考虑排放量的大小，受纳水体的环境容量大小、形状和要求等，因此不能完全保证水体的环境质量。当排放总量超过水体的环境容量时，水体水质不能达到质量标准。另外，企业也可以通过稀释来降低排放水中的污染物浓度，造成水资源浪费，水环境污染加剧。

2) 总量控制标准

总量控制标准是与水环境质量标准相适应而以水体环境容量为依据设定的。水体的水环境质量要求高，则环境容量小。水环境容量可采用水质模型法等方法计算。这类标准可以保证水体的质量，但对管理技术要求高，需要与排污许可证制度相结合进行总量控制。

3) 国家排放标准

国家排放标准按照污水排放去向，规定了水污染物最高允许排放浓度，适用于排污单位水污染物的排放管理，以及建设项目的环境影响评价、建设项目环境保护设施设计、竣工验收及其投产后的排放管理。我国现行的国家排放标准主要有《污水综合排放标准》（GB 8978—1996）、《城镇污水处理厂污染物排放标准》（GB 18918—2002）及《污水海洋处置工程污染控制标准》（GB 18486—2001）等。

根据部分行业排放废水的特点和治理技术发展水平，国家制定了针对不同行业排放的标准，如《制浆造纸工业水污染物排放标准》（GB 3544—2008）、《海洋石油勘探开发污染物排放浓度限值》（GB 4914—2008）、《纺织染整工业水污染物排放标准》（GB 4287—2012）、《烧碱、聚氯乙烯工业污染物排放标准》（GB 15581—2016）、《肉类加工工业水污染物排放标准》（GB 13457—1992）、《合成氨工业水污染物排放标准》（GB 13458—2013）、《钢铁工业水污染物排放标准》（GB 13456—2012）、《磷肥工业水污染物排放标准》（GB 15580—2011）等。

4) 地方排放标准

省、自治区、直辖市等根据经济发展水平和管辖地域水体污染控制需要，可以根据《中华人民共和国环境保护法》《中华人民共和国水污染防治法》制定地方污水排放标准。地方污水污染排放标准可以增加污染物控制指标数，但不能减少；可以提高对污染物排放标准的要求，但不能降低标准。

国家环境质量标准与地方环境质量标准的关系：地方环境质量标准优先于国家环境质量标准执行。污染物排放标准之间的关系：综合排放标准与行业排放标准不交叉执行，即有行业排放标准的执行行业排放标准，没有行业排放标准的执行综合排放标准。

1.6 废水处理的基本途径与方法

废水中的污染物质是多种多样的，一般一种废水往往需要通过几个处理单元组成的处理系统处理后才能够达到排放要求。采用哪些方法或哪几种方法联合使用需根据废水的水质和水量、排放标准、处理方法的特点、处理成本和回收经济价值等，通过调查、分析、比较后才能决定，必要时还要进行小试、中试等试验研究。

1.6.1 按处理方法进行分类

针对不同污染物质的特征，发展了各种不同的废水处理方法，这些处理方法可按其作用原理划分为四大类：物理处理法、化学处理法、物理化学处理法和生物化学处理法。

1. 物理处理法

物理处理法是通过物理作用分离和去除废水中不溶解的呈悬浮状态的污染物（包括油膜、油珠）的方法。处理过程中，污染物的化学性质不发生变化。方法有：①重力分离法，其处理单元有沉淀、气浮等，使用的处理设备是沉淀池、沉砂池、隔油池、气浮池及其附属装置等。②离心分离法，其本身是一种处理单元，使用的设备有离心分离机、水旋分离器等。③筛滤截留法，有栅筛截留和过滤两种处理单元，前者使用格栅、筛网，后者使用砂滤池、微孔滤机等。此外，还有废水蒸发处理法、废水气液交换处理法、废水高梯度磁分离处理法、废水吸附处理法等。物理处理法的优点为设备较简单，操作方便，分离效果良好，故使用极为广泛。

2. 化学处理法

化学处理法是通过化学反应改变废水中污染物的化学性质或物理性质，使它或从溶解、胶体或悬浮状态转变为沉淀或漂浮状态，或从固态转变为气态，进而从水中除去的废水处理方法。废水化学处理法可分为：废水中和处理法、废水的混凝处理法、废水的化学沉淀处理法、废水氧化还原处理法、废水萃取处理法等。有时为了有效地处理含有多种不同性质的污染物的废水，将上述两种或两种以上处理法组合起来。如处理小流量和低浓度的含酚废水，就把化学混凝处理法（除悬浮物等）和化学氧化处理法（除酚）组合起来。

3. 物理化学处理法

物理化学处理法是利用物理化学作用去除废水中的污染物质。物理化学法主要有吸附法、离子交换法、膜分离法、萃取法、气提法和吹脱法等。

4. 生物化学处理法

生物化学处理法是通过微生物的代谢作用，使废水中呈溶解、胶体以及微细悬浮状态的有机污染物质转化为稳定、无害物质的废水处理方法。生物化学处理法可分为需氧生物处理法和厌氧生物处理法，前者主要有活性污泥法、生物膜法、氧化塘法、污水灌溉等。

1.6.2 按处理程度进行分类

按处理程度，废水处理技术可分为一级处理、二级处理和三级处理。

1. 一级处理

一级处理是去除废水中的漂浮物和部分悬浮状态的污染物质，调节废水pH值、减轻废水的腐化程度和后续处理工艺负荷的处理方法。城市污水一级处理的主要构筑物有格栅、沉砂池和初沉池。一级处理的工艺流程如图1-2所示。污水经一级处理后，活性污泥浓度（SS）一般去除40%～55%，生化需氧量（BOD）一般可去除30%左右，达不到排放标准。所以一般以一级处理为预处理，以二级处理为主体，必要时再进行三级处理，即深度处理，使污水达到排放标准或补充工业用水和城市供水。一级处理的常用方法有筛滤法、沉淀法、上浮法、预曝气法。

2. 二级处理

二级处理是污水通过一级处理后再进行处理，用以除去污水中大量有机污染物，使污水进一步净化的工艺过程。二级处理的典型工艺流程如图 1-3 所示。目前，二级处理的主要工艺为生物处理，包括厌氧生物处理及好氧生物处理，其中好氧生物处理主要有活性污泥法及生物膜法。近年来，已有采用化学或物理化学处理法作为二级处理主体工艺，预期这些方法将随着化学药剂品种的不断增加，处理设备和工艺的不断改进而得到推广。污水二级处理可以去除污水中 90% 以上的 BOD 和大量悬浮物，在较大程度上净化了污水，对保护环境起到了一定作用。但随着污水量的不断增加，水资源的日益紧张，需要获取更高质量的处理水，以供重复使用或补充水源，为此，在二级处理基础上，提出二级强化处理工艺，是指除有效去除碳源污染物外，且具备较强的除磷脱氮功能的污水处理工艺。

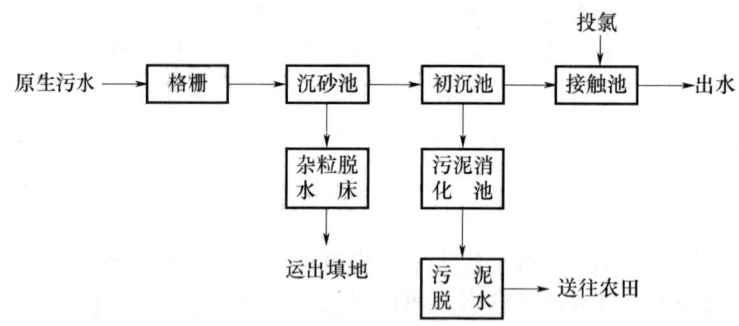

图 1-2　一级处理的工艺流程

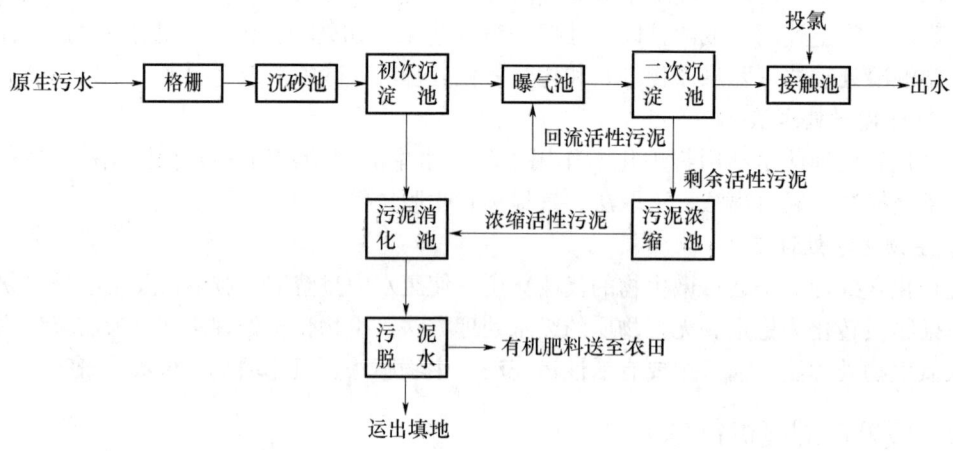

图 1-3　二级处理的工艺流程图

3. 三级处理

污水三级处理又称污水深度处理或高级处理，是为了进一步去除二级处理未能去除的污染物质，其中包括微生物以及未能降解的有机物或磷、氮等可溶性无机物。三级处理是深度处理的同义词，但二者又不完全一致。三级处理是经二级处理后，为了从废水中去除某种特定的污染物质，如磷、氮等而补充增加的一项或几项处理单元；至于深度处理则往往是以废水回收、复用为目的，而在二级处理后所增设的处理单元或系统。三级处理耗资较大，管理也较复杂，但能充分利用水资源。如图 1-4 所示，完善的三级处理由去除氮、磷，去除有机污染物（主要是难以生物降解的有机物），去除无机盐类，杀灭病原菌、病毒等单元过程组成。根据三级处理出水的具体去向，其处理流程和组成单元是不同的。如果为防止受纳水体富营养化，则采用除磷和除氮的三级处理；如果为保护下游饮用水源或浴场不受污染，则应采用除磷、除氮、除毒物、除病菌和病原菌等三级处理,可直接作为城市饮用水以外的生活用水,如洗衣、清扫、冲洗厕所、喷洒街道和绿化地带等用水。

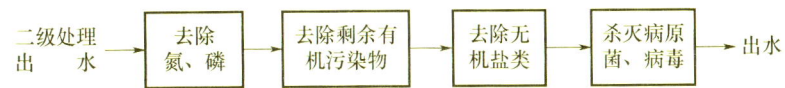

图 1-4 三级处理的工艺流程图

对于工业废水来说,由于其种类复杂,所含有的污染物各不相同,因此可以采用的处理工艺也各不相同,应根据不同废水需要去除的主要污染物对象来选择合理的主处理单元。表1-5列出了不同处理方法所能去除的污染物对象。需要说明的是,对"作用"一栏所描述的只是该处理方法的通常应用阶段,而并不是绝对的。

表 1-5 不同处理方法对应的去除对象

分类	处理方法与采用工艺		去除对象	作用
物理(物化)法		调节	水量、水质均衡	预处理
	重力分离法	沉淀	可沉物质	预处理
		隔油	颗粒较大的油珠	
		气浮(浮选)	乳状物、密度接近水的 SS	中间处理
	离心分离法	水力旋流器	密度大的物质	预处理
		离心机	乳状物、纤维、纸浆等	中间处理
	过滤	格栅	粗大杂物	预处理
		筛网	较小杂物	
		砂滤	悬浮物	中间或最终处理
		布滤	乳状油	
		微滤	细小悬浮物	最终处理
		反渗透	某些分子、离子等	
化学法	投药法	混凝	胶体、乳状物	中间或最终处理
		中和	酸、碱	
		氧化还原	溶解性有害离子等	预处理或最终处理
		化学沉淀	重金属离子	
		消毒	病原菌等	最终处理
	传质法	蒸馏	溶解性挥发物质	预处理或最终处理
		吹脱	溶解性气体	
		萃取	溶解性物质	
		吸附		最终处理
		离子交换	可离解物质、盐类等	
		电渗析		
生物法	生物处理	生物膜法	有机污染物	中间或最终处理
		活性污泥法		
	自然处理	稳定塘		最终处理
		土地处理		

即使原水水质相同，不同的处理要求应采用不同的工艺流程。例如，当废水处理只要求对有机物进行控制时，一般采用常规的生化处理即可达到要求；当要求对植物性营养污染物进行控制时，应选择采用具有脱氮除磷的处理单元或流程；即使同样要求对有机物进行控制，但控制的要求不同，所选择的工艺也是不同的，如控制 COD≤500mg/L，在采用好氧生化工艺时可选择高负荷活性污泥法，但要求出水 COD≤100mg/L 时，则最好采用延时曝气工艺或低负荷生物膜工艺等。确定废水处理要求达到的程度是比较复杂的，对特定的废水，有可能采用不同的处理单元或工艺流程达到同样的目的，这时处理系统的造价和运行费用成为选择工艺流程的重要影响因素，当然这必须是在满足处理水水质达到要求的前提下。

 习题与思考

1. 水污染的概念是什么？
2. 水污染物的来源、污染物种类及水质指标有哪些？
3. 试述水体的自净作用和水污染与水体自净的关系。
4. 什么是水质标准？水质标准是如何分类的？
5. 废水处理的基本途径与方法有哪些？
6. 试述城市生活污水处理的基本流程。

2 物理处理法

> **学 习 提 示**
>
> **本章学习要点**：掌握沉淀池工作原理和气浮原理；掌握格栅、沉砂池、沉淀池、普通快滤池、气浮法的设计计算；了解各种构筑物的适用条件。

废水物理处理法是通过物理作用分离和去除废水中不溶解的呈悬浮状态的污染物（包括油膜、油珠）的方法。处理过程中，污染物的化学性质不发生变化。废水物理处理法是最基本、最常用的一类处理生活污水或工业废水的单元技术，常用作废（污）水的一级治理或预处理，也可单独应用。物理处理法主要是用来分离或回收废水中的悬浮性物质，它在处理的过程中不改变污染物质的组成和化学性质。常用的物理处理方法有：调节、重力分离法、离心分离、过滤、热处理磁分离等。一般情况下，物理处理法所需的投资和运行费用较低，故常被优先考虑或采用。然而，对于大多数的工业废水来说，单纯依靠物理方法净化，往往不能达到理想的处理结果，还需与其他的治理方法配合使用。

2.1 格　　栅

2.1.1 格栅的作用及种类

1. 格栅的作用

格栅是由一组或多组互相平行的金属栅条与框架组成，倾斜安装在进水的渠道上，或进水泵站集水井的进口处，以拦截污水中粗大的悬浮物及杂质。在排水工程中，格栅的作用是去除可能堵塞水泵机组及管道阀门的较粗大悬浮物，并保证后续处理设施能正常运行，一般以不堵塞水泵和水处理厂站的处理设备为原则。

2. 格栅分类

格栅除污设备形式多种多样，格栅按形状可分为平面格栅和曲面格栅两种。按格栅栅条的间隙，可分为粗格栅、中格栅、细格栅三种；按结构形式及除渣方式可分为人工格栅和机械格栅两大类，机械格栅又可分为回转式、旋转式、齿耙式等多种形式。

平面格栅由栅条与框架组成。基本形式如图 2-1 所示。图中 A 型是栅条布置在框架的外侧，适用于机械清渣或人工清渣，B 型是栅条布置在框架的内侧，在格栅的顶部设有起吊架，可将格栅吊起，进行人工清渣。

曲面格栅又可分为固定曲面格栅（栅条用不锈钢制）与旋转鼓筒式格栅两种。图 2-2 为固定曲面格栅，利用渠道水流速度推动除渣桨板。图 2-3 为旋转鼓筒式格栅，污水从鼓筒内向鼓筒外流动,被隔除的栅渣由冲洗水管冲入渣槽(带网眼)内排出。

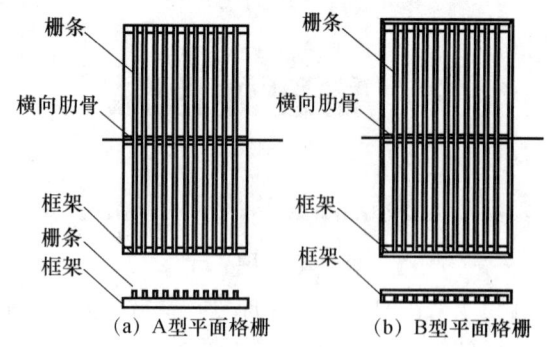

图 2-1 平面格栅

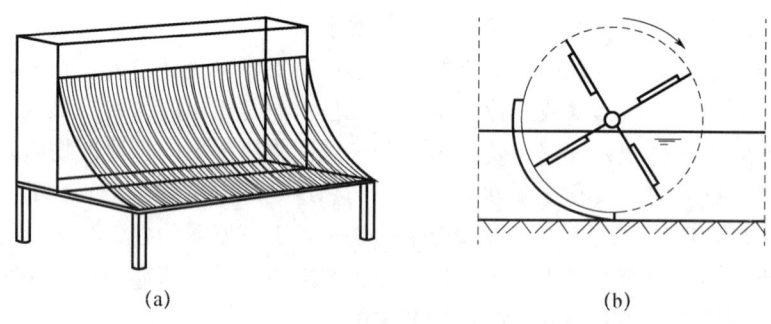

图 2-2 固定曲面格栅

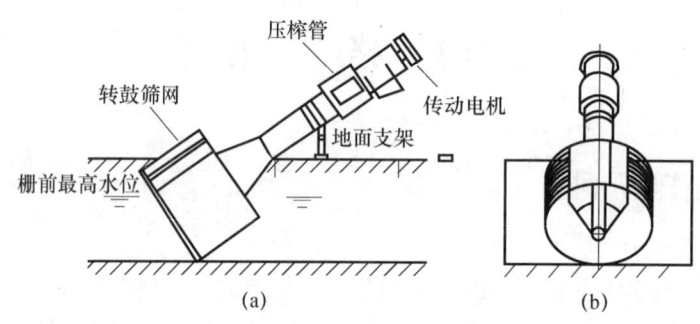

图 2-3 旋转鼓筒式格栅

3. 格栅的设计要求

格栅所截留的污染物数量与地区的情况、污水沟道系统的类型、污水流量以及栅条的间距等因素有关,格栅设计应该符合下面要求:

(1) 粗格栅:机械清除时宜为 16~25mm,栅渣截留量为 $0.10\sim0.05m^3/(10^3 m^3$ 污水);人工清除时宜为 25~40mm,栅渣截留量为 $0.03\sim0.01m^3/(10^3 m^3$ 污水)。栅渣的含水率约为 80%,密度约为 $960kg/m^3$。特殊情况下,最大间隙可为 100mm。

(2) 细格栅栅条的间隙宽度宜为 1.5~10mm。

(3) 水泵前栅条的间隙宽度应根据水泵要求确定。

(4) 污水过栅流速宜采用 0.6~1.0m/s。除转鼓式格栅除污机外,机械清除格栅的安装角度宜为 60°~90°。人工清除格栅的安装角度宜为 30°~60°。

(5) 格栅除污机,底部前端距井壁尺寸,钢丝绳牵引除污机或移动悬吊葫芦抓斗式除污机应大于1.5m;链动刮板除污机或回转式固液分离机应大于1.0m。

(6) 格栅上部必须设置工作平台,其高度应高出格栅前最高设计水位0.5m,工作平台上应有安全和冲洗设施。

(7) 格栅工作平台两侧边道宽度宜采用0.7~1.0m。工作平台正面过道宽度,采用机械清除时不应小于1.5m,采用人工清除时不应小于1.2m。

(8) 粗格栅栅渣宜采用带式输送机输送;细格栅栅渣宜采用螺旋输送机输送。

(9) 格栅除污机、输送机和压榨脱水机的进出料口宜采用密封形式,根据周围环境情况,可设置除臭处理装置。

(10) 格栅间应设置通风设施和有毒有害气体的检测与报警装置。

2.1.2 格栅的设计与计算

格栅设计如图2-4所示。通过格栅的水头损失h_1的计算:

$$h_1 = h_0 k \tag{2-1}$$

$$h_0 = \xi \frac{v^2}{2g} \sin\alpha \tag{2-2}$$

式中 h_0——计算水头损失,m;
  v——污水流经格栅的速度,m/s;
  ξ——阻力系数,其值与栅条断面的几何形状有关;
  α——格栅的放置倾角;
  g——重力加速度,m/s²;
  k——考虑到格栅受污染物堵塞后阻力增大的系数,可用式:$k=3.36v-1.32$ 求定,一般采用$k=3$。

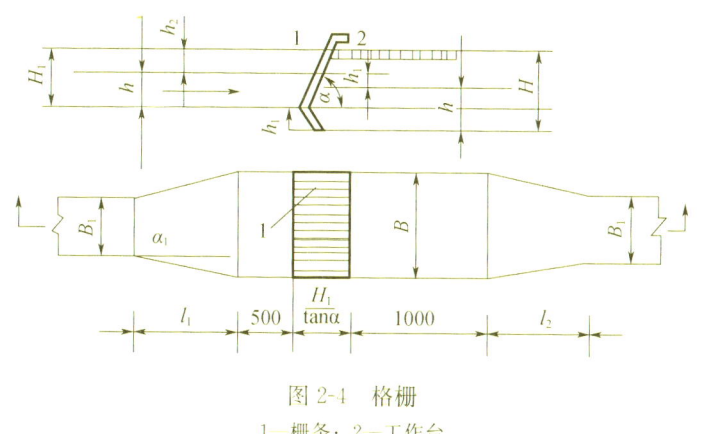

图2-4 格栅
1—栅条;2—工作台

1. 格栅的间隙数量 n

$$n = \frac{Q_{max}\sqrt{\sin\alpha}}{dhv} \tag{2-3}$$

式中 Q_{max}——最大设计流量,m³/s;
  d——栅条间距,m;
  h——栅前水深,m;

v——污水流经格栅的速度，m/s。

2. 格栅的建筑宽度 b

$$b=s(n-1)+dn \tag{2-4}$$

式中　b——格栅的建筑宽度，m；
　　　s——栅条宽度，m；
　　　其余符号同前。

3. 栅后槽的总高度 $H_总$

$$H_总=h+h_1+h_2 \tag{2-5}$$

式中　h_1——格栅的水头损失，m；
　　　h_2——格栅前渠道超高，一般 $h_2=0.3\text{m}$。

4. 格栅的总建筑长度 L

$$L=L_1+L_2+1.0+0.5\frac{H_1}{\tan\alpha} \tag{2-6}$$

式中　L_2——格栅槽与出水渠道连接处的渐窄部位的长度，一般 $L_2=0.5L_1$；
　　　H_1——格栅前的渠道深度，m；
　　　L_1——进水渠道渐宽部位的长度，m；

$$L_1=\frac{b-b_1}{2\tan\alpha_1} \tag{2-7}$$

式中　b_1——进水渠道宽度，m；
　　　α_1——进水渠道渐宽部位的展开角度，一般 $\alpha_1=20°$。

5. 每日栅渣量 W

$$W=\frac{Q_{max}W_1\times86400}{K_Z\times1000} \tag{2-8}$$

式中　W_1——栅渣量，$\text{m}^3/(10^3\text{m}^3\text{污水})$；
　　　K_Z——生活污水流量总变化系数，见表2-1。

表2-1　生活污水总变化系数

平均日流量/（L/s）	4	6	10	15	25	40	70	120	200	400	750	1600
K_Z	2.3	2.2	2.1	2.0	1.89	1.80	1.69	1.59	1.51	1.40	1.30	1.20

2.1.3 格栅的设计与计算实例

【例2-1】已知某城市的最大设计污水量 $Q_{max}=0.4\text{m}^3/\text{s}$，$K_Z=1.4$，计算格栅各部尺寸。

解：格栅计算草图如图2-4所示。格栅前水深 $h=0.4\text{m}$，过栅流速取 $v=0.9\text{m/s}$，采用中格栅，栅条间隙 $d=20\text{mm}$，格栅安装倾角 $\alpha=60°$。

栅条间隙数：

$$n=\frac{Q_{max}\sqrt{\sin\alpha}}{dhv}=\frac{0.4\sqrt{\sin60°}}{0.02\times0.4\times0.9}\approx52$$

栅槽宽度：

由式（2-4），取栅条宽度 $s=0.01\text{m}$，则

$$b=s(n-1)+dn=0.01\times(52-1)+0.02\times52\approx1.6(\text{m})$$

进水渠道渐宽部分长度：

由式（2-7），若进水渠宽 $b_1=1.3$m，渐宽部分展开角 $\alpha_1=20°$，则

$$L_1=\frac{b-b_1}{2\tan\alpha_1}=\frac{1.6-1.3}{2\tan 20°}\approx 0.41\text{（m）}$$

栅槽与出水渠道连接处的渐窄部位长度：

$$L_2=\frac{L_1}{2}=\frac{0.41}{2}=0.205\text{（m）}$$

过栅水头损失：

因栅条为矩形截面，取 $k=3$，并将已知数据代入式（2-1）和式（2-2），得

$$h_1=h_0 k=2.42\times\left(\frac{0.01}{0.02}\right)^{\frac{1}{3}}\times\frac{0.9^2}{2\times 9.81}\times\sin 60°\times 3\approx 0.103\text{(m)}$$

栅前槽总高度：

取栅前渠道超高 $h_2=0.3$m，则

$$H_1=h+h_2=0.4+0.3=0.7\text{(m)}$$

栅后槽总高度：

$$H_\text{总}=h+h_1+h_2=0.4+0.103+0.3\approx 0.8\text{(m)}$$

栅槽总长度：

$$L=L_1+L_2+1.0+0.5+\frac{H_1}{\tan\alpha}=0.41+0.205+1.0+0.5+\frac{0.7}{\tan 60°}=2.52\text{(m)}$$

每日栅渣量：

用式（2-8），取 $W_1=0.07\text{m}^3/10^3\text{m}^3$，则

$$W=\frac{Q_\text{max}W_1\times 86400}{K_Z\times 1000}=\frac{0.4\times 0.07\times 86400}{1.4\times 1000}\approx 1.7\text{(m}^3/\text{d)}$$

采用机械清渣。

2.2 污水的均化

废水的水量和水质并不总是恒定均匀的，往往随时间的推移而变化。生活污水随生活作息规律而变化，工业废水的水量水质随生产过程而变。水量水质的变化使处理设备不能在最佳工艺条件下运行，严重时使设备无法正常工作，为此要设调节池，进行水量、水质的调节。

2.2.1 水量调节

废水处理中单纯的水量调节有两种形式：一种为线内调节（图2-5），进水一般采用重力流，出水用泵提升。调节池的容积可用图解法进行计算。实际上由于废水流量变化的规律性差，所以调节池容积的设计一般凭经验确定。另一种为线外调节（图2-6），调节池设在旁路上，当废水流量过高时，多余的废水打入调节池，当废水流量低于设计流量时，再从调节池回流至集水井，并送去预处理。线外调节与线内调节相比，其调节池不受进水管高度的限制，但被调节水量需要两次提升，动力消耗大。

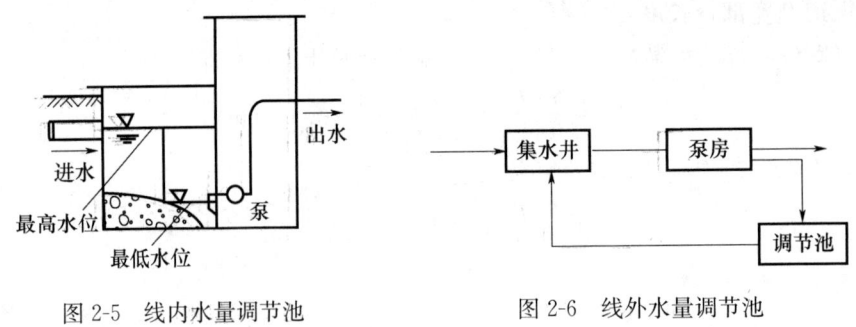

图 2-5 线内水量调节池　　　　图 2-6 线外水量调节池

水量调节池的计算方法如下。

1. 绘制流量日变化曲线

要进行水量调节，首先要了解污水流量的变化规律。一般以污水流量在一日之内逐时变化情况作为计算的基础。把一日之内逐时的瞬时流量（m^3/s 或 m^3/h）与时间（h）的变化规律绘成曲线，即称流量日变化曲线，如图 2-7 所示。根据这一曲线，便可以确定每日需处理的总污水量（即曲线下的面积）和平均流量。为了消除偶然情况，使作图的数据具有实际代表性，应测出数日内的逐时数据，然后取平均值作图。

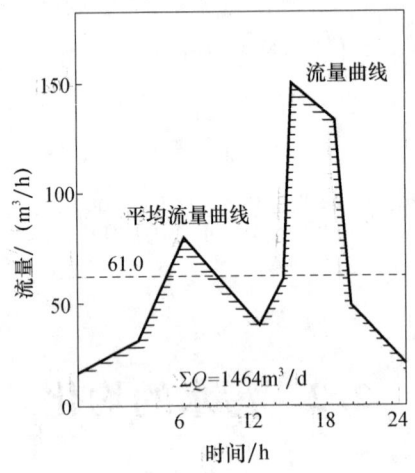

图 2-7 流量日变化曲线

2. 进水、出水及存水累积曲线图

如图 2-8 所示，包括进水、出水及池内存水三条线，用此图中的曲线可以计算出水量调节所需的最小容积，并可得出任一时刻池中的存水量。具体说明如下：以累积水量为纵坐标，以一日内时间为横坐标，则可按图 2-8 做出累积进水量曲线①，图中点 A 即表示一日内的累积总进水量（即一日内某单位总的废水排放量）。以图中左下角 O 点（起始时刻进水为零）到点 A 的直线 OA 即表示污水经调节后均匀出水的累积规律，称曲线②。曲线①和曲线②在一日内所表示的总进水量和总出水量是相等的（在本例中为 $1464m^3/d$）。但从 0～24 点之间的大多时刻进、出调节池的累积水量是不相等的，而出水流量却始终是恒定的（$61.0m^3/h$）。因此，由于进出水流量不相等，在一日之内的任一时刻进、出水累积水量之间就会出现偏差。由曲线①和曲线②可见，在约 14 点以前，进水累积流量小于出水累积流量，这段时间调节池内必须预先存有足够的水弥补进水量的不足以保证按平均流量均匀出水,这段时间的水量的累积数称做"负偏差"(本例中220m³);同理,在14点以后,会出现进水累积流量大于出水累积流量的"正偏差"(本例中90m³)。调节池的最小容积为"负偏差"+"正偏差"(本例中$V=220m^3+90m^3=310m^3$);调节池停留时间为V/斜率=310/61=5.08(h)。

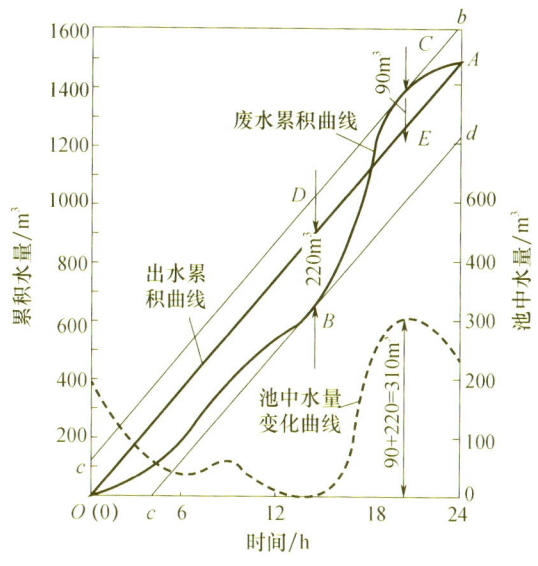

图2-8 累积水量曲线图

3. 调节池容积的求法

(1) 以时间t为横坐标,累积流量$\sum Q$为纵坐标作图;
(2) 曲线的终点A为废水总量Q_T;
(3) 连接OA,其斜率为平均流量;
(4) 对曲线作平行于OA的切线,切点为B和C;
(5) 由B和C两点作出y轴平行线CE和BD,量出其水量大小;
(6) 调节池容积为$V=V_{BD}+V_{CE}$;
(7) 调节池停留时间为V/斜率。

2.2.2 水质调节

水质调节的目的是对不同时间或不同来源的废水进行混合,使流出水质比较均匀,水质调节池也称均和池或均质池。

1. 普通水质调节池

对调节池可写出物料平衡方程:

$$C_1QT+C_0V=C_2QT+C_2V \tag{2-9}$$

调节池出水浓度C_2为:

$$C_2=\frac{C_1QT+C_0V}{QT+V} \tag{2-10}$$

式中 Q——取样间隔时间内的平均流量,m³/h;
C_1——取样间隔时间内进入调节池污染物的浓度,mg/L;
T——取样时间间隔,h;

C_0——取样间隔开始时调节池污染物的浓度，mg/L；

V——调节池的容积，m³；

C_2——取样终了时调节池内污染物的浓度，mg/L。

2. 外加动力搅拌水质调节池

利用外加动力（如叶轮搅拌、空气搅拌、水泵循环等）而进行的强制调节，其特点是设备较简单，效果好，但运行费较高。

（1）水泵强制循环搅拌

调节池的底部设有穿孔管，穿孔管与水泵排水管相连，用水力进行搅拌。其优点是简单易行，缺点是动力消耗大。

（2）空气搅拌

在调节池底设穿孔管，与鼓风机空气管相连，利用压缩空气进行搅拌。空气搅拌还可以起预曝气的作用，可防止悬浮物沉积于池内。最适用于废水流量不大、处理工艺中需要进行预曝气以及有现成压缩空气的场合使用。如废水中含有易挥发的有害物质，则不宜使用该类调节池，此时可用叶轮搅拌或使用差流方式进行混合。

（3）机械搅拌

在池内安装机械搅拌设备。机械搅拌有多种型式，桨式、推流式、涡流式等搅拌方式搅拌效果好。

3. 差流式调节池

利用差流方式使不同时间和不同浓度的废水进行自身的水力混合，这类调节池基本没有运行费，但池型结构较复杂。

（1）折流式调节池

图 2-9 为一种横向折流式调节池。配水槽设在调节池的上部，池内设有许多折流板，废水通过配水槽上的孔溢流至调节池的不同折流板间，从而使某一时刻的出水中包含不同时刻流入的废水，使水质达到某种程度的混合。还有上下折流式调节池，这种调节池的优点是混合较均匀，当废水中悬浮物较多时，不易产生沉淀。

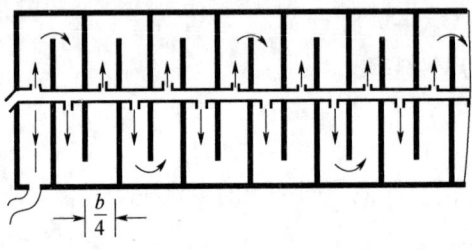

图 2-9 折流式调节池

（2）穿孔导流槽式调节池

图 2-10 为另一种构造较简单的差流式调节池——穿孔导流槽式调节池。对角线上的进水槽所接纳的废水来自不同的时间，其浓度各不相同，这样就达到了水质调节的目的。为了防止池内废水的短流，可在池内设一纵向挡板，以增强调节效果。这种调节池的容积可用下式计算。

$$V_T = \sum_{i=1}^{t} \frac{q_i}{2} \tag{2-11}$$

式中 q_i——不同时段的流量，m^3。

考虑到废水在池内流动可能出现短流等因素，引入 $\eta=0.7$ 的容积加大系数。则上式为：

$$V_T = \sum_{i=1}^{t} \frac{q_i}{2\eta} \tag{2-12}$$

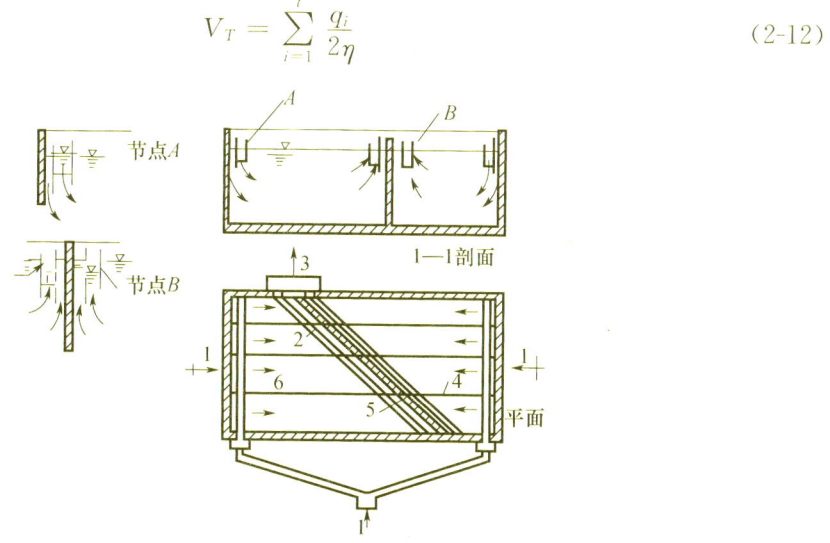

图 2-10 穿孔导流槽式调节池
1—进水；2—集水；3—出水；
4—纵向隔墙；5—斜向隔墙；6—配水槽

4. 事故调节池

某些工业废水处理系统发生物料泄漏或周期性冲击负荷时，宜设置事故调节池，可以起到分流储水作用，待事故结束后，将储水池中废水小流量逐渐排入废水调节池。事故调节池的利用率较低，基建费用较高，因此只有在其上游采取了充分措施后仍有必要进行终端把关时才设立。

2.3 过 滤

2.3.1 筛网过滤

筛网能去除水中不同类型和大小的悬浮物，如纤维、纸浆、藻类等，相当于一个初次沉淀池的作用。筛网过滤装置很多，有振动筛网、水力筛网、转鼓式筛网、转盘式筛网、微滤机等。

振动筛网示意图如图 2-11 所示。它由振动筛和固定筛组成。污水通过振动筛时，悬浮物等杂质被留在振动筛上，并通过振动卸到固定筛网上，进一步脱水。

图 2-12 为一种水力回转筛的示意图，它由旋转的锥筒回转筛和固定筛组成。锥筒回转筛呈圆锥形，中心轴呈水平放置，进水端在回转筛网小端，废水在从小端到大端流动过程中，纤维等杂质被筛网截留，并沿倾斜面卸到固定筛以进一步脱水。水力筛网的动力来自进水水流的冲击力和重力作用。

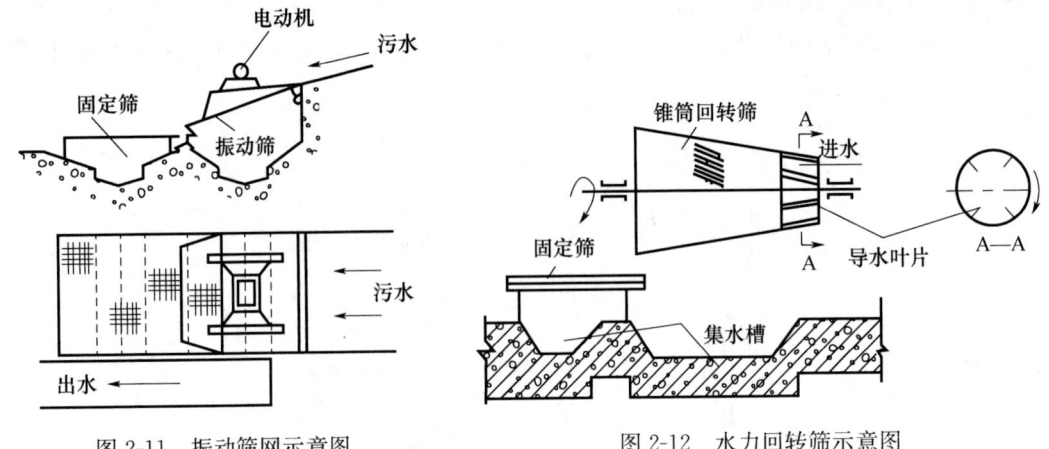

图 2-11 振动筛网示意图　　　　图 2-12 水力回转筛示意图

2.3.2 颗粒介质过滤

在废水处理中，常用过滤处理沉淀或澄清池出水。由于滤料颗粒（如石英砂、无烟煤等）之间存在孔隙，原水穿过一定深度的滤层，水中的悬浮物即被截留，使滤后出水的浑浊度满足用水要求。颗粒状介质过滤适用于去除废水中的微粒物质和胶状物质，常用做吸附、离子交换、膜分离法和活性炭处理前的预处理，也作为生化处理后的深度处理，使滤后水达到回用的要求。

1. 过滤的机理

过滤的作用，不仅可截留水中悬浮物，而且通过过滤层还可把水中的有机物、细菌乃至病毒随着悬浮物的降低而被大量去除。滤池的净水原理如下：

(1) 阻力截留

当废水自上而下流过粒状滤料层时，粒径较大的悬浮颗粒首先被截留在表层滤料的空隙中，随着此层滤料间的空隙越来越小，截污能力也变得越来越大，逐渐形成一层主要由被截留的固体颗粒构成的滤膜，并由它起重要的过滤作用。这种作用属阻力截留或筛滤作用。悬浮物粒径越大，表层滤料和滤速越小，就越容易形成表层筛滤膜，滤膜的截污能力也越高。

(2) 重力沉降

废水通过滤料层时，众多的滤料表面提供了巨大的沉降面积。重力沉降强度主要与滤料直径及过滤速度有关。滤料越小，沉降面积越大；滤速越小，则水流越平稳，这些都有利于悬浮物的沉降。

(3) 接触絮凝

由于滤料具有巨大的比表面积，它与悬浮物之间有明显的物理吸附作用。此外，砂粒在水中常带有表面负电荷，能吸附带电胶体，从而在滤料表面形成带正电荷的薄膜，并进而吸附带负电荷的黏土和多种有机物等胶体，在砂粒上发生接触絮凝。

在实际过滤过程中，上述三种机理往往同时起作用，只是随条件不同而有主次之分。对粒径较大的悬浮颗粒，以阻力截留为主，因这一过程主要发生在滤料表层，通常称为表面过滤。对于细微悬浮物，以发生在滤料深层的重力沉降和接触絮凝为主，称为深层过滤。颗粒介质过滤器可以是圆形池或方形池。过滤器无盖的称为敞开式过滤器，一般废水自上流入，清水由下流出。有盖而且密闭的，称为压力过滤器，废水用泵加压送入，以增加压力。

常用的深层过滤设备按过滤速度不同，有慢滤池、快滤池和高速滤池三种；按作用力不同，有重力滤池和压力滤池两种；按过滤时水流方向分类，有下向流、上向流、双向流和径向流滤池四种；按滤料层组成分类，有单层滤料、双层滤料和多层滤料滤池三种。为了减少滤池的闸阀并便于操作管理，又发展了虹吸滤池、无阀滤池等自动冲洗滤池。所有上述各种滤池，其工作原理、工作过程都基本相似。

2. 快滤池介绍

(1) 概述

快滤池构造如图 2-13 所示，一般为矩形钢筋混凝土的池子，本身由洗砂排水槽、滤料层、承托层、配水系统组成。池内填充石英砂滤料，滤料下铺有砾石承托层（即垫层），最下面是集水系统（或配水系统），在滤料层的上部设有洗砂排水槽。过滤工艺包括过滤和反洗两个基本阶段。过滤时，废水由水管经闸门进入池内，并通过滤层和垫层流到池底，水中的悬浮物被截留于滤料表面和内层空隙中，过滤水由集水系统经闸门排出。随着过滤过程的进行，污物在滤料层中不断积累，滤料层内的孔隙由上至下逐渐被堵塞，水流通过滤料层的阻力和水头损失随之逐步增大，当水头损失达到允许的最大值时或出水水质达某一规定值时，这时滤池就要停止过滤，进行反冲洗工作。反冲洗时，冲洗水的流向与过滤完全相反，是从滤池的底部向滤池上部流动，故叫反冲洗。冲洗水的流向是：首先进入配水系统向上流过承托层和滤料层，冲走沉积于滤层中的污物，并夹带着污物进入洗砂排水槽，由此经闸门排出池外。冲洗完毕后，即可进行下一循环的过滤。从过滤开始到过滤停止之间的过滤时间，叫作滤池的工作周期，它同滤料组成、进出水水质等因素有关，一般在 4～48h 范围。

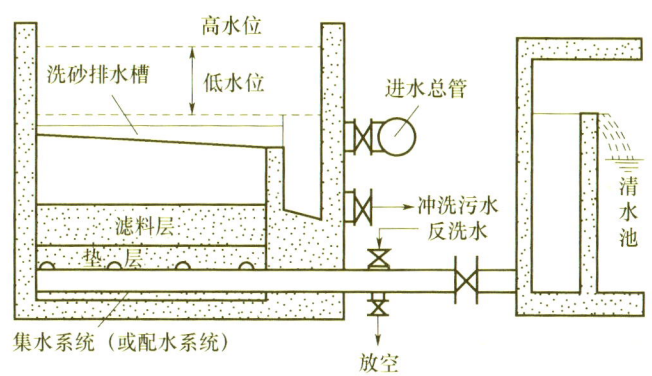

图 2-13　快滤池（重力式）构造及工作示意图

(2) 滤料

作为快滤池的滤料有石英砂、无烟煤、大理石粒、磁铁矿粒以及人造轻质滤料等，其中以石英砂应用最为广泛。对滤料的要求是：①有足够的机械强度；②化学性质稳定；③价廉易得；④具有一定的颗粒级配和适当的孔隙率。

滤池分单层滤料、双层滤料和三层滤料滤池。后两种滤料滤池是为了提高滤层的截污能力。单层滤料滤池的构造简单，操作也简便，因而应用广泛。双层滤料滤池是在石英砂滤层上加一层无烟煤滤层；三层滤料是由石英砂、无烟煤、磁铁矿的颗粒组成。

(3) 承托层

承托层的作用是过滤时防止滤料进入配水系统，冲洗时起均匀布水作用。在表 2-2 中列出了承托层的规格。承托层一般采用卵石或碎石。

表 2-2 承托层规格

层次（自上而下）	粒径/mm	厚度/mm
1	2～4	100
2	4～8	100
3	8～16	100
4	16～32	100～150

（4）配水系统

配水系统的作用是保证反冲洗水均匀地分布在整个滤池断面上，而在过滤时也能均匀地收集过滤水，前者是滤池正常操作的关键。为了尽量使整个滤池面积上反冲洗水分布均匀，工程中采用了以下两种配水系统。

① 大阻力配水系统。大阻力配水系统是由穿孔的主干管及其两侧一系列支管以及卵石承托层组成，每根支管上钻有若干个布水孔眼。这种配水系统在快滤池中被广泛应用，此系统的优点是配水均匀，工作可靠，基建费用低，但反冲洗水水头大，动力消耗大。

② 小阻力配水系统。小阻力配水系统是在滤池底部设较大的配水室，在其上面铺设阻力较小的多孔滤板、滤头等进行配水。小阻力配水系统的优点是反冲洗水头小，但配水不够均匀。这种系统适用于反冲洗水头有限的虹吸滤池和压力式无阀滤池等。

值得注意的是，滤池反冲洗质量的好坏对滤池的工作有很大影响，滤池反冲洗的目的是恢复滤料层（砂层）的工作能力，要求在滤池反冲洗时，应满足下列条件：①冲洗水在整个底部平面上应均匀分布，这是借助配水系统进行的；②冲洗水要求有足够的冲洗强度和水头，使砂层达到一定的膨胀高度；③要有一定冲洗时间；④冲洗的排水要迅速排除。

根据石英砂滤料层快滤池的经验表明，冲洗时滤料层的膨胀率为 40%～50% 较为合适，冲洗时间为 5～6min，冲洗强度 12～14L/(s·m²)。

3. 普通快滤池设计计算

（1）滤速与滤池面积

普通快滤池用于给水和清净废水的滤速可采用 5～12m/h；粗砂快滤池用于处理废水流速采用 3.7～37m/h；双层滤料滤池的滤速采用 4.8～24m/h；三层滤料滤池的滤速一般可与双层滤料滤池相同。

滤池面积按下式计算：

$$F=Q/(vT) \tag{2-13}$$

式中 F——滤池总面积，m^2；

Q——设计日废水量，m^3/d；

v——滤速，m/h；

T——滤池的实际工作时间，h；

$$T=T_0-t_0-t_1$$

式中 T_0——滤池工作周期时间，h；

t_0——滤池停运后的停留时间，h；

t_1——滤池反冲洗时间，h。

（2）滤池个数及尺寸

滤池的个数一般应通过技术经济比较来确定，但不应少于 2 个，每个滤池面积为：

$$f = F/N \qquad (2\text{-}14)$$

式中 f——单个滤池面积，m^2；

N——滤池的个数。

单个滤池面积$\leqslant 30m^2$时，长宽比一般为 1∶1；当单个滤池面积$>30m^2$时，长宽比为 1.25∶1～1.5∶1。当采用旋转式表面冲洗措施时，长宽比为 1∶1、2∶1 或 3∶1。

4. 普通快滤池设计计算实例

【例 2-2】设计日处理废水量为 $5000m^3$ 的双层滤料滤池。

解：(1) 设计废水量为 $Q=1.05\times 5000m^3/d=5250m^3/d$。其中考虑了 5%的水厂自用水量（包括反冲洗用水）。

(2) 设计数据：滤速 5m/h，冲洗强度 $q=13\sim 16L/(s\cdot m^2)$，冲洗时间 6min。

(3) 计算：

① 滤池面积及尺寸。滤池工作时间为 24h，每次冲洗 6min，停留 40min，滤池实际工作时间为：

$$T = T_0 - t_0 - t_1 = 24 - 40/(60\times 2) - 6/(60\times 2) = 23.62(h)$$

则

$$F = Q/(vT) = 5250/(5\times 23.62) = 44.45(m^2)$$

采用滤池数 4 个，每个滤池面积为

$$f = F/N = 11.11\ (m^2)$$

设计滤池长宽比 $L/B=1$，滤池尺寸为

$$L = B = \sqrt{11.11} = 3.33\ (m)$$

校核强制滤速

$$V = N_v/(N-1) = 10(m/h)$$

② 滤池总高。承托层高度 H_1 采用 0.45m；滤料层高度：无烟煤层为 450mm，砂层为 300mm，总高度 $H_2=750mm$；滤料上水深 H_3 采用 1.5m；超高 H_4 采用 0.3m；滤板高度 H_5 采用 0.12m。滤池总高为

$$H = H_1 + H_2 + H_3 + H_4 + H_5 = 3.12(m)$$

③ 滤池反冲洗水头损失

(a) 管式大阻力配水系水头损失为

$$h_2 = \left(\frac{q}{10a\mu}\right)\cdot\frac{1}{2g}$$

设计支管直径 $d=75mm$，b（壁厚）$=5mm$，孔眼 $d=9mm$，孔口流量系数 $\mu=0.68$，配水系统开孔比 $a=0.25\%$，$q=14L/(s\cdot m^2)$，代入上式得 $h_2=3.5m$。

(b) 经砾石支承层水头损失计算如下（式中 H_1 为层厚）：

$$h_3 = 0.022H_1 q = 0.022\times 0.45\times 14 = 0.14(m)$$

(c) 滤料层水头损失及富余水头为

$$H_1 = 2(m)$$

(d) 反冲洗水泵扬程 H＝滤池高度＋清水池深度＋管道、滤层水头损失

$$H = 3.12 + 3 + (3.5 + 0.14 + 2.0) = 11.76(m)$$

根据冲洗流量和扬程选择反冲洗水泵。

2.4 重力分离理论

2.4.1 沉淀

1. 概述

沉淀是使水中悬浮物质（主要是可沉固体）在重力作用下下沉，从而与水分离，使水质得到澄清。这种方法简单易行，分离效果良好，是水处理的重要工艺，在每种水处理过程中几乎都不可缺少。在各种水处理系统中，沉淀的作用有：(1) 作为化学处理与生物处理的预处理；(2) 用于化学处理或生物处理后，分离化学沉淀物、活性污泥或生物膜；(3) 污泥的浓缩脱水；(4) 灌溉农田前作灌前处理。

2. 沉淀的类型

按照水中悬浮颗粒的浓度、性质及其絮凝性能的不同，沉淀现象可分为以下几种类型：

(1) 自由沉淀

悬浮颗粒的浓度低，在沉淀过程中互不粘合，不改变颗粒的形状、尺寸及密度，如沉砂池中颗粒的沉淀。

(2) 絮凝沉淀

在沉淀过程中能发生凝聚或絮凝作用、浓度低的悬浮颗粒的沉淀，由于絮凝作用颗粒质量增加，沉降速度加快，沉速随深度而增加。废水化学混凝过程中颗粒的沉淀即属絮凝沉淀。

(3) 拥挤沉淀（成层沉淀）

水中悬浮颗粒的浓度比较高，在沉降过程中，产生颗粒互相干扰的现象，在清水与浑水之间形成明显的交界面，并逐渐向下移动，因此又称成层沉淀。活性污泥法后的二次沉淀池以及污泥浓缩池中的初期情况均属这种沉淀类型。

(4) 压缩沉淀

压缩沉淀一般发生在高浓度的悬浮颗粒的沉降过程中，颗粒相互接触并部分地受到压缩物支撑，下层颗粒间隙中的液体被挤出界面，固体颗粒群被浓缩。浓缩池中污泥的浓缩过程属此类型。

3. 絮凝沉淀分析

在絮凝沉淀过程中，悬浮固体会发生絮凝，其发生絮凝的程度和效果与悬浮固体浓度、颗粒粒径大小及其分布、沉淀池池深、沉淀池内流体速度梯度、沉淀池污泥负荷等多因素密切相关，难以借助有关理论进行计算，只能通过沉淀试验测试确定。

絮凝沉淀试验是在一个直径为 150~200mm、高度 2000~2500mm、在高度方向每隔 500mm 设取样口的沉淀柱内进行，如图 2-14（a）所示。将已知悬浮物浓度为 C_0 及水温的水样注满沉淀筒，搅拌均匀后开始计时，每隔一定时间间隔，如 2min、4min、6min、8min、10min、15min、20min、30min、40min、……120min，同时在各取样口取水样 150~200mL，分析各水样的悬浮物浓度，并计算出各自的去除率 $\eta = \dfrac{C_0 - C_t}{C_0} \times 100\%$，记录于表 2-3。

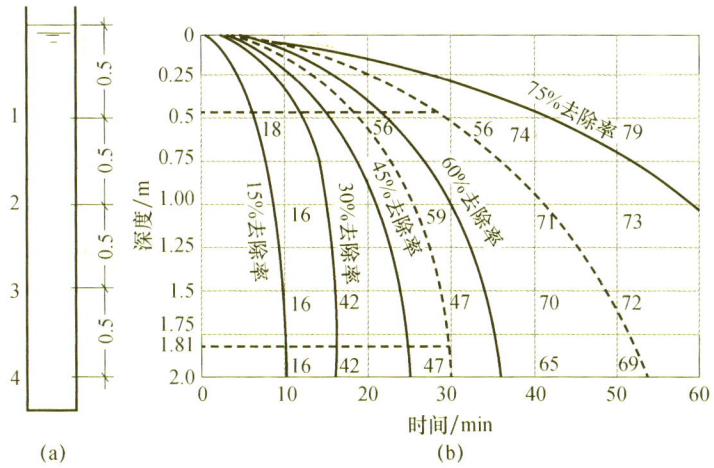

图 2-14 絮凝沉淀曲线

表 2-3 絮凝试验记录表

取样口编号	取样深度/m	取样时间/min							
		0		10		20		……	
		浓度/(mg/L)	去除率/%	浓度/(mg/L)	去除率/%	浓度/(mg/L)	去除率/%	浓度/(mg/L)	去除率/%
1	0.5	200	0	180	10	160	19	…	…
2	1.0	200	0	184	8	170	15	…	…
3	1.5	200	0	188	6	178	11	…	…
4	2.0	200	0	190	5	182	9	…	…

根据表 2-3，在直角坐标纸上，以取样口深度（m）为纵坐标，取样时间（min）为横坐标。将同一沉淀时间，不同深度的去除率标于其上，然后把去除率相等的各点连接成等去除率曲线，如图 2-14（b）所示。从图 2-14（b）可求出与不同沉淀时间、不同深度相对应的总去除率。求解方法，通过【例 2-3】说明。

【例 2-3】图 2-14（b）是某城市污水的絮凝沉淀试验得到的等去除率曲线。求解沉淀时间 30min，深度 2m 处的总去除率。

解：因为 $t=30$min、$H=2$m 处的 $u_0=H/t=2/30=0.067$m/min$=1.11$mm/s。故凡 $u_1 \geqslant u_0 = 0.067$m/min 的颗粒都可被去除。由图 2-14（b）知，这部分颗粒的去除率为 45%，$u_1 \geqslant u_0 = 0.067$m/min 的颗粒的去除率可用图解法求得。

图解法的步骤：①在等去除率曲线 45% 与 60% 之间作中间曲线 [图 2-14（b）上的虚线]，该曲线与 $t=30$min 的垂直线交点对应的深度为 1.81m，得颗粒的平均沉速为 $u_1=1.81/30=0.06$m/min$=1.0$mm/s；②用同样的方法，在 60% 与 75% 两条曲线之间，作中间曲线，该曲线与 $t=30$min 的垂直线交点对应深度为 0.5m，得这部分颗粒的平均沉速为 $u_2=0.5/30=0.017$m/min$=0.28$mm/s。沉速更小的颗粒可略去不计。故沉淀时间 $t=30$min、$H=2$m 处的总去除率为：

$$\eta = 45\% + \frac{u_1}{u_0} \times (60-45) + \frac{u_2}{u_0} \times (75-60) + \cdots = 45\% + \frac{1.0}{1.11} \times 15 + \frac{0.28}{1.11} \times 15 + \cdots = 62.3\%.$$

2.4.2 沉淀池的工作原理

为便于说明沉淀池的工作原理以及分析水中悬浮颗粒在沉淀池内运动规律，提出了理想沉淀池这一概念。理想沉淀池划分为四个区域，即进口流入区域、沉淀区域、出口流出区域及污泥区域，并作下述假定：

(1) 沉淀区过水断面上各点的水流速度均相同，水平流速为 v；
(2) 悬浮颗粒在沉淀区等速下沉，下沉速度为 u；
(3) 在沉淀池的进口区域，水流中的悬浮颗粒均匀分布在整个过水断面上；
(4) 颗粒一经沉到池底，即认为已被去除。

图 2-15 是理想沉淀池的示意图。按功能的不同，整个沉淀池可分为入流区、沉降区、流出区和污泥区 4 个部分，其中沉淀区的长、宽、深分别为 L、B 和 H。当某一颗粒进入沉淀池后，一方面随着水流在水平方向流动，其水平流速 v 等于水流速度：

$$v = \frac{Q}{A'} = \frac{Q}{Hb} \tag{2-15}$$

式中 v——颗粒的水平分速，m/s；

Q——进水流量，m³/s；

A'——沉淀区过水断面面积，$A = H \times b$；

H——沉淀区的水深，m；

b——沉淀区宽度，m。

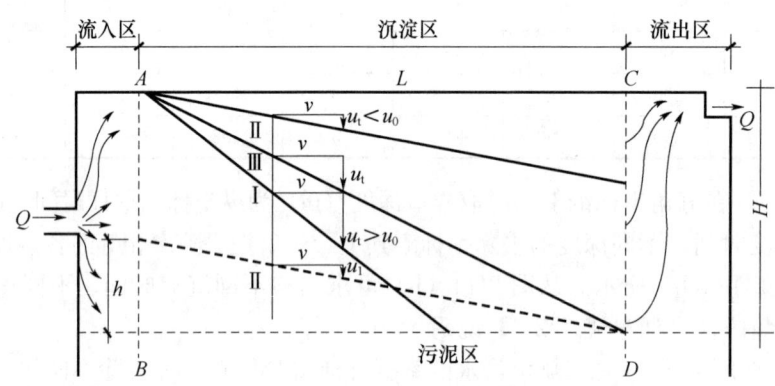

图 2-15 理想沉淀池示意图

颗粒在重力作用下沿垂直方向下沉，其沉速即颗粒的自由沉降速度 u_t。颗粒运动的轨迹为其水平分速 v 和沉速 u 的矢量和，在沉淀过程中，是一组倾斜的直线，其坡度 $i = u/v$。

从图 2-15 与自由沉淀原理进行分析，设 u_0 为某一指定颗粒的最小沉降速度，当颗粒沉速 $u_t \geq u_0$ 的颗粒，都可在 D 点前沉淀，见轨迹Ⅰ所代表的颗粒。沉速 $u_t < u_0$ 的那些颗粒，视其在流入区所处的位置而定，若处在靠近水面处，则不能被去除，见轨迹Ⅱ实线所代表的颗粒；同样的颗粒若处在靠近池底的位置就能被去除，见轨迹Ⅱ虚线所代表的颗粒。若沉速 $u_t < u_0$ 的颗粒的重量占全部颗粒重量的 $\mathrm{d}P\%$，可被沉淀去除的量应为 $\frac{h}{H}\mathrm{d}P\%$，因 $h = u_t t$，$H = u_0 t$，所以 $\frac{h}{u_t} = \frac{H}{u_0}$，$\frac{u_t}{u_0}\mathrm{d}P = \frac{h}{H}\mathrm{d}P$，积分得 $\int_0^{P_0} \frac{u_t}{u_0}\mathrm{d}P = \frac{1}{u_0}\int_0^{P_0} u_t \mathrm{d}P$。可见，沉速小于 u_0 的

颗粒被沉淀去除的量为 $\frac{1}{u_0}\int_0^{P_0} u_t \mathrm{d}P$。理想沉淀池总去除量为 $(1-P_0) + \frac{1}{u_0}\int_0^{P_0} u_t \mathrm{d}P$，$P_0$ 为沉速小于 u_0 的颗粒占全部悬浮颗粒的比值（即剩余量）。用去除率表示，可改写为：

$$\eta = (100 - P_0) + \frac{100}{u_0}\int_0^{P_0} u_t \mathrm{d}P \tag{2-16}$$

式中　P_0 用百分数代入。

根据理想沉淀池的原理，可说明两点：

(1) 设处理水量为 Q（m³/s），沉淀池的宽度为 B，水面面积为 $A = B \cdot L$（m²），故颗粒在池内的沉淀时间为：

$$t = \frac{L}{v} = \frac{H}{u_0}$$

沉淀池的容积为：

$$V = Qt = HBL$$

因：

$$Q = \frac{V}{t} = \frac{HBL}{t} = Au_0$$

所以：

$$\frac{Q}{A} = u_0 = q \tag{2-17}$$

Q/A 的物理意义是：在单位时间内通过沉淀池单位表面积的流量，称为表面负荷或溢流率，用符号 q 表示。表面负荷或溢流率的量纲是：m³/(m²·s) 或 m³/(m²·h)，也可简化为 m/s 或 m/h。表面负荷的数值等于颗粒沉速，故只要确定颗粒的最小沉速 u_0，就可以求得理想沉淀池的过流率或表面负荷。

(2) 根据图 2-15，在水深 h 以下入流的颗粒，可被全部沉淀去除，由 $\frac{h}{u_t} = \frac{L}{v}$，得：

$$h = \frac{u_t}{v}L \tag{2-18}$$

则沉速为 u_t 的颗粒的去除率为：

$$\eta = \frac{h}{H} = \frac{\frac{u_t L}{v}}{H} = \frac{u_t}{\frac{vH}{L}} = \frac{u_t}{\frac{vHB}{LB}} = \frac{u_t}{\frac{Q}{A}} = \frac{u_t}{q} \tag{2-19}$$

从式（2-19）可知，平流理想沉淀池的去除率仅取决于表面负荷 q 及颗粒沉速 u_t，而与沉淀时间无关。

2.5　沉　砂　池

沉砂池的功能是去除密度较大的无机颗粒，如泥砂、煤渣等。沉砂池一般设于泵站、倒虹管前，以便减轻无机颗粒对水泵、管道的磨损；也可设于初次沉淀池前，以减轻沉淀池负荷及改善污泥处理构筑物的处理条件。常用的沉砂池有平流沉砂池、曝气沉砂池和钟式沉砂池等。

污水厂应设置沉砂池，按去除相对密度 2.65、粒径 0.2mm 以上的砂粒设计；污水的沉砂量，可按每立方米污水 0.03L 计算；合流制污水的沉砂量应根据实际情况确定。砂斗容积不应大于 2d 的沉砂量，采用重力排砂时，砂斗斗壁与水平面的倾角不应小于 55°。沉砂池除砂宜采用机械方法，并经砂水分离后贮存或外运。采用人工排砂时，排砂管直径不应小于 200mm。排砂管应考虑防堵塞措施。

2.5.1 平流沉砂池

1. 平流沉砂池设计应符合如下规范

（1）最大流速应为 0.3m/s，最小流速应为 0.15m/s；
（2）最高时流量的停留时间不应小于 30s；
（3）有效水深不应大于 1.2m，每格宽度不宜小于 0.6m。

2. 平流沉砂池的构造

平流沉砂池由入流渠、出流渠、闸板、水流部分及沉砂斗组成，如图 2-16 所示。它具有截留无机颗粒效果较好、工作稳定、构造简单、排沉砂较方便等优点。

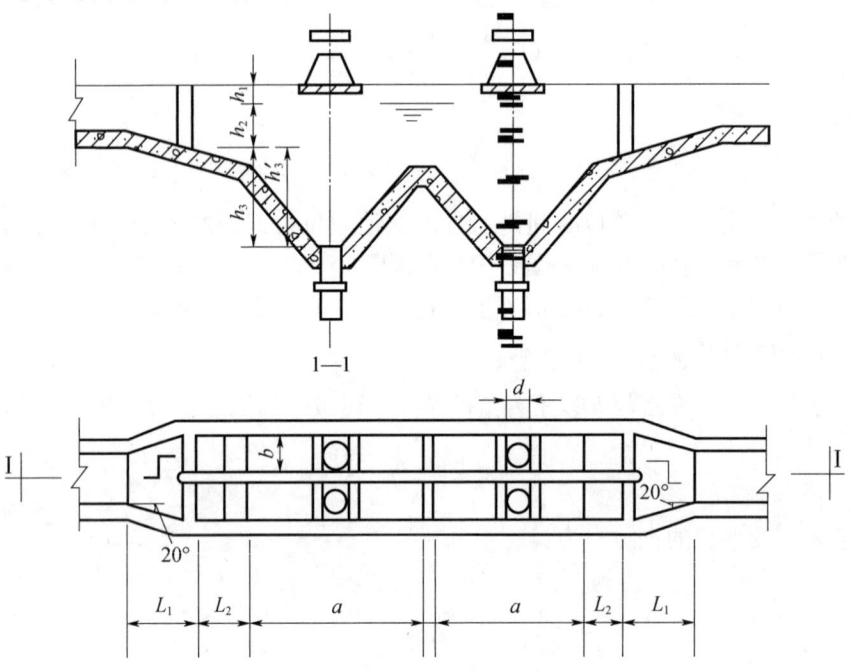

图 2-16 平流沉砂池的构造示意图

3. 平流式沉砂池的设计

（1）长度 L

$$L = vt \tag{2-20}$$

式中　v——最大设计流量时的速度，m/s；
　　　t——最大设计流量时的停留时间，s。

（2）水流断面面积 A

$$A = Q_{max}/v \tag{2-21}$$

式中　Q_{max}——最大设计流量，m³/s。

（3）池总宽度 B

$$B = A/h_2 \tag{2-22}$$

式中 h_2——设计有效水深。

(4) 贮砂斗所需容积 V

$$V = \frac{86400 Q_{max} t x_1}{10^5 K_{总}} \quad (2\text{-}23)$$

或

$$V = N x_2 t' \quad (2\text{-}24)$$

式中 V——贮砂斗所需容积，m^3；

x_1——城市污水沉砂量，$m^3/10^5 m^3$；

x_2——生活污水沉砂量，$L/(p \cdot d)$；

t'——清除沉砂的时间间隔，d；

$K_{总}$——流量总变化系数；

N——沉砂池服务人口数。

(5) 池总高度 H

$$H = h_1 + h_2 + h_3 \quad (2\text{-}25)$$

式中 h_1——超高，0.3m；

h_2——有效水深，m；

h_3——贮砂斗高度，m。

(6) 核算最小流速 v_{min}

$$v_{min} = \frac{Q_{min}}{n_1 A_{min}} \quad (2\text{-}26)$$

式中 Q_{min}——设计最小流量，m^3/s；

n_1——最小流量时工作的沉砂池数目；

A_{min}——最小流量时沉砂池中的水流断面面积，m^2。

$v_{min} \geq 0.15 m/s$。

4. 平流式沉砂池的设计实例

【例 2-4】已知某城市污水处理厂的最大设计流量为 $0.4 m^3/s$，最小设计流量为 $0.2 m^3/s$，总变化系数 $K_Z = 1.4$，设计平流沉砂池各部分尺寸。

解：设计平流沉砂池各数据如下：

(1) 长度（L）

设 $v = 0.25 m/s$，$t = 30s$。

$$L = vt = 0.25 \times 30 = 7.5 (m)$$

(2) 水流断面积（A）

$$A = \frac{Q_{max}}{v} = \frac{0.4}{0.25} = 1.6 (m^2)$$

(3) 池总宽度（B）

设 $n = 4$ 格，每格宽 $b = 0.6 m$。

$$B = nb = 4 \times 0.6 = 2.4 (m)$$

(4) 有效水深（h_2）

$$h_2 = \frac{A}{B} = \frac{1.6}{2.4} = 0.67 (m)$$

(5) 沉砂斗所需容积（V）

设 $t=2\text{d}$，$x_1=3\text{m}^3/10^5\text{m}^3$。

$$V=\frac{Q_{\max}x_1t\times 86400}{K_Z\times 10^5}=\frac{0.4\times 3\times 2\times 86400}{1.4\times 10^5}=1.48(\text{m}^3)$$

(6) 每个沉砂斗容积（V_0）

设每一分格有 2 个沉砂斗。

$$V_0=\frac{1.48}{4\times 2}=0.19/(\text{m}^3)$$

(7) 沉砂斗各部分尺寸

设斗底宽 $a_1=0.5\text{m}$，斗壁与水平面的倾角为 $55°$，斗高 $h_3'=0.35\text{m}$，沉砂斗上口宽：

$$a=\frac{2h_3'}{\tan 55°}+a_1=\frac{2\times 0.35}{\tan 55°}+0.5=1.0(\text{m})$$

沉砂斗设计容积：

$$V_0=\frac{h_3'}{6}(2a^2+2aa_1+2a_1^2)=\frac{0.35}{6}(2\times 1^2+2\times 1\times 0.5+2\times 0.5^2)=0.2(\text{m}^3)(\approx 0.19\text{m}^3)$$

(8) 沉砂室高度（h_3）

采用重力排砂，设池底坡度为 0.06，坡向砂斗。

$$h_3=h_3'+0.06l_2=0.35+0.06\times 2.65=0.51(\text{m})$$

(9) 池总高度（H）

设超高 $h_1=0.3\text{m}$。

$$H=h_1+h_2+h_3=0.3+0.67+0.51=1.48(\text{m})$$

(10) 验算最小流速（$v_{\min}$）

在最小流速时，可以用两格工作（$n_1=2$）。

$$v_{\min}=\frac{Q_{\min}}{n_1 A_{\min}}=\frac{0.2}{2\times 0.6\times 0.67}=0.25(\text{m/s})>0.15(\text{m/s})$$

2.5.2 曝气沉砂池

曝气沉砂池的结构如图 2-17 所示。曝气沉砂池的特点：池中设有曝气设备，它还具有预曝气、脱臭、防止污水厌氧分解、除泡以及加速污水中油类的分离等作用。沉砂中含有机物的量低于 5%。

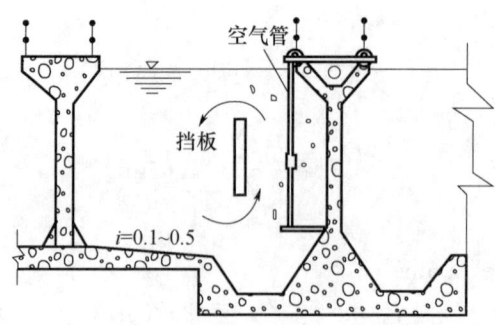

图 2-17 曝气沉砂池示意图

1. 曝气沉砂池的构造

(1) 曝气沉砂池是一个长形渠道,沿渠道壁一侧的整个长度上,距池底 60～90cm 处设置曝气装置;

(2) 在池底设置沉砂斗,池底有 $i=0.1～0.5$ 的坡度,以保证砂粒滑入砂槽;

(3) 为了使曝气能起到池内回流作用,在必要时可在设置曝气装置的一侧装设挡板。

2. 曝气沉砂池的工作原理

污水在池中存在着两种运动形式,其一为水平流动(一般流速 0.1m/s),同时在池的横断面上产生旋转流动(旋转流速 0.4m/s),整个池内水流产生螺旋状前进的流动形式。

由于曝气以及水流的螺旋旋转作用,污水中悬浮颗粒相互碰撞、摩擦,并受到气泡上升时的冲刷作用,使黏附在砂粒上的有机污染物得以去除,沉于池底的砂粒较为纯净,有机物含量只有 5% 左右,长期搁置也不至于腐化。

3. 曝气沉砂池的设计参数

(1) 水平流速一般取 0.08～0.12m/s,一般为 0.1m/s。

(2) 污水在池内的停留时间为 4～6min;雨天最大流量时为 1～3min。如作为预曝气,停留时间为 10～30min。

(3) 池的有效水深为 2～3m,池宽与池深比为 1～1.5,池的长宽比可达 5,当池长宽比大于 5 时,应考虑设置横向挡板。

(4) 曝气沉砂池多采用穿孔管曝气,孔径为 2.5～6.0mm,距池底为 0.6～0.9m,并应有调节阀门。处理每立方米污水的曝气量宜为 0.1～0.2m³ 空气。

(5) 曝气沉砂池的进水方向应与池中旋流方向一致,出水方向应与进水方向垂直,并宜设置挡板。

4. 曝气沉砂池设计

计算公式:

(1) 总有效容积 V

$$V = 60 Q_{max} t \tag{2-27}$$

式中　Q_{max}——最大设计流量,m³/s;
　　　t——最大设计流量时的停留时间,min。

(2) 池断面积 A

$$A = Q_{max}/v \tag{2-28}$$

式中　v——最大设计流量时的水平前进流速,m/s。

(3) 池总宽度 B

$$B = \frac{A}{h} \tag{2-29}$$

式中　B——池总宽度,m;
　　　h——有效水深,m。

(4) 池长 L

$$L = V/A \tag{2-30}$$

(5) 所需曝气量 q

$$q = 3600 D Q_{max} \tag{2-31}$$

式中　D——每 1m³ 污水所需曝气量,m³/m³。

2.5.3 钟式沉砂池

1. 钟式沉砂池的构造

钟式沉砂池的构造如图 2-18 所示。钟式沉砂池是利用机械力控制水流流态与流速,加速砂粒的沉淀并使有机物随水流带走的沉砂装置。沉砂池由流入口、流出口、沉砂区、砂斗及带变速箱的电动机、传动齿轮、压缩空气输送管和砂提升管以及排砂管等组成。污水由流入口切线方向流入沉砂区,利用电动机及传动装置带动转盘和斜坡式叶片,由于所受离心力的不同,把砂粒甩向池壁,掉入砂斗,有机物被送回污水中。调整转速,可达到最佳沉砂效果。沉砂用压缩空气经砂提升管、排砂管清洗后排除,清洗水回流至沉砂区,排砂达到清洁砂标准。

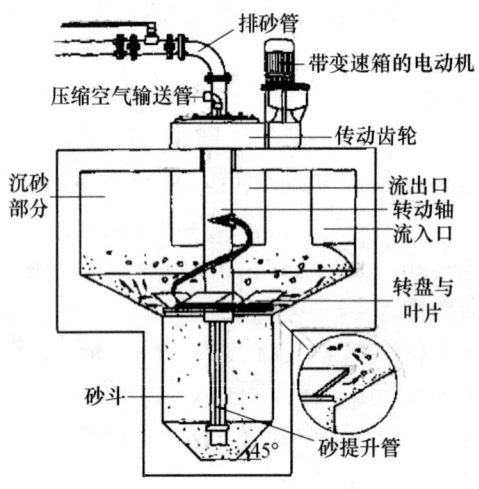

图 2-18 钟式沉砂池的构造图

2. 钟式沉砂池的设计

钟式沉砂池的各部分尺寸标于图 2-19。根据设计污水流量的大小,有多种型号供设计选用。钟式沉砂池型号及尺寸见表 2-4。

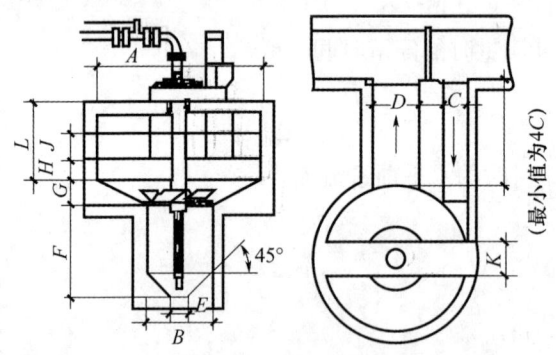

图 2-19 钟式沉砂池的各部分尺寸

表 2-4 钟式沉砂池型号及尺寸 (m)

型号	流量/(L/s)	A	B	C	D	E	F	G	H	J	K	L
50	50	1.83	1.0	0.305	0.610	0..30	1.40	0.30	0.30	0.20	0.80	1.10
100	110	2.13	1.0	0.380	0.760	0.30	1.40	0.30	0.30	0.30	0.80	1.10

续表

型号	流量/(L/s)	A	B	C	D	E	F	G	H	J	K	L
200	180	2.43	1.0	0.450	0.900	0.30	1.35	0.40	0.30	0.40	0.80	1.15
300	310	3.05	1.0	0.610	1.200	0.30	1.55	0.45	0.30	0.45	0.80	1.35
550	530	3.65	1.5	0.750	1.50	0.40	1.70	0.60	0.51	0.58	0.80	1.45
900	880	4.87	1.5	1.00	2.00	0.40	2.20	1.00	0.51	0.60	0.80	1.85
1300	1320	5.48	1.5	1.10	2.20	2.20	1.00	0.61	0.63	0.80	1.85
1750	1750	5.80	1.5	1.20	2.40	0.40	2.50	1.30	0.75	0.70	0.80	1.95
2000	2200	6.10	1.20	2.40	0.40	2.50	1.30	0.89	0.75	0.80	1.95

2.6 沉 淀 池

沉淀池是分离悬浮物的一种常用处理构筑物。用于生物处理法中作预处理的称为初次沉淀池（初沉池）。对于一般的城市污水，初次沉淀池可以去除约30%的BOD_5与55%的悬浮物。设置在生物处理构筑物后的称为二次沉淀池（二沉池），是生物处理工艺中的一个组成部分。

沉淀池常按水流方向来区分为平流式、竖流式及辐流式三种，另外还有斜板沉淀池。沉淀池的特点和适用条件见表2-5。

表2-5 沉淀池特点与适用条件

池型	优点	缺点	适用条件
平流式	对冲击负荷和温度变化的适应能力较强；施工简单，造价低	采用多斗排泥，每个泥斗需单独设排泥管各自排泥，操作工作量大，采用机械排泥，机件设备和驱动件均浸于水中，易锈蚀	适用地下水位较高及地质较差的地区；适用于大、中、小型污水处理厂
竖流式	1. 排泥方便，管理简单； 2. 占地面积较小	池深度大，施工困难；对冲击负荷和温度变化的适应能力较差；造价较高；池径不宜太大	适用于处理水量不大的小型污水处理厂
辐流式	采用机械排泥，运行较好，管理较简单；排泥设备已有定型产品	池水水流速度不稳定；机械排泥设备复杂，对施工质量要求较高	适用于地下水位较高的地区；适用于大、中型污水处理厂
斜板沉淀池	沉淀效果好，占地面积较小，排泥方便	易堵塞；造价高	适用于原有沉淀池挖潜、化学污泥沉淀等

2.6.1 沉淀池设计的一般规定

（1）沉淀池的设计数据宜按表2-6的规定取值。

表 2-6 沉淀池设计数据

沉淀池类型	沉淀时间/h	表面水力负荷/[m³/(m²·h)]	每人每日的污泥量/[g/(人·d)]	含水率/%	污泥固体负荷/[kg/(m²·d)]
初次沉淀池	0.5~2.0	1.5~4.5	16~36	95~97	—
二次沉淀池（生物膜法后）	1.5~4.0	1.0~2.0	10~26	96~98	≤150
二次沉淀池（活性污泥法后）	1.5~4.0	0.6~1.5	12~32	99.2~99.6	≤150

（2）沉淀池的超高不应小于 0.3m。

（3）沉淀池的有效水深宜采用 2.0~4.0m。

（4）当采用污泥斗排泥时，每个污泥斗均应设单独的闸阀和排泥管。污泥斗的斜壁与水平面的倾角，方斗宜为 60°，圆斗宜为 55°。

（5）初次沉淀池的污泥区容积，除设机械排泥的宜按 4h 的污泥量计算外，宜按不大于 2d 的污泥量计算。活性污泥法处理后的二次沉淀池污泥区容积，宜按不大于 2h 的污泥量计算，并应有连续排泥措施；生物膜法处理后的二次沉淀池污泥区容积，宜按 4h 的污泥量计算。

（6）排泥管的直径不应小于 200mm。

（7）当采用静水压力排泥时，初次沉淀池的静水头不应小于 1.5m；二次沉淀池的静水头，生物膜法处理后不应小于 1.2m，活性污泥法处理池后不应小于 0.9m。

（8）初次沉淀池的出口堰最大负荷不宜大于 2.9L/(s·m)；二次沉淀池的出水堰最大负荷不宜大于 1.7L/(s·m)。

（9）沉淀池应设置浮渣的撇除、输送和处置设施。

2.6.2 平流沉淀池

1. 平流沉淀池的设计要求

平流沉淀池如图 2-20 所示，呈长方形，废水从池的一端流入，水平方向流过池子，从池的另一端流出。在池的进口处底部设贮泥斗，其他部位池底有坡度，倾向贮泥斗。平流沉淀池的设计，应符合下列要求：

（1）每格长度与宽度之比不宜小于 4，长度与有效水深之比不宜小于 8，池长不宜大于 60m；

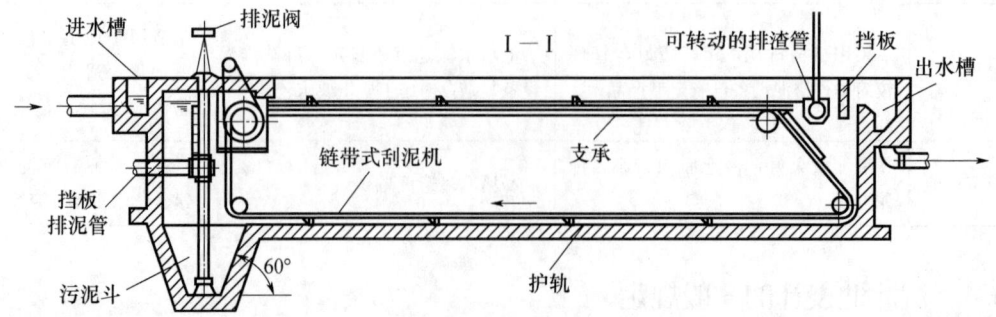

图 2-20 有链带式刮泥机的平流沉淀池

(2) 宜采用机械排泥,排泥机械的行进速度为 0.3~1.2m/min;

(3) 缓冲层高度,非机械排泥时为 0.5m;机械排泥时,应根据刮泥板高度确定,且缓冲层上缘宜高出刮泥板 0.3m;

(4) 池底纵坡不宜小于 0.01。

2. 平流式沉淀池的设计

沉淀池功能设计的内容包括沉淀池的只数、沉淀区的尺寸和污泥区尺寸等。

设计沉淀池时应根据需要达到的去除效率确定沉淀池的表面水力负荷(或过流率)、沉淀时间以及污水在池内的平均流速等。目前常按照沉淀时间和水平流速或表面水力负荷进行计算,其计算公式如下:

(1) 沉淀池的表面积 A

$$A = \frac{3600 Q_{max}}{q} \tag{2-32}$$

式中 Q_{max}——最大设计流量,m^3/s;

q——表面水力负荷,$m^3/(m^2 \cdot h)$;初沉池一般取 $1.5 \sim 3 m^3/(m^2 \cdot h)$,二次沉淀池一般取 $1 \sim 2 m^3/(m^2 \cdot h)$。

(2) 沉淀区有效水深 h_2

$$h_2 = qt \tag{2-33}$$

式中 t——沉淀时间,h;初沉池一般取 1~2h,二次沉淀池一般取 1.5~2.5h。

沉淀区有效水深 h_2 通常取 2~3m。

(3) 沉淀区有效容积 V_1

$$V_1 = A h_2 \tag{2-34}$$

或

$$V_1 = 3600 Q_{max} t \tag{2-35}$$

(4) 沉淀池长度 L

$$L = 3.6 vt \tag{2-36}$$

式中 v——最大设计流量时的水平流速,mm/s;一般不大于 5mm/s。

(5) 沉淀池总宽度 B

$$B = A/L \tag{2-37}$$

(6) 沉淀池的个数 n

$$n = B/B_1 \tag{2-38}$$

式中 B_1——每个沉淀池宽度。

平流式沉淀池的长度一般为 30~50m,为了保证污水在池内分布均匀,池长与池宽比不小于 4,以 4~5 为宜。

(7) 污泥区容积

对于生活污水,污泥区的总容积 V:

$$V = \frac{NST}{1000} \tag{2-39}$$

式中 S——每人每日的污泥量,L/(d·人);

N——设计人口数,人;

T——污泥贮存时间,d。

(8) 沉淀池的总高度 H
$$H=h_1+h_2+h_3+h_4=h_1+h_2+h_3+h'_4+h''_4 \tag{2-40}$$

式中 h_1——沉淀池超高，m；一般取 0.3m；
h_2——沉淀区的有效深度，m；
h_3——缓冲层高度，m；无机械刮泥设备时，取 0.5m；有机械刮泥设备时，其上缘应高出刮板 0.3m；
h_4——污泥区高度，m；
h'_4——泥斗高度，m；
h''_4——梯形的高度，m。

(9) 污泥斗的容积 V'
$$V'=\frac{1}{3}h'_4(S_1+S_2+\sqrt{S_1S_2}) \tag{2-41}$$

式中 S_1——污泥斗的上口面积，m^2；
S_2——污泥斗的下口面积，m^2。

(10) 污泥斗以上梯形部分污泥容积 V''
$$V''=\left(\frac{L_1+L_2}{2}\right)h''_4b \tag{2-42}$$

式中 L_1——梯形上底边长，m；
L_2——梯形下底边长，m。

3. 平流式沉淀池的设计计算实例

【例 2-5】 某城市污水处理厂最大设计流量 34560m^3/d，设计人口 200000 人，沉淀时间 1.5h，采用链带式刮泥机，设计平流沉淀池各数据。

解：设计平流沉淀池各部分尺寸如下：

池子总表面积（A）

设表面负荷设计流量 $q=2.0m^3/(m^2 \cdot h)$，$Q_{max}=0.4m^3/s$，则
$$A=\frac{Q_{max}\times 3600}{2}=\frac{0.4\times 3600}{2}=720(m^2)$$

沉淀部分有效水深（h_2）
$$h_2=qt=2.0\times 1.5=3.0(m)$$

(1) 沉淀部分有效容积（V_1）
$$V_1=Q_{max}t\times 3600=0.4\times 1.5\times 3600=2160(m^3)$$

(2) 池长（L）

设水平流速 $v=3.70$mm/s，
$$L=vt\times 3.6=3.7\times 1.5\times 3.6=20(m)$$

(3) 池子总宽度（B）
$$B=\frac{A}{L}=\frac{720}{20}=36(m)$$

(4) 池子个数（n）

设每个池子宽 $B_1=4.5$m，
$$n=\frac{B}{B_1}=\frac{36}{4.5}=8(个)$$

(5) 校核长宽比
$$\frac{L}{B_1}=\frac{20}{4.5}=4.4>4.0(符合要求)$$

(6) 污泥部分需要的总容积（V）

设 $T=2.0\text{d}$，污泥量为 25g/(人·d)，污泥含水率为 95%，则

$$S=\frac{25\times100}{(100-95)\times1000}=0.50[\text{L}/(人\cdot\text{d})]$$

$$V=\frac{SNT}{1000}=\frac{0.5\times200000\times2.0}{1000}=200(\text{m}^3)$$

(7) 每格池污泥所需容积（V_2）

$$V_2=\frac{V}{n}=\frac{200}{8}=25(\text{m}^3)$$

(8) 污泥斗容积（V'）

采用污泥斗：由于池宽 $B_1=4.5\text{m}$，取污泥斗上口宽 4.5m，下口宽 0.5m，则

$$V'=\frac{1}{3}h'_1(S_1+S_2+\sqrt{S_1 S_2})$$

$$h'_1=\frac{4.5-0.5}{2}\tan60°=3.46(\text{m})$$

$$V'=\frac{1}{3}\times3.46\times(4.5\times4.5+0.5\times0.5+\sqrt{4.5^2\times0.5^2}=26(\text{m}^3)$$

(9) 污泥斗以上梯形部分污泥容积（V''）

$$h''_1=(20\times0.3-4.5)\times0.01=0.158(\text{m});$$

$$L_1=20+0.3+0.5=20.80\ (\text{m}),\ L_2=4.50\text{m};$$

$$V''=\frac{L_1+L_2}{2}h''_1 B_1=\frac{(20.80+4.50)}{2}\times0.158\times4.5=9.0(\text{m}^3)$$

(10) 污泥斗和梯形部分污泥容积

$$V'+V''=26+9=35(\text{m}^3)>25(\text{m}^3)$$

(11) 池子总高度（H）

设缓冲层高度 $h_3=0.50\text{m}$，$h_1=h'_1+h''_1=0.158+3.46=3.62(\text{m})$

$$H=h_1+h_2+h_3+h_4=0.3+3+0.5+3.62=7.42\ (\text{m})$$

2.6.3 竖流式沉淀池

1. 竖流式沉淀池的构造

竖流式沉淀池如图 2-21 所示，其池形状多为圆形，亦有方形或多角形的。废水从设在池中央的中心管进入，从中心管的下端经过反射板后均匀缓慢地分布在池的横断面上。由于出水口设置在池面或池墙四周，故水的流向基本由下向上，污泥贮积在底部的污泥斗。竖流沉淀池的设计，应符合下列要求：

(1) 水池直径一般采用 4~7m，不大于 10m；直径（或正方形的一边）与有效水深之比不宜大于 3；

(2) 中心管内流速不宜大于 30mm/s；

(3) 中心管下口应设有喇叭口和反射板，板底面距泥面不宜小于 0.3m。

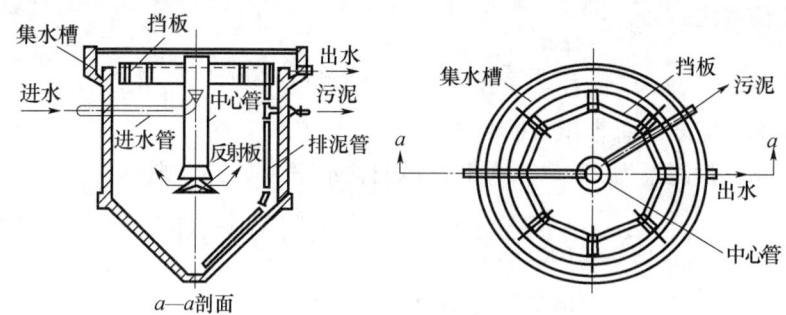

图 2-21 竖流式沉淀池

在竖流式沉淀池中，污水是从下向上以流速 v 做竖向流动，废水中的悬浮颗粒有以下三种运动状态：①当颗粒沉速 $u>v$ 时，则颗粒将以 $u-v$ 的差值向下沉淀，颗粒得以去除；②当 $u=v$ 时，则颗粒处于随遇状态，不下沉亦不上升；③当 $u<v$ 时，颗粒将不能沉淀下来，而会随上升水流带走。由此可知，当可沉颗粒属于自由沉淀类型时，其沉淀效果（在相同的表面水力负荷条件下）竖流式沉淀池的去除效率要比平流式沉淀池低。但当可沉颗粒属于絮凝沉淀类型时，则发生的情况就比较复杂。由于在池中的流动存在着各自相反的状态，就会出现上升着的颗粒与下降着的颗粒，同时还存在着上升颗粒与上升颗粒之间、下降颗粒与下降颗粒之间的相互接触、碰撞，致使颗粒的直径逐渐增大，有利于颗粒的沉淀。

在图 2-21 中，污水从中心管自上而下，经反射板折向上流，沉淀水由设在池周的锯齿溢流堰进入集水槽，经过出水管排出。如果池径大于 7m，为了使池内水流分布均匀，可增设辐射方向的集水槽，集水槽前设有挡板，隔除浮渣。污泥斗的倾角 55°~60°，污泥依靠静压力排出。

图 2-22 是竖流式沉淀池的中心管、喇叭口及反射板的尺寸关系图。中心管内的流速 v_0 不宜大于 30mm/s，喇叭口及反射板起消能和使水流方向折向上流的作用。污水从喇叭口与反射板之间的间隙流出的流速 v_1 不应大于 30mm/s。

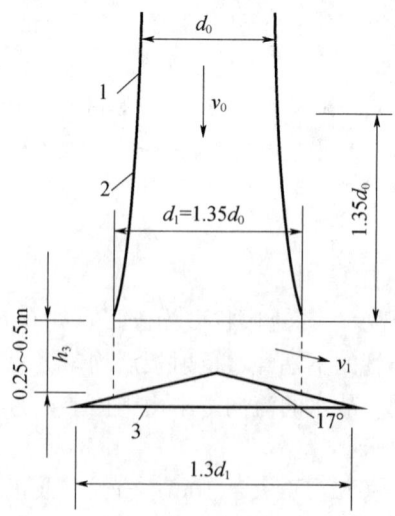

图 2-22 中心管及反射板的结构尺寸
1—中心管；2—喇叭口；3—反射板

2. 竖流式沉淀池的设计

竖流式沉淀池设计的内容包括沉淀池各数据。

(1) 中心管面积与直径

$$A_1 = Q_{max}/v_0 \tag{2-43}$$

$$d_0 = \sqrt{\frac{4A_1}{\pi}} \tag{2-44}$$

式中　A_1——中心管截面积，m^2；
　　　d_0——中心管直径，m；
　　　Q_{max}——每一个池的最大设计流量，m^3/s；
　　　v_0——中心管内的流速，m/s。

(2) 沉淀池的有效沉淀高度，即中心管的高度。

$$h_2 = 3600vt \tag{2-45}$$

式中　h_2——有效沉淀高度，m；
　　　v——污水在沉淀区的上升流速，mm/s，如有沉淀试验资料，v 等于拟去除的最小颗粒的沉速 u，如无则 v 用 0.5～1.0mm/s，即 0.0005～0.001m/s；
　　　t——沉淀时间，一般采用 1.0～2.0h（初次沉淀池）；1.5～2.5h（二次沉淀池）。

(3) 中心管喇叭口到反射板之间的间隙高度

$$h_3 = \frac{Q_{max}}{v_1 \pi d_1} \tag{2-46}$$

式中　h_3——间隙高度，m；
　　　v_1——间隙流出速度，一般不大于 40mm/s；
　　　d_1——喇叭口直径，m，如图 2-22 所示。

(4) 沉淀池总面积和池径

$$A_2 = Q_{max}/v \tag{2-47}$$

$$A = A_1 + A_2 \tag{2-48}$$

$$D = \sqrt{\frac{4A}{\pi}} \tag{2-49}$$

式中　A_2——沉淀区面积，m^2；
　　　A——沉淀池面积（含中心管面积），m^2；
　　　D——沉淀池直径，m。

(5) 缓冲层高 h_4 采用 0.3m。

(6) 污泥斗及污泥斗高度

污泥斗的高度 h_5 与污泥量有关。污泥量可根据式（2-39）计算。污泥斗的高度用截头圆锥公式计算，参见平流式沉淀池。

(7) 沉淀池总高度

$$H = h_1 + h_2 + h_3 + h_4 + h_5 \tag{2-50}$$

式中　H——池总高度，m；
　　　h_1——超高，采用 0.3m。

3. 竖流式沉淀池的设计计算实例

【例 2-6】竖流式沉淀池的计算。已知条件：某城市设计人口 $N = 56000$ 人，设计最大污

水量 $Q_{总max}=0.12\text{m}^3/\text{s}$。

解：竖流式沉淀池的设计如下：

（1）设中心管内流速 $v_0=0.03\text{m/s}$，采用池数 $n=4$，则每池最大设计流量

$$Q_{max}=\frac{Q_{总max}}{n}=\frac{0.12}{4}=0.03(\text{m}^3/\text{s})$$

$$A_1=\frac{Q_{max}}{v_0}=\frac{0.03}{0.03}=1(\text{m}^2)$$

（2）沉淀池总面积（A）

设表面负荷 $q=2.52\text{m}^3/(\text{m}^2\cdot\text{h})$，则上升流速

$$v=2.52\text{m/h}=0.0007(\text{m/s})$$

$$A_2=\frac{Q_{max}}{v}=\frac{0.03}{0.0007}=42.86(\text{m}^2)$$

$$A=A_1+A_2=1+42.86=43.86(\text{m}^2)$$

（3）沉淀池直径（D）

$$D=\sqrt{\frac{4A}{\pi}}=\sqrt{\frac{4\times 43.86}{\pi}}\approx 7.47(\text{m})\ (<8\text{m})$$

（4）沉淀池有效水深（h_2）

设有效时间 $t=1.5\text{h}$，则

$$h_2=vt\times 3600=0.0007\times 1.5\times 3600=3.78(\text{m})$$

（5）校核池径水深比

$$\frac{D}{h_2}=\frac{7.47}{3.78}=1.98<3\ (\text{符合要求})$$

（6）校核集水槽每米出水堰的过水负荷（q_0）

$$q_0=\frac{Q_{max}}{\pi D}=\frac{0.03}{\pi\times 7.47}\times 1000=1.28(\text{L/s})\ (<2.9\text{L/s})$$

可见符合要求，可不另设辐射式水槽。

（7）污泥体积（V）

设污泥清除间隔时间 $T=2\text{d}$，每人每日产生的湿污泥量 $S=0.5\text{L}$，则

$$V=\frac{SNT}{1000}=\frac{0.5\times 56000\times 2}{1000}=56(\text{m}^3)$$

（8）每池污泥体积（V_1'）

$$V_1'=\frac{V}{n}=\frac{56}{4}=14(\text{m}^3)$$

（9）池子圆截锥部分实有容积（V_1）

设圆锥底部直径 d' 为 0.4m，截锥高度为 h_5，截锥侧壁倾角 $\alpha=55°$，则

$$h_5=\left(\frac{D}{2}-\frac{d'}{2}\right)\tan\alpha=\left(\frac{7.47}{2}-\frac{0.4}{2}\right)\tan 55°\approx 5.05(\text{m})$$

$$V_1=\frac{\pi h_5}{3}(R^2+r^2+Rr)=\frac{\pi\times 5.05}{3}\times\left[\left(\frac{7.47}{2}\right)^2+0.2^2+\frac{7.47}{2}\times 0.2\right]=77.91(\text{m}^3)$$

可见池内足够容纳 2d 污泥量。

(10) 中心管直径（d_0）
$$d_0=\sqrt{\frac{4A_1}{\pi}}=\sqrt{\frac{4\times 1}{\pi}}=1.13(m)$$

(11) 中心管喇叭口下缘至反射板的垂直距离（h_3）

设流过该缝隙的污水流速 $v_1=0.02m/s$，喇叭口直径为
$$d_1=1.35d_0=1.35\times 1.13=1.53(m)$$
则
$$h_3=\frac{Q_{max}}{v_1\pi d_1}=\frac{0.03}{0.02\times \pi\times 1.53}=0.31(m)$$

(12) 沉淀池总高度（H）

设池子保护高度 $h_1=0.3m$，缓冲层高 $h_4=0.3m$，则
$$H=h_1+h_2+h_3+h_4+h_5=0.3+3.78+0.31+0.3+5.05=9.74\approx 10(m)$$

2.6.4 辐流式沉淀池

辐流式沉淀池亦称辐射式沉淀池，如图2-23所示，池多呈圆形，小型池子有时亦采用正方形或多角形。池的进、出口布置基本上与竖流池相同，进口在中央，出口在周围。但池径与池深之比，辐流池比竖流池大许多倍。水流在池中呈水平方向向四周辐（射）流，由于过水断面面积不断变大，故池中的水流速度从池中心向池四周逐渐减慢。泥斗设在池中央，池底向中心倾斜，污泥通常用刮泥（或吸泥）机械排除。

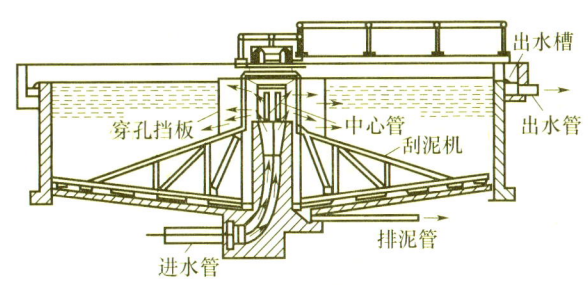

图2-23 辐流式沉淀池

1. 辐流式沉淀池的设计要求

（1）水池直径（或正方形的一边）与有效水深之比宜为6～12，水池直径一般不大于50m，但有些池径可达100m；

（2）宜采用机械排泥，排泥机械旋转速度宜为1～3r/h，刮泥板的外缘线速度不宜大于3m/min；当水池直径（或正方形的一边）较小时也可采用多斗排泥；

（3）缓冲层高度，非机械排泥时宜为0.5m；机械排泥时，应根据刮泥板高度确定，且缓冲层上缘宜高出刮泥板0.3m；

（4）坡向泥斗的底坡不宜小于0.05。

2. 辐流式沉淀池的设计

（1）每座沉淀池表面积和池径D

$$A_1=\frac{3600Q_{max}}{nq_0} \qquad (2-51)$$

$$D=\sqrt{\frac{4A_1}{\pi}} \qquad (2-52)$$

式中 A_1——每池表面积，m^2；
     D——每池直径，m；
     n——池数；
     q_0——表面水力负荷，$m^3/(m^2 \cdot h)$。

(2) 沉淀池有效水深

$$h_2 = q_0 t \tag{2-53}$$

(3) 沉淀池总高度 H

$$H = h_1 + h_2 + h_3 + h_4 + h_5 \tag{2-54}$$

式中 h_1——保护高度，取 0.3m；
     h_2——有效水深，m；
     h_3——缓冲层高度，m；
     h_4——沉淀池底坡落差，m；
     h_5——污泥斗高度，m。

2.6.5 斜管（板）沉淀池

1. 斜板（管）沉淀池的原理

斜板沉降原理即浅池沉降原理。如图 2-24 所示，设理想沉淀池的池长为 L，池深为 H，池中水平流速为 v，颗粒沉速为 u，则 $L/H = v/u$。理想沉淀池的公式 $u_0 = Q/A$ 表明，如果水量 Q 不变，则增大沉淀池面积 A，就可减小 u_0，即有更多的悬浮物可以沉下，提高了沉淀效率。又因 $t = H/u_0$，则在保持 u_0 不变的条件下，随着有效水深 H 的减小，沉淀时间 t 就可按比例缩短，从而减少了沉淀池的体积。由此可知：若将水深为 H 的沉淀池分隔为 n 个水深为 H/n 的沉淀池，则当沉淀区长度为原来长度的 $1/n$ 时，就可处理与原来的沉淀池相同的水量，并达到完全相同的处理效果。这说明，沉淀池越浅，就越能缩短沉淀时间。这就是斜板沉降原理。

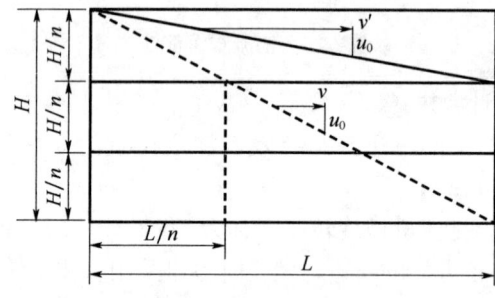

图 2-24 浅池沉降原理

2. 斜板（管）沉淀池的设计要求

斜板（管）沉淀池的结构如图 2-25 所示。当需要挖掘原有沉淀池潜力或建造沉淀池面积受限制时，通过技术经济比较，可采用斜管（板）沉淀池。

升流式异向流斜管（板）沉淀池的设计表面水力负荷，一般可按普通沉淀池的设计表面水力负荷的 2 倍计；但对于二次沉淀池，尚应以固体负荷核算。同时，设计应符合下列要求：

(1) 斜管孔径（或斜板净距）宜为 80～100mm；
(2) 斜管（板）斜长宜为 1.0～1.2m；

(3) 斜管（板）水平倾角宜为60°；
(4) 斜管（板）区上部水深宜为0.7~1.0m；
(5) 斜管（板）区底部缓冲层高度宜为1.0m；
(6) 斜管（板）沉淀池应设冲洗设施。

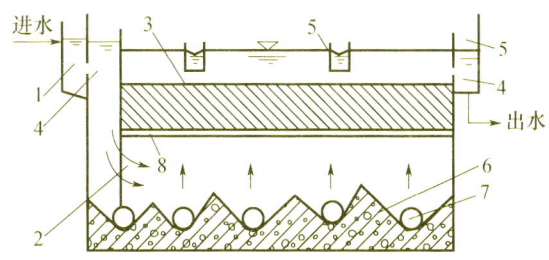

图 2-25 斜板沉淀池示意图
1—配水槽；2—整流墙；3—斜板；4—淹没孔口；5—集水槽；
6—污泥斗；7—穿孔排泥管；8—阻流板

3. 斜板（管）沉淀池的设计举例

【例 2-7】 已知某城市污水处理厂的最大设计流量 $Q_{max}=797\text{m}^3/\text{h}$，设计人口 160000 人，初沉池采用升流式异向流斜板沉淀池，求斜板沉淀池各部分尺寸。

解：

(1) 每座沉淀池表面积

初沉池采用4个，设表面水力负荷 $q'=4\text{m}^3/(\text{m}^2\cdot\text{h})$，则每座沉淀池表面积

$$F=\frac{Q_{max}}{0.91nq'}=\frac{797}{0.91\times 4\times 4}=54.74(\text{m}^2)$$

(2) 沉淀池平面尺寸

设沉淀池为方形池，则

$$a=\sqrt{F}=\sqrt{54.74}=7.4(\text{m})$$

(3) 池内停留时间

设斜板长为1.0m，斜板倾角为60°，则斜板高度

$$h_3=1.0\times\sin 60°=0.866(\text{m})$$

设斜板区上部水深 $h_2=0.7\text{m}$，则池内停留时间

$$t=\frac{60(h_2+h_3)}{q'}=\frac{60\times(0.7+0.866)}{4}=23.5(\text{min})$$

(4) 污泥部分所需容积

设每人每日污泥量 $S=0.6\text{L}/(\text{人}\cdot\text{d})$，排泥时间 $T=2.0\text{d}$，则污泥部分所需容积

$$V=\frac{SNT}{1000n}=\frac{0.6\times 160000\times 2}{1000\times 4}=48(\text{m})^3$$

(5) 污泥斗容积

设污泥斗下部边长 $a_1=0.8\text{m}$，则污泥斗高度

$$h_5=\left(\frac{a}{2}-\frac{a_1}{2}\right)\tan 60°=\left(\frac{7.4}{2}-\frac{0.8}{2}\right)\times 1.732=5.72(\text{m})$$

污泥斗容积

$$V = \frac{h_5}{3}(a^2 + aa_1 + a_1^2) = \frac{5.72}{3} \times (7.4^2 + 7.4 \times 0.8 + 0.8^2) = 116.9 (m^3) > 48 (m^3)$$

(6) 沉淀池总高度

设沉淀池的超高 $h_1 = 0.3$m，斜板下缓冲层的高度 $h_4 = 0.8$m，则沉淀池总高度

$$H = h_1 + h_2 + h_3 + h_4 + h_5 = 0.3 + 0.7 + 0.866 + 0.8 + 5.72 = 8.386 \text{ (m)}$$

2.6.6 隔油与破乳

1. 隔油与隔油池

石油开采与炼制、煤化工、石油化工及轻工等行业的生产过程排出大量含油废水。废水中的油珠按照粒径一般分为以下几类。

(1) 浮油：这种油珠粒径较大，一般大于 $100\mu m$，易浮于水面，形成油膜或油层。

(2) 分散油：油珠粒径一般为 $10 \sim 100\mu m$，静置一定时间，以微小油珠悬浮于水中，不稳定，静置一段时间后往往形成浮油。

(3) 乳化油：油珠粒径小于 $10\mu m$，一般为 $0.1 \sim 2\mu m$。往往因水中含有表面活性剂使油珠成为稳定的乳化液。

(4) 溶解油：油珠粒径比乳化油还小，有的可小到几纳米（nm），是溶于水的油微粒。

油品相对密度一般都小于1，只有重焦油相对密度大于1。如果油珠粒径较大，呈悬浮状态，可利用重力进行分离，这类设备通称为隔油池。

隔油池的种类很多，国内外普遍采用的是普通平流隔油池和斜板隔油池。普通平流隔油池与沉淀池相似，废水从池的一端进入，从另一端流出，由于池内水平流速很小，进水中的轻油滴在浮力作用下上浮，并且累积在池的表面，通过设在池面的集油管和刮油机收集浮油，浮油一般可以回用。相对密度大于1的油粒随悬浮物下沉。

平流隔油池一般不少于两个，池深 $1.5 \sim 2$m，超高 0.4m，每单格的长宽比不小于4，工作水深与每格宽度之比不小于 0.4，池内流速一般为 $2 \sim 5$mm/s，停留时间一般为 $1.5 \sim 2$h。可将废水中含油量从 $400 \sim 1000$mg/L 降至 150mg/L 以下，去除效率达 70% 以上。所去除油粒的最小直径为 $100 \sim 150 \mu m$。平流式隔油池的优点是：构造简单，便于运行管理，除油效果稳定。其缺点是池体较大，占地面积大。这种隔油池可去除粒径在 $150\mu m$ 以上的油珠，对于更小的油珠，则难以去除。

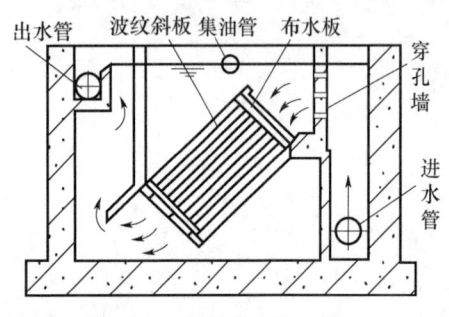

图 2-26 斜板式隔油池构造

为了提高单位池容积的处理能力，隔油池也有采用斜板（管）形式，如图 2-26 所示。池内斜板大多数采用聚酯玻璃钢波纹板，板间距为 $20 \sim 50$mm，倾角不小于 $45°$，斜板采用异向流形式，废水自上而下流入斜板组，油珠沿斜板上浮。实践表明，斜板隔油池所需时间仅为平流隔油池的 $1/2 \sim 1/4$，约 30min。斜板隔油池去除油滴的最小直径为 $60\mu m$。

2. 乳化与破乳

当油和水相混，又有乳化剂存在，乳化剂会在油滴与水滴表面上形成一层稳定的薄膜，这时油和水就不会分层，而呈一种不透明的乳状液。当分散相是油滴时，称水包油乳状液；当分散相是水滴时，则称为油包水乳状液。乳状液的类型取决于乳化剂。

（1）乳化油的形成

乳化油的主要来源：①由于生产工艺的需要而制成的，如机械加工中车床切削用的冷却液，是人为制成的乳化液；②以洗涤剂清洗受油污染的机械零件、油槽车等而产生乳化油废水；③含油（可浮油）废水在沟道与含乳化剂的废水相混合，受水流搅动而形成。

在含油废水产生的地点立即用隔油池进行油水分离，可以避免油分乳化，而且还可以就地回收油品，降低含油废水的处理费用。例如，石油炼制厂减压塔塔顶冷凝器流出的含油废水，立即进行隔油回收，得到的浮油实际上就是塔顶馏分，经过简单的脱水，就是一种中间产品。如果隔油后，废水中仍含有乳化油，可就地破乳。此时，废水的成分比较单纯，比较容易收到较好的效果。

（2）破乳方法简介

破乳的方法有多种，但基本原理一样，即破坏液滴界面上的稳定薄膜，使油、水得以分离。破乳途径有下述几种：

① 投加换型乳化剂。例如，氯化钙可以使以钠皂为乳化剂的水包油乳状液转换为以钙皂为乳化剂的油包水乳状液。在转型过程中存在着一个由钠皂占优势转化为钙皂占优势的转化点，这时的乳状液非常不稳定，油、水可能形成分层。因此控制"换型剂"的用量，即可达到破乳的目的。这一转化点用量应由试验确定。

② 投加盐类、酸类可使乳化剂失去乳化作用。

③ 投加某种本身不能成为乳化剂的表面活性剂，例如异戊醇，会从两相界面上挤掉乳化剂使其失去乳化作用。

④ 通过剧烈的搅拌、振荡或转动，使乳化的液滴猛烈相碰撞而合并。

⑤ 过滤，如以粉末为乳化剂的乳状液，可以用过滤法拦截被固体粉末包围的油滴。

⑥ 改变温度，改变乳化液的温度（加热或冷冻）来破坏乳状液的稳定。

破乳方法的选择是以试验为依据。某些石油工业的含油废水，当废水温度升到65～75℃时，可达到破乳的效果。相当多的乳状液，必须投加化学破乳剂。目前所用的化学破乳剂通常是钙、镁、铁、铝的盐类或无机酸。有的含油废水亦可用碱（NaOH）进行破乳。

水处理中常用的混凝剂也是较好的破乳剂。它不仅有破坏乳化剂的作用，而且还对废水中的其他杂质起到混凝的作用。

2.7 离心分离法

2.7.1 离心分离原理

物体高速旋转时会产生离心力场，利用离心力分离废水中杂质的处理方法称为离心分离法。废水作高速旋转时，悬浮固体颗粒同时受到两种径向力的作用，即离心力和水对颗粒的向心推力。从理论上讲，离心力场中各质点可受到比自身所受重力大数十倍甚至上百倍的离心力作用，因而离心分离的效率远高于重力分离。在离心力场的给定位置上（即该处的质点具有相同的回转半径及角速度），离心力的大小主要取决于质点的质量，因此当使含有悬浮固体（或乳化油）的废水受高速旋转所产生的离心力作用时，由于所含杂质和水之间密度的差异，各质点所受到的离心力不尽相同,密度高质量大的质点被甩向外侧,密度低质量小的质点则会被留在内侧,将分离后的水流通过不同的出口分别排出,即可达到分离处理的目的。

在离心力场中,悬浮颗粒受离心力 F_1 作用向外侧运动的同时,受到水在离心力作用下相对向内侧运动的阻力 F_2。设颗粒和同体积水的质量分别为 m_1、m_2,旋转半径为 r,角速度为 ω,线速度为 v,转速为 n,则颗粒所受到的净离心力为

$$F = F_1 - F_2 = (m_1 - m_2)\omega^2 r = (m_1 - m_2)\frac{v^2}{r} \tag{2-55}$$

而水中颗粒所受净重力

$$F_g = (m_1 - m_2)g \tag{2-56}$$

离心力场所产生的离心加速度和重力加速度的比值,称为分离因素(亦称离心强度),并以 Z 表示

$$Z = \frac{离心加速度}{重力加速度} = \frac{r\omega^2}{g} = \frac{v^2}{rg} \tag{2-57}$$

将 $\omega = \frac{2\pi n}{60}$ 代入式(2-57)中,整理可得

$$Z = \frac{\pi^2 n^2 r}{900 g} \approx \frac{n^2 r}{900} \tag{2-58}$$

分离因素 Z 越大越容易实现固液分离,分离效果也越好。由式(2-58)可知,Z 与旋转速度 n 的平方及旋转半径 r 的一次方成正比,因此可通过增加转速 n 和半径 r 提高离心力场的分离强度,且增加转速比增加半径更为有效。

2.7.2 离心分离设备

根据产生离心力的方式,离心分离设备可分成水力旋流器和离心分离机两种类型。前者是设备本身不动,由水流在设备中做旋转运动而产生离心力;后者则是靠设备本身旋转带动液体旋转而产生离心力。

1. 水力旋流器

水力旋流器的基本分离原理为离心沉降,即悬浮颗粒靠回转流所产生的离心力而进行分离沉降。这种离心分离设备本身没有运动部件,其离心力由流体的旋流运动产生。

旋流器又分为压力式和重力式两种。

(1) 压力式水力旋流器

压力式水力旋流器结构如图 2-27 所示。旋流器的主体由空心的圆形筒体和圆锥体两部分连接组成。进水口设在圆形筒体上,圆锥体下部为底流排出口,旋流器顶为出水溢流管。

含有悬浮物的废水由进水口沿切线方向流入(进水流速可达 6~10m/s),并沿筒壁做高速旋转流动,废水中粒度较大的悬浮颗粒受惯性离心力作用被甩向筒壁,并随外旋流沿筒壁向下做螺旋运动,最终由底流出口排出;而粒度较小的颗粒所受惯性离心力较小,向筒壁迁移的速度亦较慢,当该速度小到随水流向下运动至锥体顶部时仍未到达筒壁,就会在反转向上的内旋流的携带下,进入溢流管而随出流排出。如此,含悬浮物的废水在流经水力旋流器的过程中,直接完成固-液分离操作。

压力式水力旋流器分离效率的具体影响因素可划分为结构参数和工艺参数两大类。结构方面的参数主要包括筒体直径、进水口尺寸、溢流管直径及插入深度、底流出口直径、锥角和圆筒筒体部分的高度等;工艺方面的参数则主要是废水浓度、悬浮物颗粒的粒度组成,以

及进水压力等。此外,尽管水力旋流器产生的离心力要远大于重力,但重力仍对旋流器的工作指标具有实质性影响,且其影响随水力旋流器进水压力的降低而增大。

水力旋流器具有结构简单、体积小、单位处理能力高等优点,但设备磨损严重,动力消耗比较大。由于水力旋流器单体直径较小,一般不超过500mm,通常采用多个旋流器分组并联方式。

(2) 重力式水力旋流器

重力式水力旋流器,也可称为水力旋流沉淀池。图2-28给出采用重力式水力旋流器处理含油及重质悬浮物废水的系统构成。

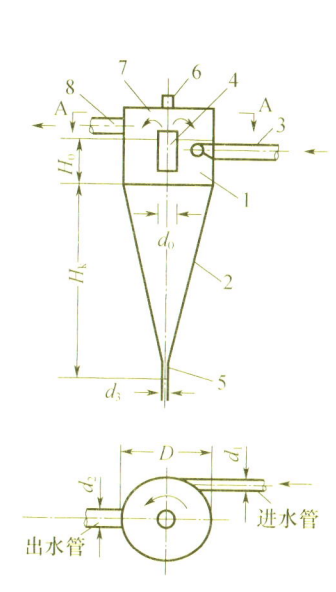

图 2-27 压力式水力旋流器
1—圆筒;2—圆锥体;3—进水管;4—中心管;
5—排泥管;6—通风管;7—顶盖;8—出水管

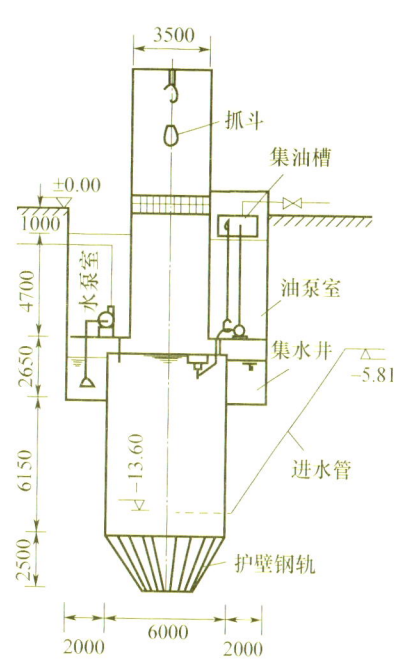

图 2-28 重力式水力旋流器

废水沿切线方向由进水管进入沉淀池底部,借助于进、出水的压差,在分离器内做旋转升流运动,在离心力和重力的作用下,水中的重质悬浮颗粒被甩向器壁并下滑至底部,由抓斗定期排出;分离处理后的出水经溢流堰进入吸水井中,由水泵排出;分离出的浮油通过油泵抽入集油槽。重力式水力旋流器的表面负荷一般为 $25\sim30\ m^3/(m^2 \cdot h)$,作用水头一般为 $0.005\sim0.006$ MPa。与压力式水力旋流器相比,重力式水力旋流器能耗低,且可避免水泵及设备的严重磨损,但设备容积大,池体下部深度较大,施工困难。

2. 离心分离机

离心分离机的类型。按分离因数 Z 的大小可分为高速离心机($Z>3000$)、中速离心机($Z=1500\sim3000$)、低速离心机($Z=1000\sim1500$);按离心机形状可分为过滤离心机、转筒式离心机、管式离心机、盘式离心机和板式离心机等。

(1) 常速离心机

中、低速离心机统称为常速离心机,在废水处理中多用于污泥脱水和化学沉渣的分离。其分离效果主要取决于离心机的转速及悬浮颗粒的性质,如密度和粒度。转速一定的条件下,离心机的分离效果随颗粒的密度和粒度的增加而提高,而对于悬浮物性质一定的废水和泥渣，则离心机的转速越高，分离效果越好。因此，使用时要求悬浮物与水之间有较大的密度差。常速离心机按原理可分为离心过滤和离心沉降两种。

① 间歇式过滤离心机。间歇式过滤离心机属离心过滤式，将要处理的废水加入绕垂直轴旋转的多孔转鼓内，转鼓壁上有很多的圆孔，壁内衬有滤布，在离心力的作用下，悬浮颗粒在转鼓壁上形成滤渣层，而水则透过滤渣层和转鼓滤布的孔隙排出，从而实现了固-液的分离，待停机后将滤渣取出，可进行下一批次废水的处理，这种离心机适于小量废水处理。

② 转筒式过滤机。转筒式过滤机属离心沉降式，废水从旋转筒壁的一端进入并随筒壁旋转，离心力作用使固体颗粒沉积在筒壁上，固体颗粒中的水分受离心力挤压进入离心液，过滤分离后的澄清水由另一侧排出，所形成的筒壁沉渣由安装在旋转筒壁内的螺旋刮刀进行刮卸，从而实现悬浮物与水的分离。由于是依靠离心沉降作用进行分离，因此适用的废水浓度范围较宽，分离效率可达 $60\%\sim70\%$，并且能连续稳定工作，适应性强，分离性能好。

离心分离效率的提高，可以通过提高离心机的转速或是增大离心机的直径实现，但由于转速过高，设备会产生振动，而直径过大，设备的动平衡不易维持，因而通常多根据实际情况将两种方法结合使用。例如，小型离心机采用小直径、高转速；而大型离心机则采用大直径、低转速。

(2) 高速离心机

高速离心机转速一般大于 5000r/min，有管式和盘式两种，主要用于废水中乳化油脂类、细微悬浮物以及有机分散相类物质（如羊毛脂、玉米蛋白质等）的分离。

2.8 气 浮 法

气浮是利用高度分散的微小气泡作为载体去粘附废水中的污染物，使其密度小于水而上浮到水面，实现固-液或液-液分离的过程。

2.8.1 气浮的基本原理

水和废水的气浮法处理，是将空气以微小气泡形式通入水中，使微小气泡与在水中悬浮的颗粒黏附，形成水-气-颗粒三相混合体系，颗粒黏附上气泡后，密度小于水即上浮水面，从水中分离，形成浮渣层。气浮法用于从废水中去除密度小于或接近水的悬浮物、油类和脂肪，并用于污泥的浓缩。

气浮法处理工艺必须满足下述基本条件：
(1) 必须向水中提供足够量的细微气泡；
(2) 必须使污水中的污染物质能形成悬浮状态；
(3) 必须使气泡与悬浮的物质产生黏附作用。

为了探讨颗粒与气泡黏附条件和它们之间的内在规律，应研究液-气-颗粒三相混合体系的表面张力和体系界面自由能，颗粒表面疏水性和润湿接触角，混凝剂与表面活性剂在气浮分离中的作用与影响等。

水中颗粒与气泡黏附条件如下：
(1) 界面张力、接触角和体系界面自由能

不同颗粒与水的润湿情况如图 2-29 所示。液体表面分子所受的分子引力与液体内部分子所受

的分子引力不同，表面分子所受的作用力是不平衡的，不平衡的力有把表面分子拉向液体内部、缩小液体表面积的趋势，这种力称为液体的表面张力。要使表面分子不被拉向液体内部，就需要克服液体内部分子的吸引力而做功，可见液体表层分子具有更多的能量，这种能量称表面能。在气浮过程中存在着液-气-颗粒三相介质，在各个不同介质的表面也都因受力不平衡而产生表面张力（称界面张力），即具有表面能（称界面能）。界面能 E 与界面张力的关系如下：

$$E = \sigma \cdot S \tag{2-59}$$

式中 σ——界面张力系数；
S——界面面积。

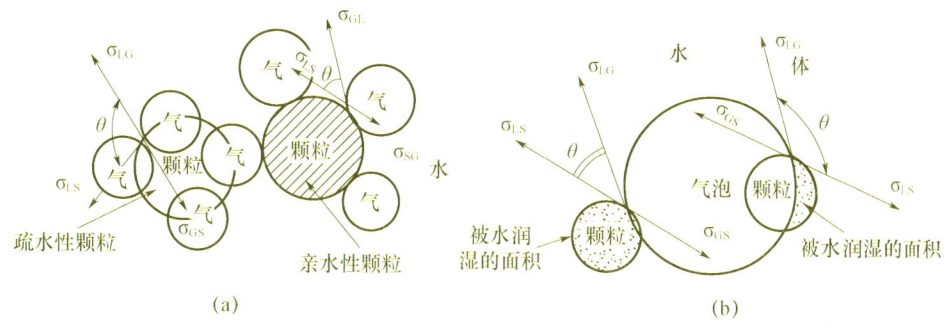

图 2-29 不同颗粒与水的润湿情况

气泡未与悬浮颗粒黏附前，颗粒与气泡的单位面积上的界面能分别为 $\sigma_{水·粒} \times 1$ 和 $\sigma_{水·气} \times 1$，这时单位面积上的界面能之和 E_1 为：

$$E_1 = \sigma_{水·粒} \times 1 + \sigma_{水·气} \times 1 \tag{2-60}$$

当气泡与悬浮颗粒黏附后，黏附面的单位面积上的界面能 E_2 及其变化值 ΔE 分别为：

$$E_2 = \sigma_{粒·气} \tag{2-61}$$

$$\Delta E = E_1 - E_2 = \sigma_{水·粒} + \sigma_{水·气} - \sigma_{粒·气} \tag{2-62}$$

这部分能量差即为挤开气泡和颗粒之间的水膜所做的功，此值越大，气泡与颗粒黏附得越牢固。

水中的悬浮颗粒是否能与气泡黏附，与水、气、颗粒间的界面能有关。当三者相对稳定时，三相界面张力的关系式为：

$$\sigma_{水·粒} = \sigma_{水·气} \cos(180° - \theta) + \sigma_{粒·气} \tag{2-63}$$

式中 θ——接触角（也称湿润角）。

将式（2-63）代入式（2-62）得：

$$\Delta E = \sigma_{水·粒} + \sigma_{水·气} - [\sigma_{水·粒} - \sigma_{水·气} \cos(180° - \theta)]$$

$$\Delta E = \sigma_{水·气}(1 - \cos\theta) \tag{2-64}$$

式（2-64）表明，并不是水中所有的污染物质都能与气泡黏附，是否能黏附，与该类物质的接触角有关。

① 当 $\theta \to 0$ 时，$\cos\theta \to 1$，$\Delta E \to 0$，这类物质亲水性强，称亲水性物质。无力排开水膜，不易与气泡黏附，不能用气浮法去除。

② 当 $\theta \to 180°$ 时，$\cos\theta \to -1$，$\Delta E \to 2\sigma_{水·气}$，这类物质疏水性强，称疏水性物质，易与气泡黏附，宜用气浮法去除。

微细气泡与悬浮颗粒的黏附形式有气-颗粒吸附、气泡顶托以及气泡裹夹三种形式。

(2)"颗粒-气泡"复合体的上浮速度

当流态为层流时,即 $Re<1$ 时,则"颗粒-气泡"复合体的上升速度可按斯托克斯公式计算:

$$v_\text{上}=\frac{g}{18\mu}(\rho_\text{L}-\rho_\text{S})\cdot d^2 \qquad (2-65)$$

式中　d——"颗粒-气泡"复合体的直径;
　　　ρ_S——"颗粒-气泡"复合体的表观密度。

上述公式表明,$v_\text{上}$ 取决于水与"颗粒-气泡"复合体的密度差及复合体的有效直径。"颗粒-气泡"复合体上黏附的气泡越多,则 ρ_S 越小,d 越大,因而上浮速度亦越快。

由于水中的"颗粒-气泡"复合体的大小不等,形状各异,颗粒表面性质亦不一样,它们在上浮过程中会进一步发生碰撞,相互聚合而改变上浮速度。另外在气浮池中因水力条件及池型、水温等因素,也会改变上浮速度,因此,"颗粒-气泡"复合体的上浮速度,在实际使用中应以试验确定为好。

(3)化学药剂的投加对气浮效果的影响

疏水性很强的物质,如植物纤维、油珠及炭粉末等,不投加化学药剂即可获得满意的固-液、液-液分离效果。一般的疏水性或亲水性的物质,均需投加化学药剂,以改变颗粒的表面性质,增加气泡与颗粒的吸附。这些化学药剂分为下述几类:

① 混凝剂。各种无机或有机高分子混凝剂,它们不仅可以改变污水中的悬浮颗粒的亲水性能,而且还能使污水中的细小颗粒絮凝成较大的絮状体以吸附、截留气泡,加速颗粒上浮。

② 浮选剂。浮选剂大多数由极性-非极性分子组成。如图 2-30 所示,当浮选剂的极性基被吸附在亲水性悬浮颗粒的表面后,非极性基则朝向水中,这样就可以使亲水性物质转化为疏水性物质,从而能使其与微细气泡相黏附。浮选剂的种类有松香油、石油、表面活性剂、硬脂酸盐等。

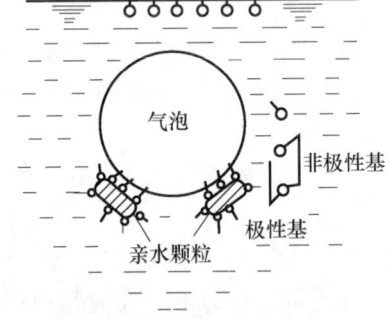

图 2-30　浮选剂使亲水性颗粒转化为疏水性颗粒示意图

③ 助凝剂。助凝剂作用是提高悬浮颗粒表面的水密性,以提高颗粒的可浮性,如聚丙烯酰胺。

④ 抑制剂。抑制剂作用是暂时或永久性地抑制某些物质的浮上性能,而又不妨碍需要去除的悬浮颗粒的上浮,如石灰、硫化钠等。

⑤ 调节剂。调节剂主要是调节污水的 pH,改进和提高气泡在水中的分散度以及提高悬浮颗粒与气泡的黏附能力,如各种酸、碱等。

2.8.2　气浮的方法

按生产细微气泡的方法,气浮法分为电解气浮法、分散空气气浮法、溶解空气气浮法。

1. 电解气浮法

电解废水可同时产生三种作用:电解氧化还原、电解混凝、电气浮。

电解气浮法是将正、负极相间的多组电极浸泡在废水中,当通以直流电时,废水电解,正、负两极间产生的氢和氧的细小气泡黏附于悬浮物上,将其带至水面而达到分离的目的。

电解气浮法产生的气泡小于其他方法产生的气泡,故特别适用于脆弱絮状悬浮物。电解气浮法电耗大,如采用脉冲电解气浮法可降低电耗。

2. 分散空气气浮法

目前应用的有扩散板曝气气浮法和叶轮气浮法两种。

(1) 扩散板曝气气浮法

扩散板曝气气浮法如图 2-31 所示。压缩空气通过具有微细孔隙的扩散装置或微孔管,使空气以微小气泡的形式进入水中,进行气浮。其装置如图所示。这种方法的优点是简单易行,但缺点较多,包括空气扩散装置的微孔易于堵塞,气泡较大,气浮效率不高等。

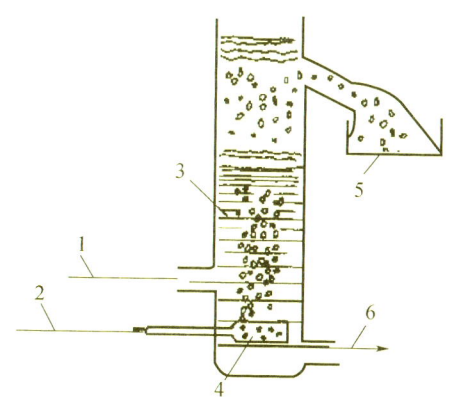

图 2-31 扩散板曝气气浮法示意图
1—进水;2—压缩空气;3—气浮柱;4—扩散板;5—气浮渣;6—出水

(2) 叶轮气浮法

叶轮气浮法如图 2-32 所示。在气浮池的底部置有叶轮叶片,由转轴与池上部的电机相连接,并由后者驱动叶轮转动,在叶轮的上部装设带有导向叶片的固定盖板,叶片与直径成 60°角,盖板与叶轮间有 10mm 的间距,而导向叶片与叶轮之间有 5~8mm 的间距,在盖板上开有 12~18 个孔径为 20~30mm 的孔洞,在盖板外侧的底部空间装设有整流板。

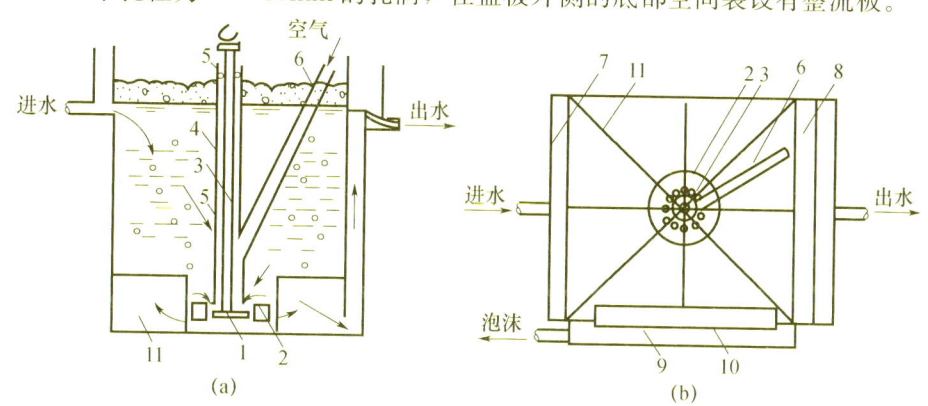

图 2-32 叶轮曝气气浮法示意图
1—气浮柱;2—盖板;3—转轴;4—轴套;5—轴承;6—进气管;
7—进水槽;8—出水槽;9—气泡槽;10—刮沫板;11—整流板

叶轮在电机的驱动下高速旋转,在盖板下形成负压,从空气管吸入空气,废水由盖板上的小孔进入。在叶轮的搅动下,空气被粉碎成细小的气泡,并与水充分混合成水气混合体甩出导向叶片之外,导向叶片使水流阻力减小,又经整流板稳流后,在池体内平稳地垂直上升,进行气浮。形成的泡沫不断地被缓慢转动的刮板刮出槽外。

3. 溶解空气气浮法

从溶解空气和析出条件来看,溶气气浮又可分为溶气真空气浮法和加压溶气气浮法两种类型。

(1) 溶气真空气浮法

溶气真空气浮法:空气在常压下溶解到废水中,真空条件下释放。溶气真空气浮法的主要特点是,气浮池是在负压(真空)状态下运行的。至于空气的溶解,可在常压下进行,也可以在加压下进行。

由于气浮在负压(真空)条件下运行,溶解在水中的空气易于呈过饱和状态,从而大量地以气泡形式从水中析出,进行气浮。析出的空气数量,取决于水中溶解空气量和真空度。溶气真空气浮的主要优点是:空气溶解所需压力比压力溶气为低,动力设备和电能消耗较少。但是,这种气浮方法的最大缺点是:气浮在负压条件下运行,一切设备部件,如除泡沫的设备,都要密封在气浮池内,这就使气浮池的构造复杂,给维护运行和维修都带来很大困难。此外,这种方法只适用于处理污染物浓度不高的废水,因此在生产中使用得不多。

(2) 加压溶气气浮法

加压溶气气浮法是目前应用最广泛的一种气浮方法。空气在加压条件下溶于水中,再使压力降至常压,把溶解的过饱和空气以微气泡的形式释放出来。

加压溶气气浮系统由压力溶气系统、空气释放系统和气浮分离设备等组成。其基本工艺流程有全加压溶气流程、部分加压溶气流程和部分回流加压溶气流程。

① 全加压溶气流程如图2-33(a)所示。该法是将全部入流废水进行加压溶气,再经过减压释放装置进入气浮池进行固-液分离的一种流程。

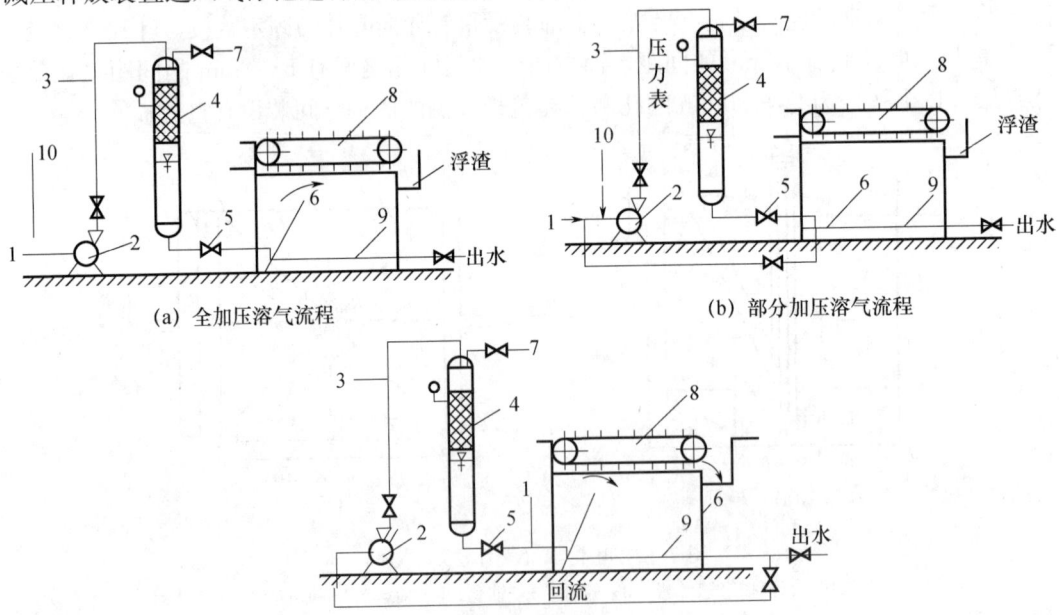

图 2-33 加压溶气流程

1—原水;2—加压泵;3—空气;4—压力溶气罐(含填料);5—减压阀;6—气浮池;
7—放气阀;8—刮渣机;9—集水系统〔(a)、(b)〕,集水管及回流清水管(c);10—化学药剂

② 部分加压溶气流程如图 2-33（b）所示。该法是将部分入流废水进行加压溶气，其余部分直接进入气浮池。该法比全溶气式流程节省电能，同时因加压水泵所需加压的溶气水量与溶气罐的容积比全加压溶气方式小，故可节省一些设备。但是，在同等溶气压力下，部分溶气系统提供的空气量亦较少。

③ 部分回流加压溶气流程如图 2-33（c）所示。在这个流程中，将部分澄清液进行回流加压，入流废水则直接进入气浮池。该法适用于含悬浮物浓度高的废水的固液分离，但气浮池的容积较前两者大。

2.8.3 压力溶气气浮法系统的组成及设计

1. 压力溶气气浮法系统的组成与主要工艺参数

压力溶气气浮法系统主要由三个部分组成：压力溶气系统、空气释放系统和气浮分离设备（气浮池）。

（1）压力溶气系统

压力溶气系统包括加压水泵、压力溶气罐、空气供给设备（空压机或射流器）及其他附属设备。

加压水泵的作用是提升污水，将水、气以一定压力送至压力溶气罐，其压力的选择应考虑溶气罐压力和管路系统的水力损失两部分。

压力溶气罐的作用是使水与空气充分接触，促进空气的溶解。溶气罐的形式有多种，其中以罐内填充填料的溶气罐效率最高。影响填料溶气罐溶气效率的主要因素为：填料特性、填料层高度、罐内液位高、布水方式和温度等。

填料溶气罐的主要工艺参数为：过流密度 $2500\sim5000m^3/(m^2\cdot d)$；填料层高度 $0.8\sim1.3m$；液位的控制高 $0.6\sim1.0m$（从罐底计）；溶气罐承压能力大于 $0.6MPa$。

（2）空气释放系统

空气释放系统是由溶气释放装置和溶气水管路组成。溶气释放装置的功能是将压力溶气水减压，使溶气水中的气体以微气泡的形式释放出来，并能迅速、均匀地与水中的颗粒物质黏附。常用的溶气释放装置有减压阀、专用溶气释放器等。

（3）气浮池

气浮池的功能是提供一定的容积和池表面积，使微气泡与水中悬浮颗粒充分混合、接触、黏附，并使带气絮体与水分离。

常用的气浮池有平流式和竖流式两种。

平流式气浮池如图 2-34（a）所示，是目前最常用的一种形式，其反应池与气浮池合建。废水进入反应池完全混合后，经挡板底部进入气浮接触室以延长絮体与气泡的接触时间，然后由接触室上部进入分离室进行固-液分离。池面浮渣由刮渣机刮入集渣槽，清水由底部集水槽排出。平流式气浮池的优点是池身浅、造价低、构造简单、运行方便。缺点是分离部分的容积利用率不高等。气浮池的有效水深通常为 $2.0\sim2.5m$，一般以单格宽度不超过 $10m$，长度不超过 $15m$ 为宜。废水在反应池中的停留时间与混凝剂种类、投加量、反应形式等因素有关，一般为 $5\sim15min$。为避免打碎絮体，废水经挡板底部进入气浮接触室时的流速应小于 $0.1m/s$。废水在接触室中的上升速一般为 $10\sim20mm/s$，停留时间在 $1\sim2min$。废水在气浮分离室的停留时间一般为 $10\sim20min$，其表面负荷率约为 $6\sim8m^3/(m^2\cdot h)$，最大不超过 $10m^3/(m^2\cdot h)$。

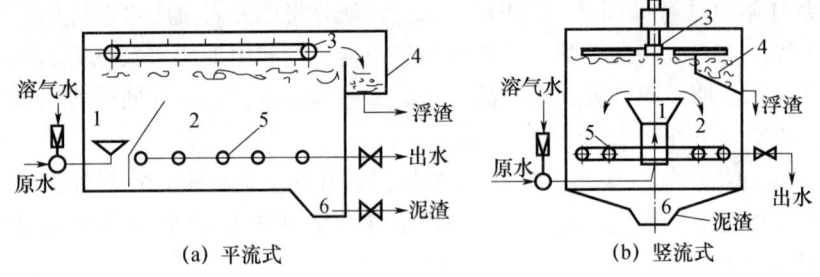

图 2-34 气浮池结构

1—接触室；2—分离室；3—刮渣机；4—浮渣槽（室）；5—集水管；6—集泥斗（坑）

竖流式气浮池如图 2-34（b）所示，其基本工艺参数与平流式气浮池相同。竖流式气浮池的优点是接触室在池中央，水流向四周扩散，水力条件较好。缺点是与反应池较难衔接，容积利用率较低。有经验表明，当处理水量大于 150～200m³/h，废水中的可沉物质较多时，宜采用竖流式气浮池。

2. 压力溶气气浮法的设计计算

(1) 气浮所需空气量

① 有试验资料时：

$$Q_g = QR'a_c\Phi \tag{2-66}$$

式中　Q_g——气浮所需空气量，L/h；
　　　Q——气浮池设计水量，m³/h；
　　　R'——试验条件下的回流比，%；
　　　a_c——试验条件下的释气量，L/m³；
　　　Φ——水温校正系数，取 1.1～1.3（主要考虑水的黏滞度影响，试验时水温与冬季水温相差大者取高值）。

② 无试验资料时，可根据气固比（A/S）进行估算

$$\frac{A}{S} = \frac{1.3c_a(fp_0+14.7f-14.7)Q_R}{14.7Q\rho_{si}} \tag{2-67}$$

式中　A/S——气固比，g（释放的气体）/g（悬浮固体），一般为 0.005～0.06；当悬浮固体浓度不高时取下限，如取 0.005～0.006；当悬浮固体浓度较高时取上限，如剩余污泥气浮浓缩时，气固比采用 0.03～0.04；
　　　1.3——1mL 空气的质量，mg；
　　　c_a——某一温度下的空气溶解度；
　　　f——压力为 p 时，水中的空气溶解系数，0.5～0.8（通常 0.5）；
　　　p_0——表压，kPa；
　　　Q_R——加压水回流量，m³/h；
　　　Q——设计水量，m³/h；
　　　ρ_{si}——入流废水的悬浮固体浓度，mg/L。

(2) 加压溶气水量（Q_p）

$$Q_p = \frac{Q}{736\eta p K_T}$$

式中　Q_p——加压溶气水量，m³/h；
　　　p——选定的溶气压力，MPa；

K_T——溶解度系数,可根据水温查表2-7;

η——溶气效率,对装阶梯环填料的溶气罐可按表2-8查得。

表2-7 不同温度下的 K_T 值

温度/℃	0	10	20	30	40
K_T	3.77×10^{-2}	2.95×10^{-2}	2.43×10^{-2}	2.06×10^{-2}	1.79×10^{-2}

表2-8 阶梯环填料罐(层高1m)的水温、压力与溶气效率间的关系表

水温/℃	5			10			15		
溶气压力/MPa	0.2	0.3	0.4~0.5	0.2	0.3	0.4~0.5	0.2	0.3	0.4~0.5
溶气效率/%	76	83	80	77	84	81	80	86	83
水温/℃	20			25			30		
溶气压力/MPa	0.2	0.3	0.4~0.5	0.2	0.3	0.4~0.5	0.2	0.3	0.4~0.5
溶气效率/%	85	90	90	88	92	92	93	98	98

(3) 溶气罐

① 溶气罐直径 D_d。选定过流密度 I 后,溶气罐直径按下式计算:

$$D_d=\sqrt{\frac{4\times Q_R}{\pi I}} \tag{2-68}$$

一般对于空罐,I 选用1000~2000m³/(m²·d),对填料罐,I 选用2500~5000m³/(m²·d)。

② 溶气罐高 h:

$$h=2h_1+h_2+h_3+h_4 \tag{2-69}$$

式中 h_1——罐顶、底封头高度(根据罐直径而定),m;

h_2——布水区高度,一般取0.2~0.3m;

h_3——贮水区高度,一般取1.0m;

h_4——填料层高度,一般可取1.0~1.3m。

③ 空压机额定气量 (Q'_g)

$$(Q'_g)=\varphi\times\frac{Q_g}{60\times1000}$$

式中 φ——安全系数,一般取1.2~1.5。

(4) 气浮池

① 接触池的表面积 A_c。

选定接触室中水流的上升流速 v_c 后,按下式计算:

$$A_c=(Q+Q_R)/v_c \tag{2-70}$$

接触室的容积一般应按停留时间大于60s进行复核。

② 分离室的表面积 A_s。

选定分离速度(分离室的向下平均水流速度)v_s 后按下式计算:

$$A_s=(Q+Q_R)/v_s \tag{2-71}$$

对矩形池子,分离室的长宽比一般取1:1~2:1。

③ 气浮池的净容积 W

选定池的平均水深 H_s(指分离室深),气浮池的净容积 W 按下式计算:

$$W=(A_c+A_s)H_s \tag{2-72}$$

以池内停留时间（t）进行校核，一般要求 t 为 10～20min。

④ 气浮池总高度 H

$$H = H_0 + H_1 + H_s + h_1 + h_2 \tag{2-73}$$

式中　H_0——保护高度，m；

　　　H_1——浮渣层高度，m；

　　　h_1——圆台 V_1 高度，m；

　　　h_2——圆台 V_2 高度，m；

　　　h_3——池底安装集水管所需高度，取 0.5m。

气浮池底应以 0.01～0.02 的坡度坡向排污口，或由两端坡向中央，排污管进口处应设集泥坑。浮渣槽应以 0.03～0.05 的坡度坡向排渣口。穿孔集水管常用 $\phi 200$ 的铸铁管，管中心线距池底 250～300mm。相邻两管中心距为 1.2～1.5m，沿池长方向排列。每根集水管应单独设出水阀，以便调节出水量和在刮渣时提高池内水位。

3. 压力溶气气浮法的设计计算实例

【**例题 2-8**】某厂电镀车间酸性废水流量 $25m^3/h$，废水中重金属离子含量为：Cr^{6+} 为 18mg/L，Cr^{3+} 为 6mg/L，Cu^{2+} 为 15mg/L。通过小型试验结果，确定采用的处理工艺是：先向废水中投加硫酸亚铁和氢氧化钠，生成金属氢氧化物絮凝体，然后用气浮法分离絮渣，经气浮处理后，出水中各种重金属离子含量均达到了国家排放标准。浮渣含水率在 96% 左右。试验时，溶气压力罐采用 0.3～0.35MPa 压力，溶气水量占 25%～30%。

解：

(1) 设计原则和设计依据

为了充分利用电镀车间原有的废水调节池，并考虑到可占用的面积有限，故处理设备必须尽量紧凑，并尽可能竖向发展。为此，拟采用立式反应气浮池，并将气浮设备置于调节池之上。加药设备放在气浮池操作平台上。由于出水中含盐量较高，影响溶气效果，故采用镀件冲洗水作为溶气水。

(2) 确定基本设计数据

处理废水量 $Q = 25m^3/h$；分离室停留时间 t_s 取 10min；反应时间 t 采用 6min；溶气水量占处理水量的比值 R 取 30%；接触室上升流速 v_c 取 10mm/s；溶气压力采用 0.3MPa；气浮分离速度 v_s 取 2.0mm/s；填料罐过流密度（I）取 $3000m^3/(d \cdot m^2)$。

(3) 设计计算

① 反应-气浮池

采用旋流式圆台形反应池及立式气浮池。反应-气浮池计算草图如图 2-35 所示。

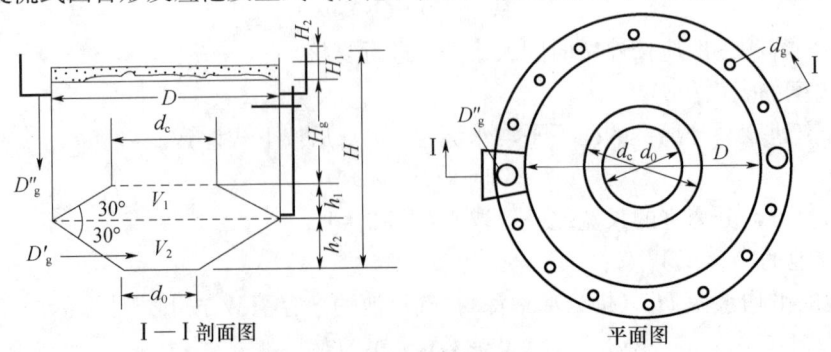

图 2-35　反应-气浮池计算草图

a. 气浮池接触室直径（d_c）
已定接触室上升流速 $v_c=10\text{mm/s}$，则接触室表面积为
$$A_c=\frac{Q(1+R)}{v_c}=\frac{25\times(1+0.30)}{3600\times10\times10^{-3}}=0.90(\text{m}^2)$$
$$d_c=\sqrt{\frac{4\times A_c}{\pi}}=\sqrt{\frac{4\times0.9}{3.14}}=1.07(\text{m})（取 1.1\text{m}）$$

b. 气浮池直径（D）
选定分离速度 $v_s=2.0\text{mm/s}$，则分离室表面积为
$$A_s=\frac{Q(1+R)}{v_s}=\frac{25\times(1+0.30)}{3600\times2.0\times10^{-3}}=4.51(\text{m}^2)$$
$$D=\sqrt{\frac{4\times(A_c+A_s)}{\pi}}=\sqrt{\frac{4\times(0.9+4.51)}{3.14}}=2.62(\text{m})（取 2.7\text{m}）$$

c. 分离室水深（H_s）已定分离室停留时间 $t_s=10\text{min}$，则
$$H_s=v_s t_s=2.0\times10^{-3}\times10\times60=1.20(\text{m})$$

d. 气浮池净容积（W）
$$W=(A_c+A_s)H_s=(0.9+4.51)\times1.20=6.49(\text{m}^3)$$

e. 反应池容积（V）
圆台 V_1 的高度（h_1）为
$$h_1=\frac{D-d_c}{2}\times\tan30°=\frac{2.7-1.1}{2}\times0.577=0.46(\text{m})$$
$$V_1=\frac{\pi h_1}{3}(R^2+Rr+r^2)=\frac{3.14\times0.46}{3}\times\left[\left(\frac{2.7}{2}\right)^2+\left(\frac{2.7}{2}\right)\times\left(\frac{1.1}{2}\right)+\left(\frac{1.1}{2}\right)^2\right]=1.38(\text{m}^3)$$
设圆台 V_2 的底 $d_0=1.1\text{m}$，则 V_2 的 $h_2=h_1=0.46\text{m}$，
则 $V_2=V_1$
$$V=V_1+V_2=1.38\times2=2.76（\text{m}^3）$$
根据基本设计数据，反应时间 $t=6\text{min}$，反应池体积（V'）应为
$$\frac{Qt}{60}=\frac{25\times6}{60}=2.5(\text{m}^3)$$
现 V 略大于 V'，其实际反应时间为
$$t'=\frac{60V}{Q}=\frac{60\times2.76}{25}\approx6.6(\text{min})$$

f. 反应-气浮池高度
浮渣层高度（H_1）取 5cm，干舷（H_0）取 15cm，则反应-气浮池高度（H）为
$$H=H_0+H_1+H_s+h_1+h_2=0.15+0.05+1.2+0.46+0.46=2.32(\text{m})$$

g. 集水系统
气浮池集水采用 14 根均匀分布的支管，每根支管中流量（q）为
$$q=\frac{Q(1+R)}{14}=\frac{25\times(1+0.30)}{14}=2.32(\text{m}^3/\text{h})=0.00064(\text{m}^3/\text{s})$$
查有关的管渠水力计算表得支管直径 d_g 为 25mm。管中流速为 0.95m/s，支管内水头损失为
$$h_\text{支}=\left(\xi_\text{进}+\lambda\frac{L}{d}+\xi_\text{弯}+\xi_\text{出}\right)\frac{v_\text{支}^2}{2g}=\left(0.5+0.02\times\frac{1.80}{0.025}+0.3+1.0\right)\frac{0.95^2}{2g}=0.15(\text{m})$$
出水总管直径（D_g）取 125mm，管中流速为 0.54m/s。总管上端装水位调节器。反应池进水管靠近池底（切向），其直径（D'_g）取 80mm，管中流速为 1.12m/s。气浮池排渣管

直径（D'_g）取 150mm。

② 溶气释放器

根据溶气压力 0.3MPa、溶气水量 6m³/h 及接触室直径 1.1m 的情况，可选用 TJ-Ⅱ 型释放器一只，释放器安置在距离接触室底约 5cm 处的中心。

③ 压力溶气罐

按过流密度 $I=3000\text{m}^3/(\text{m}^2\cdot\text{d})$ 计算溶气罐直径 D_d：

$$D_d = \sqrt{\frac{4\times Q_p}{\pi I}} = \sqrt{\frac{4\times 6\times 24}{3.14\times 3000}} = 0.25(\text{m})$$

选用标准直径 $D_d=300$mm，TR-Ⅲ 型压力溶气罐一只。

④ 空压机气浮所需用释气量（Q_g）

$$Q_g = QR'a_c\Phi = 20\times 30\%\times 53\times 1.2 = 381.6(\text{L/h})$$

式中，R'、a_c 值均为 20℃试验时取得。因试验温度与生产中最低水温相差不甚大，故取 1.2。所需空压机额定气量

$$Q'_g = \varphi\frac{Q_g}{60\times 1000} = 1.4\times\frac{381.6}{60\times 1000} = 0.009(\text{m}^3/\text{min})$$

选用 Z-0.025/6 空压机间歇工作。

⑤ 刮渣机

选用 TX-Ⅰ型行星式刮渣机一台。

习题与思考

1. 什么是调节池？调节池有什么作用？
2. 简述格栅的含义和分类。
3. 试说明沉淀有哪几种类型？各有何特点，并讨论各种类型的内在联系与区别，在哪些场合发生这些沉淀现象？
4. 设置沉砂池的目的和作用是什么？曝气沉砂池的工作原理与平流式沉砂池有何区别？
5. 沉淀池有哪几种类型？请分别阐述各种沉淀池的特点和适用条件。
6. 含油污水中油的存在形式有几种？乳化油是怎样形成的？破乳方法有哪些？
7. 加压溶气气浮法的基本原理是什么？有哪几种基本流程与溶气方式？各有何特点？
8. 微气泡与悬浮颗粒相黏附的基本条件是什么？有哪些影响因素？如何改善微气泡与颗粒的黏附性能？
9. 气固比的定义是什么？如何确定（或选用）？
10. 在废水处理中，气浮法与沉淀法相比较，各有何优缺点？
11. 如何改进及提高沉淀或气浮的分离效果？
12. 今拟用平流式隔油池处理流量为 60m³/h 的某食油废水。已知废水在池内的流速为 12mm/s，要求除去水内粒径大于 60μm 的可浮油，浮油密度为 0.87g/cm³。试确定该隔油池上浮区的结构尺寸。
13. 某城市污水处理厂最大设计流量为 0.25m³/s，设计沉淀时间为 1.5h，采用链带式刮泥机，要求沉淀池个数为 6 个，且长宽比不宜小于 4，试计算沉淀池总面积、有效水深、有效容积、池长、总宽，并核算结果是否符合要求。[设表面负荷 $q=1.5\text{m}^3/(\text{m}^2\cdot\text{h})$，水平流速 $v=3.7$mm/s]

3 化 学 法

> **学习提示**
> **本章学习要点**：掌握化学法处理废水的原理，了解各种化学处理方法的适用条件和处理设施的设计计算；能够根据实际工业废水情况设计废水化学处理流程。

通过化学反应改变废水中污染物的化学性质或物理性质，使废水中污染物从溶解、胶体或悬浮状态转变为沉淀或漂浮状态，或从固态转变为气态，进而从水中去除的处理方法叫作化学法。废水化学处理法可分为：中和法、化学混凝法、化学沉淀法、氧化还原法、消毒法等。有时为了有效地处理含有多种不同性质的污染物的废水，将上述两种以上处理法组合起来。如处理小流量和低浓度的含酚废水，就把化学混凝法（除悬浮物等）和化学氧化还原法（除酚）组合起来。

3.1 中 和 法

3.1.1 概述

中和法是利用碱性药剂或酸性药剂将废水从酸性或碱性调整到中性的一类处理方法。在工业废水处理中，中和处理既可以作为主要的处理单元，也可以作为其他单元操作的预处理措施。

1. 酸、碱废水的来源与危害

酸性工业废水和碱性工业废水来源广泛，酸性工业废水主要来源于化工厂、化纤厂、电镀厂、煤加工厂及金属酸洗车间等。这些酸性物质有无机酸和有机酸，酸性工业废水的含酸浓度差别很大，从小于1%到10%以上。碱性工业废水主要来源于印染厂、金属加工厂、炼油厂、造纸厂等。碱性物质含有机碱和无机碱，含碱浓度可高达百分之几。酸、碱废水中除含酸或碱外，还可能含有酸式盐、碱式盐，以及其他的无机和有机等物质。

酸具有腐蚀性，能够腐蚀钢管、混凝土、纺织品、烧灼皮肤，还能改变环境介质的pH值；碱所造成的危害程度较小。将酸和碱随意排放，不但会造成极大的浪费，而且会造成水环境污染、腐蚀管道、毁坏农作物、危害渔业生产，以及破坏生物处理系统的正常运行。因此，对于酸性或碱性废水，首先应当考虑回收和综合利用；当必须排放时，则需要进行无害化处理。

工业废水中所含酸（碱）的量往往相差很大，因而有不同的处理方法。大于5%~10%的高浓度含酸废水，常称为废酸液；大于3%~5%的高浓度含碱废水，常称为废碱液。对于这类废酸液、废碱液，可因地制宜采用特殊的方法回收其中的酸或碱，或者进行综合利用。例如，用蒸发浓缩法回收苛性钠；用扩散渗析法回收钢铁酸洗废液中的硫酸；利用钢铁酸洗废液作为制造硫酸亚铁、氧化铁红、聚合硫酸铁的原料等。对于酸或碱含量较低（例如小于3‰）的酸性废水或碱性废水，由于其中酸、碱含量低，回收价值不大，常采用中和法处理，使其达到排放要求。

此外，还有一种与中和处理法相类似的处理操作，就是为了某种需要，将废水的pH值调整到某一特定值（范围），这种处理操作叫pH值调节。若将pH值由中性或酸性调至碱性，称为碱化；若将pH值由中性或碱性调至酸性，称为酸化。

废水处理中出现下列情况时，可进行中和处理或pH值调节：

（1）废水pH值超过排放标准，为减少对受纳水体水生生物的影响，应进行中和处理。

（2）废水排入城市下水道系统前，为避免对管道系统造成腐蚀，应进行中和处理。

（3）在化学处理或生物处理之前，因为有的化学处理法（例如混凝）要求废水的pH值升高或降低到某一个最佳值，生物处理要求废水的pH值应在某一范围内，应对废水进行pH值调节。

2. **中和方法**

酸性废水的中和方法，有药剂中和法、过滤中和法，及利用碱性废水和废渣的中和法。碱性废水的中和方法，则有药剂中和法，及利用酸性废水或废气中和等方法。

选择中和方法时，应考虑下列因素：

（1）含酸或含碱废水所含酸类或碱类的性质、浓度、水量及其变化规律；

（2）首先应寻找能就地取材的酸性或碱性废料，并尽可能加以利用；

（3）本地区中和药剂和滤料（如石灰石、白云石等）的供应情况；

（4）接纳废水水体性质、城市下水道能容纳废水的条件，后续处理（如生物处理）对pH值的要求等。

3.1.2 酸性废水的中和处理

1. **药剂中和法**

酸性废水中和处理采用的中和剂，有石灰、石灰石、白云石、苏打、苛性钠、碳酸钠、电石渣等。选择碱性药剂时，不仅要考虑它本身的溶解性、反应速度、成本、二次污染、使用方便等因素，还要考虑中和产物的性状、数量及处理费用等因素。

酸性废水中和处理最常采用的碱性药剂是石灰（CaO）。当投石灰进行中和处理时，$Ca(OH)_2$还有凝聚作用，因此对杂质多、浓度高的酸性废水尤其适宜。另外，石灰来源广泛，价格便宜。但是它具有以下缺点：

（1）石灰粉末极易飞扬，劳动卫生条件差；

（2）装卸、搬运劳动量较大；

（3）成分不纯，含杂质较多；

（4）沉渣量较多，不易脱水；

（5）配制石灰溶液和投加，需要较多的机械设备等。

石灰石、白云石（$MgCO_3 \cdot CaCO_3$）系石料，除了劳动卫生条件比石灰较好外，其他情况和石灰相同。苏打（Na_2CO_3）和苛性钠（NaOH）具有组成均匀、易于贮存和投加、反应迅速、易溶于水，而且溶解度较高的优点，但是由于价格较贵，通常很少采用。常用碱性药剂性质见表 3-1。

表 3-1 常用碱性药剂主要特性

名称	化学式	主要特性
生石灰	CaO	药剂价格便宜，反应速度慢，反应生成物大多溶解度极小，脱水性好。加药系统较复杂
消石灰	$Ca(OH)_2$	
电石渣	$Ca(OH)_2$	
石灰石	$CaCO_3$	主要用于处理强酸性废水，为了使出水达到或接近中性，往往需要添加消石灰
白云石	$CaCO_3 \cdot MgCO_3$	
苛性钠	NaOH	药剂价格较高，溶解度大，反应速度快，处理方便
碳酸钠	Na_2CO_3	

(1) 中和反应

石灰可以中和不同浓度的酸性废水，在采用石灰乳时，中和反应方程式如下：

$$H_2SO_4 + Ca(OH)_2 = CaSO_4 \cdot 2H_2O$$

$$2HNO_3 + Ca(OH)_2 = Ca(NO_3)_2 + 2H_2O$$

$$2HCl + Ca(OH)_2 = CaCl_2 + 2H_2O$$

$$2H_3PO_4 + 3Ca(OH)_2 = Ca_3(PO_4)_2 + 6H_2O$$

$$2CH_3COOH + Ca(OH)_2 = Ca(CH_3COO)_2 + 2H_2O$$

当废水中含有其他金属盐类，如铁、铅、锌、铜、镍等时，也会消耗石灰乳的用量，反应如下：

$$FeCl_2 + Ca(OH)_2 = CaCl_2 + Fe(OH)_2$$

$$PbCl_2 + Ca(OH)_2 = CaCl_2 + Pb(OH)_2$$

最常遇到的是硫酸废水的中和，根据使用的药剂不同，中和反应方程式如下：

$$H_2SO_4 + Ca(OH)_2 = CaSO_4 + 2H_2O$$

$$H_2SO_4 + CaCO_3 = CaSO_4 + H_2O + CO_2 \uparrow$$

$$H_2SO_4 + Ca(HCO_3)_2 = CaSO_4 + 2H_2O + 2CO_2 \uparrow$$

中和后生成的硫酸钙 $CaSO_4 \cdot 2H_2O$ 在水中的溶解度很小，此盐不仅形成沉淀，而且当硫酸浓度很高时，在药剂表面会产生硫酸钙的覆盖层，影响和阻止中和反应的继续进行。所以当采用石灰石、白垩或白云石做中和剂时，药剂颗粒应在 0.5mm 以下。

(2) 中和剂用量与沉渣量

中和剂的投加量，可按试验绘制的中和曲线确定，也可根据水质分析资料，按中和反应的化学计量关系确定。碱性药剂用量 G_a 可按式 (3-1) 计算：

$$G_a = \frac{KQ(C_1 a_1 + C_2 a_2)}{\alpha} \tag{3-1}$$

式中 G_a——碱性药剂用量，kg/d；

Q——酸性废水量，m^3/d；

C_1——废水含酸浓度，kg/m^3；

C_2——废水中需中和的酸性盐浓度，kg/m^3；

a_1——中和 1kg 酸所需碱性药剂的质量，即碱性药剂理论比耗量，kg/kg；

a_2——中和 1kg 酸性盐类所需碱性药剂的质量，kg/kg；

K——不均匀系数；

α——中和剂的纯度，%。

中和各种酸所需碱、盐的理论比耗量，见表 3-2。

表 3-2 中和各种酸所需碱、盐的理论比耗量 (g/g)

酸的名称	分子量	NaOH 40	Ca(OH)$_2$ 74	CaO 56	CaCO$_3$ 100	MgCO$_3$ 84	Na$_2$CO$_3$ 106	CaMg(CO$_3$)$_2$ 184
HNO$_3$	63	0.635	0.59	0.445	0.795	0.668	0.84	0.732
HCl	36.5	1.10	1.01	0.77	1.37	1.15	1.45	1.29
H$_2$SO$_4$	98	0.816	0.755	0.57	1.02	0.86	1.08	0.94
H$_2$SO$_3$	82	0.975	0.90	0.68	—	—	1.29	1.122
CO$_2$	44	1.82	1.63	(1.27)	(2.27)	(1.91)	—	2.09
CH$_3$COOH	60	0.666	0.616	(0.466)	(0.83)	(0.695)	0.88	1.53
CuSO$_4$	159.5	0.251	0.465	0.352	0.628	0.525	0.667	0.576
FeSO$_4$	151.9	0.264	0.485	0.37	0.66	0.553	0.700	0.605
H$_2$SiF$_6$	144.1	0.556	0.51	0.38	0.69		0.73	0.63
FeCl$_2$	126.9	0.63	0.58	0.44	0.79		0.835	0.725
H$_3$PO$_4$	98	1.22	1.13	0.86	1.53		1.62	1.41

注：1. 在碱、盐的分子式下面的数值为该碱、盐的分子量；
2. 括号中记入的药剂量，表示不建议采用的药剂，因其反应很慢。

中和反应产生的沉渣中，除了中和产物难溶盐和金属氢氧化物外，还有中和药剂带入的杂质，以及原废水中的悬浮物。沉渣量可根据试验确定，也可按式 (3-2) 计算：

$$G = G_a(B+e) + Q(S-d) \tag{3-2}$$

式中　G——沉渣量，kg/d；

B——消耗单位质量药剂所生成的难溶盐及金属氢氧化物量，kg/kg；

e——单位质量药剂中杂质含量，kg/kg；

S——中和前原水中悬浮物浓度，kg/m^3；

d——中和后出水的悬浮物浓度，kg/m^3。

消耗单位质量药剂所产生的盐和二氧化碳量，见表 3-3。

表 3-3 消耗单位质量药剂所产生的盐和二氧化碳量

酸	盐和 CO$_2$	用下列药剂中和 1g 酸生成的盐和 CO$_2$/g				
		Ca(OH)$_2$	NaOH	CaCO$_3$	HCO$_3^-$	CaMg(CO$_3$)$_2$
硫酸	CaSO$_4$	1.39	—	1.39		0.695
	Na$_2$SO$_4$	—	1.45	—		—
	MgSO$_4$	—	—	—		0.612
	CO$_2$	—	—	0.45	0.9	0.45
盐酸	CaCl$_2$	1.53	—	1.53		0.775
	NaCl	—	1.61	—		—
	MgCl$_2$	—	—	—		0.662
	CO$_2$	—	—	0.61	1.22	0.61

续表

酸	盐和CO_2	用下列药剂中和1g酸生成的盐和CO_2/g				
		$Ca(OH)_2$	$NaOH$	$CaCO_3$	HCO_3^-	$CaMg(CO_3)_2$
硝酸	$Ca(NO_3)_2$	1.3	—	1.3	—	0.65
	$NaNO_3$	—	1.25	—	—	—
	$Mg(NO_3)_2$	—	—	—	—	0.588
	CO_2	—	—	0.35	0.7	0.35

(3) 药剂中和处理工艺流程

废水量少时（每小时几吨到十几吨），宜采用间歇处理，两、三池（格）交替工作。废水量大时，宜采用连续式处理，为获得稳定可靠的中和处理效果，宜采用多级式自动控制系统。目前多采用二级或三级，分为粗调和终调或粗调、中调和终调。投药量由设在池出口的pH值检测仪控制。一般初调可将pH值调至4～5。药剂中和处理工艺流程如图3-1所示。

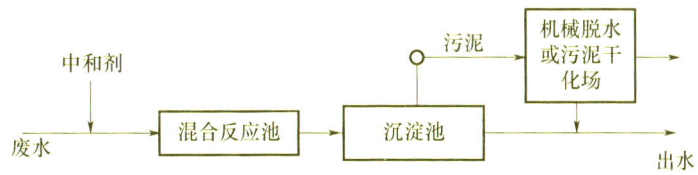

图 3-1 药剂中和处理工艺流程

投加石灰有干法和湿法两种方式。干投时，为了保证均匀投加，可用具有电磁振荡装置的石灰投配器将石灰粉直接投入废水中。干投法设备简单，药剂的制备与投配容易，但反应缓慢，中和药剂耗用量大（为理论用量的1.4～1.5倍）。

现在多采用湿投法，即将生石灰在溶解槽内溶解成浓度为40%～50%的乳液，排入石灰乳贮槽，并配成浓度为5%～15%的工作液，然后投加。石灰乳投配系统，如图3-2 (a) 所示。石灰乳投加量，可用手动提板闸式投配器的孔口开度来控制，如图3-2 (b) 所示；也可通过投加阀的开启度来控制（pH计自动控制或手动控制）。石灰乳贮槽及溶解槽可用机械搅拌或水泵循环搅拌，以防止沉淀；搅拌不宜采用压缩空气，因其中的CO_2易与CaO反应生成$CaCO_3$沉淀，既浪费中和药剂，又易引起堵塞。投配系统采用溢流循环方式，即石灰乳输运到投配槽中的量大于投加量，剩余量沿溢流管流回到石灰乳贮槽，这样可维持投配槽内液面稳定不变，投加量只由孔口或阀门开度大小控制，还可以防止沉淀和堵塞。

中和槽有两种类型，应用广泛的是带搅拌的混合反应池。池中常设置隔板将其分成多室，以利混合反应。反应池的容积通常按5～20min的停留时间设计。若采用空气搅拌，最小空气用量为$0.9m^3/(min \cdot m^2)$；若采用机械搅拌，搅拌器功率为$0.04～0.08kW/m^3$。另一种是带折流板的管式反应器，混合搅拌的时间很短，为0.5～1min，仅适用于中和产物溶解度大、反应速度快的中和过程。

中和过程中形成的各种泥渣（如石膏、铁矾等）应及时分离，以防止堵塞管道。分离设备可采用沉淀池或上浮池。设置沉淀池时，沉淀时间一般采用1～1.5h，分离出来的沉淀（或浮渣）尚需进一步浓缩、脱水。

药剂中和法的优点是可处理任何浓度、任何性质的酸性废水；废水中容许有较多的悬浮杂质，对水质、水量的波动适应性强；并且中和剂利用率高，中和过程容易调节。缺点是劳动条件差，药剂配制及投加设备较多，基建投资大，泥渣多且脱水难。

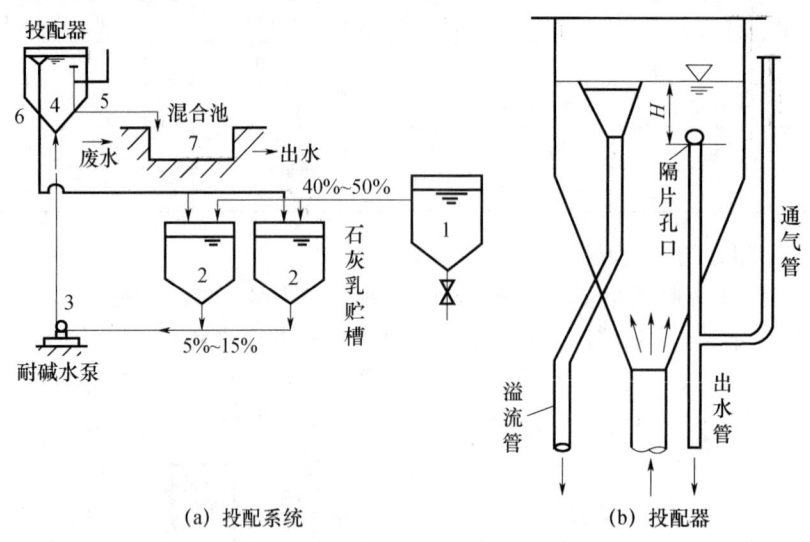

图 3-2　石灰乳投配装置
1—溶解槽；2—石灰乳贮槽；3—耐碱水泵；4—投配槽；5—加药管；6—溢流管；7—混合池

2. 过滤中和法

酸性废水流过碱性滤料时，可使废水中和，这种中和方式称为过滤中和法，仅用于中和酸性废水。

（1）碱性滤料

碱性滤料主要有三种：石灰石、大理石、白云石。前两种的主要成分是 $CaCO_3$，后一种的主要成分是 $MgCO_3 \cdot CaCO_3$。滤料的选择与中和产物的溶解度有密切的关系。滤料的中和反应发生在颗粒表面上，如果中和产物的溶解度很小，就在滤料表面形成不溶性的硬壳，阻止中和反应的继续进行，使中和处理失败。各种酸在中和后形成的盐具有不同的溶解度，其顺序大致为：$Ca(NO_3)_2$、$CaCl_2 > MgSO_4 \geqslant CaSO_4 > CaCO_3$、$MgCO_3$。由此可知，中和处理硝酸、盐酸时，滤料选用石灰石、大理石或白云石都行；中和处理碳酸时，含钙或镁的中和剂都不行，不宜采用过滤中和法；中和硫酸时，最好选用含镁的中和滤料（白云石）。但是，白云石的来源少、成本高，反应速度慢，所以如能正确控制硫酸浓度，使中和产物（$CaSO_4$）的生成量不超过其溶解度，则也可以采用石灰石或大理石。根据硫酸钙的溶解度数据可以算出，以石灰石为滤料时，硫酸允许浓度在 1~1.2g/L。如硫酸浓度超过上述允许值，则应改用白云石滤料。

采用碳酸盐做中和滤料时，均会有 CO_2 气体产生，CO_2 能附着在滤料表面，形成气体薄膜，阻碍反应的进行。酸的浓度越大，产生的气体就越多，阻碍作用也就越严重。采用升流过滤方式和较大过滤速度，有利于消除气体的阻碍作用。另外，过滤中和产物 CO_2 溶于水使出水 pH 值约为 4.5，经曝气吹脱 CO_2，则 pH 值可上升到 6 左右。脱气方式可用穿孔管曝气吹脱、多级跌落自然脱气或板条填料淋水脱气等。

为了进行有效的过滤，还必须限制进水中悬浮杂质的浓度，以防堵塞滤料。滤料的粒径也不宜过大。另外，失效的滤渣应及时消除，并随时向滤池补加滤料，直至倒床换料。

(2) 中和滤池

中和滤池常用的有升流式膨胀中和滤池及滚筒式中和滤池。

① 升流式膨胀中和滤池

升流式膨胀中和滤池如图 3-3 所示。升流式膨胀中和滤池的特点：

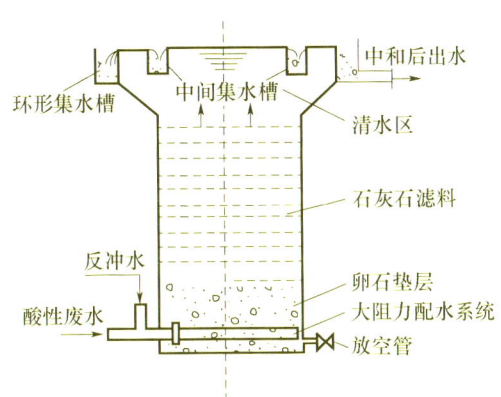

图 3-3　升流式膨胀中和滤池

a. 滤料粒径小，为 0.5~3mm。由于滤料粒径小，增大了反应面积，可缩短中和时间。

b. 上升流速大，为 60~70m/h，滤料可以悬浮起来，通过互相碰撞，使表面形成的硬壳容易剥离下来，从而可以适当增大进水中硫酸的允许含量。

c. 升流运动，废水由下向上流动，剥离的硬壳和产生的 CO_2 气体容易随水流走，不致造成滤床堵塞。

滤料层厚度在运行初期为 1~1.2m，最终换料时为 2m，滤料膨胀率保持 50%，池底设 0.15~0.2m 的卵石垫层，池顶保持 0.5m 的清水区。采用升流式膨胀中和滤池处理含硫酸废水，硫酸允许浓度可提高到 2.2~2.3g/L。

如果改变升流式滤池的结构，采用变截面中和滤池，使下部滤速仍保持 60~70m/h，而上部滤速减为 15~20m/h，则可获双重好处，既保持较高的过滤速度，又不至于使细小滤料随水流失，使滤料尺寸的适用范围增大。这种改良式的升流滤池叫变速升流式膨胀中和滤池。采用此种滤池处理含硫酸废水，可使硫酸允许浓度提高至 2.5g/L。

升流式滤池要求布水均匀，因此常采用大阻力配水系统和比较均匀的集水系统。此外，滤池直径不能太大，一般不大于 1.5~2.0m。

② 滚筒式中和滤池

滚筒式中和滤池如图 3-4 所示。装于滚筒中的滤料随滚筒一起转动，使滤料互相碰撞，及时剥离由中和产物形成的覆盖层，可以加快中和反应速度。废水由滚筒的一端流入，由另一端流出。

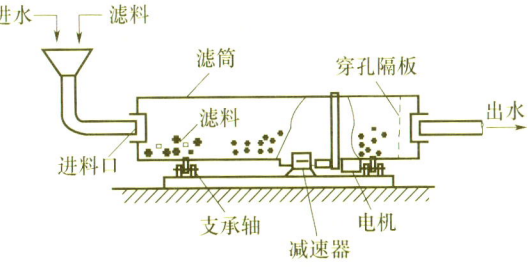

图 3-4　滚筒式中和滤池

滚筒可用钢板制成，内防腐层，直径 1m 或更大，长度为直径的 6~7 倍。筒内壁设有纵向隔条，带动滤料旋转。滚筒转速约 10r/min，筒体转轴向出水方向倾斜 0.5°~1°。滤料的粒径较大（达十几毫米），装料体积约占转筒体积的一半；这种装置的最大优点是进水的硫酸浓度可以超过允许浓度数倍，滤料粒径也不必破碎得很小。其缺点是负荷率低 [约为 $36m^3/(m^2 \cdot h)$]、构造复杂、动力费用较高、运转时噪声较大，同时对设备材料的耐蚀性能要求高。

3. 利用碱性废水和废渣的中和法

在同时存在酸性废水和碱性废水的情况下，可以以废治废，互相中和。

两种废水互相中和时，若碱性不足，应补充碱性药剂；若碱量过剩，则应补充酸中和碱。由于废水的水量和浓度均难以保持稳定，因此，应设置均和池及混合反应池（中和池），混合反应池的有效容积一般按 1~2h 的废水量考虑。如果混合水需要水泵提升，或者有相当长的出水沟管可以利用，也可不设混合反应池。

利用碱性废渣中和酸性废水也有一定的实际意义。例如，电石渣中含有大量的 $Ca(OH)_2$、软水站石灰软化法的废渣中含有大量 $CaCO_3$、锅炉煤灰中含有 2%~20% 的 CaO，利用它们处理酸性废水，均能获得一定的中和效果。

采用碱性废水和废渣中和酸性废水时，除必须设置均和池外，还必须考虑碱性废水和废渣一旦中断来源时的应急措施。

4. 中和法设计计算实例

【例 3-1】某化工厂排出含硫酸废水 $800m^3/d$，含硫酸 7g/L。厂内软水站用石灰乳软化河水，每天生产软水 $2000m^3$，河水的重碳酸盐硬度为 2.27mmol/L，试考虑废水的中和问题。

解：因为废水的含酸浓度低，不适合回收利用，但排放前应采取中和措施。首先考虑厂内有无废碱渣可供利用。因石灰乳软化河水的过程产生 $CaCO_3$ 碱渣：

$$Ca(OH)_2 + Ca(HCO_3)_2 \longrightarrow 2CaCO_3 \downarrow + 2H_2O$$
$$74 \qquad\qquad 162 \qquad\qquad 200$$

由已知条件，重碳酸盐硬度为 2.27mmol/L=2.27mol/m^3，则河水中含 $Ca(HCO_3)_2$ 为

$$2.27 \times \frac{1}{2} \times 162 = 184 (g/m^3)$$

生产的碱渣数量为

$$\frac{200 \times 184 \times 2000}{162} = 454 \text{ (kg/d)}$$

查表 3-2，相当于此数量的 $CaCO_3$ 可中和硫酸量为 454/1.02=445kg/d，排出的含酸废水中共有硫酸 $800 \times 7 = 5600$kg/d，经过碱渣中和后，废水中剩余的硫酸量为

$$5600 - 455 = 5155 \text{kg/d}$$

由此可见，此含酸废水经过软化站碱渣中和后，在排入水体前应补加中和处理。由于废水中硫酸浓度较大，不宜用中和过滤法，故采用药剂中和法。药剂选用石灰，其成分为含 CaO 70%，有效的 $CaCO_3$ 为 15%，起作用不大的 $CaCO_3$ 及惰性杂质 15%。设需要碱渣的理论数量为 X，单位为 t/d，查表 3-2，可列式如下

$$\frac{0.7X}{0.57} + \frac{0.15X}{1.02} = 5.155$$

$$X = 3.8 \text{ (t/d)}$$

实际石灰用量为：3.8/0.85=4.5(t/d)；

由于中和结果，生成硫酸钙数量为：$5.155 \times \left(\dfrac{136}{98}\right) = 7.2(t/d)$；

折算为石膏（$CaSO_4 \cdot 2H_2O$），其数量为：$5.155 \times \dfrac{172}{98} = 9.1(t/d)$；

石灰中惰性杂质含量 $4.5 \times 15\% = 0.68(t/d)$，即沉渣量为 $9.1 + 0.68 = 9.78(t/d)$。

3.1.3 碱性废水的中和处理

中和处理碱性废水的方法有两种：投酸中和法和利用酸性废水或废气的中和法。

碱性废水中和剂有硫酸、盐酸、硝酸及压缩二氧化碳等。常用的药剂为工业硫酸，工业废酸更经济；也可以采取向碱性废水中通入烟道气（含 CO_2、SO_2 等）的办法加以中和。

以含氢氧化钠和氢氧化铵碱性废水为例，以工业硫酸作为中和剂，其化学反应如下：

$$2NaOH + H_2SO_4 = Na_2SO_4 + 2H_2O$$

$$2NH_4OH + H_2SO_4 = (NH_4)_2SO_4 + 2H_2O$$

如果硫酸铵的浓度足够，可考虑回收利用。

以含氢氧化钠碱性废水为例，用烟道气中和，其化学反应如下：

$$2NaOH + CO_2 + 2H_2O = Na_2CO_3 + 2H_2O$$

$$2NaOH + SO_2 + 2H_2O = Na_2SO_3 + 2H_2O$$

中和各种碱所需酸的单位消耗量，见表3-4。

表3-4 中和各种碱所需酸的单位消耗量

碱类名称	中和1g碱所需酸的量/g					
	H_2SO_4		HCl		HNO_3	
	100%	98%	100%	36%	100%	65%
NaOH	1.22	1.24	0.91	2.53	1.37	2.42
KOH	0.88	0.90	0.65	1.80	1.13	1.74
$Ca(OH)_2$	1.32	1.34	0.99	2.74	1.70	2.62
NH_3	2.88	2.93	2.12	5.90	3.71	5.70

采用无机酸中和碱性废水的工艺流程与设备，和药剂中和酸性废水时所用设备基本相同。用 CO_2 气体中和碱性废水时，为使气液充分接触反应，常采用逆流接触的反应塔，反应塔中可以装填料，也可不装填料，CO_2 气体从塔底吹入，以微小气泡上升；而废水从塔顶喷淋而下。用 CO_2 做中和剂的优点在于：由于pH值不会低于6左右，因此不需要pH值控制装置。烟道气中含有高达24%的 CO_2，有时还含有少量 SO_2 及 H_2S，故可用来中和碱性废水，其中和产物 Na_2CO_3、Na_2SO_3、Na_2S 均为弱酸强碱盐，具有一定的碱性，因此酸性物质必须超量供应。用烟道气中和碱性废水的优点，是可以把废水处理与烟道气除尘结合起来，缺点是处理后的废水中，硫化物、色度和耗氧量均有显著增加，需进一步处理。污泥消化时获得的沼气中含有 25%~35% 的 CO_2 气体，如经水洗，可部分溶入水中，再用以中和碱性废水，也能获得一定效果。

CO_2 为温室气体，采用烟道气、沼气，以及其他气体中的 CO_2 进行酸性废水的中和处理，在充分利用 CO_2 碱性中和能力的同时，还能达到减少碳排放的效果，是一种碳捕获和储存技术。

由于中和反应涉及的都是酸性和碱性物质，因此设备、管道的防腐是工程设计中需要考虑的重要问题。通常设备材料需选用耐酸碱材料，如聚氯乙烯塑料、混凝土、玻璃钢等，另外也可以在设备表面做防腐处理，如钢板内衬橡胶、环氧树脂等，可有效缓解腐蚀，延长设备和管道的使用年限。

3.2 化学混凝法

3.2.1 概述

胶体粒子和细微悬浮物的粒径分别为 1～100nm 和 100～1000nm。由于布朗运动、水合作用，尤其是微粒间的静电斥力等原因，胶体和细微悬浮物能在水中长期保持悬浮状态，不能直接用重力沉降法分离，而必须首先投加混凝剂来破坏它们的稳定性，使其相互聚集为数百微米以至数毫米的絮凝体，才能用沉降、过滤或气浮等常规固液分离法予以去除。

混凝是水处理的一个重要方法，用以去除水中细小的悬浮物和胶体污染物质。混凝法可用于各种工业废水（如造纸、钢铁、纺织、煤炭、选矿、化工、食品等工业废水）的预处理、中间处理或最终处理及城市污水的三级处理和污泥处理。它除用于去除废水中的悬浮物和胶体物质外，还用于除油和脱色。

3.2.2 混凝机理

1. 胶体的稳定性

根据研究，胶体微粒都带有电荷。天然水中的黏土类胶体微粒以及污水中的胶态蛋白质和淀粉微粒等都带有电荷，其结构示意图如图 3-5 所示。

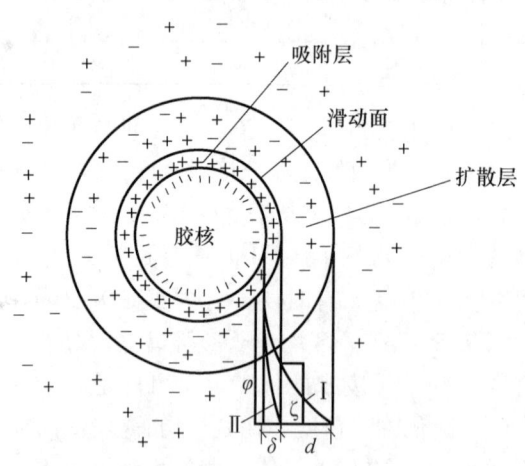

图 3-5 胶体结构和双电层示意图

胶体微粒的中心称为胶核。胶核表面选择性地吸附了一层带有同号电荷的离子，这些离子，可以是由胶核的组成物直接电离而产生的，也可以是从水中选择吸附 H^+（或 OH^-）离子而造成的，这层离子称为胶体微粒的电位离子。电位离子决定了胶粒电荷的大小和符号。

胶体因电位离子而带有电荷，同类胶核带有相同电性的电位离子，因而有相同的电荷。由于同性相斥，使胶体微粒相互不能凝聚，而保持沉降稳定性。

由于电位离子的静电引力，在其周围又吸附了大量的异号离子，称为反离子。反离子的电荷总量与电位离子相同，而符号相反。这样，在胶核与周围水溶液的相界面区域，形成了所谓"双电层"。反离子层中的异号离子，其中紧靠电位离子的部分被牢固地吸引着，当胶核运行时，它也随着一起运动，形成固定的离子层。而其他的异号离子，离电位离子较远，受到的引力较弱，不随胶核一起运动，并有向水中扩散的趋势，形成了扩散层。固定的离子层与扩散层之间的交界面，称为滑动面。滑动面以内的部分，称为胶粒。胶粒与扩散层之间，有一个电位差，此电位称为胶体的电动电位，常称为 ζ 电位；而胶核表面的电位离子与溶液之间的电位差，称为总电位或 φ 电位。

胶粒在水中，受几方面的影响：

(1) 由于上述的胶粒带电现象，带相同电荷的胶粒产生静电斥力，而且 ζ 电位越高，胶粒间的静电斥力越大；

(2) 受水分子热运动的撞击，使微粒在水中做不规则的运动，即布朗运动；

(3) 胶粒之间还存在着相互引力——范德华引力。范德华引力的大小与胶粒间距的平方成反比，当间距较大时，此引力略去不计。

一般水中的胶粒，ζ 电位较高。其互相间斥力不仅与 ζ 电位有关，还与胶粒的间距有关，距离越近，斥力越大。而布朗运动的动能不足以将两颗胶粒推近到使范德华引力发挥作用的距离。因此，胶体微粒不能相互聚结而长期保持稳定的分散状态。

使胶体微粒不能相互聚结的另一个因素是水化作用。由于胶粒带电，将极性水分子吸引到它的周围形成一层水化膜。水化膜同样能阻止胶粒间相互接触。但是，水化膜是伴随胶粒带电而产生的，如果胶粒的 ζ 电位消除或减弱，水化膜也就随之消失或减弱。

2. 混凝原理

化学混凝的机理至今仍未完全清楚。因为它涉及的因素很多，如水中杂质的成分、浓度、水温、水的 pH 值、碱度，以及混凝剂的性质和混凝条件等。但归结起来，可以认为主要是三方面的作用：

(1) 压缩双电层作用

如前所述，水中胶粒能维持稳定的分散悬浮状态，主要是由于胶粒的 ζ 电位。如能消除或降低胶粒的 ζ 电位，就有可能使微粒碰撞聚结，失去稳定性。在水中投加电解质——混凝剂可达此目的。例如天然水中带负电荷的黏土胶粒，在投入铁盐或铝盐等混凝剂后，混凝剂提供的大量正离子会涌入胶体扩散层甚至吸附层。因为胶核表面的总电位不变，增加扩散层及吸附层中的正离子浓度，就使扩散层减薄，图3-5中的 ζ 电位降低。当大量正离子涌入吸附层以致扩散层完全消失时，ζ 电位为零，称为等电状态。在等电状态下，胶粒间静电斥力消失，胶粒最易发生聚结。实际上，ζ 电位只要降至某一程度而使胶粒间排斥的能量小于胶粒布朗运动的动能时，胶粒就开始产生明显的聚结，这时的 ζ 电位称为临界电位。胶粒因电位降低或消除以致失去稳定性的过程，称为胶粒脱稳。脱稳的胶粒相互聚结，称为凝聚。

(2) 吸附架桥作用

压缩双电层作用是阐明胶体凝聚的一个重要理论。它特别适用于无机盐混凝剂所提供的简单离子的情况。但是，如仅用双电层作用原理来解释水中的混凝现象，会产生一些矛盾。

例如，三价铝盐或铁盐混凝剂投量过多时效果反而下降，水中的胶粒又会重新获得稳定。又如在等电状态下，混凝效果似应最好，但生产实践却表明，混凝效果最佳时的ζ电位常大于零。于是提出了第二种作用——吸附架桥作用。

三价铝盐或铁盐以及其他高分子混凝剂溶于水后，经水解和缩聚反应形成高分子聚合物，具有线性结构。这类高分子物质可被胶体微粒所强烈吸附，因其线性长度较大，当它的一端吸附某一胶粒后，另一端又吸附另一胶粒，在相距较远的两胶粒间进行吸附架桥，使颗粒逐渐结大，形成肉眼可见的粗大絮凝体，如图3-6所示。这种由高分子物质吸附架桥作用而使微粒相互黏结的过程，称为絮凝。能引起胶粒产生黏结架桥而发生絮凝作用的药剂，称为絮凝剂。

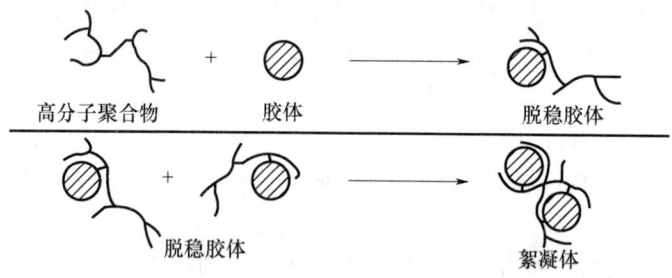

图 3-6　高分子聚合物的吸附架桥作用

（3）沉淀物卷扫作用

当在水中投加较多的铝盐或铁盐等药剂时，铝盐或铁盐在水中形成高聚合度的氢氧化物，可以吸附卷带水中胶粒而沉淀，这种现象称为沉淀物卷扫作用。

上述三种作用产生的微粒凝结现象——凝聚和絮凝总称为混凝。对于不同类型的混凝剂，压缩双电层作用和吸附架桥作用所起的作用程度并不相同。对高分子混凝剂特别是有机高分子混凝剂，吸附架桥可能起主要作用；对硫酸铝等无机混凝剂，压缩双电层作用和吸附架桥作用以及沉淀物卷扫作用都具有重要作用。

3.2.3　混凝剂

用于水处理中的混凝剂应具有混凝效果良好，对人体健康无害，价廉易得，使用方便等特点。混凝剂的种类较多，目前常用的混凝剂有无机金属盐类和有机高分子聚合物两大类。前者主要有铁系和铝系等高价金属盐，可分为普通铁、铝盐和碱化聚合盐；后者则分为人工合成的和天然的两类。表3-5中列出了常用铁、铝盐混凝剂的品种和主要性能，可供选用时参考。

表 3-5　常用铁、铝盐混凝剂的品种和主要性能

名称	代号	分子式	主要性能
三氯化铁	FC	$FeCl_3 \cdot 6H_2O$	混凝效果不受水温影响，最佳pH值为6.0~8.4，但4.0~11范围内仍可使用。易溶解，絮体大而密实，沉降快，但腐蚀性大，在酸性水中易生成HCl气体而污染空气
聚合硫酸铁	PFS	$[Fe_2(OH)_n(SO_4)_{3-\frac{n}{2}}]_m$	用量小，絮体生成快，大而密实。腐蚀性比$FeCl_3$小，所需碱性助剂量小于PAC以外的铁铝盐。适宜水温10~50℃，pH值为5.0~8.5，但在4.0~11范围内仍可使用

续表

名称	代号	分子式	主要性能
精制硫酸铝	AS	$Al_2(SO_4)_3 \cdot 18H_2O$	$Al_2(SO_4)_3$含量为50%~60%。适宜水温20~40℃，pH值为6.0~8.5。水解缓慢，使用时需加碱性助剂，卫生条件好，但在废水处理中应用较少，在循环水中易生成坚硬的铝垢
聚合氯化铝	PAC	$[Al_2(OH)_nCl_{6-n}]_m$	对水温、pH值和碱度的适应性强，絮体生成快而密实，使用时无须加碱性助剂，腐蚀性小。最佳pH值为6.0~8.5，性能优于其他铝盐
聚合硫酸铝	PAS	$[Al_2(OH)_n(SO_4)_{3-\frac{n}{2}}]_m$	使用条件与硫酸铝基本相同，但用量小，性能好。最佳pH值为6.0~8.5，使用时一般无须加碱性助剂
聚硫氯化铝	PACS	$[Al_4(OH)_{2n}Cl_{10-2n}(SO_4)]_m$	系新型品种，絮体生成快，大而密实。对水质的适应性强，脱色效果优良。最佳pH值为5.0~9.0，消耗水中碱度小于其他铁铝盐，无须加碱性助剂

1. 无机盐类混凝剂

(1) 无机盐类混凝剂概述

目前应用最广的是铝盐和铁盐。铝盐中主要有硫酸铝、明矾等。硫酸铝$Al_2(SO_4)_3 \cdot 18H_2O$的产品有精制和粗制两种。精制硫酸铝是白色结晶体。粗制硫酸铝的Al_2O_3含量不少于14.5%~16.5%，不溶杂质含量不大于24%~30%，价格较低，但质量不稳定，因含不溶杂质较多，增加了药液配制和排除废渣等方面的困难。明矾是硫酸铝和硫酸钾的复盐$Al_2(SO_4)_3 \cdot K_2SO_4 \cdot 24H_2O$，$Al_2O_3$含量约10.6%，是天然矿物。硫酸铝混凝效果较好，使用方便。但水温低时，硫酸铝水解困难，形成的絮凝体较松散，效果不及铁盐。

铁盐中主要有三氯化铁、硫酸亚铁和硫酸铁等。三氯化铁是褐色结晶体，极易溶解，形成的絮凝体较紧密，易沉淀；但三氯化铁腐蚀性强，易吸水潮解，不易保管。硫酸亚铁$FeSO_4 \cdot 7H_2O$是半透明绿色结晶体，离解出的二价铁离子Fe^{2+}不具有三价铁盐的良好混凝作用，使用时应将二价铁氧化成三价铁。同时，残留在水中的Fe^{2+}会使处理后的水带色，Fe^{2+}与水中某些有色物质作用后，会生成颜色更深的溶解物。

铁和铝的聚合盐，是具有一定碱化度的无机高分子聚合物，与普通铁、铝盐相比，具有投加剂量小、絮凝生成快、对水质的适应范围广，以及水解时消耗水中碱度少等一系列优点，因而应用日益广泛。它们的混凝效果除与水质有关外，主要取决于产品的碱化度和有效成分。碱化度是指产品分子中OH与金属原子的当量百分比，可用式(3-3)表示。

$$B = \frac{[OH]}{xR_m} \times 100\% \tag{3-3}$$

式中 B——碱化度，%；

n——单体分子中的OH个数；

R_m——单体分子中Fe或Al的原子个数；

x——Fe或Al的化合价。

碱化度的大小，直接决定着产品的化学组成、混凝效果及诸如聚合度、分子量、分子电荷数、凝聚值、稳定性和溶液的pH值等许多重要性质。一般来说，原水的浊度越高，pH值越低，对B值的要求也相应增大；在原水水质一定时，B值越大，则混凝效果也相应提高。对聚合硫酸铁，要求 $B=10\%\sim13\%$；对聚合氯化铝，要求 $B=45\%\sim85\%$。聚合盐的有效成分用 Fe_2O_3 和 Al_2O_3 的质量分数表示，液体产品一般在 $10\%\sim15\%$，固体产品为 $30\%\sim40\%$。

(2) 铁盐和铝盐的作用机理

铁盐和铝盐混凝剂的作用机理十分复杂，且颇为相似。现以 $Al_2(SO_4)_3$ 为例予以说明。$Al_2(SO_4)_3$ 溶于水后，即离解为 Al^{3+} 和 SO_4^{2-}。Al^{3+} 很容易与极性很强的水分子发生水合作用，形成水合络离子 $[Al(H_2O)_6]^{3+}$。由于中心离子 Al^{3+} 带有很强的正电荷，促使水合膜中的 H—O 键极化，$[Al(H_2O)_6]^{3+}$ 便在不同 pH 条件下发生一系列水解反应，直至生成无定型 $Al(OH)_3(H_2O)_3$ 或 $[Al(OH)_3(H_2O)_3]_N$ 为止。

$$[Al(H_2O)_6]^{3+} \xrightarrow{-H^+} [Al(OH)(H_2O)_5]^{2+} \xrightarrow{-H^+} [Al(OH)_2(H_2O)_4]^+ \xrightarrow{-H^+} [Al(OH)_3(H_2O)_3] \downarrow$$

随着溶液 OH^- 浓度的提高，水解产物之间还会发生羟基架桥聚合反应，生成不同聚合度的高电荷络离子：

$$[\underset{\text{单体}}{Al(OH)(H_2O)_5}]^{2+} \xrightarrow{\text{聚合}} [Al_2(OH\ 二聚体)_2(H_2O)_8]^{4+} \xrightarrow{\text{聚合}}$$

$$[\underset{\text{三聚体}}{Al_3(OH)_4(H_2O)_{10}}]^{5+} \xrightarrow{\text{聚合}} \cdots\cdots \xrightarrow{\text{聚合}} [Al_n(OH)_{2n-2}\text{多聚体}(H_2O)_{2n+4}]^{(n+2)+}$$

与此同时，聚合物的水解反应也在进行，例如：

$$[Al_3(OH)_4(H_2O)_{10}]^{5+} + H_2O \longrightarrow [Al_3(OH)_5(H_2O)_9]^{4+} + H_3O^+$$

水解不断进行，产物电荷逐步降低，生成不同聚合度的低电荷络离子。

由于上述聚合和水解反应交错进行，因而其产物必然是多种形态的聚合铝络离子在一定条件下的混合平衡。略去配位 H_2O 分子以后的具体形态可能有 $[Al_6(OH)_{15}]^{3+}$、$[Al_7(OH)_{17}]^{4+}$、$[Al_8(OH)_{20}]^{4+}$ 及 $[Al_{13}(OH)_{34}]^{5+}$ 等。一般地说，低 pH 值下的主要形态是低聚合度的高电荷络离子；在高 pH 值下，主要为高聚合度的低电荷络离子。当 pH 值在 $7\sim8$ 时，聚合度极大的中性 $[Al(OH)_3(H_2O)_3]_n$ 占绝对优势；当 $pH>8.5$ 时，则重新溶解为 $[Al(OH)_4]^-$、$[Al_6(OH)_{20}]^{2-}$ 等负离子。由上述情况可见，从投加混凝剂开始到反应结束，必然是从简单到复杂的各种产物相继出现，并交叉发挥作用的过程，其中包括低聚合度高电荷络离子的压缩双电层和电荷中和作用，高聚合度低电荷络离子的吸附架桥作用，以及 $Al(OH)_3(H_2O)_3$ 和 $[Al(OH)_3(H_2O)_3]_n$ 沉淀的沉淀物卷扫作用。因此，将上述混凝机理用于水处理实际时要注意以下问题：

① 混凝效果最佳，即出水浊度最低时，微粒的 ζ 电位并不一定为零，而通常在 $-10\sim+5\text{mV}$。

② 必须根据原水中形成浊度物质的性质控制相适宜的 pH 值。如主要是胶体，应将 pH 值控制在 $4.5\sim6.0$ 的较低范围，以便充分利用低聚合度高电荷络离子的降低 ζ 电位作用；反之，当污染物主要是粗胶体和细微悬浮物，则应将 pH 值控制在 $6.5\sim7.5$ 的较高范围，以便充分利用高聚合度低电荷产物的吸附架桥和沉淀物卷扫作用。

③ 各种中间产物的存在时间是十分短暂的，为了充分发挥它们的各自作用，就必须在尽可能短的时间里把混凝剂均匀地混合到原水中。

聚合铁（或铝）盐的离解和水解，与上述过程有所不同，主要表现在聚合盐在产品的制备阶段就已经按一定的要求控制 R^{3+}、OH^- 和 Cl^-（或 SO_4^{2-}）的比例进行水解和聚合，因而在溶于水后，能排除外部可变因素的干扰，直接提供各种活性络离子，达到对各种水质的优异混凝效果。在铁、铝氯化物中引入SO_4^{2-}后，它能像OH和O一样，在简单水解产物之间产生架桥作用，从而使产品的聚合度增大，对水质的适应性增强。

2. 高分子混凝剂

高分子混凝剂有无机和有机的两种。

（1）无机类

聚合氯化铝和聚合氯化铁是目前国内外研制和使用比较广泛的无机高分子混凝剂。聚合氯化铝的混凝作用与硫酸铝并无差别。硫酸铝投入水中后，主要是各种形态的水解聚合物发挥混凝作用。但由于影响硫酸铝化学反应的因素复杂，要想根据不同水质控制水解聚合物的形态是不可能的。人工合成的聚合氯化铝则是在人工控制的条件下预先制成最优形态的聚合物，投入水中后可发挥优良的混凝作用。它对各种水质适应性较强，适用的pH值范围较广，对低温水效果也较好，形成的絮凝体粒大而重，所需的投量为硫酸铝的$1/2 \sim 1/3$。

（2）有机类

有机高分子絮凝剂主要通过吸附桥联发挥作用，其效果取决于分子量、分子几何结构及活性基团的数量和类型。在一般情况下，不论絮凝剂为何种离子型，对不同电性的胶体和细微悬浮物都是有效的。但如为离子型，而且其电性与微粒电性相反，就能起降低ζ电位和吸附桥联的双重作用，絮凝效果可明显提高。其次，离子型絮凝剂所带的同电性基团间的静电斥力，能使线性分子内蜷曲变形为伸展形，捕捉范围增大，活性基团也得到充分暴露，从而使絮凝剂分子与微粒之间发生吸附桥联的概率增大。

有机高分子混凝剂有天然的和人工合成的。这类混凝剂都具有巨大的线性分子。每一大分子有许多链节组成，链节间以共价键结合。我国当前使用较多的是人工合成的聚丙烯酰胺（PAM）。聚丙烯酰胺是一大类产品，其聚合度可多达$2 \times 10^4 \sim 9 \times 10^4$，相应的分子量高达$150 \times 10^4 \sim 600 \times 10^4$。聚丙烯酰胺可分为阳离子型、阴离子型、非离子型和两性型。

当单体上的基团在水中离解后，在单体上留下带负电的部位，如$-SO_3^-$或$-COO^-$，此时整个分子成为带负电荷的大离子，这种聚合物称为阴离子型聚合物；当单体上留下带正电荷的部位，如$-NH_3^+$、$-NH_2^+$，整个分子成为带正电荷的大离子，称为阳离子型聚合物；不含离子基团的，称为非离子型聚合物。

有机高分子混凝剂由于分子上的链节与水中胶体微粒有极强的吸附作用，混凝效果优异。即使是阴离子型高聚物，对负电胶体也有强的吸附作用；但对于未经脱稳的胶体，由于静电斥力有碍于吸附架桥作用，通常作助凝剂使用。阳离子型的吸附作用尤其强烈，且在吸附的同时，对负电胶体有电中和的脱稳作用。

人工合成的有机高分子絮凝剂都是水溶性的链状高分子聚合物，重复单元中含有较多能强烈吸附胶体和细微悬浮物的官能团，并且应有足够的分子长度和分子量。一般认为链长应大于$200\mu m$，分子量应在10^6以上；当所含基团的电性与胶粒电性相反时，分子量可降低到5×10^5。目前，PAM产品按性状有胶状（含量为5%～10%）、片状（20%～30%）和粉状（90%～95%）三种。

天然高分子絮凝剂的应用远不如人工合成的广泛。主要原因是它们的电荷密度小、分子量较低，且容易发生降解而失去活性，其主要品种有淀粉、半乳甘露糖、纤维素衍生物、多糖和动物骨胶五大类。其他如海藻酸钠、丹宁等也有应用。

有机高分子混凝剂虽然效果优异，但制造过程复杂，价格较贵。另外，由于聚丙烯酰胺的单体——丙烯酰胺有一定的毒性,因此它们的毒性问题引起人们的注意和研究。

3. 助凝剂

当单用混凝剂不能取得良好效果时,可投加某些辅助药剂以提高混凝效果,这种辅助药剂称为助凝剂。助凝剂可用以调节或改善混凝的条件,例如当原水的碱度不足时,可投加石灰或碳酸氢钠等;当采用硫酸亚铁作混凝剂时,可加氯气将亚铁 Fe^{2+} 氧化成三价铁离子 Fe^{3+}。助凝剂也可用以改善絮凝体的结构,利用高分子助凝剂的强烈吸附架桥作用,使细小松散的絮凝体变得粗大而紧密,常用的有聚丙烯酰胺、活化硅酸、骨胶、海藻酸钠、红花树等。

3.2.4 影响混凝效果的主要因素

影响混凝效果的因素较复杂,主要有水温、pH 值、水质和水力条件等。

1. 水温

水温对混凝效果有明显的影响。无机盐类混凝剂的水解是吸热反应,水温低时,水解困难。特别是硫酸铝,当水温低于 5℃时,水解速率非常缓慢。且水温低,黏度大,不利于脱稳胶粒相互絮凝,影响絮凝体的长大,进而影响后续的沉淀处理的效果。改善的办法是投加高分子助凝剂或是用气浮法代替沉淀法作为后续处理。

2. pH 值

水的 pH 值对混凝的影响程度视混凝剂的品种而异。用硫酸铝去除水中浊度时,最佳 pH 值范围在 6.5~7.5 之间;用于除色时,pH 值在 4.5~5 之间。三价铁盐时,最佳 pH 值范围在 6.0~8.4 之间,比硫酸铝为宽。高分子混凝剂尤其是有机高分子混凝剂,混凝的效果受 pH 值的影响较小。从铝盐和铁盐的水解反应式可以看出,水解过程中不断产生 H^+ 必将使水 pH 值下降。要使 pH 值保持在最佳的范围内,应有碱性物质与其中和。当原水中碱度充分时,还不致影响混凝效果;但当原水中碱度不足或混凝剂投量较大时,水的 pH 值将大幅度下降,影响混凝效果。此时,应投加石灰或碳酸氢钠等。

3. 水中杂质的成分、性质和浓度

水中杂质的成分、性质和浓度都对混凝效果有明显的影响。例如,天然水中含黏土类杂质为主,需要投加的混凝剂的量较少;而污水中含有大量有机物时,需要投加较多的混凝剂才有混凝效果,其投量 $10\sim10^3$ mg/L。但影响的因素比较复杂,理论上只限于作些定性推断和估计。在生产和实用上,主要靠混凝试验来选择合适的混凝剂品种和最佳投量。

在城市污水处理方面,过去很少采用化学混凝的方法。近年来,化学混凝剂的品种和质量都有较大的发展,使化学混凝法处理城市污水(特别在发展中国家)有一定的竞争力。实践表明,对某些浓度不高的城市污水,投加 20~80mg/L 的聚合硫酸铁与 0.3~0.5mg/L 的阴离子聚丙烯酰胺,就可去除 COD 的 70% 左右,悬浮物和总磷的 90% 以上。

4. 水力条件

混凝过程中的水力条件对絮凝体的形成影响极大。混凝过程可以分为两个阶段:混合阶段和反应阶段。

混合阶段的要求,是使药剂迅速均匀地扩散到全部水中,以创造良好的水解和聚合条件,使胶体脱稳,并借颗粒的布朗运动和紊动水流进行凝聚。在此阶段并不要求形成大的絮凝体。混合要求快速和剧烈搅拌,在几秒钟或一分钟内完成。对于高分子混凝剂,由于它们

在水中的形态不像无机盐混凝剂那样受时间的影响，混合的作用主要是使药剂在水中均匀分散，混合反应可以在很短的时间内完成，而且不宜进行过分剧烈的搅拌。

反应阶段的要求是使混凝剂的微粒通过絮凝形成大的，具有良好沉淀性能的絮凝体。反应阶段的搅拌强度或水流速度，应随着絮凝体的结大而逐渐降低，以免结大的絮凝体被打碎。如果在化学混凝以后不经沉淀处理，而直接进行接触过滤，或是进行气浮处理，反应阶段可以省略。

3.2.5 化学混凝的设备

与化学混凝的设备有关的内容包括：混凝剂的配制和投加设备、混合设备和反应设备。

1. 混凝剂的配制和投加设备

混凝药剂投加到要处理的水中，可以用干投法和湿投法。干投法就是将固体药剂（如硫酸铝）破碎成粉末后定量地投加，这种方法现使用较少。目前常用的湿投法是将混凝剂先溶解，再配制成一定浓度的溶液后定量地投加。因此，它包括溶解配制设备和投加设备。

（1）混凝剂的溶解和配制

混凝剂是在溶解池中进行溶解。溶解池应有搅拌装置，搅拌的目的是加速药剂的溶解。搅拌的方法常有机械搅拌、压缩空气搅拌和水泵搅拌等。机械搅拌是用电动机带动桨板或涡轮；压缩空气搅拌是向溶解池通入压缩空气进行搅拌；水泵搅拌是直接用水泵从溶解池内抽取溶液再循环回到溶解池。无机盐类混凝剂的溶解池，搅拌装置和管配件等都应考虑防腐措施或用防腐材料。当使用 $FeCl_3$ 时，腐蚀性特强，更需注意。

药剂溶解完全后，将浓药液送入溶液池，用清水稀释到一定的浓度备用。无机高分子混凝剂溶液浓度一般用 10%～20%。有机高分子混凝剂溶液的浓度一般用 0.5%～1.0%。溶液池的容积可按式（3-4）计算：

$$V_1 = \frac{24 \times 100 A q_v}{1000 \times 1000 C n} = \frac{A q_v}{417 C n} \tag{3-4}$$

式中 V_1——溶液池容积，m^3；

q_v——处理的水量，m^3/h；

A——混凝剂的最大投加量，mg/L；

C——溶液浓度，%；

n——每天配制次数，一般为 2～6 次。

溶解池的容积：

$$V_2 = (0.2 \sim 0.3) V_1$$

（2）混凝剂溶液的投加

药剂投入原水中必须有计量及定量设备，并能随时调节投加量。计量设备可以用转子流量计、电磁流量计等。药剂投入原水中的方式，可以采用在泵前靠重力投加，也可以用水射器投加或直接用计量泵投加。

2. 混合设备

常用的混合方式是水泵混合、隔板混合和机械混合。

（1）水泵混合

利用提升水泵进行混合是一种常用的方法。药剂在水泵的吸水管上或吸水喇叭口处投入,利用水泵叶轮的高速转动,达到快速而剧烈的混合目的。水泵混合效果好,不需另建混合设备;但如用三氯化铁作混凝剂时,对水泵叶轮有一定腐蚀作用。另外,当水泵到处理构筑物的管线很长时,可能会在长距离的管道中过早地形成絮凝体并被打碎,不利于以后的处理。

(2) 隔板混合

如图 3-7 所示,在混合池内设有数块隔板,水流通过隔板孔道时产生急剧的收缩和扩散,形成涡流,使药剂与原水充分混合。隔板间距约为池宽的 2 倍。隔板孔道交错设置,流过孔道时的流速不应小于 1m/s,池内平均流速不小于 0.6m/s。混合时间一般为 10~30s。在处理水量稳定时,隔板混合的效果较好;如流量变化较大时,混合效果不稳定。

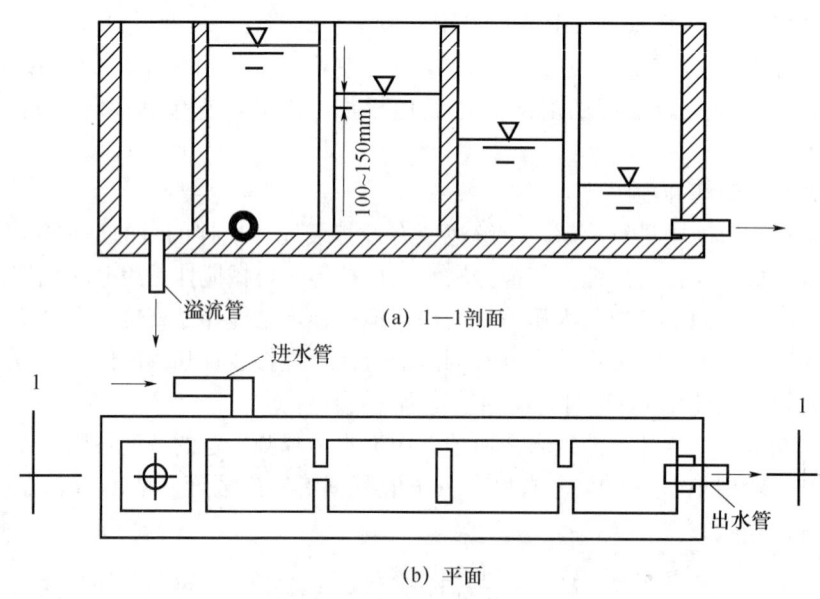

图 3-7 隔板混合池

(3) 机械混合

用电动机带动桨板或螺旋桨进行强烈搅拌是一种有效的混合方法。桨板的外缘线速度一般用 2m/s 左右,混合时间为 10~30s。机械搅拌的强度可以调节,比较机动。这种方法的缺点是使用了机械设备,增加了维修保养工作和动力消耗。

3. 反应设备

反应设备有水力搅拌和机械搅拌两大类。常用的有隔板反应池和机械搅拌反应池。

(1) 隔板反应池

往复式隔板反应池如图 3-8 所示。它是利用水流断面上流速分布不均匀所造成的速度梯度,促进颗粒相互碰撞进行絮凝。为避免结成的絮凝体被打碎,隔板中的流速应逐渐减小。隔板式反应池构造简单,管理方便,效果较好,但反应时间较长,容积较大,且主要适用于处理水量较大的处理厂,因水量过小时,隔板间距过狭,难以施工和维修。

(2) 机械搅拌反应池

机械搅拌反应池如图 3-9 所示。图中的转动轴是垂直的,也可以用水平轴式。

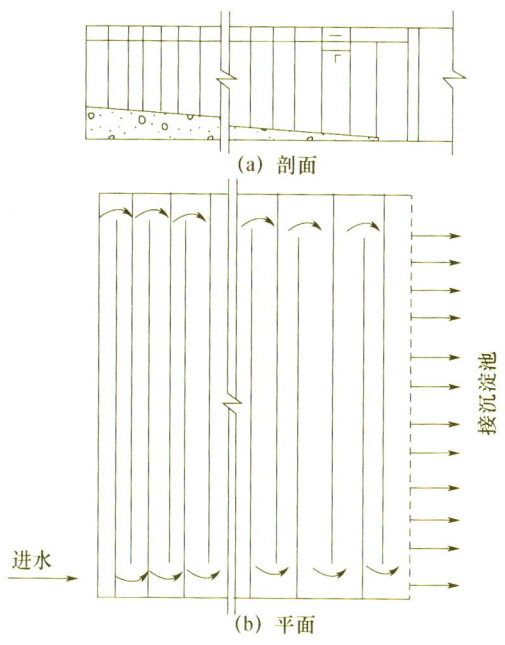

图 3-8 隔板反应池

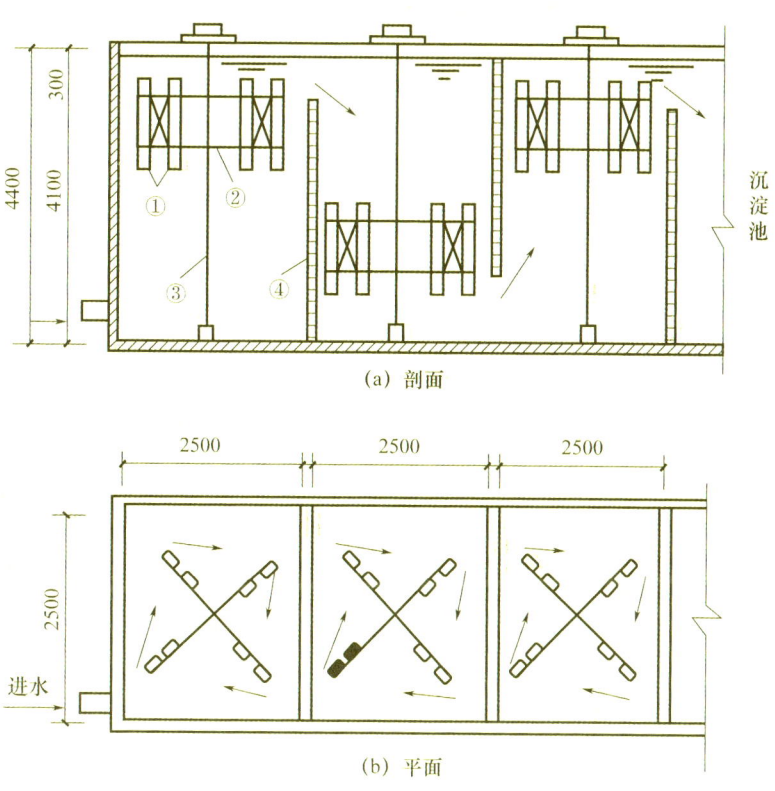

图 3-9 机械搅拌反应池
①—桨板；②—叶轮；③—旋转轴；④—隔板

3.2.6 设计计算

机械反应池效果较好,并能适应水质、水量的变化,水头损失较小。

1. 桨板机械反应池主要设计参数

(1) 桨板

每台搅拌设备上桨板总面积为水流面积的 10%～20%,不宜超过 25%,以免池水随桨板共同旋转减弱搅拌效果。桨板长度不大于叶轮直径的 75%,宽度取 10～30cm。

(2) 叶轮旋转线速度

叶轮桨板中心点旋转线速度,第一格采用 0.4～0.5m/s,以后逐格减少。最末一格采用 0.2m/s。

(3) 反应时间

通常采用 15～20min。

2. 机械搅拌设备的计算

(1) 搅拌叶轮转数

$$n = \frac{60v}{\pi D_0} \tag{3-5}$$

式中　n——叶轮转数,r/min;
　　　v——叶轮桨板中心点线速度,m/s;
　　　D_0——叶轮桨板中心点旋转直径,m。

(2) 桨板旋转时克服水的阻力所耗功率

桨板旋转时,水对桨板的阻力即桨板施于水的推力。以图 3-10 中一块桨板为例,在 dA 面积上,水流阻力可用量纲分析方法得式 (3-6):

$$dF_1 = C_D \rho \frac{v^2}{2} dA \tag{3-6}$$

式中　dF_1——水对面积为 dA 的桨板的阻力,kg;
　　　ρ——水的密度,kg/m³;
　　　C_D——阻力系数,决定于桨板长宽比,见表 3-6;
　　　v——相对于桨板的水流速度,即桨板旋转线速度,m/s。

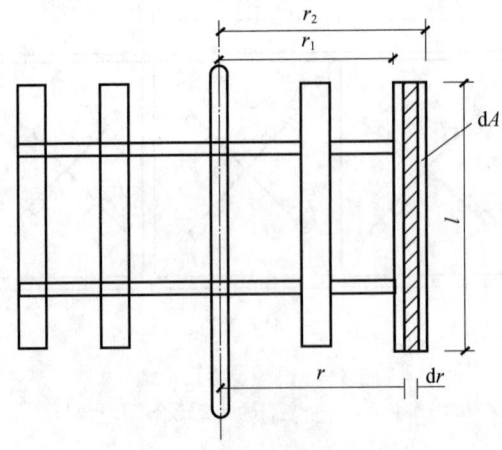

图 3-10　桨板功率计算图

表 3-6 阻力系数 C_D

b/l	小于 1	1~2	2.5~4	4.5~10	10.5~18	大于 18
C_D	1.10	1.15	1.19	1.29	1.40	2.00

注：b/l 为桨板宽长比。

阻力 dF_1 在单位时间内所做的功，即为桨板克服水的阻力所耗功率，见式（3-7）：

$$dP_1 = dF_1 v = C_D \rho \frac{v^2}{2} dA = \frac{C_D \rho l}{2} \omega^3 r^3 dr \qquad (3-7)$$

式中 l——桨板长度，m；
ω——桨板旋转角速度，rad/s；
r——桨板旋转半径，m；
g——重力加速度，9.81m/s²。

一块桨板克服水的阻力所耗功率，见式（3-8）：

$$P_1 = \int_{r_1}^{r_2} \frac{C_D \rho}{2} \omega^3 r^3 dr = \frac{C_D \rho l}{8}(r_2^4 - r_1^4) \qquad (3-8)$$

式中 r_2——桨板外缘旋转半径，m；
r_1——桨板内缘旋转半径，m。

设每根旋转轴上在不同旋转半径上装设相同数量的桨板，则每根旋转轴全部桨板所耗功率，见式（3-9）：

$$P = \sum_1^n \frac{n C_D \rho l \omega^3}{4}(r_2^4 - r_1^4) \qquad (3-9)$$

式中 n——同一旋转半径上桨板数；
其余符号同上。

(3) 每根旋转轴所需电动机功率

$$P_{电动机} = \frac{P}{100 \eta_1 \eta_2} \qquad (3-10)$$

式中 P——电动机功率，kW；
η_1——搅拌设备总机械功率，通常采用 0.75；
η_2——传动功率，可采用 0.6~0.95。

机械反应池的搅拌设备除桨板式以外，国外尚有采用轴流桨式和涡轮式装置，并认为效果较好。图 3-11 为纵向水平轴流桨式机械反应池。水流在沿纵向轴前进过程中，在轴流桨推动下同时做旋转运动，见图中箭头所示。图 3-12 为垂直轴涡轮式机械反应池，设计成抽水形式。该装置安装和维修较方便，比较适用于圆形水池。

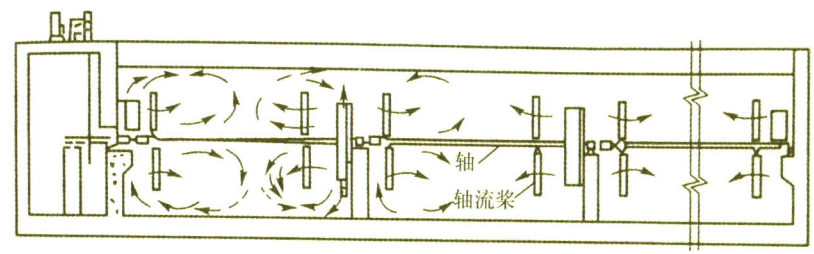

图 3-11 纵向水平轴流桨式机械搅拌反应池

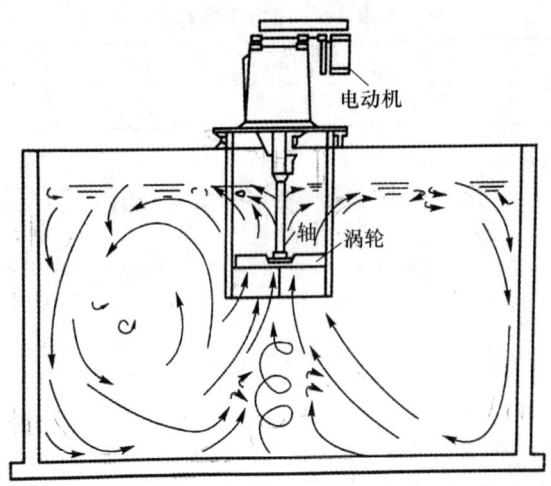

图 3-12 垂直轴涡轮式机械搅拌反应

以上均属旋转式搅拌设备,国外尚有差异上下振荡搅拌设备的所谓"摆动梁"式机械反应池,如图 3-13 所示。它是在梁的两端各悬挂一串伞形板,借梁的摆动使伞形板在池内用上下交替运动以搅动水流。除伞形板外,全部机械部分均在水面上,维修较方便。

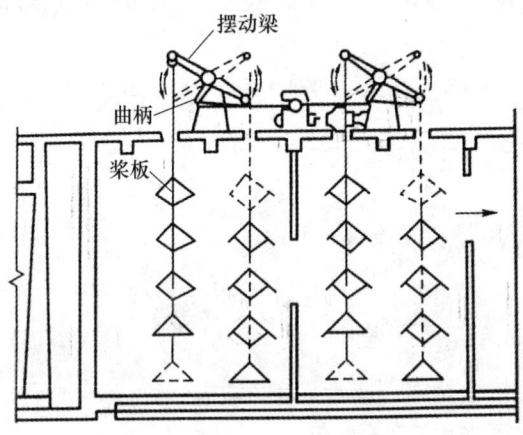

图 3-13 摆动梁式机械搅拌

3. 机械搅拌设备的计算实例

【例 3-2】 某工业污水拟采用化学混凝处理,设计水量为 480m³/h,采用垂直轴机械反应池。

解: 反应池设计流量按两池考虑,每池设计流量 $q_v=240\text{m}^3/\text{h}$。

(1) 反应池尺寸

反应时间取 20min,反应池有效容积:

$$V=\frac{q_v T}{60}=\frac{240\times 20}{60}\text{m}^3=80(\text{m}^3)$$

为配合沉淀池尺寸,反应池分为三格,每格尺寸 2.5m×2.5m,反应池水深:

$$h=\frac{V}{A}=\frac{80}{3\times 2.5\times 2.5}\text{m}=4.3(\text{m})$$

每格反应池体积 = 26.9m³;

反应池超高取 0.3m，总高度为 4.6m。

反应池分格隔墙上过水孔道上、下交错布置，每格设一台搅拌设备（图 3-11），为加强搅拌效果，于池子周壁设 4 块固定挡板。

（2）搅拌设备

① 叶轮直径取池宽的 80%，采用 2.0m。

叶轮桨板中心点线速度采用：$v_1=0.5$m/s，$v_2=0.35$m/s，$v_3=0.2$m/s。

桨板长度 $l=1.4$m（桨板长度与叶轮直径之比 $l/D=1.4/2=0.7$）。

桨板宽度 $b=0.12$m。

每根轴上桨板数 8 块，内、外侧各 4 块。装置尺寸如图 3-14 所示。旋转桨板面积与反应池过水断面面积之比为：

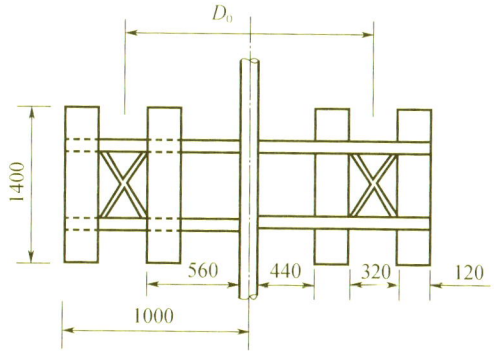

图 3-14 桨板计算草图（单位：mm）

$$\frac{8\times 0.12\times 1.4}{2.5\times 4.3}\times 100\% = 12.5\%$$

符合要求。

② 叶轮桨板中心点旋转半径 D_0 为：

$$D_0=\left(\frac{1000-440}{2}+440\right)\times 2\text{mm}=1440\text{mm}$$

叶轮转速分别为

$$n_1=\frac{60v_1}{\pi D_0}=\frac{60\times 0.5}{3.14\times 1.44}\text{r/min}=6.63\text{r/min}$$

$$\omega_1=0.694\text{rad/s}$$

$$n_2=\frac{60v_2}{\pi D_0}=\frac{60\times 0.35}{3.14\times 1.44}\text{r/min}=4.64\text{r/min}$$

$$\omega_2=0.486\text{rad/s}$$

$$n_3=\frac{60v_3}{\pi D_0}=\frac{60\times 0.2}{3.14\times 1.44}\text{r/min}=2.65\text{r/min}$$

$$\omega_2=0.278\text{rad/s}$$

桨板宽长比 $b/l=0.12/1.4<1$，查表 3-6，得 $C_D=1.10$。

按式（3-9）与式（3-10）计算桨板旋转时克服水的阻力所耗功率：

第一格外侧桨板：$P'_{01}=0.090$kW；

第一格内侧桨板：$P''_{01}=0.014$kW；

第一格桨板轴功率：$P_{01}=0.104\text{kW}$。

以同样方法，可求得第二、三格桨板轴功率分别为 0.036kW、0.007kW。

③ 设三台搅拌器合用一台电动机，则反应池所耗总功率为：
$$\sum P_0 = 0.104 + 0.036 + 0.007 = 0.147\text{kW}$$

电动机功率（取 $\eta_1=0.75$，$\eta_2=0.7$）
$$P_{电动机} = \frac{0.147}{0.75 \times 0.7} = 0.28\text{kW}$$

3.3 化学沉淀法

3.3.1 概述

化学沉淀法是指向废水中投加某些化学药剂（沉淀剂），使之与废水中溶解态的污染物直接发生化学反应，形成难溶的固体沉淀物，然后进行固、液分离，从而除去水中污染物的一种处理方法。

废水中的重金属离子（如汞、镉、铅、锌、镍、铬、铁、铜等）、碱土金属（如钙和镁）及某些非金属（如砷、氟、磷、硫、硼）均可通过化学沉淀法去除，某些有机污染物也可通过化学沉淀法去除。

化学沉淀法的工艺过程通常包括：

(1) 投加化学沉淀剂，与水中污染物反应，生成难溶的沉淀物而析出；

(2) 通过凝聚、沉降、上浮、过滤、离心等方法进行固-液分离；

(3) 泥渣的处理和回收利用。

化学沉淀的基本过程是难溶电解质的沉淀析出，其溶解度大小与溶质本性、温度、盐效应、沉淀颗粒的大小及晶型等有关。在废水处理中，根据沉淀-溶解平衡移动的一般原理，可利用过量投药、防止络合、沉淀转化、分步沉淀等，提高处理效率，回收有用物质。

根据使用的沉淀剂的不同，化学沉淀法可分氢氧化物沉淀法、硫化物沉淀法、卤化物沉淀法等。

3.3.2 氢氧化物沉淀法

1. 原理

除了碱金属和部分碱土金属外，其他金属的氢氧化物大多是难溶的，因此，可用氢氧化物沉淀法去除。氢氧化物的沉淀与 pH 值有很大关系。如以 $M(OH)_n$ 表示金属氢氧化物，则有：$M(OH)_n \longrightarrow M^{n+} + nOH^-$

$$L_{M(OH)_n} = [M^{n+}][OH^-]^n \tag{3-11}$$

同时发生水的解离：$H_2O \rightleftharpoons H^+ + OH^-$

水的离子积为：$K_{H_2O} = [H^+][OH^-] = 1 \times 10^{-14}$ （25℃） $\tag{3-12}$

代入式（3-11），则有：$[M^{n+}] = \dfrac{L_{M(OH)_n}}{\left\{\dfrac{K_{H_2O}}{[H^+]}\right\}^n}$ $\tag{3-13}$

将式 (3-13) 两边取对数，则得到：

$$\lg[M^{n+}] = \lg L_{M(OH)_n} - \{n\lg K_{H_2O} - n\lg[H^+]\}$$
$$= -pL_{M(OH)_n} + npK_{H_2O} - npH = x - npH \quad (3\text{-}14)$$

式中，$-\lg L_{M(OH)_n} = pL_{M(OH)_n}$；$-\lg K_{H_2O} = pK_{H_2O}$；$x = -pL_{M(OH)_n} + npK_{H_2O}$，对一定的氢氧化物为一常数，见表 3-7。

表 3-7 金属氢氧化物的溶解度与 pH 值

金属氢氧化物	$pL_{M(OH)_n}$	$\lg[M^{n+}] = x - npH$	金属氢氧化物	$pL_{M(OH)_n}$	$\lg[M^{n+}] = x - npH$
Cu(OH)$_2$	20	$\lg[Cu^{2+}] = 8.0 - 2pH$	Cd(OH)$_2$	14.2	$\lg[Cd^{2+}] = 13.8 - 2pH$
Zn(OH)$_2$	17	$\lg[Zn^{2+}] = 11.0 - 2pH$	Mn(OH)$_2$	12.8	$\lg[Mn^{2+}] = 15.2 - 2pH$
Ni(OH)$_2$	18.1	$\lg[Ni^{2+}] = 9.9 - 2pH$	Fe(OH)$_3$	38	$\lg[Fe^{3+}] = 4.0 - 3pH$
Pb(OH)$_2$	15.3	$\lg[Pb^{2+}] = 12.7 - 2pH$	Al(OH)$_3$	33	$\lg[Al^{3+}] = 9.0 - 3pH$
Fe(OH)$_2$	15.2	$\lg[Fe^{2+}] = 12.8 - 2pH$	Cr(OH)$_3$	10	$\lg[Cr^{3+}] = 12.0 - 3pH$

由于废水的水质比较复杂，实际上氢氧化物在废水中的溶解度与 pH 值的关系和上述理论计算值有出入，因此控制条件必须通过试验来确定。尽管如此，上述理论计算值仍然有一定的参考价值。

应当指出，有些金属氢氧化物沉淀，例如 Zn、Pb、Cr、Sn、Al 等，既具有酸性，又具有碱性，既能和酸作用，又能和碱作用。以 Zn 为例，在 pH 值等于 9 时，Zn 几乎全部以 Zn(OH)$_2$ 的形式沉淀。但是当碱加到某一数量，使 pH>11 时，生成的 Zn(OH)$_2$ 又能和碱起作用，溶于碱中，生成 $[Zn(OH)_4]^{2-}$ 或 ZnO_2^{2-}。

所以，用氢氧化物沉淀法分离废水中的重金属时，废水的 pH 值是操作的一个重要条件。例如处理含锌废水时，投加石灰控制 pH 值在 9~11 范围内，使其生成氢氧化锌沉淀。据资料介绍，当原水不含其他金属时，经此法处理后，出水中锌的浓度为 2~2.5mg/L；当原水中含有铁、铜等金属时，出水中锌的浓度在 1mg/L 以下。

采用氢氧化物沉淀法处理重金属废水，沉淀剂为各种碱性药剂，常用的有石灰、碳酸钠、苛性钠、石灰石、白云石等。石灰是最常用的沉淀剂，石灰沉淀法的优点是：去除污染物范围广，不仅可沉淀去除重金属，而且可沉淀去除砷、氟、磷等；药剂来源广、价格低；操作简便、处理可靠。主要缺点是，劳动卫生条件差，管道易结垢堵塞，泥渣体积庞大，含水率高达 95%~98%，脱水困难。

废水中往往有多种重金属离子共存，此时，尽管低于理论 pH 值，有时也会生成氢氧化物沉淀。这是因为在高 pH 值沉淀的重金属与在低 pH 值下生成的重金属沉淀物产生共沉现象，例如，含 Cd^{2+} 为 1mg/L 的水溶液，将 pH 值调到 11 以上也不沉淀，若与 10mg/L 的 Fe^{3+} 共存，则 pH 值只要达到 8 以上即可沉淀，并使 Cd^{2+} 的去除率接近 100%。

在有几种重金属离子共存时，由于各自生成的氢氧化物沉淀的最佳 pH 值条件不同，因此，可进行分步沉淀处理。例如，从锌冶炼厂排出的废水中，往往含锌和镉。该废水处理时，Zn^{2+} 在 pH=9 左右时形成的 Zn(OH)$_2$ 溶解度最低，而 Cd^{2+} 在 pH=10.5~11 时沉淀效果最好。然而，由于 Zn(OH)$_2$ 是两性化合物，当 pH=10.5~11 时，Zn(OH)$_2$ 再次溶解。因而对此种废水，应先加碱调节 pH 值至 9 左右，沉淀除去 Zn(OH)$_2$ 后，再加碱将 pH 值提高到 11 左右，再沉淀除去氢氧化镉。

2. 氢氧化物沉淀法在废水处理中的应用

(1) 矿山废水处理

某矿山废水含铜 83.4mg/L，总铁 1260mg/L，二价铁 10mg/L，pH 值为 2.23，沉淀剂采用石灰乳，其工艺流程如图 3-15 所示。一级化学沉淀，控制 pH 值为 3.47，使铁先沉淀，铁渣含铁 32.84%，含铜 0.148%。第二级化学沉淀，控制 pH 值在 7.5~8.5 范围，使铜沉淀，铜渣含铜 3.06%，含铁 1.38%。废水经二级化学沉淀后，出水可达到排放标准，铁渣和铜渣可回收利用。

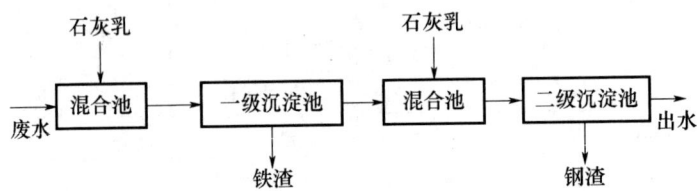

图 3-15 矿山废水处理工艺流程

(2) 金属冶炼厂废水处理

图 3-16 为国内某有色金属冶炼厂采用石灰沉淀法处理酸性含锌废水的流程。废水量约 800m³/h，废水中主要污染物为 Zn^{2+} 和 H_2SO_4，并含有少量 Cu^{2+}、Cd^{2+}、Pb^{2+}、AsO_3^{3-} 等，处理效果见表 3-8。处理后的出水外排，而干渣返回冶炼炉重新利用。该工艺采用废水配制石灰乳，并使沉淀池的底泥浆部分回流，这有助于改善泥渣的沉降性能和过滤性能。

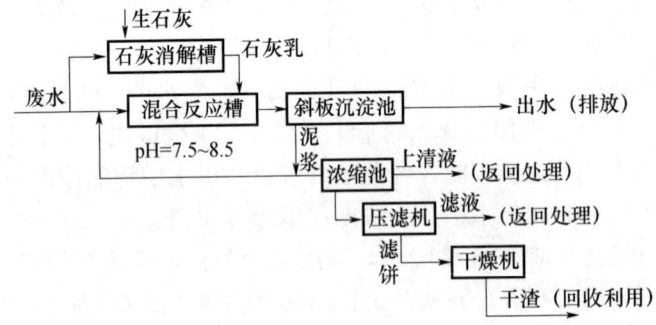

图 3-16 某金属冶炼厂石灰沉淀处理酸性含锌废水流程

表 3-8 石灰沉淀法处理效果（除 pH 值外，单位均为 mg/L）

项目	pH 值	锌	铅	铜	镉	砷
原废水	2.0~6.7	60.64~89.47	3.87~7.78	0.81~3.10	0.78~1.39	0.26~1.15
处理后出水	10~11	0.95~3.73	0.39~0.74	0.12~0.27	0.03~0.06	0.021~0.059

3. 氢氧化物沉淀法的设计实例

【例 3-3】某工厂废水含硫酸和硫酸锌各 8~9g/L。《污水综合排放标准》(GB 8978—1996) 中规定，出厂废水中锌的含量不得超过 5mg/L，所以必须除锌。现选用氢氧化物作为沉淀剂。

解： 常用的氢氧化物是氢氧化钙和氢氧化钠。氢氧化钙价格较低，如果选用氢氧化钙，首先要中和硫酸。从溶度积表得知，硫酸钙是难溶化合物。所以，用氢氧化钙做沉淀剂时，硫酸钙将同氢氧化锌同时从废水中析出，这就影响了氢氧化锌的回收利用。而采用氢氧化钠做沉淀剂时，则可以得到纯净的氢氧化锌副产物。氢氧化钠中和硫酸和沉淀硫酸锌的两步反应为：

$$H_2SO_4 + 2NaOH \longrightarrow Na_2SO_4 + 2H_2O$$
$$ZnSO_4 + 2NaOH \longrightarrow Zn(OH)_2 \downarrow + Na_2SO_4$$

通过计算,氢氧化钠总用量为 11.8g/L。

经过化学沉淀之后,残留的锌离子浓度取决于废水的终点 pH 值。例如,当终点 pH 值为 7 时:

$$[H^+] = 10^{-7}, \quad [OH^-] = \frac{10^{-14}}{[H^+]} = 10^{-7}$$

$$[Zn^{2+}] = \frac{1.8 \times 10^{-14}}{[OH^-]^2} = \frac{1.8 \times 10^{-14}}{(10^{-7})^2} = 1.8 (mol/L) = 1.8 \times 65.4 = 118 (g/L)$$

当终点 pH 值为 10 时:

$$[H^+] = 10^{-10}, \quad [OH^-] = \frac{10^{-14}}{[H^+]} = 10^{-4}$$

$$[Zn^{2+}] = \frac{1.8 \times 10^{-14}}{[OH^-]^2} = \frac{1.8 \times 10^{-14}}{(10^{-4})^2}$$
$$= 1.8 \times 10^{-6} (mol/L)$$
$$= 1.8 \times 10^{-6} \times 65.4 = 0.12 (mg/L)$$

《污水综合排放标准》(GB 8978—1996) 规定,锌离子浓度的限值为 5mg/L,则

$$[Zn^{2+}] = 5mg/L = \frac{5 \times 10^{-3}}{65.4} (mol/L)$$

$$[OH^-] = \sqrt{\frac{1.8 \times 10^{-14}}{[Zn^{2+}]}} = \sqrt{\frac{1.8 \times 10^{-14}}{(5 \times 10^{-3})/65.4}} = 10^{-4.811}$$

$$[H^+] = \frac{10^{-14}}{[OH^-]} = \frac{10^{-14}}{10^{-4.811}} = 10^{-9.186} \approx 10^{-9.19}$$

故废水的终点 pH 值应当是 9.19。在运行中,可以简便地用这个 pH 值来控制整个过程。过程的出水 pH 值应略高于 9.19。例如,可以采用工业酸度计将出水 pH 值控制在 9.2~9.5 范围内,当 pH 值低于 9.2 时,加碱泵自动开启,废水 pH 值上升;当 pH 值超过 9.4 时,加碱泵自动停止。

3.3.3 硫化物沉淀法

1. 原理

许多金属能形成硫化物沉淀。由于大多数金属硫化物的溶解度比其氢氧化物的溶解度要小很多,采用硫化物可使金属更完全地去除。各种金属硫化物的溶度积相差悬殊,同时溶液中 S^{2-} 浓度受 H^+ 浓度的制约,所以可以通过控制酸度,用硫化物沉淀法把溶液中不同金属离子分步沉淀而分离回收。

硫化物沉淀法常用的沉淀剂有: H_2S、Na_2S、$NaHS$、CaS、$(NH_4)_2S$ 等。根据沉淀转化原理,难溶硫化物 MnS、FeS 等也可作为处理药剂。S^{2-} 和 OH^- 一样,也能够与许多金属离子形成络阴离子,从而使金属硫化物的溶解度增大,不利于重金属的沉淀去除,因此必须控制沉淀剂 S^{2-} 的浓度不要过量太多,其他配位体,如 X^- (卤离子)、CN^-、SCN^- 等也能与重金属离子形成各种可溶性络合物,从而干扰金属的去除,应通过预处理除去。

在金属硫化物沉淀的饱和溶液中,有:

$$MS \rightleftharpoons M^{2+} + S^{2-}$$

$$[M^{2+}]=\frac{L_{MS}}{[S^{2-}]} \tag{3-15}$$

以硫化氢为沉淀剂时，硫化氢在水中分两步离解：

$$H_2S \rightleftharpoons H^+ + HS^-$$
$$HS^- \rightleftharpoons H^+ + S^{2-}$$

离解常数分别为：

$$K_1=\frac{[H^+][HS^-]}{[H_2S]}=9.1\times10^{-8}, \quad K_2=\frac{[H^+][S^{2-}]}{[HS^-]}=1.2\times10^{-15}$$

将以上两式相乘，得到：

$$\frac{[H^+]^2[S^{2-}]}{[H_2S]}=1.1\times10^{-22}$$

$$[S^{2-}]=\frac{1.1\times10^{-22}[H_2S]}{[H^+]^2}$$

将上式代入式（3-15），得到：

$$[M^{2+}]=\frac{L_{MS}}{\frac{1.1\times10^{-22}[H_2S]}{[H^+]^2}}=\frac{L_{MS}[H^+]^2}{1.1\times10^{-22}[H_2S]} \tag{3-16}$$

在 0.1MPa 压力和 25℃ 条件下，硫化氢在水中的饱和浓度约为 0.1mol/L（pH≤6），把 $[H_2S]=1\times10^{-1}$ 代入式（3-16），得到：

$$[M^{2+}]=\frac{L_{MS}[H^+]^2}{1.1\times10^{-23}} \tag{3-17}$$

从式（3-17）可以看出，金属离子的浓度和 H^+ 浓度有关。一些金属硫化物的溶解度与溶液 pH 值的关系，如图 3-17 所示。由图 3-17 可知，金属离子的浓度和 pH 有关，随着 pH 值增加而降低。部分重金属硫化物的溶度积见表 3-9。

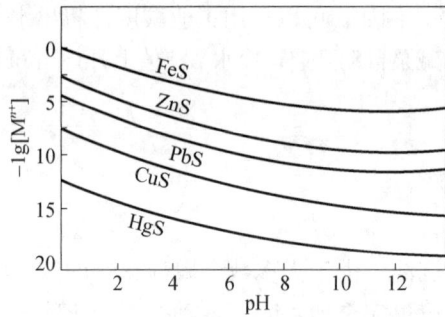

图 3-17　金属硫化物溶解度和 pH 值的关系

表 3-9　金属硫化物的溶度积

分子式	K_s	分子式	K_s	分子式	K_s
Ag_2S	6.3×10^{-50}	FeS	3.2×10^{-18}	PbS	8×10^{-28}
CdS	7.9×10^{-27}	Hg_2S	1.0×10^{-45}	SnS	1×10^{-25}
CoS	4.0×10^{-21}	HgS	4.0×10^{-53}	ZnS	1.6×10^{-24}
Cu_2S	2.5×10^{-48}	MnS	2.5×10^{-13}	Al_2S_3	2×10^{-7}
CuS	6.3×10^{-36}	NiS	3.2×10^{-19}		

虽然硫化物沉淀法比氢氧化物沉淀法能更完全地去除金属离子，但是由于它的处理费用较高，硫化物沉淀困难，常需要投加凝聚剂以加强去除效果，因此，采用得并不广泛，有时作为氢氧化物沉淀法的补充方法。

2. 硫化物沉淀法在废水处理中的应用

（1）硫化物沉淀法处理含汞废水

硫化汞溶度积很小，所以硫化物沉淀法的除汞率高，在废水处理中得到实际应用。硫化物沉淀法除汞，主要用于去除无机汞；对于有机汞，必须选用氧化剂（如氯）将其氧化成无机汞，然后再用该法去除。

在碱性条件下（pH 值为 8~10），向废水中投加硫化钠，使其与废水中的汞离子或亚汞离子进行反应：

$$2Hg^+ + S^{2-} \rightleftharpoons Hg_2S \rightleftharpoons HgS\downarrow + Hg\downarrow$$

$$Hg^{2+} + S^{2-} \rightleftharpoons HgS\downarrow$$

Hg_2S 不稳定，易分解为 HgS 和 Hg。

用此法处理低浓度含汞废水时，由于生成的硫化汞颗粒很小，沉淀物分离困难，为了提高除汞效果，常投加适量的混凝剂，如 $FeSO_4$ 等，进行共沉，这种方法称为硫化物共沉法。操作时，先投加稍微过量的硫化钠，待其与废水中的汞离子反应，生成 HgS 和 Hg 沉淀后，再投加适量的硫酸亚铁，反应如下：

$$FeSO_4 + S^{2-} \rightleftharpoons FeS\downarrow + SO_4^{2-}$$

部分 Fe^{2+} 也能生成 $Fe(OH)_2$ 沉淀。上述反应生成的 FeS 和 $Fe(OH)_2$，可作为 HgS 的载体，细小的 HgS 吸附在载体表面上，与载体共同沉淀。

为了更好地去除汞离子，在工艺上，要求先生成 HgS 沉淀，然后再生成 FeS 沉淀。见例题 3-4。硫化钠共沉法处理后，生成的硫化物本身虽然毒性不大，但通过缓慢的甲基化作用，仍会污染环境，因此必须对含汞污泥进行处理，处理方法有电解法等。

（2）硫化物沉淀法处理含其他重金属废水

用硫化物沉淀法处理含 Cu^{2+}、Cd^{2+}、Zn^{2+}、Pb^{2+}、AsO_2^- 等废水在生产上已得到应用。如某酸性矿山废水含 Cu^{2+} 50mg/L，Fe^{2+} 340mg/L，Fe^{3+} 38mg/L，pH=2。处理时，先投加 $CaCO_3$，在 pH=4 时使 Fe^{3+} 先沉淀；然后通入 H_2S，生成 CuS 沉淀，最后投加石灰乳至 pH=8~10，使 Fe^{2+} 沉淀。此法可回收品位为 50%的硫化铜渣，回收率达 85%。又如，某镀镉废水，含镉 5~10mg/L，并含有氨三乙酸等络合剂。用硫化钠进行沉淀，然后投加硫酸铝和聚丙烯酰胺，沉淀池出水 Cd^{2+} 含量低于 0.1mg/L。

硫化物沉淀法处理含重金属废水，具有去除率高、可分步沉淀、泥渣中金属品位高、适应 pH 值范围大等优点，在某些领域得到了实际应用。但是残留的 S^{2-} 可使水体中的 COD 增加；当水体酸性增加时，可产生 H_2S 气体污染大气；并且沉淀剂来源受限制，价格也不低，因此限制了它的广泛应用。

3. 硫化物沉淀法的设计举例

【例 3-4】某化工厂采用硫化物沉淀法处理乙醛车间排出的含汞废水，沉淀剂为 Na_2S。

$$2Hg^+ + S^{2-} \rightleftharpoons Hg_2S \rightleftharpoons HgS\downarrow + Hg\downarrow$$

$$Hg^{2+} + S^{2-} \rightleftharpoons HgS\downarrow$$

解：由于生成的 HgS 颗粒很小，直径只有 $7\mu m$，沉淀困难，又投加 $FeSO_4$ 混凝剂进行共沉。

$$FeSO_4 + S^{2-} \longrightarrow FeS \downarrow + SO_4^{2-}$$
$$Fe^{2+} + 2(OH)^- \longrightarrow Fe(OH)_2 \downarrow$$

该厂含汞废水量 200m³/d，含汞 5mg/L，pH=2～4。原水用石灰将 pH 调到 8～10 后，先投 Na_2S 30mg/L，与汞反应后再投加 $FeSO_4$ 60mg/L，处理后废水中含汞 0.2mg/L。含汞污泥需进行妥善处理。

【例 3-5】用 H_2S 处理含镉废水的计算。已知条件：向含镉废水中通入 H_2S 气体并达到饱和，调整 pH 值达到 8.5，求水中剩余的 Cd^{2+} 浓度。

解： 计算：

$$Cd^{2+} + S^{2-} \Longleftrightarrow CdS$$

查表 3-9，$K_s = 7.9 \times 10^{-27}$。

$$[Cd^{2+}] = \frac{K_s [H^+]^2}{K'_s} = \frac{K_s [H^+]^2}{0.1 K_1 K_2}$$

其中 $K_1 = \frac{[H^+][HS^-]}{[H_2S]} = 8.9 \times 10^{-8}$；$K_2 = \frac{[H^+][S^{2-}]}{[HS^-]} = 1.3 \times 10^{-15}$。

式中，K_1 为 H_2S 一级电离常数；K_2 为 H_2S 二级电离常数。

而 $K_1 K_2 = 1.16 \times 10^{-22}$，pH=8.5，即 $[H^+] = 10^{-8.5}$。

所以，
$$[Cd^{2+}] = \frac{(7.9 \times 10^{-27}) \times (10^{-8.5})^2}{(0.1 \times 1.16 \times 10^{-22})} = 6.8 \times 10^{-21} (mol/L)$$
$$= 6.8 \times 10^{-21} \times 112.4 \times 10^3 (mg/L) = 7.64 \times 10^{-15} (mg/L)$$

3.3.4 碳酸盐沉淀法

碱土金属（Ca、Mg 等）和重金属（Mn、Fe、Co、Ni、Cu、Zn、Ag、Cd、Pb、Hg、Bi 等）的碳酸盐难溶于水，所以可用碳酸盐沉淀法将这些金属离子从废水中去除。

对于不同的处理对象，碳酸盐沉淀法有三种不同的应用方式：

（1）投加难溶碳酸盐（如碳酸钙）。利用沉淀转化原理，使废水中重金属离子（Pb^{2+}、Cd^{2+}、Ni^{2+}、Zn^{2+} 等离子）生成溶解度更小的碳酸盐而沉淀析出。

（2）投加可溶性碳酸盐（如碳酸钠），使水中金属离子生成难溶碳酸盐而沉淀析出。

（3）投加石灰，其与造成水中碳酸盐硬度的 $Ca(HCO_3)_2$ 和 $Mg(HCO_3)_2$，生成难溶的碳酸钙和氢氧化镁而沉淀析出。

如蓄电池生产过程中产生的含铅（Ⅱ）废水，投加碳酸钠，然后再经过砂滤，在 pH=6.4～8.7 时，出水总铅为 0.2～3.8mg/L，可溶性铅为 0.1mg/L。又如某含锌废水，含锌 6%～8%，投加碳酸钠，可生成碳酸锌沉淀，沉渣经漂洗，真空抽滤，可回收利用。

3.3.5 卤化物沉淀法

1. 氯化物沉淀法除银

氯化物的溶解度都很大，唯一例外的是氯化银，溶度积 $K_{sp} = 1.8 \times 10^{-10}$。利用这一特点可以处理和回收废水中的银。

含银废水主要来源于镀银和照相工艺。氰化银镀槽中的含银浓度高达 13000～45000mg/L，在镀件镀银后的清洗过程中产生含银废水。处理时，一般先用电解法回收水中的银，将银浓度降至 100～500mg/L；然后再用氯化物沉淀法，将银浓度降至 1mg/L 左右。当废水中含有多种金属离子时，调 pH 值至碱性，同时投加氯化物，则其他金属形成氢氧化物沉淀，唯独银离子形成氯化银沉淀，二者共沉淀。用酸洗沉渣，将金属氢氧化物沉淀溶出，仅剩下氯化银沉淀。这样可以分离和回收银，而废水中的银离子浓度可降至 0.1mg/L。

镀银废水中同时含有氰，它和银离子形成 $[Ag(CN)_2]^-$ 络离子，对处理不利，一般先采用氯氧化法氧化氰，产生的氯离子又可与银离子生成沉淀。根据试验资料，银和氰质量相等时，投氯量为 3.5mg/mg（氰）。氧化 10min 以后，调 pH 值至 6.5，使氰完全氧化。然后投加三氯化铁，用石灰调 pH 值至 8，形成氯化银和氢氧化铁的共沉淀，沉降分离后倾出上清液，可使银离子由最初 0.7～40mg/L 几乎降至零。根据上述试验结果设计的生产回收系统，其运转数据为：银由 130～564mg/L 降至 0～8.2mg/L，氰由 159～642mg/L 降至 15～17mg/L。

2. 氟化物沉淀法

当废水中含有比较单纯的氟离子时，投加石灰，调 pH 值至 10～12，生成 CaF_2 沉淀，可使含氟浓度降至 10～20mg/L。

若废水中还含有其他金属离子，如 Mg^{2+}、Fe^{2+}、Al^{3+} 等，加石灰后，除形成 CaF_2 沉淀外，还形成金属氢氧化物沉淀。由于后者的吸附共沉作用，可使含氟浓度降至 8mg/L 以下。若加石灰至 pH=11～12，再加硫酸铝，使 pH=6～8，则形成氢氧化铝，可使含氟浓度降至 5mg/L 以下。如果加石灰的同时，加入磷酸盐，如过磷酸钙、磷酸氢二钠，则与水中氟形成难溶的磷灰石沉淀：

$$3H_2PO_4^- + 5Ca^{2+} + 6OH^- + F^- \Longrightarrow Ca_5(PO_4)_3F \downarrow + 6H_2O$$

当石灰投量为理论投量的 1.3 倍，过磷酸钙投量为理论量的 2～2.5 倍时，可使废水氟浓度降至 2mg/L 左右。

3.3.6 钡盐沉淀法

钡盐沉淀法主要用于处理含六价铬的废水，采用的沉淀剂有碳酸钡、氯化钡、硝酸钡、氢氧化钡等。以碳酸钡为例，它与废水中的铬酸根进行反应，生成难溶盐铬酸钡沉淀：

$$BaCO_3 + CrO_4^{2-} \Longrightarrow BaCrO_4 \downarrow + CO_3^{2-}$$

碳酸钡也是一种难溶盐，其溶度积 $K_{sp}=8.0\times10^{-9}$，比铬酸钡的溶度积（$K_{sp}=2.3\times10^{-10}$）要大。在碳酸钡的饱和溶液中，钡离子的浓度比铬酸钡饱和溶液中钡离子的浓度约大 6 倍。这就说，对于 $BaCO_3$ 为饱和溶液的溶液中，钡离子浓度对于 $BaCrO_4$ 溶液已成为过饱和了。因此，向含有 CrO_4^{2-} 的废水中投加 $BaCO_3$，Ba^{2+} 就会和 CrO_4^{2-} 生成 $BaCrO_4$ 沉淀，从而使 Ba^{2+} 浓度和 CrO_4^{2-} 浓度下降，$BaCO_3$ 溶液未被饱和，$BaCO_3$ 就会逐渐溶解，这样直到 CrO_4^{2-} 完全沉淀。这种由一种沉淀转化为另一种沉淀的过程，称为沉淀的转化。

为了提高除铬效果，应投加过量的碳酸钡，反应时间应保持 25～30min。投加过量的碳酸钡会使出水中含有一定数量的残钡。在把这种水回用前，需要去除其中的残钡。残钡可用石膏法去除：

$$CaSO_4 + Ba^{2+} \Longrightarrow BaSO_4 \downarrow + Ca^{2+}$$

3.3.7 其他沉淀方法

1. 螯合沉淀法

螯合沉淀法是利用螯合剂与水中重金属离子进行螯合反应生成难溶螯合物，然后通过固液分离去除水中重金属离子的一类方法。难溶螯合物的生成可在常温和很宽的 pH 值范围内进行，废水中 Cu^{2+}、Cd^{2+}、Hg^{2+}、Pb^{2+}、Mn^{2+}、Ni^{2+}、Zn^{2+}、Cr^{3+} 等多种重金属离子均可通过螯合沉淀法去除。螯合沉淀反应时间短，沉淀污泥含水率低。

用于去除重金属离子的螯合剂的来源主要有两种：一种是利用合成的或天然的高分子物质，通过高分子化学反应引入具有螯合功能的链基来合成；另一种是含有螯合剂的单体经过加聚、缩聚、逐步聚合或开环聚合等方法制取。

目前研究和应用较多的重金属螯合剂主要有两类：不溶性淀粉黄原酸酯（ISX）和二硫代氨基甲酸盐（DTC）类衍生物，而 DTC 类衍生物是应用最广泛的。

(1) 淀粉黄原酸酯沉淀法

淀粉黄原酸酯是淀粉中葡萄糖基经化学改性引入（—C（=S）S）官能团制成。用于水处理的沉淀药剂有钠型或镁型淀粉黄原酸酯，均不溶于水，但在水中存在电离和水解平衡。重金属离子可与淀粉黄原酸酯反应生成沉淀而去除。沉淀反应有两种类型：①与 Cd^{2+}、Ni^{2+}、Zn^{2+} 等发生离子互换反应；②与 $Cr_2O_7^{2-}$、Cu^{2+} 等发生氧化还原反应。反应生成的沉淀，可用离心法分离。由于该法产生的沉淀污泥，化学稳定性高，可安全填埋；也可用酸液浸溶出金属，回收交联淀粉再用于药剂的制备。

某厂废水含有 $Cr_2O_7^{2-}$、Cu^{2+}、Cd^{2+}、Zn^{2+} 等，pH 值等于 7，采用两级投药反应，第一级控制 pH 值在 3.5～4，有利于六价铬的还原；第二级控制 pH 值在 7～8.5，有利于沉淀的生成。处理后出水中 Cd^{2+}、Cu^{2+} 已检不出，六价铬含量低于 0.5mg/L，Zn^{2+} 0.19mg/L，色度、浊度均可达排放标准。

(2) DTC 类沉淀法

二硫代氨基甲酸盐（DTC）与金属离子具有极强的络合能力。DTC 衍生物的利用形式，主要有螯合剂和螯合树脂两种。两者主要是母体的化学结构不同，前者为线性结构，后者为立体架桥结构；前者为水溶性，而后者为不溶性。在应用中，螯合剂对于成分复杂的重金属废水具有极好的处理效果；而螯合树脂主要用于分离和回收污染物中的金属。

DTCR 是一长链的高分子，含有大量的极性基（—N—C（=S）S），极性基中的硫离子原子半径较大、带负电，易于极化变形产生负电场，捕捉阳离子，同时趋向成键，生成难溶的二硫代氨基甲酸盐（DTC 盐）而析出。DTCR 的分子量为 $(10～15)×10^4$，而生成的难溶螯合盐的分子量可达到数百万，甚至上千万，故此种金属盐一旦在水中生成，受重力作用，便有良好的絮凝沉析效果。

使用 DTCR 作为重金属沉淀剂，一个重金属离子会被多个极性的螯合基团所螯合，它强大的结合力远远大于 OH^-、S^{2-} 与重金属离子的结合力。除了 CN^-，DTCR 可以从许多络合剂中夺取重金属并生成沉淀，DTCR 的 pH 值适用范围宽，在 pH=3～11 范围内均有效。

2. 铁氧体沉淀法

(1) 铁氧体

铁氧体是指一类具有一定晶体结构的复合氧化物，它具有高的磁导率和高的电阻率（其电阻比铜大 $10^{13}～10^{14}$ 倍），是一种重要的磁性介质。铁氧体制造过程和机械性能，类似陶瓷品，因而也叫磁性瓷。跟陶瓷质一样，铁氧体不溶于酸、碱、盐溶液，也不溶于水。铁氧体的磁性强弱及其他特性，与其化学组成和晶体结构有关。

铁氧体的晶格类型有七类，其中尖晶石型铁氧体最为人们所熟悉。尖晶石型铁氧体的化学组成一般可用通式 $BO·A_2O_3$ 表示。其中 B 代表二价金属，如 Fe、Mg、Zn、Mn、Co、Ni、Ca、Cu、Hg、Bi、Sn 等；A 代表三价金属，如 Fe、Al、Cr、Mn、V、Co、Bi 及 Ga、

As等。许多铁氧体中的A或B可能更复杂一些,如分别由两种金属组成,其通式为$(B_{x}'B_{1-x}'')O \cdot (A_y'A_{1-y}'')_2O_3$。铁氧体有天然矿物和人造产品两大类,磁铁矿(其主要成分为$Fe_3O_4 \cdot Fe_2O_3$)就是一种天然的尖晶石型铁氧体。

(2) 铁氧体沉淀法处理废水举例

① 含铬电镀废水

铁氧体沉淀法处理含铬电镀废水工艺流程,如图3-18所示。含Cr(Ⅵ)废水由调节池进入反应槽,根据含Cr(Ⅵ)量投加一定量硫酸亚铁,进行氧化还原反应;然后投加氢氧化钠,调pH值至8~9,产生氢氧化物沉淀,呈墨绿色。通蒸汽加热至60~80℃,通空气曝气20min,当沉淀呈黑褐色时,停止通气。静置沉淀后,上清液排放或回用,沉淀经离心分离洗去钠盐后烘干,以便利用。当进水CrO_3含量为190~2800mg/L时,经处理后的出水含Cr(Ⅵ)低于0.1mg/L。

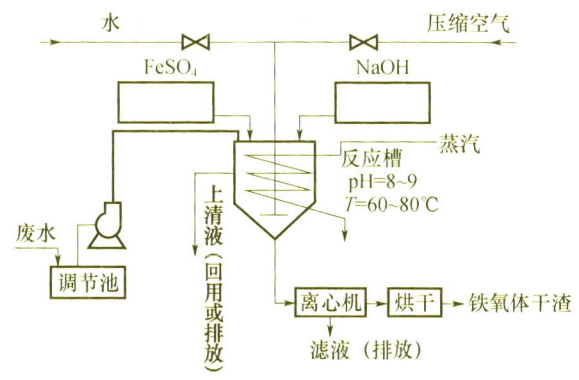

图3-18 铁氧体沉淀法处理含铬废水

② 重金属离子混合废水

含有Zn^{2+}、Cu^{2+}、Ni^{2+}、$Cr_2O_7^{2-}$等重金属离子的废水,硫酸亚铁投量大体上为单种金属离子时投药量之和。在反应池中投加NaOH,调pH值至8~9,生成金属氢氧化物沉淀,再进气浮槽中上浮分离,处理后出水中各金属离子含量均达排放标准。浮渣流入转化槽,补加一定量硫酸亚铁,加热至70~80℃,通压缩空气曝气约0.2h,金属氢氧化物即可转化为铁氧体。这种方法的本质是采用氢氧化物沉淀法处理废水,采用铁氧体法处理形成的污泥。

铁氧体沉淀法具有如下优点:能一次脱除废水中的多种金属离子,出水水质好,能达到排放标准;设备简单、操作方便;硫酸亚铁的投量范围大,对水质的适应性强;沉渣易分离;铁氧体性能稳定,长期放置对环境无影响。

铁氧体沉淀法存在的缺点是:不能单独回收有用金属;需消耗相当多的硫酸亚铁、一定数量的苛性钠及热能,且处理时间较长,使处理成本较高;出水中的硫酸盐含量高。

3.4 氧化还原法

氧化还原法是通过药剂与污染物的氧化还原反应,把废水中有毒害的污染物转化为无毒或微毒物质的处理方法。废水中的有机污染物,如色、臭、味、COD,及还原性无机离子,

如 CN^-、S^{2-}、Fe^{2+}、Mn^{2+} 等，都可通过氧化法消除其危害；而废水中的许多重金属离子，如 Hg^{2+}、Cd^{2+}、Cu^{2+}、Ag^+、Au^{2+}、Cr^{6+}、Ni^{2+} 等，都可通过还原法去除。

废水处理中常用的氧化剂有空气、臭氧、过氧化氢、氯气、二氧化氯、次氯酸钠和漂白粉等；常用的还原剂有硫酸亚铁、亚硫酸氢钠、硼氢化钠、水合肼及铁屑等。在电解氧化还原法中，电解槽的阳极可作为氧化剂，阴极可作为还原剂。

投药氧化还原法的工艺过程及设备比较简单，通常只需一个反应池，若有沉淀物生成，尚需进行固液分离及泥渣处理。

3.4.1 基本原理

1. 无机物的氧化还原

对于水溶液中无机物的氧化还原反应，其氧化性（或还原性）的强弱，可以方便地用各电对的电极电势来衡量，并可估计反应进行的程度。氧化剂和还原剂的电极电势差越大，反应进行得越完全。

电极电势 E 主要取决于物质（"电对"）的本性，反映为 E^θ 值，同时也和参与反应的物质浓度（或气体分压）及温度有关，其间的关系可用奈斯特公式表示如式（3-18）所示：

$$E=E^\theta+\frac{RT}{nF}\ln\frac{[\text{氧化型}]}{[\text{还原型}]} \tag{3-18}$$

利用式（3-18）可求出氧化还原反应达平衡时，各有关物质的残余浓度，即可估算处理程度。例如，铜屑置换法处理含汞废水，有如下反应：

$$Cu+Hg^{2+}\Longrightarrow Cu^{2+}+Hg\downarrow$$

当反应在室温（25℃）达平衡时，相应原电池两电极的电极电势相等，如式（3-19）：

$$E^\theta_{Cu^{2+}/Cu}+\frac{0.059}{2}\lg\frac{[Cu^{2+}]}{1}=E^\theta_{Hg^{2+}/Hg}+\frac{0.059}{2}\lg\frac{[Hg^{2+}]}{1} \tag{3-19}$$

由标准电极电势表查得：$E^\theta_{Cu^{2+}/Cu}=0.34V$，$E^\theta_{Hg^{2+}/Hg}=0.85V$，于是可求得 $[Cu^{2+}]/[Hg^{2+}]=10^{17.5}$。可见，此反应可进行得十分完全，平衡时溶液中残余 Hg^{2+} 极微。

2. 有机物的氧化还原

有机物的氧化还原过程要复杂一些，不能简单以电子得失来判断。通常有机物脱氢或加氧的为氧化，加氢或脱氧的为还原。

有机化合物在氧化还原反应中发生降解，按降解程度的不同分为两大类。

（1）初级降解。有机化合物的结构发生改变，这种结构的改变可能导致两种结果。一是使化合物毒性减弱或消除，可生化性提高，是可接受的降解；另一种是结构的改变使化合物毒性增强，更加难以生物降解，是不可接受的降解。

（2）完全降解（矿化）。有机物完全降解的最终结果是转化为简单的无机物，这一过程也就是有机物无机化的过程，也称矿化。由碳、氢、氧三种元素组成的有机化合物，氧化的最终结果是转化为简单无机物、二氧化碳和水。而对于还含有氮、硫、磷等元素的有机物，其氧化产物除二氧化碳和水外，还会产生硝酸类、硫酸类和磷酸类等物质。

水污染控制过程中，有机物的化学氧化，既可以控制在可接受的初级降解阶段，也可以控制在完全降解阶段。对于有毒、生物难降解有机物，可进行化学氧化初级降解，改善其可生化性后，再进入后续的生化处理单元进一步降解去除，而不一定通过化学氧化使其矿化。

3. 影响氧化还原反应的因素

多数氧化还原反应速度很慢，因此，在用氧化还原法处理废水时，影响水溶液中氧化还

原反应速度的动力因素,对实际处理能力有更为重要的意义,这些因素包括:

(1) 氧化剂和还原剂的性质。影响很大,其影响程度通常要由试验观察或经验来确定。

(2) 反应物的浓度。一般地,浓度升高,速度加快,可根据试验观察来确定。

(3) 反应温度。一般地,温度升高,反应速度加快,可由阿仑尼乌斯公式表示。

(4) 催化剂的存在。近年来,异相催化剂,如活性炭、黏土、金属氧化物等,在水处理中的应用受到重视。

(5) 溶液的pH值。pH值影响途径有三:H^+或OH^-直接参与氧化还原反应;H^+或OH^-为催化剂;溶液的pH值决定溶液中许多物质的存在状态及相对数量。

3.4.2 化学氧化法

1. 空气氧化法

利用空气中的氧进行氧化去除废水中污染物的方法,称为空气氧化法。分子氧(O_2)的氧化还原电位很高(1.23V),但反应时所需的活化能很高,因而反应速度很慢,故常用来处理易氧化的还原性污染物,如S^{2-}、Fe^{2+}、Mn^{2+}等。

空气氧化法目前主要用于含硫(Ⅱ)废水的处理:硫(Ⅱ)在废水中以S^{2-}、HS^-、H_2S的形式存在;在碱性溶液中,硫(Ⅱ)的还原性较强,且不会形成易挥发的硫化氢,空气氧化效果较好。氧与硫化物的反应在80~90℃下,按如下反应式进行:

第一步:
$$2HS^- + 2O_2 \Longrightarrow S_2O_3^{2-} + H_2O$$
$$2S^{2-} + 2O_2 + H_2O \Longrightarrow S_2O_3^{2-} + 2OH^-$$

第二步:
$$S_2O_3^{2-} + 2O_2 + 2OH^- \Longrightarrow 2SO_4^{2-} + H_2O$$

在废水处理中,接触反应时间约1.5h,第一步反应几乎进行完全,而第二步反应只能进行约10%。综合这两者,氧化1kg硫(Ⅱ)总共约需1.1kg氧,约相当于$4m^3$空气。

2. 臭氧氧化法

臭氧(O_3)是氧的同素异形体,在常温、常压下是一种淡蓝色气体,且具有特殊的"新鲜"气味,在低浓度下,嗅了使人感到清爽;当浓度稍高时,具有特殊的臭味,有毒性。臭氧沸点-111.9℃,相对密度是氧的1.5倍,在水中溶解度要比纯氧高10倍,比空气高25倍。臭氧很不稳定,在常温下即可自行分解,并且在水中分解比在空气中更快。

臭氧的氧化能力很强,在酸性溶液中,其标准电极电势为2.07V,氧化能力低于氟;在碱性溶液中,其标准电极电势为1.24V,氧化能力略低于氯。在理想的反应条件下,臭氧可把水溶液中大多数单质和化合物氧化到它们的最高氧化态,对水中有机物有强烈的氧化降解作用。

由于臭氧很不稳定,因此通常在现场制备,当场使用。产生臭氧的方法很多,工业上主要是利用干燥空气或氧气,经无声放电来制取臭氧,无声放电法将部分氧气转变为臭氧,得到的混合气体称为臭氧化气。以空气为原料制得的臭氧化气,臭氧浓度为1%~3%(质量分数);而以纯氧为原料制得的臭氧化气,臭氧浓度可达3%~10%,同时动力消耗约为空气的一半。制取臭氧的理论能耗为163.7kJ/mol,即每度电产生1056g臭氧,但由于热的散失,每度电的实际产量一般为理论产量的10%左右。

影响臭氧氧化法处理效果的主要因素,除污染物的性质、浓度、臭氧投加量、溶液pH值、温度、反应时间外,气态药剂O_3的投加方式也很重要。为了充分发挥臭氧的氧化作用,在臭氧化气投加到水中时,应将它分成尽可能多的微小气泡,同时保持气泡与水的对流,使气、水充分接触。O_3的投加通常在混合反应器中进行,混合反应器(接触反应器)的作用为：促进气、水扩散混合；使气、水充分接触，迅速反应。设计混合反应器时，要考虑臭氧分子在水中的扩散速度和 O_3 与污染物的反应速度。当扩散速度较大，而反应速度为整个臭氧化过程的速度控制步骤时，混合反应器的结构形式，应有利于反应的充分进行。属于这一类的污染物有烷基苯磺酸钠、焦油、COD、BOD、污泥、氨氮等，反应器可采用微孔扩散板式鼓泡塔。当反应速度较大，而扩散速度为整个臭氧化过程的速度控制步骤时，结构形式应有利于臭氧的加速扩散。属于这一类的污染物有铁（Ⅱ）、锰（Ⅱ）、氰、酚、亲水性染料、细菌等，可采用喷射器作为反应器。

废水处理后，在排出的尾气中，往往含有微量的臭氧，可以利用自然通风，或强制通风将尾气排放至安全地点，也可用活性炭吸附，或通过加热促使臭氧快速分解。

由于臭氧及其在水中分解的中间产物，如羟基自由基有很强的氧化性，可分解一般氧化剂难以破坏的有机物，而且反应完全，速度快；剩余臭氧会迅速转化为氧，出水无气味，不产生污泥；原料（空气）来源广，因此臭氧氧化法可以应用在水处理中。但目前由于制备臭氧的电能消耗较大，臭氧的投加与接触系统效率低，使其在废水处理中的应用受到限制，主要用于低浓度、难氧化的有机废水的处理和消毒杀菌。例如，对印染废水的处理，采用生化法脱色效率较低，仅为40%～50%；而采用臭氧氧化法，有时还与混凝、活性炭吸附结合，脱色率可达90%～99%。一般 O_3 投量为40～60mg/L，接触反应时间为10～30min。

3. 氯氧化法

（1）氯系氧化剂

氯系氧化剂，包括氯气、氯的含氧酸及其钠盐、钙盐以及二氧化氯。含氯化合物中，化合价大于-1的那部分氯才具有氧化能力，称之为有效氯，用来表示氯系氧化剂的氧化能力。以液氯为基准物质，取其有效氯含量为100%，则常用氯系氧化剂有效氯含量，见表3-10。

表3-10 常用氯系氧化剂有效氯含量

药剂名称	化学式	分子量	含氯量 W/%	有效氯 W/%
氯气（或液氯）	Cl_2	71	100	100
次氯酸	$HOCl$	52.5	67.7	135
次氯酸钠	$NaOCl$	74.5	47.7	95.4
漂白粉	$Ca(OCl)_2$	143	49.6	99.2
漂白精	$CaCl(OCl)$	127	56	56
二氧化氯	ClO_2	67.5	52.5	262.5
一氯胺	NH_2Cl	51.5	69	138
二氯胺	$NHCl_2$	86	82.5	165.1

氯气，是一种具有刺激性气味的黄绿色有毒气体，易溶于水，并迅速水解，分解为HCl和HClO。次氯酸及其盐，有很强的氧化性，且在酸性溶液中有更强的氧化性。氯与水中某些有机化合物发生取代反应，会生成氯代有机物，对水质安全不利。液氯，是氯气压缩以后的形态，通常存在特制氯瓶中。

二氧化氯，在通常情况下是黄色气体，易溶于水，在1atm、4℃时，1体积的水可溶解20体积的二氧化氯，溶解度是氯气的5倍。二氧化氯在水中不易发生水解反应，其与水中某些有机化合物发生取代反应的程度弱于氯，生成的氯代有机物有限。二氧化氯易挥发，其液态和气态极不稳定，与空气混合的体积比大于10%时，或受到强光，或强烈振动时，可能发生爆炸。因此，气态的二氧化氯常在现场制备，并溶于水（6～8mg/L）备用。用二氧化氯除臭和味后，没有残余臭和味；当水中含酚时，不产生氯酚，因此对除酚特别有用。但ClO_2的主要还原（及歧化）产物ClO_2^-对人体有毒，ClO_2处理有机废水所产生的氯代有机物，对人体也有长期的生理效应。因此用ClO_2处理后，最好再经活性炭吸附处理。

（2）氯氧化法在废水处理中的应用

氯氧化法在废水处理中，主要用于氰化物、硫化物、酚、醇、醛、油类的氧化去除，还用于消毒脱色、除臭。

① 碱性氯化法处理含氰废水

废水中的氰，通常以游离的CN^-、HCN，及稳定性不同的各种金属络合物，如$[Zn(CN)_4]^{2-}$、$[Ni(CN)_4]^{2-}$、$[Fe(CN)_6]^{3-}$等形式存在。利用CN^-的还原性，可用氯系氧化剂，在碱性条件下将其破坏。氰离子的氧化破坏，分两阶段进行。

第一阶段，CN^-被氧化为CNO^-：

$$CN^- + ClO^- + H_2O \Longrightarrow CNCl + 2OH^-$$

$$CNCl + 2OH^- \xrightarrow{pH \geqslant 10} CNO^- + Cl^- + H_2O$$

第二阶段，CNO^-可在不同pH值下，进一步氧化降解或水解：

$$2CNO^- + 3ClO^- + H_2O \xrightarrow{pH=7.5\sim9} N_2\uparrow + 3Cl^- + 2HCO_3^-$$

$$CNO^- + 2H^+ + H_2O \xrightarrow{pH<2.5} NH_4^+ + CO_2$$

第一阶段反应生成的氯化氰，有剧毒，在酸性条件下稳定，易挥发致毒；只有在碱性条件下，容易转变为毒性极微的氰酸根CNO^-。

第二阶段的氧化降解反应，通常控制pH值在7.5～9之间为宜。在低pH值下，虽可加速进行，但产物为NH_4^+，且有重新逸出CNCl的危险；当pH>12时，反应终止。上述反应如果只进行第一阶段反应，叫不完全氧化。常采用过量氧化剂，将第二阶段的反应进行到底，叫完全氧化法。

根据反应式，可以确定完全氧化1molCN^-的理论耗药量为2.5molCl_2或ClO^-。但是，实际废水的成分往往十分复杂，由于各种还原性物质的存在，如H_2S、Fe^{2+}、Mn^{2+}及某些有机物等，使实际投药量往往比理论投药量大2～3倍，准确的投药量应通过试验确定。通常要求，出水中保持3～5mg/L的余氯，以保证CN^-降到0.1mg/L以下。

碱性氯化法处理含氰废水处理设备，包括废水均和池、混合反应池及投药设备等。反应池容积按10～30min的停留时间设计。为了避免金属氰化物，如$Cu(CN)_2$、$Fe(CN)_2$、$Zn(CN)_2$等沉淀析出；并促进吸附在金属氢氧化物（或其他不溶物）上的氰化物氧化，可采用压缩空气进行激烈搅拌。当用漂白粉作为氧化剂时，渣量较大，为水量的2.8%～5.0%，需设专门的沉淀池，沉淀时间采用1～1.5h。由于污泥中往往含有相当数量的溶解氰化物，处置时必须注意。

② 氯化法除酚

氯与酚的氧化降解反应可表示为：

生成的顺丁烯二酸还可进一步被氧化为 CO_2 和 H_2O。同时，还会发生取代反应，生成有强烈异臭及潜在危险的氯酚，主要是 2,6-二氯酚。为了消除氯酚的危害，一方面可投加过量氯，如当含酚浓度为 50mg/L 时，投氯量增大 1.25 倍；含酚浓度为 1100mg/L 时，投氯量增大 1.5～2.0 倍，或改用更强的氧化剂，如臭氧、二氧化氯，以防止氯酚生成；另一方面，出水可用活性炭进行后处理，除去水中的氯酚及其他氯代有机物。

③ 氯化法脱色

氯可以氧化破坏发色官能团，有效地去除有机物引起的色度。如用 R—CH＝CH—R′表示发色的有机物，则其脱色反应可表示为：

$$R-CH=CH-R' + HClO \longrightarrow R-\underset{Cl}{CH} - \underset{Cl}{CH} - R'$$

氯的脱色效果与 pH 值有关。通常，发色有机物在碱性条件下易破坏，因此碱性脱色效果好；在 pH 值相同时，用次氯酸钠比氯更为有效。

为了保证使用安全，氯气通常用加氯机配成含氯的水溶液再加入水中。

4. 高锰酸盐氧化法

最常用的高锰酸盐是 $KMnO_4$，它是强氧化剂，其氧化性随 pH 值降低而增强。但是，在碱性溶液中，反应速度往往更快。

在废水处理中，高锰酸盐氧化法正被研究应用于去除酚、H_2S、CN^- 等；而在给水处理中，可用于消灭藻类、除臭、除味、除铁（Ⅱ）、除锰（Ⅱ）等。高锰酸盐氧化法的优点，是出水没有异味；氧化药剂（干态或湿态）易于投配和监测，并易于利用原有水处理设备，如凝聚沉淀设备、过滤设备；反应所生成的水合二氧化锰，有利于凝聚沉淀的进行，特别是对于低浊度废水的处理。该法主要缺点是，成本高，且尚缺乏废水处理的运行经验。若将此法与其他处理方法，如空气曝气、氯氧化、活性炭吸附等配合使用，可使处理效率提高，成本下降。

3.4.3 化学还原法

在废水处理中，目前采用化学还原法进行处理的主要污染物有 Cr（Ⅵ）、Hg（Ⅱ）、Cu（Ⅱ）等重金属。

1. 还原法去除六价铬

废水中剧毒的六价铬（$Cr_2O_7^{2-}$ 或 CrO_4^{2-}），可用还原剂还原成毒性极微的三价铬。常用的还原剂，有亚硫酸氢钠、二氧化硫、硫酸亚铁。还原产物 Cr^{3+}，可通过加碱至 pH＝7.5～9，使之生成氢氧化铬沉淀，从溶液中分离除去。还原反应在酸性溶液中进行，pH＜4 为宜。还原剂的耗用量与 pH 值有关，例如用亚硫酸作还原剂，pH＝3～4 时，氧化还原反应进行得最完全，投药量也最省；pH＝6 时，反应不完全，投药量较大；pH＝7 时，反应难以进行。采用药剂还原法去除六价铬时，还原剂和碱性药剂的选择要因地制宜，全面考虑。采用亚硫酸氢钠，具有设备简单、沉渣量少，且易于回收利用等优点，因而应用较广，也有采用来源广、价格低的硫酸亚铁和石灰的，如厂区有二氧化硫或硫化氢废气时，也可采用废气还原法。

近年来，试验研究了用活性炭吸附处理含铬（Ⅵ）废水的方法，该法当 pH 值很低时，本质上仍是一种还原法：

$$2H_2Cr_2O_7+3C+6H_2SO_4 == 2Cr_2(SO_4)_3+3CO_2\uparrow+8H_2O$$

2. 还原法去除汞

还原法去除汞常用的还原剂为比汞活泼的金属，如铁屑、锌粒、铝粉、铜屑等，及硼氢化钠、醛类、联胺等。废水中的有机汞，通常先用氧化剂，如氯将其破坏，使之转化为无机汞后，再用金属置换。

金属还原除汞（Ⅱ）时，将含汞废水通过金属屑滤床，或与金属粉混合反应，置换出金属汞。置换反应速度，与接触面积、温度、pH值等因素有关。通常将金属破碎成2~4mm的碎屑，并用汽油或酸去掉表面的油污或锈蚀层。还原反应温度提高，能加速反应的进行；但温度太高，会有汞蒸气逸出，故反应一般在20~80℃范围内进行。采用铁屑过滤时，pH值在6~9较好，耗铁量最小；pH值低于6时，则因铁溶解而使耗铁量增大；pH值低于5时，有氢析出，反应为：

$$Fe+2H^+ \longrightarrow Fe^{2+}+H_2\uparrow$$

H_2会吸附于铁屑表面，减小了金属的有效表面积；同时氢离子和汞离子竞争也变得严重，阻碍除汞（Ⅱ）反应的进行。采用锌粒还原时，pH值最好在9~11之间；用铜屑还原时，pH值在1~10之间均可。

某水银电解法氯碱车间的含汞淡盐水，用钢屑填充的过滤床处理，温度在20~80℃，pH值在6~9，接触时间2min，汞去除率达90%。

铜屑过滤法，常用于处理酸浓度较大的含汞废水，如某化工厂废水中酸浓度达30%，含汞量为600~700mg/L，采用铜屑过滤法除汞，接触时间不少于40min，含汞量可降至10mg/L以下。

硼氢化钠在碱性条件下，pH值为9~11时，可将汞离子还原成汞，其反应为：

$$Hg^{2+}+BH_4^-+2OH^- == Hg\downarrow+3H_2\uparrow+BO_2^-$$

还原剂一般配成$NaBH_4$含量为12%的碱性溶液，与废水一起加入混合反应器进行反应。将产生的气体，包括氢气和汞蒸气，通入洗气器，用稀硝酸洗涤以除去汞蒸气，硝酸洗液返回原废水池，再进行除汞处理。而脱气泥浆中的汞粒，粒径约为$10\mu m$，可用水力旋流器分离，可回收80%~90%的汞。残留于溢流水中的汞，用孔径为$5\mu m$的微孔过滤器截留去除，出水中残汞量低于0.01mg/L。回收的汞，可用真空蒸馏法净化。据试验，每1kg硼氢化钠，可回收2kg金属汞。

3.4.4 电化学法

1. 概述

电解质溶液在直流电流作用下，在两电极上分别发生氧化反应和还原反应的过程，叫作电解。直接或间接地利用电解槽中的电化学反应，可对废水进行氧化处理、还原处理、凝聚处理及浮上处理。可见，电解法在废水处理中有广阔的应用范围，现已发展成为一种重要的废水处理方法。电化学反应所用"药剂"就是电子，其氧化能力和还原能力，随电极电位而变化，因此是一种适用范围很宽的氧化剂或还原剂。电解法的工艺过程，通常包括预处理、电解、固液分离及泥渣处理等，预处理有均和、调pH值、投加药剂等。电解法的主要设备为电解槽，电解槽的构造和电解操作条件，是影响处理效果和电能消耗的主要因素。

2. 电能效率及其影响因素

在电解过程中，电能的实际耗量总是大于理论耗量。电能的利用率η_w，可用式（3-20）表示：

$$\eta_w = \frac{理论所需电能}{实际消耗的电能} \times 100\% = \eta_I \eta_V \tag{3-20}$$

式中 η_I——电流效率,即理论耗电量与实际耗电量之比;

η_V——电压效率,即理论分解电压与槽电压之比。

根据法拉第电解定律,电解时,理论上应当析出的物质量,与通过的电量成正比。但由于存在各种副反应,使实际析出的物质量,总是比理论量要少,即析出每单位质量物质的实际耗电量总是比理论耗电量要大。因此,电流效率 η_I 总是小于 100%。从理论上讲,分解电压(使电解质溶液发生电解所需的最小外加电压),等于相应自发原电池的电动势。实际电解时所需电压,称为槽电压,槽电压不仅包含理论分解电压,而且还包含阴、阳极的超电势,以及克服电阻的电压降(电阻包括溶液电阻、电极及导线接点电阻等)。因此,电压效率 η_V 也总是小于 100%。

电流效率和电压效率的降低,都将引起电能效率的降低。影响电能效率的因素很多,除了电解槽的构型、尺寸、电极材料外,还有电解的工艺条件,如电流密度、槽温、废水成分、搅拌强度等。

3. 电解氧化和电解还原法

(1) 电解氧化法

电解槽的阳极,既可通过直接的电极反应过程,使污染物氧化破坏,例如 CN^- 的阳极氧化;也可通过某些阳极反应产物,如 Cl_2、ClO^-、O_2、H_2O_2 等,间接地氧化破坏污染物,例如阳极产物 Cl_2 除氰、脱色。实际上,为了强化阳极的氧化作用,往往投加一定量的食盐,进行所谓的"电氯化",此时阳极的直接氧化作用和间接氧化作用往往同时起作用。

电解氧化法主要用于去除水中氰、酚,以及COD、S^{2-}、有机农药(如马拉硫磷)等,也有利用阳极产物 Ag^+ 进行消毒处理的。

(2) 电解还原法

电解槽的阴极可使废水中的重金属离子还原出来,沉淀于阴极,称为电沉积,金属可以被回收利用;也可将五价砷(AsO_3^- 或 AsO_4^{3-})及六价铬(CrO_4^{2-} 或 $Cr_2O_7^{2-}$),分别还原为砷化氢 AsH_3 及 Cr^{3+},予以去除或回收。

① 电解还原法处理含铬(Ⅵ)废水

铬(Ⅵ)通常以 $Cr_2O_7^{2-}$ 的形态存在于废水中,在直流电作用下,$Cr_2O_7^{2-}$ 向阳极迁移,被铁阳极溶蚀产物 Fe^{2+} 所还原;此外,阴极还直接还原一部分六价铬。由于 H^+ 在阴极放电,使废水的 pH 值逐渐提高,Cr^{3+} 和 Fe^{3+} 便形成 $Cr(OH)_3$ 及 $Fe(OH)_3$ 沉淀。生成的氢氧化铁有凝聚作用,能促进氢氧化铬迅速沉淀。电化学还原法处理含铬废水,操作管理比较简单,处理效果稳定可靠。采用电解还原法处理含铬(Ⅵ)电镀废水,其六价铬含量可降至 0.1mg/L 以下;水中其他重金属离子也可通过还原和共沉淀而降低含量。当原水含铬(Ⅵ)在 100mg/L 以下时,采用电解法的处理费用不比化学还原法高。此法主要缺点是,钢材耗量较大,另外污泥处理及利用问题尚未完全解决。

② 电沉积法去除与回收废水中的重金属离子

废水中的许多重金属离子,如 Cu^{2+}、Ag^+、Au^{3+}、Ni^{2+}、Cd^{2+}、Hg^{2+}、Fe^{2+} 等,都可用电解法在阴极沉积析出。如某含铜 3360mg/L 的废水,电流密度采用 $3A/dm^2$,经 10min 电解,水中含铜可降至 10mg/L 以下。又据试验,某含银 3~5g/L 的电镀废水,电流密度采用 $0.33A/dm^2$,经循环电解,出水含银为 0.6g/L。如继续采用电沉积法将金属离子含量降至更低,则将由于电流效率很低而不经济。

钢铁酸洗废水数量大，所含 $FeSO_4$ 和 H_2SO_4 浓度高，为回收其中的铁和硫酸，可用隔膜电解法，如图 3-19 所示。通电后，酸洗废液中的 Fe^{2+} 和 H^+，在阴极放电析出 Fe 和 H_2；而 SO_4^{2-} 透过阴膜进入阳极室，在阳极 OH^- 放电析出氧气，使 H^+ 浓度不断提高，与通过阴膜进入的 SO_4^{2-} 结合成硫酸。采用对阳离子有排斥性的阴膜作隔膜，可阻止阳极室的 H^+ 进入阴极室，既有利于硫酸的回收，又可降低阴极室的 H^+ 浓度，pH 值约 7，避免过多的 H^+ 在阴极放电而消耗电能。为了降低电能消耗，可通过预处理减少废液中的酸含量；或适当提高阴极室出水的 $FeSO_4$ 浓度，可排出废水循环电解，或提高槽温，约 60℃；控制适当的电流密度，3～3A/dm^2。据试验资料，处理每 1kg $FeSO_4$，耗电能 5.5～18.5kW·h。

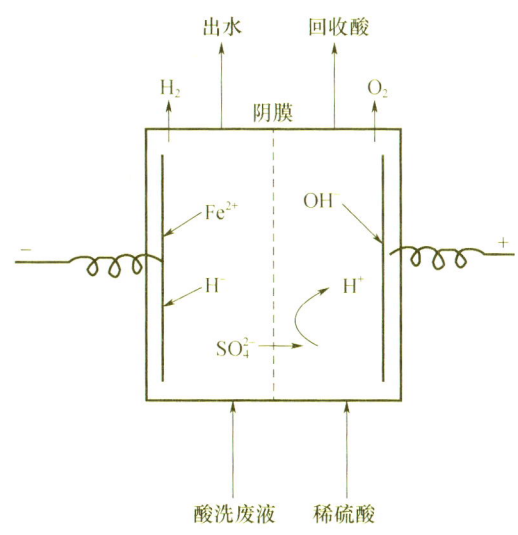

图 3-19 隔膜电解法处理钢铁酸性废水原液

4. 电解上浮和电解凝聚

（1）电解上浮法

废水电解时，由于水的电解及有机物的电解氧化，在电极上会有气体析出，如 H_2、O_2、CO_2、Cl_2 等。借助于电极上析出的微小气泡而上浮，使疏水性杂质微粒得以分离的处理技术，称为电解上浮法。电解时，不仅有气泡上浮作用，而且还兼有凝聚、共沉、电化学氧化及电化学还原等作用，能去除多种污染物。电解产生的气泡直径很小，H_2 气泡为 10～30μm，O_2 气泡为 20～60μm；而加压溶气气浮时产生的气泡，直径为 100～150μm，机械搅拌时产生的气泡直径为 800～1000μm。由此可见，电解产生的气泡，其捕获杂质微粒的能力比后两者为高，出水水质自然较好。此外，电解产生的气泡，在 20℃ 的平均密度为 0.5g/L；而一般空气泡的平均密度为 1.2g/L。可见，电解产生的气泡的浮载能力比后者大一倍多。

电解上浮处理的主要设备是电浮槽。电浮槽有两种基本类型，一种是电解和上浮在同一室内进行的单室电浮槽；另一种是电解与上浮分开的双室电浮槽。单室电浮槽，适用于小水量的处理；双室电浮槽，适用于大水量。据一般经验，电极间距为 15～20mm，电流密度为 0.2～0.5A/dm^2 时，效果较好。

电解上浮法，具有去除污染物范围广、泥渣量少、设备较简单、操作管理方便、占地面积小等优点。该法主要缺点是，电耗及电极损耗较大。据研究，若采用脉冲电流，可使电耗大大降低；与其他方法配合使用，将比较经济。

(2) 电解凝聚法

电解凝聚也称电混凝,是以铝、铁等金属为阳极,在直流电的作用下,阳极被溶蚀,产生 Al^{3+}、Fe^{2+} 等离子,再经一系列水解、聚合及亚铁的氧化过程,发展成为各种羟基络合物、多核羟基络合物,以至氢氧化物,使废水中的胶态杂质、悬浮杂质,凝聚沉淀而分离。同时,带电的污染物颗粒,在电场中泳动,其部分电荷被电极中和,而促使其脱稳聚沉。

采用电解凝聚法进行废水处理时,用铝电极比铁电极好。因为以铁为阳极,进行电解凝聚时,要先经过 $Fe(OH)_2$,然后形成 $Fe(OH)_3$ 絮凝体,反应较慢。而采用铝为阳极时,形成 $Al(OH)_3$ 则快得多。另外,为了降低成本,可用废铁板或废铝板作电极。

电解凝聚处理废水时,该法对水中污染物具有两方面作用:一方面,胶态杂质及悬浮杂质有凝聚沉淀作用;另一方面,因阳极的氧化作用和阴极的还原作用,又能氧化还原,去除多种污染物。

某厂采用电解凝聚法处理造纸废水,该水的 COD 值可高达 1500~2000mg/L,色度也很高。采用铁板电极,槽电压为 10~20V,电解时间为 10~15min,经处理后,COD 去除 55%~70%,色度去除 90%~95%。若与生物处理相结合,COD 可去除 80%~90%。

图 3-20 为脱除重金属离子的电解凝聚-上浮装置示意图。在电解槽内污染物发生氧化还原反应,同时阳极溶蚀产生氢氧化铁或氢氧化铝胶体,在凝聚槽进行凝聚和共沉反应。该槽底部鼓入压缩空气,在前室造成紊动,增进金属的溶蚀过程及氧化还原反应;在后室维持凝聚所必需的速度梯度。为了强化絮凝效果,有时在后室还投加高分子絮凝剂。废水进入电解上浮槽,絮体被电解产生的微小气泡所捕获,共同浮上液面,予以刮除。

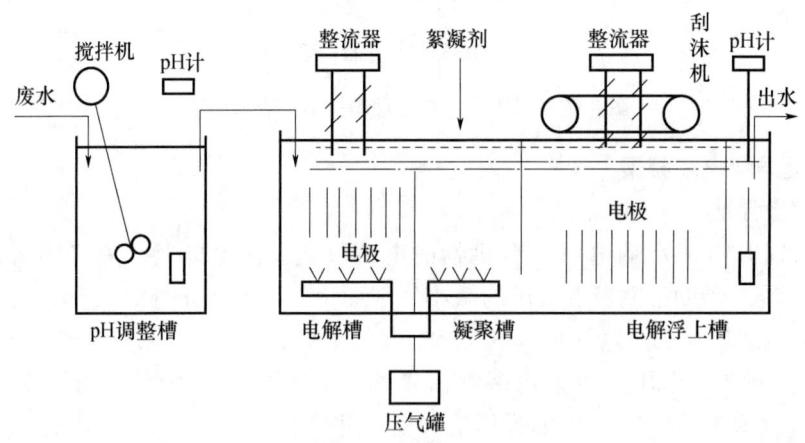

图 3-20 电解凝聚-上浮装置

某合金辊磨含镉废水,pH 值为 2.8,镉含量为 252mg/L,铜的含量 70mg/L,锌含量为 80mg/L。调整 pH 值后,废水进入图 3-20 所示的电解凝聚-上浮装置,经处理后,出水 pH 值为 7.2,镉含量为 0.03mg/L,铜含量为 0.2mg/L,锌含量为 0.04mg/L;再经过滤后,镉、铜、锌离子浓度依次降为 0.002mg/L、0.15mg/L、0.02mg/L。

与投加凝聚剂的化学凝聚法相比,电解凝聚具有一些独特的优点:

(1) 可去除的污染物广泛;
(2) 反应迅速,如阳极溶蚀产生 Al^{3+},并形成絮凝体,只需约 0.5min;
(3) 适用的 pH 值范围宽;
(4) 所形成的沉渣密实,澄清效果好。

3.4.5 高级氧化法

1. 概述

高级氧化法是指通过产生具有强氧化能力的羟基自由基（HO·），进行氧化反应，去除或降解水中污染物的方法。高级氧化法主要用于，将大分子难降解有机物氧化降解成低毒或无毒小分子物质的水处理场合，而这些难降解有机物，采用常规氧化剂，如氧气、臭氧或氯等难以氧化。羟基自由基与其他常见氧化剂氧化能力的比较，见表3-11。

表3-11 不同氧化剂氧化还原电位的比较

氧化剂	F_2	HO·	O·	O_3	H_2O_2	HOCl	Cl_2	ClO_2	O_2
E^0/V	3.06	2.80	2.42	2.07	1.78	1.49	1.36	1.27	1.23

由表3-11可知，除了氟以外，羟基自由基的氧化能力最强，HO·可诱发一系列反应，使溶解性有机物最终矿化。羟基自由基氧化有机物有如下特点：

（1）HO·是高级氧化过程的中间产物，作为引发剂诱发后面的链式反应，通过链式反应降解污染物。

（2）HO·几乎可以氧化废水中所有还原性物质，直接将其氧化为二氧化碳、水或盐，不产生二次污染。

（3）反应速度快，氧化速率常数一般在 $10^6 \sim 10^9 \mathrm{m}^{-1} \cdot \mathrm{s}^{-1}$ 之间。

（4）反应条件温和，一般不需要高温、高压、强酸或强碱等条件。

2. 典型的高级氧化技术

根据所使用的氧化剂及催化条件的不同，典型的高级氧化技术通常有：Fenton氧化法、联合臭氧类氧化法、光催化氧化法和湿式氧化法等。

（1）Fenton氧化法

利用Fenton试剂对水中的还原性污染物进行氧化的方法，叫Fenton氧化法。Fenton试剂是1894年由Fenton首次开发并应用于苹果酸的氧化剂，其典型组成为 H_2O_2 和 Fe^{2+}。Fenton试剂作用机理是，H_2O_2 在 Fe^{2+} 的催化作用下产生HO·，HO·与有机物进行一系列的中间反应，并最终氧化为 CO_2 和 H_2O。

自由基产生：
$$Fe^{2+} + H_2O_2 \longrightarrow Fe^{3+} + OH^- + HO·$$
$$Fe^{2+} + HO· \longrightarrow Fe^{3+} + OH^-$$
$$H_2O_2 + HO· \longrightarrow H_2O + HO_2·$$
$$Fe^{2+} + HO_2· \longrightarrow Fe^{3+} + HO_2^-$$
$$Fe^{3+} + HO_2· \longrightarrow Fe^{2+} + H^+ + O_2$$
$$Fe^{3+} + H_2O_2 \longrightarrow Fe^{2+} + HO_2· + H^+$$

有机物降解：
$$RH + HO· \longrightarrow R· + H_2O$$
$$R· + O_2 \longrightarrow ROO·$$
$$ROO· + RH \longrightarrow ROOH + R· \longrightarrow \cdots \longrightarrow CO_2 + H_2O$$

尽管体系中存在羟基自由基、过氧羟基自由基、过氧化氢和氧等多种氧化剂，但羟基自由基具有最强的氧化能力，在氧化降解有机物过程中起主要作用。Fenton氧化一般在pH值为2～4的条件下进行，此时HO·生成速率最大。

Fenton试剂，可以氧化水中的大多数有机物，适合处理难以生物降解和一般物理化学方法难以处理的废水。影响Fenton氧化的因素，主要有pH值、亚铁离子浓度，及过氧化氢浓度。由于Fenton法需要添加亚铁离子，残留的铁离子可能使处理后的废水带有颜色，通常可以利用化学沉淀法去除铁离子，产生的含铁污泥能从水中分离。由于铁离子兼具混凝效果，在降低水中铁离子浓度的同时，也可去除部分有机物。

Fenton氧化法具有反应速度快、操作简单等特点，但普通Fenton氧化法对有机物的矿化程度不高，且运行时消耗较多的H_2O_2，处理成本较高，将紫外光、可见光、电场、超声波等因素引入Fenton体系；或采用其他过渡金属替代Fe^{2+}，可以提高羟基自由基的产量和有机物的矿化程度，并可减少Fenton试剂的用量，降低处理成本。

(2) 联合臭氧类氧化法

O_3是一种有效的氧化剂和消毒剂，但是单纯使用O_3氧化法处理废水，存在O_3利用率低、处理成本昂贵等问题。研究表明，将H_2O_2、紫外光等引入臭氧反应体系，能产生羟基自由基，将O_3单独作用时难以降解的有机物氧化，从而提高氧化速率和降解效率，同时降低臭氧的消耗量。

常见的臭氧类组合技术有UV/O_3、H_2O_2/O_3、$UV/H_2O_2/O_3$等。UV/O_3系统，已成功应用于去除工业废水中的铁氰酸盐、氨基酸、醇类、农药等有机物，以及垃圾渗滤液的处理，美国环保局已将UV/O_3技术列为处理多氯联苯的最佳实用技术。

(3) 光催化氧化法

光催化氧化是在有催化剂的条件下的光化学降解，分为均相和非均相两种类型。均相光催化降解，是以Fe^{2+}或Fe^{3+}及H_2O_2为介质，通过光助Fenton反应产生羟基自由基，使污染物得到降解。非均相催化降解，是向水中投加一定量的光敏半导体材料，如TiO_2、WO_3、ZnO、CdS、SnO_2等，在光辐射条件下，使光敏半导体在光的照射下激发产生电子-空穴对，使吸附在半导体上的溶解氧、水分子等与电子-空穴作用，产生氧化能力极强的自由基，高效氧化水中有机污染物。

(4) 湿式氧化法（WAO）

湿式空气氧化技术（简称WAO）是20世纪50年代发展起来的一种重要的处理有毒、有害、高浓度有机废水的有效方法。它是在高温（150~350℃）、高压（0.5~20MPa）条件下，利用空气或纯氧为氧化剂将废水中的有机物氧化成二氧化碳和水等无机物或小分子有机物的化学过程。

与传统的有机污染物处理方法相比，WAO具有以下几个特点：

① 应用范围广。几乎可以不加选择地高效氧化各类有机废水，特别适用于浓度高、毒性大、难生物降解的废水。

② 处理效率高。在适宜的操作条件下，COD去除效率可达90%以上。

③ 氧化速度快。大部分WAO处理废水时，反应时间在30~60min内，与生物处理相比较，反应时间短，因此WAO的处理装置比较小，占地面积少，结构紧凑，易于管理。

④ 极少有二次污染。WAO氧化有机物时，C被氧化为CO_2，N被氧化为NO_3^-或N_2，卤化物和硫化物被氧化为相应的无机卤化物和氧化物，在反应过程中无NO_x、SO_2、HCl、CO等有害物质产生。

⑤ 可回收有用物料和能量。WAO处理有机物所需的能量就是进水和出水的热焓差，系统的反应热可以用来加热进料，而从系统中排出的热量可以用来产生蒸汽或加热水，反应放

出的气体用来使涡轮机膨胀,产生机械能或电能。

因此,WAO一直受到化工及环境研究者的广泛重视,进展迅速,到目前为止,已提出了多种改进工艺,特别适合处理高浓度、重污染、高毒性有机废水,是一种很有发展前途的有机污染物的处理方法,应用范围正日益扩大。

① 湿式氧化的基本原理

WAO反应比较复杂,主要包括传质和化学反应两个过程。目前的研究结果普遍认为,湿式氧化去除有机物所发生的氧化反应主要属于自由基反应,共经历诱导期、增殖期、退化期以及结束期四个阶段。在诱导期和增殖期,分子态氧参与了各种自由基的形成。但也有学者认为分子态氧只是在增殖期才参与自由基的形成。生成的 HO·、RO·、ROO· 等自由基攻击有机物RH,引发一系列的链反应,生成其他低分子酸和 CO_2。

整个反应过程如下:

诱导期:
$$RH + O_2 \longrightarrow R\cdot + ROO \tag{3-21}$$
$$2RH + O_2 \longrightarrow 2R\cdot + H_2O_2 \tag{3-22}$$

增殖期:
$$R\cdot + O_2 \longrightarrow ROO\cdot \tag{3-23}$$
$$ROO\cdot + RH \longrightarrow ROOH + R\cdot \tag{3-24}$$

退化期:
$$ROOH \longrightarrow RO\cdot + HO\cdot \tag{3-25}$$
$$2ROOH \longrightarrow R\cdot + RO\cdot + H_2O \tag{3-26}$$

结束期:
$$R\cdot + R\cdot \longrightarrow R\text{-}R \tag{3-27}$$
$$ROO\cdot + R\cdot \longrightarrow ROOR \tag{3-28}$$
$$ROO\cdot + ROO\cdot \longrightarrow ROH + R_1COR_2 + O_2 \tag{3-29}$$

以上各阶段链反应所产生的自由基在反应过程中所起的作用,主要取决于废水中有机物的组成、所使用的氧化剂以及其他试验条件。

式(3-22)中 H_2O_2 的生成说明湿式氧化反应属于自由基反应机理。Shibaeva 等在 160℃、溶解氧浓度 640mg/L、酚为 9400mg/L 的含酚废水湿式氧化试验中,检测到 H_2O_2 生成,浓度高达 34mg/L,证实了酚的湿式氧化反应是自由基反应。接着,他用酚直接与 HOO· 反应,证实了 H_2O_2 的生成。

$$RH + HOO\cdot \longrightarrow R\cdot + H_2O_2 \tag{3-30}$$

HOO· 具有很高的活性,但在液相氧化条件下浓度很低。然而,由上述反应过程可清楚看到,它在碳氢化合物以及酚的氧化过程中起着极其重要的作用,式(3-22)~式(3-30)所生成的 R· 参与了 ROO·[式(3-23)]、R-R[式(3-27)]以及 ROOR[式(3-28)]的生成。

应该指出的是,自由基的生成并不仅仅是只通过反应式(3-21)~式(3-25),还有许多不同的解释,但都通过试验证明了自由基参与湿式氧化,氧化反应的速度受制于自由基的浓度。由此可以得到的启发是,若在反应初期加入双氧水或一些 C—H 键薄弱的化合物(如偶氮化合物)作为启动剂,则氧化反应可加速进行。例如在湿式氧化条件下,加入少量 H_2O_2,形成 HO·,这种增加的 HO· 缩短了反应的诱导期,从而加快了氧化速度。当反应进行后,在增殖期和结束期,自由基被消耗并达到某一平衡浓度,反应速率也将回复到初始的速度。

② 湿式氧化的应用

a. 处理污泥

随着现代化城市的日益发展,各种废水的排放量迅速递增,使城市污水厂趋向中型和大型化的集中处理，而如何使生物法处理这些城市污水产生的大量活性污泥得到合理有效的处理，对于水处理工作者而言，具有重要的现实意义。湿式氧化法在处理高浓度有机废水方面已受到了广泛重视并有了长足的发展，到目前，有50%以上的WAO装置用于处理活性污泥。采用WAO处理活性污泥，可使污泥中大部分有机物被氧化为无菌、生物稳定、便于填埋和脱水的形式，使污泥中挥发成分大量减少，污泥量大大降低，达到了污泥稳定和减量目的，而且降低了处理费用。Debellefontaine等对含有六氯五价化合物和八氯五价化合物等有毒化合物高污染的市政污泥用WAO处理，在低温低压的WAO系统处理后，其有毒化合物可去除99%左右。在国内，顾军等在实验室研究了采用湿式氧化处理活性污泥，在温度180~250℃，混合压力5MPa，反应20min后，流出液的B/C值可从反应前的26%增大到40%以上，可生化性能明显改善。

b. 处理染料废水

我国是染料的主要生产国，产量占世界总产量的1/5，染料废水中的有机物绝大多数是以苯、萘、蒽等芳香基团作为母体，带有显色基团，颜色很深，有很强的污染性，另外染料废水中还含有许多原料和副产物，如卤化物、硝基物、氨基物、苯胺和酚类等，因而废水成分复杂、浓度高、毒性大。染料的品种越来越多，并朝着抗光解、抗氧化、抗生物降解的方向发展，使得染料生产废水和染料中间体生产废水越来越难以用一般的方法处理。WAO能够有效地降解废水中的有毒有机物，提高废水的可生化性，特别是活性染料和酸性染料废水。

c. 处理农药废水

农药废水含有机物浓度高、毒性大、成分复杂。常用的预处理方法并不能有效地将农药废水中有毒成分降解为无毒产物或分离出来，因而进行生化处理前必须进行高倍稀释以降低废水的毒性，因此人们对某些农药废水进行WAO处理研究。对农药废水中的有机物，在适当的反应条件下，WAO工艺几乎能将其完全降解。

由于WAO法在高温、高压下进行，要求设备材质耐高温高压、耐腐蚀，设备一次性投资大，运行费用高。

在湿式氧化法中引入催化剂，称为催化湿式氧化法。利用催化湿式氧化法，可明显降低反应温度和压力，缩短处理时间，降低设备的耐压要求，减缓设备腐蚀，从而减少设备投资和处理费用。催化湿式氧化法应用较多的催化剂，为Cu、Fe、Ni、Co、Mn、V等过渡金属氧化物及其盐类。

3.5 消毒技术

城市污水经二级、三级或深度处理后，水中的细菌含量虽然大幅度减少，但其绝对数量仍很可观，并存在有病原菌的可能。因此，必须经过消毒处理，杀灭水中的有害病原微生物（病原菌、病毒等），防止其排入自然水体后对环境及人体健康造成不利影响，同时避免其对再生水用户的生产、生活带来不便及危害。我国《城市污水处理及污染防治技术政策》规定：为保证公共卫生安全，防止传染性疾病传播，城镇污水处理应设置消毒设施。再生水回用的不同水质标准中，也分别对大肠菌群等微生物学指标提出要求。污水消毒程度应根据污水性质、排放标准或再生水要求确定。

目前，消毒方法主要分化学法与物理法两大类。前者系在水中投加化学药剂，如氯、臭氧、重金属、其他氧化剂等；后者在水中不加药剂，而进行加热消毒、紫外线消毒等。其中氯消毒法经济有效，使用方便，应用广泛，历史悠久。在污水深度处理回用工艺中最常用的消毒剂是液氯，其次为二氧化氯、次氯酸钠、紫外线、臭氧等。

消毒剂选择是影响工程投资和运行成本的重要因素，也是保证出水水质的关键。消毒剂的选择应从杀菌效果、杀菌持续性、消毒副产物、成本效益以及制造、运输、储存、使用的安全性、方便性等方面进行比较。几种常用消毒剂的特点见表3-12。

表3-12 城市污水处理厂几种常用消毒剂的特点比较

项目		液氯	次氯酸钠	二氧化氯	臭氧	紫外线
杀菌有效性		较强	中	强	最强	强
效能	对细菌	有效	有效	有效	有效	有效
	对病毒	部分有效	部分有效	部分有效	有效	部分有效
	对芽孢	无效	无效	无效	有效	无效
投加量/（mg/L）		5~10	5~10	5~10	10	
接触时间		10~30min	10~30min	10~30min	5~10min	10~100s
一次投资		低	较高	较高	高	高
运转成本		便宜	贵	贵	最贵	较便宜
优点		技术成熟，投配设备简单，有持续消毒作用	可用海水或浓盐水作原料，也可购买商品次氯酸钠，使用方便	使用安全可靠，有定型产品	能有效去除污水中残留有机物、色、臭味	杀菌迅速，无化学药剂
缺点		有臭味、残毒，使用时安全措施要求高	现场制备，设备复杂，维护管理要求高	需现场制备，维修管理要求较高	需现场制备，设备管理复杂，剩余臭氧需做消除处理	消毒效果受出水水质影响较大，缺乏后续消毒作用
适用条件		大中型污水处理厂，最常用方法	中小型污水处理厂	小型污水处理厂	要求出水水质较好、排入水体的卫生条件高的污水处理厂	小型污水处理厂，随着设备逐渐成熟，正日益广泛采用

3.5.1 液氯消毒

氯（Cl_2）是一种具有特殊气味的黄绿色有毒气体，很容易压缩成琥珀色透明液体，即为液氯。液氯的相对密度约是水的1.5倍，氯气的相对密度约是空气的2.5倍。液氯的消毒效果与水温、pH值、接触时间、混合程度、污水浊度、所含干扰物质及有效氯浓度有关。

1. 液氯的消毒作用

（1）水中氯的反应

当液氯加入到废水中时将会发生两种反应：水解作用和离解作用。

水解作用是指氯气与水结合生成次氯酸：

$$Cl_2 + H_2O \Longleftrightarrow HClO + H^+ + Cl^- \tag{3-31}$$

此反应25℃时的平衡常数为 K_H，

$$K_H = \frac{[HClO][H^+][Cl^-]}{[Cl_2]} = 4.5 \times 10^{-4} \tag{3-32}$$

由于 K_H 较大，大量的氯可以溶解于水。

离解作用是指次氯酸离解成次氯酸根。

$$HClO \Longleftrightarrow H^+ + OCl^- \tag{3-33}$$

此反应的电离常数为 K_i，

$$K_i = \frac{[H^+][ClO^-]}{[HClO]} = 3 \times 10^{-8} \tag{3-34}$$

不同温度下次氯酸的 K_i 值列于表3-13中。

表3-13 次氯酸的 K_i 值

温度/℃	$K_i/(\times 10^8 mol/L)$	温度/℃	$K_i/(\times 10^8 mol/L)$
0	1.5	15	2.3
5	1.7	20	2.6
10	2.0	25	2.9

水中 HClO 与 ClO⁻ 总量称为游离氯。由于 HClO 的杀菌效率是 ClO⁻ 的 40～80 倍，因此 HCl、HClO 和 ClO⁻ 的分布情况很重要，如图3-21 所示。HClO 在不同温度下的分布可由公式（3-34）计算出。

$$\frac{[HClO]}{[HClO]+[ClO^-]} = \frac{1}{1+[ClO^-]/[HClO]} = \frac{1}{1+K_i[H^+]} = \frac{1}{1+K_i 10^{pH}} \tag{3-35}$$

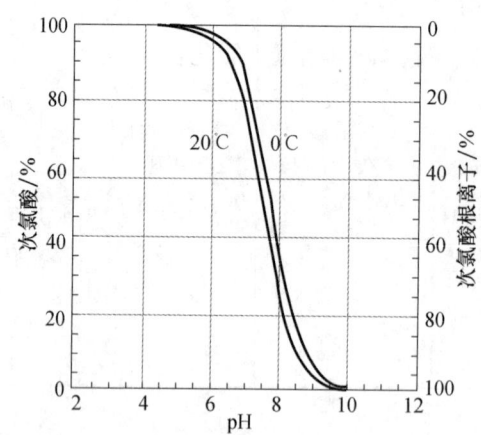

图3-21 pH=0、温度为20℃时，水中次氯酸和次氯酸根离子的分布

(2) 水中次氯酸盐的反应

游离氯可以以次氯酸盐的形式加入到水中。次氯酸钠和次氯酸钙都可以水解为次氯酸。

$$Ca(ClO)_2 + H_2O \longrightarrow 2HClO + Ca(OH)_2 \tag{3-36}$$

$$NaClO + H_2O \longrightarrow HClO + NaOH \tag{3-37}$$

(3) 氯与氨的反应

在未处理的废水中，氮以铵根离子和不同有机物的形式存在。大多数处理构筑物的流出液中都包含大量的氮元素，通常以铵根离子存在。如果此构筑物用于硝化反应，流出液中会

有 NO_3^- 存在。由于 HClO 是一种十分活跃的氧化物质，它会迅速地与废水中的 NH_4^- 反应生成三种不同形式的氯胺。

$$NH_3 + HClO \longrightarrow NH_2Cl + H_2O \tag{3-38}$$

$$NH_2Cl + HClO \longrightarrow NHCl_2 + H_2O \tag{3-39}$$

$$NHCl_2 + HClO \longrightarrow NCl_3 + H_2O \tag{3-40}$$

这些反应主要受到 pH 值、温度、接触时间及氯与氨的比例等因素的影响。在大多数情况下，NH_2Cl 与 $NHCl_2$ 占绝对优势。$NHCl_2$ 与 NH_2Cl 含量的比值可以作为不同 pH 值条件下氯与氨比例的一个参数，列于表 3-14 中。

表 3-14 不同 pH 值、不同氯与氨相对质量比例条件下二氯胺与一氯胺的比值

$Cl_2:NH_1$	pH 值				$Cl_2:NH_1$	pH 值			
	6	7	8	9		6	7	8	9
0.1	0.13	0.014	0.001	0.000	1.1	1.924	0.694	0.323	0.236
0.3	0.389	0.053	0.005	0.000	1.3	2.700	1.254	0.911	0.862
0.5	0.668	0.114	0.013	0.001	1.5	4.006	2.343	2.039	2.004
0.7	0.992	0.213	0.029	0.003	1.7	6.875	4.972	4.698	4.669
0.9	1.392	0.386	0.082	0.011	1.9	20.485	18.287	18.028	18.002

当氯与氨的比例为 2.0 时，NCl_3 的量可以忽略。这些化合物中的氯叫作复合氯。氯胺也可以作为消毒剂，尽管反应比较慢。当氯胺是唯一的消毒剂时，测量到的余氯称为复合氯剩余物，以 HClO 和 ClO^- 为消毒剂时余氯为游离氯。

(4) 实际氯与表观氯

实际氯与表观氯的百分比可以用来比较含氯化合物的消毒效率。

实际氯的百分含量由以下公式决定。

$$Cl_2(\%) = \frac{化合物中氯的质量}{化合物相对分子质量} \times 100\% \tag{3-41}$$

表观氯可以用来进行氯化物氧化能力的比较。氯的氧化能力基于化合物中氯的化合价降到 -1 时降低的数值。例如，HClO 半反应为

$$HClO + H^+ + 2e^- \longrightarrow Cl^- + H_2O \tag{3-42}$$

如上式所示氯的化合价改变量为 2，又称为当量。

表观氯的百分数由以下公式给出。

$$Cl_2 = 氯的当量 \times (CL_2)_{实际}\% \tag{3-43}$$

对于 HClO 实际含氯量为 67%×[(35.5/52.5)×100]，表观含氯量为 134.5%×(2×67.7%)。用于消毒的氯及氯化物的实际含氯量与表观含氯量列于表 3-15 中。

表 3-15 各含氯化合物的实际含氯量与表观含氯量

化合物	相对分子质量	氯的当量	实际含氯量/%	表观含氯量/%
Cl_2	71	1	100	100
Cl_2O	87	2	81.7	163.4
ClO_2	67.5	5	52.5	260
$CaClOCl$	127	1	56	56

续表

化合物	相对分子质量	氯的当量	实际含氯量/%	表观含氯量/%
$Ca(ClO)_2$	143	2	49.6	99.2
$HClO$	52.5	2	67.7	135.4
$NaClO_2$	90.35	4	39.2	157
$NaClO_2$	74.5	2	47.7	95.4
$NHCl_2$	86	2	82.5	165
NH_2Cl	51.5	2	69	138

2. 氯的折点反应

以废水消毒为目的，余氯（复合和游离）的保持是相当复杂的。因为游离氯不仅能与氨根离子发生反应，而且还是一种强氧化剂，可以与水中各种还原性物质发生反应。氯的折点反应是指向水中投加足量的氯与所有的可被氧化的物质反应，接着再向水中投加氯，这些氯就会作为游离氯被保存下来。投加足量的氯来保持游离态余氯的主要原因是保证有效的消毒效率。

（1）氯的折点反应化学

将氯投加到含有可氧化物质和氨根离子的废水中，会出现阶梯式现象，如图 3-22 所示。在氯不断增加的过程中，可被快速氧化的物质如 Fe^{3+}、Mn、H_2S 和有机物质都会与氯发生反应，耗用了大部分的氯离子，见图 3-22 中 A 点。当达到要求后，继续添加的氯会与铵根离子反应生成氯胺，见图 3-22 A 点与 B 点之间的部分。当氯与氨的比值小于 1 时，一氯胺和二氯胺就会形成。这两种物质的分布由它们各自的生成率控制，而生成率主要决定于 pH 值和温度。在 B 点与折点 C 之间一些 NH_2Cl 和 $NHCl_2$ 将会转变成 NCl_3，剩余的 NH_2Cl 和 $NHCl_2$ 将会被氧化成 N_2O 和 N_2，氯将会被还原成氯离子。继续加氯，大多数的氯胺在折点处被氧化。加氯通过折点后，游离氯的量会迅速增加。理论上，氯与氨氮在折点的比例为 7.6~1.0，在 B 点的比例为 5.0~1.0。

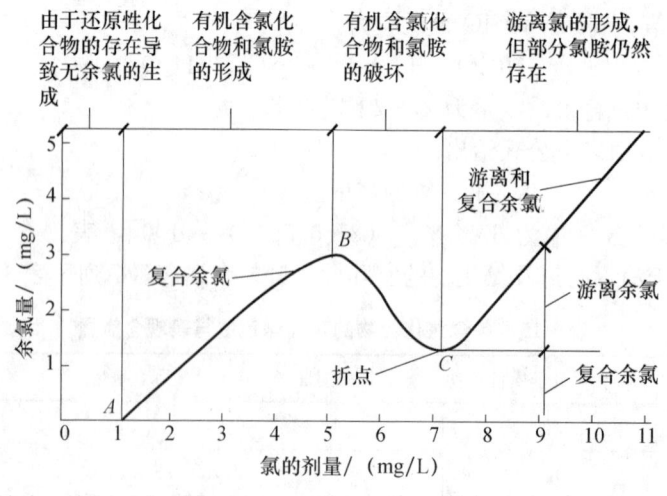

图 3-22 废水中折点反应曲线

N_2O 和 N_2 的生成与氯胺在折点处消失的可能原因为

$$NH_4^+ + \frac{3}{2}HClO \longrightarrow \frac{1}{2}N_2 + \frac{1}{2}H_2O + \frac{5}{2}H^+ + \frac{3}{2}Cl^- \qquad (3-44)$$

$$NH_4^+ + HClO \longrightarrow NH_2Cl + H_2O + H^+ \qquad (3-45)$$

$$NH_2Cl + HClO \longrightarrow NHCl_2 + H_2O \qquad (3-46)$$

$$\frac{1}{2}NHCl_2 + \frac{1}{2}H_2O \longrightarrow \frac{1}{2}NOH + H^+ + Cl^- \qquad (3-47)$$

将以上四个方程综合起来得到

$$\frac{1}{2}NHCl_2 + \frac{1}{2}NOH \longrightarrow \frac{1}{2}N_2 + \frac{1}{2}HClO + \frac{1}{2}H^+ + \frac{1}{2}Cl^- \qquad (3-48)$$

偶尔,在氯的折点反应操作过程中会产生严重的气味问题,主要是因为 NCl_3 及相关化合物的产生。一些额外的化合物会与氯发生反应,例如有机氮,可能会改变折点曲线的形状,如图 3-22 所示。为了达到所需余氯量而必须加入的氯量叫所需氯。

(2) 酸的产生

实际上,在氯消毒过程中产生的 HClO 将会与废水中的碱反应,所以在大多数情况下 pH 值的降低量很小。在化学计量上,氯的折点反应中,每氧化 1.0mg/L 的氨态氮所需的碱以 $CaCO_3$ 计为 14.3mg/L。

(3) 总非溶性固体的增加

废水中折点反应过程中除了次氯酸的生成,还有总非溶性固体的增加,在不同含氯消毒剂的折点反应中,非溶性化学物质的增加量已总结在表 3-16 中。

表 3-16 折点反应中非溶性化学物质的增加量

折点反应	不溶固体增加量与消耗的铵根离子之比	折点反应	不溶固体增加量与消耗的铵根离子之比
氯气消毒	6.2:1	氯气消毒、氧化钙中和酸	12.2:1
次氯酸钠消毒	7.1:1	氯气消毒、氢氧化钠中和酸	14.8:1

3. 液氯消毒的设计计算

因液氯的加氯操作过程简单,价格较低,且在管网中持续杀菌性能较强,是目前国内外应用最广的消毒剂,它除消毒外还具有氧化作用。但氯和有机物反应可生成对健康有害的物质,目前有被其他消毒剂取代的趋势。越来越多的城市污水处理厂使用次氯酸钠、二氧化氯、红外线等消毒剂替代液氯,我国《室外排水设计标准》(GB 50014—2021)明确规定,为避免或减少消毒时产生的二次污染物,消毒宜采用紫外线法和二氧化氯法。其目的主要是避免或减少消毒时产生的二次污染物,因为研究结果表明紫外线消毒不产生副产物,二氧化氯消毒的副产物不到氯消毒的 10%。

(1) 液氯消毒工艺及投加量

液氯消毒工艺流程,如图 3-23 所示。

投加量对于城市污水,一级处理后为 15~25mg/L;不完全二级处理后为 10~15mg/L,二级处理后为 5~10mg/L。

(2) 设计概述

① 工况。氯气是黄绿色气体,有毒,具刺激性,质

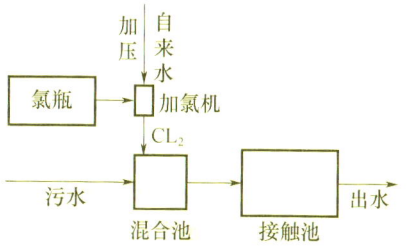

图 3-23 液氯消毒工艺

量为空气的2.5倍。工程使用时将其压缩成相对密度为1.5的液态形式，装在压力为0.6～0.8MPa的钢瓶中供应。1kg液氯可氯气化成$0.31m^3$的氯气，氯瓶的出氯量不稳定，随季节、气温、满瓶和空瓶等因素而变化。

氯消毒是利用其溶于水形成的次氯酸的强氧化性来杀死水中的细菌，当pH值低时它的含量高，消毒效果好。

② 氯气的混合。氯气混合时间为5～15s，混合方式可采用机械混合、管道混合、跌水混合、鼓风混合等。

机械混合：混合所需的能量按$1m^3/d$的污水量0.06～0.12W计，水在混合室中的停留时间为5～15s，如图3-24所示。

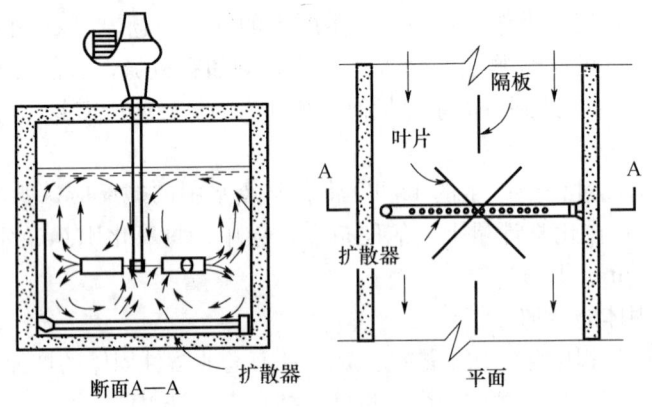

图3-24 机械混合器（桨叶式）

管道混合：当管道中为满流，流量变化不大时采用。加药管插入压力管内1/4～1/3管径处。如雷诺数大于2000，至投药口下游约10倍管径的距离即可完全混合，如图3-25所示。

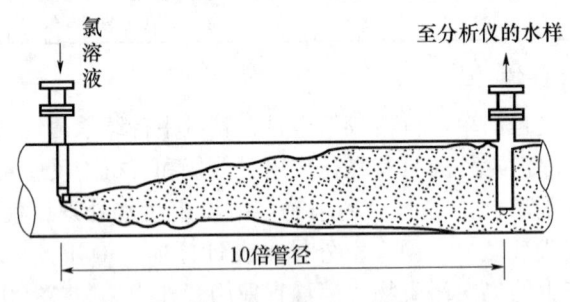

图3-25 管道混合器

跌水混合：氯气加注到水流的跌落之前，通过跌水达到混合的目的。跌水水头应大于0.3～0.4m，如图3-26所示。

鼓风混合：氯气注入水中，在混合池内通过鼓风作用使氯气和水混合。鼓风强度为$0.2m^3/(m^3·min)$，污水在池中的流速应大于0.6m/s。

扩散混合器：氯气注入水中，通过扩散混合器，使氯气和水混合。水流通过扩散器的水头损失一般为0.3～0.4m，其管节长度≥500mm，适用于中型污水处理厂，如图3-27所示。

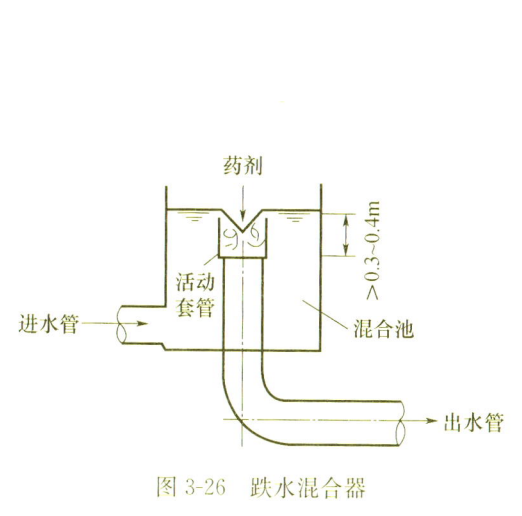
图 3-26 跌水混合器

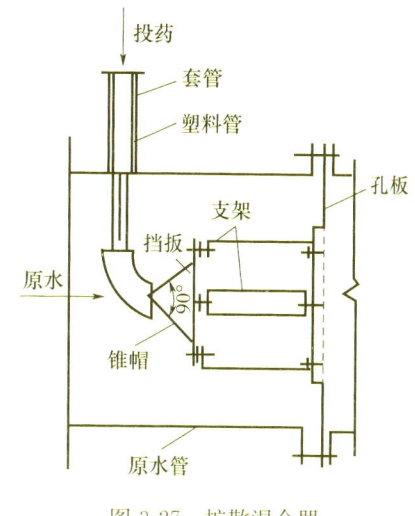
图 3-27 扩散混合器

③ 对于需要通过管道输送再生水的非现场回用情况必须加氯消毒，而对于现场回用情况不限制消毒方式。

④ 加氯量应根据试验资料或类似运行经验确定。无试验资料时，二级处理出水可采用 6~15mg/L，再生水的加氯量按卫生学指标和余氯量确定。

⑤ 二氧化氯或氯消毒后应进行混合和接触，接触时间不应小于 30min。

⑥ 为了避免氯瓶进水后氯气受潮腐蚀钢瓶，瓶内需保持 0.05~0.1MPa 的余压。

⑦ 如果水中含有氨氮，消毒作用比较缓慢，消毒效果差，而且需要较长的接触时间。

⑧ 氯气不能直接用管道加到水中，必须由加氯机投加，加氯点后可安装静态混合器，促使氯和水混合均匀。

⑨ 为保证稳定的出氯量，一般用自来水喷淋于氯瓶上，供给液氯气化所吸收的热量，不得用明火烘烤以防爆炸。

⑩ 投氯时，可将氯瓶放置于磅秤上核对钢瓶内的剩余量，以防止用空，加氯机中的水不得倒灌入瓶。称量氯瓶质量的磅秤放在磅秤坑内，磅秤面和地面齐平，以便于氯瓶上下搬运。

⑪ 因为氯气的密度比空气大，应在加氯间低处设排风扇，换气量每小时 8~12 次。氯库、加氯间内要安装漏气探测器，探测器位置不宜高于室内地面 35cm。氯库、加氯间内宜设置漏气报警仪，以预防和处理事故，有条件时可采用氯气中和装置。

⑫ 为保证不间断加氯，保持余氯量的稳定，气源宜一用一备，并设压力自动切换器。也可以在现场安装两台有显示功能的液压磅秤，输出 4~20mADC 信号到中央控制室，并设置报警器，使值班人员能及时更换氯瓶。

⑬ 加氯机的作用是保证消毒安全和计量准确，为保证连续工作，其台数应按最大加氯量选用。加氯机应安装 2 台以上（包括管道），备用台数不少于 1 台。近年来新的加氯系统不断涌现，有些系统可根据水的流量以及加氯后的余氯量进行自动运行，可根据产品特性选用。

⑭ 在氯瓶和加氯机之间宜有中间氯瓶，它可以沉淀氯气中的杂质。在加氯机发生事故时，中间氯瓶还可防止水流进入氯瓶。

⑮ 加氯自动控制方式应按各水厂的具体条件决定，以经济实用为原则。目前采用的控

制方式主要有模拟仪表和计算机。

⑯ 加氯间与氯库可单独建造，亦可与加药间合建以便于管理，但均应有独立向外开的门，以便运输药剂，加氯间应和其他工作间隔开，加氯间和值班室之间应有观察窗，以便在加氯间外观察工作情况。

⑰ 加氯间应靠近加氯点，以缩短加氯管线的长度。

⑱ 加氯间和氯库应布置在水厂的下风向。

⑲ 氯气管用紫铜管或无缝钢管，氯水管用橡胶管或塑料管。

⑳ 加氯间的给水管应保证不间断供水，并应保持水量稳定。

㉑ 加氯间宜用暖气采暖，用火炉时火口应设在室外，暖气散热片或火炉应远离氯瓶和加氯机。

㉒ 加氯间外应有防毒面具、抢救材料和工具箱。防毒面具应防止失效，照明和通风设备应有室外开关。

4. 液氯消毒的设计计算实例

【例题 3-6】 液氯消毒加氯量及设备选择的计算。

已知条件：污水厂三级处理出水水量为 $Q_1=10800\text{m}^3/\text{d}=450\text{m}^3/\text{h}$，经深度处理后采用液氯消毒。根据现场试验结果，最大投氯量为 $a=3\text{mg/L}$，仓库储量按 30d 计算。

设计计算：

（1）加氯量 Q
$$Q=0.001aQ_1=0.001\times 3\times 450=1.35(\text{kg/h})$$

（2）储氯量 G

储氯量按一个月考虑
$$G=30\times 24Q=30\times 24\times 1.35=972(\text{kg/月})$$

（3）氯瓶数量

采用容量为 500kg 的焊接液氯钢瓶，其外形尺寸 ϕ600mm，$H=1800$mm，共 3 只。另设中间氯瓶一只，以沉淀氯气中的杂质，还可防止水流进入氯瓶。

（4）加氯机数量

采用 0～5kg/h 加氯机 2 台，交替使用。

（5）加氯间、氯库

水厂所在地主导风向为西北风，加氯间靠近滤池和清水池，设在水厂的东南部。因与反应池距离较远，无法与加药间合建。

在加氯间、氯库低处各设排风扇一个，换气量每小时 8～12 次，并安装漏气探测器，其位置在室内地面以上 20cm。设置漏气报警仪，当检测的漏气量达到 $(2\sim 3)\times 10^{-6}$ 时即报警，切换有关阀门，切断氯源，同时排风扇工作。

为搬运氯瓶方便，氯库内设 CD11-6D 单轨电动葫芦一个，轨道在氯瓶正上方，轨道通到氯库大门以外。

称量氯瓶质量的液压磅秤放在磅秤坑内，磅秤面和地面齐平，使氯瓶上下搬运方便。磅秤输出 20mADC 信号到值班室，指示余氯量，并设置报警器，达余氯下限时报警。

加氯间外布置防毒面具、抢救材料和工具箱，照明和通风设备在室外设开关。

在加氯间引入一根 DN50 的给水管，水压大于 20m，供加氯机投药用；在氯库引入 DN32 给水管，通向氯瓶上空，供喷淋用，水压大于 5m。加氯间平面布置如图 3-28 所示。

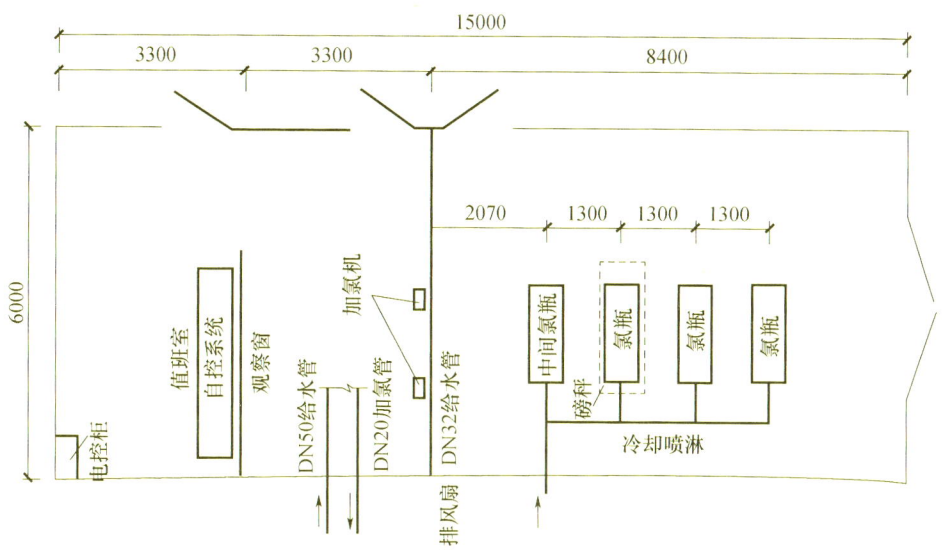

图 3-28 加氯间平面布置图

3.5.2 次氯酸钠消毒

次氯酸钠（NaClO）一般为淡黄绿色溶液，有类似氯气的刺激性气味，属强氧化剂，在光照下易分解。它是一种广谱高效消毒药，广泛应用于人畜医疗卫生防疫，如饮用水消毒、水源地消毒、污水处理、禽畜养殖场消毒。水处理中常通过电解低浓度的食用盐制备低浓度次氯酸钠作消毒剂，其消毒作用是依靠 HClO。次氯酸钠液是一种非天然存在的强氧化剂。它的杀菌效力同氯气相当，属于真正高效、广谱、安全的强力灭菌、杀病毒药剂。已经广泛用于包括自来水、中水、工业循环水、游泳池水、医院污水等各种水体的消毒和防疫消毒。

同其他消毒剂相比，次氯酸钠清澈透明，易溶于水，解决了由于氯气、二氧化氯、臭氧等气体消毒剂难溶于水而不能准确投加的困难，且没有液氯、二氧化氯、臭氧等消毒剂所具有的跑、泄、漏、毒等安全隐患。消毒过程中不产生有害健康和损害环境的副反应物，也没有漂白粉使用中带来的许多沉淀物。

其缺点是不易久存（有效时间大约为一年），如果从工厂采购，运输不便，而且工业品存在一些杂质，因溶液浓度高还易挥发。因此，次氯酸钠多采用现场制备的方式获取。由于其制造设备简单、操作方便、成本低、具余氯效应，适合中小型水厂特别是地处偏远地区的工矿企业的给水净化。

1. 设计概述

(1) 工况。次氯酸钠发生器是一套由低浓度食盐水通过通电电极发生电化学反应以后生成次氯酸钠溶液的装置。其总反应表达式如下：

$$NaCl + H_2O \longrightarrow NaClO + H_2 \uparrow \quad (3-49)$$

电极反应：

阳极： $\quad 2Cl^- - 2e \longrightarrow Cl_2$

阴极： $\quad 2H^+ + 2e \longrightarrow H_2$

溶液反应： $\quad 2NaOH + Cl_2 \longrightarrow NaCl + NaClO + H_2O \quad (3-50)$

(2) 次氯酸钠的杀菌作用包括次氯酸的作用、氧化作用和氯化作用，其中氧化作用是含氯消毒剂最主要的杀菌机理。次氯酸不仅可与细胞壁发生作用,且因分子小,不带电荷,故侵入细胞内与蛋白质发生氧化作用或破坏其磷酸脱氢酶,使糖代谢失调而致细胞死亡。

(3) 电解用食盐水的浓度以 3%~35% 为宜,产品是淡黄色透明液体,含有效氯 6~11mg/mL。每生产 1kg 有效氯,需食盐 3.0~4.5kg,耗电 5~10kW·h。

(4) 为防止有效氯的损失,次氯酸钠宜边生产边使用,夏季当日用完,冬季可避光贮存,但不超过 6 天。

(5) 其投配方式与一般水处理药液相同。

2. 次氯酸钠消毒计算例题

【例题 3-7】 次氯酸钠消毒的计算。

已知条件:污水厂三级处理出水水量为 $Q_1=2880\text{m}^3/\text{d}=120\text{m}^3/\text{h}$,经深度处理后消毒。因液氯运输危险性大、二氧化氯生产原料审批困难等原因,最终选用某品牌全自动次氯酸钠发生器,只需加盐,其余工作过程全部自动控制。根据厂方提供资料,每生产 1kg 有效氯,约需食盐 $c=4\text{kg}$,耗电 6kW·h,盐水浓度为 3%~5%。

设计计算:

(1) 投药量

该发生器可用于各种给水污水处理过程,不同的水质投氯量也不相同。经现场试验确定投氯量为 2mg/L。则所需有效氯总投量为:

$$Q=0.001aQ_1=0.001\times2\times120=0.24(\text{kg/h})$$

(2) 耗盐量及储盐量

$$G=30\times24cQ=30\times24\times4\times0.24=691.2(\text{kg/月})$$

食盐储量按 1 个月设计,则储量为 691.2kg。每袋固体食盐 50kg,共约 14 袋。

(3) 溶药用水量

按配制盐水浓度 5% 计,耗水量

$$Q_{水}=\frac{G}{0.05}=\frac{691.2}{0.05}=13824(\text{kg/月})=0.0192(\text{m}^3/\text{h})$$

(4) 设备选型

选 2 台次氯酸钠发生器,每台产气量 0.3kg/h,交替使用。外形尺寸 700mm×500mm×1450mm(长×宽×高)。利用水射器压力投药,要求给水管水压大于 20m,管径为 $DN32$。投药时将给水阀打开,定期向溶解槽中投加固体食盐。

3.5.3 二氧化氯消毒

1. 概述

氯气是人们最熟悉的水处理用消毒剂,它为杀灭病原微生物,防止传染病的传播,起过重大作用。但随着分析测试技术的不断发展和完善,科学家们发现氯气消毒具有以下缺点:(1) 氯会与水中腐殖酸类物质反应形成致癌的卤代烃类(THMs);(2) 氯会与酚类反应,形成具有怪味的氯酚;(3) 氯与水中的氨反应形成消毒效力低的氯胺,其排入水体后对鱼类产生危害;(4) 氯在 pH 值较高时消毒效力大幅度下降;(5) 氯长期使用会引起某些微生物的抗药性。鉴于此,其他代用消毒剂应运而生。其中二氧化氯在世界各国得到广泛应用。

二氧化氯(ClO_2)是一种黄绿色气体,具有与氯相同的刺激性气味,其沸点为 11℃,凝固点为 -59℃。二氧化氯以自由基单体存在,其活性为氯的 2.6 倍,具体计算如下:

$$ClO_2 \longrightarrow Cl^- + 2O^{2-} - 5e \tag{3-51}$$

$$\frac{5 \times 35.5}{67.5} \times 100 = 263\%$$

$$Cl_2 + H_2O \longrightarrow HOCl + HCl - 2e \tag{3-52}$$

$$\frac{2 \times 35.5}{71} \times 100 = 100\%$$

二氧化氯是一种氧化剂,能进行两步连续反应:

$$ClO_2 + e \Longrightarrow ClO_2^- \tag{3-53}$$

$$ClO_2^- + 4e + 2H_2O \Longrightarrow Cl^- + 4OH^- \tag{3-54}$$

二氧化氯的气体极不稳定,在空气中浓度为10%时就有可能发生爆炸,在45~50℃时会剧烈分解。分解反应的速度与总压$(P_{ClO_2})^{1/2}$成正比。其总反应为

$$ClO_2 \Longrightarrow 0.5Cl_2 + O_2 \tag{3-55}$$

二氧化氯在理论上可看作是亚氯酸和氯酸的混合酸酐:

$$2ClO_2 + 2H_2O \Longrightarrow HClO_2 + HClO_3 \tag{3-56}$$

二氧化氯易溶于水,溶解度约为氯的5倍,在室温4kPa分压下溶解度为2.9g/L。与氯不同,二氧化氯在水中以纯粹的溶解气体存在,水解作用非常弱,20℃时,

$$K_H = \frac{[HClO_2] \cdot [HClO_3]}{\{ClO_2\}^2} = 1.2 \times 10^{-7} \tag{3-57}$$

二氧化氯的水溶液在较高温度与光照下会生成ClO_2^-与ClO_3^-,因此应在避光低温处存放。二氧化氯溶液浓度在10g/L以下时,基本没有爆炸的危险。

由上可知,二氧化氯的气体和液体都极不稳定,不能像氯气那样装瓶运输,只能在使用现场临时制备。研究表明,将二氧化氯吸收在含特殊稳定剂(如碳酸钠、硼酸钠及过氧化物)的水溶液中,制成稳定的二氧化氯溶液,浓度在2%~5%,该溶液可长期进行贮存,无爆炸的危险,使用也很方便。

2. 二氧化氯的作用

(1) 与无机物反应

二氧化氯可将水中溶解的还原态铁、锰氧化,对去除铁、锰很有效。反应式如下:

$$2ClO_2 + 5Mn^{2+} + 6H_2O \longrightarrow 5MnO_2 + 2Cl^- + 12H^+ \tag{3-58}$$

$$ClO_2 + 5Fe(HCO_3)_2 + 3H_2O \longrightarrow 5Fe(OH)_3 + 10CO_2 + Cl^- + H^+ \tag{3-59}$$

(2) 与有机物反应

二氧化氯与水中有机物的反应比较复杂,主要发生氧化反应,与氯不同,它不会发生取代与加成反应。特别值得注意的是,二氧化氯与酚反应不会生成有味的氯酚,而是将其氧化;二氧化氯可将致癌物苯并[a]芘氧化成无致癌性的物质;二氧化氯对水中色度、臭和味的去除能力很强,它可去除由2,3,6-三氯苯甲醚(TCA)、2-甲基-异冰片(MIB)及2-异丁基-3-甲基吡嗪(IBHP)等产生的怪味;二氧化氯与腐殖酸、富里酸和灰黄素作用不会生成三氯甲烷,主要生成苯多羧酸、二元脂肪酸、羧苯基二羟乙酸、一元脂肪酸四类氧化产物,它们的致突变性比较低。

(3) 消毒作用

试验表明,二氧化氯对大肠杆菌、脊髓灰质炎病毒、甲肝病毒、兰泊贾第虫胞囊、尖刺贾第虫胞囊等均有很好的杀灭作用,效果优于氯消毒。

消毒剂能力评价通常采用达到一定杀灭率时所需的浓度与时间的乘积(ct)为指标,ct

值越低,消毒效果越好。表 3-17 给出了 4 种常用消毒剂杀灭不同微生物的值,浓度单位为 mg/L,时间单位为 min,杀灭率为 99%。可见二氧化氯是一种较好的消毒剂。

表 3-17 杀灭不同微生物消毒剂的 ct 值

微生物	消毒剂种类			
	自由氯	氯胺	二氧化氯	臭氧
大肠杆菌	0.9～2.7	113（pH=9）	0.48	0.006～0.02（1℃）
脊髓灰质炎病毒、甲肝病毒	1.8	1420（pH=9）	0.2～6.7	0.2
兰泊贾第虫胞囊	83～170	592	1.7	0.53
尖刺贾第虫胞囊	150～1012	1000（15℃）	10.7	0.94

与氯不同,二氧化氯的一个重要特点是在碱性条件仍具有很好的杀菌能力。由于二氧化氯不会与氨反应,因此在高 pH 值的含氨系统中可发挥极好的杀菌作用,并对藻类有很好的杀灭作用。

3. 存在问题

加入水中的二氧化氯有 50%～70%会转变为 ClO_2^-、ClO_3^-。研究表明,ClO_2^-、ClO_3^- 对人体红血细胞有损害,会使血液胆固醇升高。因此,美国国家环境保护局(EPA)建议二氧化氯消毒时水中残余总量应控制在 1.0mg/L 以下。

去除水中残余的二氧化氯以及 ClO_2^-、ClO_3^- 可以有多种方法。美国 Evansville 城水厂,应用厚度为 2m 的粒状活性炭床,空床接触时间为 9.6min,可使水中 ClO_2^- 由 3.0mg/L 降为 0.3mg/L。水处理工艺中投加还原剂,可有效地去除水中残余的二氧化氯以及 ClO_2^-、ClO_3^-。此外,二氧化硫、亚硫酸钠,可去除 ClO_2、以及 ClO_2^-,但不能去除 ClO_3^-。亚铁对 ClO_2^- 也具有满意的去除作用,在 pH 值>5、亚铁投加量为 3.0～3.1mgFe^{2+}/mgClO$_2^-$ 时,5～15s 即可完成反应,且不会形成 ClO_3^-,产生的氢氧化铁对后续絮凝过程没有干扰。

改用二氧化氯消毒会使水处理成本升高,根据美国 EPA 在 Chester 城的生产性试验,若仅用氯,投加量为 11mg/L,改用二氧化氯后,氯的使用量降为 3.6mg/L,大大抵消了使用二氧化氯所致成本的升高。从总的概算来看,总制水成本升高 1.27%。

4. 二氧化氯消毒的设计计算

二氧化氯是深绿色、具有刺激性气味的气体,不稳定,易挥发、易爆炸,受光或受热易分解。它易溶于水,在水中溶解度 2.9g/L,几乎以 100%分子状态存在,不易水解。

二氧化氯的制备方法主要分两大类:化学法和电解法。根据具体制备方法不同,化学法主要以氯酸盐和亚氯酸盐、盐酸等为原料;电解法以工业食盐和水为原料。

二氧化氯是新一代广谱强力杀菌剂,并可作氧化剂和漂白剂。由于不和水中的有机物发生反应,可避免生成有毒的有机卤代烃,但对酚的去除特别有效,有除臭、脱色能力。二氧化氯中的氯以正四价态存在,其活性为氯的 2.5 倍。即若氯气的有效氯含量为 100%时,二氧化氯的有效氯含量为 263%,因而有较高的杀菌效果。我国也逐渐在医院污水、工业循环水杀菌、农产品保鲜、泳池消毒及给水厂、污水厂消毒等方面广泛采用,二氧化氯作消毒剂的实例越来越多。

其缺点是在压缩加压时不稳定,在水中极易挥发,因而不能贮存,必须现场制备。当其在空气中体积分数大于 10%或水中含量大于 30%时,有可能会爆炸。

图 3-29 所示为化学法制备二氧化氯的工艺流程。氯酸钠或亚氯酸钠和盐酸经各自的计量装置提升,准确计量后投加进入反应器中。反应生成二氧化氯气体,经射流器抽吸与水混合制成高效的二氧化氯消毒液,投入到需消毒的水中。

设计概述：

(1) 工况。现有的研究成果认为二氧化氯在水溶液中的氧化还原电位高达 1.5V，其分子结构外层存在一个未成对电子——活泼自由基，具有很强的氧化作用。二氧化氯易透过细胞膜，渗入细菌及其他微生物细胞内，与蛋白质中的部分氨基酸发生氧化还原反应，使氨基酸分解破坏，进而控制微生物蛋白质合成，最终导致细菌死亡。

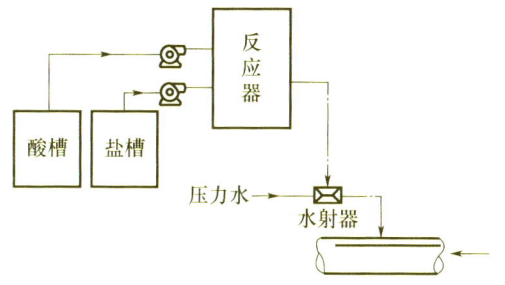

图 3-29　化学法制备二氧化氯工艺流程

(2) 二氧化氯与某些耗氯物质如氨氮等不发生反应，因而有较高的余氯，杀菌作用比氯强。同时不会和水中的有机物发生反应，避免生成有毒的有机卤代烃。

(3) 二氧化氯在较广泛的 pH 值范围内具有氧化能力，有除臭、脱色能力。二氧化氯的投加量（以有效氯计）、接触时间、混合方式等与液氯相同。

(4) 二氧化氯投加量与原水水质和投加用途有关，为 0.1～1.5mg/L，实际投加量应由试验确定。推荐消毒用投加量为 0.1～1.3mg/L，除臭投加量 0.6～1.3mg/L，用于预处理、氧化有机物和除铁锰时的投加量是 1～1.5mg/L。

(5) 为防止爆炸，二氧化氯水溶液浓度采用 6～8mg/L。

(6) 药剂间和设备间单独设置，内设监测、警报装置，并有排除和容纳溢流或渗漏药剂的措施。

(7) 在进出管线上设流量监测设备。

5. 二氧化氯消毒的设计计算实例

【例题 3-8】 二氧化氯消毒的计算。

已知条件：污水厂三级处理出水水量为 $Q_1=7200\text{m}^3/\text{d}=300\text{m}^3/\text{h}$，经深度处理后消毒。装置须设在用水点附近，因占地、原料、环境条件限制，拟采用化学法二氧化氯消毒。经方案比选，确定采用某品牌的二氧化氯发生器。

根据厂家提供资料，该二氧化氯发生器用氯酸钠和盐酸反应生成二氧化氯和氯气的混合气体。

主反应：

$$NaClO_3 + 2HCl \longrightarrow ClO_2\uparrow + \frac{1}{2}Cl_2\uparrow + NaCl + H_2O$$

副反应：

$$NaClO_3 + 6HCl \longrightarrow 3Cl_2\uparrow + NaCl + 3H_2O$$

设计计算：

(1) 投药量

按有效氯计算，每立方米水中投加 7g 的氯。

$$G = 0.001 \times 7 \times 300 = 2.1(\text{kg/h})$$

(2) 选 2 台 HB-3000 型二氧化氯发生器，每台产气 3000g/h，1 用 1 备，日常运行时，交替使用。

(3) 耗盐量及药液贮槽

根据设备说明书，HB-3000 型二氧化氯发生器的药液配制含量：$NaClO_3$ 为 30%，HCl

为 30%。市售的氯酸钠为袋装 50kg 的纯固体粉末，盐酸为稀盐酸，浓度为 31%。

理论计算，产生 1g 二氧化氯需消耗 0.65g 的 $NaClO_3$ 和 1.3g 的 HCl。由于实际运行中氯酸钠和盐酸不能完全转化，按经验数据转化率取氯酸钠 70%、盐酸 80%。

氯酸钠消耗量：
$$G_{氯酸钠}=0.65 \times 3000/70\%=2785.7(g/h)$$

盐酸消耗量：
$$G_{盐酸}=1.3 \times 3000/800\%=4875(g/h)$$

配制成 10% 的溶液，则药液的体积为
$$V_{氯酸钠}=2785.7 \times 10^{-6}/10\%=0.0279(m^3/h)$$
$$V_{盐酸}=4875 \times 10^{-6}/10\%=0.0488(m^3/h)$$

由于污水处理厂规模小，每日耗药量较小，所以选用两个容积为 600L 的药液储罐，每日配药 1～2 次。

(4) 储药量

储药量按 15d 设计：
$$W_{氯酸钠}=24 \times 2.7857 \times 15=1002.85(kg)$$

按市售 50kg 袋装氯酸钠计约需 20 袋：
$$W_{盐酸}=24 \times 4.875 \times 15=1755(kg)$$

按市售 31% 的稀盐酸计约需 5661kg，即 $4.92m^3$（31% 的稀盐酸密度为 $1.15t/m^3$）。

(5) 加氯间、药库平面布置

如图 3-30 所示，在加氯间低处设排风扇两台，每小时换气 8～12 次。

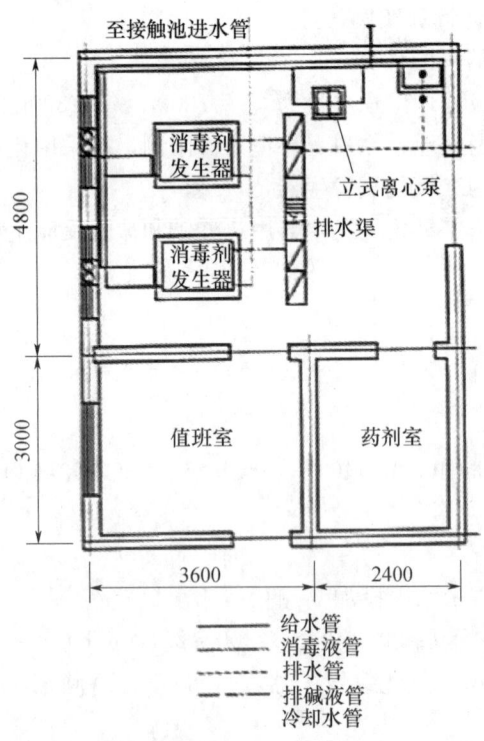

图 3-30 二氧化氯加药间平面布置图

3.5.4 紫外线消毒

紫外线用于水的消毒,具有消毒快捷,不污染水质等优点,因此近年来越来越受到人们的关注。

1. 紫外线消毒原理

水的紫外线消毒是通过紫外线对水的照射进行的,光子通过系统中分子的定量转化而被吸收后,才能在原子和分子中产生光化学变化。紫外线是一种波长范围为136~390nm的不可见光,按波长范围分为A、B、C三个波段和真空紫外线,A波段320~340nm,B波段275~320nm,C波段200~275nm,真空紫外线100~200nm。水消毒所用的是C波段紫外线。根据光量子理论,光是物质运动的一种特殊形式,是一粒粒不连续的粒子流,每一粒波长为253.7nm的紫外线光子具有4.9eV的能量。当紫外线照射到微生物时,便发生能量的传递和积累,积累结果造成微生物的灭活,从而达到消毒的目的。

紫外线的杀菌机理是一个较为复杂的过程,目前较为普遍的看法为:微生物体受到紫外线照射,核酸吸取了紫外线的能量。核酸是一切生命体的基本物质和生命基础,分为核糖核酸(RNA)和脱氧核糖核酸(DNA)两大类。DNA和RNA吸收光谱的范围在240~280nm,对波长为260nm的紫外线具有最大吸收(图3-31)。紫外线灯中心辐射波长是253.7nm。核酸吸收紫外线后发生突变,其复制、转录受到阻碍,从而引起微生物体内蛋白质核酸的合成障碍;另一方面,产生自由基可引起光电离,从而导致细胞死亡。

紫外线消毒器消毒能力是指在额定进水量情况下对水中微生物的杀灭功能。其物理表达式表示在该状态下的辐照剂量:

$$W = \frac{IV}{Q \times 3.6} \quad (3-60)$$

式中 W——辐照剂量,$\mu W/(cm^2 \cdot s)$;

I——辐射强度,$\mu W/cm^2$;

V——消毒器的有效水容积,L;

Q——消毒器的额定进水量,m^3/h。

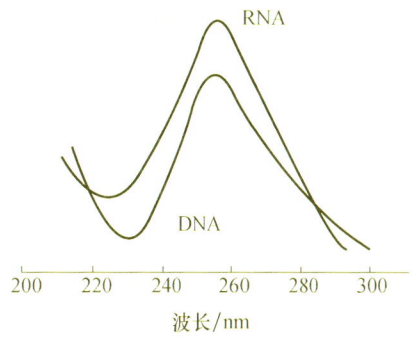

图3-31 DNA和RNA的紫外线吸收光谱

表3-18列出了不同微生物达到不同杀灭率所需要的辐照剂量值,试验水样染菌1×10^5cfu/L,水深2cm。从表3-18中可以看出,杀灭不同微生物需要不同的辐照剂量,而存在于水中的微生物是多种多样的,选定的辐照剂量过高会浪费不必要的能量,过低又达不到水消毒的目的。水的消毒主要在于杀灭肠道细菌等水传染疾病,故紫外线消毒器所能提供的辐照剂量最低不得小于9000$\mu W/(cm^2 \cdot s)$,产品出厂时应大于12000$\mu W/(cm^2 \cdot s)$。

表3-18 微生物不同杀灭率需要的253.7nm紫外线辐照剂量 $\mu W/(cm^2 \cdot s)$

微生物	杀灭率			
	90%	99%	99.99%	100%
大肠杆菌	3000	6000	12000	
伤寒杆菌	4000	3000	1600	
枯草杆菌芽孢	10000	20000	40000	

续表

微生物	杀灭率			
	90%	99%	99.99%	100%
金黄色葡萄球菌	3000	6000	12000	
白喉杆菌	5000	10000	20000	
结核杆菌	5100	10000	20000	
黑曲霉孢子	150000	300000	60000	
流感病毒	1000	2000	<5000	6600
破伤风病毒				22000
溶血性链球菌				5500
大肠杆菌噬菌体				6600

在紫外线消毒器中，各点的紫外线辐射强度是不同的。紫外线辐射强度（I）是指紫外线灯管所发射出的波长约为 253.7nm 的紫外线强度，也称为放射密度，单位为 $J/(m^2 \cdot s)$ 或 $\mu W/(cm^2 \cdot s)$。紫外线强度除受紫外线灯管的功率、性能所决定外，还与原水水质、被照射点与灯管的距离、灯管周围介质温度、灯管的工作时间等有直接关系。灯管发出的紫外线穿过石英套管造成一定的衰减，在穿过水层时的强度随水层深度增加而减少：

$$I = I_0 e^{-Kd} \tag{3-61}$$

式中　I——不同水深的辐射强度，$\mu W/cm^2$；

　　　I_0——起始辐射强度，$\mu W/cm^2$；

　　　K——水层深度，cm；

　　　d——水的吸取系数，cm^{-1}。

式（3-61）中，水的吸取系数与浊度、色度、含铁量有关。

紫外线消毒器在有多只灯管的情况下，筒体断面内的紫外线辐射强度的分布计算比较复杂，保证各点强度大体一致是结构设计中的首要问题。

2. 紫外线杀菌的影响因素

（1）紫外线杀菌灯的性能

实践表明，低压汞灯波长为 253.7nm 的紫外线具有最佳的杀菌效果，该灯发出的紫外线能量可占灯管能量的 80% 以上，因此目前纯水用紫外线杀菌装置皆采用低压汞灯。表 3-19 中所示为美国、日本常用的灯管性能。

表 3-19　国外灯管性能

灯管功率/W	紫外线功率/W	1m处的紫外线强度 /$\mu W/(cm^2 \cdot s)$	全长/cm	有效弧度（灯管长）/cm	灯管直径/mm
16	5.3	55	42.9	27.6	15.8
39	13.8	120	91.4	76.2	15.8
62	26.7	190	162.6	147.3	15.8
20	2.8	28	42.9	22.2	15.8
24	5.5	52	68.3	47.6	15.8
29	8.3	73	93.7	73.0	15.8

(2) 原水的物理化学成分

由于紫外线的穿透能力较低，所以对水的色度、浊度、含铁量等有一定要求。一般要求色度小于 15 度，浊度小于 5 度，总铁含量小于 0.3mg/L，进入紫外线杀菌装置的水需经过较为严格的预处理和去离子。

(3) 灯管周围介质温度

灯管周围介质温度会影响紫外线灯的辐射强度，从而影响消毒效果。一般情况下，汞灯的最佳放射温度大约为 40℃，此时灯管的紫外线出力最高。灯管周围介质温度低于或高于此温度时，都会使其出力有不同程度的下降，低于 5℃ 时甚至会造成灯管启动困难。为了使灯管的紫外线出力免受周围介质温度的影响，通常把紫外线灯管安置于石英套管内，灯管与石英套管间留有环状空气层，既可散发灯管的热量，又可避免低温介质温度的影响。

(4) 灯管与被照射点距离

灯管与被照射点的间距对紫外线强度有影响，强度系数随距离的增加而减小。如以距离 1m 处的强度系数规定为 1，其他位置的强度系数见表 3-20。

表 3-20 被照射点的强度系数

被照射点与灯光间距/m	强度系数	被照射点与灯光间距/m	强度系数
0.05	32.3	0.45	3.6
0.075	22.8	0.60	2.33
0.10	18.6	0.90	1.22
0.15	12.9	1.00	1.00
0.20	9.85	1.20	0.681
0.25	7.91	1.50	0.452
0.30	6.48	2.00	0.256
0.35	5.35	2.50	0.169

(5) 灯管工作时间

灯管紫外线出力与使用时间呈反比，使用时间越长，其出力越低。当灯管的紫外线强度低于 $25000\mu W/cm^2$ 时，此灯管应予以更换。国外紫外线灯管的有效使用时间一般都在 7500h 以上，由于测定紫外线强度比较困难，实际上均以使用时间来更换灯管。计数时除连续使用时间累计外，每开关一次灯管使用时间按 3h 消耗计算。国外低压汞灯的紫外线出力随工作时间变化曲线，如图 3-32 所示。

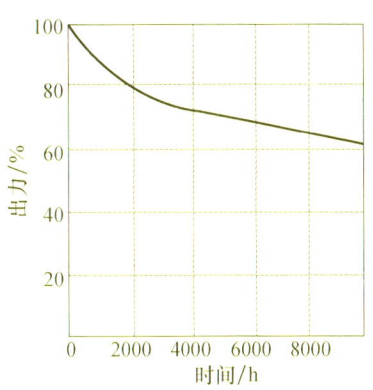

图 3-32 出力与使用时间的关系

(6) 电压

汞灯的出力也依赖于所提供的电压。当电源电压变化时，紫外线灯的辐射强度随电压的升高而增强，消毒器的能力加大。消毒器的供电电压宜稳定在 220V±10% 的范围内，在此电源电压的波动范围内，消毒器的消毒能力将在 15%～20% 之间变化。

3. **消毒器的构造及其工艺参数**

按水流状态，紫外线消毒器可分为敞开重力式和封闭压力式。目前，以封闭压力式使用居多，该装置主要由外筒、紫外线灯管、石英套管及电气设施等部分组成。

封闭式紫外线消毒器采用金属圆筒把消毒灯管封闭起来。筒体一般用不锈钢或铝制造，其内壁多做抛光处理，以提高对紫外线的反射能力，增强筒体内的紫外线辐射强度。

紫外线灯管是紫外线消毒器的核心部件，其作用是把电能转化为紫外线的光能。灯管内充有惰性气体和汞蒸气，低压紫外线灯管壳中的汞蒸气压力为 0.8Pa。管壳用石英玻璃制造。管壳掺杂的石英玻璃对 200nm 以下紫外线有吸收能力，减少了紫外线灯管在使用过程中散发到空气中的臭氧量。臭氧对人有一定的危害，故建议紫外线消毒器使用低臭氧紫外线灯，低臭氧紫外线灯的臭氧产量很低，小于 1mg/L，正常工作 1h 后，距灯管正中法线距离 1m 处采样的臭氧浓度，用碘化钾法测定低于 0.3mg/m³。单灯管消毒器内设一只灯管，灯管位于筒体断面的中央。多灯管消毒器中灯管布置原则是使筒体断面内各点具有大体相同的紫外线辐射强度。表 3-21 列出了国产直管型石英紫外线低压汞消毒灯的光电参数。

表 3-21 消毒灯的光电参数

型号	功率/W		工作电压/V			电流/A		紫外线辐射强度/（μW/cm²）
	额定值	最大值	额定值	最小值	最大值	工作	预热	
ZSZ8D	8	11	54	44	65	0.19	0.22	≥10
ZSZ15D	15	18	65	53	70	0.30	0.45	≥30
ZSZ20D	20	24	80	73	90	0.32	0.43	≥60
ZSZ30D	30	35	130	120	140	0.30	0.50	≥90
ZSZ40D	40	43	140	130	150	0.33	0.65	≥100

低压汞灯的紫外线出力与灯管表面温度有关，为避免介质温度的直接影响，把低压灯置于石英套管内，此时介质（水）温度对低压汞灯的紫外线出力几乎没有影响。石英套管材质采用高强度石英管，要求紫外线透过率不小于 80%，工作压力 0.45MPa，试验压力 0.68MPa。套管可半年或一年清洗一次，用浸酒精的纱布擦净，也可用抛磨粉进行擦洗。

4. 紫外线消毒设计与运行管理

合理地设计紫外线杀菌装置是紫外线杀菌的基础。紫外线消毒的设计要求如下：

(1) 消毒器中流速最好不小于 0.3m/s，以减小套管的结垢，当接触时间不够时可采用串联运行；光照接触时间 10～100s，可直接起杀菌作用，无须反应池。

(2) 消毒器中的水流流态为分散数小（$E_x<100cm^2/s$）的推流，消毒器长度和过水断面面积之比越大，越接近于推流，以减小光能消耗。

(3) 消毒器可并联或串联安装，但应能单独运行检修。处理水量大时，多灯管消毒器内的灯管间距不宜太近，否则会浪费能量；灯管数不宜过多，以便清洗和更换。

(4) 反射罩一般采用表面抛光的铝质材料。外壳材料用不锈钢、热镀锌的钢板或铝镁合金等防腐材料。

消毒器运行管理在于注意灯管是否全部工作，电源电压是否正常，出水水质是否正常（定期进行水质监测），并及时撤换失效灯管。同时，每 3 个月对石英玻璃套管、灯管、消毒器的筒内壁清洗一次。

5. 紫外线消毒的设计计算

水的紫外线消毒装置，安装方式主要有两种：光源浸水式（压力式）和水面式（明渠式）。前者辐射力的利用率很高，但是构造复杂；后者构造比较简单，但由于反射罩等处吸收光线以及光线分散等原因，而使杀菌能力下降。根据紫外灯类型分为低压灯系统、低压高强灯系统和中压灯系统。

国家标准《城镇给排水紫外线消毒设备》(GB/T 19837—2019)，对紫外线消毒设备的分类、技术要求、检验规则等给出了详细的规定，对工程设计也具有重要的指导意义。

低压灯紫外线消毒系统适用于小型污水处理厂或低流量水处理系统；低压高强灯紫外线消毒系统适用于中型污水处理厂；中压灯紫外线消毒系统适用于大型污水处理厂和高悬浮物、紫外线穿透率低的水处理系统。

紫外线消毒具有高效、经济、环保、安全的优点，具体体现在以下几方面：

(1) 紫外线消毒具有广谱性，即对细菌、病毒、原生动物均有效。

(2) 紫外线消毒灭菌速度快，几乎是瞬时完成。所以无须巨大的接触池、药剂库等建构筑物，占地面积小。不仅大大减少了土建费用，而且运行成本较氯消毒低。

(3) 紫外线消毒可省去药剂，不影响水的臭味，不会产生三卤甲烷、高分子诱变剂、致癌物质等毒副产物。

(4) 不需要运输、使用、贮藏有毒或危险化学药剂，维护简单方便，操作安全。

缺点是受环境因素影响大：

(1) 由于水中的某些物质和粒子（如水的色度、浊度、含铁量等）吸收和分散紫外光，使紫外光穿透率降低。紫外光穿透率越低，达到同样消毒效果所需的紫外剂量就越大。

(2) 紫外灯管周围的介质温度影响灯管能量的发挥。介质温度低，杀菌效果差。

(3) 无持续消毒作用。

(4) 耗费电能较大。

紫外线消毒随着技术日益成熟和设备的不断完善而被逐渐推广使用，其在水处理工程中的应用越来越多，并以其安全、环保的优势取代液氯消毒，被《室外排水设计规范》(GB 50014—2006)确定为"宜采用"的消毒方法［该标准的现行版本为《室外排水设计标准》(GB 50014—2021)］。

设计概述：

① 工况。利用紫外线对细菌、病毒等微生物照射，破坏其机体内 DNA 的结构，使其立即死亡或丧失繁殖能力。紫外线一方面可使核酸突变，阻碍其复制、转录封锁及蛋白质的合成；另一方面，产生自由基可引起光电离，从而导致细胞的死亡。

② 紫外线消毒的计量单位是 mJ/cm^2，指单位面积上接收到的紫外线能量，即所有紫外线辐射强度和曝光时间的乘积。紫外线消毒剂量的大小与出水水质、水中所含物质种类、灯管的结垢系数等多种因素有关，应由试验确定。如无试验资料，可通过有资质的第三方使用同类设备在类似水质中所做的检验报告确定。城镇污水处理厂达到二级标准和一级 B 标准时，紫外线有效剂量不低于 $15mJ/cm^2$，达到一级 A 标准时紫外线的有效剂量不低于 $20mJ/cm^2$。

③ 紫外线照射时间 10～1000s。

④ 紫外线照射渠中的水流尽可能保持推流状态，灯管前后的渠长度不宜小于1m。水位由固定溢流堰或自动水位控制器控制。

⑤ 水流流速最好不小于 0.3m/s，以减小套管结垢，紫外灯可采用串联安装，以保证所需的接触时间。

⑥ 紫外线照射渠一般设置 2 条，当水量较小时设 1 条，但应设置超越渠道以方便检修。

6. 紫外线消毒的设计计算实例

【例 3-9】 横置光源水面式紫外线消毒设备的计算。

已知条件：污水厂三级处理出水水量为 $Q_1=7680\text{m}^3/\text{d}=320\text{m}^3/\text{h}$，经深度处理后消毒。拟采用紫外线消毒。经方案比选，确定采用某品牌的紫外线消毒装置，要求消毒后水中大肠菌指数的最大允许值 $P=1$。根据厂家提供的设备说明书及产品示意图（图 3-33、图 3-34），杀菌灯功率 $F_1=30\text{W}$，铝制反射罩的反射系数 $k=0.5$，铝制反射罩的反射角 $\beta\geqslant 180°$。

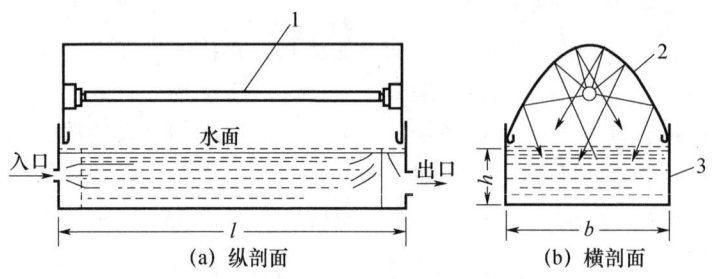

图 3-33　顺流设置光源水面式紫外线消毒装置
1—杀菌灯；2—铝质反射罩；3—水槽

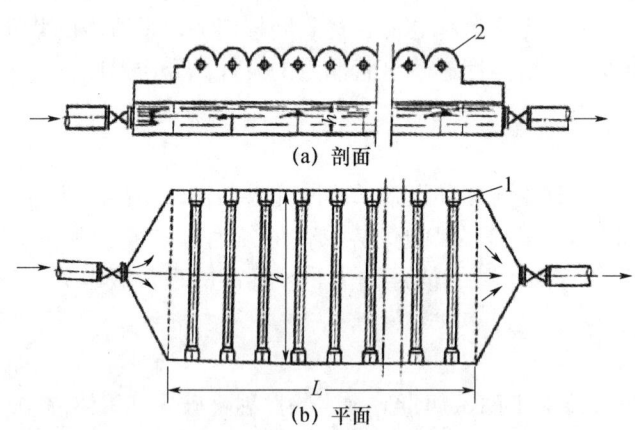

图 3-34　横置光源水面式紫外线消毒装置
1—杀菌灯；2—铝质反射器

由于深度处理采用了超滤，水中细菌总数较少。经化验，大肠菌指数（1L 水中的大肠菌数量）的最大值 $P_0=1000$。紫外线在水中的吸收系数 $\alpha=0.2\text{cm}^{-1}$，大肠菌的抵抗能力系数 $K=2400\text{m}\cdot\text{kW}\cdot\text{s}/\text{cm}^2$。

设计计算：

(1) 光源杀菌功率的计算利用系数 K_1

$$K_1=\frac{\beta+k(360-\beta)}{360}=\frac{180+0.5\times(360-180)}{360}=0.75$$

(2) 杀菌光线单位功率的计算利用系数 K_2

$$K_2=0.9$$

(2) 所需光源的杀菌功率 F_2

$$F_2=\frac{Q\alpha K\lg(P/P_0)}{1563.4K_1K_2}(\text{W})$$

式中各符号的意义及单位见"已知条件"。代入后得

$$F_2 = \frac{Q\alpha K\lg(P/P_0)}{1563.4 K_1 K_2} = \frac{320 \times 0.2 \times 2400 \times \lg(1/1000)}{1563.4 \times 0.75 \times 0.9} = 437(\text{W})$$

（4）需杀菌灯数量 n

$$n = \frac{F_2}{F_1} = \frac{437}{30} \approx 16(\text{个})$$

（5）消毒水层厚度 h

$$h = \frac{\lg(1-K_2)}{\alpha \lg e} = \frac{\lg(1-0.9)}{0.2 \times 0.43425} = \frac{-1}{0.2 \times 0.43425} = 11.5(\text{cm})$$

（6）水槽尺寸

根据杀菌灯及其安装情况，采用槽宽 $b=88\text{cm}$。

槽由三块纵向隔板分成四个廊道串联运行。每个廊宽 $b'=21.7\text{cm}$（图3-35）。

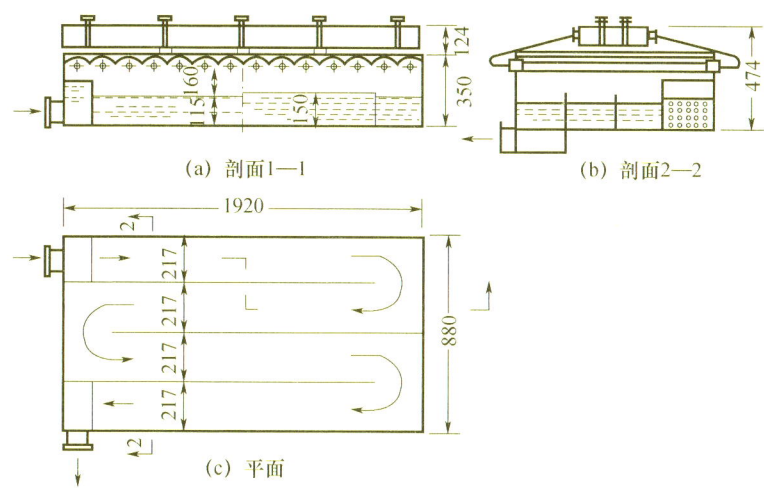

图3-35 横置光源水面式紫外线消毒装置水槽尺寸计算

两灯间距为12cm，则设备槽的总长为

$$L = 12n = 12 \times 16 = 192(\text{cm})$$

（7）设备结构

设备的材料采用铝板，其底、壁及盖的厚度为5mm，而槽内的纵横隔板厚度为4mm。根据设备结构，消毒装置的高度采用35cm。

为使水在槽中均匀分配，在其起端装设穿孔板。槽末端装设淹没堰，以维持消毒水水层的计算厚度。

（8）反射罩及杀菌灯的装设（图3-36）

杀菌灯装在铝质抛物线形反射罩内，其安装高度为水面上16cm处。

反射罩顶离杀菌灯中心的距离 $E=4\text{cm}$。

反射罩底面的间距等于灯的间距，即12cm。

反射罩的外形为抛物线形，其方程为

$$y^2 = 2Zx = 2 \times 2Ex = 2 \times 2 \times 4x = 16x$$

式中，$Z = 2E = 2 \times 4 = 8$ 为参变数。

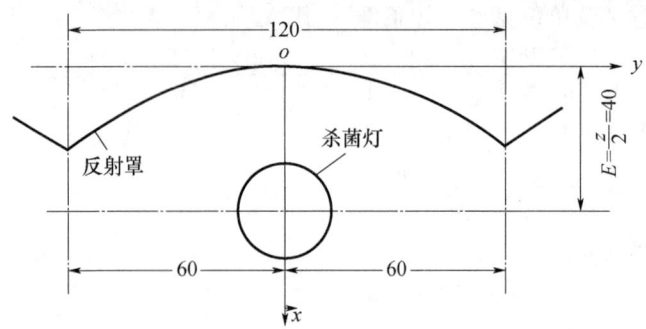

图 3-36　反射罩与杀菌灯

3.5.5　臭氧消毒

臭氧的分子式为 O_3，为天蓝色腥臭味气体，液态呈暗黑色，固态呈蓝黑色。臭氧可用空气中的氧通过高压放电制取，即利用高压电力或化学反应，使空气中的部分氧气分解后聚合为臭氧，是氧的同素异形转变的过程。

臭氧杀菌彻底，无残留，杀菌广谱，可杀灭细菌繁殖体和芽孢、病毒、真菌等，并可破坏肉毒杆菌毒素。由于 O_3 稳定性差，易自行分解为氧气或单个氧原子。而单个氧原子能自行结合成氧分子，不存在任何有毒残留物，所以，O_3 是一种无污染的消毒剂。

臭氧消毒用在水处理中不会产生异臭味，使水中溶解氧含量增加可改善水质，能在水处理厂直接制造，避免了运输。臭氧消毒不受水中氨氮、pH 值及水温的影响。其缺点是：制造臭氧耗电量大，需有专门的复杂装置，所以费用高；消毒后的水在管道中无抑制细菌繁殖的能力；须边生产边使用，不能储存；当水房或水质变化时，臭氧投加量的调节比较困难。臭氧作为消毒剂具有广阔的前途，目前在国外正得到广泛应用，我国在污水消毒上使用尚少。

臭氧消毒设备主要由两部分组成，即臭氧发生器和臭氧加注装置。

由于污水处理后存在残留污染物，如 COD、NO_2^--N、色度和悬浮物等，采用臭氧消毒比用于饮用水消毒需要更大的剂量和更长的接触时间。另外，臭氧与污水的接触方式传质效果也影响臭氧的投加量和消毒效果。

臭氧在水处理中的应用不局限于消毒，还可用于去除水中可溶性铁盐、锰盐、氰化物、硫化物、亚硝酸盐、色、臭、味、微量有机物，并使原水中溶解性有机物产生微凝聚作用，强化水的澄清、沉淀和过滤效果，提高出水水质，节省消毒剂用量。

1. 设计概述

(1) 工况。臭氧是一种强氧化剂，其灭菌过程属生物化学氧化反应。O_3 灭菌有以下 3 种形式：①臭氧能氧化分解细菌内部葡萄糖所需的酶，使细菌灭活死亡。②直接与细菌、病毒作用，破坏它们的细胞器和 DNA、RNA，使细菌的新陈代谢受到破坏，导致细菌死亡。③透过细胞膜组织，侵入细胞内，作用于外膜的脂蛋白和内部的脂多糖，使细菌发生通透性畸变而溶解死亡。

(2) 实际投加的臭氧。

$$D=1.06aQ(kgO_3/h) \qquad (3-62)$$

式中　a——臭氧投加量，kg/m^3；

　　　Q——所处理的水量，m^3/h。

另外需考虑 25%~30%的备用,设备的备用不得少于一台。

(3) 臭氧发生器的工作压力:

$$H \geqslant h_1 + h_2 + h_3 \tag{3-63}$$

式中 h_1——接触池水深,m;

h_2——布气装置水头损失,m;

h_3——臭氧化空气输送管的水头损失,m。

(4) 所产生的臭氧化空气中的臭氧浓度根据产品样确定,一般为 10~20g/m³。

(5) 原水污染轻(超滤膜、纳滤膜出水)或只是用于氧化铁、锰时,用单格接触池,池底设扩散布气装置,接触时间 4~6min。如需可靠灭菌,应设双格接触池。臭氧投量应根据试验结果定,或根据同类工程运行经验确定。

(6) 原水污染重时,臭氧投量可达 5g/m³以上,接触时间 4~12min。用喷射器接触时须有 2m 的水头,全部处理水吸入臭氧化空气后从底部进入接触池。

(7) 常用的臭氧-水接触反应装置有微孔扩散鼓泡接触塔、固定螺旋混合器、涡轮注入器、喷射器、填料接触塔等,应根据实际情况选用。

(8) 接触池排出的尾气不许直接进入大气,应予以必要的处置。尾气的处置方法有活性炭法、药剂法等。

2. 臭氧消毒计算例题

【例题 3-10】 臭氧消毒设备选用计算。

已知条件:污水厂三级处理出水水量为 $Q_1 = 1200 \text{m}^3/\text{d} = 50 \text{m}^3/\text{h}$,经深度处理后消毒。拟采用臭氧消毒。经方案比选,确定采用某品牌的臭氧消毒装置。试验确定臭氧投加量 $a = 5 \text{mg/L} = 0.005 \text{kg/m}^3$,接触反应装置内的水力停留时间 4min,臭氧化气浓度 $Y = 20 \text{g/m}^3$。

设计计算:

(1) 所需臭氧量 D

$$D = 1.06aQ = 1.06 \times 0.005 \times 50 = 0.265 (\text{kgO}_3/\text{h})$$

考虑到设备制造及操作管理水平较低等因素(臭氧的有效利用率只有 60%~80%),确定选用臭氧发生器的产率可按 400g/h 计。

(2) 放电管的单管产量

臭氧发生器放电管的单管产量,每根为 4~5g/h,现采用每根 $P = 5\text{g/h}$。

(3) 放电管数量 n

臭氧发生器其放电管数量为 $n = 88$ 根/台。

(4) 臭氧化空气产率 W

$$W = Pn = 5 \times 88 = 440 (\text{g/h})$$

臭氧发生器设置两台,一台工作,一台备用。

(5) 接触装置(采用鼓泡塔)

① 鼓泡塔体积 V

$$V = \frac{Qt}{60} = \frac{50 \times 4}{60} \approx 3.33 (\text{m}^3)$$

② 塔截面积 F

塔内水深 H_A 取 4m,则

$$F = \frac{Qt}{60H_A} = \frac{50 \times 4}{60 \times 4} \approx 0.83 (\text{m}^2)$$

③ 塔高 $H_{塔}$
$$H_{塔}=1.3H_A=1.3\times4=5.2(m)$$

④ 塔径
$$D_{塔}=\sqrt{\frac{4F}{\pi}}=\sqrt{\frac{4\times0.83}{3.14}}\approx1.03(m)$$

（6）臭氧化气流量
$$Q_{气}=1000D/Y=1000\times0.265/20=13.25(m^3/h)$$

折算成发生器工作状态（$t=20℃$，$P=0.08MPa$）下的臭氧化气流量
$$Q'_{气}=0.614Q_{气}=0.614\times13.25=8.14(m^3/h)$$

（7）微孔扩散板的个数 n

根据产品样本提供的资料，所选微孔扩散板的直径 $d=0.2m$，则每个扩散板的面积
$$f=\frac{\pi d^2}{4}=\frac{3.14\times0.2^2}{4}=0.0314(m^2)$$

使用微孔钛板，微孔孔径为 $R=40\mu m$，系数 $a=0.19$，$b=0.066$，气泡直径取 $d_{气}=2mm$，则气体扩散速度
$$\omega=\frac{d_{气}-aR^{1/3}}{b}=\frac{2-0.19\times40^{1/3}}{0.006}\approx20.5(m/h)$$

微孔扩散板的个数
$$n=\frac{Q'_{气}}{\omega f}=\frac{8.14}{20.5\times0.0314}=12.6\approx13(个)$$

（8）所需臭氧发生器的工作压力 H

① 塔内水柱高为 $h_1=4$（m）。

② 布水元件水头损失 h_2 查表 3-22，$h_2=0.2kPa\approx0.02$（mH_2O 柱）。

表 3-22 国产微孔扩散材料压力损失实测值

材料型号及规格	不同过气流量下的压力损失/kPa							
	0.2	0.45	0.93	1.65	2.74	3.8	4.7	5.4
	[$L_{气}/(cm^2\cdot h)$]							
WTD1S 型钛板孔径<10μm，厚 4mm	5.80	6.00	6.40	6.80	7.06	7.33	7.60	8.00
WTD2 型供孔钛板孔径 10~20μm，厚 4mm	6.53	7.06	7.60	8.26	8.80	8.93	9.33	9.60
WTD3 型微孔钛板孔径 25~40μm，厚 4mm	3.47	3.73	4.00	4.27	4.53	4.80	5.07	5.20
锡青铜微孔板孔径末端，厚 6mm	0.67	0.93	1.20	1.73	2.27	3.07	4.00	4.67
刚玉石微孔板厚 20mm	8.26	10.13	12.00	13.86	15.33	17.20	18.00	18.93

③ 臭氧化气输送管道水头损失

臭氧化气选用 DN15 管道输送，总长 30m，气体流量较小，输送管道的沿程及局部水头损失按 $h_3=0.5m$ 考虑。

臭氧发生器的工作压力 H
$$H=h_1+h_2+h_3=4+0.02+0.5=4.52(mH_2O 柱)$$

（9）尾气处理

尾气经除湿处理后用"霍加拉特"剂催化法分解。

习题与思考

1. 如何确定不同浓度酸碱废水的处理方法?
2. 举例说明有哪些工业废水、废渣、废气可用于酸、碱废水中和处理。
3. 今有含硫酸的工业废水,其 pH=2.3,如欲采用石灰干投法进行中和处理,使之达到排入城市下水道的标准(pH=6~9,可取 8),试问每 1m³ 废水需投多少石灰?(石灰纯度为 70%)
4. 胶体混凝原理是什么? 影响混凝的因素是什么?
5. 混凝剂是如何分类的? 目前常用的混凝剂有哪些?
6. 如何确定氢氧化物沉淀法处理重金属废水的 pH 值条件?
7. 综述石灰法在水处理中的应用,包括作用原理、去除污染物范围、工艺流程、优点、存在的问题及处理实例。
8. 试述硫化物沉淀法的常用药剂、去除对象及特点,并剖析硫化物沉淀法除 Hg(Ⅱ) 的基本原理。
9. 试述铁氧体沉淀法处理含重金属废水的基本原理。
10. 试述碱性氯化法处理含氰废水的基本原理、工艺流程及反应条件。
11. 氯氧化法去除水中酚有何弊病,为了消除氯酚的危害可采取哪些措施?
12. 试述药剂还原法处理含铬(Ⅵ)废水的基本原理及常用药剂。
13. 试述电解法处理含铬废水的原理。
14. 试述典型高级氧化的原理及特点。
15. 城市污水处理厂常用消毒剂的特是什么?

4 废水处理物理化学法

> **学习提示**
>
> **本章学习要点**：水处理中的吸附法、离子交换法、膜技术的原理和应用条件；基本掌握各个方法的设计计算；难点在于各种处理方法的实际应用设计；宜采取结合实际案例的学习方法。

4.1 吸附法

水处理中的吸附处理法，主要是指利用固体吸附剂的物理吸附和化学吸附性能，去除废水中多种污染物的过程。尤其是水中一些剧毒的和难以生物降解的污染物，采用吸附剂能有效地去除上述物质，经处理后的出水水质高，并且比较稳定，因而受到重视。随着排放标准的日趋严格，主要用于废水深度处理的吸附法，已经逐步成为一项不可缺少的工艺技术。

4.1.1 基本原理

1. 固体表面上的吸附作用

在相界面上，物质的浓度自动发生积累或浓集的现象，称为吸附。吸附作用可以发生在各种不同的相界面上，但在废水处理中，主要是利用固体物质表面对废水中物质的吸附作用；在吸附过程中，具有吸附能力的多孔性固体物质称为吸附剂，而废水中被吸附的物质称为吸附质。

根据固体表面吸附力的不同，吸附可分为物理吸附、化学吸附和离子交换吸附三种类型。若吸附剂和吸附质之间是通过分子间的引力（即范德华力）而产生的吸附，称为物理吸附。由于吸附是分子间的引力引起的，所以吸附热较小，一般在41.84kJ/mol以内。由于分子引力普遍存在于各种吸附剂与吸附质之间，故物理吸附无选择性。另外，物理吸附的吸附速度和解吸速度都较快，易达到平衡状态，一般在低温下进行的吸附主要是物理吸附。若吸附剂与吸附质之间产生了化学作用，生成化学键引起的吸附，称为化学吸附。由于生成化学键，所以化学吸附是有选择性的，且不易吸附与解吸，达到平衡慢。化学吸附放出的热较大，与化学反应相近，一般为30~418.4kJ/mol。化学吸附速度，随温度升高而增加，故化学吸附常在较高温度下进行。

一种吸附质的离子，由于静电引力，被吸附在吸附剂表面的带电点上，由此产生的吸附称为离子交换吸附。由于这种吸附兼有吸收现象，故又可总称为吸着。在这种吸附过程中，伴随着等当量的离子交换。如果吸附质的浓度相同，离子带的电荷越多，吸附就越强。对电荷相同的离子，水化半径越小，越能紧密地接近于吸附点，越有利于吸附。

在实际的吸附过程中，上述几类吸附往往同时存在，难以明确区分。

2. 吸附平衡与等温吸附规律

（1）吸附平衡

如果吸附过程是可逆的，当废水与吸附剂充分接触后，一方面吸附质被吸附剂吸附，另一方面，一部分已被吸附的吸附质，由于热运动的结果，能够脱离吸附剂的表面，又回到液相中去。前者称为吸附过程，后者称为解吸过程。当吸附速度和解吸速度相等时，即单位时间内吸附的数量等于解吸的数量时，则吸附质在溶液中的浓度和吸附剂表面上的浓度都不再改变而达到平衡。此时吸附质在溶液中的浓度，称为平衡浓度C_e。吸附剂对吸附质的吸附效果，一般用吸附容量和吸附速度来衡量。

（2）吸附容量

吸附容量指单位质量吸附剂所吸附的吸附质的质量，如式（4-1）所示。

$$q = \frac{V(C_0 - C_e)}{W} \tag{4-1}$$

式中　q——吸附容量，g/g；

　　　V——废水体积，L；

　　　C_0——原水中吸附质浓度，g/L

　　　W——吸附剂投加量，g；

　　　C_e——吸附平衡时，水中剩余的吸附质浓度，g/L。

（3）吸附速度

吸附速度指单位质量的吸附剂，在单位时间内所吸附的吸附质的物质的量。

吸附速度决定了污水和吸附剂的接触时间，取决于吸附剂对吸附质的吸附过程，通常由试验确定。

（4）吸附等温线

吸附等温线是在温度固定的条件下，表征吸附容量与相应的平衡浓度之间的关系曲线。

（5）吸附等温式

吸附等温式是描述吸附等温线的数学表达式，常见的有朗格缪尔（Langmuir）吸附等温式、弗兰德里希（Freundlich）吸附等温式（在低浓度时较适用）和BET等温式。

① 朗格缪尔吸附等温式

朗格缪尔（Langmuir）认为固体表面由大量的吸附活性中心点构成，吸附只在这些活性中心点发生，活性中心的吸附作用范围大致为分子大小，每个活性中心只能吸附一个分子。当表面吸附活性中心全部被占满时，吸附量达到饱和值，在吸附剂表面上分布被吸附物质的单分子层。根据上述假设和动力学原理，推导出相应的吸附等温式，见式（4-2）：

$$q = N_m \frac{kC}{1 + kC} \tag{4-2}$$

式中　N_m——单分子层覆盖的饱和值，与温度无关；

　　　q——平衡吸附量，mg/g；

　　　k——吸附系数，代表了固体表面吸附能力的强弱，又称吸附平衡常数；

　　　C——吸附质浓度，g/L。

为了方便起见，可将式（4-2）变形为一个线性形式，如式（4-3）：

$$\frac{1}{q} = \frac{1}{N_m + kC} + \frac{1}{N_m} \tag{4-3}$$

根据试验情况,可按式(4-3)以[1/q]对[1/C]作图,得到一条直线,如图4-1所示。

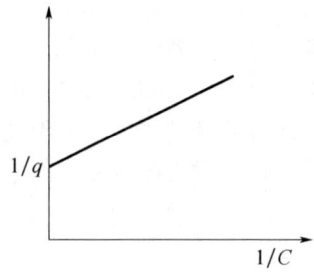

图 4-1　Langmuir 吸附等温式常数图解法

② 弗兰德里希吸附等温式

弗兰德里希通过试验(1926年),得出平衡吸附量与平衡浓度关系曲线的经验方程如式(4-4),该方程为指数型的经验公式:

$$q = K \cdot C^{1/n} \tag{4-4}$$

式中　K——Freundlich 吸附系数;
　　　n——常数,通常大于 1;
　　　其他符号同前。

式(4-4)虽然为经验式,但与试验数据相当吻合,通常将该式绘制在双对数坐标纸上,以便确定 K 与 n 值。式(4-4)两边取对数,得式(4-5):

$$\lg q = \lg K + \frac{1}{n} \lg C \tag{4-5}$$

由试验数据按式(4-5)作图得到一直线,如图 4-2 所示,其斜率等于 $1/n$,截距等于 $\lg K$。一般认为,$1/n$ 值介于 $0.1 \sim 0.5$,则易于吸附,$1/n > 2$ 时难以吸附。

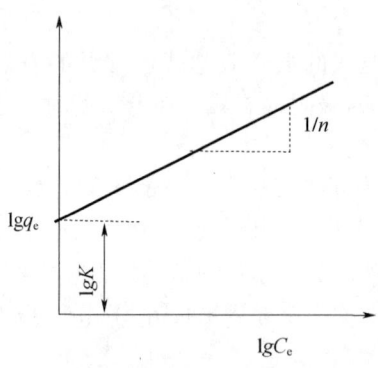

图 4-2　Freundlich 吸附等温式常数图解法

Freundlich 吸附等温式,在一般的浓度范围内,与 Langmuir 吸附等温式比较接近;但在高浓度时不像 Langmuir 吸附等温式那样,趋向于一个定值;在低浓度时,也不会还原成一条直线。当污水中混合着吸附难易不同的物质时,则等温线不成直线。

③ BET 吸附等温式

BET 多分子层吸附理论是在 Langmuir 单分子层吸附理论的基础上,由 Brunauer、Emmett 和 Teller 三人发展起来的。该理论认为:固体表面均匀分布着大量吸附活性中心点,可以吸附溶质分子；并且被吸附的第一层分子本身又可以成为吸附中心点，再吸附第二层分子；第二层分子又可吸附第三层……从而形成多分子层吸附。他们还认为，不一定要第一层吸附满了以后才吸附第二层。这样，总的吸附量等于各层吸附量之和。根据这种理论可推导出如式（4-6）的 BET 吸附等温式：

$$q_e = \frac{BC_e q_e^0}{(C_s - C_e)[1 + (B-1)(C_e/C_s)]} \tag{4-6}$$

式中　q_e^0——单分子层饱和吸附量，mg/g；
　　　B——与表面作用能有关的常数。
　　　C_s——吸附质饱和浓度，mg/L；
　　　C_e——平衡浓度，mg/L。

按上式绘制的 BET 吸附等温线，如图 4-3 所示。

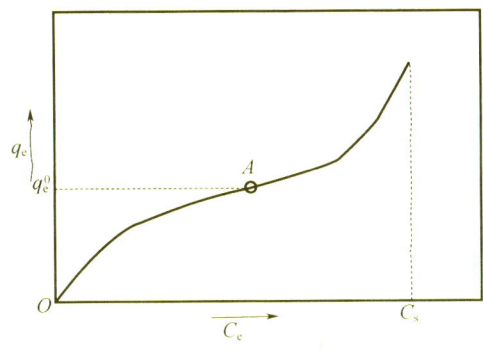

图 4-3　BET 吸附等温线

BET 多分子层吸附等温式，包括了朗格缪尔单分子层吸附等温式。当第一层吸附为主时，$C_e \ll C_s$，且令 $B = \dfrac{C_s}{a}$，则 BET 式就可化为朗格缪尔式。在图 4-3 吸附等温线中，S 形曲线拐点 A 以前的部分，即相当于单分子层吸附平衡区段。因此，可以认为 BET 吸附等温式可以适应更广泛的吸附现象。

BET 吸附等温式可写成如式（4-7）的直线式：

$$\frac{C_e}{q_e(C_s - C_e)} = \frac{(B-1)C_e}{q_e^0 B C_s} + \frac{1}{q_e^0 B} \tag{4-7}$$

由吸附试验数据，以 $C_e/[q_e(C_s - C_e)]$ 和 C_e/C_s 为坐标，通过绘图得到直线的斜率和截距，便可求得常数 q_e^0 和 B。当饱和浓度 C_s 未知时，需要预估不同的 C_s 值作图数次才能得到直线。当 C_s 估计值偏低时，则画成一条向上凹的曲线；当 C_s 估计值偏高时，则画成一条向下凹的曲线。只有 C_s 估计值正确，才能画出一条直线。

3. 吸附动力学

吸附速度（吸附速率）是指单位质量吸附剂在单位时间内所吸附的物质量。在废水处理中，吸附速度决定了废水和吸附剂的接触时间。吸附速度越快，所需的接触时间就越短，吸附设备容积也可以越小。

吸附速度取决于吸附剂对吸附质的吸附过程。多孔吸附剂对溶液中的吸附质吸附过程，基本上可分为三个连续阶段：第一个阶段称为颗粒外部扩散（又称为膜扩散）阶段，吸附质从溶液中扩散到吸附剂表面；第二阶段称为孔隙扩散阶段，吸附质在吸附剂孔隙中继续向吸附点扩散；第三阶段称为吸附反应阶段，吸附质被吸附在吸附剂孔隙内的表面上。一般而言，吸附速度主要由膜扩散或孔隙扩散速度来控制。

根据试验得知，颗粒外部膜扩散速度与溶液浓度成正比。对一定质量的吸附剂，膜扩散速度还与吸附剂的表面积（即膜表面积）的大小成正比。因为表面积与颗粒直径成反比，所以颗粒直径越小，膜扩散速度就越大。另外，增加溶液和颗粒之间的相对运动速度，会使液膜变薄，可以提高膜扩散速度。

孔隙扩散速度与吸附剂孔隙的大小及结构、吸附质颗粒大小及结构等因素有关。一般来说，吸附剂颗粒越小，孔隙扩散速度越快，即扩散速度与颗粒直径的较高次方成反比。因此，采用粉状吸附剂比粒状吸附剂有利。其次，吸附剂内孔径大，可使孔隙扩散速度加快，但会降低吸附量。对这种情况，就要根据使用的工艺条件来选择最适宜的吸附剂。

4. 影响吸附的因素

(1) 吸附剂的性质

① 孔的大小：吸附剂的内孔大小和分布，对吸附性能影响很大。孔径太大，表面积小，吸附能力差；孔径太小，则不利于吸附质扩散，并对直径较大的分子起屏蔽作用。

② 比表面积：由于吸附现象是发生在固体表面上，所以吸附剂的比表面积越大，吸附能力越强，吸附容量也越大，因此，比表面积是吸附作用的基础。

但要注意与处理水的性质相适应，对分子量大的吸附质，微孔提供的表面积不起很大作用，所以单纯强调比表面积会有片面性，不能不分处理对象任意选用吸附剂。

③ 吸附剂的表面化学特性：一般极性分子型吸附剂，易吸附极性分子型吸附质；非极性分子型吸附剂，易吸附非极性的吸附质。

活性炭本身是非极性的，在制造过程中，处于微晶体边缘的碳原子，由于共价键不饱和而易与其他元素，如氧、氢等结合，形成各种含氧官能团，如羟基、羧基、羰基等，从而具有微弱极性，使其他极性溶质竞争活性炭表面的活性位置，导致非极性溶质吸附量降低，而对水中某些金属离子产生离子交换吸附或络合反应，提高处理效果。

(2) 吸附质的性质

吸附质在水中的溶解度、分子极性、分子量大小等，对吸附都有影响。

① 溶解度：一般溶质溶解度越低，越容易被吸附，而不易被解吸。

通常有机物在水中的溶解度，随着链长的增加而减小；而活性炭在污水中，对有机物的吸附容量，随着同系物分子量的增大而增加。

② 表面自由能：能够使液体表面自由能（或叫表面张力）降低越多的吸附质，越容易被吸附。例如活性炭，在水溶液中吸附脂肪酸，由于含碳越多的脂肪酸分子，可使炭-液界面自由能降低得越多，所以吸附量也越大。

③ 极性：吸附质极性强弱对吸附影响很大。极性的吸附质，易被极性的吸附剂吸附；非极性的吸附质，易被非极性的吸附剂吸附。

硅胶和活性氧化铝为极性吸附剂，可以从污水中吸附极性分子。

(3) 吸附操作条件

① 污水（或废水）的 pH 值：溶液的 pH 值，影响溶质处于分子或离子络合状态的程度；也影响到活性炭表面电荷特性，如电荷正、负性，及电荷密度等。

研究表明，在等电点处，可发生最大的吸附，说明中性物质的吸附为最大。

② 温度：对于物理吸附，吸附时放热，所以温度提高，吸附量减少；反之，则吸附量

增大。温度对气相吸附的影响比对液相吸附的影响大。

③ 接触时间：进行吸附操作时，应保证吸附质与吸附剂有一定的接触时间，使吸附接近平衡，以充分利用吸附剂的吸附能力。

最佳接触时间，宜通过活性炭吸附柱的动态试验来确定。

④ 共存物质：一般共存多种被吸附物质时，吸附剂对某种吸附质的吸附能力，比只含该种吸附质时的吸附能力差。

⑤ 生物协同作用：水处理中，特别是在废水处理中，使用活性炭一段时间后，在炭表面上会繁殖微生物，参与对有机物的去除，使活性炭的去除负荷增大，及使用周期增长，甚至会成倍增长。

但也带来了不利的影响，例如在炭柱装置中，会增加水头损失，需要经常反冲洗，容易造成厌氧（缺氧）状态，产生硫化氢臭气等。

4.1.2 吸附剂

广义而言，一切固体表面都有吸附作用，但实际上，只有多孔物质或细微颗粒，由于具有较大的比表面积，才具有明显的吸附能力。

工业上应用的吸附剂，必须满足下列要求：吸附能力强，吸附选择性好，吸附平衡浓度低，容易再生与再利用，化学稳定性好，机械强度好，来源广、价格低廉。

一般工业吸附剂很难同时满足以上要求，应根据不同场合选用合适的吸附剂。污水处理中常见的吸附剂有活性炭、磺化煤、活化煤、沸石、硅藻土、焦炭、木炭、活性白土、腐殖酸及大孔径吸附树脂等，目前，最常用的吸附剂是活性炭和树脂吸附剂。

1. 活性炭

活性炭是用含炭为主的物质（如木材、煤）作原料，经高温炭化和活化而制成的疏水性吸附剂，外观呈黑色。炭化，是把原料热解成炭渣，生成类似石墨的多环芳香系物质；活化，是把热解的炭渣成为多孔结构。活化方法有药剂法和气体法两种。药剂活化法常用的活化剂有氯化锌、硫酸、磷酸等。粉状活性炭多用氯化锌为活化剂，活化炉用转炉。气体活化法一般用水蒸气、二氧化碳、空气作活化剂。粒状炭多采用水蒸气活化法，以立式炉或管式炉为活化炉。

活性炭的比表面积达 $800\sim2000m^2/g$，具有很高的吸附能力。活性炭的吸附能力与孔隙的构造和分布情况有关。它的孔隙分为三类：小孔孔径在 2nm 以下；过渡孔孔径为 $2\sim100nm$；大孔孔径为 100nm 以上。活性炭的小孔比表面积占总比表面积的 95% 以上，对吸附量影响最大；过渡孔不仅为吸附质提供扩散通道，而且当吸附质的分子直径较大时（如有机物质），主要靠它们来完成吸附；大孔的比表面积所占比例很小，主要为吸附质扩散提供通道。

活性炭的吸附中心点有两类：一种是物理吸附活性点，数量很多，没有极性，是构成活性炭吸附能力的主体部分；另一种是化学吸附活性点，主要是在制备过程中形成的一些具有专属反应性能的含氧官能团，如羧基（—COOH）、羟基（—OH）、羰基（>CO）等。它们对活性炭的吸附特性有一定的影响。

生活用水或废水处理用的活性炭，一般均制成颗粒状或粉末状。粉末状活性炭的吸附能力强、制备容易、成本低，但再生困难、不易重复使用。颗粒状活性炭的吸附能力比粉末状的低些，生产成本较高，但再生后可重复使用，并且使用时劳动条件良好，操作管理方便。因此，在废水处理中大多采用颗粒状活性炭。

2. 树脂吸附剂

这是一种具有立体结构的多孔海绵状物，可在150℃下使用，不溶于酸、碱及一般溶剂，比表面积可达 $800m^2/g$。根据其结构特性，树脂吸附剂可分为非极性、弱极性、极性、强极性四类。它的吸附能力接近活性炭，但比活性炭容易再生，一般为溶剂再生。此外，还有稳定性高、选择性强、应用范围广等优点，这是废水处理中有发展前途的一种新型吸附剂。

3. 其他吸附剂

（1）腐殖酸类吸附剂

腐殖酸是一组芳香结构的、性质与酸性物质相似的复杂混合物。据测定，腐殖酸含的活性基团有酚羟基、羧基、醇羟基、甲氧基、羰基、醌基、胺基、磺酸基等。这些活性基团决定了腐殖酸的阳离子吸附性能。

用作吸附剂的腐殖酸类物质有两大类：一类是天然的富含腐殖酸的风化煤、泥煤、褐煤等，它们可直接或者经简单处理后作吸附剂用；另一类是把富含腐殖酸的物质，用适当的粘合剂，制备成腐殖酸系树脂，造粒成型后使用。

腐殖酸类物质能吸附工业废水中的许多金属离子，例如汞、锌、铅、铜、镉等，吸附率可达90%~99%。在吸附重金属离子后，容易解吸再生，重复使用，常用的解吸剂有 H_2SO_4、HCl、NaCl、$CaCl_2$ 等。

（2）沸石

沸石是沸石族矿物的总称，是一种含水的碱金属或碱土金属的铝硅酸矿物。任何沸石都由硅氧四面体和铝氧四面体组成。沸石内部充满了细微的孔穴和通道，比蜂房要复杂得多，$1\mu m^3$ 内有100万个"房间"。沸石的特点是有分子筛作用，斜发沸石比表面积约为 $1000m^2/g$，对水中氨氮具有特异性吸附能力，吸附量可达 $15mg/g$。

（3）活性氧化铝

活性氧化铝是氧化铝的水合物（以三水合物为主）加热脱水得到。活性氧化铝可用于含氟废水处理。

4.1.3 吸附工艺过程及设备

1. 吸附操作方式

吸附操作方式分为静态间歇式和动态连续式两种。

静态吸附是在废水不流动的条件下进行的吸附操作，称为静态吸附操作；动态连续吸附是在废水流动条件下进行的吸附操作，简称为动态吸附。静态吸附操作的工艺过程是把一定数量的吸附剂投加到欲处理的废水中，不断地进行搅拌，达到吸附平衡后，再用沉淀或过滤的方法使废水和吸附剂分开。如经一次吸附后，出水的水质达不到要求时，往往采取多次静态吸附操作。由于多次吸附操作麻烦，静态吸附多用于试验研究或小规模的废水处理中，而生产运行一般采用动态连续方式。本书着重讨论动态连续吸附。

动态吸附有固定床、移动床和流化床三种方式。

（1）固定床动态吸附

固定床动态吸附是废水处理工艺中最常用的一种方式。由于吸附剂固定填充在吸附柱（或塔）中，所以叫作固定床。当废水连续流过吸附剂层时，吸附质便不断地被吸附。若吸附剂数量足够，出水中吸附质的浓度即可降低至接近于零。但随着运行时间的延长，出水中吸附质的浓度会逐渐增加。当达到某一规定的数值时，就必须停止通水，进行吸附剂再生。根据水流方式的不同，固定床吸附又分为降流式和升流式两种。降流式固定床的水流由上而下穿过吸附剂层，过滤速度在4～20m/h之间。吸附剂层总厚3～5m，可分成多柱串联工作。接触时间一般不大于30～60min。降流式用于处理含悬浮物很少的废水，能获得很好的出水水质。但当悬浮物含量高时，容易引起吸附剂层堵塞，降低吸附量，同时增大水头损失。另外，降流式固定床的滤层容易滋长细菌，恶化水质。升流式固定床的水流由下而上穿过吸附剂层，其压头损失小，允许废水含的悬浮物稍高，对预处理要求较低，但滤速较小。升流式可避免炭床内因积有气泡而产生短路；缺点是冲洗效果较降流式差，操作失误时易将吸附剂流失。

固定床根据处理水量、原水的水质和处理要求可分为单床式、多床串联式和多床并联式3种，如图4-4所示。废水处理采用的固定床吸附设备的大小和操作条件，根据实际设备的运行资料，建议采用下列数据：

塔径：1～3.5m；吸附塔高度：3～10m；填充层与塔径比：1:1～4:1；吸附剂粒径：0.5～2mm（活性炭）；接触时间：10～50min；容积速度：$2m^3/(h·m^3)$以下（固定床），$5m^3/(h·m^3)$以下（移动床）；线速度：2～10m/h（固定床），10～30m/h（移动床）。

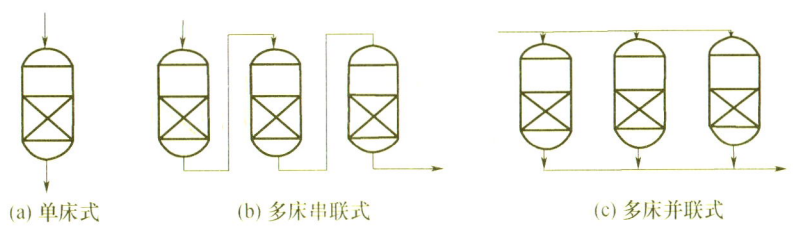

(a) 单床式　　　(b) 多床串联式　　　(c) 多床并联式

图4-4　固定床吸附操作示意图

（2）移动床吸附

移动床吸附是废水从吸附柱底部进入，处理后的水由柱顶排出。在操作过程中，定期将一部分接近饱和的吸附剂从柱底排出，送到再生柱进行再生。与此同时，将等量的新鲜吸附剂由柱顶加入，因而这种吸附床称为移动床。这种运行方式较固定床吸附，能更充分地利用吸附剂的吸附能力，水头损失小，但柱内上下层吸附剂不能相混，所以对操作管理要求较为严格。

（3）流化床吸附

流化床吸附是吸附剂在塔内处于膨胀状态，悬浮于由下而上的水流中。膨胀床的吸附率高，适于处理悬浮物含量较高的废水。

2. 穿透曲线和吸附容量的利用

当缺乏设计资料时，应先做吸附剂的选择试验。通过吸附等温线试验得到的静态吸附量，可粗略地估计处理每$1m^3$废水所需吸附剂的数量。由于在动态吸附装置中，废水处于流动状态，所以还应通过动态吸附试验确定设计参数。

（1）穿透曲线

向降流式固定床连续地通入待处理的废水，研究填充层的吸附情况，发现有的填充层呈现明显的吸附带，有的则无。所谓吸附带，是指正在发生吸附作用的那段填充层。在这段下部的填充层几乎没有发生吸附作用，在其上部的填充层由于已达到饱和状态，所以也不再起吸附作用。

当有明显的吸附带时，吸附带随废水的不断流入，将缓缓地向下移动。吸附带的移动速度比废水在填充层内流动的线速度要小得多。当吸附带下缘移到填充层下端时，从装置中流出的废水中便开始出现吸附质。以后继续通水，出水中吸附质的浓度将迅速增加，直到等于原水的浓度 C_0 时为止。我们以通水时间 t（或出水量 Q）为横坐标，以出水中吸附质浓度 C 为纵坐标作图 4-5 所示的曲线，这条曲线称穿透曲线。

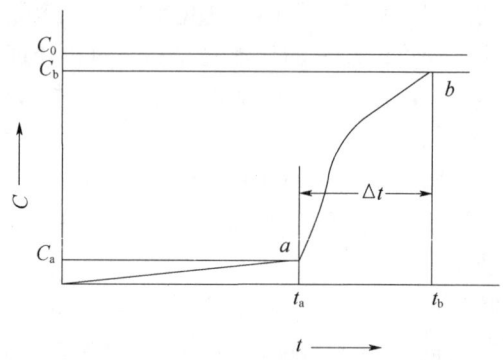

图 4-5　穿透曲线

图 4-5 中 a 点称穿透点，b 点为吸附终点。在从 a 到 b 这段时间 Δt 内，吸附带所移动的距离，即为吸附带长度。一般 C_b 取 $(0.9\sim0.95)C_0$，C_a 取 $(0.05\sim0.1)C_0$，或根据排放要求确定。

可采用多柱串联试验绘制穿透曲线，一般采用 4~6 根吸附柱，将它们串联起来（图 4-6）。填充层高度一般采用 3~9m。在填充层不同高度处设取样口。通水后每隔一定时间，测定各取样口的吸附质浓度。如果最后一个吸附柱的出水水质达不到试验要求，应适当增加吸附柱的个数。吸附柱的个数确定后，进行正式通水试验。当第一个吸附柱出水吸附质浓度为进水浓度的 90%~95% 时，停止向第一个吸附柱通水，进行再生。将备用的装有新的或再生过的吸附柱串联在最后。接着向第二个吸附柱通水，直到第二个吸附柱出水中吸附质浓度为进水浓度的 90%~95% 时，停止进水，再将再生后的吸附柱

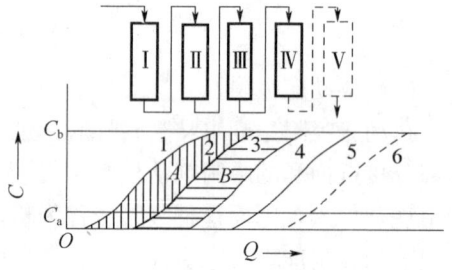

图 4-6　多柱串联试验

串联在最后。如此试验下去，一直达到稳定状态为止，以出水量 Q（m^3）为横坐标，以各柱出水浓度 C（kg/m^3）为纵坐标，作如图 4-6 所示的各柱穿透曲线。所谓达到稳定状态，是指各柱的吸附量相等时的运行状态。例如图 4-6 中第一和第二条曲线所包围的面积 A 为第二个吸附柱的吸附总量（kg）；第二条和第三条曲线所包围的面积 B 为第三个吸附柱的吸附总量（kg）。当 $A=B$ 时，吸附操作便达到稳定状态。

(2) 吸附容量的利用

从穿透曲线可知，吸附柱出水浓度达到 C_a 时，吸附带并未完全饱和。如继续通水，尽管出水浓度不断增加，但仍能吸附相当数量的吸附质，直到出水浓度等于原水浓度 C_0 为止。这部分吸附容量的利用问题，特别是吸附带比较长或不明显时，是设计时必须考虑的重要问题之一。这部分吸附容量的利用，一般有以下两个途径。

① 采用多床串联操作。假如采用如图 4-7 所示的三柱串联操作。开始时按Ⅰ柱→Ⅱ柱→Ⅲ柱的顺序通水,当Ⅲ柱出水水质达到穿透浓度时,Ⅰ柱中的填充层已接近饱和,再生Ⅰ柱,将备用的Ⅳ柱串联在Ⅲ柱后面。以后按Ⅱ柱→Ⅲ柱→Ⅳ柱的顺序通水,当Ⅳ柱出水浓度达到穿透浓度时,Ⅱ柱已接近饱和,将Ⅱ柱进行再生,把再生后的Ⅰ柱串联在Ⅳ柱后面。这样进行再生的吸附柱中的吸附剂都是接近饱和的。

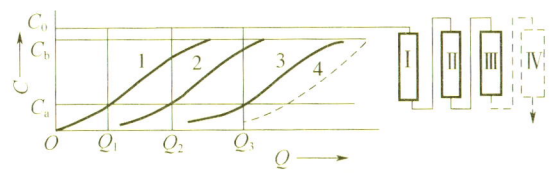

图 4-7 三柱串联操作

② 采用升流式移动床操作。废水自下而上流过填充层,最底层的吸附剂先饱和。如果每隔一定时间从底部卸出一部分饱和的吸附剂,同时在顶部加入等量的新的或再生后的吸附剂,这样从底部排出的吸附剂都是接近饱和的,从而能够充分地利用吸附剂的吸附容量。

3. 吸附装置的设计

吸附塔的设计方法有多种,这里介绍以博哈特(Bohart)和亚当斯(Adams)所推荐的方程式为依据的设计方法和通水倍数法。

(1) 博哈特-亚当斯计算法

① 博哈特和亚当斯方程式

动态吸附活性炭层的性能,可用博哈特和亚当斯提出的方程式(4-8)表示。

$$\ln\left[\frac{C_0}{C_e}-1\right]=\ln\left[\exp\left(\frac{KN_0h}{V}\right)-1\right]-KC_0t \tag{4-8}$$

式中 t——工作时间,h;
V——线速度,即空塔速度,m/h;
h——活性炭层高度,m;
C_0——进水吸附质浓度,kg/m³;
C_e——出水吸附质允许浓度,kg/m³;
K——速率系数,m³/(kg·h);
N_0——吸附容量,即达到饱和时吸附剂的吸附量,kg/m³。

因 $\exp\left(\frac{KN_0h}{V}\right)\gg 1$,上式等号右边括号内的 1 可忽略不计,则由式(4-8)可得工作时间 t 为式(4-9):

$$t=\frac{N_0}{C_0V}h-\frac{1}{C_0K}\ln\left(\frac{C_0}{C_e}-1\right) \tag{4-9}$$

工作时间为零时,保证出水吸附质浓度不超过允许浓度 C_e 的活性炭层理论高度,称为临界高度 h_0,可由式(4-10)求得:

$$h_0=\frac{V}{KN_0}\ln\left(\frac{C_0}{C_e}-1\right) \tag{4-10}$$

② 模型试验

如无成熟的设计参数时,可通过模型试验求得。可采用如图 4-8 所示的试验装置。吸附柱一般采用3根，炭层高度分别为 h_1、h_2、h_3。

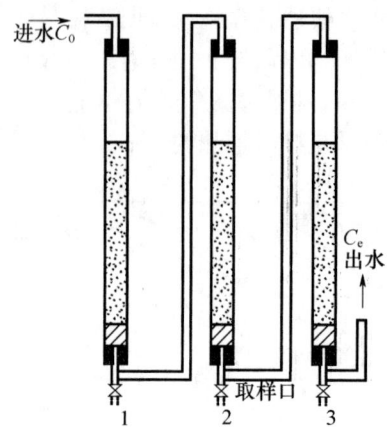

图 4-8　活性炭炭柱（模型试验）

吸附质浓度为 C_0（mg/L）的废水，以一定的线速度 V（m/h）连续通过3个吸附柱，3个取样口吸附质浓度达到允许浓度 C_t 的时间分别为 t_1、t_2 和 t_3。从公式（4-9）可知，t 对 h 的图形为如图4-9所示的一条直线。其斜率为 $\dfrac{N_0}{C_0 V}$，截距为 $\ln\left(\dfrac{C_0}{C_e}-1\right)/KC_0$。已知斜率和截距的大小，从而可以求得该线速度时的 N_0 和 K 值。已知 N_0 和 K 值，由式（4-10）可求得 h_0 的值。

V 可求得不同的 N_0、K 和 h_0。一般至少应当用三种不同的线速度进行试验。将所得的不同线速度 V 时的 N_0、K 和 h_0 作图，如图4-10所示。供实际吸附塔设计时应用。

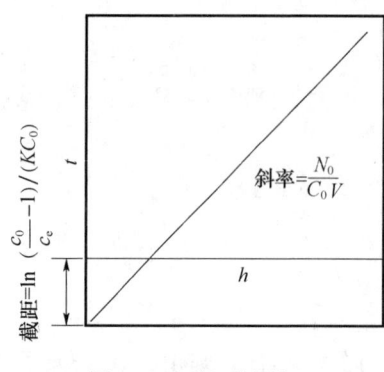
　　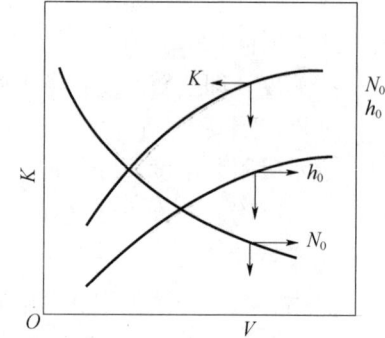

图 4-9　t 对 h 的图解　　　　　图 4-10　K、N_0、h_0 对 V 的图

③ 吸附塔的设计

根据模型试验得到的设计参数，进行生产规模吸附塔的设计。已知废水设计流量为 Q（m³/h），原水吸附质的浓度为 C_0（mg/L），出水吸附质允许浓度设为 C_e（mg/L），设计吸附塔的直径为 D（m）、碳层高度为 h（m）。计算步骤如下：

工作时间 t：根据线速度 $V=\dfrac{4Q}{\pi D^2}$（m/h），已知 V 由图4-10可查得 N_0、K 和 h_0 值后，由公式（4-9）可求得工作时间 t（h）。

活性炭每年更换次数 n

$$n = \frac{365 \times 24}{t} (\text{次/a}) \qquad (4-11)$$

活性炭年消耗量 W

$$W = \frac{n\pi D^2 h}{4} (\text{m}^3/\text{a}) \qquad (4-12)$$

吸附质年去除量 G

$$G = \frac{nQt(C_0 - C_e)}{1000} (\text{kg/a}) \qquad (4-13)$$

吸附效率 E

$$E = \frac{G}{G_0} \times 100\% \qquad (4-14)$$

式中

$$G_0 = \frac{N_0 \pi D^2 h n}{4} \quad \text{或} \quad E = \frac{h - h_0}{h} \times 100(\%) \qquad (4-15)$$

(2) 通水倍数法

通水倍数法吸附装置的设计步骤，通常如下：

① 选定吸附操作方式及吸附装置的型式；
② 参考经验数据，选择最佳空塔流速（空塔体积流速 v_L 或空塔线速度 v_s）；
③ 根据吸附柱试验，求得动态吸附容量 q 及通水倍数 m（即单位质量吸附剂所能处理的水的质量）；
④ 根据水流速度和出水要求，选择最适炭层高度 H（或接触时间 t）；
⑤ 选择吸附装置的个数 N 及使用方式；
⑥ 计算装置总面积 F（$F = Q/v_s$）和单个装置的面积 f（$f = F/N$），并确定吸附塔直径；
⑦ 计算再生规模，即每天需再生的饱和炭量 W（$W = \sum Q/m$）。

4. 吸附装置的设计计算实例

【例 4-1】某炼油厂拟采用活性炭吸附法进行炼油废水深度处理。处理水量 Q 为 600 m³/h，废水 COD 平均为 90 mg/L，出水 COD 要求小于 30 mg/L，试计算吸附塔的主要尺寸。

根据动态吸附试验结果，决定采用间歇式移动床活性炭吸附塔，主要设计参数如下：

(1) 空塔速度 $V_L = 10$ m/h；(2) 接触时间 $T = 30$ min；(3) 通水倍数 $m = 6.0$ m³/kg；(4) 活性炭填充密度 $P = 0.5$ t/m³。

解：吸附塔总面积 $F = Q/V_L = 600/10 = 60$ m²。

吸附塔个数：采用 4 塔并联，$N = 4$，每个吸附塔的过水面积：

$$f = 60/4 = 15 (\text{m}^2)$$

吸附塔的直径：

$$D = \sqrt{\frac{4f}{\pi}} \approx 4.5 (\text{m})$$

每个吸附塔的炭层高度：

$$h = V_L T = 10 \times 0.5 = 5 (\text{m})$$

每个吸附塔填充活性炭的体积：

$$V = fh = 15 \times 5 = 75 (\text{m}^3)$$

每个吸附塔填充活性炭的质量：

$$G = V\rho = 75 \times 0.5 = 37.5 (\text{t})$$

每天需再生的活性炭质量：
$$W=24Q/m=2.4(t)$$

【例 4-2】已知条件：工厂为一班生产，废水量 $Q=65.25m^3/d$。含酚浓度 $C_0=12mg/L$，要求炭柱吸附后出水酚含量 $C_e=0.5mg/L$。炭柱吸附模型试验结果示于表 4-1 中。

表 4-1　炭柱吸附模型试验数据

空床线速度/(m/h)	炭床高度/m	通过水量/m³	工作时间/h
6.11	0.91	3.10	1000
	1.52	6.85	2213
	2.13	10.56	3412
11.0	0.91	2.23	400
	1.52	5.50	987
	2.74	12.04	2162
19.55	1.52	4.34	438
	2.74	10.50	1060
	3.66	15.10	1525

设计计算：

(1) 根据炭柱吸附模型试验结果计算 N_0、K、h_0。

对每一空床线速度，绘工作时间 T 与炭床高度 h 的关系图，如图 4-11 所示。直线斜率为 $\dfrac{N_0}{C_0 v}$，直线截距为 $\dfrac{1}{C_0 K}\ln\left(\dfrac{C_0}{C_e}-1\right)$，由直线斜率和截距值计算 N_0、K 和 h_0，计算结果示于表 4-2 中。

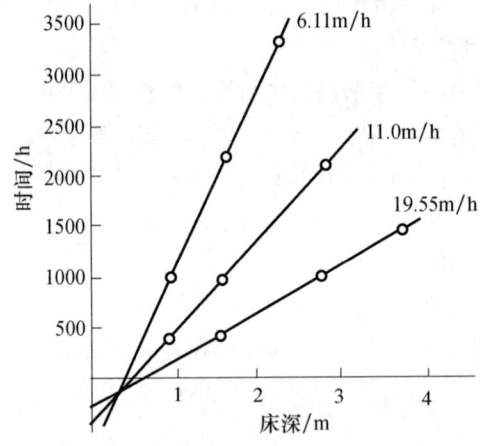

图 4-11　确定博哈特-亚当斯参数图

表 4-2　N_0、K 和 h_0 计算结果

空床线速度/(m/h)	斜率/(h/m)	截距/h	N_0/(kg/m³)	K/[m³/kg·h]	h_0/m
6.11	1978.3	−800	139.2	0.326	0.41
11.0	964.6	−488	127.4	0.534	0.51
19.55	508.5	−330	119.4	0.773	0.66

(2) 绘 N_0-v 和 K-v 曲线

以空床线速度为横坐标,以 N_0 和 K 分别为纵坐标,绘出 N_0-v 和 K-v 两条曲线,示于图 4-12 中。

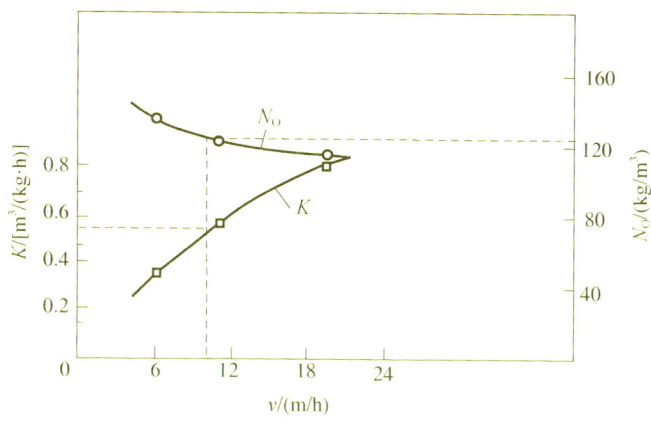

图 4-12　N_0-v 与 K-v 的关系曲线

(3) 选择炭柱直径为 1.0m,炭柱床层高度为 1.8m,炭柱每日工作 8h,空床线速度为

$$v = \frac{65.25}{\frac{\pi}{4} \times 1 \times 8} = 10.39 \, (\text{m/h})$$

由图 4-12 查得,当 $v=10.39$m/h 时,$N_0=129.0$ kg/m³,$K=0.51$m³/(kg·h)。

(4) 临界高度 h_0

$$h_0 = \frac{v}{KN_0} \ln\left(\frac{C_0}{C_c} - 1\right) = \frac{10.39}{0.51 \times 129.0} \ln\left(\frac{12}{0.5} - 1\right) = 0.50 \, (\text{m})$$

(5) 炭柱工作时间 T

$$T = \frac{N_0 h}{C_0 v} - \frac{1}{C_0 K} \ln\left(\frac{C_0}{C_c} - 1\right) = \frac{129.0 \times 1.8}{12 \times 10^{-3} \times 10.39} - \frac{1}{12 \times 10^{-3} \times 0.51} \times \ln\left(\frac{12}{0.5} - 1\right) = 1352 \, (\text{h})$$

(6) 每年更换次数:

$$n = \frac{365 \times 8}{1352} = 2.16$$

炭的年消耗容积为:　$1.8 \times \frac{3.14}{4} \times 1^2 \times 2.16 = 3.05 \, (\text{m}^3)$

(7) 活性炭床利用率:$E = \frac{h - h_0}{h} \times 100\% = \frac{1.8 - 0.5}{1.8} \times 100\% = 72.2\%$

4.1.4　吸附剂的再生

再生是在吸附剂本身不发生或极少发生变化的情况下,用某种方法将吸附质从吸附剂的微孔中除去,恢复它的吸附能力,以达到重复使用的目的。活性炭的再生方法主要有以下几种。

1. 加热再生法

在高温下,吸附质分子提高了振动能,因而易于从吸附剂活性中心点脱离;同时,被吸附的有机物,在高温下能氧化分解,或以气态分子逸出,或断裂成短链,因此吸附剂也恢复了吸附能力。

加热再生过程分五步进行:

(1) 脱水。使活性炭和输送液分离。

(2) 干燥。加温到100～150℃，将细孔中的水分蒸发出来，同时使一部分低沸点的有机物也挥发出来。

(3) 碳化。加热到300～700℃，高沸点的有机物由于热分解，一部分成为低沸点物质而挥发，另一部分被碳化留在活性炭细孔中。

(4) 活化。加热到700～1000℃，使碳化后留在细孔中的残留碳与活化气体（如蒸气、CO_2、O_2等）反应，反应产物以气态形式（CO_2、CO、H_2）逸出，达到重新造孔的目的。

(5) 冷却。活化后的活性炭用水急剧冷却，防止氧化。

2. 化学再生法

通过化学反应，可使吸附质转化为易溶于水的物质而解吸下来。

(1) 湿式氧化法：在某些处理工程中，为了提高曝气池的处理能力，向曝气池内投加粉状炭，吸附饱和后的粉状炭，可采用湿式氧化法进行再生。

(2) 电解氧化法：将炭作为阳极进行水的电解，在活性炭表面产生的氧气把吸附质氧化分解。

(3) 臭氧氧化法：利用强氧化剂臭氧，将吸附在活性炭上的有机物加以分解。由于经济指标等方面原因，此法实际应用不多。

(4) 溶剂再生法：用溶剂将活性炭吸附的物质解吸下来。常用的溶剂有酸、碱、苯、丙酮、甲醇等。此方法在制药等行业常有应用，有时还可以进一步由再生液中回收有用物质。

3. 生物再生法

利用微生物的作用，将被活性炭吸附的有机物氧化分解，从而可使活性炭得到再生。

4.1.5 吸附法在废水处理中的应用

在废水处理中，吸附法主要用来脱除废水中的微量污染物，以达到深度净化的目的。应用范围包括脱色、脱臭、脱除重金属离子、脱除溶解有机物、脱除放射性物质等。吸附法对进水的预处理要求高，近年来，随着废水处理程度和废水回收率的要求越来越高，活性炭的产量和品种日益增加，吸附法处理废水方法受到广泛重视，是一种十分重要的废水深度处理方法。

1. 含汞废水处理

某厂用活性炭处理含汞废水的流程，如图4-13所示。含汞废水经硫化钠沉淀（同时投加石灰调节pH值，加硫酸亚铁作混凝剂）处理后，仍含汞约1mg/L，高峰时达2～3mg/L，而允许的排放标准是0.05mg/L，所以需要采用活性炭法进一步处理。由于水量较小（每天10～20m³），采取静态间歇吸附池两个，交替工作，即一池进行处理时，废水注入另一池。每个池容积为40m³，内装1m厚的活性炭。当吸附池中废水进满后，用压力为294～392kPa的压缩空气搅拌30min，然后静置沉淀2h，经取样测定，含汞量符合排放标准后，放掉上清液，进行下一批处理。

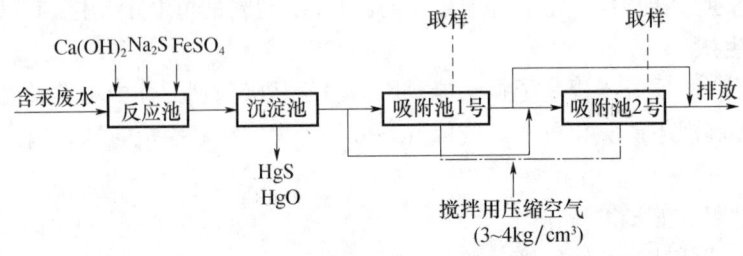

图4-13 吸附法处理含汞废水流程

该厂采用次品活性炭,其吸附能力(吸附容量)为正品的90%,每池用炭量为废水量的5%,外加1/3的余量,共计2.7t。活性炭的再生周期约1年,采用加热再生法再生。

2. 含铬废水处理

用活性炭处理含铬电镀废水,已获得较广泛的应用。用此法处理浓度为5~6mg/L的含铬废水,出水水质可以达到排放标准。处理装置为升流式双柱串联固定床,柱径30cm,高1.2m,装活性炭170L(85kg),活性炭的饱和容量为13g/L炭。处理废水流量为300L/h,工作pH=3~4,水流速度为7~15m/h。用5%的硫酸对活性炭进行再生,用两倍炭体积的酸,分两次浸泡吸附柱,然后将洗液回收,再生后的吸附柱即可恢复吸附能力,重新投入使用,经吸附除铬率为99%,回收的铬酸可回用于钝化工序。这种方法投资少,操作管理简单,适用于中小型工厂。

3. 炼油厂废水处理

某炼油厂含油废水经隔油、气浮、生化、砂滤处理后,再用活性炭进行深度处理($600m^3/h$),使酚由0.1mg/L降到0.005mg/L,氰由0.19mg/L降到0.048mg/L,COD由85mg/L降到18mg/L。出水水质达到地表水标准。

此外,对染料废水、火药化工废水、有机磷废水、显影废水、印染废水、合成洗涤剂废水等,都可以用活性炭吸附处理,效果良好。

4.2 离子交换法

离子交换法是利用固相离子交换剂功能基团所带的可交换离子,与接触交换剂的溶液中相同电性的离子进行交换反应,以达到离子的置换、分离、去除、浓缩等目的。离子交换过程也可以看成是一种特殊吸附过程,所以在许多方面都与吸附过程类同。

4.2.1 离子交换平衡

离子交换过程可以看做是固相的离子交换树脂与液相(污水)之间的化学置换反应。其反应一般都是可逆的,向右进行时是交换过程,向左进行时是再生过程。阳离子交换树脂的交换和再生的机理可用式(4-16)表示:

$$n\underset{\text{交换树脂}}{RA} + \underset{\text{水中离子}}{mB^+} \Longleftrightarrow \underset{\text{饱和树脂}}{R_nB_m} + \underset{\text{可交换离子}}{nA^+} \tag{4-16}$$

在一定温度下,经过一定时间后,离子交换体系中的树脂相和液相间的离子交换反应达到平衡,服从等当量交换原则和选择性原则。其平衡常数可表示为式(4-17):

$$K = \frac{[R_nB_m][A^+]^n}{[RA]^n[B^+]^m} \tag{4-17}$$

K 值可以定量地表示离子交换选择性的大小,故亦称为离子交换选择系数。K 越大,越有利于交换反应。

在一定条件下,K 值的大小基本反映了树脂对 B^+ 的亲和(交换)能力。当 $K>1$ 时交换反应正向进行,表示树脂对 B^+ 的亲和力大于树脂对 A^+ 的亲和力,此时 B^+ 比较牢固地结合在树脂上;当 $K<1$ 时,交换反应逆向进行(再生),表示树脂对 B^+ 的亲和力小于树脂对 A^+ 的亲和力,此时 A^+ 比较牢固地结合在树脂上;当 $K=1$ 时,树脂对 A^+ 和 B^+ 的亲和力相同。

4.2.2 离子交换剂

1. 离子交换剂

离子交换剂是一种不溶于水，但能与溶液中的电解质进行离子交换反应的物质，它是由骨架和活性基团两部分组成。骨架又称为母体，是形成离子交换树脂的结构主体，它是以一种线型结构的高分子有机化合物为主，加上一定数量的交联剂，通过横键架桥作用构成空间网状结构。活性基团由固定离子和活动离子组成。固定离子固定在树脂骨架上，活动离子（或称交换离子）则依靠静电引力与固定离子结合在一起，二者电性相反电荷相等，处于电性中和状态。

离子交换剂可分为无机离子交换剂和有机离子交换剂两类。前者如天然沸石和人造沸石等；后者是一种高分子聚合物电解质，称为离子交换树脂，它是使用最广泛的离子交换剂，下面主要介绍各种类型的离子交换树脂。

2. 离子交换树脂的种类

离子交换树脂按照功能基团的性质可分为：含有酸性基团的阳离子交换树脂、含有碱性基团的阴离子交换树脂、含有胺羧基团等的螯合树脂、含有氧化-还原基团的氧化还原树脂（或称电子交换树脂）、两性树脂、萃淋树脂（或称溶剂浸渍树脂）等。其中，阳、阴离子交换树脂按照活性基团电离的强弱程度，又分别分为强酸（如—SO_3H）、弱酸（如—COOH）、强碱［如—$N(CH_3)_3^+OH^-$］、弱碱（如—NH_2）树脂。

离子交换树脂按树脂类型和孔结构的不同，可分为：凝胶型树脂、大孔型树脂、多孔型凝胶树脂、巨孔型（MR型）树脂、高巨孔型（超MR型）树脂等。如果按树脂交联度（交联剂含量的百分数）大小分类，可把离子交换树脂分为：低交联度（2%~4%）、一般交联度（7%~8%）、高交联度（12%~20%）三种。实际中常用的是交联度7%~12%的树脂。此外，习惯上还按照出厂形式，即活动离子的名称，把交换树脂简称为H型、Na型、OH型、Cl型树脂等。

3. 离子交换树脂的性能

(1) 树脂的交换选择性

离子交换树脂对水溶液或废水中某种离子优先交换的性能，称为树脂的交换选择性，简称选择性。它表征树脂对不同离子亲和能力的差别。离子交换的选择性与许多因素有关，下面是由试验得出来的一些规律：

① 在低浓度和常温下，离子的交换势（即交换离子与固定离子结合的能力）随溶液中离子价数的增加而增加，例如：$Th^{4+} > La^{3+} > Ca^{2+} > Na^+$。

② 在低浓度和常温下，价数相同时，交换势随原子序数增加而增加。这是因为原子序数大，水化离子半径小，作用力就强。例如：$Ba^{2+} > Sr^{2+} > Ca^{2+} > Mg^{2+}$。

③ 交换势随离子浓度的增加而增大。高浓度的低价离子，甚至可以把相对低浓度的高价离子置换下来，这就是离子交换树脂能够再生的依据。

④ H^+ 和 OH^- 的交换势，取决于它们与固定离子所形成的酸或碱的强度，强度越大，交换势越小。

⑤ 金属在溶液中呈络阴离子存在时，一般来说交换势降低。

(2) 离子交换树脂的交换容量

离子交换树脂交换能力的大小，以交换容量来衡量，它表示树脂所能吸着（交换）的交换离子数量。离子交换树脂的交换容量有三种表示法：

① 全交换容量（或称总交换容量），指离子交换树脂内全部可交换的活性基团的数量。此值取决于树脂内部组成，与外界溶液条件无关。这是一个常数，通常用滴定法测定。

② 平衡交换容量，指在一定的外界溶液条件下，交换反应达到平衡状态时，交换树脂所能交换的离子数量，其值随外界条件变化而异。

③ 工作交换容量，或称实际交换容量，是指在某一指定的应用条件下，树脂表现出来的交换容量。例如，在离子交换柱进行交换的运行过程中，当出水中开始出现需要脱除的离子时，或者说达到穿透点时，交换树脂所达到的实际交换容量，故有时也称穿透交换容量。

由上可知，树脂的全交换容量最大，平衡交换容量次之，工作交换容量最小。后两种方法只是全交换容量的一部分。

离子交换容量的单位，可用每单位质量干树脂所能交换的离子数量来表示，mol/g（干）；也可用每单位体积湿树脂所能交换的离子数量来表示，mol/mL（湿）。

(3) 树脂的溶胀性

各种离子交换树脂都含有极性很强的交换基团，因此亲水性很强。树脂的这种结构，使它具有溶胀和收缩的性能。树脂溶胀或收缩的程度，以溶胀率表示。品种不同的树脂具有不同的溶胀率；同一种树脂，活动离子形式不同，其体积也不相同，因此树脂在转型时就会发生体积改变；外溶液不同，树脂溶胀率也不一样，所以当树脂浸入某种溶液时，就会产生溶胀或收缩。树脂的这种溶胀和收缩性能，直接影响树脂的操作条件和使用寿命，因此在交换器的设计和使用过程中，都应注意这一因素。

(4) 树脂的物理与化学稳定性

树脂的物理稳定性，是指树脂受到机械作用时（包括在使用过程中的溶胀和收缩）的磨损程度，还包括温度变化时，对树脂影响的程度。树脂的化学稳定性，包括承受酸碱度变化的能力、抵抗氧化还原的能力等。树脂稳定性是选择和使用树脂时必须注意的因素之一。

(5) 粒度、密度

树脂粒度对水流分布、床层压力有很大影响。密度对设计计算交换柱，对交换柱反洗强度，以及对混合床再生前分层分离状况等都有关系。所以，这些性能在选择和使用离子交换树脂时必须予以考虑。

表 4-3 列举了几种常用的离子交换树脂的牌号、规格和性能，在实际工作中，可根据生产厂家的产品目录和说明书选用。

表 4-3　几种离子交换树脂的规格和性能

牌号		001×7	110	201×7	D301
产品名称		强酸性苯乙烯系阳离子交换树脂	弱酸性丙烯酸系阳离子交换树脂	强碱性苯乙烯系阴离子交换树脂	大孔弱碱性苯乙烯系阴离子交换树脂
功能基团		$-SO_3^-$	$-COOH$	$-N^+(CH_3)_3$	$-N(CH_3)_2$
交换容量	mol/g（干）	≥4.2，Na	≥12，H	≥3.0，Cl	≥4.0
	mol/mL（湿）	≥2.0，Na	≥1，H	≥1.2，Cl	≥1.4
外观		棕黄色至棕褐色球状颗粒	近乎白色半透明球状颗粒	淡黄色至金黄色球状颗粒	微黄色不透明球状颗粒
粒度/%（0.3~1.2mm）		≥95	≥95	≥95	≥95

续表

牌号	001×7	110	201×7	D301
含水量/%	34~41	50~60	40~50	50~60
湿真比重/20℃	1.30~1.35	1.10~1.15	1.06~1.11	1.05~1.12
湿视密度/(g/mL)	0.84~0.88	0.70~0.80	0.65~0.75	0.70~0.75
耐磨率/%	≥98		≥95	
型变膨胀率/%		H→Na，70	Cl→OH，22	盐→碱，8
最高使用温度/℃	H型 100 Na型 120	100	OH型 40 Cl型 100	盐型 40 碱型 100
pH值使用范围	1~14	5~14	1~12	1~9
出厂形式	Na^+	H^+	Cl^-	碱型

表 4-4 列举出磺酸型苯乙烯阳离子交换树脂对某些离子的选择系数 K。

表 4-4 强酸性阳离子交换树脂的选择系数

离子种类	二乙烯苯含量			离子种类	二乙烯苯含量		
	4%	8%	16%		4%	8%	16%
Li^+	1.00	1.00	1.00	Mg^{2+}	2.95	3.29	3.51
H^+	1.32	1.27	1.47	Zn^{2+}	3.13	3.47	3.78
Na^+	1.58	1.98	2.37	Co^{2+}	3.23	3.74	3.81
NH_4^+	1.90	2.55	3.34	Cu^{2+}	3.29	3.85	4.46
K^+	2.27	2.90	4.50	Cd^{2+}	3.37	3.88	4.95
Pb^+	2.46	3.16	4.62	Ni^{2+}	3.45	3.93	4.06
Cs^+	2.67	3.25	4.66	Ca^{2+}	4.15	5.16	7.27
Ag^+	4.73	8.51	22.9	Sr^{2+}	4.70	6.51	10.1
Tl^+	6.71	12.4	28.5	Pb^{2+}	6.56	9.91	18.0
UO_2^{2-}	2.36	2.45	3.34	Ba^{2+}	7.47	11.5	20.8

根据 K 值大小，可排出各种树脂对某些离子的交换顺序如下：

磺酸型阳离子交换树脂：$Fe^{3+} > Al^{3+} > Ca^{2+} > Ni^{2+} > Cd^{2+} > Cu^{2+} > Co^{2+} > Zn^{2+} > Mg^{2+} > Na^+ > H^+$。

羧酸型阳离子交换树脂：$H^+ > Fe^{3+} > Al^{3+} > Ba^{2+} > Sr^{2+} > Ca^{2+} > Ni^{2+} > Cd^{2+} > Cu^{2+} > Co^{2+} > Zn^{2+} > Mg^{2+} > UO_2^{2+} > K^+ > Na^+$。

401 螯合型树脂（相当于 DowexA-1）：$Cu^{2+} > Pb^{2+} > Fe^{3+} > Al^{3+} > Cr^{3+} > Ni^{2+} > Zn^{2+} > Ag^+ > Co^{2+} > Cd^{2+} > Fe^{2+} > Mn^{2+} > Ba^{2+} > Ca^{2+} > Na^+$。

强碱性阴离子交换树脂：$Cr_2O_7^{2-} > SO_4^{2-} > NO_3^- > CrO_4^{2-} > Br^- > SCN^- > OH^- > Cl^-$。

弱碱性阴离子交换树脂：$OH^- > Cr_2O_7^{2-} > SO_4^{2-} > CrO_4^{2-} > NO_3^- > PO_4^{3-} > MnO_4^- > HCO_3^- \geqslant Br^- > Cl^- > F^-$。

4.2.3 离子交换动力学

由于离子交换达到平衡需要相当长的时间，所以离子交换速度（即交换动力学问题）在工程应用有着重要的意义。

离子交换的动力学过程，包括以下几个步骤：

（1）溶液中的离子从溶液中扩散到树脂表面；

（2）离子透过树脂颗粒表面的边界膜；

（3）离子在树脂颗粒内部孔隙中扩散到交换点；

（4）离子在交换点进行交换反应；

（5）被交换下来的活动离子沿相反方向迁移到溶液中去。

在上述这些步骤中，离子交换反应可以认为是瞬时完成的，其余步骤都属于离子的扩散过程，所以离子交换速度实际上由传质过程所控制。在废水处理的正常流速下，交换速度主要取决于膜扩散及孔隙扩散。在这两者中哪种为速度控制因素，需要根据具体情况进行分析。一般来说，溶液中交换离子浓度低时，膜扩散为控制因素；浓度高时，则孔隙扩散为控制因素。

一般而言，增大溶液的湍动程度或流速，会使膜扩散加速而促进交换过程；膜扩散和孔隙扩散分别与交换树脂颗粒的半径和半径的平方成反比，因此缩小粒径会使交换速度增大。此外，降低交换树脂颗粒内的交联度、增加温度等，也可以提高离子交换过程的速度。

4.2.4 离子交换工艺过程及设备

1. 离子交换工艺过程

离子交换操作是在装有离子交换剂的交换柱中以过滤方式进行的，整个工艺过程一般包括过滤（工作交换）、反洗、再生和清洗四个阶段。这四个阶段依次进行，形成不断循环的工作周期。

（1）过滤阶段（交换阶段）

过滤阶段是利用离子交换树脂的交换能力，从废水中分离脱除需要去除的离子的操作过程。如以树脂 RA 处理含离子 B 的废水（图 4-14），当废水进入交换柱后，首先与顶层的树脂接触并进行交换，B 离子被吸着而 A 离子被交换下来。废水继续流过下层树脂时，水中 B 离子浓度逐渐降低，而 A 离子浓度却逐渐升高。当废水流经一段厚度为 Z 的滤层之后，全部 B 离子都被交换成 A 离子，再往下便无变化地流过其余的滤层，此时出水中 B 离子浓度 $c_B=0$。通常把厚度 Z 的滤层称为工作层或交换层。交换柱中树脂的实际装填高度远远大于工作层厚度 Z，因此当废水不断地流过树脂层时，工作层便不断地下移。这样，交换柱在工作过程中，整个树脂层就形成了上部饱和层（失效层）、中部工作层、下部新料层三个部分。运行到某一时刻，工作层的前沿达到交换柱树脂底层的下端，于是出水中开始出现 B 离子，这个临界点称为"穿透点"。达到穿透点时，最后一个工作层的树脂尚有一定的交换能力。若继续通入废水，仍能除去一定量的 B 离子，不过出水中的 B 离子浓度会越来越高，直到出水和进水中的 B 离子浓度相等，这时整个交换柱的交换能力耗尽，即达到了饱和点。

一般废水处理中，交换柱到穿透点时就停止工作，要进行树脂再生。但为了充分利用树脂的交换能力，可采用"串联柱全饱和工艺"。这种操作制度是：当交换柱达到穿透点时，仍继续工作，把该柱的出水引入另一个已再生后投入工作的交换柱，以便保证出水水质符合要求，该柱则工作到全部树脂都达到饱和后再进行再生。

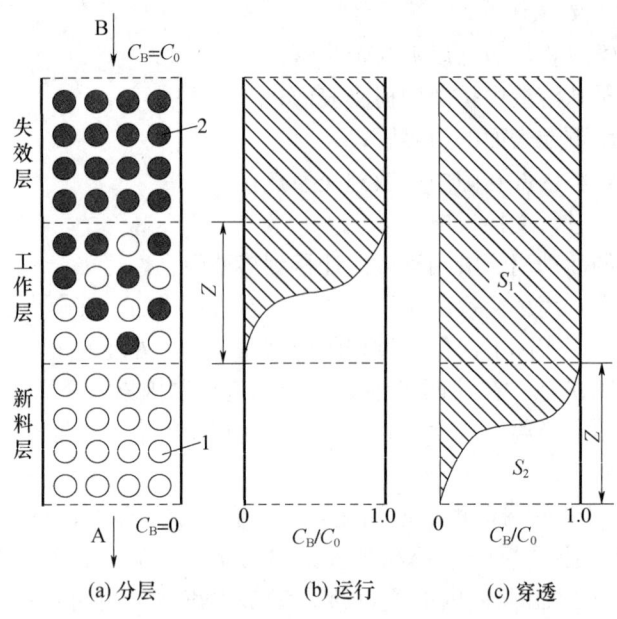

图 4-14 离子交换柱工作过程
1—新鲜树脂；2—失效树脂

在图 4-14（c）中，阴影面积 S_1 代表工作交换容量，S_2 代表到穿透点时尚未利用的交换容量，则树脂的利用率 η 为式（4-18）：

$$\eta = \frac{S_1}{S_1 + S_2} \times 100(\%) \tag{4-18}$$

一个交换柱树脂的利用率，主要取决于工作层的厚度和整个树脂层的高宽比例。显然，当交换柱尺寸一定时，工作层厚度 Z 越小，树脂利用率越高。工作层的厚度随工作条件而变化，主要取决于离子供应速度和离子交换速度的相互关系。所谓离子供应速度，就是单位时间内通过某一树脂层的离子数量，它又取决于过滤速度。过滤速度大，离子供应速度也大。所谓离子交换速度，就是单位时间内能完成交换历程的离子数量。对于给定的树脂和废水，交换柱的离子交换速度基本上是一个定值。显然，离子供应速度小于或等于离子交换速度时，工作层厚度就小，树脂的利用率就高。

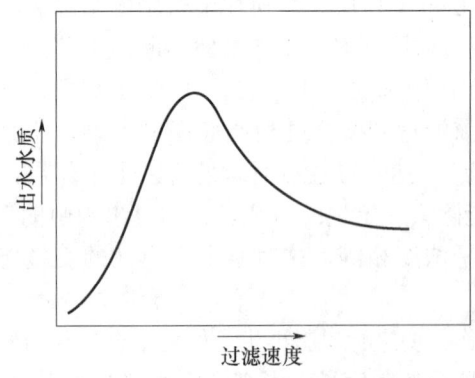

图 4-15 过滤速度与出水水质的关系

从上面讨论可知，离子交换的过滤速度是一个重要的工艺参数，过滤阶段的滤速和进水水质、出水水质及阻力损失等因素有关。对一定的进、出水水质而言，往往有一个较优的滤速值（图 4-15）。超过此滤速，由于离子供应速度大于交换速度，使出水水质恶化；同时工作层厚度增大，树脂利用率降低。但如果小于此值，出水水质无明显改进；有时，还由于反应产物不能及时排出，放慢了离子交换速度，反而使出水水质恶化。根据废水性质和处理条件的不同，滤速可在每小时几米到几十米的范围内变动，一般为 10～

30m/h，最好是通过试验加以确定。

（2）反冲洗过程

反冲洗的目的有两个：一是松动树脂层，使再生液能均匀渗入树脂层中，与交换剂颗粒充分接触；二是把过滤过程中产生的破碎粒子和截留的污物冲走。为了达到这两个目的，树脂层在反冲洗时要膨胀30%～40%。冲洗水可用自来水或废再生液。

（3）再生阶段

① 再生的推动力。离子交换树脂的再生，是离子交换的逆过程，其反应式为式（4-19）：

$$R_n B^{n+} + nA^+ \xrightleftharpoons[\text{交换}]{\text{再生}} nR^- A^+ + B^{n+} \tag{4-19}$$

这个反应是可逆的，只要正确掌握平衡条件，就能使之向右移动。离子交换树脂再生时大大增加A^+在溶液中的浓度，在浓差的作用下，大量的A^+进入树脂与固定离子建立平衡，从而松动了对B^{n+}的束缚力，使之脱离固定离子，并扩散进入外溶液相。由此可见，再生的推动力主要是反应系统的离子浓度差。此外，对弱酸、弱碱树脂而言，除浓度差作用外，还由于它们分别对H^+和OH^-的亲和力较强，所以用酸和碱再生时，比强酸、强碱树脂更容易再生，所使用的再生剂浓度也较低。

② 再生剂用量与再生程度。从理论上讲，再生剂的有效用量，其总当量数应该与树脂的工作交换容量总当量数相等。但实际上，为了使再生更快更彻底，一般使用高浓度再生液，当再生程度达到要求后，又需将其排出，并用净水将黏附在树脂上的再生剂残液清洗掉。这样就造成了再生剂用量成倍（2～3）增加。由此可见，离子交换系统的运行费用中，再生费占主要部分，这是应用离子交换技术需考虑的主要经济因素。

另外，交换树脂的再生程度（再生率）与再生剂的用量并不是呈直线关系（图4-16）。当再生程度达到一定数值后，即使再增加再生剂用量，也不能显著提高再生程度。因此，为使离子交换技术在经济上合理，一般把再生程度控制在60%～80%以下。

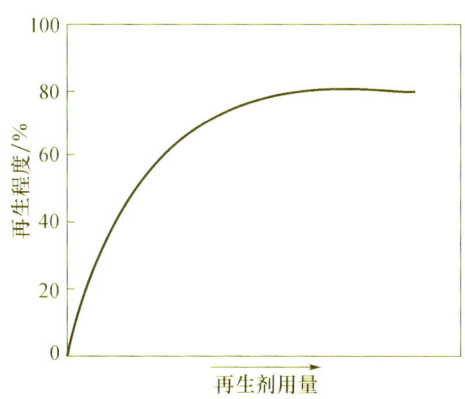

图4-16　再生程度与再生剂用量的关系

③ 固定床的再生方式。固定床交换柱的再生方式有两种：再生阶段的液流方向和过滤阶段相同者，称为顺流再生；方向相反者，称为逆流再生。顺流再生的优点是设备简单，操作方便，工作可靠。但缺点是再生剂用量大，再生后的树脂交换容量低，出水水质差。逆流再生时，新鲜的再生剂从交换柱下方进入，首先接触的是失效程度不高的树脂；上升到顶层时，有一定程度失效的再生剂却接触失效程度最高的树脂。这种逆流传质方式，在整个交换柱内有比较均匀、比顺流再生更高的推动力。所以，再生剂用量少。例如，顺流再生的再生

剂利用率为37%时，改用逆流再生可提高到75%～85%；同时，树脂再生程度高，获得的工作交换容量大。逆流再生的缺点是：再生时为了避免扰动滤层，限制了再生液的流速，延长了再生时间。为了克服这一缺点，需要设置孔板、采用空气压顶等措施，但设备较为复杂，操作也较烦。

在给水和废水处理中，常用树脂所采用的再生剂及其用量列于表4-5。氢型阳树脂可用HCl或H_2SO_4再生；但用H_2SO_4再生时，会产生溶解度小的$CaSO_4$，沾污树脂、堵塞滤层。所以，当废水含Ca^{2+}高时，最好采用HCl作再生剂。即使含Ca^{2+}低时，所使用的H_2SO_4浓度也不宜高，一般采用1%～2%。

表4-5 常用树脂的再生剂用量

离子交换树脂		再生剂		
种类	离子形式	名称	浓度（%）	理论用量倍数
强酸性	H型 Na型	HCl NaCl	3～9 8～10	3～5 3～5
弱酸性	H型 Na型	HCl NaOH	4～10 4～6	1.5～2 1.5～2
强碱性	OH型 Cl型	NaOH HCl	4～6 8～12	4～5 4～5
弱碱性	OH型 Cl型	NaOH、NH_4OH HCl	3～5 8～12	1.5～2 1.5～2

再生液的流速一般是：顺流再生2～5m/h；逆流再生不大于1.5m/h。

再生的方法有两种：一次再生法和二次再生法。强酸、强碱树脂大多是一次再生。弱酸、弱碱树脂则大多是两次再生：一次洗脱再生，一次转型再生。由于弱酸、弱碱树脂的交换容量大，再生容易，再生剂用量少，所以含金属离子废水常用弱性树脂来处理。由交换顺序可知，弱酸树脂对H^+的结合力最强，对Na^+最弱；弱碱树脂对OH^-的结合力最强，对Cl^-最弱。因此，这两种树脂在使用前应分别转换为Na型和Cl型。而在过滤阶段吸着了金属离子后，又要分别用强酸和强碱进行洗脱再生，回收这些金属。在洗脱过程中，树脂已经分别再生为H型和OH型状态。为了使树脂转换成正常工作的离子形式，所以在洗脱再生之后，还得进行一次转型再生。

（4）清洗阶段

清洗的目的是洗涤残留的再生液和再生时可能出现的反应产物。通常清洗的水流方向和过滤时一样，所以又称为正洗；清洗的水流速度应先小后大。清洗过程后期应特别注意掌握清洗终点的pH值（尤其是弱性树脂转型之后的清洗），避免更新消耗树脂的交换容量。一般淋洗用水为树脂体积的4～13倍，淋洗水流速为2～4m/h。

2. 离子交换设备

最常用的离子交换设备有固定床、移动床和流动床三种。

固定床离子交换器在工作时，床层固定不变，水流由上而下流动。根据料层的组成，又分为单层床、双层床和混合床三种。单层床中只装一种树脂，可以单独使用，也可以串联使用。双层床是在同一个柱中装两种同性不同型的树脂，由于密度不同而分为两层。混合床是把阴、阳两种树脂混合装成一床使用。固定床交换柱的上部和下部，设有配水和集水装置，中部装填 1.0~1.5m 厚的交换树脂。这种交换器的优点是设备紧凑、操作简单、出水水质好；不过，再生费用较大、生产效率不够高，但目前仍然是应用比较广泛的一种设备。

移动床交换设备包括交换柱和再生柱两个主要部分，工作时，定期从交换柱排出部分失效树脂，送到再生柱再生，同时补充等量的新鲜树脂参与工作。它是一种连续式的交换设备，整个交换树脂在间断移动中完成交换和再生。移动床交换器的优点是效率较高，树脂用量较少。

流动床交换设备是交换树脂在连续移动中实现交换和再生的。

移动床和流动床与固定床相比，具有交换速度快、生产能力大和效率高等优点。但是由于设备复杂、操作麻烦、对水质水量变化的适应性差，以及树脂磨损大等缺点，故限制了它们的应用范围。

4.2.5 离子交换系统的设计

1. 离子交换系统的设计步骤

离子交换系统的设计包括以下几个步骤：

(1) 根据排放标准或出水的去向和用途，确定处理后的水质要求。

(2) 根据废水水量、水质及处理的要求，选择交换器的类型，设计系统布置方案，确定合理的处理流程。

(3) 选用离子交换树脂、再生剂种类，确定树脂的交接容量和再生剂用量。在选择中必须综合考虑技术与经济因素。

(4) 确定合理的工艺参数，首先选定合适的过滤速度及工作周期，污染物的浓度大时，滤速应小些，反之则大些。人工操作时，过滤周期需考虑长些，一般为 8~24h 或更长。自动操作时，可以采用较高的流速和较短的工作周期，这样可缩小交换器尺寸，节省投资。

(5) 进行有关的计算。

2. 设计计算

(1) 计算交换柱处理负荷

$$G=Q(C-C_p) \tag{4-20}$$

式中 G——处理负荷，mol/h；
Q——处理水量，m³/h；
C——进水浓度，mol/m³；
C_p——出水浓度，mol/m³。

(2) 计算所需树脂的总体积

$$\overline{V}=\frac{GT}{E_0} \tag{4-21}$$

式中 $\overline{V}$——树脂总体积，m³；
T——树脂再生周期，h；
E_0——工作交换容量，mol/m³。

(3) 计算离子交换柱的直径

$$D=\sqrt{\frac{4Q}{\pi v}} \tag{4-22}$$

式中 D——离子交换柱直径，m；

v——处理液在柱内流速,m/h。

(4) 计算离子交换柱高度

$$h=\frac{4\overline{V}}{D^2\pi} \tag{4-23}$$

式中 h——树脂层高度,m。

$$H=h(1+\alpha) \tag{4-24}$$

式中 H——离子交换柱高度,m;

α——树脂清洗时膨胀率,可按40%～50%考虑。

(5) 核算过滤速度。按照下式核算过滤速度 v 是否合适:

$$v=\frac{Q}{A}=\frac{4Q}{\pi D^2} \tag{4-25}$$

如果计算出的滤速与一般经验值相差太大,就得重新计算。此外,也可先选定滤速 v,按上式计算交换柱的直径。

(6) 离子交换再生液的计算

再生剂的用量为

$$M=q_0 E_0 \overline{V} \tag{4-26}$$

式中 M——再生剂的用量,g;

q_0——再生剂耗量,g/mol;

$\overline{V}$——塔内所装填饱和树脂的体积,m³。

再生液的体积为

$$\overline{V}_i=\frac{M}{C_i} \tag{4-27}$$

式中 $\overline{V}_i$——在一定浓度下的再生液体积,L;

C_i——再生溶液中所含再生剂的浓度,g/L。

3. 离子交换设计计算实例

【例4-3】某电镀厂日排废水240m³,废水中含有铜40mg/L、锌20mg/L、镍30mg/L和 CrO_4^{2-} 130mg/L。为达标排放需进行处理并回收铬。设计该处理系统,并计算设备大小与树脂和再生剂的用量。

解:(1) 该套系统处理工艺流程如图4-17所示。采用逆流再生系统。

(2) 第一个阳离子交换塔(R_1-H)应除去的金属离子的物质的量。假设出水中所含金属离子浓度甚微($C_p\approx 0$),则应除去的金属离子的物质的量合计为:

20mg/L Zn^{2+} 的物质的量浓度为:

$$C[(1/2)Zn^{2+}]=0.62(mmol/L)$$

30mg/L Ni^{2+} 的物质的量浓度为:

$$C[(1/2)Ni^{2+}]=1.02(mmol/L)$$

40mg/L Cu^{2+} 的物质的量浓度为:

$$C[(1/2)Cu^{2+}]=1.26(mmol/L)$$

合计:2.9mmol/L(2.9mol/m³)

每日应去除金属离子负荷为:

$$G=Q(C-C_p)=240m^3/d\times(2.9mol/m^3-0)=696(mol/d)$$

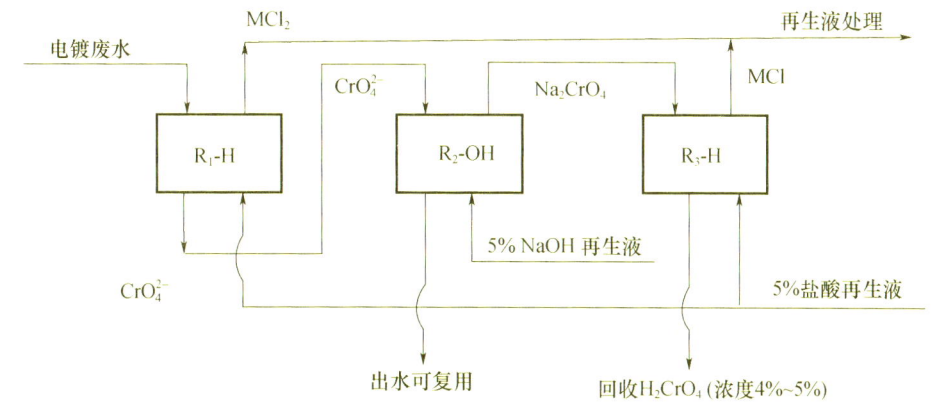

图 4-17 处理工艺流程

(3) 计算 R_1-H 塔所需树脂的体积。该阳树脂工作交换容量 $E_0=1000\text{mol/m}^3$，决定树脂的再生周期 $T=2\text{d}$。所需树脂的体积

$$\overline{V}=\frac{GT}{E_0}=\frac{696\text{mol/d}\times 2\text{d}}{1000\text{mol/m}^3}=1.39(\text{m}^3)$$

(4) 计算 R_1-H 塔尺寸。设 R_1-OH 塔直径 $D=800\text{mm}$（0.8m），则树脂层高度：

$$h=\frac{\overline{V}}{\frac{\pi}{4}D^2}=\frac{1.39\text{m}^3}{\frac{\pi}{4}(0.8\text{m})^2}=2.77(\text{m})$$

考虑反冲洗时树脂的膨胀率 $\alpha=50\%$，所以 R_1-H 塔高

$$H=h(1+\alpha)=2.77\text{m}\times(1+50\%)=4.16(\text{m})$$

(5) 校对废水在塔内的流速：

$$v=\frac{Q_h}{\frac{\pi}{4}D^2}=\frac{240/24}{\frac{\pi}{4}0.8^2}=19.9(\text{m/h})(<20\text{m/h})$$

(6) 计算 R_1-H 塔阳树脂再生时的耗酸量。根据表 4-6 查得 HCl 的再生剂耗量为 $q_0=50\text{g/mol}$，再生一次所需的酸量（M）为：

$$M=q_0E_0\overline{V}=50\times 1000\times 1.39=69500(\text{g})$$

如配成 5% 浓度的盐酸，查得每升含盐酸的质量为 51.2g，即浓度 $C_{\text{HCl}}=51.2\text{g/L}$。故所需 5% 的盐酸再生液体积：

$$\overline{V}_{\text{HCl}}=\frac{M}{C_{\text{HCl}}}=\frac{69500}{51.2}=1357(\text{L})$$

外排的再生废液尚需采用化学法中和沉淀处理。

表 4-6 树脂工艺性能设计参数

离子交换性质	钠离子交换			强酸氢离子交换		
交换柱形式	顺流再生固定床		逆流再生固定床	浮动床	顺流再生固定床	逆流再生固定床	浮动床
交换剂品种	强酸树脂	磺化煤	强酸树脂	磺化煤	强酸树脂	强酸树脂	强酸树脂	强酸树脂
运行流速 /(m/h)	15~25	10~20	一般 20~30，瞬时 30	10~20	一般 30~40，最大 50	一般 20，瞬时 30	一般 20，瞬时 30	一般 30~40，最大 50

续表

离子交换性质	钠离子交换					强酸氢离子交换					
再生剂品种	NaCl	NaCl	NaCl	NaCl	NaCl	H_2SO_4	HCl	H_2SO_4	HCl	H_2SO_4	HCl
再生剂耗量 /(g/mol)	100~120	100~200	80~100	80~100	80~100	100~150	70~80	≤70	50~55	≤70	50~55
工作交换容量 /(mol/m³)	800~1000	250~300	800~1000	250~300	800~1000	500~650	800~1000	500~650	800~1000	500~650	800~1000

离子交换性质	弱酸氢离子交换	弱碱氢氧离子交换	强碱氢氧离子交换				混合离子交换	
交换柱形式	顺流再生固定床	顺流再生固定床	顺流再生固定床	顺流再生固定床	逆流再生固定床	浮动床	混合床	
交换剂品种	弱酸树脂	弱碱树脂	强碱树脂	强碱树脂	强碱树脂	强碱树脂	强酸树脂	强碱树脂
运行流速 /(m/h)	20~30	20~30	一般20,瞬时30	一般20,瞬时30	一般30~40,最大50	40~60		
再生剂品种	H_2SO_4	HCl	NaOH	NaOH	NaOH	NaOH	HCl	NaOH
再生剂耗量 /(g/mol)	~60	~40	40~50	100~120	60~65	60~65	100~150	200~250
工作交换容量 /(mol/m³)	1500~1800	800~1200	250~300	I型250~300 II型400~500	I型250~300 II型400~500	500~550*	200~250*	

注：1. 表中数据系有关设计规范（规程）数据的综合；
2. 有关阴树脂的工作交换容量指以工业液体烧碱作为再生剂的数据；
3. "*"为《化工企业化学水处理设计计算规定》(试行)(TC100A70-81) 推荐数据。

(7) R_2-OH 阴离子交换塔的计算。30mg/L CrO_4^{2-} 的物质的量浓度为

$$C[(1/2)CrO_4^{2+}]=2.24\text{mmol/L}(2.24\text{mol/m}^3)$$

每日排放负荷

$$G=Q(C-C_p)=240\text{m}^3/\text{d}\times(2.24\text{mol/m}^3-0)=537.6(\text{mol/d})$$

(8) 所需阴树脂的体积。阴树脂工作交换容量按 $E_0=500\text{mol/m}^3$，再生周期为两天，即 $T=2\text{d}$，则所需树脂体积

$$\overline{V}=\frac{GT}{E_0}=\frac{537.6\text{mol/d}\times 2\text{d}}{500\text{mol/m}^3}=2.15(\text{m}^3)$$

(9) 计算 R_2-OH 塔的尺寸。设 R_1-OH 塔直径 $D=950\text{mm}$（0.95m），则树脂层高度 (h) 为：

$$h=\frac{\overline{V}}{\frac{\pi}{4}D^2}=\frac{2.15\text{m}^3}{\frac{\pi}{4}(0.95\text{m})^2}=3.03(\text{m})$$

考虑反冲洗和清洗时，树脂的膨胀率 $\alpha=50\%$，所以 R_2-OH 塔高

$$H=h(1+\alpha)=3.03\text{m}\times(1+50\%)=4.5(\text{m})$$

废水在 R_2-OH 塔内的流速 (v) 为

$$v=\frac{Q}{\frac{\pi}{4}D^2}=\frac{240/24}{\frac{\pi}{4}\times 0.95^2}=14.1(\text{m/h})$$

（10）计算 R_2-OH 塔内阴树脂再生时的耗碱量。查表 4-6 得知 NaOH 的再生剂耗量为 65g/mol，即 q_0＝65g/mol。总耗碱量：

$$M=q_0 E_0 \overline{V}=65 \times 500 \times 2.15=69875(g)$$

如配成 5％的 NaOH 再生液时，查得该溶液浓度为 C_{NaOH}＝52.69g/L，故所需 5％的 NaOH 再生液体积为：

$$\overline{V}_{NaOH}=\frac{M}{C_{NaOH}}=\frac{69875}{52.69}=1326(L)$$

再生后的排出液主要成分为 Na_2CrO_4。

（11）R_3-H 阳离子交换塔的计算。进入 R_3-H 塔内的成分为 Na_2CrO_4，假设吸附在阴树脂上的 CrO_4^{2-} 全部被 OH^- 所置换，进入 R_3-H 塔内的 C［(1/2) CrO_4^{2-}］的物质的量为 408mol/d，与此相匹配的 Na^+ 的物质的量也应为 408mol/d，如果两天用盐酸再生一次，则 R_3-H 中的阳树脂吸附 Na^+ 的物质的量为 408mol/d×2d＝816（mol），盐酸逆流再生的工作交换容量按 E_0＝1000（mol/m³）计，则所需树脂体积：

$$\overline{V}=\frac{GT}{E_0}=\frac{537mol/d \times 2d}{1000mol/m^3}=1.075(m^3)$$

设 R_3-H 塔的直径 D＝700mm（0.7m），则树脂层厚度为：

$$h=\frac{\overline{V}}{\frac{\pi}{4}D^2}=\frac{1.075m^3}{\frac{\pi}{4} \times (0.7m)^2}=2.79(m)$$

考虑到反冲洗和清洗时，树脂的膨胀率 α＝50％，则 R_3-H 塔高为

$$H=h(1+\alpha)=2.79m \times (1+50\%)=4.2m$$

（12）计算 R_3-N 塔内阳树脂洗脱再生耗酸量。查表 4-6 得知 HCl 的再生剂耗量为 q_0＝50g/mol，总耗酸量：

$$M=q_0 E_0 \overline{V}=50 \times 1000 \times 1.075=53750(g)$$

如配成 5％的 HCl 溶液时，查得该溶液浓度为 C_{HCl}＝51.2g/L，故所需 5％盐酸再生液体积为：

$$\overline{V}_{HCl}=\frac{M}{C_{HCl}}=\frac{53750}{51.2}=1050(L)$$

再生下来的溶液为 H_2CrO_4 稀溶液，可以回收使用。

4.2.6 离子交换法在废水处理中的应用

1. 含汞废水处理

当汞在废水中呈 Hg^{2+} 或 $HgCl^+$ 或 CH_3Hg^+ 等阳离子形态存在时，采用含巯基（—SH）的树脂，如聚硫代苯乙烯阳离子交换树脂，对它们的分离具有特效，其反应如式（4-28）～式(4-30)：

$$2RSH+Hg^{2+} \rightleftharpoons (RS)_2Hg+2H^+ \quad (4-28)$$

$$RSH+HgCl^+ \rightleftharpoons RSHgCl+H^+ \quad (4-29)$$

$$RSH+CH_3Hg^+ \rightleftharpoons RSHgCH_3+H^+ \quad (4-30)$$

国外用大孔巯基树脂进行交换，在 pH＝2 的条件下，处理含汞 20～50mg/L 的氯碱废水，出水含汞在 0.002mg/L 以下。我国某研究部门用国产大孔巯基树脂处理甲基汞废水的研究取得了良好的结果，该法的流程是：将甲基汞废水进入巯基树脂交换柱进行交换，然后用盐酸-氯化钠溶液洗脱，洗脱液经紫外光照射迅速分解后，再用铜屑还原回收金属汞。经

过处理，出水中含甲基汞 1μg/L 以下，汞得以回收。当汞在废水中呈带负电荷的氯化汞络合离子 $HgCl_x^{(x-2)-}$ 时，则应采用阴离子交换树脂处理。用 201×7 强碱阴离子交换树脂，几乎可以完全将废水中的汞吸着，然后用 HCl 洗脱，呈氯化汞形式回收。

2. 含镉废水处理

在废水中镉也有两种离子形态。氰化镀镉淋洗水中的镉为四氰络镉阴离子 $Cd(CN)_4^{2-}$，它可以用 D370 大孔叔胺型弱碱性阴离子交换树脂来处理，出水含镉低于国家排放标准，同时回收利用镉。另外一种废水中的镉，以 Cd^{2+} 离子或者 $Cd(NH_3)_4^{2+}$ 络离子形态存在，例如镀镉漂洗水，含镉约 20mg/L，pH 值为 7 左右，采用 Na 型 DK110 阳离子交换树脂处理，得到很好的效果。据报道已有许多除镉的特效树脂可用于废水处理或回收镉。当处理含镉 50~250mg/L 的废水时，回收镉的价值可使离子交换装置的投资在半年到两年内得到补偿。

3. 含铬废水处理

含铬废水主要含有以 $Cr_2O_7^{2-}$ 和 CrO_4^{2-} 形式存在的六价铬，以及少量的三价铬。经预处理后，可用阳树脂去除三价铬离子和其他阳离子，用阴树脂去除六价铬离子，并可回收铬酸。实现废水在生产中的循环使用。其交换处理流程如图 4-18 所示。

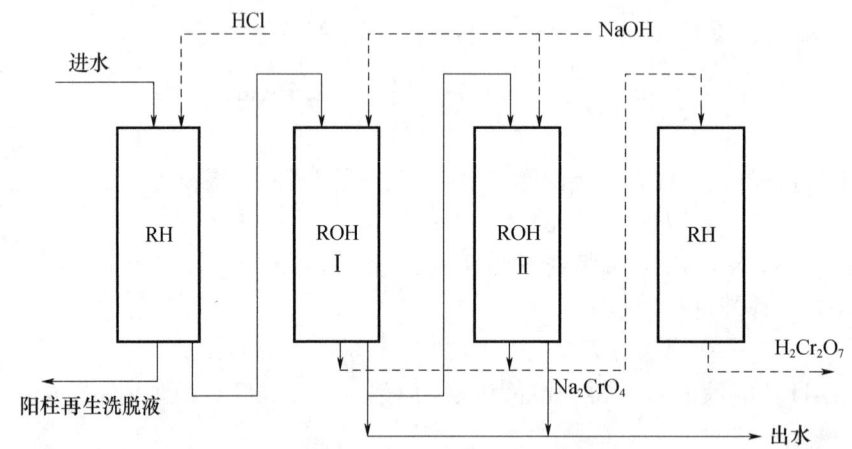

图 4-18 含铬废水离子交换处理流程

经过滤除去机械杂质的废水，先经阳柱去除水中的阳离子（如 Fe^{3+}、Cr^{3+}、Ca^{2+}、Mg^{2+} 等），出水呈酸性。当 pH 值下降到 4 以下时，废水中六价铬大部分以 $Cr_2O_7^{2-}$ 形式存在。阳柱出水开始时只进阴柱 I，水中 $Cr_2O_7^{2-}$ 和 CrO_4^{2-} 与阴树脂的 OH^- 交换：

交换反应为：

$$6RH + Cr_2O_3 \rightleftharpoons 2R_3Cr + 3H_2O \tag{4-31}$$

$$2ROH + Cr_2O_7^{2-} \rightleftharpoons R_2Cr_2O_7 + 2OH^- \tag{4-32}$$

$$2ROH + CrO_4^{2-} \rightleftharpoons R_2CrO_4 + 2OH^- \tag{4-33}$$

当出水中六价铬达到规定浓度时，树脂带有的 OH^- 基本上为废水中的 $Cr_2O_7^{2-}$、CrO_4^{2-}、SO_4^{2-} 和 Cl^- 所取代。树脂层中的阴离子按其选择性大小，从上到下分层，显然下层没有完全被 $Cr_2O_7^{2-}$ 所饱和。为了提高重铬酸的浓度和纯度，将 II 阴柱串联在 I 阴柱后，并继续向 I 阴柱通水，则 I 阴柱内 $Cr_2O_7^{2-}$ 含量逐渐增加，SO_4^{2-} 和 Cl^- 含量逐渐下降。最后当 I 阴柱出水中，六价铬浓度与进水中相同，其中的树脂几乎全部被 $Cr_2O_7^{2-}$ 所饱和时，才使 I 阴柱停止工作进行再生。这种流程称为双阴柱全酸全饱和流程。

经阳柱和阴柱后,原水中金属阳离子和六价铬转到树脂上,树脂上的 H^+ 和 OH^- 被替换下来结合成水,所以可得纯度较高的水。

阳柱树脂失效后,用 HCl 溶液再生。阴柱树脂失效后,用较高浓度 NaOH 再生,得到 Na_2CrO_4 再生洗脱液:

$$R_2Cr_2O_7 + 4NaOH \rightleftharpoons 2ROH + 2Na_2CrO_4 + H_2O \tag{4-34}$$

为了回收铬酸,可把再生阴树脂所得的洗脱液,再通过氢型阳树脂后,便可得到 $H_2Cr_2O_7$,即

$$4RH + 2Na_2CrO_4 \rightleftharpoons 4RNa + H_2Cr_2O_7 + H_2O \tag{4-35}$$

当 Ⅰ 号阴柱再生时,废水由阳柱直通 Ⅱ 号阴柱,当出水中六价铬达到规定浓度时,将再生好的 Ⅰ 号阴柱串联在 Ⅱ 号阴柱后,并继续向 Ⅱ 号柱通水,待 Ⅱ 号阴柱全饱和时,停止工作,进行再生,废水由阳柱直通 Ⅰ 号阴柱。如此循环往复,Ⅰ 号、Ⅱ 号阴柱交替饱和再生。

4. 含镍污水的处理

上海某厂采用离子交换法处理镀镍清洗水,污水含镍浓度为 200~400mg/L,用 732 强酸阳离子交换树脂,处理后水循环使用,树脂再生洗脱液回用于镀镍槽。

含镍废水处理流程如图 4-19 所示,镀件出槽后,经 3 级逆流清洗后的污水流入调节池,用泵抽升送入处理系统。当 1 号交换柱泄漏镍时,与 2 号交换柱串联,待 1 号交换柱树脂交换吸附镍饱和后进行再生。此时,2 号交换柱单柱运行到泄漏镍时,与已再生的 1 号交换柱串联,这样反复交替运行。再生用 1mol/L 左右的硫酸钠溶液,若将再生液重复使用后,能使回收液中硫酸镍浓度达到 180~200g/L,经静止沉淀后,回用于镀镍槽。

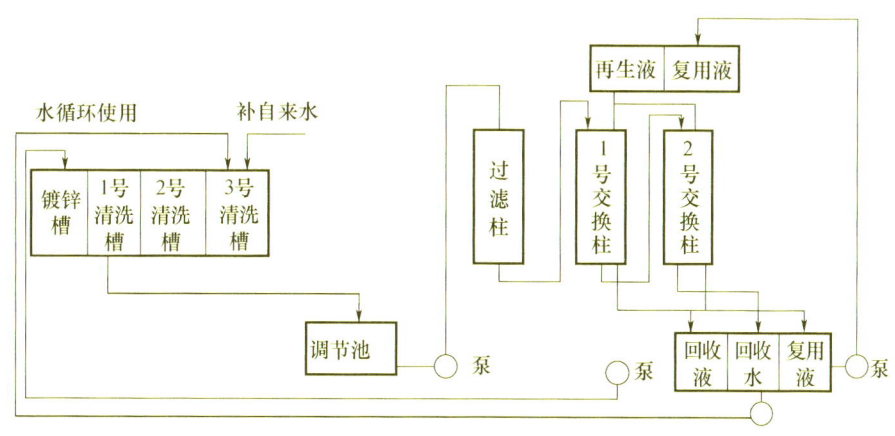

图 4-19 离子交换法处理含镍废水处理流程图

5. 除磷脱氮

在城市污水的深度处理中,也可用离子交换法,去除常规二级处理中难以去除的营养物质磷和氮,使水质达到受纳水体或某具体回用目的水质标准。

氯型强碱性阴离子交换树脂吸着磷酸的反应,如式 (4-36):

$$2RCl + HPO_4^{2-} \longrightarrow R_2HPO_4 + 2Cl^- \tag{4-36}$$

树脂的选择性次序为:$PO_4^{3-} > HPO_4^{2-} > H_2PO_4^-$,但吸着以一价的 $H_2PO_4^-$ 为最大。三价铁离子型的强酸性阳离子交换树脂也能吸着磷酸,这种树脂对污水二级处理出水进行深度处理时,磷酸的吸附量为 2.75kg(磷)/m³(树脂),处理后出水的磷酸浓度在 0.01mg/L(磷)以下。再生时使用三氯化铁溶液。

使用普通离子交换树脂，去除废水中的含氮物质并不完全适宜，因为这些树脂对铵和硝酸根离子以外的其他离子，尤其是高价离子具有优先交换性。现在已经研究和开发了一种对铵具有选择性交换的斜发沸石天然交换剂，可以使处理出水铵浓度降到 $0.22\sim0.26\mathrm{mg/L}$，再生废液经分离铵后可重复使用。

4.3 萃 取 法

4.3.1 概述

化工上用适当的溶剂分离混合物的过程叫萃取。萃取后的溶剂相称为萃取相（液），主要由萃取剂和溶质组成。萃取后仍残留少量溶质的废水，则称为萃余相（液）。在废水处理中，萃取主要用于从废水中分离或回收某些污染物质。萃取的实质是溶质在水中和溶剂中有不同的溶解度，溶质从水中转入溶剂中是传质过程，其推动力是废水中实际浓度与平衡浓度之差。在达到平衡浓度时，溶质在溶剂中及水中的浓度呈一定的比例关系，如式（4-37）：

$$D=C_{溶}/C_{水} \tag{4-37}$$

式中 D——分配系数；

$C_{溶}$——在溶剂中的平衡浓度；

$C_{水}$——在废水中的平衡浓度。

注意：分配系数的值不是常数，不但受温度影响，而且还受浓度的影响。D 越大，即表示被萃取组分在有机相中的浓度越大，也就是它越容易被萃取。两相之间物质的转移速率 G（kg/h）可用式（4-38）表示：

$$G=KF\Delta C \tag{4-38}$$

式中 F——两相的接触面积，m^2；

ΔC——传质推动力，即废水中污染物质的实际浓度与平衡浓度之差值，kg/m^3；

K——传质系数，m/h；它与两相的性质、浓度、温度、pH 值等有关。

随着传质过程的进行，在一相中污染物的实际浓度逐渐减小，而在另一相中其浓度逐渐增高，因此，传质过程的推动力 ΔC 是一个变数。为了加快传质速率，萃取法多采用逆流操作，即气-液两相或液-液两相呈逆流流动，密度大的由上而下流动，密度小的由下而上流动。由于传质速率与两相之间的接触面积成正比，因此在工艺上应尽量使某一相呈分散状态。分散程度越高，两相之间的接触面积越大。另外传质速率还与其他因素有关，如增加两相的搅动程度，即增加传质系数，这样可以加速传质过程的进行。

4.3.2 萃取剂的选择和再生

1. 萃取剂的选择

萃取剂的性质直接影响萃取效果，也影响萃取费用。在选取萃取剂时，一般应考虑以下几个方面的因素：

（1）萃取剂应有良好的溶解性能。它包括两个含义：一是对萃取物的溶解度要高，亦即分配系数大；二是萃取剂本身在水中的溶解度要低。这样，分离效果就较好，相应的萃取设备也较小，萃取剂用量也较少。常用来萃取酚的萃取剂及其分配系数列于表 4-7。

表 4-7　一些萃取剂萃取酚的分配系数

萃取剂	苯	重苯	中油	杂醇油	异丙醚	三甲酚磷酸酯	醋酸丁酯
分配系数	2.2	2.5 左右	2.5 左右	8 左右	20	28	50

(2) 萃取剂与水的密度差要大。二者的密度差异越大，两相就越容易分层分离。合适的萃取剂应该是与水混合后不大于 5min 分层。

(3) 萃取剂要易于回收和再生。要求与萃取物的沸点差要大，二者不能形成恒沸物。

(4) 价格低廉、来源广、无毒、不易燃易爆、化学稳定。

2. 萃取剂的再生

萃取后的萃取相需经再生，将萃取物分离后，萃取剂继续使用。再生方法有两种：

(1) 物理再生法（蒸馏或蒸发）。利用萃取剂与萃取物的沸点差来分离。例如，用醋酸丁酯萃取废水中的酚时，因酚的沸点为 181～202.5℃，醋酸丁酯则为 116℃，二者的沸点差较大，控制适当的温度，采用蒸馏法即可将二者分离。

(2) 化学再生法（反萃取）。投加某种化学药剂，使其与萃取物形成不溶于萃取剂的盐类，从而达到二者分离的目的。例如，用重苯或重油萃取废水中的酚时，向萃取相投加浓度为 12%～20% 的苛性钠，使酚形成酚钠盐结晶析出，萃取剂便得到再生，返回流程循环使用。

4.3.3 萃取工艺过程

萃取工艺过程如图 4-20 所示。整个过程包括以下三个工序：

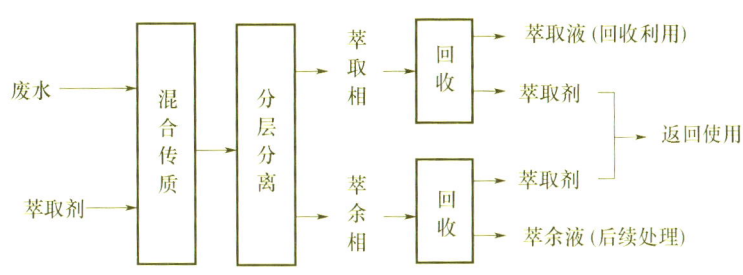

图 4-20　萃取过程示意图

(1) 混合：把萃取剂与废水进行充分接触，使溶质从废水中转移到萃取剂中去；

(2) 分离：使萃取相与萃余相分层分离；

(3) 回收：分别从两相中回收萃取剂和溶质。

根据萃取剂（或称有机相）与废水（或称水相）接触方式的不同，萃取作业可分为间歇式和连续式两种。根据两相接触次数的不同，萃取流程可分为单级萃取和多级萃取两种，后者又分为"错流"和"逆流"两种方式。其中最常用的是多级逆流萃取流程。

多级逆流萃取过程是将多次萃取操作串联起来，实现废水与萃取剂的逆流操作；在萃取过程中，废水和萃取剂分别由第一级和最后一级加入，萃取相和萃余相逆向流动，逐级接触传质，最终萃取相由进水端排出，萃余相从萃取剂加入端排出。

多级逆流萃取只在最后一级使用新鲜的萃取剂，其余各级都是与后一级萃取过的萃取剂接触,因此能够充分利用萃取剂的萃取能力。这种流程体现了逆流萃取传质推动力大、分离程度高、萃取剂用量少的特点,因此也称为多级多效萃取,或简称多效萃取。

4.3.4 萃取设备及计算

1. 萃取设备

萃取设备可分为箱式、塔式和离心式三大类。下面简要介绍废水处理中常用的两种塔式萃取设备:

(1)脉冲筛板萃取塔。脉冲筛板萃取塔的构造如图 4-21 所示。塔分三段,中间为萃取段,段内上下排列着许多筛板,这是进行传质的主要部位。塔的上下两个扩大段是两相分层分离区。脉冲筛板萃取塔具有较高的萃取效率,结构较简单,能量消耗也不大,在废水脱酚时常采用这种设备,处理其他废水也能获得良好的效果。

(2)转盘萃取塔。转盘萃取塔的构造如图 4-22 所示,塔的中部为萃取段,塔壁上水平装设一组等距离的固定环板,塔中心轴上连接一组水平圆形转盘,每一转盘的高度恰好位于两固定环板的中间。萃取时,重液(废水)由萃取段的上部流入、轻液(萃取剂)由萃取段下部供入,两相逆向流动于环板间隙中。当转盘旋转时,液流内产生很高的速度梯度和剪应力,使分散液滴被剪切变形和破碎,随之又碰撞聚集,从而强化了传质过程。

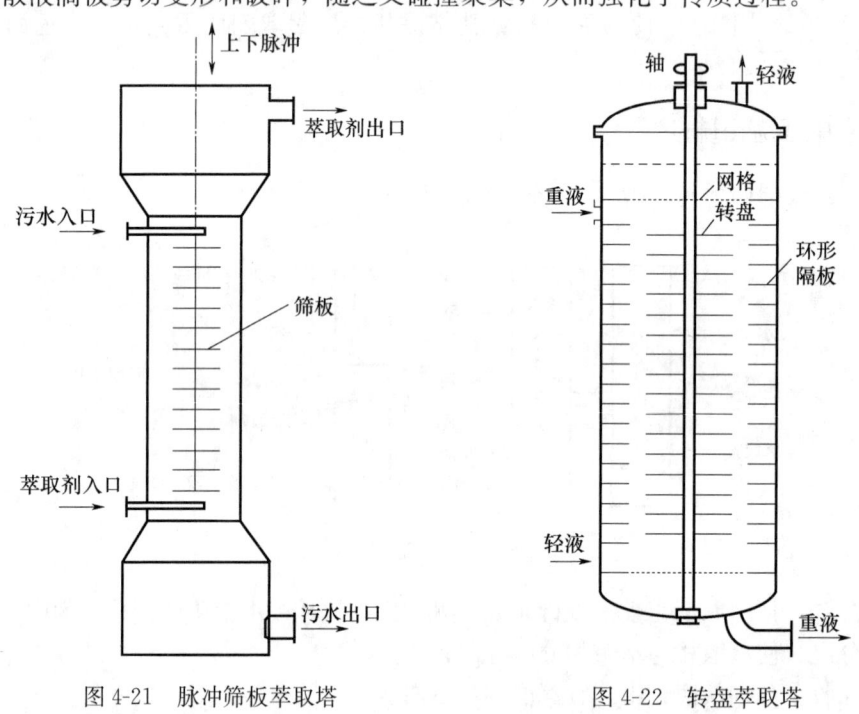

图 4-21 脉冲筛板萃取塔   图 4-22 转盘萃取塔

2. 塔式萃取设备的计算

塔式萃取设备的计算主要是确定塔径和塔高。塔径根据操作速度,即单位时间通过单位传质面积的体积流量来确定,其单位为 $m^3/(m^2 \cdot h)$;而塔高的计算方法则依塔型不同而异。下面以某煤气厂的脉冲筛板脱酚萃取塔为例,介绍其计算方法和步骤。

【例 4-4】设计选用重苯作为萃取剂。采用的基本参数如下:废水流量 $Q=8m^3/h$,废水含酚浓度 $C_a=3000mg/L$;重苯流量 $q=7.5m^3/h$,重苯含酚浓度 $C_e=900mg/L$;萃余液含酚浓度$C_s=100$mg/L；废水密度$\rho_e=1$t/m³，重苯密度$\rho_s=0.9$t/m³。计算方法与步骤如下：

(1) 塔身计算

① 塔身直径D。在脉冲筛板塔中，连续相（废水）和分散相（萃取剂）都是竖流的，故可按式（4-39）计算塔身直径D：

$$D=\sqrt{\frac{4(F+f)}{\pi}}=\sqrt{\frac{4\left(\frac{Q}{v_1}+\frac{q}{v_2}\right)}{\pi}} \tag{4-39}$$

式中　F——连续相过水断面，m²；
　　　Q——连续相的设计流量，m³/h；
　　　v_1——连续相的设计流速，m/h；
　　　v_2——分散相的设计流速，m/h；
　　　f——分散相过水断面，m²；
　　　q——分散相的设计流量，m³/h。

在计算中，必须先确定v_1和v_2值。在萃取塔中，液流流速（即v_1和v_2）不能超过"液泛"流速u（即导致废水相为萃取相带出或萃取相为废水相带出这种称为"液泛"现象的液流速度），也就是要求$|u|=|v_1|+|v_2|$。故当$Q\approx q$，又令$v_1=au$时，则公式（4-40）变为：

$$D=\sqrt{\frac{4Q}{\pi}\left(\frac{v_1+v_2}{v_1v_2}\right)}=\sqrt{\frac{4Q}{\pi a(1-a)u}} \tag{4-40}$$

由式（4-40）可以看出，当$a=\frac{1}{2}$时，D值最小。于是便可得出最小的塔身直径的计算公式为式（4-41）：

$$D=\sqrt{\frac{16Q}{\pi u}} \tag{4-41}$$

当筛板孔径为6mm，脉冲频率为315次/min和脉冲振幅为3~6mm时，由试验得出"液泛"流速约48m/h。将此值和给定的流量Q代入式（4-41），便可计算出塔身的直径$D=0.92$m，采用0.9m。

② 塔身高度H_1（mm）。塔身（萃取段）高度按式（4-42）计算：

$$H_1=(n-1)h+500 \tag{4-42}$$

式中　h——筛板间距，mm；
　　　n——筛板块数；
　　　500——安装布水器的空间高度。

根据试验研究结果，筛板间距采用200mm。筛板块数取决了萃取级数（其值等于$n-1$），而萃取级数可按理论计算后，结合经验资料确定。本例采用26块筛板。将这些数值代入式（4-42），计算塔身高度为：

$$H_1=(26-1)\times 200+500=5500\text{（mm）}$$

(2) 塔顶和塔底分离室的计算。分离室像一个竖流沉淀池。本例的液流速度若采用1.4mm/s（即5m/h），塔顶和塔底直径均按废水流量计算，采用同一直径D'，则$D'=1.43$m，取用1.5m。液相在分离室的停留时间采用20min，因此分离室高度$H_2=1.67$m，采用1.5m。

(3) 塔总高的计算。塔的总高：$H=H_1+2H_2=8.5$（m）。

4.3.5 萃取法在废水处理中的应用实例

1. 萃取法处理含酚废水

焦化厂、煤气厂、石油化工厂排出的废水均含有较高浓度的酚，含酚浓度达1000mg/L以上，为避免高酚废水污染环境，同时回收有用的酚，常采用萃取法处理这类废水。

某焦化厂废水用萃取法脱酚的工艺流程，如图4-23所示。废水先经除油、澄清和降温预处理后进入脉冲筛板塔（萃取设备），由塔底供入二甲苯（萃取剂）。该厂的处理水量为16.3m³/h，含酚平均浓度为1400mg/L，二甲苯用量与废水量之比为1∶1。萃取后，出水含酚浓度为100～150mg/L，脱酚效率为90%～93%，出水再进一步处理。含酚二甲苯自萃取塔顶送到碱洗塔进行再生脱酚，碱洗塔采用筛板塔，塔中装有浓度为20%的氢氧化钠溶液。再生后萃取相可循环使用，从碱洗塔排出的酚盐含酚30%左右，可作为回收酚的原料。

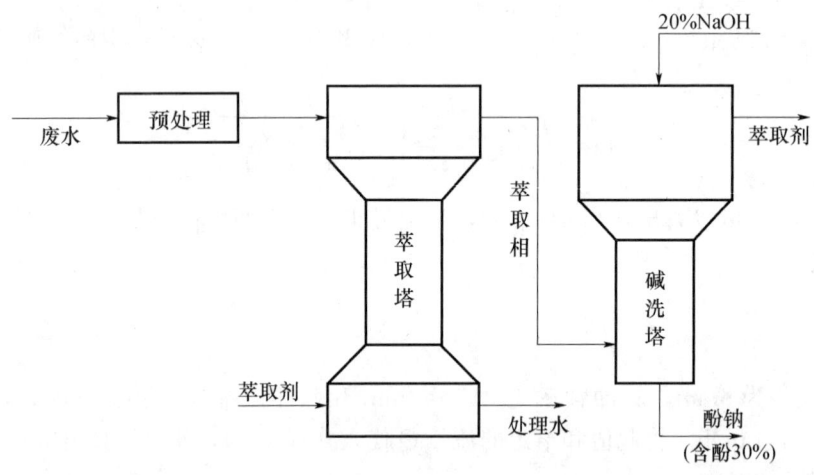

图4-23 脉冲萃取塔脱酚工艺流程

2. 萃取法处理含重金属废水

各种重金属废水大多可以用萃取法处理，下面简要介绍一个含铜废水处理的实例。含铜、铁废水萃取法处理流程如图4-24所示。

某铜矿废石场采选废水，含铜230～1600mg/L，含铁4700～5400mg/L，含砷10.3～300mg/L，pH=0.1～3。含铜废水用N-510作复合萃取剂。以磺化煤油作稀释剂，煤油中N-510浓度为162.5g/L。在涡流搅拌池中进行六级逆流萃取，每级混合时间7min。总萃取率在90%以上。含铜萃取相用1.5mol/L的H_2SO_4进行反萃取，再生后萃取剂重复使用，反萃取所得的硫酸铜溶液，送去电解沉积金属铜，硫酸回收用于反萃取工序。萃余相用氨水（NH_3/Fe=0.5）除铁，在90～95℃下反应2h，除铁率达90%，生成的固体黄铵铁矾，经煅烧（800℃）后得到品位为95.8%的产品铁红（Fe_2O_3），可作涂料使用。过滤液经中和处理达到排放标准后，即可排放或回收利用。

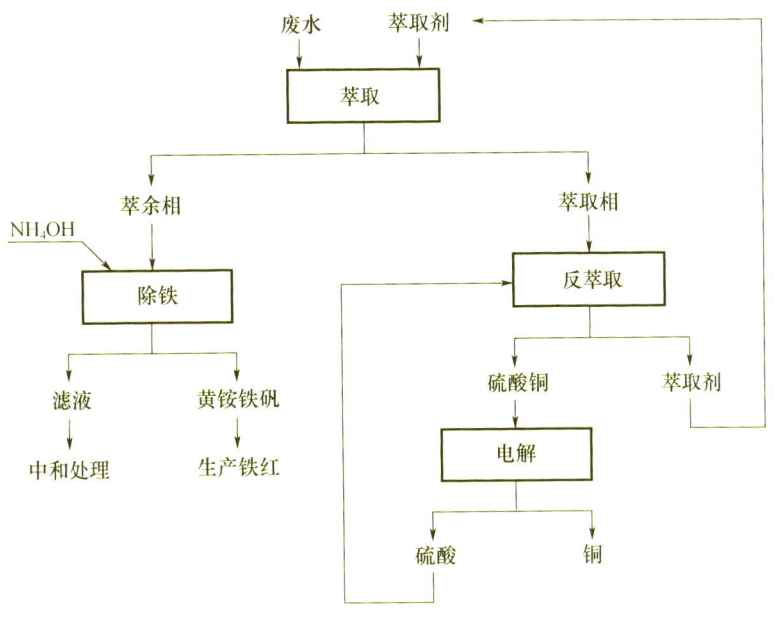

图 4-24 含铜、铁废水萃取法处理流程

4.4 膜法水处理

4.4.1 概述

利用具有选择透过性能的薄膜，在外界能量或化学位差推动下，对双组分或多组分溶质和溶剂进行分离、提纯、浓缩的方法，统称为膜分离法。溶剂透过膜的过程称为渗透，溶质透过膜的过程称为渗析。常用的膜分离方法有渗析、电渗析、反渗透、超滤等。

近年来，膜分离技术发展速度极快，在污水、化工、生化、医药、造纸等领域广泛应用。根据膜的种类不同及推动力不同，常用膜分离方法及其特点见表 4-8。

表 4-8 常用膜分离方法及其特点

方法	推动力	传质机理	透过物及其大小	截留物	膜类型
渗析（D）	浓度差	溶质扩散	低分子物质、离子 (0.004~0.15μm)	溶剂 分子量>1000	非对称膜 离子交换膜
电渗析（ED）	电位差	电解质离子 选择性透过	溶解性无机物 (0.004~0.1μm)	非电解质大分子物	离子交换膜
微滤（MF）	压力差 <0.1MPa	筛分	水、溶剂和溶解物	悬浮颗粒、纤维 (0.02~10μm)	多孔膜 非对称膜
超滤（UF）	压力差 0.1~1.0MPa	筛滤及表面作用	水、盐及低分子有机物 (0.005~10μm)	胶体大分子、 不溶的有机物	非对称膜

续表

方法	推动力	传质机理	透过物及其大小	截留物	膜类型
纳滤（NF）	压力差 0.5~2.5MPa	离子大小或电荷	水、溶剂（<200μm）	溶质（>1nm）	复合膜
反渗透（RO）	压力差 2~10MPa	溶剂的扩散	水、溶剂（0.0004~0.06μm）	溶质、盐（SS、大分子、离子）	非对称膜或复合膜
渗透汽化（PV）	分压差 浓度差	溶解、扩散	易溶解或易挥发组分	不易溶解组分较大、较难挥发物	均质膜或复合膜
液膜（LM）	化学反应和浓度差	反应促进和扩散	电解质离子	溶剂（非电解质）	液膜

与传统的分离技术相比，膜分离技术具有以下特点：

（1）效率高。传统分离技术的分离极限是 μm，而膜分离技术分离的最低极限可达 0.1nm。

（2）能耗低。膜分离过程不发生相变，与其他方法相比能耗较低。例如在海水淡化过程中，反渗透法耗能最低。主要原因是：膜分离过程中，被分离的物质大多不发生相的变化。相比之下，蒸发、蒸馏、萃取、吸附等分离过程，都伴随着从液相或吸附相至气相的变化。

（3）应用范围广。膜分离技术不仅适用于有机物、无机物、细菌和病毒的分离，而且还适用于诸如溶液中大分子与无机盐的分离、一些共沸物或近沸物等特殊溶液体系的分离。

（4）占地小。作为一种新型的水处理方法，与常规水处理方法相比，膜分离法的设备紧凑、占地面积小。

（5）操作方便。容易实现自动化操作，便于运行管理，可以频繁启动或停止。

缺点：处理能力较小；除扩散渗析外，需消耗相当的能量。

4.4.2 扩散渗析法

1. 基本原理

扩散渗析是使高浓度溶液中的溶质透过薄膜向低浓度溶液中迁移的过程。扩散渗析的推动力是薄膜两侧的浓度差。

扩散渗析使用的薄膜由惰性材料做成，大多用于高分子物质的提纯。使用离子交换膜进行扩散渗析时，利用膜的选择透过性分离电解质。离子交换膜扩散渗析器，除了没有电极以外，其他构造与电渗析器基本相同。下面用回收酸洗钢铁废水中的硫酸为例，说明扩散渗析的原理，图 4-25 所示。

在回收硫酸的扩散渗析器中，全部使用阴离子交换膜。含酸原液自下而上通入 1、3、5、7 隔室中，这些隔室称为原液室。水自上而下地通入 2、4、6 隔室中，这些隔室称为回收室。原液室的含酸废液中 Fe^{2+}、H^+、SO_4^{2-} 的浓度较高，三种离子都有向两侧回收室的水中扩散的趋势。由于阴膜的选择透过性，SO_4^{2-} 极易通过阴膜，而 Fe^{2+}、H^+ 则难以通过。又由于回收室中 OH^- 的浓度比原液室中高，则回收室中的 OH^- 极易通过阴膜进入原液室，与原液室中的 H^+ 结合成水。为了保持电中性，SO_4^{2-} 渗析的当量数与 OH^- 渗析的当量数相等。在回收室得到硫酸，由下端流出。原液脱除硫酸后，从原液室的上端排出，成为主要含 $FeSO_4$ 的残液。

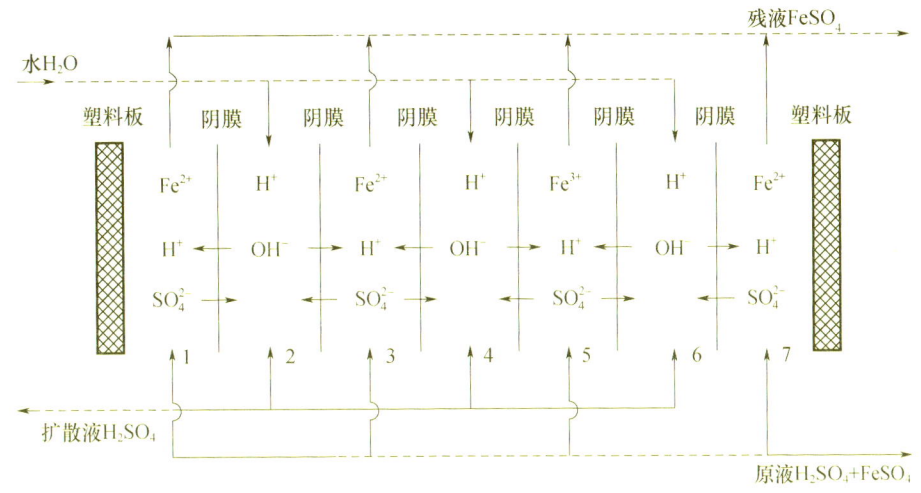

图 4-25 扩散渗析原理

扩散渗析的渗析速度与膜两侧溶液的浓度差成正比,只有当原液中硫酸的浓度不小于 10% 时,扩散渗析的回收效果才显著,才有实用价值。为了提高膜两侧的浓度差,水与原液在阴膜的两侧相向而流。为了便于操作、安全、节能,一般均采用高位液槽重力流。扩散渗析器需要使用耐酸的阴离子交换膜,阴膜之间放置隔板。根据流量确定并联的隔板数目。将数十张至成百张隔板按要求叠放,用压紧装置紧固成一个整体。

扩散渗析的特点是渗析过程不耗电,运转费用省;但是分离效率低,设备投资较大。

2. 扩散渗析的应用实例

某五金厂用扩散渗析法从酸洗钢材废液中回收硫酸的生产性试验,其工艺流程如图 4-26 所示。包括扩散渗析器在内的全部设备投资,可以在两年内由回收硫酸和回收硫酸亚铁的收入来偿还。

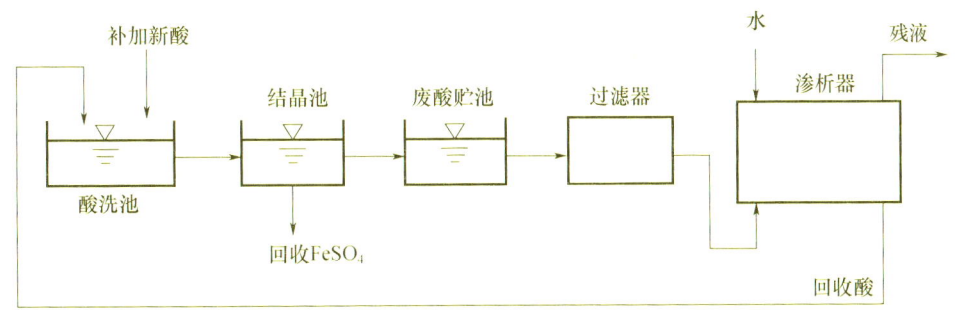

图 4-26 扩散渗析回收硫酸的工艺流程

4.4.3 电渗析法

1. 原理

电渗析是在直流电场的作用下,利用阴、阳离子交换膜对溶液中阴、阳离子的选择透过性(即阳膜只允许阳离子通过、阴膜只允许阴离子通过),而使溶液中的溶质与水分离的一种物理化学过程。电渗析原理如图 4-27 所示。

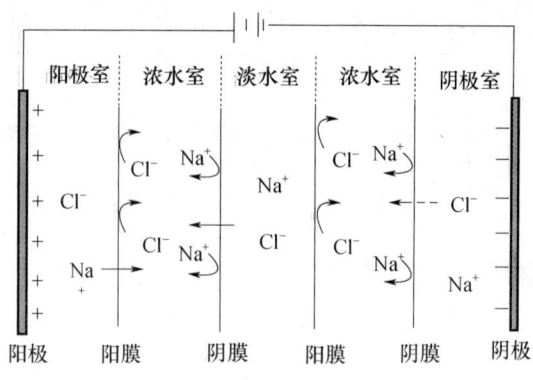

图 4-27 电渗析分离原理示意图

电渗析器中交替排列着许多阳膜和阴膜，分隔成水室。当原水进入这些水室时，在直流电场的作用下，溶液中的离子就作定向迁移。阳膜只允许阳离子通过而把阴离子截留下来；阴膜只允许阴离子通过而把阳离子截留下来，结果使这些水室的一部分变成含离子很少的淡水室，出水称为淡水。而与淡水室相邻的水室，则变成聚集大量离子的浓水室，出水称为浓水。与电极板接触的水室为极水室，其出水为极水。通过电渗析器使离子得到了分离和浓缩，水便得到了净化。对于一般的给水处理，得到的为淡水，浓水排走；对于工业废水处理，淡水可无害化排放或重复利用；浓水则可回收有用物质。

电渗析和离子交换相比，有以下异同点：

(1) 分离离子的工作介质虽均为离子交换树脂的薄膜，但前者是呈片状的薄膜，后者则为圆球形的颗粒。

(2) 从作用机理来说。离子交换属于离子转移置换，离子交换树脂在过程中发生离子交换反应。而电渗析属于离子截留置换，离子交换膜在过程中起离子选择透过和截阻作用。所以更精确地说，应该把离子交换膜称为离子选择性透过膜。

(3) 电渗析的工作介质不需要再生，但消耗电能；而离子交换的工作介质必须再生，但不消耗电能。

电渗析法处理废水的特点是：不需要消耗化学药品，设备简单，操作方便。

2. 离子交换膜

(1) 离子交换膜的分类

离子交换膜的分类，按活性基团的不同分为阳离子交换膜、阴离子交换膜和特殊离子交换膜（也可按膜结构分类）。

① 阳离子交换膜。指能离解出阳离子的离子交换膜，或者说在膜结构中含有酸性活性基团的膜。它能选择性地透过阳离子，而不让阴离子透过。这些酸性基团按离解能力的强弱可分为：强酸性，如磺酸型（—SO_3H）；中强酸性，如磷酸型（—OPO_3H_2）、膦酸型（—PO_3H_2）；弱酸性，如羧酸型（—COOH）、酚型（—ArOH）。

② 阴离子交换膜。指能离解出阴离子的离子交换膜，或者说在膜结构中含碱性活性基团的膜。它能选择性透过阴离子，而不让阳离子透过。这些碱性基团按离解能力的强弱可分为：强碱性，如季铵型 [—N(CH_3)$_3$OH]；弱碱性，如伯胺型（—NH_2）、仲胺型（—NHR）、叔胺型（—NR_2）。

③ 特殊离子交换膜（复合膜）。这种膜由一张阳膜和一张阴膜复合而成。两层之间可以

隔一层网布（如尼龙布等），也可以直接粘贴在一起。工作时，阴膜对阳极，阳膜对阴极。由于膜外的离子无法进入膜内，致使膜间的水分子被电离，H^+ 透过阳膜，趋向阴极；OH^- 透过阴膜，趋向阳极。以此完成传输电流的任务。另外，在废水处理中，还可以利用复合膜产生的 H^+ 或 OH^-，与废水中的其他离子结合，来制取某些产品。

根据膜体结构（或按制造工艺）的不同，离子交换膜分为异相膜、均相膜和半均相膜三种。

(2) 离子交换膜的性能要求

离子交换膜的性能要求包括：选择透过性在95%以上，导电能力应大于溶液的导电能力，交换容量大，溶胀率和含水率适当，化学稳定性强，机械强度大。

3. 电渗析器

利用电渗析原理进行脱盐或处理废水的装置称为电渗析器。

(1) 电渗析器的构造

电渗析器由膜堆、极区和压紧装置三大部分构成。

① 膜堆。其结构单元包括阳膜、隔板、阴膜，一个结构单元也叫一个膜对。一台电渗析器由许多膜对组成，这些膜对总称为膜堆。隔板常用 0.2~2mm 的聚丙烯板材制成，板上开有配水孔、布水槽、流水道、集水槽和集水孔。其作用是使两层膜间形成水室，构成流水通道，并起配水和集水的作用。

② 极区。极区的主要作用是给电渗析器供给直流电，将原水导入膜堆的配水孔，将淡水和浓水排出电渗析器，并通入和排出极水。极区由托板、电极、极框和弹性垫板组成。电极托板的作用，是加固极板和安装进出水接管。电极的作用是接通内外电路，在电渗析器内造成均匀的直流电场。阳极常用石墨、铅、钛丝涂钌等材料制成；阴极可用不锈钢、石墨等材料制成。极框用来在极板和膜堆之间保持一定的距离，构成极室，也是极水的通道。极框常用厚5~7mm 的粗网多水道式塑料板制成。垫板起防止漏水和调整厚度不均的作用，常用橡胶或软聚氯乙烯板制成。

③ 压紧装置。其作用是把极区和膜堆组成不漏水的电渗析器整体。多采用压板和螺栓拉紧，也可采用液压压紧。

(2) 电渗析器的组装

电渗析器的基本组装形式如图 4-28 所示。

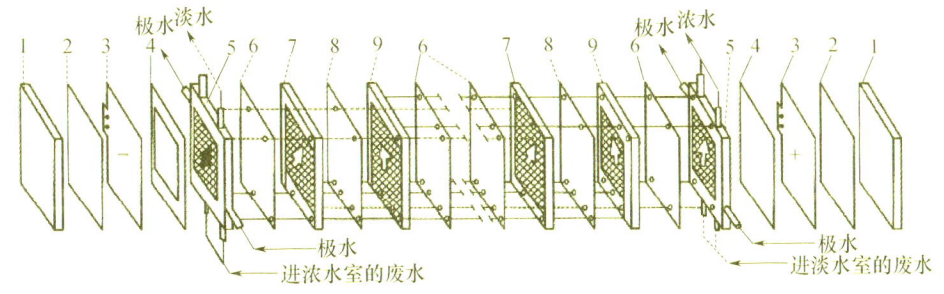

图 4-28 电渗析器的基本组装形式
1—压紧板；2—垫板；3—电极；4—垫圈；
5—极框；6—阳膜；7—淡水隔板框；8—阴膜；9—浓水隔板框

在实践中，通常用"级""段"和"系列"等术语来区别各种组装形式。电渗析器内一对正、负电极之间的膜堆称为一级，两对电极的称为二级，依此类推。具有同一水流方向的并联膜堆称为"一段",凡是水流方向每改变一次,"段"的数目就增加1。一台电渗析器分为几级的原因在于降低两个电极间的电压,分为几段的原因是为了使几段串联起来。

4. 电渗析法在废水处理中的应用

电渗析法最先用于海水淡化制取饮用水和工业用水,海水浓缩制取食盐,以及与其他单元技术组合制取高纯水,后来在废水处理方面也得到较广泛应用。

在废水处理中,根据工艺特点,电渗析操作有两种类型:一种是由阳膜和阴膜交替排列而成的普通电渗析工艺,主要用来从废水中单纯分离污染物离子,或者把废水中的污染物离子和非电解质污染物分离开来,再用其他方法处理;另一种是由复合膜与阳膜构成的特殊电渗析分离工艺,利用复合膜中的极化反应和极室中的电极反应,以产生 H^+ 和 OH^-,从废水中制取酸和碱。

目前,电渗析法在废水处理实践中应用最普遍的有:

(1) 处理碱法造纸废液,从浓液中回收碱,从淡液中回收木质素。

(2) 从含金属离子的废水中分离和浓缩重金属离子,然后对浓缩液进一步处理或回收利用。

(3) 从放射性废水中分离放射性元素。

(4) 从芒硝废液中制取硫酸和氢氧化钠。

(5) 从酸洗废液中制取硫酸及沉积重金属离子。

(6) 处理电镀废水和废液等,含 Cu^{2+}、Zn^{2+}、$Cr(Ⅵ)$、Ni^{2+} 等金属离子的废水,都适宜用电渗析法处理,其中应用较广泛的是从镀镍废液中回收镍,许多工厂实践表明,用这种方法可以实现闭路循环。

4.4.4 反渗透法

1. 基本原理

如果将纯水和某种溶液用半透膜隔开,水分子就会自动地透过半透膜进到溶液一侧去,这种现象叫做渗透[图4-29(a)]。在渗透进行过程中,纯水一侧的液面不断下降,溶液一侧的液面则不断上升。当液面不再变化时,渗透便达到了平衡状态[图4-29(b)]。此时,两侧液面差称为该种溶液的渗透压。任何溶液都具有相应的渗透压,其值依一定溶液中溶质的分子数目而定,与溶质的本性无关,溶液的渗透压与溶质的浓度及溶液的绝对温度成正比,其数学表达式为式(4-43):

$$\pi = iRTC \tag{4-43}$$

式中 π——渗透压力,Pa;

R——理想气体常数,Pa·L/(mol·K);

C——溶质的浓度,mol/L;

T——绝对温度,K;

i——范特霍夫系数,它表示溶质的离解状态,其值等于1或大于1,当完全离解时,i 等于阴、阳离子的总数,对非电解质则 $i=1$。

如果在溶液一侧施加大于渗透压的压力,则溶液中的水就会透过半透膜,流向纯水一侧,溶质则被截留在溶液一侧,这种作用称为反渗透[图4-29(c)]。

主要有两种理论来解释反渗透过程的机理,即溶解扩散理论和选择吸附-毛细流理论。

溶解扩散理论是把反渗透膜视为一种均质无孔的固体溶剂,各种化合物在膜中的溶解度各不相同。溶解性差异的来源，对醋酸纤维素膜而言，有人认为是氢键结合。溶液中的水分子能与醋酸纤维素膜上的羟基形成氢键而结合（=C=O…H—O—H…O=C=），然后在反渗透压力的推动下，水分子由一个氢键位置断裂转移到另一个位置，通过一连串氢键的形成和断裂而透过膜去。

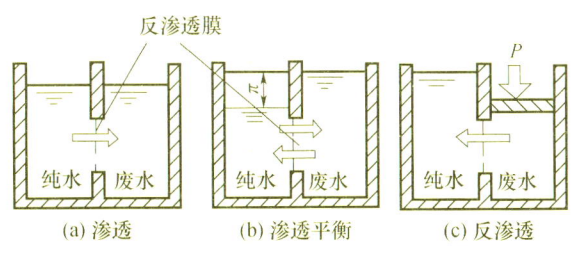

图 4-29　渗透和反渗透

选择性吸附-毛细流理论，是把反渗透膜看作一种微细多孔结构物质，它有选择吸附水分子，而排斥溶质分子的化学特性。当水溶液同膜接触时，膜表面优先吸附水分子，在界面上形成水的分子层。在反渗透压力作用下，界面水层在膜孔内产生毛细流动，连续地透过膜层而流出，溶质则被膜截留下来。

这些理论都反映了部分试验结果，但均不够完善，尚待进一步研究和充实。

2. 反渗透膜

反渗透膜的种类很多，通常以制膜材料和膜的形式或其他方式加以命名。目前研究得比较多和应用比较广的，是醋酸纤维素膜和芳香族聚酰胺膜两种，其他类型的膜材料也不断地研制出来。现将具有代表性的各种反渗透膜的透水和脱盐性能列于表4-9。

表 4-9　几种反渗透膜的透水和脱盐性能

品种	测试条件	透水量/[$m^3/(m^2 \cdot d)$]	脱盐率/%
醋酸纤维素膜（CA膜）	1%NaCl，4.9MPa	0.8	99
CA 超薄膜	海水，9.8MPa	1.0	99.8
CA 中空纤维膜	海水，5.88MPa	0.4	99.8
醋酸-丁酸纤维素膜	海水，9.8MPa	0.48	99.4
CA 混合膜（二醋酸和三醋酸纤维素膜）	3.5%NaCl，9.8MPa	0.44	99.7
醋酸-丙酸纤维素膜	3.5%NaCl，9.8MPa	0.48	99.5
芳香族聚酰胺膜（PA膜）	3.5%NaCl，9.8MPa	0.64	99.5
聚乙烯亚胺膜（异氰酸酯改性膜）	3.5%NaCl，9.8MPa	0.81	99.5
聚苯并咪唑膜（PBI膜）	0.5%NaCl，3.92MPa	0.65	95
磺化聚苯醚膜	苦咸水，7.35MPa	1.15	98

（1）醋酸纤维素膜

以醋酸纤维素为成膜物质，丙酮为溶剂，加入过氯酸镁[$Mg(ClO_4)_2$]或甲酰胺（$HCONH_2$）为添加剂（发孔剂或溶胀剂），按一定比例配制而成。CA膜的外观为乳白色或淡黄色的含水凝胶，膜厚100～250μm，它是由致密的表皮层和多孔支撑层组成。表皮层是脱盐面，厚0.25～1μm，其孔隙率为12%～14%，微孔孔径小于10nm。多孔支撑层为海绵状，孔隙率为50%～60%，微孔孔径10～100nm，此层起支撑表皮层的作用。

影响CA膜工作性能的因素有温度、pH值、工作压力、进液流速和工作时间等。进水温度增高透水量增加，在15~30℃工作温度范围内，水温每提高1℃，透水量约增加35%，但是CA膜在水中会水解，温度越高，水解速度越快。此外，水解速度还与pH值有关，在pH=4.5~5时最小。所以供水温度一般以20~30℃为宜，pH值范围为3~7，以在酸性中工作为好。

(2) 芳香族聚酰胺膜

芳香族聚酰胺膜的主要成膜材料为芳香聚酰胺，以二甲基乙酰胺为溶剂，硝酸锂或氯化锂为添加剂制成。它是一种非对称结构的膜。制成中空纤维膜时，其外径45~85μm，内径24~42μm，表皮层厚0.1~1.0μm。这类反渗透膜具有良好的透水性能、较高的脱盐率，工作压力低（2.74MPa即可），机械强度好，化学稳定性好，耐压实，能在pH值为4~11范围内使用，寿命较长。

(3) 聚苯并咪唑膜

聚苯并咪唑膜的特点是在高温时透水性能好。在21~90℃温度范围内，PBI膜的透水量随温度上升而提高；而当温度升高到90℃时，PBI膜的透水量将降到零。

3. 反渗透装置

反渗透装置主要有板框式、管式、螺旋卷式和中空纤维式四种。

(1) 板框式反渗透装置。在多孔透水板的单侧或两侧贴上反渗透膜，即构成板式反渗透元件。再将元件紧粘在用不锈钢或环氧玻璃钢制作的承压板两侧，然后将几块或几十块元件成层叠合（图4-30），用长螺栓固定，装入密封耐压容器中，按压滤机形式制成板式反渗透器。这种装置的优点是结构牢固，能承受高压，占地面积不大；其缺点是液流状态差，易造成浓差极化，设备费用较大，清洗维修也不太方便。

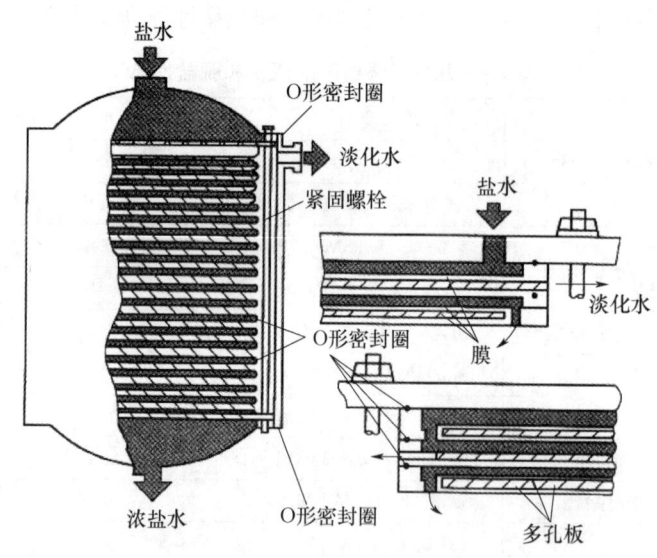

图4-30 板框式反渗透器

(2) 管式反渗透装置。这种装置是把膜装在（或者将铸膜液直接涂在）耐压微孔承压管内侧或外侧，制成管状膜元件，然后再装配成管束式反渗透器（图4-31）。这种装置的优点是水力条件好，适当调节水流状态就能防止膜的沾污和堵塞，能够处理含悬浮物的溶液，安装、清洗、维修都比较方便。它的缺点是：单位体积的膜面积小，装置体积大，制造的费用较高。

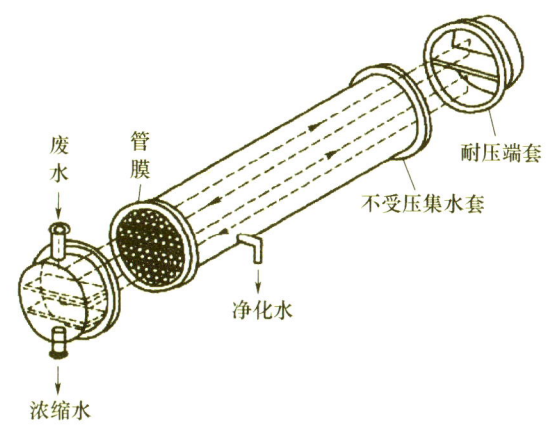

图 4-31　管束式反渗透器

(3) 螺旋卷式反渗透装置。这种装置如图 4-32 所示。它是在两层反渗透膜中间夹一层多孔支撑材料（柔性格网），并将它们的三端密封起来，再在下面铺上一层供废水通过的多孔透水格网，然后将它们的一端粘贴在多孔集水管上，绕管卷成螺旋卷筒，便形成一个卷式反渗透组件，最后把几个组件串联起来，装入圆筒形耐压容器中，便组成螺旋卷式反渗透器。这种反渗透器的优点是单位体积内膜的装载面积大、结构紧凑、占地面积小；缺点是容易堵塞、清洗困难，因此，对原液的预处理要求严格。

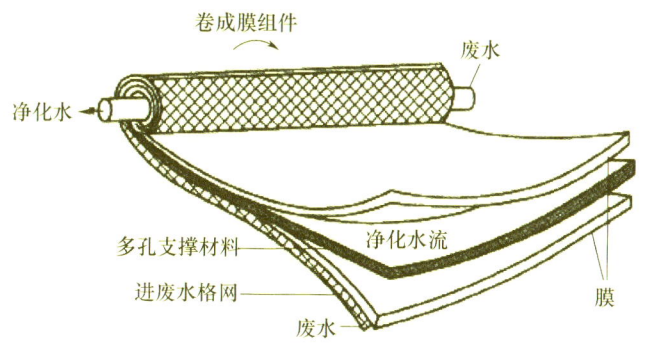

图 4-32　螺旋卷式反渗透器

(4) 中空纤维式反渗透装置。这种装置中装有由制膜液空心纺丝而成的中空纤维管，管的外径为 50～100μm，壁厚 12～25μm，管的外径与内径之比约为 2∶1。将几十万根中空纤维膜弯成 U 字形装在耐压容器中，即可组成反渗透器，如图 4-33 所示。这种装置的优点是单位体积的膜表面积大、装置紧凑；缺点是原液预处理要求严，难以发现损坏了的膜。

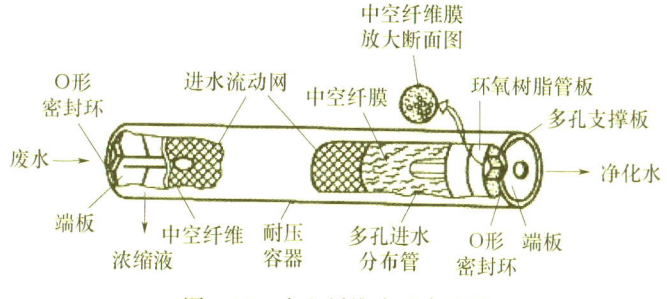

图 4-33　中空纤维式反渗透器

以上四种反渗透器的主要性能指标列于表 4-10。表中透水量系指原液中 w（NaCl）= 500×10^{-6}，除盐率为 92%～96% 时的透水量。

表 4-10 各种反渗透器的性能比较

形式	膜的装填密度/（m²/m³）	操作压力/MPa	透水量/[m³/(m²·d)]	单位产水量/[m³/(m³·d)]
板框式	493	5.49	1.02	500
管式	330	5.49	1.02	336
螺旋卷式	660	5.49	1.02	673
中空纤维式	9200	2.74	0.075	690

4. 反渗透处理系统的计算

反渗透处理系统的设计，必须掌握进水组成及其变化、水温以及渗透压等原始资料。用于废水处理时，设计规模按进水流量确定，主要计算内容如下：

（1）出水水质：反渗透处理系统中，溶质质量平衡关系见式（4-44）：

$$Q_g C_g = Q_l C_l + Q_d C_d \tag{4-44}$$

式中 Q_g，Q_l，Q_d——分别为供水、浓水和淡水流量；
 C_g，C_l，C_d——分别为相应的浓度。

浓水侧溶质的平均浓度 C_p，可用式（4-45）表示：

$$C_p = \frac{Q_l C_l + Q_g C_g}{Q_l + Q_g} \tag{4-45}$$

令溶质的平均去除率（或者排斥度）为 f_p，则有式（4-46）：

$$C_d = C_p(1-f_p) \tag{4-46}$$

由于 C_d 值很小，故可假定 $C_d=0$，由式（4-44）和式（4-45）可推导出下式：

$$C_p = \frac{2C_g}{2-Y} \tag{4-47}$$

$$C_d = \frac{2C_g}{2-Y}(1-f_p) \tag{4-48}$$

式中 Y——水的回收率，$Y = Q_d/Q_g = 1 - C_g/C_l$。

在已知 Q、C、f 及取定 Y 值的条件下，由式（4-48）初算出 C_d 值代入式（4-44），算出 C_l，又将 C_l 值代入式（4-45）计算 C_p，再将 C_p 值代入式（4-46），第二次算出 C_d。如此反复，即得到较精确的 C_d 值。

平均除盐率 f_p 可经验选定，对 CA 可取 95%。如果出水水质（淡水浓度 C_d）事先给定，则计算变成调整回收率去满足出水水质要求的问题。

（2）膜面积。膜面积 A（cm²）由下式计算：

$$A = \frac{Q_g}{q} \tag{4-49}$$

式中 Q_g——供水流量，g/s；
 q——膜的平均透水率，g/(cm²·s)，可按下式计算：

$$q = K_w(\Delta p - \Delta \pi) \tag{4-50}$$

式中 K_w——膜的水渗透系数，g/(cm²·s·MPa)；
 Δp——供水压力与淡水压力的差值，MPa；
 $\Delta \pi$——供水与淡水的渗透压力差，MPa。实际使用的工作压力一般比渗透压大 3～10 倍。

K_w 值与膜的种类、制造工艺和厚度等有关，由试验测得。

(3) 膜的透盐量。可按照下式计算：

$$F_y = \frac{P_y}{\delta}(C_g - C_d) = \beta \Delta C \tag{4-51}$$

式中　F_y——透盐量，$g/(cm^2 \cdot s)$；

　　　P_y——溶质在膜内的扩散系数（也称透压系数），cm^2/s；

　　　δ——膜的有效厚度，cm；

　　　ΔC——供水和淡水的浓度差，g/cm^2；

　　　β——膜的透盐常数，表示特定膜的透盐能力，cm/s，$\beta = P_y/\delta$。

(4) 盐的去除率 f（排斥度）。可按下式计算：

$$f = \frac{C_g - C_d}{C_g} \times 100\% \tag{4-52}$$

5. 反渗透法在废水处理中的应用实例

(1) 反渗透法处理酸性尾矿水。废水经过滤后，用高压泵送进反渗透器，产出的淡水加碱调整 pH 值后即可作为工业用水，若再经过滤和消毒后还可作为饮用水。浓缩水部分循环，部分用石灰中和沉淀。废水中的 $CaSO_4$ 容易沉淀，可沾污、堵塞反渗透膜，所以反渗透器的进水，应控制废水与沉淀池返回来的上清液之比为 10:1。同时，应使水流处于湍流状态，以便防止边界层沉淀。反渗透处理结果见表 4-11，操作压力为 4.21MPa，水的回收率为 75%。

表 4-11　反渗透法处理酸性尾矿水的结果

项目	pH 值	溶解质/(mg/L)						
		酸	Ca^{2+}	Mg^{2+}	Al^{3+}	Fe^{2+}	SO_4^{2-}	TDS
原废水	2.7	644	115	38	38.5	150	936	1280
混合废水	2.6	1090	184	66	74	277	1890	2491
浓水	2.4	2330	400	146	153	566	2810	4075
产出淡水	4.4	6.0	2.0	0.9	3.1	0	4.2	10
溶质去除率（%）		99.6	99.3	99.2	97.3	100.0	99.8	

(2) 纸浆及造纸厂废水处理。生产试验表明，反渗透法可降低造纸厂废水中的 BOD_5 70%~80%，COD 85%~90%，色度 96%~98%，钙 96%~97%。据报道，在工作压力为 3.14MPa 时，可去除纸浆废水中的 BOD_5 达 94%，氯化物 92%，水的回收率 80%，处理后的水无色无臭，可回用于生产。

(3) 反渗透法处理化工污水

在尼龙生产的尼龙纤维提取液蒸发工序中，所产生的二次冷凝液中含有 0.1% 的己内酰胺，采用反渗透法对其进行浓缩处理的试验工艺流程，如图 4-34 所示。

所处理的废液，首先经二级过滤去除悬浮物和纤维，两次过滤之间还需流经冷却装置，以控制进水温度，然后经三级反渗透进行浓缩处理。反渗透单元采用 PEC-1000 型反渗透膜微型组件，其中一级反渗透为 11 个膜组件并联，二级反渗透为 3 个膜组件并联，三级反渗透为 1 个膜组件。系统操作压力 4.0~4.5MPa，温度 35℃，膜透水通量为 0.38$m^3/(m^2 \cdot d)$，己内酰胺脱除率达 99.9% 以上，处理水量 300m^3/d。每周对膜进行一次物理清洗，每 2~4 周则用 0.2%DDS（十二烷硫酸钠）进行一次化学清洗，透水通量可恢复至 89%。

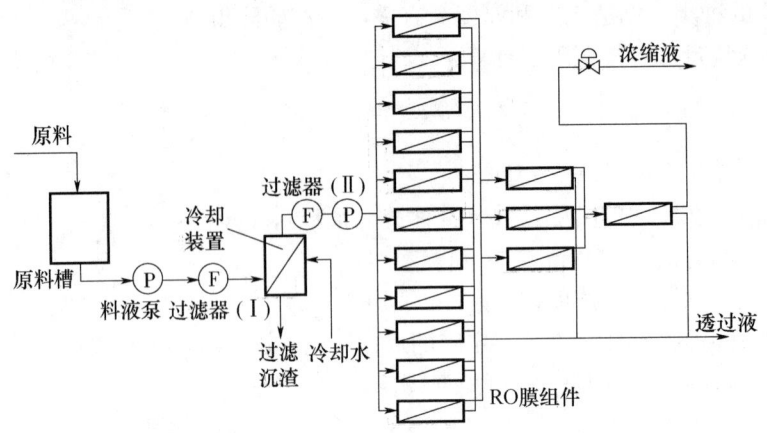

图 4-34 反渗透浓缩处理己内酰胺废液工艺流程

4.4.5 微滤

1. 基本原理

微滤膜的分离机理主要分为：

（1）筛分截留。即过筛截留，指微滤膜将尺寸大于其孔径的固体颗粒或液体颗粒聚集体截留，筛分作用是微滤膜截留溶质的主要机理。

（2）吸附截留。微滤膜将尺寸小于其孔径的固体颗粒通过物理或化学作用吸附而截留。

（3）架桥截留。固体颗粒在膜的微孔入口因架桥作用而被截留。

（4）网络截留。这种截留发生在膜的内部，往往是由于膜孔的曲折而形成的。

2. 微滤膜的特点

微滤膜指孔径介于 $0.1\sim10\mu m$，膜厚度均匀，具有筛分过滤作用的多孔固体连续介质。依据微孔形态的不同，微滤膜可分为两类：弯曲孔膜和柱状孔膜。弯曲孔膜的微孔结构为交错连接的曲折孔道形成的网络，而柱状孔膜的微孔结构为几乎平行的贯穿膜壁的圆柱状毛细孔结构。

微滤膜的另一个重要指标为孔径分布，图 4-35 给出了某一种微孔膜的孔径分布示意图。膜的孔径可以用标称孔径或绝对孔径来表征。绝对孔径表明，等于或大于该孔径的粒子或大分子均会被截留，而标称值则表示该尺寸的粒子或大分子以一定的百分数被截留。

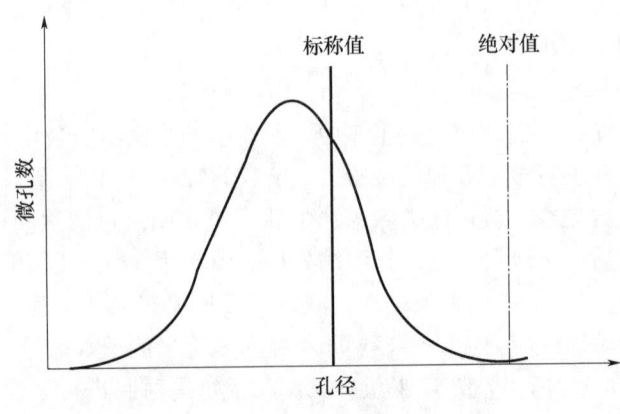

图 4-35 微孔膜孔径分布示意图

与深层过滤介质,如硅藻土、砂、无纺布相比,微滤膜有以下几个特点:

(1) 精度高。微滤膜主要以筛分机理实现分离目的,使所有比膜孔径绝对值大的粒子全面截留。

(2) 通量大。由于微滤膜的孔隙率高,因此在同等过滤精度下,流体的过滤速度比常规过滤介质高几十倍。

(3) 厚度薄,吸附量少。微滤膜的厚度一般为 $10\sim200\mu m$,对过滤对象的吸附量小,因此贵重物料的损失较小。

(4) 易堵塞。微滤膜内部的比表面积小,颗粒容纳量小,易被物料中与膜孔大小相近的微粒堵塞。

由于上述特点,所以微孔膜主要用于从气相或液相流体中截留细菌、固体颗粒等杂质,以达到净化、分离和浓缩的目的。

3. 微滤膜的材料

能用来做微滤膜的材料有很多种,但目前国内外已商品化的主要有:

(1) 纤维素酯类。如二醋酸纤维素(CA)、三醋酸纤维素(CTA)、硝化纤维素(CN)、乙基纤维素(EC)、混合纤维素(CN-CA)微滤膜等。

(2) 聚酰胺类。如尼龙 6(PA-6)和尼龙(PA-66)微滤膜。

(3) 聚砜类。如聚砜(PS)和聚醚砜(PES)微滤膜。

(4) 含氟材料类。如聚偏氟乙烯(PVDE)和聚四氟乙烯膜(PTFE)微滤膜。

(5) 聚烯烃类。如聚丙烯(PP)拉伸式微孔膜和聚丙烯(PP)纤维式深层过滤膜。

(6) 无机材料。如陶瓷微孔膜、玻璃微孔膜,各类金属微孔膜等。无机膜具有耐高温、耐有机溶剂、耐生物降解等优点。特别在高温气体分离和膜催化反应器及食品加工等行业中,有良好的应用前景。

4. 微滤膜的应用

微滤膜的应用,主要包括以下几个方面:

(1) 去除废水中的悬浮物,以及细菌等其他颗粒物。

(2) 去除食品、饮料及酒类中的悬浊物、微生物和异味杂质。

(3) 去除组织液、抗菌素、血清、血浆蛋白质等多种溶液中的菌体。

4.4.6 超滤法

1. 基本原理

一般认为超滤是一种筛孔分离过程,主要用来截留分子量高于 500D(道尔顿)的物质。超滤过程如图 4-36 所示,在静压差的作用下,原料液中溶剂和小分子的溶质粒子,从高压的料液侧透过膜到低压侧,通常称为滤出液或透过液;而大分子的溶质粒子组分被膜所阻截,使它们在滤剩液(或称浓缩液)中浓度增大。按照这种分离机理,超滤膜具有选择性的主要原因是,形成了具有一定大小和形状的孔,而聚合物的化学性质,对膜的分离特性影响相对较小。因此,可以用细孔模型表示超滤的传递过程。

2. 超滤膜

大多数超滤膜都是聚合物或共聚物的合成膜,主要有醋酸纤维(CA)超滤膜、聚偏氟乙烯超滤膜、聚砜类(PSF)超滤膜和聚砜酰胺(PSA)超滤膜。此外,聚丙烯腈(PAN)也是一种很好的超滤膜材料。

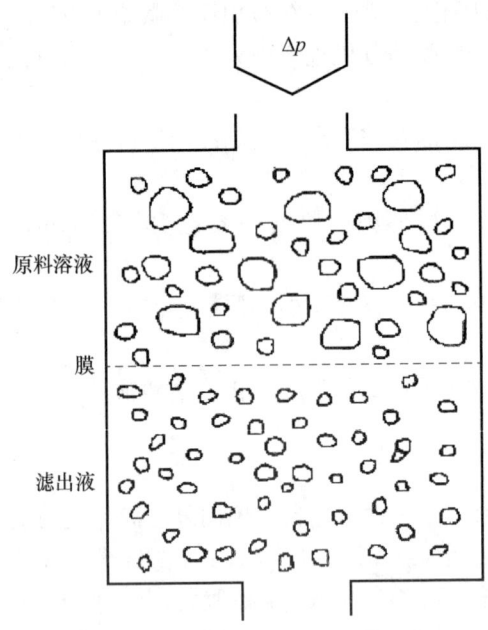

图 4-36 超滤过程原理示意图

超滤膜的透过能力，以纯水的透过速率表示，并标明测定条件。通常用分子量代表分子大小，以表示超滤膜的截留特性，即膜的截留能力以切割分子量表示。切割分子量的定义和测定条件不很严格，一般用分子量差异不大的溶质，在不易形成浓差极化的操作条件下，测定截留率，将表观截留率为90%～95%的溶质的分子量定义为切割分子量。另外，要求超滤膜耐高温，pH值适用范围要大，对有机溶剂具有化学稳定性，以及具有足够的机械强度。

3. 超滤设备和超滤工艺流程

超滤膜组件的结构形式，有板框式、螺旋卷式、管式、中空纤维式等，并且通常是由生产厂家将这些组件组装成配套设备供应市场。

超滤工艺流程可分为间歇操作、连续超滤过程和重过滤三种。间歇操作具有最大透过率，效率高，但处理量小。连续超滤过程常在部分循环下进行，回路中循环量常比料液量大得多，主要用于大规模处理厂。重过滤常用于小分子和大分子的分离。

4. 超滤技术的应用

在废水处理中，超滤技术可以用来去除废水中的淀粉、蛋白质、树胶、油漆等有机物，以及黏土、微生物等致浊物质；此外，超滤还可用于污泥脱水，以及用来代替澄清池等。

(1) 电泳漆废水的处理。汽车、家具等金属制品，在用电泳法将涂料沉淀到金属表面上后，要用水将制品上的多余涂料冲洗掉，这种清洗水一般含1%～2%的涂料，污水中的漆料是使用漆料总量的10%～50%，需进行回收利用。

南京某公司采用超滤法处理电泳涂漆污水的工艺流程如图4-37所示。启动超滤泵，将电泳槽内漆液抽出，经袋式过滤器初滤后进行超滤，超滤器采用新型的内压膜管式超滤器，超滤分离后的浓缩液返回到电泳槽；滤过液流入滤过液贮槽，喷淋清洗泵把流入喷淋清洗槽中的滤过液抽至喷淋管，经喷嘴喷出，电泳涂漆后的工件吊入槽内进行喷淋清洗，清洗液可多次循环使用。用超滤法处理这种清洗水，不仅可以回收涂料，而且滤液可循环利用。

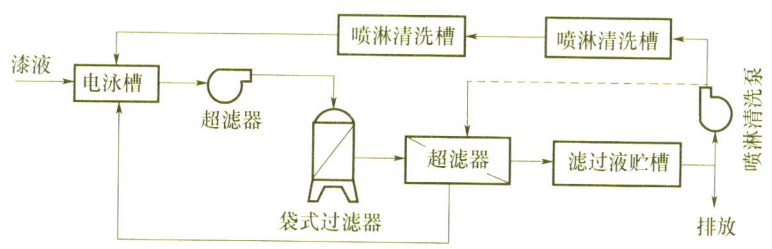

图 4-37　超滤法处理电泳涂漆污水的工艺流程

除了用于电泳漆废水处理，超滤还可以用来净化电泳漆的槽液，使其中的无机盐从膜中透过，把漆料截留下来，因而漆料得到净化，返回电泳槽重新使用。

（2）含油废水的处理。在机械加工中，排放出的含乳化油废水水量虽不大，但含油浓度很高，可达 10000～125000mg/L，可以采用超滤或反渗透与超滤联合工艺进行处理。钢铁压延清洗废水中含 0.2%～1%的油，油粒直径 0.1～1μm，用超滤分离处理，得到的浓缩液含油 5%～10%，可直接用于金属切割，过滤水重新用作压延清洗水。

（3）超滤技术还可用于纸浆和造纸废水、洗毛废水、还原染料废水、聚乙烯退浆废水、食品工业废水以及高层建筑物的生活污水处理，既可回收各种有用物质，也可以使处理后的水用于生产或生活。

4.4.7　液膜分离技术

液膜分离技术是一种高效、快速并能达到专一分离目的的新分离技术，已在废水处理、湿法冶金、石油化工等许多领域内，显示出极为宽广的应用前景。本节主要介绍与水污染控制密切相关联的乳状液型液膜。

1. 液膜的结构

液膜是一层很薄的液体膜，它可以把两个不同组分的溶液隔开，并且通过渗透现象起着迁移分离一种或一类物质的作用。当被隔开的两种溶液是水相时，液膜应是油型（油，泛指与水不相混溶的有机相）；当被隔开的两个溶液是有机相时，液膜应是水型。

水膜和油膜的结构是不相同的，下面着重讨论油膜结构。乳化液型油膜的结构如图 4-38所示，它是一个呈球形的液珠，由有机溶剂、表面活性剂和流动载体三部分组成，构成一个与水互不相溶的混合相。有机溶剂（或称为膜溶剂，简称为油）是成膜的基体成分（占 90%以上），具有一定的黏度，保持成膜所需的机械强度；表面活性剂占 1%～3%，它具有亲水基和疏水基（亲油基），能定向排列于油和水两相界面，用以稳定膜形，固定油水分界面；流动载体（占 1%～2%）的作用，是选择性携带欲分离的溶质或离子进行迁移。乳状液膜的直径为 0.1～0.5mm；膜厚从几个分子到 0.05mm，一般是 10μm。

液膜分离体系的形成是：先将液膜材料与一种作为接受相的试剂水溶液混合，形成含有许多小水滴（内水相）的油包水乳状液，再将此乳状液分散在水溶液连续相中，于是便形成了由外水相、膜相和内水相组成的"水包油包水"液膜分离体系。外水相的分离对象透入液膜后，由流动载体将其输送至内水相而得以分离。

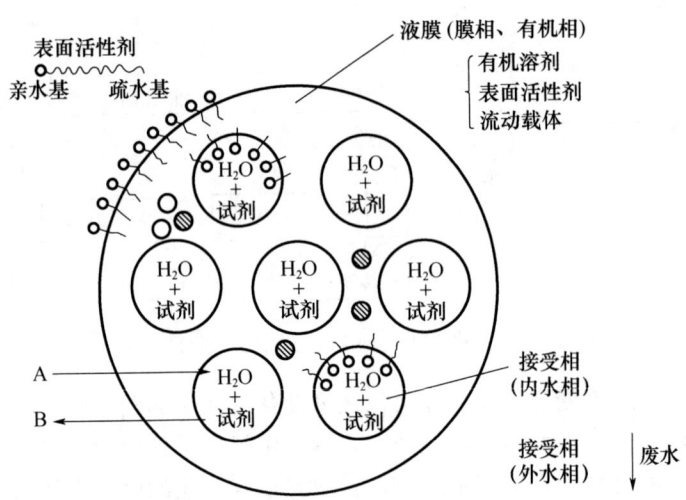

图 4-38 油膜结构与液膜分离体系示意图

2. 液膜分离操作

液膜分离操作一般的操作程序如下：

（1）乳状液型液膜的制备。首先将含有载体的有机溶液相与含有试剂的水溶液相快速混合搅拌，制得油包水乳状液，再加入油溶性表面活性剂稳定该乳状液。为了防止液膜破裂，还需配入具有适当黏度的有机溶液作为液膜增强剂，从而得到一个合适的含流动载体的乳状液膜。

（2）接触分离。在适度搅拌下，在上述乳状液中加入第二水相（如废水），使其在混合接触器中，构成由外水相（连续相）、膜相、内水相（接受相）三重乳液分离体系，对料液（即废水相）中给定溶质进行迁移分离。

（3）沉降分离。在乳液分离器中，对上述混合液进行沉降澄清，把乳状液与处理后的料液分开。

（4）破乳（反乳化）。在破乳中通过加热或者使用静电聚结剂等手段，使液膜破裂，排放出所包含的浓集物，并回收液膜组分，然后将液膜组分返回，以制备乳状液膜，供下一操作周期使用。

4.5 渗透汽化

渗透汽化（Pervaporation，简称 PV），是利用料液膜上下游某组分化学势差为推动力，依靠致密高聚物膜，对液体混合物中组分的溶解扩散性能的不同，实现组分分离的一种新型膜分离技术。

与传统的蒸馏等分离技术相比，渗透汽化具有设备简单、高效、低能耗、无污染等优点，适用于一切液体混合物的分离，尤其是对共沸或近沸混合体系的分离、纯化具有特别的优势。

1. 渗透汽化的基本原理

渗透汽化的分离是利用液体中两种组分，在膜中溶解度与扩散系数的差别，通过渗透与汽化，将两种组分进行分离。在渗透汽化过程中，既有质量，又有热量通过膜的传递，离开膜的物料浓度和温度都与加入的料液不同。

渗透汽化分离过程如图4-39所示，液体混合物原料经加热器加热到一定温度后，在常压下送入膜分离器，与膜接触，在膜的下游侧，用抽真空或载气吹扫等方法维持低压。渗透物组分在膜两侧的蒸汽分压差（或化学位梯度）作用下透过膜，并在膜的下游侧汽化，被冷凝成液体而除去。不能透过膜的截留物流出膜分离器。

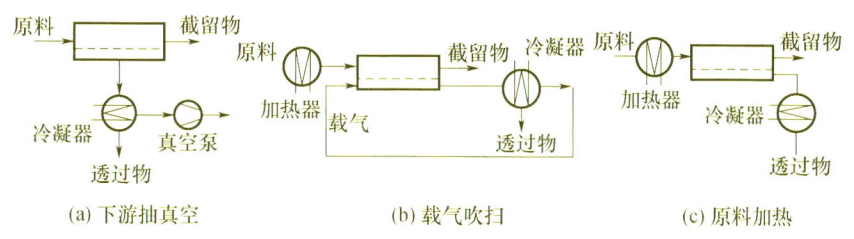

(a) 下游抽真空　　　　(b) 载气吹扫　　　　(c) 原料加热

图4-39　渗透汽化过程示意图

按照推动力的不同，渗透汽化可分三类：

（1）真空渗透汽化。如图4-39（a）所示，在膜透过侧，用真空泵抽真空，以造成膜两侧组分的分压差，该方法简单，传质推动力大，适用于实验室研究。

（2）载气吹扫渗透汽化。如图4-39（b）所示，用载气吹扫膜的透过侧，带走渗透组分，吹扫气冷凝回收透过组分，载气循环使用，若不需回收透过组分，载气可直接放空。载气吹扫渗透汽化，分为不凝性载体吹扫和可凝性载体吹扫。

（3）热渗透汽化。如图4-39（c）所示，通过料液侧加热或透过浓侧冷凝的方法，形成膜两侧组分的蒸汽压差，传质推动力比真空渗透汽化小，工业上常与真空渗透汽化联合使用。

2. 渗透汽化膜分离技术的应用

目前，渗透汽化的应用包括有机物脱水，水中回收贵重有机物，有机-有机体系分离等三个方面，在石油化工、医药、食品、环保等工业领域中也显示出广阔的应用前景。

（1）制取无水乙醇

乙醇等有机物与水形成恒沸物，制取高纯度溶剂时，需要恒沸精馏、萃取精馏、分子筛脱水等，费用高，分离效果不理想。1982年，德国GFT公司率先将渗透汽化技术成功应用于无水乙醇的生成，到目前，渗透汽化的应用领域遍及醇、酮、醚、醋等多种有机物水溶液脱水。

TidballR.A.等用发酵-蒸馏-渗透汽化组合工艺制取无水乙醇，其工艺流程如图4-40所示。PV-1膜组件与发酵釜构成一个生物反应器，其中PV-1膜组件起到两方面的作用：一方面是提高进入蒸馏塔中乙醇的浓度，减轻蒸馏塔的运行负荷，提高操作运行效果；另一方面是连续地带走发酵产物乙醇，减少乙醇对反应的抑制作用，提高发酵过程产率。从PV-2单元膜下游侧透出的蒸汽被冷凝后进入蒸馏塔。

工艺中PV-1膜组件采用的是疏水膜（或称透醇膜），PV-2膜组件是亲水膜（或称透水膜），目的是使在低浓度阶段少量醇透过膜，高浓度段少量水透过膜，以节约能耗。渗透汽化适用于含水量为0.1%~10%的有机溶剂脱水。

(2) 苯脱除微量水

苯是重要的化工原料,在其应用过程中,许多情况下需要将苯中的微量水脱至0.005%以下。渗透汽化技术可将苯中的微量水,从质量分数为0.05%左右脱除到0.003%以下,过程简单,易于控制,具有明显的经济和技术优势。

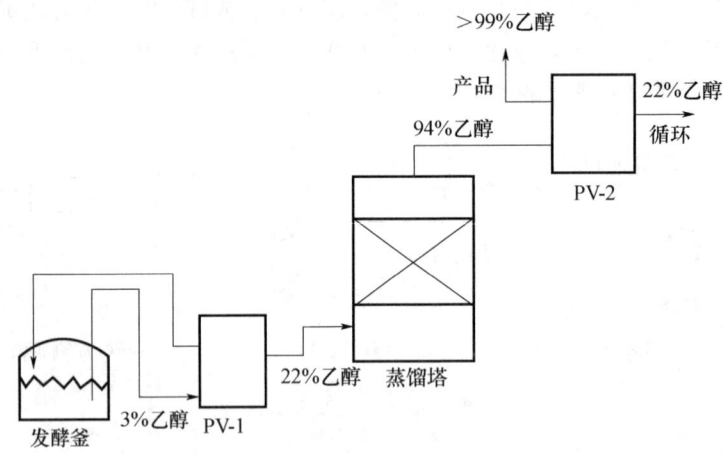

图4-40 渗透汽化制取无水乙醇工艺流程

北京某石油化工有限公司渗透汽化苯脱水中试流程如图4-41所示。料液从料槽流出,由计量泵输送到电加热器,经加热升温后,通过过滤器进入膜组件,流经膜表面脱水后回到料槽。为保证料液中的水含量,需定期向料液中加水。真空系统中,透过物蒸汽自真空罩中抽出,经冷凝后通过真空泵进入二次冷却系统,得到苯水渗透液。

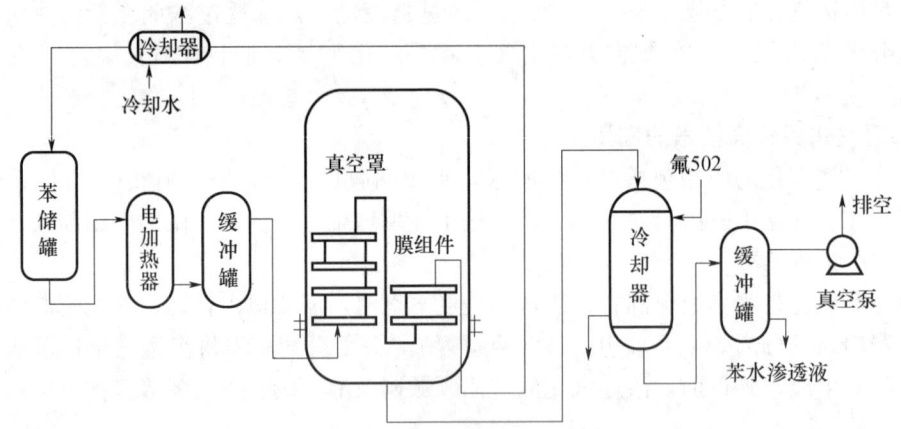

图4-41 渗透汽化苯脱水工艺流程

该系统处理能力达到年产苯1320t,用3个板框式膜组件串联使用,总有效膜面积为24.9m^2。在1000多小时的连续稳定运行期间,进料苯中平均水含量为0.06%,料液温度为60~75℃;产品中水含量均在0.003%以下。用渗透汽化法脱除苯中的微量水,比恒沸精馏法节能2/3。

4.6 超临界处理技术

1. 概述

任何物质可以气态、液态、固态三种状态存在,气态物质在温度降低或压力增加时可转变成液态或固态。然而当温度和压力超过临界值时,无论温度和压力如何变化,气体不再凝结为液体,气体与液体之间没有明显的界限,相界面消失,成为浑然一体的"流体",即超临界流体。超临界流体的密度是常态液体的1/3到1/2左右,比气体大数百倍,超临界流体具有和气体分子同等大小的运动能量,其黏度和气体差不多,扩散系数在液体与气体之间。超临界流体是一种具有接近气体扩散性能的高流动性流体。我们知道,溶剂的溶解能力与溶剂的密度有密切的关系。在临界点附近,超临界流体的密度是温度和压力的函数,故在合适的温度和压力下,它可以具有很高的溶解能力和良好的流动传递性能。因此超临界流体已在天然香料、药物成分及蛋白质等物质的提取、分离,新材料的合成,有毒有害物质的去除,新能源的开发等领域得到重视和应用。

研究较多的超临界流体体系有二氧化碳、水、氨、甲醇、乙醇、氙、戊烷、乙烯等。以下我们仅对水的超临界流体作详细介绍。

2. 超临界水

超临界水是温度、压力在临界点(温度为374℃,压力为22MPa)以上的高温高压水。在超临界状态下水的一些物理性质发生了很大变化(表4-12)。常温、常压下的水(25℃,0.1MPa),由于存在强的氢键作用,水的介电常数约为80。因此极性物质、电解质容易溶解,而对介电常数较小的无极性物质几乎不溶解。介电常数在密度不变的条件下,温度上升,介电常数降低;而在温度一定时,压力提高,介电常数增大。如在130℃,水的密度为900kg/m³时,水的介电常数为50,与甲醇的介电常数相当,而在260℃、水密度为800kg/m³时,水的介电常数为25,与乙醇的介电常数相当,而在临界点,水的介电常数为5,超临界水(600℃,25MPa)的介电常数降低到2。尽管介电常数不是影响有机物溶解的唯一因素,但有机物、气体在水中的溶解度随水的介电常数减小而增大。在25℃的水中微溶的苯(质量分数0.07%),在260~270℃以上时,几乎可完全溶解于水。在375℃以上,超临界水可与气体(如氮气、氧气或空气)及有机物以任意比例互溶;而无机物在水中的溶解度随水的介电常数减小而减小,当温度超过475℃时,无机物在超临界水中的溶解度急剧下降。图4-42表示烃类、氧在水中的溶解度随温度变化的关系。

表4-12 各种状态下水的物理性质

性质	水(液体)(25℃,0.1MPa)	水蒸气(气体)(100℃,0.1MPa)	超临界水(600℃,25MPa)
介电常数	80	1	2
黏度/[kg/(m·s)]	891×10^{-6}	12.3×10^{-6}	34.5×10^{-6}
密度/(kg/m³)	997	0.59	71

黏度是反映液体的流动性(或称流变性)的物理参数。牛顿将黏度定义为衡量液体流动时的内摩擦力或阻力的度量。超临界状态下,水的物理性质处于气体和液体之间,既具有与

气体相当的扩散系数和较低的黏度,又具有与液体相近的密度和对物质良好的溶解能力。

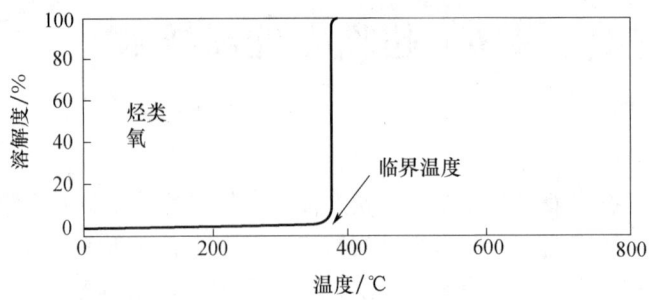

图 4-42　烃类、氧在水中的溶解度随温度变化的关系

3. 超临界技术在废水处理中的应用

(1) 超临界水氧化

20 世纪 80 年代中期,美国学者蒙戴尔（Modell）首先提出超临界水氧化方法,该技术是利用水在超临界状态下的低介电常数、低黏度、高扩散系数及与有机物和氧气（空气）等气体互溶的特性,使有机物和氧化剂在超临界水介质中发生快速氧化反应来彻底去除有机物的新型氧化技术。该技术反应速率高,氧化完全彻底,对大多数有机废液、废水和有机污泥能在较短的时间内达到 99.9% 以上的去除率。大多数高浓度和难降解的有机废物经此技术处理后能够产生直接排放的气体、液体或固体。超临界水氧化技术在处理一些用常规方法难以处理的有机污染物及在某些场合取代传统的焚烧方法等方面具有良好的前景,是一项具有很大发展潜力的技术。

有机物的超临界水氧化受反应温度、反应压力、停留时间、氧化剂量及催化剂等因素的影响。反应温度高,反应速率常数大,反应速率高;但温度高,会降低反应物的密度,因而降低了反应物的浓度,使反应速率下降。在不同的温度、压力区域,这种效应对反应速率的影响程度是不同的。在远离临界点的区域,升温造成的速率常数增大导致的反应效率增大比反应物密度减小所引起的反应速率降低的程度大,所以升温可加快有机物氧化的反应速率;但在临界点附近,情况刚好相反,升温不利于有机物的氧化。压力变化和水密度的变化有密切关系,进而引起反应物浓度和反应速率的变化。在临界温度附近,水密度受压力影响更显著,反应速率随水密度的增大而快速升高。超临界水氧化的效果随反应停留时间的增加而增加,但增加率随反应时间的增加而减缓。氧化剂浓度也是类似的情况:氧化剂浓度提高,有机物的转化率提高,但并非氧化剂的量越多越好,当氧化剂过量至一定程度时,再增加氧化剂的量对有机物转化率的提高作用就很小了。超临界水氧化也可采用催化技术,特别是对有机物氧化速率较低、反应中间产物较多的反应。但在超临界状态下,可能因超临界水在催化剂上的吸附-解吸,影响了有机物、氧气在催化剂上的平衡吸附,催化效果有所降低。

超临界水氧化的机理比较典型的是在湿式空气氧化、气相氧化的基础上提出的自由基反应机理。

在没有引发物的情况下,自由基由氧气攻击最弱的 C—H 键而产生,反应如下所示:

$$RH + O_2 \longrightarrow R\cdot + HO_2\cdot \tag{4-53}$$

$$RH + HO_2\cdot \longrightarrow R\cdot + H_2O_2 \tag{4-54}$$

$$H_2O_2 + M \longrightarrow 2HO\cdot \tag{4-55}$$

$$HO\cdot + RH \longrightarrow R\cdot + H_2O \tag{4-56}$$

$$R\cdot + O_2 \longrightarrow ROO\cdot \tag{4-57}$$

$$ROO\cdot + RH \longrightarrow ROOH + R\cdot \tag{4-58}$$

反应式(4-55)中M为界面。反应式(4-58)中生成的过氧化物相当不稳定,它可进一步断裂直至生成甲酸或乙酸。许多研究者认为决定有机物超临界水氧化反应速率的往往是其不完全氧化生成的小分子化合物(如一氧化碳、乙酸、氨、甲醇等)的进一步氧化。其中一氧化碳氧化成二氧化碳是有机物转化为二氧化碳的速率控制步骤,氨是有机氮转化为分子氮的控制步骤。然而有机物的种类极其复杂,每种反应的机理也不相同。目前的机理研究还集中在一些较简单的有机物的氧化方面。

(2) 超临界流体萃取

超临界流体萃取的原理是利用温度和压力对超临界流体溶解能力的影响而产生的。

目前超临界萃取技术对于污染物的处理按工艺的不同主要有两种形式。一种是直接接触法,即超临界流体直接与被污染物相接触除去其中的有害成分。直接接触法不仅对高浓度废水有很好的去除效果,而且对低浓度废水的净化效果也相当好。Ringhard 和 Kopfler 通过直接接触法从含污染物浓度很低的水中萃取一系列污染物质,取得满意的净化效果。但考虑到过程的经济性,直接接触法一般适用于有机污染物含量高的污水。另一种方法是间接接触法,即被污染的物质先与中间媒体(吸附剂)相接触使其中的污染物得到富集,然后将中间媒体在一定条件下经超临界溶剂萃取分离出其中的污染物的方法。Knez 等采用直接接触法对于除草剂废水进行了超临界 CO_2 净化废水的研究,对甲草胺废水处理,COD 降低了 21%。Epping 等研究了用活性炭吸附空气中微量汽油、酒精和酮等污染物质,并用超临界流体使活性炭再生,结果表明该过程的经济效益和再生效益均很高,投资费用比较见表 4-13。

表 4-13 几种废水处理方法投资费用的比较

费用	超临界萃取法	蒸馏法	焚烧法	活性炭吸附法
投资费用	1	1	1	0.5
操作费用	1	5	25	4

注:以超临界萃取法的费用为1,其他数值为与之比较得出。

习题与思考

1. 在废水处理中,最常用的吸附等温模式有哪几种,它们有什么实用意义?

2. 某工业废水拟用活性炭 A 和 B 吸附有机物(以 BOD 表示),经静态吸附试验获得表 4-14 中的平衡数据,试求两种炭的吸附等温式,并选择活性炭的种类,说明选择的主要依据是什么?

表 4-14 吸附平衡数据 (1L 废水样中加入活性炭 1g)

废水初始浓度/(mg/L)	平衡浓度/(mg/L)	
	活性炭 A	活性炭 B
10	0.52	0.5
20	1.2	1.05
40	2.9	2.3

续表

废水初始浓度/（mg/L）	平衡浓度/（mg/L）	
	活性炭 A	活性炭 B
80	11.1	5.9
160	30.0	22.2
320	80.1	60.2

3. 试分析活性炭吸附法用于废水处理的优点和适用条件及目前存在的问题。
4. 什么叫作交联度？对树脂的性质有何影响？
5. 活性炭吸附柱与离子交换柱化学再生的原理有何不同？
6. 离子交换速度有什么实际意义？影响离子交换速度的因素有哪些？
7. 强酸性阳树脂和弱酸性阳树脂的交换特性有什么不同？在实际应用中应如何选择？
8. 离子交换法处理工业污水的特点是什么？
9. 膜分离技术的主要特点有哪些，膜分离法有哪几种？
10. 试绘制出渗透和反渗透原理示意图。
11. 反渗透膜与离子交换膜的选择透过性有什么根本上的区别？
12. 试分析比较扩散渗析、电渗析、反渗透、超滤、液膜分离等膜技术在废水处理方面的应用特点、应用范围、应用条件，以及它们各自的优缺点和应用前景。

5 污水生物处理的基本概念和生化反应动力学基础

学 习 提 示

本章学习要点：了解废水处理中的微生物种类、新陈代谢和呼吸类型；重点掌握微生物的生长规律及其影响因素、微生物生长动力学以及废水好氧处理与厌氧处理的优缺点；掌握反应速率、微生物增长速率和底物利用速率等。

5.1 概 述

5.1.1 污水生物处理的概念

污水生物处理是利用自然界中广泛分布的个体微小、代谢营养类型多样、适应能力强的微生物的新陈代谢作用，对污水进行净化的处理方法。污水生物处理方法是建立在环境自净作用基础上的人工强化技术，人工强化的意义在于创造出有利于微生物生长繁殖的良好环境，增强微生物的代谢功能，促进微生物的增殖，加速有机物的无机化，增进污水的净化进程。

在生物处理构筑物中，存在着各种微生物种群，这些微生物的生态学、生理学特点是不同的，其生活、发展条件也十分不同，因而它们在自然环境中的地位和所代谢的营养物质各不相同。因此，采用生物处理法就有可能从污水中去掉各种各样的有机物。生物处理法不仅应用于处理诸如生活污水、食品工业、造纸工业等含天然有机污染物的污水，而且还广泛应用于处理诸如含酚、氰、农药、石油化工产品的剧毒污水。

根据参与代谢活动的微生物对溶解氧的需求不同，污水生物处理技术分为好氧生物处理、缺氧生物处理和厌氧生物处理。好氧生物处理是在水中存在溶解氧的条件下进行的生物处理过程；缺氧生物处理是在水中无分子氧存在，但存在如硝酸盐等化合态氧的条件下进行的生物处理过程；厌氧生物处理是在水中既无分子氧又无化合态氧存在的条件下进行的生物处理过程。好氧生物处理是城镇污水处理所采用的主要方法。高浓度有机污水的处理常常用到厌氧生物处理方法。近年来，随着氮、磷等营养物质去除要求的提高，缺氧生物处理和厌氧生物处理也广泛应用于城镇污水处理，缺氧和好氧结合的生物处理主要用于生物脱氮，厌氧和好氧结合的生物处理则主要用于生物除磷。

根据微生物生长方式的不同，生物处理技术又分成悬浮生长法和附着生长法两类。悬浮生长法是指通过适当的混合方法使微生物在生物处理构筑物中保持悬浮状态，并与污水中的有机物充分接触，完成对有机物的降解；与悬浮生长法不同，附着生长法中的微生物是附着在某种载体上生长，并形成生物膜，污水流经生物膜时，微生物与污水中的有机物接触，完成对污水的净化。悬浮生长法的典型代表是活性污泥法，而附着生长法则主要是指生物膜法。

5.1.2 废水生物处理中重要的微生物

1. 细菌

细菌包括了真细菌（eubacteria）和古细菌（archaebacteria），是废水生物处理工程中最主要的微生物。根据需氧情况不同分为好氧细菌、兼性细菌和厌氧细菌。根据能源与碳源利用情况的不同又可分为光合细菌——光能自养菌、光能异养菌；非光合细菌——化能自养菌和化能异养菌。根据生长温度的不同分为低温菌（-10~15℃）、中温菌（15~45℃）和高温菌（>45℃）等。

2. 真菌

真菌属于低等植物，为真核微生物，有单细胞，也有多细胞。真菌包括酵母菌、霉菌以及各种伞菌。在悬浮生长方式下，真菌与细菌进行生存竞争时处于劣势，难以成为优势种群，但在附着生长方式下真菌的作用却不可忽视。真菌的三个主要特点：（1）能在低温和低pH的条件生长；（2）在生长过程中对氧的要求较低（是一般细菌的一半左右）；（3）能降解纤维素。

3. 藻类

藻类是含有能进行光合作用的叶绿素的低等植物，是一种自养型生物。藻类有单细胞的个体和群体。藻类主要分布在淡水和海水中，由于藻类在水中可产生令人不快的颜色和气味，故不希望其生长，但是藻类能利用光能、CO_2、NH_3、PO_4^{3-}等生成新细胞并释放出氧气为水体供氧，故藻类对于好氧塘、兼性塘和厌氧塘等塘沟净水工程有利用价值。藻类在活性污泥法和生物膜法净水工程中所起的作用是十分有限的。

4. 原生动物和后生动物

原生动物是动物界中最原始、最低等、结构最简单的单细胞动物。分为鞭毛纲、肉足纲、纤毛纲和孢子纲四纲。其中鞭毛纲、肉足纲和纤毛纲三纲在废水生物处理中起着重要作用。后生动物属于多细胞动物，因为有些后生动物形体微小，故又称微型后生动物。在水处理中常见的微型后生动物主要有轮虫、线虫、寡毛虫和甲壳虫等。原生动物主要以细菌为食，其种属和数量随处理出水的水质而变化，可作为指示生物。后生动物以原生动物为食，也可作为指示生物。

5.1.3 生物处理法在废水处理中的地位

污水生物处理的对象主要是去除污水中呈溶解状态和胶体状态的有机污染物质，并附带去除大部分的悬浮物以及废水中溶解状态的营养元素 N 和 P。

根据有机物在废水中的存在形式，其主要去除方法可分为：

(1) 颗粒状有机物（>1μm）：可以采用机械沉淀法进行去除的颗粒物；

(2) 胶体状有机物（1~100nm）：不能采用机械沉淀法进行去除的较小的有机颗粒物；

(3) 溶解性有机物（<1nm）：以分散的分子状态存在于水中的有机物。

按废水处理程度一般划分为：一级处理——预处理或前处理；二级处理——生物处理；

三级处理——深度处理。

一级处理主要去除颗粒状有机物，减轻后续生物处理的负担。同时一级处理还能调节水量、水质、水温等，有利于后续的生物处理。主要方法：物化法，如沉砂、沉淀、气浮、除油、中和、调节、加热或冷却等。一级处理能去除 BOD 约 30%，去除 SS 约为 50%。

二级处理则是去除大量胶体状和溶解状有机物，保证出水达标排放，各种形式的生物处理工艺即为二级处理。二级处理能去除 BOD 85%～90%，去除 SS 约为 90%。

三级处理是去除二级处理出水中残存的 SS、有机物，或脱色、杀菌，或脱氮、除磷，防止水体富营养化，常用的方法包括物化法（超滤、混凝、活性炭吸附、臭氧氧化、加氯消毒等）和生物法（生物法脱氮除磷等）。

5.2 微生物的新陈代谢

5.2.1 微生物的分解代谢

新陈代谢是微生物不断从外界环境中摄取营养物质，通过生物酶催化的复杂生化反应，在体内不断进行物质转化和交换的过程。新陈代谢是活细胞中进行所有化学反应的总称，是生物最基本特征之一。新陈代谢由分解代谢（异化）和合成代谢（同化）两个过程组成，两者相辅相成。异化作用为同化作用提供物质基础和能量，同化作用为异化作用提供基质。

污水生物处理是利用微生物的新陈代谢功能，对污水中的污染物质进行分解和转化。微生物可以利用污水中的大部分有机物和部分无机物作为营养源，这些可被微生物利用的物质，通常称之为底物或基质。分解代谢是微生物在利用底物的过程中，一部分底物在酶的催化作用下降解并同时释放出能量的过程，这个过程也称为生物氧化。合成代谢是微生物利用另一部分底物或分解代谢过程中产生的中间产物，在合成酶的作用下合成微生物细胞的过程，合成代谢所需的能量由分解代谢提供。污水生物处理过程中有机物的生物降解实际上就是微生物将有机物作为底物进行分解代谢获取能量的过程。不同类型微生物进行分解代谢所利用的底物是不同的，异养微生物利用有机物，自养微生物则利用无机物。

由于微生物的分解代谢过程涉及一系列的氧化还原反应，因此分解代谢过程中存在着电子转移，根据氧化还原反应中最终电子受体的不同，分解代谢可分成发酵和呼吸两种类型，呼吸又可分成好氧呼吸和缺氧呼吸两种方式。

1. **发酵**

发酵是指微生物将有机物氧化释放的电子直接交给底物本身未完全氧化的某种中间产物，同时释放能量并产生不同的代谢产物。在发酵条件下有机物只是部分地氧化，因此，只释放出一小部分能量。发酵过程的氧化是与有机物的还原偶联在一起的，被还原的有机物来自于初始发酵的分解代谢，故发酵过程不需要外界提供电子受体。发酵过程只能释放出一小部分能量，并合成少量的 ATP，其原因有两个，一是底物的碳原子只是部分被氧化，二是初始电子供体和最终电子受体的还原电势相差不大。发酵在污水和污泥厌氧生物处理（或称厌氧消化）过程中起着重要作用。

2. 呼吸

微生物在降解底物的过程中,将释放出的电子交给 NAD(P)$^+$(辅酶Ⅱ)、FAD(黄素腺嘌呤二核苷酸)或 FMN(黄素单核苷酸)等电子载体,再经电子传递系统传给外源电子受体,从而生成水或其他还原型产物并释放能量的过程,称为呼吸作用。其中以分子氧作为最终电子受体的称为好氧呼吸(aerobic respiration),以氧化型化合物作为最终电子受体的称为缺氧呼吸(anoxic respiration)。呼吸作用与发酵作用的根本区别在于:电子载体不是将电子直接传递给底物降解的中间产物,而是交给电子传递系统,逐步释放出能量后再交给最终电子受体。电子传递系统的功能有两个:一是从电子供体接受电子并将电子传递给电子受体,二是通过合成 ATP 把电子传递过程中释放的一部分能量储存起来。电子传递系统中的氧化还原酶包括:NADH 脱氢酶、黄素蛋白、铁硫蛋白及细胞色素等。

(1) 好氧呼吸

好氧呼吸的最终电子受体是 O_2,反应的电子供体(底物)则根据微生物的不同而异,异养微生物的电子供体是有机物,自养微生物的电子供体是无机物。

异养微生物进行好氧呼吸时,有机物最终被分解成 CO_2、氨和水等无机物,同时释放出能量,如式(5-1)和式(5-2)所示:

$$C_6H_{12}O_6 + 6O_2 \longrightarrow 6CO_2 + 6H_2O + 2817kJ \tag{5-1}$$

$$C_{18}H_{19}O_9N + 17.5O_2 + H^+ \longrightarrow 18CO_2 + 8H_2O + NH_4^+ + \Delta E \tag{5-2}$$

有机污水的好氧生物处理,如活性污泥法、生物膜法、污泥的好氧消化等都属于这种类型的呼吸。

自养微生物进行好氧呼吸时,其最终产物也是无机物,同时释放出能量,如式(5-3)和式(5-4)所示:

$$H_2S + 2O_2 \longrightarrow H_2SO_4 + \Delta E \tag{5-3}$$

$$NH_4^+ + 2O_2 \longrightarrow NO_3^- + 2H^+ + H_2O + \Delta E \tag{5-4}$$

大型合流制排水管渠和污水排水管渠中常存在式(5-3)所示的生化反应,是引起管道腐蚀的主要原因,式(5-4)所示的反应表示的是氨的氧化,或称为生物硝化过程。

好氧呼吸的电子传递系统常称为呼吸链(respiration chain),共有两条,即 NADH 氧化呼吸链和 $FADH_2$ 氧化呼吸链。在电子传递中,能量逐渐积存在传递体中,当能量增加至足以将 ADP 磷酸化时,则产生 ATP。

(2) 缺氧呼吸

某些厌氧和兼性微生物在无分子氧的条件下进行缺氧呼吸,缺氧呼吸的最终电子受体是 NO_3^-、NO_2^-、SO_4^{2-}、$S_2O_3^{2-}$、CO_2 等含氧的化合物。缺氧呼吸也需要细胞色素等电子传递体,并能在能量分级释放过程中伴随有磷酸化作用,也能产生较多的能量用于生命活动。但由于部分能量随电子传递给最终电子受体,故生成的能量少于好氧呼吸。

由上可知,分解代谢的三种方式产能结果是不同的,见表 5-1(以葡萄糖为例)。

表 5-1 葡萄糖三种分解代谢方式的产能结果

分解代谢方式	最终电子受体	产能结果
好氧呼吸	分子氧	2817.3kJ
缺氧呼吸	化合态氧	1755.6kJ
发酵	有机物	92kJ

5.2.2 合成代谢

合成代谢又称同化作用，是生物体将低能量的较简单物质转化成高能的较复杂细胞物质的过程，也是一个吸收能量的生物合成过程。合成代谢的过程是在分解代谢的基础上进行的。其所需的能量和物质均由分解代谢提供。

在微生物的整个生命活动过程中，分解代谢与合成代谢相互依赖相互配合，共同构成了新陈代谢体系，推动了生命的运动与繁衍。在水污染控制工程的生物转化处理中，正是利用微生物自身的新陈代谢作用对水中的污染物进行降解，并使污染物转化成对环境不再产生危害的物质。

5.3 污水的生物处理

污水的生物处理可从不同角度进行分类，一般根据微生物生长对环境条件的需求不同，可将污水的生物处理分为好氧生物处理和厌氧生物处理两大类。

实际处理过程中，由于受氧传递速率大小的限制，好氧生物处理的主要对象一般为中、低浓度的有机污水；而有机固体废弃物、污泥及高浓度有机污水等，一般则采用厌氧生物处理。

5.3.1 好氧生物处理

好氧生物处理是在污水中有分子氧存在的条件下，利用好氧微生物（包括兼性微生物，但主要是好氧细菌）降解有机物，使其稳定、无害化的处理方法。微生物利用污水中存在的有机污染物（以溶解状和胶体状为主）为底物进行好氧代谢，这些高能位的有机物经过一系列的生化反应，逐级释放能量，最终以低能位的无机物稳定下来，达到无害化的要求，以便返回自然环境或进一步处置。污水处理工程中，好氧生物处理法有活性污泥法和生物膜法两大类。污水好氧生物处理的过程如图5-1所示。

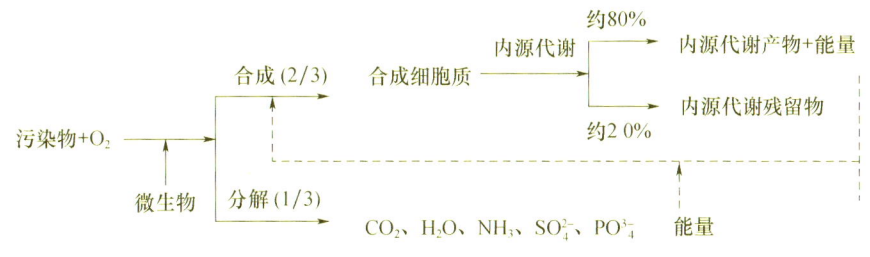

图5-1 污水好氧生物处理过程

好氧生物处理的反应速率较快，所需的反应时间较短，故处理构筑物容积较小，且处理过程中散发的臭气较少。所以，目前对中、低浓度的有机污水，或者 BOD_5 小于500mg/L的有机污水，基本上采用好氧生物处理法。废水处理工程中，好氧生物处理法有活性污泥法和生物膜法两大类。

5.3.2 厌氧生物处理

厌氧生物处理是在没有分子氧及化合态氧存在的条件下，兼性细菌与厌氧细菌降解和稳定有机物的生物处理方法。在厌氧生物处理过程中，复杂的有机化合物被降解、转化为简单的化合物，同时释放能量。在这个过程中，有机物的转化分为三部分：一部分转化为甲烷，这是一种可燃气体，可回收利用；还有一部分被分解为二氧化碳、水、氨、硫化氢等无机物，并为细胞合成提供能量；少量有机物则被转化、合成为新的细胞物质。由于仅少量有机物用于合成，故相对于好氧生物处理，厌氧生物处理的污泥增长率小得多。污水厌氧生物处理过程如图5-2所示。

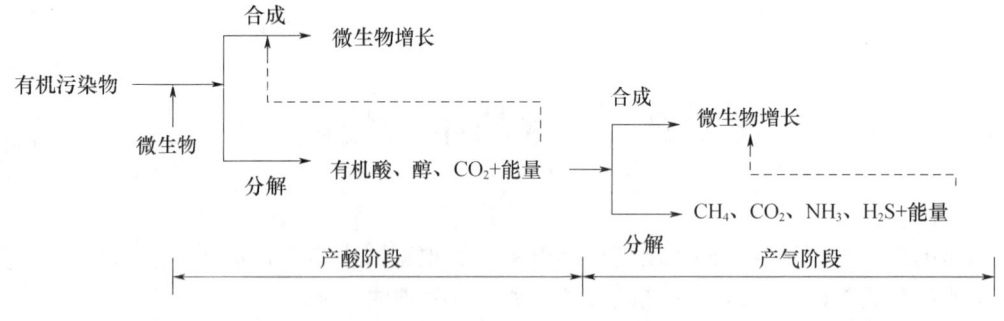

图 5-2　污水厌氧生物处理过程

由于厌氧生物处理过程不需另外提供电子受体，故运行费低。此外，它还具有剩余污泥量少、可回收能量（甲烷）等优点。其主要缺点是反应速率较慢，反应时间较长，处理构筑物容积大等。通过对新型构筑物的研究开发，其容积可缩小，但为维持较高的反应速率，必须维持较高的反应温度，故要消耗能源。有机污泥和高浓度有机污水（一般 BOD_5 大于 2000mg/L）可采用厌氧生物处理法进行处理。

5.4　微生物生长的影响因素与生长规律

5.4.1　微生物生长的影响因素

微生物的代谢对环境因素有一定的要求。因此，需要给微生物创造适宜生长繁殖的环境条件，使微生物大量生长繁殖，才能获得良好的污水处理效果。影响微生物生长的主要因素有水温、pH值、营养物质、毒物以及溶解氧等。

1. 水温

水温是影响微生物生理活动的重要因素。温度适宜，能够促进、强化微生物的生理活动。在微生物的酶系统不受变性影响的温度范围内，温度上升会使微生物生理活动旺盛，能够提高生化反应速度。

根据温度对微生物的约束，将其分为最适生长温度，即在一定温度范围内，随着温度上升，微生物生长加快；最低生长温度，即低于这一温度，微生物停止生长，但并不死亡；最高生长温度，即高于这一温度，生物停止生长，并最终导致死亡。

好氧生化处理的实际工艺温度一般多在15～30℃，水温为30～35℃时，处理效果最好。

当水温低于10℃或高于40℃时，通过调节负荷，也能得到较好的处理效果。因此，除了某些水温太高的工业污水需要特殊降温外，好氧生化处理一般不需对水温进行调整。

根据温度不同，厌氧生化处理一般可分为中温消化（30～35℃）和高温消化（50～55℃）两大类。高温消化比中温消化所需的生化反应时间短，但所需的热量也大，因此从经济角度考虑，一般多采用中温消化。近年来低温厌氧消化（15～20℃）工艺已得到应用，可以大大地降低运行费用。采用何种温度，在实际工作中要考虑污水的原有温度及改变温度的经济可行性。

2. pH值

生物体内生物反应酶需要适宜的pH值，污水pH值对活性污泥中的细菌代谢有较大的影响，实践经验表明，污水的pH值在6.5～8.5较为适宜。活性污泥中细菌经驯化后对酸碱度适应范围可进一步提高，但当pH值≥11时，活性污泥会被破坏，处理效果会下降。

此外，微生物对pH值的波动十分敏感，即使在其生长范围内，pH值突然改变也会导致细菌活动的明显减弱。在厌氧处理系统中，超过适宜的pH值范围往往引起严重后果，低于pH值下限时，会导致甲烷菌活力丧失而乙酸菌大量繁殖，引起反应器系统的酸化，以至难以恢复到原有状态。

一般来说，污水中大多含有碳酸、碳酸盐类、铵盐以及磷酸盐等物质，具有一定缓冲能力，但这种缓冲能力毕竟是有限的，一旦有强酸或强碱工业污水排入城市污水管道后，应对其是否超过缓冲能力并引起pH值变化进行仔细观测，以免影响污水处理厂的正常运行。

3. 营养物质

在污水处理中，活性污泥中的微生物生长、繁殖以及代谢活动都离不开营养物质，所需的营养物质主要有碳源、氮源和无机盐类等。

（1）碳源。碳是构成微生物机体的重要元素，污水中以BOD_5为代表的含碳有机物是细菌的重要能源，也是被污泥微生物所氧化利用的碳源。当生物处理系统的碳源缺乏时，会影响微生物的生长代谢。例如，在采用A/O系统反硝化脱氮时，有些C/N低的污水会缺乏反硝化细菌在脱氮时所需要的碳源，这时应加入甲醇或含碳量较高的有机污水，以提高氮的去除率。

（2）氮源。氮是构成污泥微生物体的重要元素，菌体的蛋白质、核酸分子等均含有氮元素。无机氮源包括氨、硝酸盐，无机氮最容易被利用，个别细菌还可利用气态氮作为氮源。

（3）无机盐类。无机盐类是微生物生长必不可缺的营养物质，一般微生物所需无机盐包括磷酸盐、硫酸盐、氯化物和含钾、钠、镁、铁的化合物等，它们参与细胞结构的组成；此外，还需要微量的铜、锰、锌、钴、碘等营养元素，它们是酶辅基的组成部分，或是酶的活化剂。尽管微生物对无机盐类的需要量很少，但其用量的多少却在一定程度上影响着菌体的生长和代谢产物的形成。

微生物的生长繁殖需要各种营养物质，不同的微生物对各营养元素有一定的比例要求。好氧微生物要求BOD_5（C）：N：P＝100：5：1，厌氧微生物群体略低于好氧微生物，一般要求BOD_5（C）：N：P＝200：5：1。城市生活污水能满足活性污泥微生物的营养要求，但有些工业污水除含有机物外一般缺乏某些营养元素，特别是N和P，所以在用生化法处理这类污水时，需要投加适量的氮、磷等化合物。

4. 毒物

在污水处理中，对微生物具有抑制或扼杀作用的物质称为有毒物质，简称毒物。毒物对微生物的毒害作用，主要表现在使细菌细胞的正常结构遭到破坏以及使菌体内的酶变质，并失去活性。毒物可分为：①重金属离子，如镉、铬、铅、砷、锌、铜、铁等；②有机物类，如酚、甲醛、甲醇、苯、氯苯等；③无机物类，如氰化钾、硫化物、氯化钠、硫酸根、硝酸根等。

毒物对微生物的毒害作用是与其浓度有关的，即只有在有毒物质的浓度达到或超过某一定值时，它对微生物的毒害或抑制作用才显现出来，这一浓度称为有毒物质的极限允许浓度。污水生物处理中毒物的极限允许浓度可参考表 5-2。

表 5-2 污水生物处理毒物极限允许浓度

毒物名称	允许浓度/(mg/L)	毒物名称	允许浓度/(mg/L)
铅	1	酚	<50
镉	1~5	甲醛	100~150
三价铬	10	甲醇	200
六价铬	2-5	苯	100
铜	5~10	氯苯	100
锌	5~20	氰化钾	8
铁	100	硝酸根	5000
亚砷酸盐	5	硫酸根	5000
砷酸盐	20	氯化钠	10000

由于毒物的毒性随 pH、温度以及其他环境因素的不同而有很大差异，且不同种类的微生物对同一种毒物的忍受能力也不同，因此，污水生物处理中毒物的极限允许浓度至今仍未能统一。对于某一种污水而言，最好根据所选择的工艺，通过试验来确定毒物的允许浓度。若污水中的毒物浓度超过允许浓度，必须采取适当的方法进行预处理，以防微生物中毒现象的发生，影响到污水处理效果。

5. 溶解氧

根据细菌对溶解氧的需求程度，污水处理中的细菌可分为好氧细菌和厌氧细菌。

好氧细菌以分子氧作为电子受体，进行有氧呼吸、生长与繁殖。依据好氧细菌与氧化底物的不同，又可分为好氧性异养细菌和好氧性自养细菌。前者以有机物为底物来氧化分解污水中的污染物，后者在呼吸过程中以还原态的无机物，如氨氮、硫化氢为底物，同时释放能量，供自身生长繁殖需要。好氧生物处理时，如果溶解氧不足，微生物代谢活动受影响，处理效果明显下降，甚至造成局部厌氧分解，产生污泥膨胀现象，通常在活性污泥系统中，维持好氧区溶解氧浓度不小于 2mg/L。

厌氧细菌是在无氧条件下存活的细菌，其中在无氧存在的条件下才能存活的细菌，称为专性厌氧细菌；而在有氧或无氧的条件下都能生长的细菌，称为兼性厌氧细菌。专性厌氧菌除通过发酵、光合作用获得能量外，有的能把硫酸盐等无机氧化物作为最终电子受体而加以利用。在兼性厌氧菌中，有氧存在时是借助呼吸，氧不存在时是借助发酵来获得能量，如反硝化细菌。厌氧细菌对氧很敏感，在有氧存在的条件下，生长会受到抑制，甚至导致死亡。

在活性污泥系统中，控制缺氧区溶解氧浓度为 0.2~0.5mg/L，厌氧区小于 0.2mg/L。

5.4.2 微生物的生长规律

污水生物处理的过程实质上就是微生物的连续培养过程，通过对微生物生长规律的分析，可以更好地对环境条件进行控制，有利于提高污水处理的效果。

研究微生物的生长通常采用群体生长的概念。所谓群体生长，是指在适宜条件下，微生物细胞在单位时间内数目或细胞总质量的增加。它的实质是细胞的繁殖。研究微生物群体生长的传统方法是分批培养法，所谓分批培养，即将少量纯种微生物细胞接种到一定体积的培养液中，随着时间的延长观察其生长情况的一种方法。它的特点是培养过程中营养物质（即底物）随时间的延长而消耗，结果就出现了下面要介绍的生长曲线。

微生物的生长规律一般是以生长曲线来反映。这条曲线表示了微生物在不同培养环境下生长情况及其生长过程。在微生物学中，曾对纯菌种的生长规律作了大量的研究。按微生物生长速率，其生长过程可分为四个时期，即延迟期、对数增长期、稳定期和衰亡期，如图 5-3 所示，这四个生长期有着各自的特点。

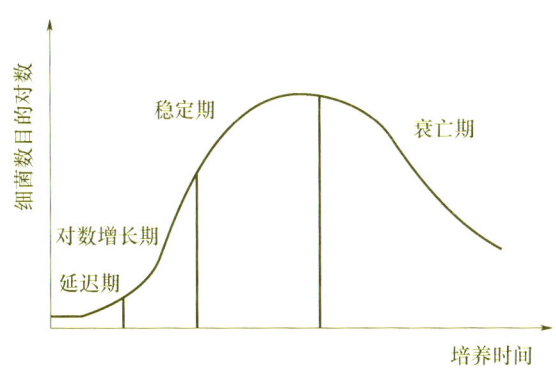

图 5-3　微生物的生长曲线

1. 延迟期（适应期）

这是微生物细胞刚进入新环境的时期。由于细胞需要适应新的环境，细胞便开始吸收营养物质，合成新的酶系。这个时期一般不繁殖，活细胞数目不会增加，甚至由于不适应新的环境，接种活细胞可能有所减少，但细胞体积显著增大。延迟期末期和对数增长期前期的细胞对热、化学物质等不良条件的抵抗力减弱。延迟期持续时间的长短随菌种特性、接种量、菌龄与移植至新鲜培养基前后所处的环境条件是否相同等因素有关，短则几分钟，长则几小时。

2. 对数增长期

微生物细胞经过延迟期的适应之后，开始以基本恒定的生长速率进行繁殖。细胞的形态特征与生理特征比较一致（即细胞的大小、形态及生理生化反应比较一致）。从生长曲线上可看出细胞增殖数量与培养时间基本上呈直线关系。这个时期大量消耗了限制性的底物，同时细胞内代谢物质也丰富地积累了，这个时期的细胞是作为研究工作的理想材料。

3. 稳定期（减速增长期）

在一定容积的培养液中，细菌不可能按对数增长期的恒定生长速率无限期地生长下去，这是因为营养物质不断被消耗，代谢物质不断积累，环境条件的改变不利于微生物的生长，这就出现了所谓稳定期。这一时期，微生物细胞生长速率下降，死亡速率上升，新增加的细胞数与死亡细胞数趋于平衡。从生长曲线看，在一定的培养时间内，细菌生长对数值几乎不变。由于营养物质减少，微生物活动能力降低，菌胶团细菌之间易于相互黏附，分泌物增多，活性污泥絮体开始形成。稳定期活性污泥不但具有一定的氧化有机物的能力，而且还具有良好的沉降性能。

4. 衰亡期（内源呼吸期）

这个时期营养物质已耗尽，微生物细胞靠内源呼吸代谢以维持生存。生长速率为零，而死亡速率随时间延长而加快，细胞形态多呈衰退型，许多细胞出现自溶。此时由于能量水平低，絮凝体吸附有机物的能力显著，但污泥活性降低，污泥较松散。

在污水生物处理构筑物中，微生物是一个混合群体，系统中每一种微生物都有自己的生长曲线，其增殖规律较为复杂，一种特定的微生物在生长曲线上的位置和形状取决于食物、可利用的营养物以及各种环境因素，如温度、pH 等，因此，微生物种群间还存在递变规律，如图 5-4 所示。

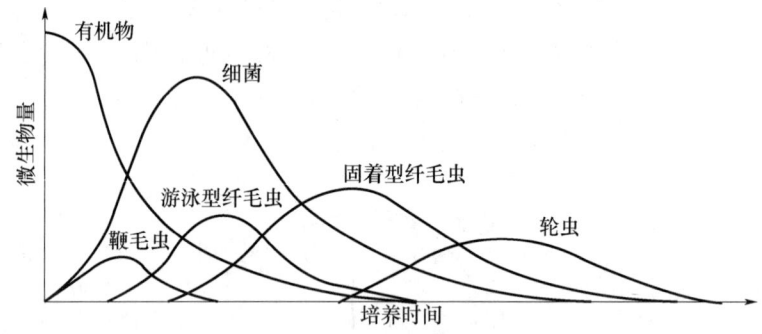

图 5-4　微生物的增长与递变

当有机物多时，以有机物为食料的细菌占优势，数量最多；当细菌很多时，出现以细菌为食料的原生动物；而后出现以细菌及原生动物为食料的后生动物。因此，污水生物处理构筑物中的微生物群体组成了具有一定的食物链关系的微生物生态系统。研究表明，这种群体生长的情况从总体上看与纯种生长有着相似性，因此，前述的生长曲线仍可以用于描述微生物群体的生长。

在污水生物处理过程中，控制微生物的生长期对系统运行尤为重要。例如，将微生物维持在活力很强的对数增长期未必会获得最好的处理效果。这是因为若要维持较高的生物活性，就需要有充足的营养物质，高浓度的有机物进水含量容易造成出水有机物超标，使出水达不到排放要求；另外，对数增长期的微生物活力强，使活性污泥不易凝聚和沉降，给泥水分离造成一定困难。另一方面，如果将微生物维持在衰亡期末期，此时处理过的污水中含有的有机物浓度固然很低，但由于微生物氧化分解有机物能力很差，所需反应时间较长，因此，在实际工作中是不可行的。所以，为了获得既具有较强的氧化和吸附有机物的能力，又具有良好的沉降性能的活性污泥，在实际中常将活性污泥控制在稳定期末期和衰亡期初期。

5.5　反应速率和微生物生长动力学

5.5.1　反应速率

生化反应是一种以生物酶为催化剂、在反应器内进行的化学反应。

在生化反应中，反应速率是指单位时间里底物的减少量、最终产物的增加量或细胞的增加量。在污水生物处理中，以单位时间里底物的减少或细胞的增加来表示生化反应速率。图 5-5 的生化反应可以用下式表示：

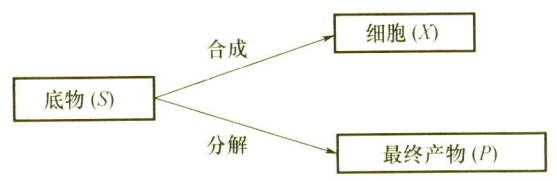

图 5-5　生化反应过程底物变化示意图

$$S \longrightarrow YX + ZP \tag{5-5}$$

以及

$$\frac{dX}{dt} = Y\left(\frac{dS}{dt}\right) \tag{5-6}$$

即：

$$\frac{dS}{dt} = \frac{1}{Y}\left(\frac{dX}{dt}\right) \tag{5-7}$$

式中　S、X——底物、微生物细胞浓度；

反应系数 $Y = \frac{dX}{dS}$，又称产率系数，g（生物量）/g（降解的底物）。

式 (5-7) 反映了底物减少速率和细胞增长速率之间的关系，它是污水生物处理中研究生化反应过程的一个重要规律。了解这个规律，可以更合理地设计和管理污水生物处理过程。

5.5.2　微生物群体的增长速率

微生物群体增长的决定性条件为营养，当外部电子受体、适宜的物理、化学环境都具备时，微生物增长速率与现有的微生物群体浓度 X 成正比，即：

$$\frac{dX}{dt} = \mu X \tag{5-8}$$

式中　$\frac{dX}{dt}$——微生物群体增长速率；

　　　μ——比例常数，即比增长速率；

　　　X——现有的微生物群体浓度。

莫诺特（Monod）于 1942 年得出了微生物群体比增长速率与底物浓度之间的函数关系式：

$$\mu = \mu_{max}\frac{S}{K_S + S} \tag{5-9}$$

式中　μ——比增长速率；

　　　μ_{max}——在限制增长的底物达到饱和浓度时的最大值；

　　　S——限制增长的底物浓度；

　　　K_S——饱和常数，即 $\mu = \mu_{max}/2$ 时的底物浓度。

式 (5-9) 中的动力学参数 μ_{max} 和 K_S 可通过试验用图解法求得。

将式 (5-9) 取倒数得：

$$\frac{1}{\mu} = \frac{K_S}{\mu_{max}}\frac{1}{S} + \frac{1}{\mu_{max}} \tag{5-10}$$

试验时,选择不同的底物浓度 S,测定对应的 μ,求出两者的倒数,并以 $1/\mu$ 对 $1/S$ 作图,可得出如图 5-6 所示的直线,直线在纵坐标轴上的截距为 $1/\mu_{max}$,直线的斜率为 K_S/μ_{max},由此可求得 K_S 和 μ_{max}。

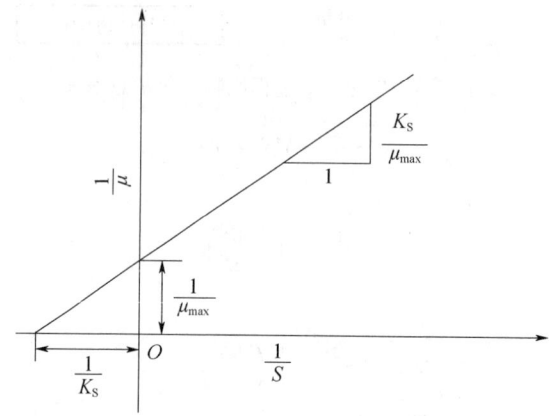

图 5-6 作图法求 K_S 与 μ_{max}

5.5.3 底物利用速率

底物利用速率与现存微生物群体浓度 X 成正比,即:

$$\frac{dS}{dt} = rX \tag{5-11}$$

式中 $\dfrac{dS}{dt}$——底物利用速率;

X——现存微生物群体浓度;

r——比例常数,即比底物利用速率。

研究表明,微生物的增长是底物降解的结果,彼此之间存在着一定的比例关系,如令 ΔX 为利用底物 ΔS 而产生的微生物增量,则二者的比值为:

$$\frac{\Delta X}{\Delta S} = Y \tag{5-12}$$

将 $\dfrac{\Delta X}{\Delta S} = Y$ 取 $\Delta S \to 0$ 时的极限,则:

$$\frac{dX}{dS} = Y \tag{5-13}$$

该式上下同除以 Xdt 则得:

$$\frac{\dfrac{1}{X}\dfrac{dX}{dt}}{\dfrac{1}{X}\dfrac{dS}{dt}} = Y \tag{5-14}$$

则:

$$\frac{1}{X}\frac{dS}{dt} = \frac{1}{YX}\frac{dX}{dt}$$

对比式(5-8)、式(5-11)和式(5-13)有:

$$r = \frac{\mu}{Y} \tag{5-15}$$

将式 (5-9) 代入式 (5-15) 可得：

$$r = \frac{\mu_{max}}{Y} \frac{S}{K_S + S} \tag{5-16}$$

令 $r_{max} = \frac{\mu_{max}}{Y}$，$r_{max}$ 为最大比底物利用速率，则式 (5-16) 变为：

$$r = r_{max} \frac{S}{K_S + S} \tag{5-17}$$

式中　r_{max}——最大比底物利用速率，即单位微生物量利用底物的最大速率；
　　　K_S——饱和常数，即 $r = r_{max}/2$ 时的底物浓度，也称半速率常数；
　　　S——底物浓度。

式 (5-17) 是 1970 年劳伦斯 (Lawrence) 和麦卡蒂 (McCarty) 根据莫诺特方程提出的底物利用速率与反应器中微生物浓度及底物浓度之间的动力学关系式，因此，又称为劳-麦方程。方程表明了比底物利用速率与底物浓度之间的关系式在整个浓度区间上都是连续的，如图 5-7 所示。

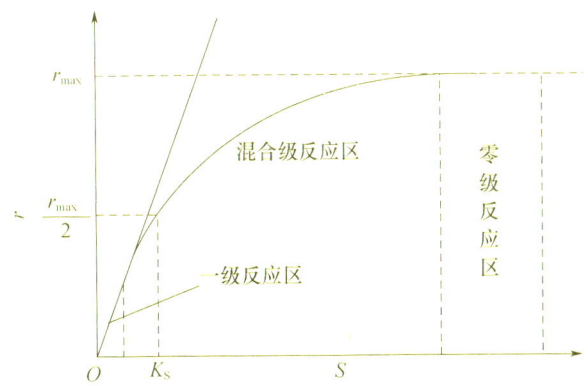

图 5-7　比底物利用速率与底物浓度的关系

该关系曲线可以分为三个阶段：

第一段：呈直线。此时因底物初始浓度低而限制了反应速度，对底物和酶来说都是一级反应。

第二段：呈曲线。对酶为一级反应，对底物则介于零级和一级之间的混合级反应。

第三段：接近直线。对酶为一级反应，对底物已接近零级反应，反应速度已达到最大值，$r = r_{max}$。

式 (5-17) 中的动力学参数 r_{max} 和 K_S 可采用与式 (5-9) 一样的图解方法求得。

当 S 远大于 K_S 的情况下，可忽略式 (5-17) 中的 K_S，方程变为：

$$r = r_{max} \tag{5-18}$$

$$\frac{dS}{dt} = r_{max} X \tag{5-19}$$

式 (5-18) 表明，在高有机物浓度条件下，有机底物以最大速率降解，而与底物的浓度无关，呈零级反应关系。这是因为在高浓度有机物条件下，微生物处于对数增长期，其酶系统的活性部位都为有机底物所饱和。式 (5-19) 表明，在高有机物浓度条件下，底物的降解速率仅与微生物的浓度有关，呈一级反应关系。

当 K_S 远大于 S 的情况下，可忽略式（5-17）中的 S，方程变为：

$$r=\frac{r_{\max}}{K_S}S=KS \tag{5-20}$$

$$\frac{dS}{dt}=KXS \tag{5-21}$$

式中 $K=\frac{r_{\max}}{K_S}$。

式（5-20）表明，此时的底物降解速率与底物浓度呈一级反应关系，在这种条件下，微生物增长处于稳定期或衰亡期，微生物的酶系统多未被饱和。式（5-19）和式（5-21）是式（5-17）的两种极端情况，这两个式子一般合称为"关于底物利用的非连续函数"。

5.5.4 微生物增长与有机底物降解

对于异养微生物来说，底物既可起营养源作用，又可起能源作用。关于这些微生物，有必要区分底物中的两个部分，一是底物中用于合成的部分（即为微生物增长提供结构物质），二是底物中用于提供能量的部分，这一部分随即被氧化，以便为所有的细胞功能提供能量。这种区分可以通过对在时间增量 Δt 内被利用的底物进行物质平衡实现：

$$\Delta S=(\Delta S)_s+(\Delta S)_e$$

上式可以改写成如下形式：

$$\left(\frac{dS}{dt}\right)_u=\left(\frac{dS}{dt}\right)_s+\left(\frac{dS}{dt}\right)_e \tag{5-22}$$

式中 $\left(\frac{dS}{dt}\right)_u$——总底物利用速率；

$\left(\frac{dS}{dt}\right)_s$——用于合成的底物利用速率；

$\left(\frac{dS}{dt}\right)_e$——用于提供能量的底物利用速率。

用于提供能量的底物又可分为用于合成作用提供能量的底物和用于维持生命提供能量的底物两部分。赫伯特（Herbert）提出，维持生命所需要的能量是通过内源代谢来满足的，也就是说，内源代谢存在于代谢的整个过程。由此，通过微生物体的平衡可以写成：

$$\left(\frac{dX}{dt}\right)_g=\left(\frac{dX}{dt}\right)_s+\left(\frac{dX}{dt}\right)_e \tag{5-23}$$

式中 $\left(\frac{dX}{dt}\right)_g$——微生物的净增长速率；

$\left(\frac{dX}{dt}\right)_s$——微生物的合成速率；

$\left(\frac{dX}{dt}\right)_e$——内源呼吸时微生物自体氧化速率或内源代谢速率。

内源代谢速率与现阶段的微生物量成正比，即：

$$\left(\frac{dX}{dt}\right)_e=K_d X \tag{5-24}$$

式中 K_d——比例常数，表示每单位微生物体每单位时间内由于内源呼吸而消耗的微生物量，称衰减系数或内源代谢系数。

由式（5-14），微生物的合成速率可用下式表示：

$$\left(\frac{\mathrm{d}X}{\mathrm{d}t}\right)_{\mathrm{s}} = Y\left(\frac{\mathrm{d}S}{\mathrm{d}t}\right)_{\mathrm{u}} \tag{5-25}$$

式中 Y——被利用的单位底物量转换成微生物体量的系数。这一产率没有将内源代谢造成的微生物减少量计算在内。

将式（5-24）、式（5-25）代入式（5-23）可得：

$$\left(\frac{\mathrm{d}X}{\mathrm{d}t}\right)_{\mathrm{g}} = Y\left(\frac{\mathrm{d}S}{\mathrm{d}t}\right)_{\mathrm{u}} - K_{\mathrm{d}}X \tag{5-26}$$

式（5-26）描述了微生物净增长速率和底物利用速率之间的关系，称为微生物增长的基本方程。

式（5-26）可改写成：

$$\mu = Y\frac{1}{X}\left(\frac{\mathrm{d}S}{\mathrm{d}t}\right)_{\mathrm{u}} - K_{\mathrm{d}} \tag{5-27}$$

或

$$r = \frac{1}{X}\left(\frac{\mathrm{d}S}{\mathrm{d}t}\right)_{\mathrm{u}} = \frac{1}{Y}\mu + \frac{K_{\mathrm{d}}}{Y} \tag{5-28}$$

谢拉德（Sherrard）和施罗德（Schroeder）于1973年提出，最好用下列关系式描述净增长速率：

$$\left(\frac{\mathrm{d}X}{\mathrm{d}t}\right)_{\mathrm{g}} = Y_{\mathrm{obs}}\left(\frac{\mathrm{d}S}{\mathrm{d}t}\right)_{\mathrm{u}} \tag{5-29}$$

式中 Y_{obs}——表观产率系数。

式（5-26）与式（5-29）的不同之处在于式（5-26）要求从理论产量中减去维持生命所需要的消耗量，而式（5-29）描述的是考虑了总的能量需要量之后的实际（观测）产量。

由式（5-29）可得：

$$Y_{\mathrm{obs}} = \frac{\mu}{r} \tag{5-30}$$

将式（5-28）代入式（5-30）可得：

$$Y_{\mathrm{obs}} = \frac{Y}{1+\dfrac{K_{\mathrm{d}}}{\mu}} \tag{5-31}$$

从式（5-31）可看出表观产率系数与合成产率系数之间的关系，同时也可看出表观产率系数对比增长速率的依赖性。

上述过程建立了一系列方程式，其中式（5-9）、式（5-17）、式（5-26）等可称为污水生物处理的基本动力学方程式，在建立污水生物处理反应器数学模型中具有十分重要的意义。

5.6　污水可生化性的评价方法

污水处理中，能够被微生物作为营养物质摄取利用的污染物称为底物。微生物通过新陈代谢作用，对污染物进行分解、吸收与转化，这个过程称为污染物的降解（Degradation），又称底物降解。当污水中被微生物吸收利用的污染物为无机物时，称为无机物的生物转化（Biological Transformation）。例如，微生物将硝酸盐转化为亚硝酸盐及N_2的作用过程。若污水中被降解的污染物为有机物时,称为有机物降解,有机物降解是生物处理的主要类型。在污水处理中有机污染物被微生物降解的难易程度称为污水的可生化性(Biodegrability),也称为污水的生物可降解性。

污水可生化性存在差异,其主要原因在于污水所含的有机物中除一些易被微生物分解利用外,还含有一些不易被微生物降解,甚至对微生物的生长产生抑制作用的物质。这些有机物质的生物降解性质以及在行水中的相对含量决定了该种污水采用生物法处理的难易程度及可行性。

判断污水的可生化性,对于处理方法的选择、生化处理工艺参数的确定等具有重要的意义。目前常用的污水可生化性的评价方法有水质指标法、生化呼吸线法、模型试验法等。

1. 水质指标法

水质指标法是以污水中有机物的某些水质指标来评价其可生化性,人们习惯采用BOD_5/COD_{Cr}的比值作为评价指标。

BOD_5是在有氧条件下,利用微生物氧化分解污水中的有机物所消耗的氧量,通常用BOD_5表示污水中可生物降解的那部分有机物。COD_{Cr}是利用重铬酸钾作为氧化剂,去氧化污水中的有机物所消耗的氧量,一般近似认为COD_{Cr}代表了污水中全部有机物的数量。所以,BOD_5/COD_{Cr}比值反映了污水中有机物的可降解程度,一般情况下比值越大,说明这种污水的可生化性越好,可参照表5-3中所示的数据评价污水可生化性。

表5-3 污水可生化性评价参考值

BOD_5/COD_{Cr}	>0.45	0.3~0.45	0.2~0.3	<0.2
可生化性	好	较好	较难	难

BOD_5/COD_{Cr}比值法是最经典的,也是目前广泛采用的一种评价污水可生化性的方法。但该方法存在明显的不足:

(1) 某些污水中含有的有机悬浮物容易被重铬酸钾氧化,以COD_{Cr}的形式表现出来需氧量,但在BOD_5测定中受物理形态的限制,BOD_5值却较低,导致BOD_5/COD_{Cr}值偏小;

(2) 在COD_{Cr}的测定中还包含某些无机还原性物质(如S^{2-}、SO_4^{2-}等)所消耗的氧量,不能推确地反映污水中有机物的含量;

(3) 有些物质(如吡啶类)不能被重铬酸钾氧化,却能和微生物作用。以BOD_5形式表现出需氧量,使得BOD_5/COD_{Cr}值偏大。

因此,BOD_5/COD_{Cr}比值法在应用过程中有较大的局限性。在各种有机物污染指标中,TOD、TOC等比COD能更好地反映出污水中的有机物浓度,这些指标能够通过仪器快速地测定,且测定过程更加可靠。故近年来BOD_5/TOD比值、BOD_5/TOC比值也被作为污水可生化性的评定指标,并给出了一系列的评定标难。

虽然水质指标法简便易行,可快速判断污水的可生化性,但由于污水中可能存在抑制微生物生长的污染物,所以,无论BOD_5/COD_{Cr}、BOD_5/TOD还是BOD_5/TOC比值都不可能直接等于实际可生物降解的有机物占全部有机物的百分数。因此,用水质指标法评价污水的可生化性比较粗糙,要想做出准确的评价,还应辅以生化呼吸线法和模型试验法。

2. 生化呼吸线法

生化呼吸线法是根据有机物的生化呼吸线与内源呼吸线的比较来判断有机物的生物降解性能。测试时,接种物可采用活性污泥,接种量为$1~3gSS/L$。

生化呼吸线是以时间为横坐标,以耗氧量为纵坐标作图得到的曲线。生化呼吸线的形状特征取决于基质的性质。当微生物处于内源呼吸阶段时，耗氧速率基本保持恒定，耗氧量与时间呈直线关系，这一直线称为内源呼吸线。当微生物与有机物接触后，其呼吸耗氧的特性反映了有机物被氧化分解的规律，一般来说，耗氧量大，耗氧速率高，说明该有机物易被微生物降解，反之亦然。

测定不同时间污水中有机物的生化呼吸耗氧量，可得其生化呼吸线，如图 5-8 所示，通过比较内源呼吸线和生化呼吸线的关系，即可判定污水的可生化性。

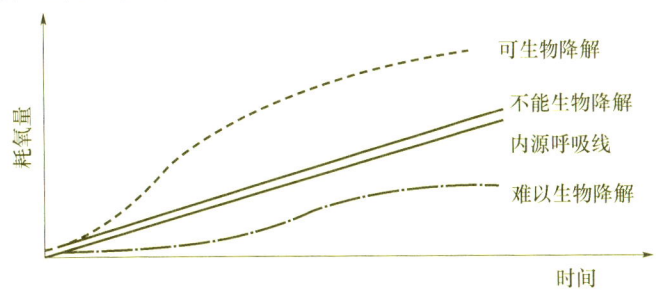

图 5-8　微生物生化呼吸线

（1）当生化呼吸线位于内源呼吸线之上，污水中的有机物一般是可生物降解的；

（2）当生化呼吸线位于内源呼吸线之下，则说明污水中含有对微生物产生毒害或抑制作用的物质，且该曲线离内源呼吸线越远，说明污水中的有机物对微生物的毒性越强，越难以生物降解；

（3）当生化呼吸线与内源呼吸线接近甚至重合时，说明污水中的有机物不能被微生物降解，但对微生物也无抑制作用。

生化呼吸线法操作简单，试验周期短，可满足大批量数据的测定。但用此方法来评价污水的可生化性，必须对微生物的来源、浓度、驯化和有机污染物的浓度及反应时间等条件作严格的规定，加之所需测定设备在国内普及率不高，故该方法在国内应用并不广泛，国外已将其用于污水的运行和管理中。

3. 模型试验法

模型试验法是在模拟生化反应器（如曝气池模型）中进行的，通过模拟实际污水处理设施的反应条件，如 MLSS、温度、DO、F/M 比值等，来预测各种污水处理设施的处理效果。由于试验中采用的污水、微生物、生化反应条件及反应空间都较其他测试方法更接近于实际情况，因此，模型试验法能更加准确地判断污水的可生化性。但模型试验法也存在一定的不足，如针对性强，各种污水之间的测定结果没有可比性，且模型试验的判断结果在实际生产的放大过程中也可能产生一定的误差。

 习题与思考

1. 微生物的呼吸作用有哪几种类型？各有什么特点？
2. 试述好氧呼吸和厌氧呼吸的本质。
3. 影响微生物生长的因素有哪些？如何影响？
4. 什么是微生物生长曲线？生长曲线分为哪几个阶段？各阶段特点是什么？
5. 为什么常规的活性污泥法不利用对数增长期的微生物，而利用静止期的微生物？
6. 微生物生长曲线的研究在污水生物处理中的指导意义是什么？

6 活性污泥法

> **学习提示**
> **本章学习要点**：熟悉活性污泥法的基本原理、指标和流程；了解活性污泥法的进展，掌握活性污泥法相关设计方法；了解活性污泥法系统设计和运行中的重要问题；掌握 A^2O、氧化沟、SBR 工艺设计计算。

6.1 活性污泥法的基本原理

活性污泥法是利用人工驯化、培养的微生物群，在人工强化曝气的环境中呈悬浮状态生长，分解去除污水中可生物降解的有机物质，从而使污水得到净化的方法。在当前污水处理技术领域中，活性污泥法是应用最为广泛的技术之一。

活性污泥法于1914年在英国曼彻斯特建成试验厂应用以来已有一百年的历史，随着在实际生产上的广泛应用和技术上的不断革新改进，特别是近几十年来，在对其生物反应和净化机理进行深入研究探讨的基础上，活性污泥法在生物学、反应动力学的理论方面以及在工艺方面都得到了长足的发展，出现了多种能够适应各种条件的工艺流程，当前，活性污泥法已成为生活污水、城市污水以及工业废水的主要处理技术。

6.1.1 活性污泥的概念与基本流程

1. 活性污泥

向生活污水注入空气进行曝气，每天保留沉淀物，更换新鲜污水，持续一段时间后，在污水中形成一种呈黄褐色的絮凝体。这种絮凝体由大量的细菌、菌胶团、真菌、原生动物和后生动物等微生物群体所构成，它易于沉淀与水分离，并使污水得到净化、澄清，这种絮凝体就称为"活性污泥"。

2. 活性污泥的性质和组成

活性污泥从外观上看，为矾花状的絮绒颗粒，通常称为生物絮凝体。菌胶团是活性污泥的主要组成部分，在活性污泥中有着十分重要的地位。只有在菌胶团正常发育的情况下，活性污泥的功能才能得到发挥，如活性污泥的絮凝、沉降性能以及对周围营养物质的吸附功能等。而在不正常情况下，活性污泥中菌胶团消失，丝状菌大量出现，沉降性能恶化，活性污泥发生膨胀，此时，活性污泥法系统的正常运行将发生故障，即所谓运行失常。

活性污泥略具泥土气味，根据污水水质不同而具不同的颜色，一般为黄色或褐色。活性污泥的密度因含水率及其组成而异，一般曝气池内混合液的密度为 1.002~1.003kg/m³，回流污泥的密度为 1.004~1.006kg/m³。活性污泥绒粒的粒径一般为 0.02~0.2mm，比表面积为 20~100cm²/mL，其巨大的比表面积有利于对污水中污染物质的吸附。

活性污泥是以好氧细菌为主的混合群体，主要菌属有假单胞菌属、微球菌属、黄杆菌属、芽孢杆菌属、动胶杆菌属、产碱杆菌属等。它们绝大多数是好氧和兼性异养型的原核细菌，增殖速率高，世代时间仅为 20~30min，具有很强的分解有机物的功能，且动胶杆菌具有将大量细菌凝结成"菌胶团"的功能，好氧细菌是污水净化的第一承担者。此外，在活性污泥中还栖息有一些其他的菌类，如酵母菌、放线菌、霉菌，以及原生动物（肉足虫、鞭毛虫、纤毛虫等）、后生动物（轮虫）、真菌（丝状菌）、昆虫等。原生动物以水中的游离细菌为食，使污水进一步净化，是污水净化的第二承担者。而后生动物以原生动物、细菌为食，它们之间形成一条食物链，组成了一个生态平衡的生物群体，后生动物只有在活性污泥系统处理出水水质优异的时候才会出现，因此是水质稳定的标志。

在活性污泥中，细菌含量一般在 10^7~10^8 个/mL 之间，原生动物为 10^3 个/mL 左右。而在原生动物中，则以纤毛虫居多数，并以此作为指示生物，通过镜检判断活性污泥的活性。通常当活性污泥中有固着型的纤毛虫如钟虫、等枝虫、盖纤虫、独缩虫、聚缩虫等出现，且数量较多时，说明活性污泥培养驯化成熟以及活性较好。反之，如果在正常运行的曝气池中发现活性污泥中固着型的纤毛虫减少，而游泳型的纤毛虫突然增加，说明污泥活性差，处理效果将变差。

活性污泥是一种较复杂的混合物，除含有大量的活性微生物外，还携带着来自污水的无机悬浮物、有机悬浮物和胶体物。因此，从化学性质来区分，它由有机物与无机物两部分组成。其组成比例随入流污水来源而异，如生活污水的活性污泥中的有机成分约占 70%，无机成分为 30%。

活性污泥的沉降性能与其含水率有关，正常的活性污泥，凝聚、沉降性能好，经 30min 沉降后一般含水率在 99% 左右，其中固体物质仅占 1% 左右。这些固体物质在工程实际中，以悬浮固体（SS）、挥发性悬浮固体（VSS）和灰分（NVSS）区分并表示。SS 代表悬浮固体物质的总量，VSS 代表其中有机物的量，NVSS 代表无机物的量。目前在工程实际中，活性污泥中的微生物量并不是直接测定的，一般采用测定活性污泥中挥发性悬浮固体（VSS）量的方法来间接表示微生物量的多少。

3. 活性污泥处理法的基本流程

如图 6-1 所示，污水和回流的活性污泥一起进入曝气池形成混合液。曝气池是一个生物反应器，通过曝气设备充入空气，空气中的氧溶入污水使活性污泥混合液产生好氧代谢反应。曝气设备不仅传递氧气进入混合液，且使混合液得到足够的搅拌而呈悬浮状态。这样，污水中的有机物、氧气同微生物能充分接触和反应。随后混合液流入沉淀池，混合液中的悬浮固体在沉淀池中沉下来和水分离。流出沉淀池的上清液就是净化水，经过沉淀浓缩的污泥从沉淀池底部排出，其中一部分作为接种污泥回流到曝气池，多余的一部分则作为剩余污泥排出系统。剩余污泥与在曝气池内增长的污泥，在数量上应保持平衡，使曝气池内的污泥浓度相对地保持在一个较为恒定的范围内。回流污泥的目的是使曝气池内保持一定的悬浮固体浓度，也就是保持一定的微生物浓度。剩余污泥中含有大量的微生物，排放环境前应进行处理，防止污染环境。

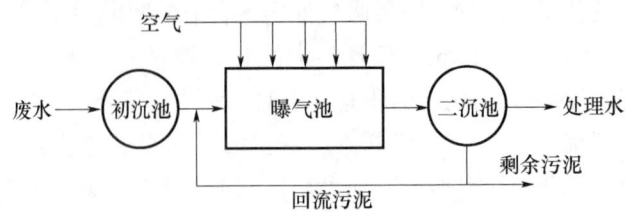

图 6-1 普通活性污泥法处理系统

6.1.2 活性污泥处理废水中有机质的过程

活性污泥处理废水中有机质的过程分为两个阶段进行，即生物吸附阶段和生物氧化阶段。

1. 生物吸附阶段

废水与活性污泥微生物充分接触，形成悬浊混合液，废水中的污染物被比表面积巨大且表面上含有多糖类黏性物质的微生物吸附和粘连。大分子有机物被吸附后，首先在水解酶作用下，分解为小分子物质，然后这些小分子与溶解性有机物在酶的作用下或在浓差推动下选择性地渗入细胞体内，从而使废水中的有机物含量下降而得到净化。这一阶段进行得非常迅速，对于含悬浮状态有机物较多的废水，有机物的去除率是相当高的，往往在 15~45min BOD 可下降 80%~90%。此后，下降速度迅速减缓。在这个阶段，吸附作用是主要的，生物氧化作用是次要的。

2. 生物氧化阶段

被吸附和吸收的有机物质继续被氧化，这段时间需要很长，进行非常缓慢。在生物吸附阶段，随着有机物吸附量的增加，污泥的活性逐渐减弱。当吸附饱和后，污泥失去吸附能力。经过生物氧化阶段吸附的有机物被氧化分解后，活性污泥又呈现活性，恢复吸附能力。

6.1.3 活性污泥的增长特点

纯种微生物的生长繁殖规律已经有大量的研究，通常以生长曲线反映其一般规律。活性污泥的生长繁殖规律虽然比较复杂，但其增殖曲线与纯种细菌的生长曲线颇为相似，故也可用增殖曲线来描述活性污泥生长繁殖的一般规律，如图 6-2 所示。

从直观上看，图 6-2 是反映了活性污泥量的增长和增长速率的变化，但是这一变化是和活性污泥所处的具体环境密切相关。因此，从增殖曲线反映的活性污泥增长过程，间接反映了活性污泥处理过程中底物的变化、污泥吸附性能的变化、污泥沉降性能的变化、微生物群组成的变化以及溶解氧消耗速率的变化等，具有重要的实际意义。

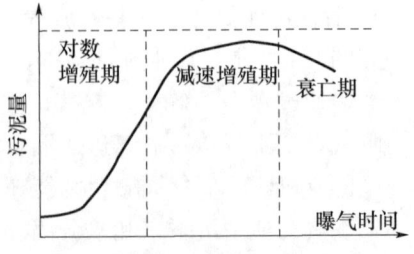

图 6-2 活性污泥的增殖曲线

活性污泥增长过程中的变化，主要是与曝气池中活性污泥微生物承受的底物（BOD）变化有关，底物浓度（F）与活性污泥量（M）的比值（即 F/M）对这个时段内活性污泥的增长及性质起主要的影响作用。

在对数增殖期，F/M 值很高，微生物的生长繁殖不受底物浓度的限制，混合液中的有机物以最大的速度进行氧化分解，并合成新的微生物细胞而被去除。此时，活性污泥增长速率快,且在营养丰富和能量水平高的情况下,活性污泥微生物具有巨大的活动能力,活性污泥较松散,絮凝、沉降性能差,吸附能力亦差。此外,若使活性污泥微生物生长处在对数增殖期,需要有充分的底物作为养料,也就是说,入流污水所含有机物应多,相应地处理过的出水中所含有机物也相对多些。故采用对数增殖期进行污水的生物处理,虽然有机物去除速率高,但难以得到稳定优质的出水。

在减速增殖期,F/M 值已经下降到限制微生物繁殖的程度,污水中有机物的去除以及活性污泥的增长不能像在对数增殖期那样以最大速度进行,而受底物浓度限制。由于营养不够丰富、能量水平较低,故活性污泥微生物的活动能力弱一些,但活性污泥的絮凝、沉降性能相对好一些,吸附能力较好,经过处理后的出水水质较稳定。为此,在污水生物处理中,人们常采用活性污泥微生物的减速增殖期,以期获得良好的活性污泥及稳定优质的出水。

在衰亡期(也称内源呼吸期),F/M 值极低,微生物已不能从周围环境中获得足够的养料以维持其生命,自身氧化的分解代谢作用占主导地位,以自身体内有机物作为养料,维持生命活动。在这种情况下,活性污泥微生物不但停止繁殖,而且衰落,活性污泥量逐渐减少。活性污泥由于曝气时间过长、有机物的不断转化而变得密实和细小,无机成分增多,活性较差。

活性污泥法所需要的理想污泥是即具有很强的生物活性和吸附性能,又有很好的凝聚沉降性能。实际工程中,通过对 F/M 值的控制,可以使得活性污泥处于特定的增长期。对数期的污泥活性强但是沉降性能不好,污泥的密度小;而内源代谢阶段的活性污泥虽然沉降性能很好,但是无机成分多,吸附能力弱,生物活性差。因此,通常控制活性污泥增长过程的终点是处于减速增殖的后期或衰亡期的初期。

6.1.4 活性污泥指标

衡量活性污泥数量和性能好坏的指标主要有以下几项。

1. 混合液悬浮固体浓度(MLSS)

混合液悬浮固体浓度指单位体积曝气池混合液中所含有的活性污泥固体物的质量(MLSS),也称之污泥浓度。混合液挥发性悬浮固体浓度是指曝气池混合液活性污泥中有机性固体物质浓度(MLVSS)。MLSS 和 MLVSS 的单位为 g/L 或 mg/L,其大小可间接地反映废水中所含微生物的浓度。一般在活性污泥曝气池内常保持 MLSS 浓度在 2~6g/L 之间,多为 3~4g/L。

$$MLSS = M_a + M_e + M_i + M_{ii} \tag{6-1}$$

$$MLVSS = M_a + M_e + M_i \tag{6-2}$$

式中 M_a——具备活性细胞成分;

M_e——内源代谢残留的微生物有机体;

M_i——吸附的未代谢的不可生化的有机悬浮固体;

M_{ii}——吸附的无机悬浮固体。

按有机性和无机性成分,MLSS 表示悬浮固体物质总量,MLVSS 表示挥发性固体成分,其中包含了微生物量,由于测定方便,可以近似表示微生物的量。生活污水的 MLVSS 与 MLSS 的比值 f 一般为 0.75。以上两项指标表示的是活性污泥的相对值,而不能精确地表示活性污泥微生物量。但因为其测定简便易行,故广泛应用于活性污泥处理系统的设计运行中。

2. 污泥沉降比（SV）

取曝气池混合液静止沉淀 30min 后，沉淀活性污泥的体积分数（％）叫污泥沉降比，通常采用 1L 量筒测定污泥沉降比。

$$SV = \frac{V_{泥}}{V_{液}} \times 100\% \tag{6-3}$$

式中 $V_{液}$——曝气池混合液的取样体积，mL；

$V_{泥}$——取样曝气池混合液静止沉淀 30min 后，沉淀活性污泥的体积，mL。

污泥沉降比反映污泥的沉淀和凝聚性能好坏，污泥沉降比越大，越有利于活性污泥与水的分离，性能良好的污泥，正常曝气池污泥沉降比在 20％～30％。

一般情况下，SV 有两方面的指导作用：一是判断曝气池污泥浓度，控制排泥量。当 SV 值较低时（<20％），常常反映曝气池污泥浓度过低，此时需适当减少剩余污泥的排放量；当 SV 值较高时（>35％），常常反映曝气池污泥浓度过高，此时需适当增加剩余污泥的排放量。二是判断污泥的凝聚沉降性能，及时发现早期的污泥膨胀。当 SV 值低于 35％时，常常反映曝气池污泥状况良好，污泥较为结实；否则当 SV 值高于 35％时，常常反映曝气池污泥有一定膨胀现象。其值越高，可能膨胀现象越为严重，此时需采取一定的措施，如适当增加剩余污泥的排放量等。

SV 测定快速、方法简便，因此在活性污泥法的工程实践上，尤其是小型污水处理厂，常常以它指导工程运行。

3. 污泥体积指数（SVI）

污泥体积指数又称污泥指数，是指一定量的曝气池混合液经 30min 沉淀后，1g 干污泥所占有湿污泥容积的体积，单位为 mL/g，它实质是反映活性污泥的松散程度，污泥指数越大，则污泥越松散。这样可有较大表面积，易于吸附和氧化分解有机物，提高废水的处理效果。但污泥指数太高，污泥过于松散，则污泥的沉淀性差，故一般控制在 50～150mL/g 之间为宜，但根据废水性质的不同，这个指标也有差异。如废水溶解性有机物含量高时，正常的 SVI 值可能较高；相反，废水中含无机性悬浮物较多时，正常的 SVI 值可能较低。

$$SVI = \frac{SV(\%) \times 10^4}{MLSS} \quad (mL/g) \tag{6-4}$$

式中 $MLSS$——曝气池混合液的污泥浓度，mg/L。

【例 6-1】设从正常运行的曝气池中取出混合液，并注入 1000mL 量筒中，静置沉淀 30min 后，污泥的沉淀体积 310mL，测得其 MLSS 为 3g/L，试求该活性污泥的 SVI 值，并判断其沉降性能。

解：$SVI = 310/3 = 103.3 \text{(mL/g)}$。

判断：由计算得到的 SVI 值在正常值范围内，可判断该活性污泥沉降性能良好。

4. 污泥龄

污泥龄又称"生物固体平均停留时间"，是曝气池混合液悬浮固体更新一次所需要的时间。活性污泥处理系统保持正常、稳定运行的一项重要条件，是必须在曝气池内保持相对稳定的悬浮固体量。但是，活性污泥反应的结果，使曝气池内的活性污泥在量上有所增长，这样，每天必须从系统中排出相当于增长量的活性污泥量。此外，在曝气池内，在微生物新细胞生成的同时，又有一部分微生物老化，活性衰退，为了使曝气池内经常保持高度活性的活性污泥，每天都应有一定数量的作为剩余污泥的污泥排出系统。每日排出的剩余污泥量，应等于每日增长的污泥量。

6.1.5 活性污泥净化反应影响因素

和所有的生物相同,活性污泥微生物只有在对它适宜的环境条件下生活,它的生理活动才能得到正常的进行,活性污泥处理技术就是人为地为微生物创造良好的生活环境条件,使微生物以对有机物质降解为主体的生理功能得到强化。能够影响微生物生理活动的因素较多,其中主要的有:营养物质、溶解氧、pH、温度以及有毒物质等。

1. 营养物质平衡

参与活性污泥处理的微生物,在其生命活动过程中,需要不断地从其周围环境的污水中吸取其所必需的营养物质,这里包括:碳源、氮源、无机盐类及某些生长素等。待处理的污水中必须充分地含有这些物质。

碳是构成微生物细胞的重要物质,参与活性污泥处理的微生物对碳源的需求量较大,一般如以 BOD 计不应低于 100mg/L。一般来说,生活污水和城市污水中含有的碳源是充足的,能够满足微生物的需求,对含碳量低的工业废水,应补充投加碳源,如生活污水、淘米水以及淀粉等。

氮是组成微生物细胞内蛋白质和核酸的重要元素,氮源可来自含 N_2、NH_3、NO_3^- 等无机化合物,也可以来自蛋白质、氨基酸等有机含氮化合物。

磷是合成核蛋白、卵磷脂及其他磷化合物的重要元素。它在微生物的代谢和物质转化过程中起着重要的作用。辅酶 1、辅酶 2 和磷酸腺甙(ATP、ADP)等都含有磷。

微生物对碳、氮、磷的需求量,可按 BOD:N:P=100:5:1 考虑。

微生物对无机盐类的需求量很少,但却是不可少的。对微生物,无机盐类可分为主要的和微量的两类。主要的无机盐类首推磷以及钾、镁、钙、铁、硫等,它们参与细胞结构的组成、能量的转移、控制原生质的胶态等。微量的无机盐类则有铜、锌、钴、锰、钼等,它们是酶辅基的组成部分,或是酶的活化剂,需求量很少。

硫是合成细胞蛋白质不可缺少的元素,辅酶也含有硫。

钠在微生物细胞中是调节细胞和污水之间渗透压所必需的,具有调节代谢活动的功能。

钾是多种酶的激化剂,具有促进蛋白质和糖的合成作用,此外,钾还能够控制细胞质的胶态和细胞质膜的渗透性。

钙具有降低细胞质的渗透性、调节酸度及中和其他阳离子所造成危害的作用。

镁在细胞质合成及糖的分解中起着活化作用。

铁是细胞色素氧化酶和过氧化氢酶结构的一部分,在氧的活化过程中,铁起着很重要的催化作用。

微生物一般从污水中所含有的各种盐类获取上述各种无机元素。微量元素对微生物的生理活动有着刺激作用,但对其需求量极少,在一般情况下,对生活污水、城市污水以及绝大部分有机性工业废水进行生物处理时,都无须另行投加。

生活污水是活性污泥微生物的最佳营养源,其 BOD:N:P 的比值约为 100:5:1,经过初次沉淀及池或水解酸化工艺等预处理后,BOD 值有所降低,N、P 含量的相对值提高,这样,进入生物处理系统的污水,其比值可能变化为 100:20:25。这就是说,经过预处理工艺处理后的生活污水,其营养物质含量高于所需要的。

2. 溶解氧含量

根据活性污泥法大量的运行经验数据,若使曝气池内的微生物保持正常的生理活动,在曝气池内的溶解氧浓度一般宜保持在 2~4mg/L,但不宜低于 1mg/L。同时,在曝气池内溶解氧也不宜过高，溶解氧过高能够导致有机污染物分解过快，从而使微生物缺乏营养，活性污泥易于老化，结构松散。此外，溶解氧过高，过量耗能，在经济上也是不适宜的。

3. pH

不同的微生物有不同的 pH 适应范围。大多数细菌适宜中性和偏碱性（pH＝6.5～7.5）的环境。细菌、放线菌、藻类和原生动物的 pH 适应范围是在 4～10 之间。废水生物处理过程中应保持最适宜的 pH 范围。当废水的 pH 变化较大时，应设置调节池，使进入反应器（如曝气池）的废水，保持在合适的 pH 范围。

4. 温度

各类微生物所生长的温度范围不同，为 5～80℃。此温度范围，可分为最低生长温度、最高生长温度和最适生长温度（是指微生物生长速度最快时温度）。依微生物适应的温度范围，微生物可以分为中温性（20～45℃）、好热性（高温性）（45℃以上）和好冷性（低温性）（20℃以下）三类。当温度超过最高生长温度时，会使微生物的蛋白质迅速变性及酶系统遭到破坏而失活，严重者可使微生物死亡。低温会使微生物代谢活力降低，进而处于生长繁殖停止状态，但仍保存其生命力。废水好氧生物处理，以中温细菌为主，其生长繁殖的最适温度在 20～37℃。厌氧生物处理中的中温处理为 33～38℃，高温处理为 52～57℃。

5. 有毒物质

在工业废水中，有时存在着对微生物具有抑制和杀害作用的化学物质，这类物质我们称之为有毒物质。其毒害作用主要表现细胞的正常结构遭到破坏以及菌体内的酶变质，并失去活性。如重金属离子（砷、铅、镉、铬、铁、铜、锌等）能与细胞内的蛋白质结合，使它变质，致使酶失去活性。酚类化合物对菌体细胞膜有损害作用，并能够促使菌体蛋白凝固，破坏了细胞的正常代谢作用。甲醛能够与蛋白质的氨基相结合，而使蛋白质变性，破坏了菌体的细胞质。但是，有毒物质对微生物的毒害作用，有一个量的概念，即只有在有毒物质在环境中达到某浓度时，毒害与抑制作用才显露出来。同时，有毒物质的毒害作用还与 pH 值、水温、溶解氧、有无其他有毒物质及微生物的数量以及是否经过驯化等因素有关。

6.2 活性污泥处理系统的工艺类型

活性污泥处理系统自从 20 世纪初于英国开创以来，历经近百年的发展与不断革新，现已拥有以传统活性污泥处理系统为基础的多种运行方式，本节将分别就各种不同运行方式的工艺特征及其系统中的主要处理构筑物（活性污泥反应器）——曝气池的主要工艺作如下阐述。

1. 传统活性污泥法

传统活性污泥法如图 6-3 所示，又称普通活性污泥法，是早期开始使用并一直沿用至今的运行方式。原污水从曝气池一端进入池内，由二次沉淀池回流的污泥也同步注入，出水从另一端流出，污水与回流污泥形成的混合液在池内呈推流形式流动至池的末端，流出池外进入二次沉淀池，在这里处理后的污水与活性污泥分离，部分污泥回流曝气池，部分污泥则作为剩余污泥排出系统。

传统活性污泥法系统对污水处理的效果极好，BOD 去除率可达 90% 以上，适于处理净化程度和稳定程度要求较高的污水。但传统活性污泥法处理系统存在着下列各项问题：

(1) 曝气池首端有机污染物负荷高，耗氧速率也高，为了避免由于缺氧形成厌氧状态，进水有机物负荷不宜过高，因此，曝气池容积大，占用的土地较多，基建费用高。

(2) 耗氧速率沿池长是变化的（图6-3），而供氧速率难以与其相吻合、适应，在池前段可能出现耗氧速率高于供氧速率的现象，池后段又可能出现溶解氧过剩的现象。

(3) 对进水水质、水量变化的适应性较低，运行效果易受水质、水量变化的影响。

2. **渐减曝气活性污泥工艺**

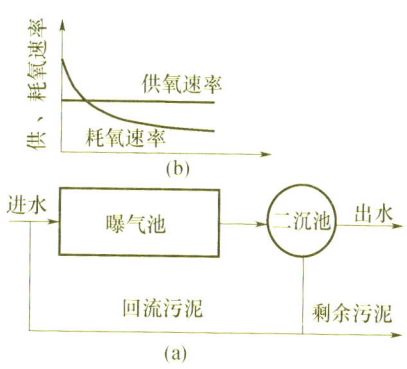

图6-3 传统活性污泥法流程

在推流式的传统曝气池中，混合液的需氧量在长度方向是逐步下降的。因此等距离均量地布置扩散器是不合理的。实际情况是：前半段氧远远不够，后半段供氧超过需要。渐减曝气的目的就是合理地布置扩散器，使布气沿程变化，而总的空气用量不变，这样可以提高处理效率。这种运行方式具有如下各项效果：

(1) 曝气池内有机污染物负荷及需氧率得到均衡，一定程度地缩小了耗氧速度与充氧速度之间的差距，有助于能耗的降低。活性污泥微生物的降解功能也得以正常发挥。

(2) 混合液中的活性污泥浓度沿池长逐步降低，出流混合液的污泥较低，减轻二次沉淀池的负荷，有利于提高二次沉淀池固、液分离效果。

3. **分段进水活性污泥工艺**

分段进水活性污泥工艺如图6-4所示，入流污水通过3~4个进水口流入曝气池中，使 F/M 沿池长方向分布趋于均匀，进而调节曝气池高峰需氧量，避免了传统活性污泥工艺供氧和需氧不相适应的问题，提高了曝气池的容积负荷，具有较高的操作灵活性。

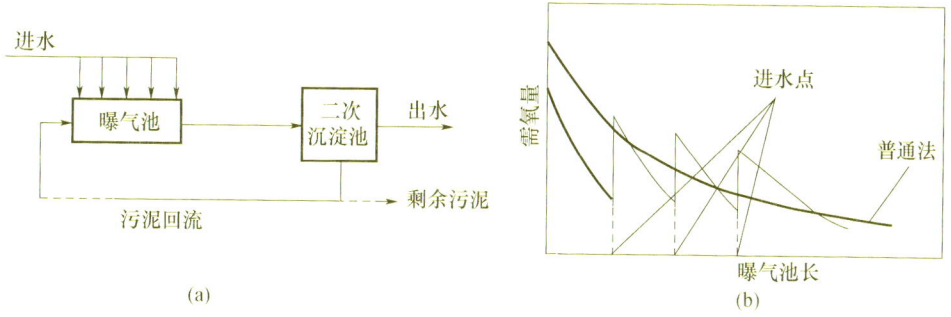

图6-4 分段进水活性污泥工艺

4. **完全混合活性污泥法**

为了从根本上改善长条形池子中混合液不均匀的状态，在分段进水活性污泥工艺的基础上，进一步增加进水点，同时相应地增加回流污泥并使其在曝气池中迅速混合，它就是完全混合的概念，如图6-5所示。在完全混合法的曝气池中，需氧速率和供氧速率的矛盾在全池得到了平衡，因而完全混合法有如下特征：

(1) 池液中各个部分的微生物种类和数量基本相同，生活环境也基本相同。

(2) 曝气池内 F/M 值均等，入流出现冲击负荷时，池液的组成变化也较小，因为骤然增加的负荷可为全池混合液所分担,而不是像推流中仅仅由部分回流污泥来承担。因而完全混合池从某种意义上来讲,是一个大的缓冲器和均和池,它不仅能缓和有机负荷的冲击,也减少有毒物质的影响,在工业污水的处理中有一定优势。

(3) 池液里各个部分的需氧速率比较均匀。完全混合曝气池可分为合建式和分建式。合建式曝气池宜采用圆形,多采用机械曝气。

(4) 和推流式比较,发生短流的可能性大。

(5) 受曝气池的池型和曝气方法的限制,池体不能太大。

5. 浅层曝气活性污泥工艺

研究发现在气泡形成和破裂瞬间的氧传递速率最大。在水的浅层处用大量空气进行曝气,就可获得较高的氧传递速率。为了使液流保持一定的环流速率,将空气扩散器分布在曝气池相当部分的宽度上,并设一条纵墙,将水池分为两部分,迫使曝气时液体形成环流。根据联邦德国埃姆歇实验站的测定结果,深度与单位能量吸氧率的关系如图 6-6 所示。因而扩散器的深度放置在水面以下 0.6~0.8m 范围为宜,此时与常规深度的曝气池相比,可以节省动力费用。此外,由于风压减小,风量增加,可以用一般的离心鼓风机。

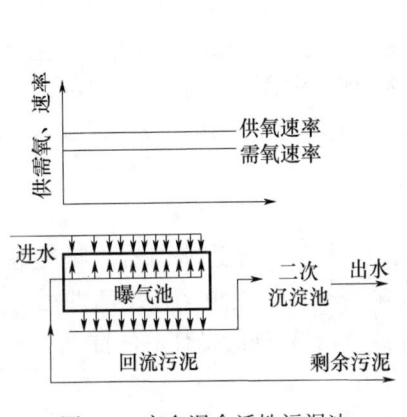

图 6-5 完全混合活性污泥法

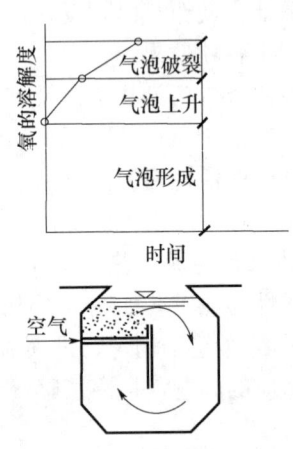

图 6-6 浅层曝气活性泥法

6. 深层曝气活性污泥工艺

曝气池的经济深度是由基建费用和运行费用来决定的,经济深度一般为 4~6m。但随着土地成本费用越来越高,从 20 世纪 60 年代开始,研究发展了深层曝气法。

深层曝气活性污泥法的主要特点是曝气池水很深,提高了池液的饱和溶解氧浓度,从而加大了氧溶解的推动力,有利于活性污泥微生物的增殖和对有机物的降解。其次,由于曝气池朝竖向深度发展,可减少占地。在目前,凡曝气池水深达 7m 以上者,均可视作深水曝气法的范围。

深层曝气活性污泥法的主要工艺有以下三种形式:

(1) 深水中层曝气法

深水中层曝气法的主要特点是池深加大,但曝气装置仍放在水下 4m 左右处(靠近池深的中部),和常规曝气池的相同。这样,一般规格的鼓风机(风压在 5m 水柱以内)仍可采用。为了在池中形成横向环流和减少底部水层的死角,一般在池中设导流隔墙或导流筒,如图 6-7 (a) 所示。池中水深一段不超过 10m,这样,曝气池出水可无须脱泡。

（2）深水底层曝气法

深水底层曝气法水深在 10m 左右，曝气装置设于池底部，需使用高风压的风机，但无须设导流装置，自然在池内形成环流，如图 6-7（b）所示。这种曝气法，有时也称为深层曝气法。它的主要问题是需设置高扬程的鼓风机。

（3）深井曝气法

深井曝气法又称超水深曝气法，深井曝气法的曝气池是座深井，一般直径为 1~6m，深度为 50~150m 或更深，井中间设一隔墙，将井身一分为二，如图 6-7（c）所示。图中 b 处空气管相当于空气泵，提升混合液向上出水，并建立水力坡降；a 处空气管产生的气泡很细，不会浮上而只会随水下流。这样，在井身隔墙两侧形成由下而上的液体流动。

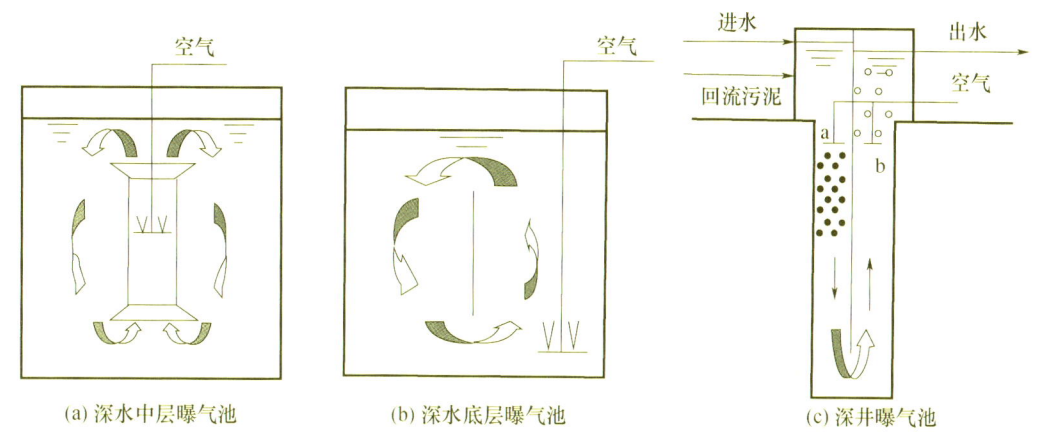

图 6-7　深井曝气法曝气池

深井曝气法中，活性污泥经受压力的变化较大，实践表明这对微生物的活性和代谢能力并无异常变化，但合成和能量的分配有一定变化，污泥产量低。深井曝气法氧转移率高，约为常规法的 10 倍以上；动力效率高，占地少，易于维护运行；耐冲击负荷，产泥量少，一般可不建初次沉淀池。但此方法受地质条件的限制。

7. 高负荷活性污泥工艺

高负荷活性污泥工艺或称不完全处理活性污泥法。曝气池中的 MLSS 为 300~500mg/L，曝气的时间比较短，为 1.5~3h，一般 BOD_5 去除效率不超过 75% 左右，该方法处理工艺和曝气池构造与传统的活性污泥法相同，适用于对出水水质要求不高的污水。

8. 延时曝气活性污泥工艺

延时曝气的特点是曝气时间很长，达 24h 甚至更长，MLSS 较高，达到 3000~6000mg/L，活性污泥处于内源呼吸状态，剩余污泥少而稳定，无须消化，可直接排放。适用于污水量很小的场合，常常不设沉淀池而采用间歇运行方式，也有曝气池和二次沉淀池合建的。

9. 接触稳定活性污泥工艺

接触稳定活性污泥工艺又称吸附-再生活性污泥法。利用两个独立的反应池或单元（接触池及稳定池）处理污水，稳定活性污泥。稳定后的活性污泥与进水在接触池混合，停留时间一般为 30~60min，然后进入二次沉淀池进行沉淀，回流污泥进入稳定池，停留时间一般为 1~2h，剩余污泥外排处理。在接触池内，稳定后的活性污泥利用其巨大表面积和生物活性吸附污水中溶解性有机污染物；在稳定池内，通过对回流污泥进行曝气，对吸附的有机污染物进行降解，恢复污泥的生物活性。

研究表明，接触稳定活性污泥工艺直接用于原污水的处理比用于初沉池的出流水效果好，初沉池可以不用，剩余污泥量增加。接触稳定法的流程如图6-8所示。实际上，再生池和吸附池可合建，用墙隔开。在接触稳定法中，回流污泥经过浓缩由3000mg/L左右变成8000mg/L左右，再由曝气稳定，池容积节省了，或者说，同样的池子增加了处理能力。

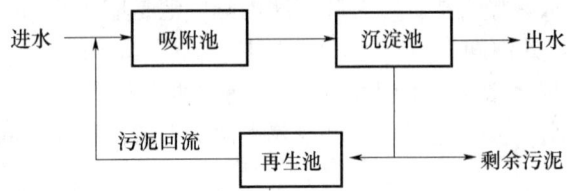

图6-8 接触稳定活性污泥法的流程

10. 纯氧曝气

以纯氧代替空气，可以提高生物处理的速度。纯氧曝气采用密闭的池子，曝气时间较短，为1.5～3.0h，MLSS较高，为4000～8000mg/L。纯氧曝气池氧的纯度达98%，在密闭的容器中，溶解氧饱和浓度可提高，氧溶解的推动力也随着提高，氧传递速率增加了，因而处理效果好，污泥的沉淀性能也好。纯氧曝气并没有改变活性污泥或微生物的性质，但使微生物充分发挥了作用。

纯氧曝气的缺点主要是纯氧发生器容易出现故障，装置复杂，运转管理较麻烦。水池顶部必须密闭不漏气，结构要求高，施工要特别小心。如果进水中混入大量易挥发的碳氢化合物，容易引起爆炸。同时生物代谢中生成的二氧化碳，将使气体中的二氧化碳分压上升，溶解于溶液中，会导致pH值的下降，妨碍生物处理的正常运行，影响处理效率。因而要适时排气和进行pH值的调节。

11. 吸附-生物降解工艺（AB法）

吸附-生物降解工艺，简称AB法，其工艺流程如图6-9所示。A级以高负荷或超高负荷运行，污泥负荷>2.0kgBOD$_5$/(kgMLSS·d)，B级以低负荷运行，污泥负荷一般为0.1～0.3kgBOD$_5$/(kgMLSS·d)，A级曝气池停留时间短，30～60min，B级停留2～4h。该系统不设初沉池，A级是一个开放性的生物系统。A、B两级各自有独立的污泥回流系统，两级的污泥互不相混。

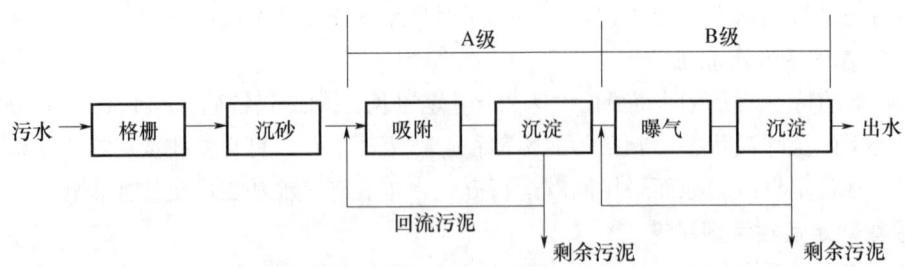

图6-9 吸附-生物降解工艺流程图

该工艺处理效果稳定，具有抗冲击负荷、pH值变化的能力，在欧洲有广泛的应用。该工艺还可以根据经济实力进行分期建设。例如，可先建A级，以削减污水中的大量有机物，达到优于一级处理的效果，等条件成熟，再建B级以满足更高的处理要求。近年来，AB法在我国污水处理厂已经应用。

12. 氧化沟工艺

氧化沟如图 6-10 所示，它的池体狭长，包括一个环形或椭圆形廊道，在沟槽中设有表面曝气装置。经过格栅处理后的污水进入廊道中与回流污泥混合，通过曝气装置的转动，推动沟内液体迅速流动，取得曝气和搅拌两个作用，沟中混合液流速为 0.3～0.6m/s，使活性污泥呈悬浮状态。图 6-11 所示是一种典型的氧化沟——卡罗塞式氧化沟，它是由荷兰 DHV 公司于 20 世纪 60 年代开发的使用很广泛的一种氧化沟，如我国昆明某污水处理厂、桂林某污水处理厂的废水处理都采用这种形式的氧化沟，它不但可以达到 95% 以上的 BOD_5 去除率，还可同时达到部分脱氮除磷的目的，也可以将二次沉淀池设置在氧化沟中，即在沟内截出一个区段作为沉淀区，两侧设隔板，沉淀区底部设一排呈三角形的导流板，混合液的一部分从导流板间隙上升进入沉淀区，沉淀的污泥也通过导流板回流到氧化沟，出水由设于水面的集水管排出。因省去二次沉淀池，故节省占地，更易于管理。

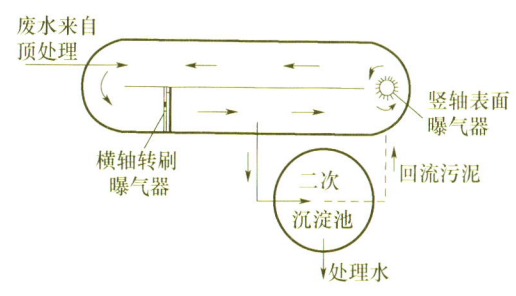
图 6-10 氧化沟系统图

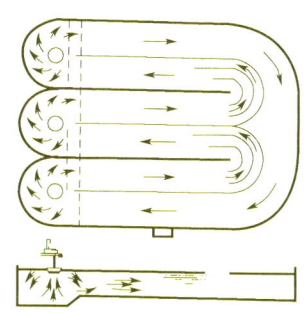
图 6-11 卡罗塞式氧化沟

13. 序批式活性污泥（SBR）工艺

序批式活性污泥法简称 SBR 法，是早期充排式反应器的一种改进，比连续流活性污泥法出现得更早，但由于当时运行管理条件限制而被连续流系统所取代。随着自动控制水平的提高，SBR 法又引起人们的重新重视，并对它进行了更加深入的研究与改进。SBR 工艺在国内已用于屠宰、含酚、啤酒、化工试剂、鱼品加工、制药等工业污水和生活及城市污水的处理。

传统活性污泥法的曝气池，在流态上呈推流，在有机物降解方面是沿着空间而逐渐降解的。而 SBR 工艺的曝气池，在流态上属完全混合，在有机物降解上，却是时间上的推流，有机物是随着时间的推移而被降解的。图 6-12 为 SBR 工艺的基本运行模式，其基本操作流程由进水、反应、沉淀、排水和闲置五个基本过程组成，从污水流入到闲置结束构成一个周期，在每个周期里上述过程都是在一个设有曝气或搅拌装置的反应器内依次进行的。

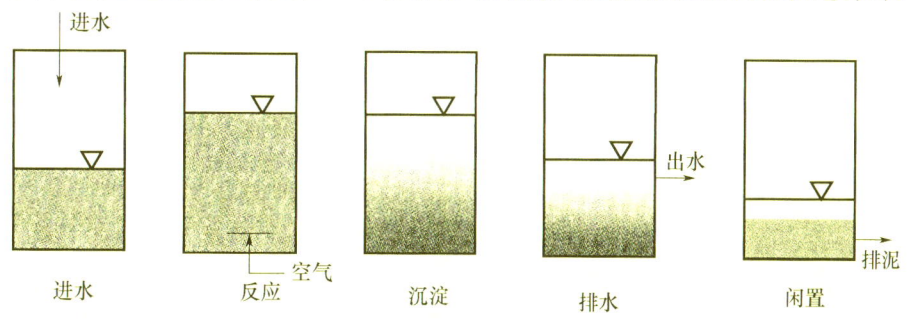
图 6-12 SBR 工艺操作过程

SBR工艺与连续流活性污泥工艺相比有一些优点。

（1）工艺系统组成简单，不设二次沉淀池，曝气池兼具二次沉淀池的功能，无污泥回流设备。

（2）耐冲击负荷，在一般情况下（包括工业污水处理）无须设置调节池。

（3）反应推动力大，易于得到优于连续流系统的出水水质。

（4）运行操作灵活，通过适当调节各单元操作的状态可达到脱氮除磷的效果。

（5）污泥沉淀性能好，SVI值较低，能有效地防止丝状菌膨胀。

（6）该工艺的各操作阶段及各项运行指标可通过计算机加以控制，便于自控运行，易于维护管理。

14. 膜生物反应器

近年来，膜技术逐渐渗透到废水处理的各个领域，除了单独用于污水处理外，更多的是与其他工艺结合解决传统方法难以解决的问题。特别是对高COD、高SS、难降解有机工业废水的处理，在传统的生物方法中引进膜分离技术显得更为迫切。膜生物反应器就是由膜分离技术与生物反应器相结合的生物化学反应系统。

在传统的活性污泥法工艺中，泥水分离是在二次沉淀池中通过重力沉降完成的，其分离效率依赖于活性污泥的沉降特性。污泥沉降性越好，泥水分离效率越高。而污泥的沉降性能常常由于负荷与毒物冲击而变差，加之经常出现的水力不稳定性，使得悬浮固体极易随出水流失，从而影响出水质量，并引起曝气池中污泥浓度下降。另外，由于经济因素的制约，二次沉淀池的容积不可能很大，所以曝气池中的活性污泥浓度也不会很高，从而限制了系统的生化反应速率。此外，常规活性污泥法剩余污泥的处置费用较高。通常其处置费用占系统总运行费用的60%左右。因此，减少系统运行费用的一条途径是降低剩余污泥的产量。针对上述三个问题，水处理专家开发了膜生物反应器，其工艺流程如图6-13所示。图6-13所示的膜生物反应器中的膜组件（UF或MF）相当于传统生物处理系统中的二次沉淀池，在此进行固液分离，截流的污泥回流至生物反应器，透过水外排。这种反应器属于分置式膜生物反应器，它存在动力消耗大、系统运行费用高的问题。

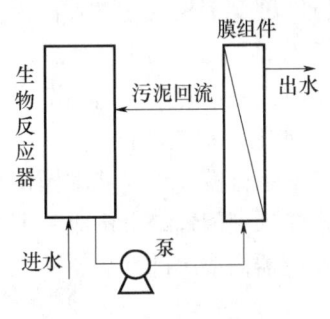

图6-13 膜生物反应器

最新的一种膜生物反应器呈一体式结构，在该系统中，膜组件直接置于生物反应器中，空气的搅动在膜表面产生错流，曝气器设置在膜组件的正下方。混合液随气流向上流动，在膜表面产生剪切力，胶体颗粒被迫离开膜表面，让水透过。该系统设备简单，只需一个小流量吸压泵、曝气器和一个反应池即可。

膜生物反应器有如下优点：

（1）固、液分离效率高。混合液中的微生物和废水中的悬浮物质以及蛋白质等大分子有机物不能透过膜，与净化后的出水分离。

（2）系统微生物浓度高、容积负荷亦高、MLSS浓度的增大，其结果是系统的容积负荷提高，使得反应器的小型化成为可能。

（3）在传统生物技术中，系统的水力停留时间（HRT）和污泥停留时间（SRT）很难分别控制。由于使用了膜分离技术，该系统可在HRT很短而SRT很长的工况下运行，延长了废水中难降解的有机物在反应器中的停留时间，最终可达到去除目的。另外，由于系统的SRT长，对世代时间较长的硝化细菌的生长繁殖有利，所以该系统还有一定的硝化功能。

(4) 污泥产生量少。因该系统的泥水分离率与污泥的 SVI 值无关，可尽量减小生物反应器的 F/M 比，在限制基质条件下，反应器中的营养物质仅能维持微生物的生存，其比增长率与衰减系数相当，故剩余污泥量很少或为零。

(5) 耐负荷冲击。由于生物反应器中微生物浓度高，在负荷波动较大的情况下，系统的去除效果变化较小，处理水水质稳定。另外，系统结构简单，容易操作管理和实现自动化。

(6) 出水水质好。由于膜的高分离效率，出水中 SS 浓度低，大肠杆菌数少。又由于膜表面形成了凝胶层，相当于第二层膜，它不仅能截留大分子物质而且还能截留尺寸比膜孔径小得多的病毒，出水中病毒数较少。因而这种出水可直接再利用。

但是在分离膜生物反应器中，由于 MLSS 浓度高，不仅造成系统需氧量大，而且膜容易堵塞。同时又由于生物难降解物质的积累，造成生物毒害和膜污染，给污泥处理带来困难。

6.3 活性污泥数学模型

活性污泥法的曝气池中发生的底物降解和活性污泥微生物增长过程都可以用动力学理论进行描述，将动力学引入活性污泥系统，并结合系统的物料平衡就可以建立活性污泥系统的数学模型，以便对活性污泥系统进行科学的设计和运行管理。活性污泥的数学模型主要包括两个方面：一是底物降解速度与底物浓度、生物量等因素之间的关系；二是微生物增值速度与底物浓度、生物量等因素之间的关系。目前著名的活性污泥动力学模型有劳伦斯-麦卡蒂（Lawrence-McCarty）、艾肯菲尔德（Eckenfelder）、麦金尼（Mckinner）动力学模型。本书重点介绍在实际工程设计计算应用最广泛的劳伦斯-麦卡蒂模型。

6.3.1 建立模型的假设

活性污泥数学模型都建立在以下的假设基础上：
(1) 曝气池处于完全混合状态。
(2) 进水中的微生物浓度与曝气池中的活性污泥微生物浓度相比很小，可假设为零。
(3) 全部可生物降解的底物都处于溶解状态。
(4) 活性污泥系统处于稳定状态（稳定假定）。
(5) 二次沉淀池内无微生物活动。
(6) 二次沉淀池内无污泥累积并且泥水分离良好。
(7) 系统中不含有毒物质和抑制物质。

图 6-14 表示了一个完全混合活性污泥工艺的典型流程，是建立活性污泥数学模型的基础，Q、S_0、X_0 表示进入系统的污水流量、有机物浓度和进水中微生物浓度，X、S、V 分别表示曝气池中活性污泥浓度、有机物浓度和曝气池容积，R、X_R 分别表示污泥回流比和回流污泥浓度，Q_w 表示剩余污泥排放量，X_e 表示出水中微生物浓度。图中流量以 m^3/d 计，浓度以 mg/L 计，活性污泥以 MLVSS 计。两种排泥方式：Ⅰ. 剩余污泥从污泥回流系统排出；Ⅱ. 剩余污泥从曝气池直接排出。劳伦斯-麦卡蒂模型采用剩余污泥从污泥回流系统排出方式推导。第二种排泥方式的优点：减轻了二次沉淀池的负担；可将剩余污泥单独浓缩处

理；便于控制曝气池的运行。目前通常采用第一种排泥方式，以下的活性污泥法数学模型以这种排泥方式推导。

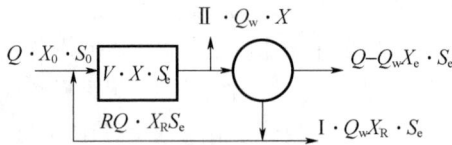

图 6-14　完全混合活性污泥工艺的典型流程

6.3.2　劳伦斯-麦卡蒂模型

生物固体平均停留时间（STR），即污泥龄，被定义为处理系统（曝气池）中微生物的平均停留时间，常用 θ_c 表示。

$$\theta_c = \frac{(X)_T}{(\Delta X/\Delta t)_T} \tag{6-5}$$

式中　$(X)_T$——处理系统（曝气池）中活性污泥的质量；

　　　$(\Delta X/\Delta t)_T$——每天从处理系统中排出的活性污泥量，包括从污泥管上有意识排出的污泥加上随出水流失的污泥量。

在曝气池中，活性污泥一方面降解有机物，另一方面自身也得到增殖。为保持曝气池中活性污泥量的恒定，应从曝气池排出一部分污泥（即剩余污泥），其排出量应与增加量相当。我们可以认为排出的剩余污泥都是老化的活性污泥，这样，新增的活性污泥逐渐代替老化污泥，直至曝气池中的活性污泥全部更新。式（6-5）所表达的污泥龄的实质就是曝气池中的活性污泥全部更新一次所需要的平均时间。结合图 6-14，根据污泥龄的概念，有：

$$\theta_c = \frac{V \cdot X}{Q_w \cdot X_R + (Q - Q_w) \cdot X_e} \tag{6-6}$$

由于出水中微生物浓度 X_e 很小，忽略简化后，则：

$$\theta_c = \frac{V \cdot X}{Q_w \cdot X_R} \tag{6-7}$$

在稳态条件下，对图 6-14 做系统活性污泥物料平衡，有：

$$QX_0 - [(Q-Q_w)X_e + Q_w X_R] + \left(\frac{dX}{dt}\right)_g V = 0 \tag{6-8}$$

式中　X_0、X_e——进、出水中微生物浓度，$gVSS/m^3$；

　　　X_R——回流污泥浓度，$gVSS/m^3$；

　　　V——曝气池体积，m^3；

　　　Q——进水流量，m^3/d；

　　　Q_w——剩余污泥排放量，m^3/d；

　　　$\left(\dfrac{dX}{dt}\right)_g$——剩余污泥的净增长速率，$gVSS/(m^3 \cdot d)$。

根据前述假定，进水中的微生物浓度可以忽略，上式可简化为：

$$(Q-Q_w)X_e + Q_w X_R = \left(\frac{dX}{dt}\right)_g V \tag{6-9}$$

将微生物增长基本方程 $\left(\dfrac{dX}{dt}\right)_g = Y\left(\dfrac{dS}{dt}\right)_u - K_d X$ 代入并整理，有：

$$\frac{(Q-Q_w)X_e+Q_wX_R}{XV}=Y\frac{1}{X}\left(\frac{dS}{dt}\right)_u - K_d \tag{6-10}$$

或

$$\frac{1}{\theta_c}=Y\frac{1}{X}\left(\frac{dS}{dt}\right)_u - K_d \tag{6-11}$$

式中 Y——活性污泥产率系数，$gVSS/gBOD_5$；

K_d——内源代谢系数，d^{-1}；

$\left(\frac{dS}{dt}\right)_u$——底物利用速率，$gBOD_5/(m^3 \cdot d)$。

由于微生物比增长速率 $\mu=Y\frac{1}{X}\left(\frac{dS}{dt}\right)_u - K_d$，所以有：

$$\mu=1/\theta_c \tag{6-12}$$

因此，以污泥龄作为生物处理控制参数，其重要性是明显的，因为通过控制污泥龄，可以控制微生物的比增长速率及系统中微生物的生理状态。将前述的微生物比底物利用速率方程 $r=r_{max}\frac{S}{K_s+S}$ 代入污泥龄公式，得：

$$\frac{1}{\theta_c}=Y\frac{r_{max}S}{K_s+S}-K_d \tag{6-13}$$

从而得出：

$$S=\frac{K_s(1+K_d\theta_c)}{\theta_c(Yr_{max}-K_d)-1} \tag{6-14}$$

式中 S——出水中溶解性有机物的浓度，$mgBOD_5/L$；

K_s——半速度常数，$mgBOD_5/L$；

r_{max}——最大比底物利用速率，$mgBOD_5/mgVSS$。

上式说明活性污泥法系统的出水有机物浓度仅仅是污泥龄和动力学参数的函数，与进水有机物浓度无关。

在稳态条件下，对曝气池作底物的物料衡算：

曝气池底物的净变化率＝底物进入曝气池的速率－底物从曝气池中消失的速率

$$0=V(ds/dt)_T=QS_0+RQS_e-(ds/dt)_u \cdot V-(1+R)QS_e$$

$$\Rightarrow \left(\frac{ds}{dt}\right)_u=\frac{Q(S_0-S_e)}{V}$$

代入污泥龄方程有：

$$\frac{1}{\theta_c}=Y\frac{Q(S_0-S_e)}{XV}-K_d \tag{6-15}$$

$$X=\frac{\theta_c YQ(S_0-S_e)}{V(1+K_d\theta_c)} \tag{6-16}$$

由于 $t=HRT=V/Q$，则有：

$$X=\frac{\theta_c}{t} \cdot \frac{Y(S_0-S_e)}{(1+K_d\theta_c)} \tag{6-17}$$

上式说明：曝气池中的活性污泥浓度是与进出水底物浓度、污泥龄、动力学参数及曝气时间等有关的。

式中 $\Phi=\theta_c/t$，可以称为污泥循环因子，其物理意义为：活性污泥从生长到被排出系统期间与废水的平均接触次数。

在稳态条件下，对进入和离开曝气池的微生物建立物料平衡方程，可以得出回流比 R 与 θ_c 之间的关系：

$$RQX_R+(dX/dt)_g \cdot V-(1+R)QX=0$$

代入微生物增长基本方程得：

$$RQX_R+[Y(dS/dt)_u-K_dX]V-(1+R)QX=0$$

因为，$(dS/dt)=KXS$，$K=r_{max}/K_s$

有

$$RQX_R+(YKXS_e-K_dX)V-(1+R)QX=0$$

$$\frac{1}{\theta_c}=YKS_e-K_d \tag{6-18}$$

或

$$S_e=\frac{1+K_d\theta_c}{YK\theta_c} \tag{6-19}$$

$$\frac{1}{\theta_c}=\frac{Q}{V}\cdot\left(1+R-R\frac{X_R}{X}\right) \tag{6-20}$$

式中 X_R——回流污泥的浓度，可由下式估算：

$$X_R=\frac{10^6}{SVI} \tag{6-21}$$

由 SVI 算出的是 MLSS 值，再换算成 MLVSS。

6.4 曝气设备和曝气池

6.4.1 活性污泥法基本要素

构成活性污泥法有三个基本要素，一是引起吸附和氧化分解作用的微生物，也就是活性污泥；二是废水中的有机物，它是处理对象，也是微生物的食料；三是溶解氧，没有充足的溶解氧，好氧微生物既不能生存也不能发挥氧化分解作用。作为一个有效的处理工艺，还必须使微生物、有机物和氧充分接触，只有密切接触，才能相互作用。因而在充氧的同时，必须使混合液悬浮固体处于悬浮状态。充氧和混合通过曝气设备来实现。

曝气的好坏决定了活性污泥法的能耗和处理的效果。要达到好的效果，曝气设备的选择还必须与曝气池的构造相配合。因而本节重点讨论气体传递原理、通常的曝气设备和曝气池的构造等问题。

6.4.2 曝气的原理

1. 曝气的原理

（1）曝气的作用

① 充氧：向活性污泥微生物提供足够的溶解氧，以满足其在代谢过程中所需的氧量。

② 搅动混合：使活性污泥在曝气池内处于剧烈搅动的悬浮状态以能够与废水充分接触。

（2）氧转移的理论基础

图 6-15 为双膜理论模型的示意图。双膜理论的基本观点如下：

① 气、液两相接触的界面两侧存在着处于层流状态的气膜和液膜，在其外侧则分别为气相主体和液相主体，两个主体均处于紊流状态。气体分子以分子扩散方式从气相主体通过气膜和液膜而进入液相主体。

② 由于气、液两相的主体均处于紊流状态，其中物质浓度基本上是均匀的，不存在浓度差，也不存在传质阻力，气体分子从气体主体传递到液相主体，阻力仅存在于气、液两层层流膜中。

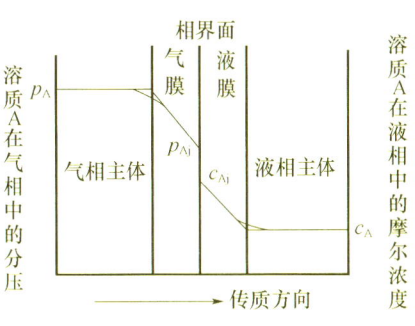

图 6-15　双膜理论模型的示意图

③ 在气膜中存在着氧的分压梯度，在液膜中存在着氧的浓度梯度，它们是氧转移的推动力。

④ 氧难溶于水，因此，氧转移的阻力主要集中在液膜上，因此，氧分子通过液膜是氧转移过程的控制步骤。

在污水生物处理系统中，氧是难溶的气体，它的传递速率通常正比于溶液中饱和溶解氧浓度差。可用下式表示：

$$\frac{dC}{dt} = K_{La} \cdot (C_s - C_t) \tag{6-22}$$

式中　K_{La}——氧总转移系数，h^{-1}；此值表示在曝气过程中氧的总传递性，当传递过程中阻力大，则 K_{La} 值低，反之则 K_{La} 值高。K_{La} 的倒数 $1/K_{La}$ 的单位为（h），它所表示的是曝气池中溶解氧浓度从 C_t 提高到 C_s 所需要的时间。

为了提高 dC/dt 值，可以从两方面考虑：一是提高 K_{La} 值，通过加强液相主体的紊流程度，降低液膜厚度，加速气、液界面的更新，增大气、液接触面积等；二是提高 C_s 值，即提高气相中的氧分压，如采用纯氧曝气、深井曝气等。

（3）氧总转移系数（K_{La}）的求定

氧总转移系数（K_{La}）是计算氧转移速率的基本参数，一般通过试验求得。将式（6-22）整理，得：

$$\frac{dC}{(C_s - C_t)} = K_{La} \cdot dt \tag{6-23}$$

积分后得：

$$\ln\left(\frac{C_s - C_0}{C_s - C_t}\right) = K_{La} \cdot t \tag{6-24}$$

换成以 10 为底，则：

$$\lg\left(\frac{C_s - C_0}{C_s - C_t}\right) = \frac{K_{La}}{2.3} \cdot t \tag{6-25}$$

式中　C_0——当 $t=0$ 时，液体主体中的溶解氧浓度，mg/L；

C_t——当 $t=t$ 时，液体主体中的溶解氧浓度，mg/L；

C_s——在实际水温、当地气压下溶解氧在液相主体中的饱和浓度，mg/L。

由式（6-25）可见，$\lg\left(\frac{C_s - C_0}{C_s - C_t}\right)$ 与 t 之间存在着直线关系，直线的斜率即为 $K_{La}/2.3$。

测定 K_{La} 值的方法与步骤如下：

① 向受试清水中投加 Na_2SO_3 和 $CoCl_2$，以脱除水中的氧；

② 当水中溶解氧完全脱除后，开始曝气充氧，一般每隔 10min 取样一次，取 6～10 次，测定水样的溶解氧；

③ 计算 $\dfrac{C_s-C_0}{C_s-C_t}$ 值，绘制 $\lg\dfrac{C_s-C_0}{C_s-C_t}$ 与 t 之间的关系曲线，直线的斜率即为 $K_{La}/2.3$。

2. 氧转移速率的影响因素

标准氧转移速率是指脱氧清水在 20℃ 和标准大气压条件下测得的氧转移速率，一般以 R_0 表示（kgO_2/h）；实际氧转移速率是以城市废水或工业废水为对象，按当地实际情况（指水温、气压等）进行测定，所得到的为实际氧转移速率，以 R 表示，单位为 kgO_2/h。影响氧转移速率的主要因素有废水水质、水温、气压等。

(1) 水质对氧总转移系数（K_{La}）值的影响

废水中的污染物质将增加氧分子转移的阻力，使 K_{La} 值降低；为此引入系数 α，对 K_{La} 值进行修正：

$$K_{Law}=\alpha \cdot K_{La} \tag{6-26}$$

式中　K_{Law}——废水中的氧总转移系数；α 值可以通过试验确定。

(2) 水质对饱和溶解氧浓度（C_s）的影响

废水中含有的盐分将使其饱和溶解氧浓度降低，对此，以系数 β 加以修正：

$$C_{sw}=\beta \cdot C_s \tag{6-27}$$

式中　C_{sw}——废水的饱和溶解氧浓度，mg/L；

β——一般介于 0.7～0.98 之间。

(3) 水温对氧总转移系数（K_{La}）的影响

水温升高，液体的黏滞度会降低，有利于氧分子的转移，因此 K_{La} 值将提高；水温降低，则相反。温度对 K_{La} 值的影响以下式表示：

$$K_{La(T)}=K_{La(20)}\times 1.024^{(T-20)} \tag{6-28}$$

式中　$K_{La(T)}$ 和 $K_{La(20)}$——分别为水温 T℃ 和 20℃ 时的氧总转移系数；

　　　　T——设计水温，℃。

(4) 水温对水的饱和溶解氧化浓度（C_s）的影响

水温升高，C_s 值就会下降。在不同温度下，蒸馏水中的饱和溶解氧浓度可以从表中查出。

(5) 压力对水中饱和溶解氧浓度（C_s）值的影响

压力增高，C_s 值提高。C_s 值与压力 P 之间存在着如下关系：

$$C_{s(P)}=C_{s(760)} \cdot \dfrac{P}{1.013\times 10^5}=\rho \cdot C_{s(760)} \tag{6-29}$$

其中，$\rho=\dfrac{P}{1.013\times 10^5}$，对于鼓风曝气系统，曝气装置是被安装在水面以下，其 C_s 值以扩散装置出口和混合液表面两处饱和溶解氧浓度的平均值 C_{sm} 计算，如下所示：

$$C_{sm}=\dfrac{1}{2}(C_{s1}+C_{s2})=\dfrac{1}{2}C_s \cdot \left[\dfrac{O_t}{21}+\dfrac{P_b}{1.013\times 10^5}\right] \tag{6-30}$$

式中　O_t——从曝气池逸出气体中含氧量的百分率，%；

$$O_t=\dfrac{21(1-E_A)}{79+21(1-E_A)}\times 100\% \tag{6-31}$$

其中　E_A——氧利用率,%,一般在 6%~12% 之间;

P_b——安装曝气装置处的绝对压力,可以按下式计算:

$$P_b = P + 9.8 \times 10^3 \times H \tag{6-32}$$

P——曝气池水面的大气压力,$P = 1.013 \times 10^5 \text{Pa}$;

H——曝气装置距水面的距离,m。

3. 氧转移速率与供气量的计算

(1) 氧转移速率的计算

在稳态条件下,氧转移速率应等于活性污泥微生物的需氧速率,标准氧转移速率(R_0)为:

$$R_0 = \frac{dC}{dt} \cdot V = K_{La(20)} \cdot (C_{sm(20)} - C_L) \cdot V = K_{La(20)} \cdot C_{sm(20)} \cdot V \tag{6-33}$$

式中　C_L——水中的溶解氧浓度,mg/L;对于脱氧清水 $C_L = 0$;

V——曝气池的体积,m^3。

为求得水温为 T,压力为 P 条件下的废水中的实际氧转移速率(R),则需对上式加以修正,需引入各项修正系数,即:

$$R = \alpha \cdot K_{La(20)} \cdot 1.024^{(T-20)} \cdot (\beta \cdot \rho \cdot C_{sm(T)} - C_L) \cdot V \tag{6-34}$$

因此,R_0/R 为:

$$\frac{R_0}{R} = \frac{C_{sm(20)}}{\alpha \cdot 1.024^{(T-20)} \cdot (\beta \rho C_{sm(T)} - C_L)}$$

一般来说:$R_0/R = 1.33 \sim 1.61$。将上式重写:

$$R_0 = \frac{R \cdot C_{sm(20)}}{\alpha \cdot 1.024^{(T-20)} \cdot (\beta \rho C_{sm(T)} - C_L)} \tag{6-35}$$

式中　C_L——曝气池混合液中的溶解氧浓度,一般按 2mg/L 来考虑。

(2) 氧转移效率与供气量的计算

① 氧转移效率:

$$E_A = \frac{R_0}{O_c} \tag{6-36}$$

式中　E_A——氧转移效率,一般用百分比表示;

O_c——供氧量,kgO_2/h;$O_c = G_s \times 21\% \times 1.331 = 0.28 G_s$;

21%——氧在容器中占的百分比;

1.331——20℃时氧的密度,kg/m^3;

G_s——供氧量,m^3/h。

② 供气量 G_s:

$$G_s = \frac{R_0}{0.28 \times E_A} \tag{6-37}$$

对于鼓风曝气系统,各种曝气装置的 E_A 值是制造厂家通过清水试验测出的,随产品向用户提供。对于机械曝气系统,先求出的 R_0 值,又称为充氧能力,厂家也会向用户提供其设备的 R_0 值。

③ 需氧量:活性污泥系统中的供氧速率与耗氧速率应保持平衡,因此,曝气池混合液的需氧量应等于供氧量。需氧量可以根据下式求得:

$$O_2 = a'QS_r + b'VX_v \tag{6-38}$$

计算参见6.7.3（3.需氧量的计算）。

4. 曝气系统设计的一般程序

（1）鼓风曝气系统

① 求风量即供气量。由式（6-38）求得需氧速率 O_2。根据供氧速率＝需氧速率，则有：$R=O_2$，然后求得标准氧转移速率：$R_0=\dfrac{R\cdot C_{sm(20)}}{\alpha\cdot 1.024^{(T-20)}\cdot(\beta\rho C_{sm(T)}-C_L)}$，根据式（6-37）求得供气量 $G_s=\dfrac{R_0}{0.28\times E_A}$（m³/d），从而求得 G_s（m³/min）。

② 求要求的风压（风机出口风压）。根据管路系统的沿程阻力、局部阻力、静水压力再加上一定的余量，得到所要求的最小风压。

③ 根据风量与风压选择合适的风机。

（2）机械曝气系统

充氧能力 R_0 的计算：根据式（6-38）求得需氧量 O_2；$R=O_2$；

$R_0=\dfrac{R\cdot C_{s(20)}}{\alpha\cdot 1.024^{(T-20)}\cdot(\beta\rho C_{s(T)}-C_L)}$，进而根据 R_0 值选配合适的机械曝气设备。

6.4.3 曝气设备

曝气设备主要分为鼓风曝气和机械曝气。

1. 鼓风曝气

鼓风曝气系统是由空气净化器、鼓风机、空气输配管系统和浸没于混合液中的扩散器组成。鼓风机供应一定的风量，风量要满足生化反应所需的氧量和能保持混合液悬浮固体呈悬浮状态；风压则要满足克服管道系统和扩散器的摩阻损耗以及扩散器上部的静水压；空气净化器的目的是改善整个曝气系统的运行状态和防止扩散器阻塞。

扩散器是整个鼓风曝气系统的关键部件，它的作用是将空气分散成空气泡，增大空气和混合液之间的接触界面，把空气中的氧溶解于水中。根据分散气泡的大小，扩散器又可分成几种类型：

（1）小气泡扩散器。典型的小气泡扩散器是由微孔材料（陶瓷、砂砾、塑料）制成的扩散板或扩散管。气泡直径可达1.5mm以下，其特点是气泡小，氧利用率高（约11％），但易堵塞，空气压力损失大。

（2）中气泡扩散器。中气泡扩散器常用穿孔管和莎纶管。由管径介于25～50mm之间的钢管或塑料管制成，在管壁两侧向下相隔45°夹角，留有直径为2～3mm的孔眼，孔口气体流速不小于10m/s，以防堵塞。莎纶管以多孔金属管为骨架，管外缠绕莎纶绳。金属管上开了许多小孔，压缩空气从小孔逸出后，从绳缝中以气泡的形式挤入混合液。空气之所以能从绳缝中挤出，是由于莎纶富有弹性。

（3）大气泡扩散器。大气泡扩散器常用竖管，直径为15mm左右，底部敞开，其特点是气泡大（直径3mm以上），分布不均，氧利用较低，但空气压力损失小，不易堵塞。

（4）微气泡扩散器。微气泡扩散器是近几年内新发展的扩散器，气泡直径在100μm左右。可以采用射流曝气器或者刚玉、橡胶等制成的微孔曝气板来实现。

射流曝气器通过混合液的高速射流，将鼓风机引入的空气切割粉碎为微气泡，使混合液和微气泡充分混合和接触，促进了氧的传递，提高了反应速率。也可设计成负压自吸式的射流器,这样可以省掉鼓风机,避免鼓风机引起的噪声。图6-16是上面几种扩散器的简图。

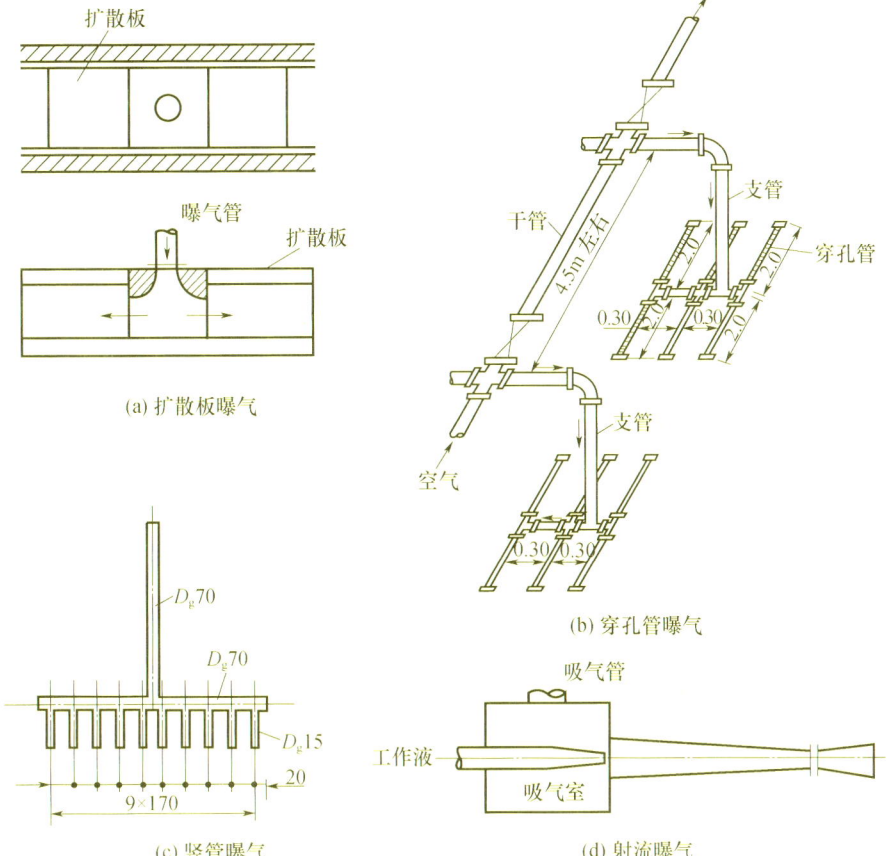

图6-16 几种扩散器的简图

通常扩散器的气泡越大,氧的传递速率越低,然而它的优点是堵塞的可能性小,空气的净化要求也低,养护管理比较方便。微小气泡扩散器由于氧的传递速率高,反应时间短,曝气池的容积可以缩小,因而选择何种扩散器要因地制宜。

扩散器一般布置在曝气池的一侧和池底,以便形成旋流,增加气泡和混合液的接触时间,有利于氧的传递,同时使混合液中的悬浮固体呈悬浮状态。

扩散器的构造形式很多,布置形式多样,但基本原理是一样的。读者可参考产品说明书和设计手册。

鼓风曝气用鼓风机供应压缩空气,常用罗茨鼓风机和离心式鼓风机。罗茨鼓风机适用于中小型污水厂,但噪声大,必须采取消声、隔声措施;离心式鼓风机噪声小,且效率高,适用于大中型污水厂。

2. 机械曝气

鼓风曝气是水下曝气,机械曝气则是表面曝气。机械曝气是用安装于曝气池表面的表面曝气机来实现的。表面曝气机分竖式和卧式两类。

(1) 竖式曝气机

竖式曝气机如图6-17所示,这类曝气机的转动轴与水面垂直,装有叶轮,当叶轮转动时,使曝气池表面产生水跃,把大量的混合液水滴和膜状水抛向空气中,然后挟带空气形成水气混合物回到曝气池中，由于气水接触界面大，从而使空气中的氧很快溶入水中。随着曝气机的不断转动，表面水层不断更新，氧气不断溶入，同时池底含氧量小的混合液向上环流与表面充氧区发生交换，从而提高了整个曝气池混合液的溶解氧含量。因为池液的流动状态同池形有密切的关系，故曝气的效率不仅取决于曝气机的性能，还同曝气池的池形有密切关系。

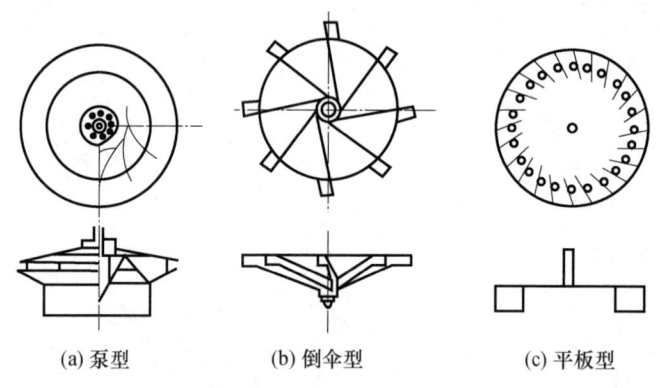

图 6-17 竖式曝气机简图

竖式曝气机叶轮的淹没深度一般在 10～100mm，可以调节。淹没深度大时提升水量大，但所需功率亦会增大，叶轮转速一般为 20～100r/min，因而电机需通过齿轮箱变速，同时可以进行二挡和三挡调速，以适应进水水量和水质的变化。

(2) 卧式曝气机

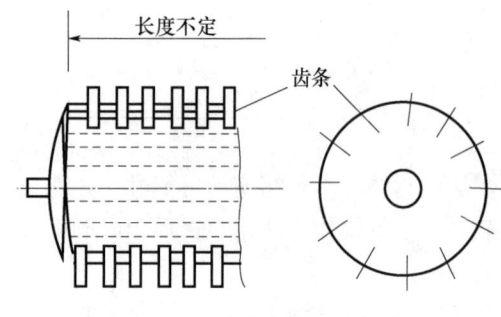

图 6-18 卧式曝气机示意图

卧式曝气机示意图如图 6-18 所示。这类曝气机的转动轴与水面平行，主要用于氧化沟。在垂直于转动轴的方向装有不锈钢丝（转刷）或板条，用电机带动，转速在 50～70r/min，淹没深度为 1/3～1/4 转刷直径。转动时，钢丝或板条把大量液滴抛向空中，并使液面剧烈波动，促进氧的溶解；同时推动混合液在池内回流，促进溶解氧的扩散。

3. 曝气设备性能指标

比较各种曝气设备性能的主要指标有：

(1) 氧转移速率，单位为 $mgO_2/(L \cdot h)$；

(2) 充氧能力（或动力效率）即每消耗 1kW·h 动力能传递到水中的氧量（或氧传递速率），单位为 $kgO_2/(kW \cdot h)$。

(3) 氧利用率，通过鼓风曝气系统转移到混合液中的氧量占总供氧的百分比，单位为%。机械曝气无法计量总供氧量，因而不能计算氧利用率。

6.4.4 曝气池池型

曝气池实质上是一个反应器，它的池型和所需的反应器的水力特征密切相关。主要分为推流式和完全混合式以及两种池型结合的三大类。曝气设备的选用及其布置又必须和池型及水力要求相配合。

1. 推流曝气池

(1) 平面布置：推流曝气池的长宽比一般为 5～10。为了便于布置，长池可以两折或多折。污水从一端进，另一端出。进水方式不限；出水都用溢流堰。推流曝气池一般采用鼓风曝气。

(2) 横断面布置：推流曝气池的池宽和有效水深之比一般为 1～2。有效水深最小为 3m，最大为 9m。根据横断面上的水流情况，又可分为平移推流和旋转推流。

平移推流是曝气池底铺满扩散器，池中的水流只有沿池长方向的流动。这种池型的横断面宽深比可以大些，如图 6-19 所示。

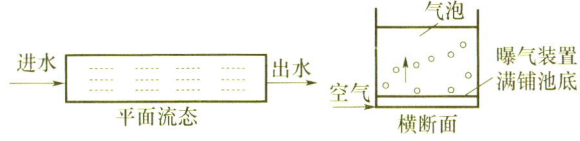

图 6-19 平移推流式曝气池流态

旋转推流是在这种曝气池中扩散器装于横断面的一侧。由于气泡形成的密度差，池水产生旋流。池中的水除沿池长方向流动外，还有侧向旋流，形成了旋转推流，如图 6-20 所示。

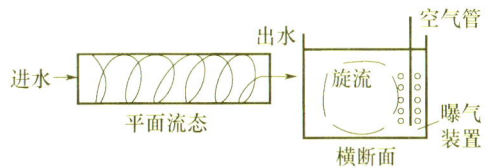

图 6-20 旋转推流式曝气池流态

2. 完全混合曝气池

完全混合曝气池的池型可以为圆形，也可以为方形或矩形。曝气设备可采用表面曝气机，置于池的表层中心，污水进入池的底部中心。污水一进池，在表面曝气机的搅拌下，立即和全池混合，水质均匀，不像推流那样前后段有明显的区别。完全混合曝气池可以和沉淀池分建和合建，因此可以分为分建式和合建式。

(1) 分建式表面曝气池如图 6-21 所示，表面曝气机的充氧和混合性能同池型关系密切，因而表面曝气机的选用应和池型配合，以达到好的效果。当采用泵型叶轮，线速度在 4～5m/s 时，曝气池的直径与叶轮的直径之比宜为 4.5～7.5，水深与叶轮的直径比宜为 2.5～4.5。当采用倒伞型和平板型叶轮时，叶轮直径与曝气池的直径之比宜为 1/3～1/5。分建式虽然不如合建式用地紧凑，且需专设的污泥回流设备，但运行上便于调节控制。

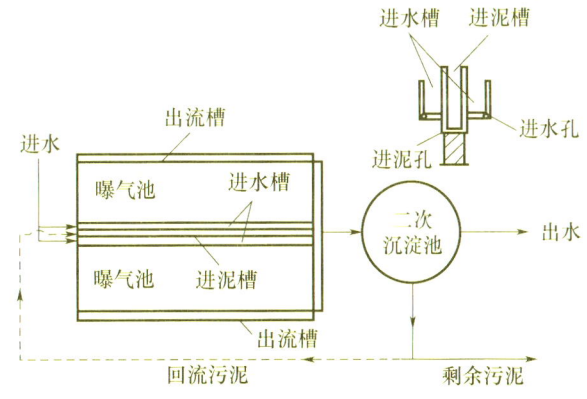

图 6-21 分建式表面曝气池

(2) 合建式表面曝气池如图 6-22 所示，我国定名为曝气沉淀池，国外称为加速曝气池。这种池型在我国曾一度流行，因为结构紧凑，沉淀池与曝气池合建于一个圆型池中，沉淀池设于外环，与中间的曝气池底有回流污泥缝相通，靠表面曝气机造成的水位差使回流污泥循环。为了使回流污泥缝不堵塞，缝隙较大，但这样又使回流污泥流量过大，通常达进水量的 100% 以上，有的竟达 500%。由于曝气池和沉淀池合建于一个构筑物，难以分别控制和调节，运行不灵活，出水水质难以保证，国外已趋淘汰。合建式也可做成矩型。

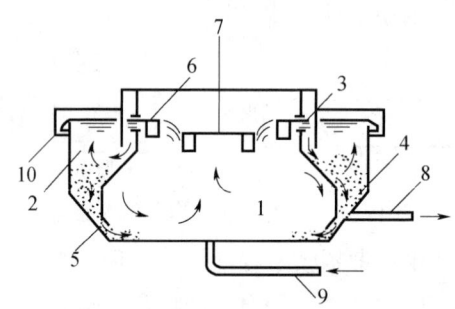

图 6-22 合建式表面曝气池
1—曝气区；2—沉淀区；3—导流区；4—回流区；5—回流缝；
6—窗孔；7—搅拌机；8—排泥管；9—进水管；10—出水管

3. 两种池型的结合

在推流曝气池中，也可以用多个表面曝气机充氧和搅拌，对于每一个表面曝气机所影响的范围内，则为完全混合，而对全池而言，又近似推流，此时相邻的表面曝气机旋转方向应相反，否则两机间的水流会互相冲突，如图 6-23 所示；也可用横向挡板在机与机之间隔开，避免互相干扰，如图 6-24 所示。这种池型各池可以独立，就成为完全混合；也可以各池串联，成为近似推流，运行灵活。

为了使曝气池投产时驯化活性污泥，各类曝气池在设计时，都应在池深 1/2 处留排液管。

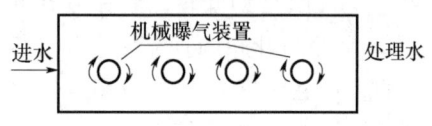

图 6-23 采用表面曝气装置的推流式曝气池

图 6-24 设置隔墙的采用表面曝气装置的推流式曝气池

6.5 活性污泥法系统设计和运行中的一些重要问题

活性污泥法系统的设计和运行有若干关键性问题，认识和理解这些问题对系统的影响，显得十分重要。它们是：水力负荷、有机负荷、微生物浓度、曝气时间、微生物平均停留时间、氧传递速率、回流污泥浓度、回流污泥率、曝气池的构造、pH 值和碱度、溶解氧浓度、污泥膨胀及其控制。下面逐一进行讨论。

1. 水力负荷

大部分污水的水力特征是不易控制的因素。当地的生活方式和集流范围相结合形成了流向污水厂的流量变化形式。通常污水流量在一天内是变化的，高峰常出现在白天，低谷则出现在黑夜，变化幅度随城市大小而异。城市越小，变化幅度越大。在一般的设计中，高峰值约为平均流量的200%，最低值约为平均流量的50%。污水流量还随季节变化，夏季流量大，冬季流量小。

在合流制管道系统中，降雨时的流量增加很大，足以破坏污水处理厂的正常运行。若要保证出水的质量，有必要将过大的流量转移到雨水调节池中去。当流量回跌到最大允许流量之下时，再将调节池中的雨水在控制状态下抽送到处理构筑物。雨水的贮存增加了处理系统的复杂性。在分流制系统中，雨水的渗入也会引起运行问题。

很多处理厂用泵来提升污水进入处理设施，由于没有选好泵产生了很多问题。小厂往往只有两个入流泵，一个运行，一个备用。以前通常按每日高峰时的流量选用，该时的流量为平均流量的2~3倍，这样，活性污泥法系统必须承受周期性的冲击负荷，对运行十分不利。应该选用同样型号的几台泵，并和泵前集水井的容积相配合，使进水变化较大的流量，通过井和泵的配合调蓄后，得到相对较稳定的流量。有时专门设置调节池来平衡一日内的流量变化。近年来，螺旋泵再次显示了可提供可变的流量而无须专门设备的优点，但问题是水头相对较小，而变频控制系统在提升污水时，可以有效缓解流量突变的影响。

水力负荷的变化影响活性污泥法系统的曝气池和二次沉淀池。当流量增加时，污水在曝气池内的停留时间缩短，影响出水质量，同时影响曝气池的水位。若为机械表面曝气机，由于水位的变化，它的运行就变得不稳定。水力影响的主要部分是二次沉淀池。

2. 有机负荷

曝气区容积的计算，最早以经验的曝气时间作为主要的设计参数。有了曝气时间（即停留时间），再乘上设计流量，就可得到曝气池的容积。现在则常以污泥的有机负荷率 N 作为设计参数。设计中要思考的主要问题是如何确定污泥负荷率和 MLSS 的设计值。从公式可知，这两个设计值采用得大一些，曝气池所需的体积可以小一些。污泥有机负荷率的大小影响处理效率。根据经验，当采用活性污泥法作为完全处理时，设计的污泥负荷率一般不大于 $0.5 kgBOD_5/kg(MLSS \cdot d)$，如果要求氮素转入硝化阶段，一般采用 $0.15\sim0.3 kgBOD_5/kg(MLSS \cdot d)$。有时为了减小曝气池的容积，可以采用高负荷，即污泥负荷率采用 $1 kgBOD_5/kg(MLSS \cdot d)$ 以上。采用高的污泥负荷率虽可减小曝气池的容积，但出水水质要降低，而且使剩余污泥量增多，增加了污泥处置的费用和困难，同时，整个处理系统较不耐冲击，造成运行中的困难。因此，近年来，很多国家的科技人员不主张采用高负荷系统。有时为避免剩余污泥处置上的困难和要求污水处理系统的稳定可靠，可以采用低的污泥负荷率 $[<0.1 kgBOD_5/kg(MLSS \cdot d)]$，把曝气池建得很大，曝气池中的污泥浓度维持较高，可以基本上没有剩余活性污泥，这就是延时曝气法。

3. 微生物浓度

怎样确定混合液污泥浓度 MLSS 呢？提高 MLSS，可以缩小曝气池的容积，或者说，可以降低污泥负荷率，提高处理效率。那么，在设计中采用高的 MLSS 是否就可以提高效益呢？这种想法是一种错觉。其一，污泥量并不就是微生物的活细胞量，曝气池污泥量的增加意味着泥龄的增加，泥龄的增加就使污泥中活细胞的比例减小；其二，过高的微生物浓度在后续的沉淀池中难以沉淀，影响出水水质；其三，曝气池污泥的增加，就要求曝气池中有更高的氧传递速率，否则，微生物就受到抑制，处理效率降低。而各种曝气设备都有其合理的氧传递速率的范围。例如，穿孔管的氧传递速率为 20～30mg/（L·h），微孔曝气（微孔陶瓷管或扩散板）设备的氧传递速率为 40～60mg/（L·h），纯氧曝气设备的氧传递速率为 150mg/（L·h）左右。对于每一种曝气设备，超出了它合理的氧传递速率范围，其充氧动力效率将明显降低，使能耗增加。因此，采用一定的曝气设备系统，实际上只能够采用相应的污泥浓度，MLSS 的提高是有限度的。根据长期的运行经验，采用鼓风曝气设备的传统活性污泥法时，曝气池中 MLSS 在 2000～4000g/L 是适宜的。对不同的水质、不同的工艺应根据具体情况探索合理的微生物浓度。

4. 曝气时间

曝气时间和有机负荷的关系很密切，在考虑曝气时间时要注意一些其他有关因素。在通常情况下，城市污水的最短曝气时间为 3h，或更大些，这和满足曝气池需氧速率有关。当曝气池做得较小时，曝气设备是按系统的负荷峰值控制设计的，这样，在其他时间，供氧量过大，造成浪费，设备的能力不能充分得到利用。但若曝气池做得大些，则可降低需氧速率，同时由于负荷率的降低，曝气设备可以减小，曝气设备的利用率得到提高。因而要仔细地评价曝气设备和能源消耗的费用以及曝气池的基建费用，使它们获得最佳匹配。

如希望获得硝化处理结果，那么曝气时间长短的选择是重要的，硝化细菌比普通异养菌需要更长的世代周期时间，无论是含碳物质代谢需氧还是硝化代谢需氧，都要求足够的氧。

长时间曝气能降低剩余活性污泥量，这是由于好氧硝化以及内源呼吸降低了活性物质量所致。这样的系统更能适应冲击负荷，但曝气池容积增大，要结合具体的要求来选择。

5. 微生物平均停留时间

微生物在曝气池中的平均停留时间，又称泥龄，是活性污泥法系统设计和运行中最重要的参数之一。选择一定的有机负荷率和一定的 MLSS 浓度，就相应决定了污泥的泥龄。因而有机负荷率和泥龄存在着内在的联系。

泥龄是工作着的活性污泥总量同每日排放的剩余污泥量的比值，单位是 d。例如，活性污泥总量为 5000kg，每日排泥为 500kg，则微生物的停留时间为 10d。这也说明，工作着的活性污泥每日更新十分之一。停留时间越短，曝气池中的活性污泥更新越快，越年轻。

微生物平均停留时间至少等于水力停留时间，此时，曝气池内的微生物浓度很低，大部分微生物是充分分散的。当用回流使微生物的平均停留时间大于水力停留时间时，微生物浓度增加，改善了微生物的絮凝条件，提高了微生物在二次沉淀池中的固液分离性能。但过长的泥龄使微生物老化，絮凝条件恶化，并增加了惰性物质引起的浊度。根据这个现象，微生物的停留时间应足够的长，促使微生物很好的絮凝，以便重力分离，但不能过长，过长反而促使絮凝条件变差。

经验表明，通常活性污泥法系统的微生物平均停留时间约为水力停留时间的 20 倍。延时曝气系统的比例为 30:1，甚至为 40:1；对于高负荷系统，其比例接近 10:1。活性污泥系统的水力停留时间，对城市污水来讲，为 4～6h，则相应的微生物停留时间为 3.3～5d。延时曝气的水力停留时间为 24h，则微生物停留时间为 30d 左右。高负荷系统曝气时间为 2～3h，微生物停留时间约为 1d。这些是经验的数值。

计算活性污泥法系统的泥龄是否应包括二次沉淀池中的活性污泥量呢？无疑在二次沉淀池中有着可观的活性污泥量，但由于氧的浓度很低，微生物代谢可以忽略。因而在评价时，不能只看到活性污泥总量，而要看条件。正由于此，大多数活性污泥法系统设计时，只根据曝气池的污泥来计算泥龄。但在接触稳定系统中，因为混合池和再曝气池的水力停留时间不同，MLSS 浓度也不同，且二次沉淀池经常用作污泥调蓄池，在这种情况下，根据混合池和再曝气池的运行数据计算泥龄，发现变化很大，而考虑沉淀池污泥量后，则泥龄值比较稳定，这个问题还值得研究。

泥龄还有助于进一步理解活性污泥法的某些机理。前面曾指出，活性污泥分两个阶段去除污水中有机物，先是吸附，后是稳定，而且吸附的时间比较短，稳定的时间比较长，但对稳定时间的长短没有具体概念。实际上，泥龄反映了稳定时间的长短。因而根据泥龄来考察活性污泥是认识活性污泥的一个有效途径。

有时，泥龄还有助于说明活性污泥中微生物的组成。世代时间长泥龄的那些微生物几乎不可能在这个活性污泥中繁殖。

6. 氧传递速率

氧传递速率将最终决定活性污泥法系统的能力。氧传递速率要考虑两个过程，即氧传递到水中以及真正传递到微生物的膜表面。通常的试验数据只表明氧传递到水相，但这并不意味着同样量的氧已达到了微生物表面，而后者则控制着微生物降解污水有机物的能力。所以，曝气设备不仅要提供充分的氧，而且要创造足够的紊动条件，以剪切活性污泥絮体。这样可使被围在污泥絮体中的细菌得到氧。无疑，曝气设备的选择、布置，以及如何同池型配合，是提高曝气池性能的重要条件。

机械表面曝气机，是把水粉碎成小的液滴，散布于连续的大气相中，而扩散曝气器则是把空气粉碎成微小气泡，散布于连续的液相。目的都是希望从空气中获得氧，提高液相中的氧浓度。有人认为，以液滴的方式来获得同量的氧量比气泡的方式容易。但这个比较是不涉及曝气设备的性能和能耗，布置的简易性，以及池型配套的易行性等因素，目前两种曝气方法几乎同样流行。事实上，曝气设备的发展还和水力流态，即反应器的型式有关。

气泡曝气中气泡在上升的过程，向邻近液体传递氧，因而气泡中的氧浓度降低，相邻液体的氧浓度提高，这两个因素都使氧的传递速率减慢。而细的气泡不能促使邻近液体产生紊动，泡和水几乎是同速上升。因而最大的氧传递速率发生在气泡刚形成时。基于这种认识，要提高氧传递速率，就要尽可能使单位气量分布在最宽的断面上。但是当扩散板布满大部分池底时，在同样的气量下，曝气强度（单位面积上的气体流量）不够，MLSS 要沉下来。因而把扩散板移向池的一边，这样能使 MLSS 保持悬浮状态。

机械曝气中使用的齿轮箱和轴承的耐久性相对于气泡曝气来说是一个很大的问题。慢速曝气机的混合深度为 $2.5 \sim 3m$，高速曝气机的混合深度更低。设置导流筒可以改善混合深度，但要增加动力消耗。慢速机械表面曝气机的氧传递速率为 $40 \sim 50 mg/(L \cdot h)$，高速机械表面曝气机的氧传递速率为 $20 \sim 30 mg/(L \cdot h)$。

7. 回流污泥浓度

在 1L 的量筒中测定 SVI，筒壁对活性污泥的沉降特性有影响。某些厂的 SVI 大于 100，但也能产生 $10000mg/L$ 的回流污泥，说明沉淀池的污泥沉降特性比量筒还要好。

沉降浓缩性能略差的回流污泥，其浓度范围在 $5000 \sim 8000 mg/L$，则回流量等于原污水的 25%。若回流浓度为 $5000mg/L$，则回流量为原污水的 67%。

8. 污泥回流率

正如上面指出的，回流污泥量与回流污泥浓度和所期望的 MLSS 浓度有关，要求的

MLSS浓度高，回流量就要增大。

高的污泥回流量增大了进入沉淀池的流量，增加了二次沉淀池的负荷，缩短了沉淀池的沉淀时间，降低了沉淀效率，使未被沉淀的固体随出流带走。活性污泥回流率的设计应有弹性，并应操作在可能的最低流量。这为沉淀池提供了最大稳定性。

研究表明，一般情况下，常量的污泥回流比变量回流好。常量的污泥回流是最简便的运行方式。在常量回流而当入流量较低时，沉淀池中有较多的回流污泥流入曝气池，比从曝气池中流入沉淀池的污泥多，这样，在曝气池中的MLSS增加了，这等于为流量和有机负荷的增加作了准备，而沉淀池中贮存的污泥体积变得最小。当流量增加和有机负荷增加时，曝气池中较高的MLSS已具备了适应条件，这时有更多的MISS从曝气池中流向沉淀池时，而二次沉淀池早已留出了空间。MLSS能自动地响应流量和有机负荷的变化，以产生最好的出流质量。因而，保持常量回流，并使回流量控制在相对较低的流量上，能自动调节入流量和有机负荷的变化。季节性的流量变化较大，只要几个星期改变一次回流量即可。

9. 曝气池的构造

曝气池的构造对活性污泥法起着一个十分重要的作用。用示踪剂研究推流式曝气池表明：示踪剂的峰值约在停留时间的35%的长度位置上，流态倾向于完全混合。说明纵向混合很严重。氧消耗率的数据表明：开始时的速率远远超过氧的实际传递能力，迫使未被处理的有机物移向曝气池的下方，氧消耗率在35%的纵向距离之前跌得很快，然后慢慢往下跌，曝气池底部的DO仍然为零，明显地说明氧传递受到限制的情况。推流曝气池实质上类似串联的几个完全混合池。

处理量小的完全混合曝气池是一个小的圆形和矩形池，只配有一个机械曝气机，很容易围绕曝气机形成混合区。但当处理量变大后，曝气池也相应增大。三或四只曝气机放在同一只大的曝气池中，这样，围绕每一个曝气机形成了一个混合区。若在曝气池的一端进水，另一端出水，则进水端的混合液的氧吸收率比较高，而出水口附近的混合液氧吸收率低。这种情况说明曝气池不是充分完全混合的。当曝气池很大时，设置了很多等距离的曝气机，一端进水，一端出水。这样的曝气池类似于传统的曝气池。

10. pH值和碱度

活性污泥通常运行在pH值为6.5~8.5，所以能保持在这个范围，是由于污水中的蛋白质代谢后产生的碳酸铵碱度和从原水中带来的碱度所致。生活污水中有足够的碱度使pH值保持在较好的水平。软水地区的天然水中缺少天然碱度，由于有机酸的形成，pH值可跌到5.5，甚至低于5.0，这会影响系统的硝化过程。

工业污水中经常缺少蛋白质，因而产生pH值过低问题。在糖厂、淀粉厂和某些合成化学厂，这个问题尤为严重，通过把碱或石灰直接添加到曝气池中，以维持所希望的pH值。碱或石灰同代谢产生的CO_2作用产生碳酸钠或碳酸钙可作为缓冲剂。工业污水中的有机酸通常在进入曝气池前进行中和，当有机物被代谢时，形成了相应的碳酸盐。氨基化合物和蛋白质由于代谢释放了铵离子，从而形成了碳酸铵。

当pH值低于6时，刺激了霉菌和其他真菌的生长，抑制了通常细菌的繁殖，容易产生丝状菌污泥膨胀。

11. 溶解氧浓度

通常溶解氧浓度不是一个关键因素，除非溶解氧浓度跌落到接近于零。只要细菌能获得所需要的溶解氧来进行代谢，其代谢速率不受溶解氧浓度的影响。当耗氧速率超过实际的氧传递速率时，代谢速率受氧传递速率控制。

好氧代谢，包括硝化，仅发生在曝气池中有剩余氧的地方。从理论上讲，剩余的氧约1mg/L就足够了。有很多人做了研究认为，对于单个悬浮着的好氧细菌代谢，溶解氧浓度只要高于0.1～0.3mg/L，代谢速率就不受溶解氧浓度影响。但是，活性污泥絮体是许许多多个体集结在一起的絮状物质，要使内部的溶解氧浓度达到0.1～0.3mg/L，絮体周围的溶解氧浓度一定要高得多，具体数值同絮状体的大小、结构及影响氧扩散性能的混合情况有关，最主要的还是混合情况。从某种意义上讲，混合情况决定了絮状体的大小和结构，因而这个数值是和混合情况有关的一个变数。而混合、充氧都是通过曝气设备来完成的，经过长期的探索之后，一般认为混合液中溶解氧浓度应保持在0.5～2mg/L，以保证活性污泥系统正常的运行。

过分的曝气，虽溶解氧浓度很高，但由于紊动过分剧烈，导致絮状体破裂，使出水浊度升高。特别是对于耗氧速度不高，而泥龄偏长的系统，强烈混合使破碎的絮体不能很好的再凝聚。保证絮体很好凝聚的条件是活性物质占整个MLSS的1/3，当活性物质低于10%时，絮体很易破碎而不能很好地再凝聚。这些离散的污泥沉淀性能差，往往流失于出流中。原生动物也不能去除这些颗粒，因为它缺少原生动物所需的营养。过分的曝气使这些颗粒有可能积聚在沉淀池的表面，形成深褐色的浮渣。

12. 污泥膨胀及其控制

正常的活性污泥沉降性能良好，其污泥体积指数SVI在50～150mL/g之间；当活性污泥不正常时，污泥就不易沉淀，反映在SVI值升高。混合液在1000mL量筒中沉淀30min后，污泥体积膨胀，上层澄清液减少，这种现象称为活性污泥膨胀。活性污泥膨胀是活性污泥法的老大难问题。因膨胀污泥不易沉淀，容易流失，既降低处理后的出水水质，又造成回流污泥量的不足。如不及时加以控制，就会使系统中的污泥越来越少，从根本上破坏曝气池的运行。据德国斯图加特大学给水排水研究所对数百个活性污泥法城市污水厂调查的结果表明，有70%以上的污水厂都存在不同程度的污泥膨胀问题。

但是，沉降性能恶化并不都是污泥膨胀现象，不应混淆。例如，在二次沉淀池中，由于反硝化生成氮气使污泥上浮，或是部分地区积泥造成厌氧发酵而上浮等都不属于我们所讨论的污泥膨胀问题。膨胀的活性污泥，主要表现在压缩性能差，沉淀性能不良，这主要表现在SVI值高，而它的处理功能和净化效果并不差。作为膨胀污泥的SVI限值，目前并不统一，一般认为SVI超过200mL/g，就算污泥膨胀。活性污泥膨胀可分为：污泥中丝状菌大量繁殖导致的丝状菌性膨胀以及并无大量丝状菌存在的非丝状菌性膨胀。丝状菌性膨胀是最经常发生和最主要的一类膨胀。

(1) 丝状菌性膨胀

丝状菌性膨胀是污泥中的丝状菌过度增长繁殖的结果。活性污泥中的微生物是一个以细菌为主的群体。正常的活性污泥是絮花状物质，其骨干是千百个细菌结成的团粒，叫菌胶团；细菌的絮凝可能是分支菌胶团分泌的外酶造成的。在不正常的情况下，活性污泥中菌胶团受破坏，而丝状菌大量出现。膨胀污泥中的丝状菌，据荷兰和德国学者的调查研究，已分离出一百多种，其中常见的有数十种。当污泥中有大量丝状菌时，大量具有一定强度的丝状体相互支撑、交错，大大恶化了污泥的沉降、压缩性能，形成污泥膨胀。

造成污泥丝状膨胀的主要因素大致为：

① 污水水质。研究结果表明，污水水质是造成污泥膨胀的最主要因素。含溶解性碳水化合物高的污水往往发生由浮游球衣细菌引起的丝状膨胀，含硫化物高的污水往往发生由硫细菌引起的丝状膨胀。污水的水温和pH值也对污泥膨胀有明显的影响，水温低于15℃时，一般不会膨胀；pH值低时，容易产生膨胀。有的研究认为，污水中碳、氮、磷的比例对发生丝状膨胀影响很大，氮和磷不足都易发生丝状膨胀。但有的研究结果表明，恰恰是含氮太高促使了污泥膨胀，在实验室的研究也表明，如以葡萄糖和牛肉膏为主配制人工污水进行试验，则不论碳、氮、磷的比例是高或低，都会产生极其严重的污泥膨胀。

② 运行条件。曝气池的负荷和溶解氧浓度都会影响污泥膨胀。曝气池中的污泥负荷较高时，容易发生污泥膨胀。溶解氧浓度低时，容易发生由浮游球衣细菌和丝硫细菌引起的污泥膨胀；而溶解氧浓度过高，也会促进污泥膨胀。

③ 工艺方法。研究和调查表明，完全混合的工艺方法比传统的推流方式较易发生污泥膨胀，而间歇运行的曝气池最不容易发生污泥膨胀；不设初次沉淀池（设有沉砂池）的活性污泥法，SVI值较低，不容易发生污泥膨胀；叶轮式机械曝气与鼓风曝气相比，易于发生丝状菌性膨胀。射流曝气的供氧方式可以有效地克服浮游球衣细菌引起的污泥膨胀。

(2) 非丝状菌性膨胀

发生污泥非丝状菌性膨胀时，与丝状菌性膨胀相类似，SVI值很高，污泥在沉淀池内很难沉淀、压缩，此时的处理效率仍很高，上清液也清澈，在显微镜下，看不到丝状细菌，即使看到也是数量极少的短丝状菌。经研究，非丝状菌性膨胀污泥含有大量的表面附着水，细菌外面包有黏度极高的黏性物质，这种黏性物质是由葡萄糖、甘露糖、阿拉伯糖、鼠李糖、脱氧核糖等形成的多糖类。

非丝状菌性膨胀主要发生在污水水温较低而污泥负荷太高时。微生物的负荷高，细菌吸取了大量营养物，但由于温度低，代谢速度较慢，就积贮起大量高黏性的多糖类物质，这些多糖类物质的积贮，使活性污泥的表面附着水大大增加，使污泥的SVI值很高，形成膨胀污泥。

在运行中，如发生污泥膨胀，可针对膨胀的类型和丝状菌的特性，采取以下一些抑制的措施：

① 控制曝气量，使曝气池中保持适量的溶解氧（不低于1~2mg/L，不超过4mg/L）。

② 调整pH值。

③ 如氮、磷的比例失调，可适量投加氮化合物和磷化合物。

④ 投加一些化学药剂（如铁盐凝聚剂、有机阳离子凝聚剂，某些黄泥等惰性物质以及漂白粉、液氯等）。但投加药剂费用较贵，停止加药后又会恢复膨胀，而且并不是对各类膨胀都是有效的。

⑤ 城市污水厂的污水在经过沉砂池后，跳越初沉池，直接进入曝气池。

在设计时，对于容易发生污泥膨胀的污水，可以采取以下一些方法：

① 减小城市污水厂的初沉池或取消初沉池，增加进入曝气池的污水中悬浮物，可使曝气池中的污泥浓度明显增加，污泥沉降性能改善。

② 两级生物处理法，即采用沉砂池→一级曝气池→中间沉淀池→二级曝气池→二次沉淀池的工艺，或是初次沉淀池→生物膜法处理→曝气池→二次沉淀池等工艺。这种方法，实际改变了进入后面的曝气池时的水质，可以有效地防止活性污泥的膨胀。

③ 对于现有的容易发生污泥严重膨胀的污水厂，可以在曝气池的前面部分补充设置足

够的填料。这样，既降低了曝气池的污泥负荷，又改变了进入后面部分曝气池的水质，可以有效地克服活性污泥膨胀。

① 用气浮法或膜生物法代替二次沉淀池，可以有效地使整个处理系统维持正常运行。但气浮法或膜生物法的运行费用比二次沉淀池高。

6.6 二次沉淀池

二次沉淀池是整个活性污泥法系统中非常重要的一个组成部分。整个系统的处理效能与二次沉淀池的设计和运行是否良好密切相关。从利用悬浮物与污水的密度差以达到固-液分离的原理来看，二次沉淀池与一般的沉淀池并无不同；但是，二次沉淀池的功能要求不同，沉淀的类型不同，因此，二次沉淀池的设计原理和构造上都与一般的沉淀池有所不同。

二次沉淀池在功能上要同时满足澄清（固液分离）和污泥浓缩（使回流污泥的含水率降低，回流污泥的体积减少）两方面的要求。

6.6.1 二次沉淀池的沉淀过程

污水厂中实际运行的二次沉淀池实测的结果以及在污水厂现场用连续流沉淀池模型试验的结果都表明：

（1）二次沉淀池如图6-25所示，二次沉淀池中普遍地存在着四个区：清水区、絮凝区、成层沉降区、污泥压缩区。一般存在着两个界面：泥水界面和压缩界面。

（2）混合液进入二次沉淀池以后，立即被池水稀释，固体浓度大大降低，并形成一个絮凝区。絮凝区上部是清水区，清水区与絮凝区之间有一泥水界面。

（3）絮凝区后是一个成层沉降区，在此区内，固体浓度基本不变，沉速也基本不变。絮凝区中絮凝情况的优劣，直接影响成层沉降区中泥的形态、大小和沉速。

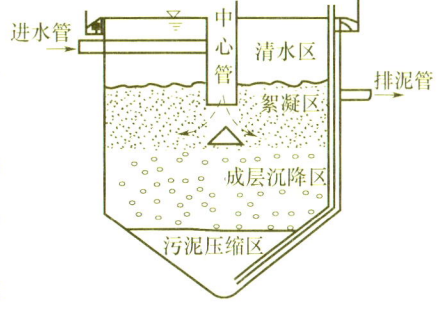

图 6-25 二次沉淀池中的工作情况

（4）靠近池底处形成污泥压缩区。压缩区与成层沉降区之间有一明显界面，固体浓度发生突变。运行正常的、沉降性能良好的活性污泥，在污泥压缩区的积存量是很少的。当污泥沉降性能不大理想时，才在二次沉淀池的泥斗中积有较多污泥。排出二次沉淀池的底流浓度主要取决于污泥性质和污泥在泥斗中的积存时间。

因此，可以认为，二次沉淀池的澄清能力与混合液进入池后的絮凝情况密切相关，也与二次沉淀池的表面面积有关。二次沉淀池的浓缩能力主要与污泥性质及泥斗的容积有关。对于沉降性能良好的活性污泥，二次沉淀池的泥斗容积可以较小。

6.6.2 二次沉淀池的构造和计算

1. 二次沉淀池的构造

二次沉淀池的构造与污水厂的初步沉淀池一样，可以采用平流式、竖流式和辐流式沉淀池。但在构造上要注意以下特点：

（1）二次沉淀池的进水部分要仔细考虑，应使布水均匀并造成有利于絮凝的条件，使泥花结大。

（2）二次沉淀池中污泥絮体较轻，容易被出流水挟走，因此要限制出流堰处的流速，可在池面布置较多的出水堰槽，使单位堰长的出水量不超过 1.7L/(s•m)。

（3）泥污斗的容积，要考虑污泥浓缩的要求。在二次沉淀池内，活性污泥中的溶解氧只有消耗，没有补充，容易耗尽。缺氧时间过长可能影响活性污泥中微生物的活力并可能因反硝化而使污泥上浮，故浓缩时间一般不超过 2h。

由于混合液的沉淀是成层沉淀和混合液沉淀池中存在异重流，活性污泥法二次沉淀池的情况显然不同于初沉池，因此同其设计原理一样，其构造也是一个研究课题，特别是辐流沉淀池。

在国内，有时为了提高二次沉淀池的负荷，采用在澄清区内加设斜板的方法。这在理论上和实践上都是不妥当的。首先从提高二次沉淀池的澄清能力来看，斜板池可以提高沉淀效能的原理主要适用于自由沉淀。但在二次沉淀池中，属于成层沉淀而非自由沉淀。当然，在二次沉淀池中设置斜板后，实践上可以适当提高池子的澄清能力，这是由于斜板的设置可以改善布水的有效性而不属于浅池理论的原理。要提高二次沉淀池的澄清能力，更有效的方法应是合理设计进水口。加设斜板对提高浓缩能力毫无效果，这从理论分析和实际调查结果都已证实。再者加设斜板较多地增加了二次沉淀池的基建投资，并由于容易在板上积存污泥，会造成运行管理上的麻烦。

2. 二次沉淀池的设计与计算

二次沉淀池的设计计算的主要内容包括池型的选择、沉淀池（澄清区）面积、有效水深的计算、污泥区容积的计算、污泥排放量的计算等。

（1）二次沉淀池池型的选择

二次沉淀池的池型可以选择平流式、竖流式、辐流式。原则上不建议采用斜板（管）沉淀池，大型污水厂比较适合选择带有机械吸泥及排泥设施的辐流式沉淀池，而方形多斗辐流式沉淀池常用于中型污水厂；竖流式或多斗式平流式沉淀池，则多用于小型污水厂。

（2）二次沉淀池的沉淀面积和有效水深的计算

二次沉淀池的沉淀面积和有效水深的计算主要有表面负荷法和固体通量法。

① 表面负荷法

二次沉淀池的表面负荷是指单位面积所承受的水量。表面负荷法计算二次沉淀池面积和有效水深的公式：

$$A=\frac{Q_{max}}{q} \tag{6-39}$$

$$H=\frac{Q_{max} \cdot t}{A}=q \cdot t \tag{6-40}$$

$$V'=AH \tag{6-41}$$

式中　A——二次沉淀池的面积，m^2；

　　Q_{max}——废水最大时流量，m^3/h；

　　q——水力表面负荷，$m^3/(m^2 \cdot h)$；

　　H——澄清区水深，m；

　　t——二次沉淀池的水力停留时间，h；

V'——澄清区有效容积，m^3。

关于 q 值：q 一般为 $0.72\sim1.8 m^3/(m^2\cdot h)$。$q$ 与污水性质有关，当污水中无机物含量较高时，可采用较高的 q 值；当污水中含有的溶解性有机物较多时，则 q 值宜低。混合液污泥浓度对 q 值的影响较大，当污泥浓度较高时，应采用较小的 q 值；反之，则可采用较高的 q 值。

关于 Q_{max}：二次沉淀池的沉淀面积以最大时流量作为设计流量，而不考虑回流污泥量；但二次沉淀池的某些部位则需要包括回流污泥的流量在内，如进水管（渠）道、中心管等。

关于澄清区水深：通常按沉淀时间来确定，沉淀时间一般取值为 $1.5\sim2.5 h$。

② 固体通量法

固体通量也称固体面积负荷，是指单位时间内通过单位面积的固体质量，$kgSS/(m^2\cdot d)$；二次沉淀池面积公式：

$$A=(1+R)\cdot Q_{max}\cdot X/G_t \tag{6-42}$$

式中　G_t——固体通量，$kgSS/(m^2\cdot d)$；

　　　X——反应器中污泥浓度，kg/m^3。

式中分子部分反映了在停留时间 t 内被截留的全部固体量（假定进入二次沉淀池的混合液悬浮固体全部被截留），分母部分是贮泥的平均浓度。

合建式曝气沉淀池污泥区容积取决于构造，在池深和沉淀区面积决定以后，污泥区容积就定了，而且，一般能满足设计要求。

对于连续流的二次沉淀池，悬浮固体的下沉速度为由于沉淀池底部排泥导致的液体下沉速度，以及在重力作用下悬浮固体的自沉速度之和；一般二次沉淀池的 G_t 值为 $140\sim160 kgSS/(m^2\cdot d)$；如果是斜板二次沉淀池，则 G_t 值可增大到 $180\sim195 kgSS/(m^2\cdot d)$。

二次沉淀池的有效水深同样按水力停留时间来定。

（3）污泥区容积的计算

二次沉淀池污泥区的作用是贮存和浓缩沉淀后的污泥。由于活性污泥易因缺氧而失去活性而腐败，因此污泥区容积不能过大。污泥区容积 V_s 为：

$$V_s=\frac{t(1+R)QX}{0.5(X+X_R)} \tag{6-43}$$

对于分建式沉淀池，一般规定污泥区的贮泥时间为 $2h$，所以污泥区容积为：

$$V_s=\frac{4(1+R)QX}{(X+X_R)} \tag{6-44}$$

式中　Q——日平均废水流量，m^3/h；

　　　X——混合液污泥浓度，$mgSS/L$；

　　　X_R——回流污泥浓度，$mgSS/L$；

　　　R——回流比；

　　　V_s——污泥区容积，m^3。

静压排泥时的静压头不应小于 $0.9m$，泥斗圆锥体倾角为 $60°$，不应小于 $50°$。

（4）污泥排放量的计算

污泥排放量的计算，即：

$$\Delta X_v=aQS_r-bVX_v \tag{6-45}$$

应注意：ΔX_v 是以 VSS 计的，应换算成 SS。若经机械压滤（如带式压滤机等）之后，一般泥饼的含水率为 80%。

(5) 二次沉淀池总高度

$$H_s = h_1 + H + h_3 + h_4 + h_5 + h_6 \tag{6-46}$$

式中 H_s——沉淀池总高度，m；
h_1——沉淀池超高，一般取 0.3m；
h_3——缓冲层高度，一般取 0.3~0.5m；
h_4——贮泥区高度，m；
h_5——圆锥体高度，m；
h_6——污泥斗高度，m。

6.6.3 二次沉淀池的设计计算实例

【例 6-2】已知某城市每日污水量 $Q=2700\text{m}^3/\text{h}$，总变化系数 $K_z=1.30$，拟采用活性污泥生物处理工艺，曝气池 MLSS=3000mg/L，污泥回流比为 50%，试设计计算周边进水及周边出水辐流式二次沉淀池。

解：周边进水及周边出水辐流式二次沉淀池的设计计算简图如图 6-26 所示。

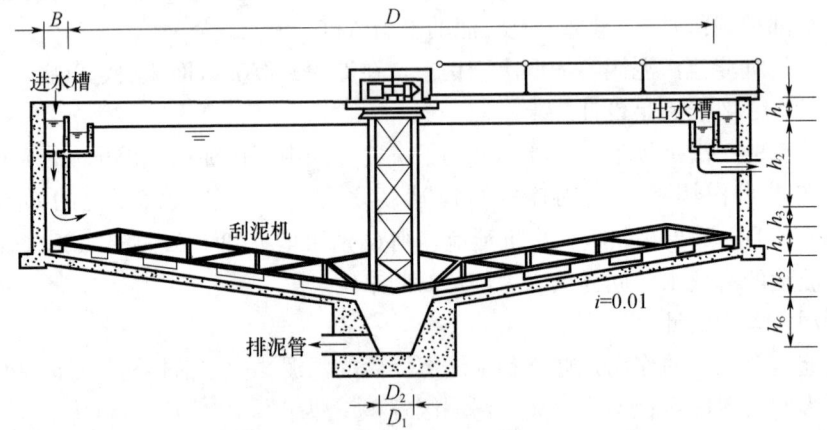

图 6-26 周边进水及周边出水辐流式二次沉淀池

(1) 单池沉淀部分水面面积 A：
设辐流式二次沉淀池数量 $n=2$，表面水流负荷 $q=1.4\text{m}^3/(\text{m}^2 \cdot \text{h})$

$$A = \frac{Q_{\max}}{nq} = \frac{2700 \times 1.30}{2 \times 1.4} \approx 1253.57(\text{m}^2)$$

(2) 池体直径 D：

$$D = \sqrt{\frac{4A}{\pi}} = \sqrt{\frac{4 \times 1253.57}{\pi}} \approx 39.95\text{m} \approx 40(\text{m})$$

则实际上单池池体沉淀部分水面面积 A：

$$A = \frac{\pi D^2}{4} = \frac{\pi \times 40^2}{4} \approx 1256.64 \ (\text{m}^2)$$

(3) 校核固体负荷 G_t：

$$G_t = \frac{24(1+R)Q_{\max}X}{nA} = \frac{24 \times (1+0.5) \times 2700 \times 1.30 \times 3}{2 \times 1256.64} \approx 150.83[\text{kg}/(\text{m}^2 \cdot \text{d})]$$

(4) 沉淀区有效水深：
设沉淀时间 $t=2.5\text{h}$，有效水深 H：

$$H = qt = 1.4 \times 2.5 = 3.5 \text{ (m)}$$

校核池径与有效水深比：
$$\frac{D}{H} = \frac{40}{3.5} \approx 11.43$$

池径与有效水深比满足规范的设计要求。

(5) 单池沉淀部分有效容积 V'：
$$V' = AH = 1256.64 \times 3.5 = 4398.24 \text{ (m}^3\text{)}$$

(6) 单池污泥区所需容积 V_a：

设采用机械刮泥设备，对于活性污泥法而言，贮泥时间为 2h
$$X_R = \frac{(1+R)X}{R} = \frac{(1+0.5) \times 3}{0.5} = 9 \text{ (kg/m}^3\text{)}$$

$$V_s = \frac{t(1+R)QX}{0.5n(X+X_R)} = \frac{2 \times (1+0.5) \times 2700 \times 3}{0.5 \times 2 \times (3+9)} = 2025 \text{ (m}^3\text{)}$$

贮泥区高度 h_4：
$$h_4 = \frac{V_s}{A} = \frac{2025}{1256.64} \approx 1.61 \text{ (m)}$$

(7) 单池污泥斗容积 V_1：

设污泥斗上口直径 $D_1 = 2.0\text{m}$，污泥斗下口直径 $D_2 = 1.0\text{m}$，污泥斗壁和水平面夹角为 60°
$$h_6 = \frac{D_1 - D_2}{2} \tan 60° = \frac{2.0 - 1.0}{2} \times \tan 60° \approx 0.87 \text{ (m)}$$

$$V_1 = \frac{\pi}{3} h_6 (r_1^2 + r_1 r_2 + r_2^2) = \frac{\pi}{3} \times 0.87 \times (1.0^2 + 1.0 \times 0.5 + 0.5^2) \approx 1.59 \text{ (m}^3\text{)}$$

(8) 单池污泥斗以上圆锥体部分污泥容积 V_2：

设池底坡度 $i = 0.01$，坡向污泥斗：
$$h_5 = (R - r_1)i = (20 - 1.0) \times 0.01 = 0.19 \text{ (m)}$$

$$V_2 = \frac{\pi}{3} h_5 (R^2 + R r_1 + r_1^2) = \frac{\pi}{3} \times 0.19 \times (20^2 + 20 \times 1.0 + 1.0^2) \approx 83.77 \text{ (m}^3\text{)}$$

(9) 沉淀池总高度 H_s：

设沉淀池缓冲区高度 $h_3 = 0.5\text{m}$，超高 $h_1 = 0.3\text{m}$，
$$H_s = h_1 + H + h_3 + h_4 + h_5 + h_6 = 0.3 + 3.5 + 0.5 + 1.61 + 0.19 + 0.87 = 6.97 \text{ (m)}$$

6.7 活性污泥法的设计

6.7.1 设计内容和一般规定

1. 活性污泥法设计的内容

活性污泥法设计的内容主要包括 5 个方面：
(1) 工艺流程选择；
(2) 曝气池设计与计算；
(3) 曝气系统设计与计算；

（4）二次沉淀池的设计与计算；

（5）污泥回流系统的设计与计算。

2. 活性污泥法设计的一般规定

（1）根据去除碳源污染物、脱氮、除磷、好氧污泥稳定等不同要求和外部环境条件，选择适宜的活性污泥处理工艺。

（2）根据可能发生的运行条件，设置不同运行方案。

（3）生物反应池的超高，当采用鼓风曝气时为 0.5~1.0m；当采用机械曝气时，其设备操作平台宜高出设计水面 0.8~1.2m。

（4）污水中含有大量产生泡沫的表面活性剂时，应有除泡沫措施。

（5）每组生物反应池在有效水深一半处宜设置放水管。

（6）廊道式生物反应池的池宽与有效水深之比宜采用 1:1~2:1。有效水深应结合流程设计、地质条件、供氧设施类型和选用风机压力等因素确定，可采用 4.0~6.0m。在条件许可时，水深尚可加大。

（7）生物反应池中的好氧区（池），采用鼓风曝气器时，处理每 $1m^3$ 污水的供气量不应小于 $3m^3$。好氧区采用机械曝气器时，混合全池污水所需功率不宜小于 $25W/m^3$；氧化沟不宜小于 $15W/m^3$。缺氧区（池）、厌氧区（池）应采用机械搅拌，混合功率宜采用 2~$8W/m^3$。机械搅拌器布置的间距、位置，应根据试验资料确定。

（8）生物反应池的设计，应充分考虑冬季低水温对去除碳源污染物、脱氮和除磷的影响，必要时可采取降低负荷、增长泥龄、调整厌氧区（池）及缺氧区（池）水力停留时间和保温或增温等措施。

（9）原污水、回流污泥进入生物反应池的厌氧区（池）、缺氧区（池）时，宜采用淹没入流方式。

6.7.2 工艺流程的选择

对生活污水和城市污水以及与其类似的工业废水，已有一套成熟和完整的设计数据和规范，一般可以直接应用；对于一些性质与生活污水相差较大的工业废水或城市废水，一般需通过试验来确定有关的设计参数。活性污泥法工艺流程选择的主要依据：

（1）废水的水量、水质及变化规律；

（2）对处理后出水的水质要求；

（3）对处理中所产生的污泥的处理要求；

（4）当地的地理位置、地质条件、气候条件等；

（5）当地的施工水平以及处理厂建成后运行管理人员的技术水平等；

（6）工期要求以及限期达标的要求；

（7）综合分析工艺在技术上的可行性和先进性以及经济上的可能性和合理性等；

（8）对于工程量大、建设费用高的工程，则应进行多种工艺流程比较后才能确定。

6.7.3 曝气时间与曝气池的设计计算

1. 曝气时间

活性污泥法的曝气时间有考虑回流量和不考虑回流量两种。现以 t_1（h）表示前者，以 t_2（h）表示后者，则有：

$$t_1 = \frac{24V}{Q+Q_R} \tag{6-47}$$

$$t_2 = \frac{24V}{Q} \tag{6-48}$$

式中 Q、Q_R——分别表示废水量和回流污泥量，m^3/d，$Q_R = RQ$；

V——曝气池容积，m^3。

一般所指的曝气时间为后者。

2. 曝气池容积

当以去除碳源污染物为主时，生物反应池的容积可按下列公式计算：

（1）按污泥负荷计算：

$$V = \frac{24Q(S_0 - S_e)}{1000L_s X} \tag{6-49}$$

（2）按污泥泥龄计算：

$$V = \frac{24QY\theta_c(S_0 - S_e)}{1000X_v(1 + K_d\theta_c)} \tag{6-50}$$

式中 V——生物反应池容积，m^3；

S_0——生物反应池进水 5d 生化需氧量，mg/L；

S_e——生物反应池出水 5d 生化需氧量，mg/L（当去除率大于 90% 时可不计入）；

Q——生物反应池的设计流量，m^3/h；

L_s——生物反应池污泥负荷，$kgBOD_5/(kgMLSS \cdot d)$；

X——生物反应池内混合液悬浮固体平均浓度，kgMLSS/L；

Y——污泥产率系数，$kgVSS/kgBOD_5$；宜根据试验资料确定，无试验资料时，一般取 0.4~0.8；

X_v——生物反应池内混合液挥发性悬浮固体平均浓度，kgMLVSS/L；

θ_c——污泥泥龄，d，其数值为 0.2~15；

K_d——衰减系数，d^{-1}，20℃的数值为 0.04~0.075。

采用传统活性污泥法处理城镇污水的生物反应池的主要设计参数，可按表 6-1 的规定取值。

表 6-1 传统活性污泥法去除碳源污染物的主要设计参数

类别	L_s /kg/(kg·d)	X/(g/L)	L_v /kg/(m³·d)	污泥回流比/%	总处理效率/%
普通曝气	0.2~0.4	1.5~2.5	0.4~0.9	25~75	90~95
阶段曝气	0.2~0.4	1.5~3.0	0.4~1.2	25~75	85~95
吸附再生曝气	0.2~0.4	2.5~6.0	0.8~1.8	50~100	80~90
合建式完全混合曝气	0.25~0.5	2.0~4.0	0.5~1.8	100~400	80~90

有条件的情况下，应根据具体选用的活性污泥法运行形式进行试验，确定最佳曝气池污泥浓度。混合液活性污泥浓度与污泥回流比、回流污泥浓度有关，可采用公式加以修正：

$$X = \frac{R}{1+R} \cdot \frac{10^6}{SVI} \cdot r \tag{6-51}$$

式中 r——与二次沉淀池有关的修正系数，当 SVI 低，停留时间为 20~30min，取 $r=1.2$；当 SVI 高，停留时间为 4~5h，取 $r=2.0$。

采用较高的污泥浓度可以缩小曝气池容积，但要使浓度保持在较高的水平，至少要考虑曝气系统和污泥回流系统能否满足要求。污泥浓度的提高将相应地提高氧的消耗速率，所以，在一个已定系统中，污泥浓度实际上存在最高的限制，以保证运行质量。换言之，曝气系统必须要有足够的供氧能力保持较高的污泥浓度。一般来说，纯氧曝气有助于污泥浓度的提高。此外，曝气池的悬浮固体不可能高于回流污泥的悬浮固体，若两者越接近，回流比就越大，故从这方面看混合液的污泥浓度显然也有一个最大限值。限制此浓度的主要因素是回流污泥浓度。要提高混合液的污泥浓度也必须提高二次沉淀池的浓缩能力及污泥回流设备的能力。

3. 需氧量设计计算

曝气池内活性污泥对有机物的氧化分解及微生物的正常代谢活动均需要消耗氧气，即需要将一部分有机物氧化分解，也需要对自身细胞的一部分物质进行自身氧化。需氧量一般可以利用下列方法计算。

（1）根据有机物降解需氧率和内源代谢需氧率计算

在曝气池内，活性污泥对有机污染物的氧化分解和其本身的内源代谢均是耗氧过程，需氧量一般用下列公式确定：

$$O_2 = a'Q \cdot S_r + b'V \cdot X_v \tag{6-52}$$

式中　O_2——曝气池混合液的需氧量，kgO_2/d；

　　　a'——代谢每$1kgBOD_5$所需的氧量，$kgO_2/(kgBOD_5 \cdot d)$；

　　　b'——每$1kgVSS$每天进行自身氧化所需的氧量，$kgO_2/(kgVSS \cdot d)$。

$S_r = S_i - S_e$；S_i、S_e分别为进水、出水BOD_5浓度，$kgBOD_5/m^3$或$mgBOD_5/L$。

上式可改写成：

$$\frac{O_2}{V \cdot X_v} = a' \frac{Q \cdot S_r}{V \cdot X_v} + b' = a'L_s + b' \tag{6-53}$$

或

$$\Delta O_2 = \frac{O_2}{Q \cdot S_r} = a' + b' \frac{V \cdot X_v}{Q \cdot S_r} = a' + \frac{b'}{L_s} \tag{6-54}$$

式中　$\dfrac{O_2}{VX_v}$——单位质量污泥的需氧量，$kgO_2/(kgVSS \cdot d)$；

　　　$\Delta O_2 = \dfrac{O_2}{Q \cdot S_r}$——去除每$1kgBOD_5$的需氧量，$kgO_2/(kgBOD_5 \cdot d)$；

　　　L_s——曝气池的有机污泥去除负荷，$kgBOD_5/(kgMLSS \cdot d)$。

但应注意：由于1d内进入曝气池的废水量和BOD_5的浓度是变化的，所以计算时，还应考虑最大时需氧量$(O_2)_{max}$（kgO_2/h）：

$$(O_2)_{max} = (a'K_h QS_r + b'VX_v)/24 \tag{6-55}$$

式中　K_h——进入曝气池的废水小时变化系数。

（2）微生物对有机物的氧化分解需氧量

对于含碳可生物降解物质的需氧量可根据处理污水的可生物降解COD（bCOD）浓度和每天由系统排除的剩余污泥量来决定。如果bCOD被完全氧化分解为二氧化碳和水，需氧量等于bCOD浓度，但微生物只氧化bCOD的一部分以供给能量，而将另一部分用于细胞生长。实际去除的bCOD部分需耗氧分解，部分直接合成细胞物质VSS（合成微生物体，以氧当量表示）。因此，对于活性污泥法处理系统，所需要的氧量：

$$\text{耗氧量} = \text{去除的 bCOD} - \text{合成微生物 COD} \tag{6-56}$$

$$O_2 = Q(bCOD_0 - bCOD_e) - 1.42\Delta X_v \tag{6-57}$$

式中 Q——处理污水流量，m^3/d；

$bCOD_0$——系统进水可生物降解 COD 浓度，g/m^3；

$bCOD_e$——系统出水可生物降解 COD 浓度，g/m^3；

ΔX_v——剩余污泥量（以 MLVSS 计算），g/d；

1.42——污泥的氧当量系数，完全氧化 1 个单位的细胞（以 $C_5H_7NO_2$ 表示细胞分子式），需要 1.42 单位的氧。

通常使用 BOD_5 作为污水中可生物降解的有机物浓度，如果近似以 BOD_L 代替 bCOD，则在 20℃，$K_1=0.1$ 时，$BOD_5 = 0.68BOD_L$，则式（6-55）可写为：

$$O_2 = \frac{Q(S_0 - S_e)}{0.68} - 1.42\Delta X_v \tag{6-58}$$

式中符号含义同前。

完全混合的计算模式也可用于推流曝气池的设计计算。

4. 供氧设施

（1）生物反应池中好氧区的供氧，应满足污水需氧量、混合和处理效率等要求，宜采用鼓风曝气或表面曝气等方式。

（2）选用曝气装置和设备时，应根据设备的特性、位于水面下的深度、水温、污水的氧总转移特性、当地的海拔高度以及预期生物反应池中溶解氧浓度等因素，将计算的污水需氧量换算为标准状态下清水需氧量。

（3）鼓风曝气系统中的曝气器，应选用有较高充氧性能、布气均匀、阻力小、不易堵塞、耐腐蚀、操作管理和维修方便的产品，应具有不同服务面积、不同空气量、不同曝气水深，在标准状态下的充氧性能及底部流速等技术资料。

（4）曝气器的数量，应根据供氧量和服务面积计算确定。供氧量包括生化反应的需氧量和维持混合液有 2mg/L 的溶解氧量。

（5）廊道式生物反应池中的曝气器，可满池布置或池侧布置，或沿池长分段渐减布置。

（6）各种类型的机械曝气设备的充氧能力应根据测定资料或相关技术资料采用。

（7）选用供氧设施时，应考虑冬季溅水、结冰、风沙等气候因素以及噪声、臭气等环境因素。

（8）污水厂采用鼓风曝气时，宜设置单独的鼓风机房。鼓风机房可设有值班室、控制室、配电室和工具室，必要时尚应设置鼓风机冷却系统和隔声的维修场所。

（9）计算鼓风机的工作压力时，应考虑进出风管路系统压力损失和使用时阻力增加等因素。输气管道中空气流速宜采用：干支管为 10～15m/s；竖管、小支管为 4～5m/s。

（10）鼓风机设置的台数，应根据气温、风量、风压、污水量和污染物负荷变化等对供气的需要量而确定。鼓风机房应设置备用鼓风机，工作鼓风机台数在 4 台以下时，应设 1 台备用鼓风机；工作鼓风机台数在 4 台或 4 台以上时，应设 2 台备用鼓风机。备用鼓风机应按设计配置的最大机组考虑。

6.7.4 活性污泥法曝气池设计计算实例

【例 6-3】 某污水处理厂处理规模为 $20000m^3/d$，经预处理沉淀后 BOD_5 为 200mg/L，希

望经过生物处理后的出水 BOD_5 小于 $20mg/L$。该地区大气压为 1.013×10^5Pa，要求设计曝气池的体积、剩余污泥量和需氧量。相关参数可按下列条件选取：曝气池污水温度为 $20℃$；曝气池中混合液挥发性悬浮固体（MLVSS）与混合液悬浮固体（MLSS）之比为 0.8；回流污泥悬浮固体浓度取 $10000mg/L$；曝气池中的 MLSS 取 $3000mg/L$；污泥泥龄取 $10d$；二次沉淀池出水中含有 $12mg/L$ 总悬浮固体（TSS），其中 VSS 占 65%；污水中含有足够的生化反应所需的氮、磷和其他微量元素。

解：（1）估算出水中溶解性 BOD_5 浓度：

出水中 BOD_5 由两部分组成，一是没有被生物降解的溶解性 BOD_5，二是没有沉淀下来随出水漂走的悬浮固体。悬浮固体所占 BOD_5 计算：

① 悬浮固体中可生物降解部分为：
$$0.65\times12mg/L=7.8(mg/L)$$

② 可生物降解悬浮固体最终 $BOD_L=7.8\times1.42mg/L=11(mg/L)$

③ 可生物降解悬浮固体的 BOD_L 换算为 $BOD_5=0.68\times11mg/L=7.5(mg/L)$

④ 确定经生物处理后要求的溶解性有机污染物，即 S_e：
$$7.5mg/L+S_e\leq20(mg/L)，S_e\leq12.5(mg/L)$$

（2）计算曝气池容积：

① 按污泥负荷计算：

参考表 6-1，取污泥负荷 $0.25kgBOD_5/(kgMLSS\cdot d)$，本题按平均流量计算：

$$V=\frac{Q_c(S_0-S_e)}{L_sX}=\frac{20000\times(200-12.5)}{0.25\times3000}=5000(m^3)$$

② 按污泥泥龄计算：

取 $Y=0.6kgMLVSS/kgBOD_5$，$K_d=0.08d^{-1}$

$$V=\frac{QY\theta_c(S_0-S_e)}{X_v(1+K_d\theta_c)}=\frac{20000\times0.6\times10\times(200-12.5)}{3000\times0.8\times(1+0.08\times10)}=5208(m^3)$$

经过计算，可以取曝气池容积 $5300m^3$。

（3）计算曝气池的水力停留时间：

$$t=\frac{V}{Q}=\frac{5300\times24}{20000}=6.36(h)$$

（4）计算每天排除的剩余污泥量：

① 按表观污泥产率计算：

$$Y_{obs}=\frac{Y}{1+K_d\theta_c}=\frac{0.6}{1+0.08\times10}=0.333$$

计算系统排除的以挥发性悬浮固体计的干污泥量：

$$\Delta X_v=Y_{obs}Q(S_0-S_e)=0.333\times20000\times(200-12.5)\times10^{-3}kg/d=1250(kg/d)$$

计算总排泥量：$1250\div0.8kg/d=1563(kg/d)$

② 按污泥泥龄计算：

$$\Delta X=\frac{VX}{\theta_c}=\frac{5300\times3000}{10}\times10^{-3}=1590(kg/d)$$

③ 排放湿污泥量计算：

剩余污泥含水率按 99% 计算，每天排放湿污泥量：

$$1590\div1000=1.59(t\ 干泥)$$

$$1.59 \div (100\% - 99\%) = 159 (m^3)$$

(5) 计算污泥回流比 R：

曝气池中悬浮固体（MLSS）浓度：3000mg/L，回流污泥浓度：10000mg/L，

$$10000 \times Q_R = 3000 \times (Q + Q_R)$$

$$R = Q_R/Q = 43\%$$

(6) 计算曝气池的需氧量：

$$O_2 = \frac{Q(S_0 - S_e)}{0.68} - 1.42\Delta X_v$$

$$= \frac{20000(200 - 12.5)}{0.68} - 1.42 \times 1250 \times 1000$$

$$= 3740 (kg/d)$$

(7) 空气量计算：

如果采用鼓风曝气，设曝气池有效水深 6.0m，曝气扩散器安装距池底 0.2m，则扩散器上静水压 5.8m，其他相关参数选择：

α 值取 0.7，β 值取 0.95，$\rho = 1$，采用管式微孔扩散设备，$E_A = 18\%$，扩散器压力损失：4kPa，20℃ 水中溶解氧饱和度为 9.17mg/L。

扩散器出口处绝对压力：

$$p_d = p + 9.8 \times 10^3 H = (1.013 \times 10^5 + 9.8 \times 10^3 \times 5.8) Pa = 1.58 \times 10^5 (Pa)$$

空气离开曝气池面时，气泡含氧体积分数：

$$O_t = \frac{21(1 - E_A)}{79 + 21(1 - E_A)} \times 100\% = \frac{21(1 - 0.18)}{79 + 21(1 - 0.18)} \times 100\% = 17.9\%$$

20℃时曝气池混合液中平均氧饱和度：

$$C_{sm} = \frac{1}{2}(C_{s1} + C_{s2}) = \frac{1}{2} C_s \cdot \left[\frac{O_t}{21} + \frac{P_b}{1.013 \times 10^5}\right]$$

$$= \frac{1}{2} \times 9.17 \left(\frac{17.9}{21} + \frac{1.58 \times 10^5}{1.013 \times 10^5}\right)$$

$$= 11.06 (mg/L)$$

将计算需氧量按下式换算为标准条件下（20℃，脱氧清水）充氧量：

$$R_0 = \frac{R \cdot C_{s(20)}}{\alpha \cdot 1.024^{(T-20)} \cdot (\beta\rho C_{s(T)} - C_L)}$$

$$= \frac{3740 \times 9.17}{0.7 \times 1.024^{20-20} \times (0.95 \times 1 \times 11.06 - 2.0)}$$

$$= 5760 (kg/d) = 240 (kg/h)$$

曝气池供气量：

$$G_s = \frac{R_0}{0.28 \times E_A} = \frac{240}{0.28 \times 18\%} = 4762 (m^3/h)$$

如果选择三台风机，两用一备，则单台风机风量：2390m³/h（40m³/min）。

(8) 鼓风机出口风压计算：

选择一条最不利空气管路计算空气管的沿程和局部压力损失，通过计算管路压力损失 5.5kPa（计算省略）。扩散器压力损失 4kPa，扩散器淹没深度换算的压力（1mH₂O 压力相当于 9.8kPa），则出口风压 p：

$$p = 5.8 \times 9.8 + 4 + 5.5 + 3 (安全余量) kPa = 69.3 (kPa)$$

6.8 脱氮除磷原理与工艺

6.8.1 脱氮的原理与工艺

废水中的氮包括无机氮和有机氮两种。无机氮以氨氮（NH_3-N）、硝态氮（NO_3-N）和亚硝态氮（NO_2-N）三种形式存在，主要来源于微生物对有机氮的分解、农田排水以及某些工业废水。有机氮则以蛋白质、多肽和氨基酸为主，来源于生活污水、农业垃圾和食品加工、制革等工业废水。水体中氮含量过高会引起藻类的过度繁殖，造成水体富营养化。如果饮用水中硝酸盐和亚硝酸盐浓度过高，进入人体后既会妨碍血红蛋白氧的运输，又有可能进一步转化成致癌的亚硝胺物质。因此，有效控制水中氮的含量具有重要意义。处理城市废水，传统的活性污泥法对 N 的去除率只有 40% 左右，当废水中氮含量较高或者对出水水质要求较高时，需要对废水采用脱氮工艺。

1. 脱氮的物化法

（1）氨氮的吹脱法

该法在碱性条件下，可利用空气将氨气吹出。废水中，NH_3 与 NH_4^+ 以如下的平衡状态共存：

$$NH_3 + H_2O \Longleftrightarrow NH_4^+ + OH^-$$

这一平衡受 pH 值的影响，pH 值为 10.5～11.5 时，因废水中的氮呈饱和状态而逸出，所以吹脱法常需加石灰。吹脱过程包括将废水的 pH 值提高至 10.5～11.5，然后曝气，这一过程在吹脱塔中进行。

（2）折点加氯法

如图 6-27 所示，氯可在水中氧化成铵离子，利用折点加氯法可去除氨氮，但是需要消耗大量的液氯：

$$Cl_2 + H_2O \longrightarrow Cl^- + H^+ + HOCl$$
$$NH_4^+ + HOCl \longrightarrow NH_2Cl + H^+ + H_2O$$
$$2NH_2Cl + HOCl \longrightarrow N_2 + 3Cl^- + H_2O + 3H^+$$

每 $1mg NH_4^+$ 被氧化为氮气至少需要 7.5mg 的氯。

（3）选择性离子交换法

沸石是一种弱酸型阴离子交换剂。在沸石的三维空间结构中，具有规则的孔道结构和孔穴，使其具有筛分效应、交换吸附选择性、热稳定性及形稳定性等优良性能。

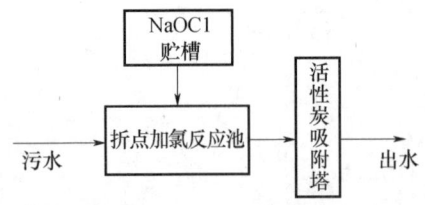

图 6-27 折点加氯法脱氮处理工艺流程

天然沸石的种类很多，其中以丝光沸石和斜发沸石为主要成分的沸石，具有较高的阳离子交换容量，用于去除氨氮的主要为斜发沸石。

斜发沸石对某些阳离子的交换选择性次序为：$K^+ > NH_4^+ > Na^+ > Ba^{2+} > Ca^{2+} > Mg^{2+}$。利用斜发沸石对 NH_4^+ 的强选择性，可采用交换吸附工艺去除水中的氨氮。交换吸附饱和的沸石经再生可重复利用。采用斜发沸石作为除氨的离子交换流程如图 6-28 所示。

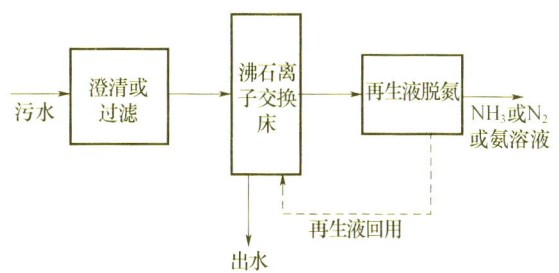

图 6-28 离子交换法脱氮处理工艺流程

2. 生物脱氮原理

污水生物脱氮处理过程中氮的转化主要包括氨化、硝化和反硝化作用,其中氨化可在好氧或厌氧条件下进行,硝化作用是在好氧条件下进行,反硝化作用在缺氧条件下进行。生物脱氮是含氮化合物经过氨化、硝化、反硝化后,转变为 N_2 而被去除的过程。

(1) 氨化反应

微生物分解有机氮化合物产生氨的过程称为氨化反应,很多细菌、真菌和放线菌都能分解蛋白质及其含氮衍生物,其中分解能力强并释放出氨的微生物称为氨化微生物。在氨化微生物的作用下,有机氮化合物可以在好氧或厌氧条件下分解、转化为氨态氮,以氨基酸为例,加氧脱氨基反应式为:

$$RCHNH_2COOH + O_2 \longrightarrow RCOOH + CO_2 + NH_3$$

水解脱氨基反应式为:

$$RCHNH_2COOH + H_2O \longrightarrow RCHOHCOOH + NH_3$$

(2) 硝化反应

在亚硝化菌和硝化菌的作用下,将氨态氮转化为亚硝酸盐 (NO_2^-) 和硝酸盐 (NO_3^-) 的过程称为硝化反应。硝化反应分为两步:$NH_4^+ \longrightarrow NO_2^-$,$NO_2^- \longrightarrow NO_3^-$。分别由亚硝酸盐细菌、硝酸盐细菌这两组自养型硝化菌分步完成。它们都是革兰氏染色阴性、不生芽孢的短杆菌和球菌;强烈好氧,不能在酸性条件下生长;无须有机物,以氧化无机含氮化合物获得能量,以无机 C (CO_2 或 HCO_3^-) 为碳源;化能自养型;生长缓慢,世代时间长。硝化反应过程及反应方程式:

① 亚硝化反应:

$$NH_4^+ + 1.5O_2 \longrightarrow NO_2^- + H_2O + 2H^+$$

② 硝化反应:

$$NO_2^- + 0.5O_2 \longrightarrow NO_3^-$$

③ 总反应:

$$NH_4^+ + 2O_2 \longrightarrow NO_3^- + H_2O + 2H^+$$

如果不考虑合成,则氧化 1g NH_4^+—N 为 NO_3^-—N 需氧 4.57g,其中亚硝化反应 3.43g,硝化反应 1.14g,需消耗碱度 7.14g(以 $CaCO_3$ 计)。污水中必须有足够的碱度,否则硝化反应会导致 pH 值下降,使反应速率减缓或停滞。

④ 硝化反应的环境条件

硝化菌对环境的变化很敏感:好氧条件(DO 不小于 1mg/L),并能保持一定的碱度以维持稳定的 pH 值(适宜的 pH 值为 8.0~8.4);进水中的有机物的浓度不宜过高,一般要求 BOD_5 在 15~20mg/L 以下;硝化反应的适宜温度是 20~30℃,15℃以下时,硝化反应的速率下降，小于5℃时，完全停止；硝化菌在反应器内的停留时间即污泥龄，必须大于其最小的世代时间（一般为3~10d）；高浓度的氨氮、亚硝酸盐或硝酸盐、有机物以及重金属离子等都对硝化反应有抑制作用。

（3）反硝化反应

① 在缺氧条件下，NO_2^- 和 NO_3^- 在反硝化菌的作用下被还原为氮气的过程称为反硝化反应。目前公认的从硝酸盐还原为氮气的过程如图6-29所示。

$$NO_3^- \xrightarrow{\text{硝酸盐还原酶}} NO_2^- \xrightarrow{\text{亚硝酸盐还原酶}} NO \xrightarrow{\text{氧化氮还原酶}} N_2O \xrightarrow{\text{氧化亚氮还原酶}} N_2$$

图6-29 硝酸盐还原为氮气过程

大多数反硝化细菌是异养型兼性厌氧细菌，在污水和污泥中，很多细菌均能进行反硝化作用，如无色杆菌属（Achromobacter）、产气杆菌属（Aerobacter）、产碱杆菌属（Alcaligenes）、黄杆菌属（Flavbacterium）、变形杆菌属（Proteus）、假单胞菌属（Pseudomonas）等。这些反硝化菌在反硝化过程中利用各种有机底物（包括碳水化合物、有机酸类、醇类、烷烃类、苯酸盐类和其他苯衍生物）作为电子供体，NO_3^- 作为电子受体，逐步还原 NO_3^- 至 N_2O。

在反硝化菌的代谢活动下，NO_2^-—N 或 NO_3^-—N 中的 N 可以有两种转化途径：同化反硝化，即最终产物是有机氮化合物，是菌体的组成部分；异化反硝化，即最终产物为氮气。每还原一当量 NO_3^-—N，会产生一当量的碱度，相当于3.57g碱度（以 $CaCO_3$ 计），可以补充近50%由硝化反应消耗的碱度。

② 反硝化反应的影响因素

反硝化反应的碳源主要是原废水中的有机物，当废水的 BOD_5/TKN 大于3~5时，可认为碳源充足；当废水中碳源不足时需要外加碳源，多采用甲醇；适宜的pH值是6.5~7.5，pH值高于8或低于6，反硝化速率将大大下降；反硝化菌适于在缺氧条件下发生反硝化反应，但另一方面，其某些酶系只有在有氧条件下才能合成，所以反硝化反应宜于在缺氧、好氧交替的条件下进行，溶解氧应控制在0.5mg/L以下；最适宜温度为20~40℃，低于15℃其反应速率将大为降低。

（4）同化作用

生物处理过程中，污水中的一部分氮（氨氮或有机氮）被同化成微生物细胞的组成成分，并以剩余活性污泥的形式得以从污水中去除的过程，称为同化作用。当进水氨氮浓度较低时，同化作用可能成为脱氮的主要途径。

3. 生物脱氮工艺

根据生物脱氮原理，生物脱氮工艺通常按照硝化-反硝化的逻辑顺序布置。但目前也有前置反硝化脱氮工艺的应用实例。有的脱氮工艺将硝化和反硝化过程合并于同一个反应系统中进行，且只设一个沉淀池。还有将活性污泥反应器和生物膜反应器串联起来用于脱氮的工艺。

（1）传统的生物脱氮工艺

传统的生物脱氮工艺是如图6-30所示的三级生物脱氮工艺流程。

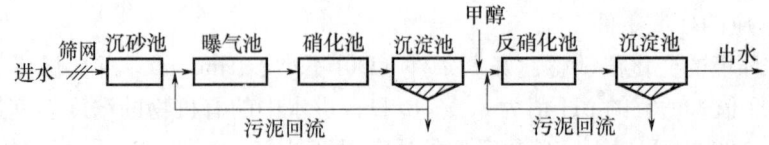

图6-30 三级生物脱氮工艺流程

三级生物脱氮工艺流程将去除 BOD 和氨化、硝化以及反硝化脱氮反应设在三个池中各自独立进行，同时分别设置了污泥回流系统。为了获得较快的反硝化速度，在运行过程中，采取机械搅拌方式保证反硝化池中的污泥与废水充分混合，同时适当投加碳源（如甲醇）。该流程的优点是碳、氮的脱除效果均良好，但流程较长，构筑物较多，故基建和运转费用较高。

（2）缺氧-好氧活性污泥法脱氮系统（A/O 工艺）

A/O 工艺又称"前置式反硝化生物脱氮系统"，是目前废水生物脱氮的主要工艺。如图 6-31 所示，工艺在运行过程中，废水经缺氧池处理后流入好氧池，之后好氧池的混合液与沉淀池的污泥同时回流至缺氧池。污泥和好氧混合液的回流不仅保证了缺氧池和好氧池中的微生物量，同时也使得缺氧池从回流的混合液中获得大量的硝酸盐。另外，原废水和混合液的直接进水为缺氧池的反硝化过程提供了充足的碳源，保证了反硝化反应在缺氧池中顺利进行，缺氧池的出水又可以在好氧池中进一步硝化和降解有机物。

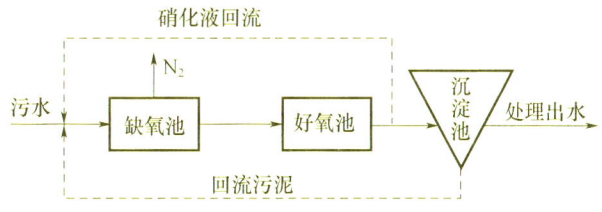

图 6-31　缺氧-好氧活性污泥法脱氮工艺图

A/O 工艺特点：反硝化反应器在前，BOD 去除、硝化反应的综合反应器在后；反硝化反应以原废水中的有机物为碳源；含硝酸盐的混合液回流到反硝化反应器；在反硝化反应过程中产生的碱度可补偿硝化反应消耗的碱度的一半左右；硝化曝气池在后，使反硝化残留的有机物得以进一步去除，无须增建后曝气池。

此外，氧化沟、SBR 等工艺均具有脱氮能力，在实际工程中得到应用。

4. 生物脱氮工艺设计

当废水处理仅需脱氮时，用缺氧/好氧法（A_N/O 法）。进入生物脱氮系统的污水，污水中的 5d 生化需氧量与总凯氏氮之比宜大于 4；好氧区剩余总碱度宜大于 70mg/L（以 $CaCO_3$ 计），当进水碱度不能满足上述要求时，应采取增加碱度的措施。生物反应池中缺氧区的水力停留时间宜为 0.5～3h。

生物反应池的容积，采用硝化、反硝化动力学计算时，按下列规定计算。

（1）缺氧区（池）容积，可按下列公式计算：

$$V_n = \frac{0.001Q(N_k - N_{te}) - 0.12\Delta X_v}{K_{de}X} \tag{6-59}$$

$$K_{de(T)} = K_{de(20)} 1.08^{T-20} \tag{6-60}$$

$$\Delta X_v = yY_t \frac{Q(S_0 - S_e)}{1000} \tag{6-61}$$

式中　V_n——缺氧区（池）容积，m^3；

Q——生物反应池的设计流量，m^3/d；

X——生物反应池内混合液悬浮固体平均浓度，gMLSS/L；

N_k——生物反应池进水总凯氏氮浓度，mg/L；

N_{te}——生物反应池出水总氮浓度，mg/L；

ΔX_v——排出生物反应池系统的微生物量，kgMLVSS/d；

K_{de}——脱氮速率，kgNO$_3$—N/(kgMLSS·d)，宜根据试验资料确定。无试验资料时，20℃的K_{de}值可采用0.03～0.06kgNO$_3$—N/(kgMLSS·d)，并进行温度修正；$K_{de(T)}$、$K_{de(20)}$分别为T℃和20℃时的脱氮速率；

T——设计温度（℃）；

Y_t——污泥总产率系数，kgMLSS/kgBOD$_5$，宜根据试验资料确定；无试验资料时，系统有初次沉淀池时取0.3，无初次沉淀池时取0.6～1.0；

y——MLSS中MLVSS所占比例；

S_0——生物反应池进水5d生化需氧量，mg/L；

S_e——生物反应池出水5d生化需氧量，mg/L。

(2) 好氧区（池）容积，可按下列公式计算：

$$V_o = \frac{Q(S_0-S_e)\theta_{c0}Y_t}{1000X} \quad (6-62)$$

$$\theta_{c0} = F\frac{1}{\mu} \quad (6-63)$$

$$\mu = 0.47\frac{N_a}{K_n+N_a}e^{0.098(T-15)} \quad (6-64)$$

式中 V_o——好氧区（池）容积，m^3；

θ_{c0}——好氧区（池）设计污泥泥龄，d；

F——安全系数，为1.5～3.0；

μ——硝化菌比生长速率，d^{-1}；

N_a——生物反应池中氨氮浓度，mg/L；

K_n——硝化作用中氮的半速率常数，mg/L。

(3) 混合液回流量，可按下式计算：

$$Q_{Ri} = \frac{1000V_n K_{de} X}{N_{te}-N_{ke}} - Q_R \quad (6-65)$$

式中 Q_{Ri}——混合液回流量，m^3/d，混合液回流比不宜大于400%；

Q_R——回流污泥量，m^3/d；

N_{ke}——生物反应池出水总凯氏氮浓度，mg/L；

N_{te}——生物反应池出水总氮浓度，mg/L。

(4) 缺氧/好氧法（A$_N$O法）生物脱氮的主要设计参数，宜根据试验资料确定；无试验资料时，可采用经验数据或按表6-2的规定取值。

表6-2 缺氧/好氧法（A$_N$O法）生物脱氮的主要设计参数

项目	单位	参数值
BOD$_5$污泥负荷L_s	kgBOD$_5$/(kgMLSS·d)	0.05～0.15
总氮负荷率	kgTN/(kgMLSS·d)	≤0.05
污泥浓度（MLSS）X	g/L	2.5～4.5
污泥龄θ_c	d	11～23

续表

项目		单位	参数值
污泥产率系数 Y		kgVSS/kgBOD$_5$	0.3~0.6
需氧量 O$_2$		kgO$_2$/kgBOD$_5$	1.1~2.0
水力停留时间 HRT		h	8~16 其中缺氧段 0.5~3.0
污泥回流比 R		%	50~100
混合液回流比 R		%	100~400
总处理效率 η	BOD$_5$	%	90~95
	TN	%	60~85

5. 污水生物脱氮除磷新技术

(1) 短程硝化-反硝化

通常提到硝化-反硝化一般是指全程硝化-反硝化工艺。因为最初硝化工艺的目的是消除氨对水体的不良影响，如果硝化不完全，不仅亚硝酸盐会继续消耗水中溶解氧，而且对水生生物和人类具有毒性，同时，硝化过程氨氧化往往是整个硝化过程的控制步骤，很少出现亚硝酸盐的积累，所以，既然氨氮氧化走到硝酸盐阶段，反硝化也就主要利用硝酸盐作为基质进行反硝化。

从生物反应过程而言，亚硝酸盐氧化为硝酸盐，再在反硝化过程中被还原为亚硝酸盐是一段多余的路程，如果能够通过工艺条件的控制，把硝化过程控制在亚硝酸盐阶段，则在硝化-反硝化过程中就缩短了一段行程，俗称"短程硝化-反硝化"工艺。

短程硝化-反硝化具有经济学优势。氨氮氧化为亚硝酸盐阶段比传统硝化工艺降低耗氧量 25%，供氧设备也可相应压缩。同时，硝酸盐作为基质的反硝化过程，比亚硝酸盐反硝化需要更多的碳源作为电子供体，以甲醇为例，亚硝酸盐反硝化比硝酸盐反硝化可以节省 40% 的甲醇消耗量。

短程硝化-反硝化工艺的关键在于促进氨氮氧化的同时使硝化过程终止于亚硝酸盐阶段，有效的控制方法有：温度控制、pH 控制、溶解氧浓度控制、污泥龄控制等。

温度控制：研究表明，亚硝酸细菌和硝酸细菌对温度变化的敏感性存在明显差异，温度低于 20℃时，亚硝酸细菌的最大比生长速率小于硝酸细菌，高于 20℃时，则超过硝酸细菌，因此，提高反应器温度在促进亚硝酸细菌生长的同时可以扩大两种细菌在生长速率上的差距，有利于筛选亚硝酸菌、淘汰硝酸细菌。综合考虑反应速率和能耗因素，亚硝化的工艺操作温度以 30~35℃为宜。

pH 控制：在硝化反应过程中，pH 是一个非常重要的调控参数。硝化反应的 pH 范围为 5.5~10.0，适宜 pH 为 6.5~9.0。其中，亚硝酸细菌与硝酸细菌适宜生长的 pH 范围略有差异，亚硝酸细菌适宜的 pH 范围为 7.0~8.5，在 pH 为 8.0 附近活性最高，硝酸细菌适宜 pH 为 6.5~7.5，在 pH 为 7.0 附近硝酸盐产生速率最大。调控反应系统的 pH 可以取得定向反应产物的效果。研究表明，pH 大于 7.4 时，亚硝酸盐占产物的比例可以高于 90%。

溶解氧浓度控制：虽然亚硝酸细菌和硝酸细菌都是好氧性细菌，但溶解氧浓度对于它们的生长速率也具有较大影响，有研究者测得亚硝酸细菌的 $K_s(O_2)$ 的范围为 0.2~

$0.4mg/L$,而硝酸细菌的 $K_s(O_2)$ 的范围为 $1.2\sim1.5mg/L$,降低溶解氧浓度有利于促进亚硝酸细菌的生长,限制硝酸细菌的生长。

污泥龄控制:由于亚硝酸细菌的世代增殖时间短于硝酸细菌,在悬浮生长系统中,控制污泥龄可逐渐淘汰硝酸细菌而保留亚硝酸细菌,从而实现短程硝化。

(2) 厌氧氨氧化

厌氧氨氧化(ANAMMOX:ANaerobicAMMoniumOXidation)指在厌氧或缺氧条件下,氨氮以亚硝酸盐氮作为电子受体直接被氧化为氮气的过程:

$$NH_4^+ + NO_2^- \longrightarrow N_2\uparrow + 2H_2O$$

厌氧氨氧化仅需一半氨氮浓度实现亚硝化,与传统全程硝化工艺相比,可以节省需氧量62.5%,节省碱度50%;脱氮时直接以亚硝酸盐作为电子受体,不需要提供任何碳源,与传统反硝化相比节省碳源100%,所以,厌氧氨氧化被称为绿色的生物脱氮工艺。

厌氧氨氧化工艺的实现主要有两个难点:一是如何通过控制反应过程的温度、pH、溶解氧、污泥龄、碱度,甚至反应物氨氮的浓度负荷等过程参数,实现氨氮的亚硝化;二是厌氧氨氧化菌世代周期长,反应环境条件要求高,如何控制溶解氧、温度等条件,保证厌氧氨氧化菌的健康生长、增殖。

目前厌氧氨氧化已经从实验室研究阶段进入工程实际应用,特别是在食品加工废水、污泥厌氧消化液等高含氨氮废水处理中取得成功运用范例。

6.8.2 除磷原理与工艺

1. 化学除磷

(1) 化学除磷条件

① 污水经二级处理后,其出水总磷不能达到要求时,可采用化学除磷工艺处理。污水一级处理以及污泥处理过程中产生的液体有除磷要求时,也可采用化学除磷工艺。

② 化学除磷可采用生物反应池的后置投加、同步投加和前置投加,也可采用多点投加。

③ 化学除磷设计中,药剂的种类、剂量和投加点宜根据试验资料确定。

④ 化学除磷的药剂可采用铝盐、铁盐,也可采用石灰。用铝盐或铁盐作混凝剂时,其投加量与污水中总磷的摩尔比宜为 $1.5\sim3$,同时宜投加离子型聚合电解质作为助凝剂。

⑤ 化学除磷时,应考虑产生的污泥量。

⑥ 化学除磷时,对接触腐蚀性物质的设备和管道应采取防腐蚀措施。

(2) 化学除磷方法

通过投加化学沉淀剂与废水中的磷酸盐生成难溶沉淀物,然后分离去除的方法称为化学沉淀法,同时在沉淀过程中形成的絮凝体对磷也有吸附去除作用。常用的沉淀剂有石灰、铝盐、铁盐、石灰与氯化铁的混合物等。根据使用的药剂,化学沉淀法可分为石灰沉淀法和金属盐沉淀法两种。

① 石灰沉淀法

正磷酸在有氢氧根离子存在的条件下,与钙离子反应生成羟基磷酸钙沉淀:

$$5Ca^{2+} + 4OH^- + 3HPO_4^{2-} \longrightarrow Ca_5(OH)(PO_4)_3 + 3H_2O$$

$$3Ca^{2+} + 2PO_4^{3-} \longrightarrow Ca_3(PO_4)_2\downarrow$$

此反应中,pH值越高,磷的去除率越高。当pH值为11左右时,出水总磷浓度可以小于 $0.5mg/L$。石灰的投加量应考虑到废水中的碳酸盐碱度和镁对石灰的消耗量。生成的碳酸钙和氢氧化镁能提高絮凝体的沉淀性能。

② 金属盐沉淀法

采用的沉淀剂有铝盐（硫酸铝、聚合氯化铝）、铁盐（氯化亚铁、氯化铁、硫酸亚铁、硫酸铁）等。它们与磷酸盐的沉淀反应表示为：

$$Al^{3+} + PO_4^{3-} \longrightarrow AlPO_4 \downarrow$$

$$Fe^{3+} + PO_4^{3-} \longrightarrow FePO_4 \downarrow$$

沉淀剂的投加量一般为理论投加量的两倍以上，过量的铝盐和铁盐可作为混凝剂起混凝作用，加快沉淀物的分离。

在废水处理中，化学沉淀法除磷可以单独使用，也可与其他方法联合使用。对于在二级生化处理基础上的化学沉淀法除磷，药剂投加有三种方式，即在初沉池内投药沉淀除磷、沉淀药剂直接加入曝气池、化学沉淀剂加在二级出水（进行后处理）。

2. 生物除磷原理和影响因素

(1) 生物除磷原理

生物除磷的基本原理即在厌氧—好氧或厌氧—缺氧交替运行的系统中，利用聚磷微生物（phosphorus accumulation organisms，PAOs）具有厌氧释磷及好氧（或缺氧）超量吸磷的特性，使好氧或缺氧段中混合液磷的浓度大量降低，最终通过排放含有大量富磷污泥而达到从污水中除磷的目的。

通常磷是以磷酸盐（$H_2PO_4^-$、HPO_4^{2-}、PO_4^{3-}）、聚磷酸盐和有机磷等的形式存在于废水中；细菌一般是从外部环境摄取一定量的磷来满足其生理需要；有一类特殊的细菌——磷细菌，可以过量地、超出其生理需要地从外部摄取磷，并以聚合磷酸盐的形式贮存在细胞体内，如果从系统中排出这种高磷污泥，则能达到除磷的效果。

生物除磷主要由聚磷菌完成，由于聚磷菌能在厌氧状态下同化发酵产物，使得聚磷菌在生物除磷系统中具备了竞争的优势。在厌氧状态下，兼性菌将溶解性有机物转化成挥发性脂肪酸（VFA）；聚磷菌把细胞内聚磷水解为正磷酸盐，并从中获得能量，吸收污水中的易降解的COD（如VFA），同化成胞内碳能源存贮物聚β-羟丁酸（PHB）或聚β-羟基戊酸（PHV）等。在好氧或缺氧条件下，聚磷菌以分子氧或化合态氧作为电子受体，氧化代谢胞内贮存物PHB或PHV等，并产生能量，过量地从污水中摄取磷酸盐，能量以高能物质ATP的形式存贮，其中一部分又转化为聚磷，作为能量贮于胞内，通过剩余污泥的排放实现高效生物除磷目的。

(2) 生物除磷过程的影响因素

① 溶解氧：在除磷菌释放磷的厌氧反应器内，应保持绝对的厌氧条件，即使是NO_3^-等一类的化合态氧也不允许存在；在除磷菌吸收磷的好氧反应器内，则应保持充足的溶解氧。

② 污泥龄：生物除磷主要是通过排除剩余污泥而去除磷的，因此剩余污泥的多少对脱磷效果有很大影响，一般污泥龄短的系统产生的剩余污泥多，可以取得较好的除磷效果。有报道称：污泥龄为30d，除磷率为40%；污泥龄为17d，除磷率为50%；而污泥龄为5d时，除磷率高达87%。

③ 温度：在5~30℃的范围内，都可以取得较好的除磷效果。

④ pH值：除磷过程的适宜pH值为6~8。

⑤ BOD_5负荷：一般认为，较高的BOD负荷可取得较好的除磷效果，进行生物除磷的低限是BOD/TP=20；有机基质的不同也会对除磷有影响，一般小分子易降解的有机物诱导磷的释放能力更强；磷的释放越充分，磷的摄取量也越大。

⑥ 硝酸盐氮和亚硝酸盐氮：硝酸盐的浓度应小于 2mg/L；当 COD/TKN＞10，硝酸盐对生物除磷的影响就减弱了。

⑦ 氧化还原电位：好氧区的 ORP 应维持在＋40～50mV 之间；缺氧区的最佳 ORP 为－160～±5mV 之间。

3. 生物除磷工艺

(1) 厌氧-好氧除磷工艺（A_P/O）

厌氧-好氧活性污泥法除磷的工艺流程如图 6-32 所示。

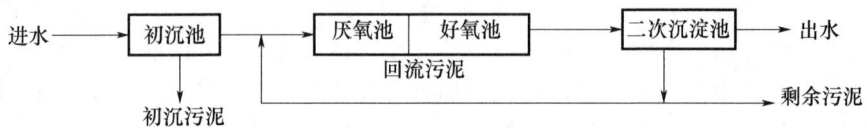

图 6-32　厌氧-好氧活性污泥法工艺流程

反应池由厌氧池和好氧池组成，经初沉池处理的废水与回流活性污泥相混合进入反应池。活性污泥在厌氧池进行磷的释放，混合液中磷的浓度随废水在厌氧池的停留时间的增长而增加，接着废水流入好氧池，活性污泥进行磷的摄取，混合液中磷的浓度随污水在厌氧池的停留时间的增长而减少。废水最后经二次沉淀池进行固-液分离后排放，沉淀的污泥一部分进行回流，剩余的排放。

工艺特点：水力停留时间为 3～6h；曝气池内的污泥浓度一般在 2700～3000mg/L；磷的去除效果好（76％），出水中磷的含量低于 1mg/L；污泥中的磷含量约为 4％，肥效好；SVI 小于 100，易沉淀，不易膨胀。

(2) Phostrip 除磷工艺

Phostrip 除磷工艺是一种生物除磷和化学除磷相结合的工艺，如图 6-33 所示。Phostrip 除磷工艺流程及各设备单元的功能如下：

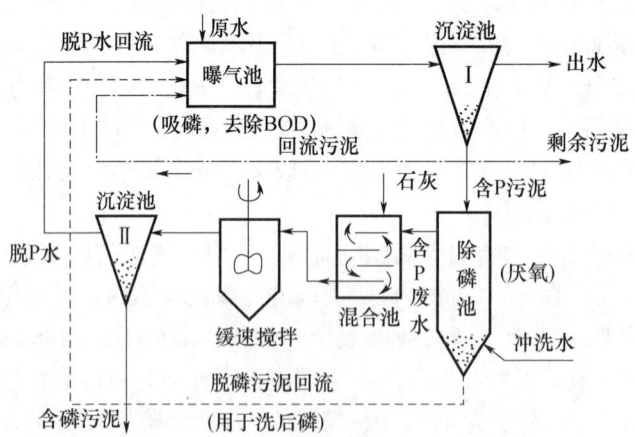

图 6-33　Phostrip 除磷工艺工艺流程

① 含磷污水进入曝气池，同步进入曝气池的还有由除磷池回流的已释放磷但含有聚磷菌的污泥。曝气池的功能是：使聚磷菌过量地摄取磷，去除有机物，还可能出现硝化作用。

② 从曝气池流出的混合液（污泥含磷，污水已经除磷）进入沉淀池（Ⅰ），在这里进行

泥水分离，含磷污泥沉淀，已除磷的上清液作为处理水而排放。

③ 含磷污泥进入除磷池，除磷池应保持厌氧状态，含磷污泥在这里释放磷，并投加冲洗水，使磷充分释放。已释放磷的污泥沉于池底，并回流曝气池，再次用于吸收污水中的磷。含磷上清液从上部流出进入混合池。

④ 含磷上清液进入混合池，同步向混合池投加石灰乳，经混合后进入搅拌反应池，使磷与石灰反应，形成 $Ca_3(PO_4)_2$ 固体物质。

⑤ 沉淀池（Ⅱ）为混凝沉淀池，经过混凝反应形成的磷酸钙固体物质在这里与上清液分离。已除磷的上清液回流曝气池，而含有大量 $Ca_3(PO_4)_2$ 的污泥排出，这种含有高浓度 PO_4^{3-} 的污泥宜于充作肥料。

Phostrip 除磷工艺特点是：除磷效果好，处理出水的含磷量一般低于 1mg/L；污泥的含磷量高，一般为 2.1%～7.1%；石灰用量较低，介于 21～31.8mgCa(OH)$_2$/m^3 废水之间；污泥的 SVI 低于 100，污泥易于沉淀、浓缩、脱水，污泥肥分高，不易膨胀。

4. 生物除磷工艺设计计算

当仅需除磷时，宜采用厌氧/好氧法（A_p/O 法）。生物反应池中厌氧区和好氧区之比，宜为 1∶2～1∶3。

(1) 生物反应池中厌氧区的容积，可按下式计算：

$$V_p = t_p Q/24 \tag{6-66}$$

式中 V_p——厌氧区容积，m^3；

t_p——厌氧区水力停留时间，h；宜为 1～2h；

Q——设计污水流量，m^3/d。

(2) 厌氧/好氧法（A_p/O 法）生物除磷的主要设计参数，宜根据试验资料确定；无试验资料时，可采用经验数据或按表 6-3 的规定取值。

表 6-3 厌氧/好氧法（A_p/O 法）生物除磷的主要设计参数

项目		单位	参数值
BOD$_5$污泥负荷 L_s		kgBOD$_5$/(kgMLSS·d)	0.4～0.7
污泥浓度（MLSS）X		g/L	2.0～4.0
污泥龄 θ_c		d	3.5～7
污泥产率系数 Y		kgVSS/kgBOD$_5$	0.4～0.8
污泥含磷率		kgTP/kgVSS	0.03～0.07
水力停留时间 HRT		h	3～8 其中厌氧段 1～2 A_p∶O=1∶2～1∶3
污泥回流比 R		%	40～100
总处理效率 η	BOD$_5$	%	80～90
	TN	%	75～85

(3) 采用生物除磷处理污水时，剩余污泥宜采用机械浓缩。生物除磷的剩余污泥，采用厌氧消化处理时，输送厌氧消化污泥或污泥脱水滤液的管道，应有除垢措施。对含磷高的液体，宜先除磷再返回污水处理系统。

6.8.3 同步脱氮除磷工艺

1. A^2/O 同步脱氮除磷工艺

A^2/O 工艺是厌氧-缺氧-好氧工艺的简称，可同时完成有机物的去除、硝化脱氮、除磷等过程，其工艺流程如图 6-34 所示。

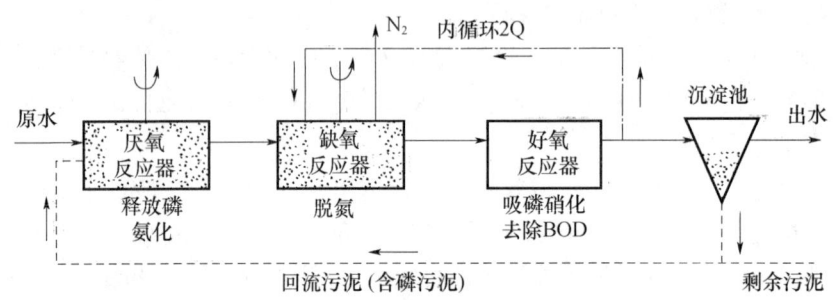

图 6-34　A^2/O 同步脱氮除磷工艺

工艺首段设厌氧池，原污水及从二次沉淀池回流的含磷污泥同步流入厌氧池、其主要功能是释磷，使污水中磷的浓度升高，溶解性有机物被微生物细胞吸收而使污水中 BOD_5 浓度下降；另外，NH_3-N 因细胞合成浓度有所下降，但 NO_3^--N 含量没有变化。

在缺氧池中，反硝化菌利用污水中的有机物作为碳源，将回流混合液中带入的大量 NO_3^--N 和 NO_2^--N 还原为 N_2 释放至空气，因此 BOD_5 浓度下降，NO_3^--N 浓度大幅度下降，而磷的变化很小。

在好氧池中，有机物继续被微生物生化降解而减少；有机氮被氨化、硝化，因此 NH_3-N 浓度显著下降，但随着硝化过程使 NO_3^--N 的浓度增加；但 P 随着聚磷菌的过量摄取，以较快速度下降。

A^2/O 工艺污染物去除效率高，运行稳定，耐冲击负荷。由于厌氧-缺氧-好氧交替运行下，丝状菌不会大量繁殖，SVI 一般小于 100，不会发生污泥膨胀，污泥沉降性能好。

工艺脱氮效果受混合液回流比大小的影响，一般要求采用较大的污泥回流以保证好氧池的硝化作用；同时除磷效果则受回沉污泥中夹带 DO 和硝酸态氧的影响，因为在厌氧区反硝化菌会与聚磷菌争夺有机碳源而影响磷的释放和聚磷菌体内的 PHB 合成。另外，硝化菌需要较长的泥龄增殖而聚磷菌吸收磷后应尽快排放，因而很难同时取得较好的脱氮除磷效果。

为了提高脱氮除磷的效率，在 A^2/O 基本工艺的基础上提出了许多改良型工艺，如倒置 A^2/O 工艺、Bardenpho 同步脱氮除磷工艺、Phoredox 工艺、UCT 工艺等。

2. Bardenpho 同步脱氮除磷工艺

Bardenpho 工艺又称为 A^2/O^2 工艺，其工艺流程如图 6-35 所示。原水进入第一厌氧反应器，同时第一好氧反应器中的含硝态氮的污水内循环到第一厌氧反应器完成脱氮。而含磷污泥也回流到第一厌氧反应器，在厌氧条件下进行释磷。第一好氧反应器则进行降解 BOD_5，去除原水中的有机污染物，同时初步硝化。第二厌氧反应器的功能与第一厌氧反应器相同，脱氮和除磷，其中以脱氮为主。第二好氧反应器的功能是吸收磷和进一步硝化，同时去除 BOD_5。该工艺中各项反应都反复进行两次以上，因此脱氮除磷效果良好。但是该工艺流程复杂，反应器单元较多，运行繁琐，成本高。该工艺在南非、美国及加拿大有着广泛的应用。

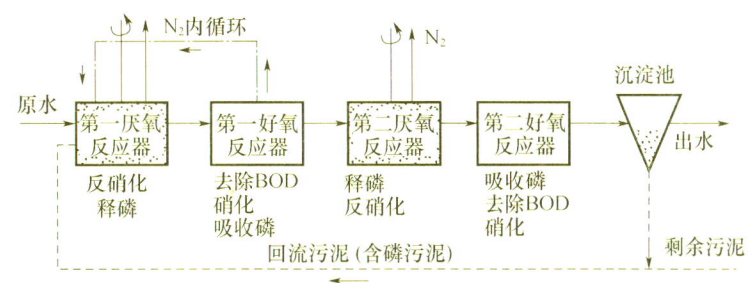

图 6-35　Bardenpho 同步脱氮除磷工艺流程图

3. Phoredox 工艺

Berdenpho 工艺脱氮率高，但除磷效果差。为了提高除磷率，在 Bardenpho 工艺的第一个缺氧池前增加了一个厌氧段，形成 Phoredox 工艺，如图 6-36 所示。该工艺中混合液两次从好氧区回流到缺氧区，充分进行了脱氮。同时好氧池的曝气也降低了二次沉淀池出现厌氧状态和释放磷的可能性，提高了磷的处理效果。但 Phoredox 工艺中污泥回流携带硝酸盐回到厌氧池会对降磷有明显的不利影响，且受水质影响较大，除磷效果不稳定。

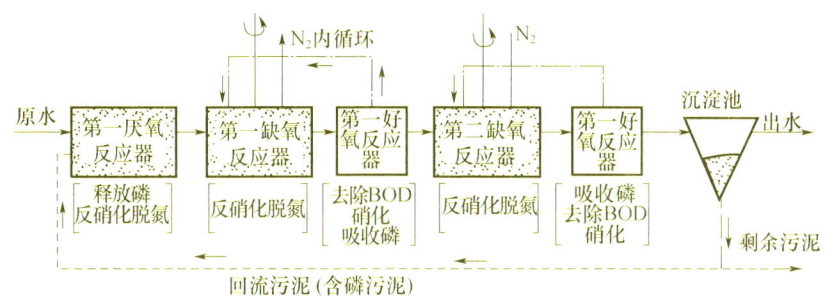

图 6-36　Phoredox 工艺流程图

4. 同步脱氮除磷工艺设计

当需要同时脱氮除磷时，宜采用厌氧/缺氧/好氧法（AAO 法，又称 A^2O 法）。根据需要，A^2O 工艺流程中，可改变进水和回流污泥的布置形式，调整为前置缺氧区（池），或串联增加缺氧区（池）和好氧区（池）等变形工艺。

生物反应池的容积，按照前面好氧池、缺氧池、厌氧池设计计算即可，主要设计参数宜根据试验资料确定。无试验资料时，可采用经验数据或按表 6-4 的规定取值。

表 6-4　厌氧/缺氧/好氧法（A^2O 法）生物脱氮除磷的主要设计参数

项目	单位	参数值
BOD_5 污泥负荷 L_s	$kgBOD_5/(kgMLSS \cdot d)$	0.1~0.2
污泥浓度（MLSS）X	g/L	2.5~4.5
污泥龄 θ_c	d	10~20
污泥产率系数 Y	$kgVSS/kgBOD_5$	0.3~0.6
污泥含磷率	kgTP/kgVSS	0.03~0.07
需氧量 O_2	$kgO_2/kgBOD_5$	1.1~1.8

续表

项目		单位	参数值
水力停留时间 HRT		h	7～14
			其中厌氧段1～2
			缺氧0.5～3
污泥回流比 R		%	20～100
混合液回流比 R		%	≥200
总处理效率 η	BOD_5	%	85～95
	TP	%	50～75
	TN	%	55～80

6.8.4 同步脱氮除磷 A^2/O 处理方法设计计算

【例6-4】A^2/O 处理方法设计：水量25000m³/d，BOD_5为200mg/L；SS为200mg/L；TN为35mg/L；TP为3.5mg/L；出水达到《城市污水处理厂污染物排放标准》（GB 18918—2002）一级A标准。

(1) 设计参数

BOD_5污泥负荷 0.13～0.2kgBOD_5/(kgMLSS·d)；TN负荷＜0.05kgTN/(kgMLSS·d)，好氧阶段；TN负荷＜0.05kgTN/(kgMLSS·d)，厌氧阶段；污泥浓度3000～40000mg/L；污泥龄15～20d；水力停留时间 $t=8～11$h，各段停留时间比 A：A：O＝1：1：3；污泥回流比 $R=50\%～100\%$；混合液回流比 $R=100\%～300\%$；溶解氧浓度 DO：厌氧池＜0.2mg/L，缺氧段＜0.5mg/L，好氧段＝2mg/L；COD/TN＞8（厌氧池）；TP/BOD_5＜0.06（厌氧池）。

(2) 污泥负荷计算

BOD_5污泥负荷 $N=0.15$kgBOD_5/(kgMLSS·d)；

回流污泥浓度 $X_r=7000$(mg/L)；

回流比 $R=100\%$；

混合液悬浮固体浓度：

$$X=\frac{R}{1+R} \cdot X_r = \frac{1}{1+1} \times 7000 = 3500 \text{（mg/L）}$$

混合液回流比 $R_内$：

$$TN去除率\ \eta_{TN}=\frac{TN_0-TN_e}{TN_0} \times 100\% = \frac{35-15}{35} \times 100\% = 57.1\%$$

$$混合液回流比\ R_内=\frac{\eta_{TN}}{1-\eta_{TN}} \times 100\% = \frac{0.571}{1-0.57135} \times 100\% = 133\%$$

脱氮速度：

回流污泥量 $Q_r=R \times Q = 1.00 \times 25000 = 25000$(m³/d)

循环混合液量 $Q_c=R_内 \times 20000 = 1.33 \times 25000 = 33250$(m³/d)

脱氮速度 $K_d=\frac{Q_r+Q_c}{10^3} \times C_{NO_3^-} = \frac{25000+33250}{1000} \times 10 = 583$(kg/d)

式中，$C_{NO_3^-}=10$mg/L。

(3) 厌氧池

厌氧池容积按水力停留时间计算。

取水力停留时间 $t_1=2h$，取安全系数 1.41，则厌氧池体积为：
$$V_1=1.41\times t\times Q/24=1.41\times 2\times 25000/24=2938 (m^3)，取 3000m^3。$$
$$V_1=L\times B\times H=20m\times 15m\times 10m。$$

(4) 缺氧池-好氧池

缺氧池和好氧池的总体积为：
$$V_{AO}=\frac{Q\times S_0}{N\times X}=\frac{25000\times 200}{0.15\times 3500}=9523.81(m^3)$$

缺氧池和好氧池的总反应时间为：
$$t_{AO}=V_{AO}/Q=9523.81/25000\approx 0.38=9.12(h)$$

各段水力停留时间和容积关系

$$缺氧：好氧=1:3$$

缺氧池水力停留时间为：
$$t_2=1/4\times 9.12=2.28(h)$$

缺氧池容积为：
$$V_2=1/4\times 9523.81=2380.95(m^3)，取 2400m^3$$

好氧池水力停留时间为：
$$t_3=3/4\times 9.12=6.84(h)$$

好氧池容积为：
$$V_3=3/4\times 9523.81=7142.86(m^3)，取 7200m^3$$

A^2/O 反应池总体积为：
$$V=V_1+V_2+V_3=3000+2400+7200=12600(m^3)$$

总停留时间为：
$$t=t_1+t_2+t_3=2+2.28+6.84=11.12(h)$$

剩余污泥：
$$\Delta X=P_X+P_S$$
$$P_X=Y\times Q(S_0-S_e)-K_d\times V\times X_v$$
$$P_S=(TSS-TSS_e)Q\times 50\%$$

取污泥增值系数 $Y=0.60$，污泥自身氧化率 $K_d=0.05$，$f=MLVSS/MLSS=0.7$，将各值代入得

$$P_X=0.6\times 25000\times (0.2-0.02)-0.05\times 12600\times 3.5\times 0.7=1156.5(kg/d)$$
$$P_S=(0.2-0.02)\times 25000\times 50\%=2250(kg/d)$$
$$\Delta X=P_X+P_S=1156.5+2250=3406.5(kg/d)$$

(5) 反应池主要尺寸

反应池总容积为 $12600m^3$，设反应池 2 组，单组反应池容积为：
$$V_{单}=V/2=12600/2=6300(m^3)$$

有效水深 5m，采用双廊道式推流式反应池，廊道宽 9m，则单组反应池长度为：
$$L=S_{单}/B=6300/(9\times 2\times 5)=90(m)$$

校核：$b/h=9/5=1.8$（满足 $b/h=1\sim 2$）；$L/b=90/9=10$（满足 $L/b=5\sim 10$）。

取超高为 0.7m，则反应池总高为：
$$H=5.0+0.7=5.7 \text{ (m)}$$

厌氧池尺寸长 $L_1=\dfrac{3000/2}{9\times2\times5}\approx16.67$（m），尺寸为：16.67m×18m×5.7m。

缺氧池尺寸长 $L_2=\dfrac{2400/2}{9\times2\times5}\approx13.33$（m），尺寸为：13.33m×18m×5.7m。

好氧池尺寸长 $L_3=\dfrac{7200/2}{9\times2\times5}=40$（m），尺寸为 40m×18m×5.7m。

6.9 SBR 法

6.9.1 SBR 工艺的类型

SBR 工艺目前发展很快，发展出来的变形工艺较多，主要有间歇式循环延时曝气活性污泥工艺（ICEAS）、间歇进水周期循环式活性污泥工艺（CAST/CASS/CASP）、DAT-IAT 工艺、UNITANK 工艺等。各工艺的特点和对比见表 6-5。

表 6-5 SBR 及其变形工艺对比

工艺类型	池体特点	进出水特点	反应特点	污泥回流	运行特点
SBR	单池，无分区	间歇进水，间歇出水	分为进水、反应、沉淀、排水和待机五个阶段	无	反应推动力大，运行可靠稳定，出水水质好
ICEAS	单池，反应器前端设置预反应区	连续进水，间歇出水	分为曝气、沉淀和排水三个阶段	无	运行负荷低，进水量不能太高，水力停留时间长，出水水质不稳定
CAST/CASS/CASP	单池，池体分为生物选择区、兼性区和好氧区三个区域	间歇进水，间歇出水	由进水同步曝气、沉淀、排水阶段组成，沉淀和排水阶段不进水	进水同步曝气阶段由好氧区回流到生物选择区	污泥稳定性好，出水水质稳定，脱氮除磷效果好
DAT-IAT	双池，由需氧池（DAT）和间歇曝气池（IAT）串联组成	连续进水，间歇出水	DAT 连续进水连续曝气，出水进入 IAT 池，IAT 池间歇曝气、间歇出水	污泥连续由 IAT 池回流到 DAT 池	混合液悬浮固体浓度高，污泥龄长，运行稳定性高
UNITANK	三池，三个联通的池体并联组成	连续进水，连续出水	污水连续进入三池中的一个，中间的反应池连续作为曝气池，其两侧的反应池交替作为曝气池和沉淀池	无	采用固定堰出水，排水简单，池体结构简化，出水稳定

SBR 的多种变形工艺中，间歇进水周期循环式活性污泥工艺（CAST/CASS/CASP）

发展较快。与 ICEAS 相比，其预反应区容积较小，是设计更加优化合理的生物选择器。该工艺将主要反应区中部分剩余污泥回流至生物选择区中，在运作方式上沉淀阶段不进水，使排水的稳定性得到保障。有的 CASS 反应池分为两个区，一区为缺氧生物选择区，二区为好氧区。同行的 CASS 一般分为三个反应区：一区为生物选择器；二区为缺氧区；三区为好氧区；反应器中各区容积之比为 1∶5∶30。生物选择区设置在 CASS 前段，其容积区较小，通常在厌氧或兼氧条件下运行，对进水水质、水量的变化具有缓冲作用，同时还具有促进磷的进一步释放和强化反硝化的作用。好氧区是 CASS 工艺的主反应区，是最终去除有机底物的主场所。CASS 反应器解决了 ICEAS 工艺对于 SBR 优点部分的弱化问题，脱氮除磷效果比 ICEAS 更好。CASS 的运行工序可以灵活调整，一般是由进水同步曝气、沉淀、滗水组成。

6.9.2 SBR 工艺的设计计算

1. SBR 工艺的设计要点

(1) 设计污水量采用最大日污水量计算。原则上可以不设调节池，为适应流量的变化，反应池的容积应留有余量或采用设定运行周期等方法，但是对于流量变化很大的场合可考虑设置流量调节池。

(2) 反应池的数量原则上最少 2 个，但水流的规模较小（小于 500m^3/d）时也可建 1 个反应池，并采用低负荷连续进水方式运行。反应器水深为 4～6m，池宽与池长之比为 1∶1～1∶2。

(3) 曝气装置可采用鼓风微孔曝气、水下机械搅拌式、气液混合喷射式、螺杆式等，应满足不堵塞、提供需氧量和对混合液进行充分搅拌的要求。

(4) 上清液排出装置应能在设定的排出时间内活性污泥不发生上浮的情况下排出上清液，并应设有防止浮渣上浮的机构。

(5) 反应器内易聚集浮渣，可在曝气工序结束前 5～10min 喷洒消泡剂，使浮渣沉淀，还可采用撇渣机和浮子泵等强制性捕集浮渣的方法。

(6) 上清液单次排水时间一般可取 0.5～3.0h。

(7) SBR 工艺污泥负荷分为高负荷和低负荷两种。高负荷方式与普通活性污泥法相当，低负荷方式与氧化沟或延时曝气活性污泥法相当。

2. SBR 工艺构筑物设计及运行参数

SBR 工艺设计及运行参数见表 6-6。

表 6-6 SBR 工艺设计参数

设计参数	高负荷运行	低负荷运行
	间歇进水	间歇进水或连续进水
污泥负荷［kgBOD$_5$/(kgMLSS·d)］	0.1～0.4	0.03～0.1
污泥浓度/(mg/L)	1500～5000	
排出比（每一周期的排水量与反应器容积之比）	1/4～1/2	1/6～1/3
周期数	3～4	2～3
安全高度（活性污泥界面以上最大水深）/m	0.5	
需氧量/(kgO$_2$/kgBOD$_5$)	0.5～1.5	1.5～2.5

续表

设计参数			高负荷运行	低负荷运行
			间歇进水	间歇进水或连续进水
污泥产量/(kgMLSS/kgSS)			1	0.75
溶解氧浓度/(mg/L)	好氧工序		≥2.5	
	缺氧工序	进水	0.3~0.5	
		沉淀、排水	<0.7	
反应器个数			≥2,$Q<500\text{m}^3/\text{d}$ 时可取 1	

3. SBR 工艺的设计公式

SBR 工艺的生化反应动力学和有机物及氮磷去除规律尚在研究探索中，相应的设计方法有污泥负荷法、容积负荷法、静态动力学法、动态模拟法、考虑曝气方式的设计法、基于有效 SRT 和 HRT 的设计法等。目前较多采用污泥负荷法，此法仅将设计的重点放在曝气供氧阶段，而忽略了其他阶段的影响。SBR 工艺的设计计算包括确定设计参数、确定各工序所需时间、反应器容积、需氧量及污泥量的计算，其中需氧量和污泥量的计算可以采用经验参数计算，也可按照传统活性污泥法的设计方法计算。

(1) 单个周期内的曝气时间

$$T_A = \frac{24S_0}{L_s m X} \tag{6-67}$$

式中　T_A——单个周期内的曝气时间，h；
　　　L_s——污泥负荷，$kgBOD_5/(kgMLSS \cdot d)$；
　　　X——污泥浓度，mg/L；
　　　$1/m$——排出比。

(2) 泥水界面初期沉降速度

$$v_{max} = 7.4 \times 10^4 t X^{-1.7} \quad (MLSS \leq 3000\text{mg/L}) \tag{6-68}$$

$$v_{max} = 4.6 \times 10^4 t X^{-1.26} \quad (MLSS > 3000\text{mg/L}) \tag{6-69}$$

式中　v_{max}——泥水界面初期沉降速度，m/h；
　　　t——水温，℃。

(3) 单个周期内的沉淀时间

$$T_S = \frac{H\frac{1}{m} + h_f}{v_{max}} \tag{6-70}$$

式中　T_S——单个周期内的沉淀时间，h；
　　　H——反应池内水深，m；
　　　h_f——安全高度，m。

(4) 单个周期所需时间

$$T_C \geq T_A + T_S + T_D \tag{6-71}$$

式中　T_C——单个周期所需时间，h；
　　　T_D——单个周期内的排水时间，h。

(5) 周期数

$$n = \frac{24}{T_C} \tag{6-72}$$

式中　n——周期次数。

（6）单个周期内的进水时间

$$T_F = \frac{T_C}{N} \tag{6-73}$$

式中　T_F——单个周期内的进水时间，h；
　　　N——反应池个数。

（7）反应池容积

污泥负荷法：

$$V = \frac{Q(S_0 - S_e)}{NL_s X e} \tag{6-74}$$

$$e = \frac{nT_A}{24} \tag{6-75}$$

式中　V——单座反应池容积，m^3；
　　　e——曝气时间比。

体积计算法：

$$V = \frac{mQ}{nN} \tag{6-76}$$

（8）超过反应池容积的污水进水量

$$\Delta Q = \frac{r-1}{m} V \tag{6-77}$$

式中　ΔQ——超过反应池容积的污水进水量，m^3；
　　　r——单个周期的最大进水量变化比，一般取 1.2～1.8。

（9）反应池的必需安全容积

高度安全量方向时：

$$\Delta V = \Delta Q - \Delta Q' \tag{6-78}$$

长度安全量方向时：

$$\Delta V = m(\Delta Q - \Delta Q') \tag{6-79}$$

式中　ΔV——反应池的必需安全容积，m^3；
　　　$\Delta Q'$——沉淀期和排水期可接纳的污水量，m^3。

（10）修正后的反应池容积

$$V' = V \quad (\Delta V \leqslant 0) \tag{6-80}$$

$$V' = V + \Delta V \quad (\Delta V > 0) \tag{6-81}$$

式中　V'——修正后的反应池容积，m^3。

（11）复核污泥负荷

$$L_s = \frac{QS_0}{eVX} \tag{6-82}$$

（12）剩余污泥量

污泥经验产率系数法：

$$\Delta X = aQTSS_0 \tag{6-83}$$

式中　a——污泥干固体产率系数，kgMLSS/kgSS；

污泥合成系数法：

$$\Delta X_v = YQ(S_0 - S_e) - K_d V X_v e$$
$$X_v = fX = 0.75X \tag{6-84}$$
$$\Delta X = \frac{\Delta X_v}{f} + 0.5Q(TSS_0 - TSS_e) \tag{6-85}$$

湿污泥量：
$$Q_s = \frac{\Delta X}{1000(1-P)} \tag{6-86}$$

式中　0.5——不可降解和惰性悬浮物占 TSS 的百分数。

(13) 曝气池需氧量

需氧量经验系数法：
$$O_2 = bQS_0 \tag{6-87}$$

需氧量合成系数法（不考虑硝化及反硝化的情况）：
$$O_2 = a'Q(S_0 - S_e) + b'VX_v \tag{6-88}$$

或
$$O_2 = \frac{Q(S_0 - S_e)}{0.68} - 1.42\Delta X_v \tag{6-89}$$

6.9.3　SBR 工艺设计实例

【例 6-5】已知某城市污水处理厂所处海拔为 950m，设计最大进水量为 2400m³/d，运行水温 10～20℃。设计进水水质：$BOD_5 = 230$mg/L，$COD = 400$mg/L，$TSS_0 = 200$mg/L。要求处理后的二级出水水质：$BOD_5 \leqslant 20$mg/L，$COD \leqslant 60$mg/L，$TSS_e \leqslant 20$mg/L。拟采用 SBR 工艺进行处理，试设计计算。

解：1. 确定设计参数

BOD_5 污泥负荷 $L_s = 0.25$ kgBOD$_5$/(kgMLSS·d)，反应池个数 $N=2$，反应池水深 $H=5$m，污泥浓度（MLSS）$X=2000$mg/L，排出比 $1/m=1/2.5$，安全高度 $h_f=0.5$m，单个周期的最大进水量变化比 $r=1.5$，不可降解和惰性悬浮物占 TSS 的 50%，污泥产率系数 $Y=0.6$kgVSS/kgBOD$_5$，内源呼吸代谢系数 $K_d=0.06$d^{-1}，污泥含水率 $P_A=99.2$%，污泥干固体产率系数 $a=1.0$kgMLSS/kgSS，需氧量系数 $b=1.0$kgO$_2$/kgBOD$_5$。

2. 一个周期内各工序运行时间

(1) 曝气时间
$$T_A = \frac{24S_0}{L_s m X} = \frac{24 \times 230}{0.25 \times 2.5 \times 2000} \approx 4.4(h)$$

(2) 泥水界面的初期沉降速度

水温为 10℃时：$v_{max} = 7.4 \times 10^4 t X^{-1.7} = 7.4 \times 10^4 \times 10 \times 2000^{-1.7} \approx 1.8$(m/h)；

水温为 20℃时：$v_{max} = 7.4 \times 10^4 t X^{-1.7} = 7.4 \times 10^4 \times 20 \times 2000^{-1.7} \approx 3.6$(m/h)。

水温为 10℃时：$T_s = \dfrac{H\dfrac{1}{m} + h_f}{v_{max}} = \dfrac{5 \times \dfrac{1}{2.5} + 0.5}{1.8} \approx 1.4$(h)；

水温为 20℃时：$T_s = \dfrac{H\dfrac{1}{m} + h_f}{v_{max}} = \dfrac{5 \times \dfrac{1}{2.5} + 0.5}{3.6} \approx 0.7$(h)。

(3) 根据滗水器的性能，设定排水时间 $T_D = 2$h，根据水温的变化与沉淀时间合计为3h。

(4) 一个周期所需要的时间
$$T_C \geq T_A + T_S + T_D = 4.4 + 1.4 + 2 = 7.8(h)$$

(5) 周期数
$$n = \frac{24}{T_C} = \frac{2.4}{7.8} \approx 3.08$$

取周期数 $n=3$，则每个周期时间 $T_C=8h$。

(6) 进水时间
$$T_F = \frac{T_C}{N} = \frac{8}{2} = 4(h)$$

根据以上计算结果，单个周期的运行时间8h，工序设计为进水4h，进水1h后曝气4.4h，沉淀+排水=3h。

3. 反应器容积计算

(1) 计算单池反应器容积

体积计算法单池体积：$V = \frac{mQ}{nN} = \frac{2.5 \times 2400}{3 \times 2} = 1000(m^3)$

污泥负荷法：$e = \frac{nT_A}{24} = \frac{3 \times 4.4}{24} = 0.55$

$$V = \frac{Q(S_0 - S_e)}{NL_s Xe} = \frac{2400 \times (230-20)}{2 \times 0.25 \times 2000 \times 0.55} \approx 916(m^3)$$

根据体积计算法，设计总体积为2000m³，大于污泥负荷法所得体积，故取计算值较大者进行后续计算。复核污泥负荷

$$L_s = \frac{QS_0}{eVX} = \frac{2400 \times 230}{0.55 \times 2000 \times 2000} = 0.251 \ [kgBOD_5/(kgMLSS \cdot d)]$$

经计算，反应池的 BOD_5 负荷满足设计要求。

(2) 进水流量变动的情况

单个周期内超过反应池容积的污水进水量

$$\Delta Q = \frac{r-1}{m}V = \frac{1.5-1}{2.5} \times 1000 = 200(m^3)$$

在沉淀和排水期内不接纳污水量，$\Delta V = \Delta Q$，则反应池容积修正为
$$V' = V + \Delta V = 1000 + 200 = 1200(m^3)$$

4. 确定反应池各部分尺寸

采用微孔曝气反应池，共2座SBR池，单池容积为1200m³，反应池水深 $H=5m$，超高为0.5m，则单座反应池平面面积为1200/5=240m²，池长为20m，池宽为12m，则池宽与池长之比为0.6，计算值大于0.5小于1，满足设计要求。

5. 反应池运行水位计算

反应池的设计运行水位如图6-37所示。

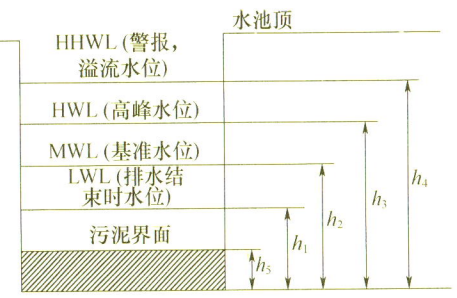

图6-37 SBR反应池的设计运行水位

$$h_1 = h_3 \left[\frac{m-1}{m} \Big/ \left(1 + \frac{\Delta Q}{V}\right) \right] = 5 \times \left[\frac{2.5-1}{2.5} \Big/ \left(1 + \frac{200}{1000}\right) \right] = 2.5 \text{(m)}$$

$$h_2 = \frac{h_3}{1 + \frac{\Delta Q}{V}} = \frac{5}{1 + \frac{200}{1000}} \approx 4.17 \text{(m)}$$

$$h_3 = 5 \text{(m)}$$

$$h_4 = h_3 + 0.5 = 5 + 0.5 = 5.5 \text{(m)}$$

$$h_5 = h_1 - h_f = 2.5 - 0.5 = 2 \text{(m)}$$

6. 剩余污泥量的计算

（1）污泥合成系数法

$$\Delta X_v = YQ(S_0 - S_e) - K_d V X_v e$$
$$= 0.6 \times 2400 \times (230 - 20) \times 10^{-3} - 0.06 \times 2000 \times 0.75 \times 2000 \times 0.55 \times 10^{-3}$$
$$= 203.4 \text{(kg/d)}$$

$$\Delta X = \frac{\Delta X_v}{f} + 0.5 Q (TSS_0 - TSS_e) = \frac{203.4}{0.75} + 0.5 \times 2400 \times (200 - 20) \times 10^{-3}$$
$$= 487.2 \text{(kg/d)}$$

（2）污泥经验产率系数法：

$$\Delta X = aQTSS_0 = 1.0 \times 2400 \times 200 \times 10^{-3} = 480 \text{(kg/d)}$$

取计算值较大者进行后续计算。

（3）湿污泥量

$$Q_s = \frac{\Delta X}{1000(1-P)} = \frac{487.2}{1000 \times (1-0.992)} \approx 61 \text{ (m}^3\text{/d)}$$

7. 需氧量的计算（不考虑硝化及反硝化，如需考虑硝化和反硝化，可参考 A^2/O 法的需氧量计算公式）

（1）需氧量经验系数法：

$$O_2 = bQS_0 = 1.0 \times 2400 \times 230 \times 10^{-3} = 552 \text{(kg/d)}$$

（2）需氧量合成系数法

$$O_2 = \frac{Q(S_0 - S_e)}{0.68} - 1.42 \Delta X_v = \frac{2400 \times (230 - 20) \times 10^{-3}}{0.68} - 1.42 \times 203.4 \approx 452 \text{(kg/d)}$$

取计算值较大者进行后续计算。

（3）每座反应池每周期每小时所需的氧气量为

$$O_2' = \frac{O_2}{NnT_A} = \frac{552}{2 \times 2 \times 4.4} = 20.91 \text{(kg/h)}$$

8. 供氧量的计算

设计采用微孔曝气器，氧转移利用效率 $E_A = 20\%$，微孔曝气头安装在距离池底 0.2m 处，淹没深度 4.8m，SBR 工艺运行温度为 10~20℃，计算水温采用溶解氧含量较低的 20℃。

$C_{s(20)} = 9.17 \text{mg/L}$，取 $\alpha = 0.82$，$\beta = 0.95$，$F = 0.8$，$c = 2.0 \text{mg/L}$。

气泡离开池面时的氧体积分数：

$$\varphi_0 = \frac{21(1-E_A)}{79 + 21(1-E_A)} \times 100\% = \frac{21 \times (1-0.2)}{79 + 21 \times (1-0.2)} \approx 17.54\%$$

空气扩散装置出口处的绝对压力：

$$p_{\mathrm{d}}=p+9.8\times10^3H=1.013\times10^5+9.8\times10^3\times4.8=1.4834\times10^5(\mathrm{Pa})$$

曝气池混合液平均氧浓度：

$$\overline{C_{s(T)}}=C_{s(20)}\left(\frac{p_{\mathrm{d}}}{2.026\times10^5}+\frac{\varphi_0}{42}\right)=9.17\times\left(\frac{1.4834\times10^5}{2.026\times10^5}+\frac{17.54}{42}\right)\approx10.54(\mathrm{mg/L})$$

工程所在地海拔为950m，海拔每升高12m，气压降低133Pa，则当地大气压力为：

$$p=1.013\times10^5-\frac{950}{12}\times133\approx0.9077\times10^5(\mathrm{Pa})$$

$$\rho=\frac{0.9077\times10^5}{1.013\times10^5}\approx0.90$$

换算成标准条件下（20℃，一个大气压，脱氧清水）的充氧量：

$$O_s=\frac{O'_2 C_{s(20)}}{\alpha[\beta\rho\overline{C_{s(T)}}-C]\cdot1.024^{T-20}\cdot F}$$

$$=\frac{20.91\times9.17}{0.82\times[0.95\times0.90\times10.54-2.0]\times1.024^{20-20}\times0.8}\approx41.69(\mathrm{kg/h})$$

曝气池平均供气量：

$$G_s=\frac{O_s}{0.28E_\mathrm{A}}=\frac{41.69}{0.28\times0.2}\approx744\ (\mathrm{m}^3/\mathrm{h})$$

9. 滗水器的计算

每座反应池的排水负荷为：

$$O'=\frac{Q}{NnT_\mathrm{D}}=\frac{2400}{2\times3\times2\times60}\approx3.33(\mathrm{m}^3/\mathrm{min})$$

每座反应池设置2台滗水器，并考虑单个周期内最大进水量变化，则每台滗水器的排水负荷为：

$$1.5\times\frac{3.33}{2}\approx2.50(\mathrm{m}^3/\mathrm{min})$$

6.10 氧化沟法

6.10.1 氧化沟设计

1. 氧化沟概述

氧化沟是延时曝气活性污泥法的一种特殊形式，因其构筑物呈封闭的沟渠而得名，又称为连续循环曝气池。目前应用较为广泛的氧化沟类型包括：帕斯维尔氧化沟、卡鲁塞尔氧化沟、奥贝尔氧化沟、交替工作氧化沟（三沟T型、双沟DE型）、一体化氧化沟。一般采用圆形或椭圆形廊道，池体狭长，池深较浅，在沟槽中设有机械曝气和推进装置，也有采用局部区域鼓风曝气外加水下推进器的运行方式。池体的布置和曝气、搅拌装置都有利于廊道内的混合液单向流动。通过曝气或搅拌作用在廊道中形成0.25～0.30m/s的流速，使活性污泥呈悬浮状态，在这样的廊道流速下，混合液在5～15min完成一次循环，而廊道中大量的混合液可以稀释进水20～30倍，廊中水流虽然呈推流状，但过程动力学接近完全混合反应池。这使得氧化沟既具备出水优良的条件，又具备抗冲击负荷的能力。

氧化沟的水力停留时间长，有机负荷低，当污水离开曝气区后，溶解氧沿池长方向形成浓度梯度，产生好氧、缺氧和厌氧环境，具有脱氮除磷效果。一般情况下，BOD_5去除率95%～99%，脱氮率90%左右，除磷率50%左右，常规出水水质为$BOD_5<15mg/L$，$SS=10～20mg/L$，$TP<1mg/L$，$NH^+-N=1～3mg/L$。与常规活性污泥法相比，运行费用低30%～50%，基建费用低40%～60%。氧化沟一般由沟体、曝气设备、进水分配井、出水溢流堰和导流装置等组成。通常适用于大、中、小型生活污水处理厂，也可用于处理某些工业废水。

2. 氧化沟的工艺特点

(1) 处理流程

为防止无机沉渣在氧化沟中沉积，原废水应先经格栅及沉砂池预处理。采用氧化沟处理城市污水时，可不设初次沉淀池，悬浮状有机物可在氧化沟中得到好氧稳定，这比单独设立沉淀池的污泥稳定系统要经济。氧化沟一般要设置二次沉淀池，但也有二次沉淀池和氧化沟合建的形式（一体式氧化沟、T型氧化沟）。对于具有稳定污泥功能的氧化沟，在污泥处理部分，由于氧化沟采用低负荷运行，污泥龄长，剩余活性污泥量少于一般活性污泥法的量，可不设污泥消化池。

(2) 曝气装置

曝气设备具有供氧、充分混合、推动水流不停循环流动和防止活性污泥沉淀的功能，常用的有卧式水平轴曝气转刷或转碟和立式竖轴低速表面曝气机，此外还有射流曝气器和导管式曝气机。

(3) 运行技术特点

处理效果稳定，出水水质好，并且具有较强的脱氮功能，有一定的抗冲击负荷能力。工程费用相当于或低于其他污水生物处理技术。水处理厂只需最低限度的机械设备，就能增加污水处理厂正常运转的安全性。管理简化，运行简单。剩余污泥较少，污泥不经消化也容易脱水，污泥处理费用较低。与其他工艺相比，臭味较小，构造形式和曝气设备多样化。曝气强度可以调节。

3. 氧化沟设计要求

(1) 氧化沟前可不设初次沉淀池，但可设置厌氧池；氧化沟可按两组或多组系列布置，并设置进水配水井；氧化沟可与二次沉淀池分建或合建。

(2) 当采用氧化沟进行脱氮除磷时，宜符合前述生物脱氮、生物除磷和生物脱氮除磷的有关规定。计算方法同前述生物脱氮、生物除磷和生物脱氮除磷。

(3) 进水和回流污泥点宜设在缺氧区首端，出水点宜设在充氧器后的好氧区。氧化沟的超高与选用的曝气设备类型有关，当采用转刷、转碟时，宜为0.5m；当采用竖轴低速表曝气机时，宜为0.6～0.8m，其设备平台宜高出设计水面0.8～1.2m；氧化沟的有效水深与曝气、混合和推流设备的性能有关，宜采用3.5～4.5m；根据氧化沟渠宽度，弯道处可设置一道或多道导流墙，其墙宜高出设计水位0.2～0.3m；曝气转刷、转碟宜安装在沟渠直线段的适当位置，曝气转碟也可安装在沟渠的弯道上，竖轴低速表曝机应安装在沟渠的端部；沟内的平均流速宜大于0.25m/s。

(4) 延时曝气氧化沟的主要设计参数，宜根据试验资料确定，无试验资料时，可按表6-7氧化沟工艺的设计参数的规定取值。

表 6-7 氧化沟工艺的设计参数

设计参数		参考值
进水 BOD_5/TN		>4
进水 BOD_5/TP		>20
污泥负荷/[$kgBOD_5$/($kgMLSS \cdot d$)]		0.03~0.15
污泥浓度/(mg/L)		3000~8000
水力停留时间/h		12~36
混合液回流比/%		60~200
污泥泥龄/d	去除 BOD_5	5~8
	去除 BOD_5 并硝化	10~20
	去除 BOD_5 并反硝化	25~30
容积负荷/[$kgBOD_5$/($m^3 \cdot d$)]		0.2~0.48
水流水平流速/(m/s)		>0.3
污泥差率系数 /($kgMLSS/kgBOD_5$)	去除 BOD_5	0.6
	去除 BOD_5 并硝化	0.5~0.55
	去除 BOD_5 并反硝化	0.48
必要需氧量/($kgO_2/kgBOD_5$)		1.4~2.2

4. 氧化沟的设计公式

氧化沟的设计主要包括确定进水水质、计算氧化沟的分区容积和总容积、计算污泥量和需氧量等。

（1）出水 BOD_5 浓度

$$S_e = \frac{1}{KY}\left(K_d + \frac{1}{\theta_c}\right) \tag{6-90}$$

$$S'_e = 7.1 K_d f C_e \tag{6-91}$$

$$S_z = S_e + S'_e \tag{6-92}$$

式中 K——一般取 $0.038 m^3/(gVSS \cdot d)$；

S'_e——出水 VSS 中溶解性 BOD_5 浓度，mg/L；

f——出水 SS 中 VSS 所占比例；

C_e——出水 SS，mg/L；

S_z——出水 BOD_5 总浓度，mg/L。

（2）碳氧化氮硝化好氧区容积

碳氧化氮硝化好氧区容积可以按照污泥负荷法（6-49）或污泥泥龄法（6-50）公式计算。

（3）剩余污泥量

$$\Delta X_V = Y_{obs} Q(S_0 - S_e) \tag{6-93}$$

$$\Delta X = \frac{\Delta X_V}{f} + (0.3 TSS_0 - TSS_e)Q \tag{6-94}$$

$$Q_s = \frac{\Delta X}{1000(1-P)} \tag{6-95}$$

式中　TSS——水中的悬浮固体浓度，mg/L；
　　　P——污泥含水率，%；
　　　Q_s——湿污泥量，m³/d；
　　　f——MLVSS 与 MLSS 的比值；
　　　0.3——进水中不可降解和惰性悬浮物占 TSS 的百分数。

（4）生物合成的总氮量

$$N_w = 0.12 \frac{\Delta X_V}{Q} \tag{6-96}$$

式中　N_w——生物合成的总氮量，mg/L；
　　　0.12——每活性污泥的氮元素占挥发性活性污泥总量的 12%。

（5）需要氧化的氨氮量

$$N_1 = N_{K0} - N_{He} - N_w \tag{6-97}$$

式中　N_1——需要氧化的氨氮量，mg/L；
　　　N_{K0}——进水中的总凯氏氮，mg/L；
　　　N_{He}——出水中的总氨氮量，mg/L。

（6）脱氮量

$$N_r = N_{T0} - N_{Te} - N_w \tag{6-98}$$

式中　N_r——脱氮量，mg/L；
　　　N_{T0}——进水中的总氮，mg/L；
　　　N_{Te}——出水中的总氮，mg/L。

（7）剩余碱度核算

$$S_{ALK1} = S_{ALK} - 7.14N_1 + 3.57N_r + 0.1(S_0 - S_e) \tag{6-99}$$

式中　7.14——每氧化 1mg NH_3-N 需消耗 7.14mg 碱度；
　　　3.57——每还原 1mg NH_3-N 产生 3.57mg 碱度；
　　　0.1——每氧化 1mgBOD_5 产生 0.1mg 碱度；
　　　S_{ALK}——进水中的碱度，mg/L；
　　　S_{ALK1}——剩余碱度，mg/L。

（8）氮反硝化缺氧区容积

$$V_2 = \frac{QN_r}{X_V K_{de(T)}} \tag{6-100}$$

$$K_{de(T)} = K_{de(20)} 1.08^{T-20}$$

式中　V_2——氮反硝化缺氧区容积，m³；
$K_{de(T)}$，$K_{de(20)}$——温度为 T 和 20℃时的反硝化速率。

（9）除磷厌氧区容积

除磷厌氧区容积按照式（6-66）计算。

（10）氧化沟总容积

$$V = \frac{V_1 + V_2 + V_3}{f_a} \tag{6-101}$$

式中　f_a——不同工艺反应的有效系数。

(11) 需氧量

$$O_2 = a'Q(S_0 - S_e) + b'VX_V + b''[Q(N_{K0} - N_{Ke}) - 0.12\Delta X_v]$$
$$- c'[Q(N_{T0} - N_{Ke} - N_{0e}) - 0.12\Delta X_v] \tag{6-102}$$

或

$$O_2 = \frac{Q(S_0 - S_e)}{0.68} - 1.42\Delta X_v + b''QN_1 - c'QN_r \tag{6-103}$$

式中 O_2——实际条件下曝气池混合液的需氧量，kg/d；

b''——NH_3-N 硝化需氧量系数，一般取 $4.57kgO_2/kgNH_3$-N；

c'——硝酸盐反硝化供氧量系数，一般取 $2.86kgO_2/kgNO_3^-$；

N_{Ke}——出水中的总凯氏氮，mg/L；

N_{0e}——出水中的总硝态氮，mg/L；

1.42——污泥的氧当量系数；

0.68——$BOD_5 = 0.68BOD_L$。

6.10.2 氧化沟的设计计算实例

【例 6-6】已知某城市污水处理厂设计流量 $Q=30000m^3/d$（$K_z=1.43$），工程所在地海拔 1000m，最高运行水温 25℃，最低运行水温 10℃。设计进水水质：$BOD_5=170mg/L$，$COD=350mg/L$，$SS=200mg/L$，$TN=40mg/L$，NH_3-N$=25mg/L$（$T=10℃$），碱度 $S_{ALK}=280mg/L$（以 $CaCO_3$ 计）。要求处理后的出水水质：$BOD_5 \leqslant 15mg/L$，$SS \leqslant 20mg/L$，$TN \leqslant 7mg/L$（$T=25℃$），NH_3-N$\leqslant 3mg/L$（$T=10℃$）。拟采用交替运行三沟 T 型氧化沟工艺进行处理，处理后的污泥要求达到完全消化，适合于直接脱水，试设计计算。

解：

1. 确定设计参数

污泥浓度（MLSS）$X=4000mg/L$，MLVSS 与 MLSS 的比值 $f=0.7$，进水中不可降解和惰性悬浮物占 TSS 的 30%，污泥产率系数 $Y=0.55kgVSS/kgBOD_5$，内源呼吸代谢系数 $K_d=0.05d^{-1}$，动力学常数 $K=0.038m^3/(gVSS \cdot d)$，污泥泥龄 $\theta_c=25d$，污泥含水率 $P_A=99\%$，反硝化速率 $K_{de(20)}=0.03gNO_3^--N/(gMLVSS \cdot d)$，工艺反应的有效系数 $f_a=0.58$，溶解氧浓度 $DO=2.0mg/L$，水质修正系数 $\alpha=0.85$，氧饱和度修正系数 $\beta=0.95$。

2. 计算出水 BOD_5 和去除率

出水溶解性 BOD_5 浓度 $S_e = \frac{1}{KY}\left(K_d + \frac{1}{\theta_c}\right) = \frac{1}{0.038 \times 0.55}\left(0.05 \times \frac{1}{25}\right) \approx 4.31(mg/L)$

出水 VSS 中的 BOD_5 浓度 $S'_e = 7.1K_d fC_e = 7.1 \times 0.05 \times 0.7 \times 20 = 4.97(mg/L)$

出水总 BOD_5 浓度 $S_z = S_e + S'_e = 4.31 + 4.97 = 9.28(mg/L)$

出水总 BOD_5 浓度满足出水要求。

BOD_5 去除率 $\eta = \frac{S_0 - S_z}{S_0} \times 100\% = \frac{170 - 9.28}{170} \times 100\% \approx 94.5\%$

3. 计算碳氧化氮硝化好氧区容积

$$V_1 = \frac{YQ(S_0 - S_e)\theta_c}{X_v(1+K_d\theta_c)} = \frac{0.55 \times 30000 \times (170-4.31) \times 10^{-3} \times 25}{4000 \times 10^{-3} \times 0.7 \times (1+0.05 \times 25)} \approx 10849(m^3)$$

好氧区水力停留时间 $t_1 = \frac{V_1}{Q} = \frac{10849}{30000} \times 24 \approx 8.68(h)$

校核污泥负荷 $L_s = \dfrac{Q(S_0-S_e)}{V_1 X} = \dfrac{30000\times(170-4.31)}{10849\times 4000} \approx 0.11[\text{kgBOD}_5/(\text{kgMLSS}\cdot\text{d})]$

经复核，污泥负荷满足规范的设计要求。

4. 计算剩余污泥量

$$\Delta X = \dfrac{YQ(S_0-S_e)}{f(1+K_d\theta_c)} + (0.3\text{TSS}_0 - \text{TSS}_e)Q$$

$$= \dfrac{0.55\times 30000\times(170-4.31)\times 10^{-3}}{0.7\times(1+0.05\times 25)} + (0.3\times 200-20)\times 10^{-3}\times 30000$$

$$\approx 2936(\text{kg/d})$$

湿污泥量 $Q_s = \dfrac{\Delta X}{1000(1-P_A)} = \dfrac{2936}{1000\times(1-0.99)} = 293.6(\text{m}^3/\text{d})$

5. 剩余碱度的核算

总氮＝硝态氮＋凯氏氮，凯氏氮＝有机氮＋氨氮。在城市污水中硝态氮的含量极少，可以认为进水总氮＝进水总凯氏氮。

生物合成的总氮量

$$N_w = 0.12\dfrac{\Delta X_v}{Q} = 0.12\dfrac{Y(S_0-S_e)}{1+K_d\theta_c} = 0.12\times\dfrac{0.55\times(170-4.31)}{1+0.05\times 25} \approx 4.86(\text{mg/L})$$

需要氧化的氨氮量 $N_1 = N_{K0} - N_{He} - N_w = 40-3-4.86 = 32.14(\text{mg/L})$

脱氮量 $N_r = N_{T0} - N_{Te} - N_w = 40-7-4.86 = 28.14(\text{mg/L})$

碱度平衡计算。硝化反应需维持一定的碱度，一般认为，剩余碱度达到 100mg/L 即可使 pH 维持在 7.2 以上。每氧化 1mgNH$_3$-N 需消耗 7.14mg 碱度，每氧化 1mgBOD$_5$ 产生 0.1mg 碱度，每还原 1mgNO$_3^-$-N 产生 3.57mg 碱度。

$$S_{\text{ALK1}} = S_{\text{ALK}} - 7.14N_1 + 3.57N_r + 0.1(S_0-S_e)$$

$$= 280 - 7.14\times 32.14 + 3.57\times 28.14 + 0.1\times(170-4.31)$$

$$\approx 167.5(\text{mg/L})$$

经复核，剩余碱度为 167.5mg/L，可以维持系统 pH 在 7.2 以上，硝化和反硝化反应能够正常进行。

6. 计算氮反硝化缺氧区容积

10℃的反硝化速率

$$K_{\text{de}(10)} = K_{\text{de}(20)}1.08^{10-20} = 0.03\times 1.08^{10-20} = 0.014[\text{gNO}_3^--\text{N}/(\text{gMLVSS}\cdot\text{d})]$$

氮反硝化缺氧区容积 $V_2 = \dfrac{QN_r}{X_V K_{\text{de}(T)}} = \dfrac{30000\times 28.14}{4000\times 0.7\times 0.014} \approx 21536(\text{m}^3)$

缺氧区水力停留时间 $t_2 = \dfrac{V_2}{Q} = \dfrac{21536}{30000}\times 24 \approx 17.23(\text{h})$

7. 氧化沟的总体积

$$V = \dfrac{V_1+V_2}{f_a} = \dfrac{10849+21536}{0.58} \approx 55836(\text{m}^3)$$

总水力停留时间 $t = \dfrac{V}{Q} = \dfrac{55836}{30000}\times 24 \approx 44.7(\text{h})$

8. 需氧量计算

总需氧量＝碳化需氧量＋硝化需氧量－反硝化释氧量

(1) 平均需氧量计算

总氮＝硝态氮＋凯氏氮，凯氏氮＝有机氮＋氨氮。在城市污水中硝态氮的含量极少，可以认为进水总氮＝进水总凯氏氮。在反应过程中，进水中的有机氮发生氨化作用全部转化为氨氮，氨氮大部分发生硝化反应转化为硝态氮，产生的硝态氮大部分发生反硝化脱氮。因此，可以认为出水不含有机氮，出水总氮＝总氨氮＋总硝态氮。

$$\Delta X_V = \frac{YQ(S_0-S_e)}{1+K_d\theta_c} = \frac{0.55\times 30000\times(170-4.31)\times 10^{-3}}{1+0.05\times 25} = 1215.06(\text{kg/d})$$

$$\begin{aligned}O_2 &= \frac{Q(S_0-S_e)}{0.68} - 1.42\Delta X_v + b'QN_1 - c'QN_r \\ &= \frac{30000\times(170-4.31)\times 10^{-3}}{0.68} - 1.42\times 1215.06 + \\ & \quad 4.57\times 30000\times 32.14\times 10^{-3} - 2.86\times 30000\times 28.14\times 10^{-3}\\ &\approx 7576(\text{kg/d})\end{aligned}$$

每去除 1kgBOD$_5$ 的需氧量

$$\Delta O_2 = \frac{O_2}{Q(S_0-S_e)} = \frac{7576}{30000\times(170-4.31)\times 10^{-3}} \approx 1.52(\text{kgO}_2/\text{kgBOD}_5)$$

需氧量满足规范的设计要求。

考虑变化系数，最大需氧量为 $O_{2\max} = K_2O_2 = 1.43\times 7576 = 10834(\text{kg/d})$

（2）标准需氧量的计算

设计采用转刷曝气器，工艺运行温度为 10～25℃，计算水温采用溶解氧含量较低的 25℃。$c_{s(20)} = 9.17\text{mg/L}$，$c_{s(25)} = 8.38\text{mg/L}$，取 $\alpha = 0.85$，$\beta = 0.95$，$c = 2.0\text{mg/L}$。

工程所在地海拔为 1000m，海拔每升高 12m，气压降低 133Pa，则当地大气压为

$$p = 1.013\times 10^5 - \frac{1000}{12}\times 133 = 0.9022\times 10^5(\text{Pa})$$

$$\rho = \frac{0.9022\times 10^5}{1.013\times 10^5} \approx 0.89$$

换算成标准条件下（20℃，一个大气压，脱氧清水）的充氧量

$$\begin{aligned}O_s &= \frac{O_2c_{s(20)}}{\alpha[\beta\rho c_{s(T)}-c]\cdot 1.024^{T-20}} \\ &= \frac{7576\times 9.17}{0.85\times[0.95\times 0.89\times 8.38-2.0]\times 1.024^{25-20}} \\ &\approx 14274.96(\text{kg/d})\end{aligned}$$

相应的最大需氧量 $Q_{s\max} = 1.4O_s = 1.4\times 14274.96 \approx 19984.94(\text{kg/d})$

9. 氧化沟的尺寸

设氧化沟座数 $n=4$，对于三沟 T 型氧化沟，单座氧化沟由三组相同容积的沟道组成，则单沟道的容积 $V' = \frac{V}{3n} = \frac{55836}{3\times 4} = 4653 \ (\text{m}^3)$。

每组沟道单沟宽度 $B=9\text{m}$，有效水深 $h=3.5\text{m}$，超高为 0.6m，中间隔墙厚度 $b=0.25\text{m}$，每组沟道面积 $A = \frac{V'}{h} = \frac{4653}{3.5} \approx 1329 \ (\text{m}^2)$。

弯度部分的面积 $A_1 = \pi\left(B+\frac{b}{2}\right)^2 = \pi\left(9+\frac{0.25}{2}\right)^2 \approx 261.59 \ (\text{m}^2)$

直线段部分面积 $A_2 = A - A_1 = 1329 - 261.59 = 1067.41 \ (\text{m}^2)$

直线段部分长度 $L = \frac{A_2}{2B} = \frac{1067.41}{2\times 9} \approx 59.30 \ (\text{m})$

10. 设备选择计算

(1) 曝气转刷

单座氧化沟的需氧量 $O'_s = \dfrac{O_{s\max}}{24n} = \dfrac{19984.94}{24\times 4} \approx 208.18 (\text{kg/h})$

采用直径为 1000mm 的曝气转刷进行曝气，充氧能力为 $4.5 \text{kgO}_2/(\text{m}\cdot\text{h})$，动力效率为 $2.5 \text{kgO}_2/(\text{kW}\cdot\text{h})$，单台曝气机有效长度为 8m。

单座曝气池转刷曝气机有效长度 $L' = \dfrac{O'_s}{4.5} = \dfrac{208.18}{4.5} \approx 46 \text{ (m)}$。

单座曝气池的曝气机转刷数量 $n' = \dfrac{L'}{8} = \dfrac{46}{8} \approx 6$（台）。

中间及两侧边沟各 2 台。

单台转刷曝气机所需的电机轴功率 $N = \dfrac{O'_s}{2.5n} = \dfrac{208.18}{2.5\times 6} \approx 13.88$（kW）。

(2) 潜水推进器。

两侧边沟各设 2 台潜水推进器，每台电机功率为 3kW。

(3) 电动可调节旋转堰门

氧化沟每个边沟各设电动可调节旋转堰门 3 台，堰门宽度 4m，可调高度 0.3m，电机功率 0.55kW。要注意三沟 T 型氧化沟无污泥回流系统。

6.11 活性污泥处理系统的维护管理

1. 活性污泥处理系统的投产与活性污泥的培养驯化

活性污泥处理系统在工程完工之后和投产之前，需进行验收工作。在验收工作中，首先用清水进行试运行。这样可以提高验收质量，对发现的问题可作最后修整；同时，还可以做一次脱氧清水的曝气设备性能测定，为运行提供资料。

在处理系统准备投产运行时，运行管理人员不仅要熟悉处理设备的构造和功能，还要深入掌握设计内容与设计意图。对于城市污水和性质与其相似的工业废水，投产前首先需要进行的是培养活性污泥，对于其他工业废水，除培养活性污泥外，还需要使活性污泥适应所处理废水的特点，对其进行驯化。

当活性污泥的培养和驯化结束后，还应进行以确定最佳运行条件为目的的试运行工作。活性污泥处理系统在验收后正式投产前的首要工作是培养与驯化活性污泥。

活性污泥的培养和驯化可归纳为异步法、同步法和接种法。异步法即先培养后驯化；同步法则培养和驯化同时进行或交替进行；接种法系利用其他污水处理厂的剩余污泥，再进行适当"培驯"。对城市污水一般都采用同步"培驯法"。

培养活性污泥需要有菌种和菌种所需要的营养物。对于城市污水，其中菌种和营养物都具备，因此可直接进行培养。方法是先将污水引入曝气池进行充分曝气，并开动污泥回流设备，使曝气池和二次沉淀池接通循环。经 1~2d 曝气后，曝气池内就会出现模糊不清的絮凝体。为补充营养和排除对微生物增长有害的代谢产物，要及时换水，即从曝气池通过二次沉淀池排出的污水，同时引入新鲜污水。换水可间歇进行，也可以连续进行。

间歇换水一般适用于生活污水所占比重不太大的城市污水处理厂。每天换水 1~2 次。这样一直持续到混合液 30min 沉降比达到 15%~20% 时为止。在一般的污水浓度和水温在 15℃ 以上的条件下，经过 7~10d 便可大致达到上述状态。成熟的活性污泥，具有良好的凝聚沉淀性能，污泥内含有大量的菌胶团和纤毛虫原生动物，如钟虫、等枝虫、盖纤虫等，并可使 BOD 的去除率达 90% 左右。当进入的污水浓度很低时，为使培养期不致过长，可将初次沉淀池的污泥引入曝气池或不经初次沉淀池将污水直接引入曝气池。对于性质类似的工业废水，也可按上述方法培养，不过在开始培养时，宜投入一部分作为菌种的粪便水。

连续换水适用于以生活污水为主的城市污水或纯生活污水。连续换水是指以边进水、边出水、边回流的方式培养活性污泥。

对于工业废水或以工业废水为主的城市污水，由于其中缺乏专性菌种和足够的营养，因此在投产时除用一般菌种和所需要营养培养足量的活性污泥外，还应对所培养的活性污泥进行驯化，使活性污泥微生物群体逐渐形成具有代谢特定工业废水的酶系统，具有某种专性。

在工业废水处理站，先可用粪便水或生活污水培养活性污泥。因为这类污水中细菌种类繁多，本身所含营养也丰富，细菌易于繁殖。当缺乏这类污水时，可用化粪池和排泥沟的污泥、初次沉淀池或消化池的污泥等。采用粪便水培养时，先将浓粪便水过滤后投入曝气池，再用自来水稀释，使 BOD 的浓度控制在 500mg/L 左右，进行静态（闷曝）培养。同样经过 1~2d 后，为补充营养和排除代谢产物，需及时换水。对于生产性曝气池，由于培养液量大，收集比较困难，一般采取间歇换水方式，或先间歇换水，后连续换水。而间歇换水又以静态操作为宜。即当第一次加料曝气并出现模糊的絮凝体后，就可停止曝气，使混合液静沉，经过 1~1.2h 沉淀后排除上清液（其体积占总体积的 50%~70%），然后再往曝气池内投加新的粪便水和稀释水。粪便水的投加量应根据曝气池内已有的污泥量在适当的污泥负荷范围内进行调节（即随污泥量的增加而相应增加粪便水量）。在每次换水时，从停止曝气、沉淀到重新曝气，总时间以不超过 2h 为宜。开始宜每天换水一次，以后可增加到两次，以便及时补充营养。

连续换水仅适用于就地有生活污水来源的处理站。在第一次投料曝气后或经数次闷曝而间歇换水后，就不断地往曝气池投加生活污水，并不断将出水排入二次沉淀池，将污泥回流至曝气池。随着污泥培养的进展，应逐渐增加生活污水量，使污泥负荷值在适宜的范围内。此外，污泥回流量应比设计值稍大些。

当活性污泥培养成熟，即可在进水中加入并逐渐增加工业废水的比重，使微生物在逐渐适应新的生活条件下得到驯化。开始时，工业废水可按设计流量的 10%~20% 加入，达到较好的处理效果后，再继续增加其比重。每次增加的百分比以设计流量的 10%~20% 为宜，并待微生物适应巩固后再继续增加，直至满负荷为止。在驯化过程中，能分解工业废水的微生物得到发展繁殖，不能适应的微生物则被逐渐淘汰，从而使驯化过的活性污泥具有处理该种工业废水的能力。

上述先培养后驯化的方法即所谓"异步培驯法"。为了缩短培养和驯化的时间，也可以把培养和驯化这两个阶段合并进行，即在培养开始就加入少量工业废水，并在培养过程中逐渐增加其比重，使活性污泥在增长的过程中，逐渐适应工业废水并具有处理它的能力。这就是所谓"同步培驯法"。这种做法的缺点是，在缺乏经验的情况下不够稳妥可靠，出现问题时不易确定是培养上的问题还是驯化上的问题。

在有条件的地方，可直接从附近污水处理厂引入剩余污泥，作为种泥进行曝气培养，这样能够缩短培养时间；如能从性质相同的废水处理站引入活性污泥，更能提高驯化效果，缩短时间，这就是所谓的"接种培驯法"。

工业废水中，如缺乏氮、磷等养料，在驯化过程中则应把这些物质投入曝气池中。实际上，培养和驯化这两个阶段不能截然分开，间歇换水与连续换水也常结合进行，具体培养驯化时应依据净化机理和实际情况灵活进行。

2. 污泥解体

处理水质浑浊，污泥絮凝体微细化，处理效果变坏等则是污泥解体现象。导致这种异常现象的原因有运行中的问题，也有可能是污水中混入了有毒物质。

运行不当，如曝气过量，会使活性污泥生物营养的平衡遭到破坏，使微生物量减少并失去活性，吸附能力降低，絮凝体缩小质密，一部分则成为不易沉淀的羽毛状污泥，处理水质浑浊，SVI 值降低等。当污水中存在有毒物质时，微生物会受到抑制或伤害，净化功能下降或完全停止，从而使污泥失去活性。一般可通过显微镜观察来判别产生的原因。当鉴别出是运行方面的问题时，应对污水量、回流污泥量、空气量和排泥状态以及 SV%、MLSS、DO、Ns 等多项指标进行检查，加以调整。当确定是污水中混入有毒物质时，应考虑这是新的工业废水混入的结果，需查明来源，责成其按国家排放标准进行局部处理。

3. 污泥腐化

在二次沉淀池有可能由于污泥长期滞留而产生厌气发酵生成气体（H_2S、CH_4 等），从而使大块污泥上浮的现象。它与污泥脱氮上浮不同，污泥腐败变黑，产生恶臭。此时也不是全部污泥上浮，大部分污泥都是正常地排出或回流，只有沉积在死角长期滞留的污泥才腐化上浮。防治的措施有：安设不使污泥外溢的浮渣清除设备；消除沉淀池的死角地区；加大池底坡度或改进池底刮泥设备，不使污泥滞留于池底。

此外，如曝气池内曝气过度，使污泥搅拌过于激烈，生成大量小气泡附聚于絮凝体上，也可能引起污泥上浮。这种情况机械曝气较鼓风曝气为多。另外，当流入大量脂肪和油时，也容易产生这种现象。防止措施是将供气控制在搅拌所需要的限度内，而脂肪和油则应在进入曝气池之前加以去除。

4. 污泥上浮

污泥在二次沉淀池呈块状上浮的现象，并不是由于腐败所造成的，而是由于在曝气池内污泥龄过长，硝化进程较高，在沉淀池底部产生反硝化，硝酸盐的氧被利用，氮即呈气体脱出附于污泥上，从而使污泥密度降低，整块上浮。因此为防止这一异常现象发生，应增加污泥回流量或及时排除剩余污泥，在脱氮之前即将污泥排除；或降低混合液污泥浓度，缩短污泥龄和降低溶解氧等，使之不进行到硝化阶段。

5. 泡沫问题

曝气池中产生泡沫，主要原因是，污水中存在大量合成洗涤剂或其他起泡物质。泡沫可给生产操作带来一定困难，如影响操作环境，带走大量污泥。当采用机械曝气时，还能影响叶轮的充氧能力。消除泡沫的措施有：分段注水以提高混合液浓度；进行喷水或投加除沫剂（如机油、煤油等，投量为 0.5~1.5mg/L）等。此外，用风机机械消泡也是有效措施。

 习题与思考

1. 什么是活性污泥？其主要特征是什么？
2. 活性污泥法的基本概念是什么，基本流程是怎样的？

3. 活性污泥法正常运行的必要条件是什么？
4. 评价活性污泥性能的主要指标有哪些？良好的活性泥污应具备哪些性能？
5. 为什么说污泥容积指数能较全面地反映污泥的沉降性能？具有良好沉降性能的污泥的 SVI 值一般为多少？
6. 某曝气池的活性污泥混合液 1000mL，在 1L 的量筒中静置沉降 30min 后，得到的沉淀污泥量为 250mL。另测得曝气池中污泥浓度为 2800mg/L，问污泥指数为多少？你认为该曝气池的运行是否正常？
7. 活性污泥对污水中的营养要求如何？为什么？
8. 试论述普通活性污泥法的优缺点。
9. 传统活性污泥法的改进工艺形式有哪些？各改进工艺有何特点？
10. 传统的活性污泥法能否进行硝化？为什么？
11. 在活性污泥法工艺中为什么要排放剩余污泥？
12. 曝气池污泥浓度可以通过大幅度提高回流比来实现吗？为什么？
13. 试说明和比较推流式曝气池和完全混合曝气池的运行和工艺特点。
14. 何谓污泥龄？它与污泥负荷间有何关系？说明污泥龄对污泥沉降性能的影响。传统的活性污泥法中的污泥龄一般应控制在什么范围内？
15. 试分析鼓风曝气过程中影响氧传递的主要因素。
16. 在活性污泥法中，二次沉淀池的作用是什么？在二次沉淀池的设计上有什么要求？
17. 试分析论述影响活性污泥法运行的主要因素。
18. 什么是污泥膨胀？其起因有哪些？解决污泥膨胀问题的措施有哪些？
19 简述活性污泥的培养与驯化过程。如何判断活性污泥是否已驯化成熟？
20. 阐述污水处理脱氮除磷原理，写出污水处理生物脱氮除磷流程图，说明主要构筑物的作用。

7 生物膜法

> **学习提示**
>
> **本章学习要点**：熟悉生物膜法处理废水的基本原理、形式及优缺点，重点掌握生物滤池、生物接触氧化法等设计计算方法。

7.1 概 述

1893年英国Corbett在Salford创建了第一个具有喷嘴布水装置的生物滤池。生物滤池自此问世，并开始应用于污水处理。经过长期发展，生物膜法已从早期的洒滴滤池（普通生物滤池）发展到现有的各种高负荷生物膜法处理工艺。

生物膜法是与好氧活性污泥法并列的另一种生物处理法，包括生物滤池、生物转盘、生物接触氧化池、曝气生物滤池及生物流化床等工艺形式，分好氧生物膜法和厌氧生物膜法两种类型。生物膜法实质是使细菌和菌类一类的微生物和原生动物、后生动物一类的微型动物附着在滤料或某些载体上生长繁育，并在其上形成膜状生物污泥——生物膜。生物膜法是借助附着在填料（或滤料、载体）上的生物膜的作用，在好氧或厌氧的条件下，降解污水中的有机物质，使污水得以净化。它主要用于从污水中去除溶解性有机污染物，对水质、水量变化的适应性较强，污染物去除效果好，是一种被广泛采用的生物处理方法。

《室外排水设计标准》（GB 50014—2006）中规定了生物膜法的适用范围。生物膜法目前在国内均用于中小规模的污水处理，根据《城市污水处理工程项目建设标准》规定，一般适用于日处理污水量在Ⅲ类以下规模的二级污水厂。该工艺具有抗冲击负荷、易管理、处理效果稳定等特点。生物膜法包括浸没式生物膜法（生物接触氧化池、曝气生物滤池）、半浸没式生物膜法（生物转盘）和非浸没式生物膜法（高负荷生物滤池、低负荷生物滤池、塔式生物滤池）等。其中浸没式生物膜法具有占地面积小，5d生化需氧量容积负荷高，运行成本低，处理效率高等特点，近年来在污水二级处理中被较多采用。半浸没式、非浸没式生物膜法最大特点是运行费用低，为活性污泥法的1/3～1/2，但卫生条件较差及处理程度较低，占地较大，所以阻碍了其发展，可因地制宜采用。生物膜法在污水二级处理中可以适应高浓度或低浓度污水，可以单独应用，也可以与其他生物处理工艺组合应用。

7.1.1 生物膜

1. 生物膜概念

微生物细胞几乎能在水环境中的任何适宜的载体表面牢固地附着，并在其上生长和繁殖。生物膜是指以附着在惰性载体表面生长的，以微生物为主，包含微生物及其产生的胞外多聚物和吸附在微生物表面的无机物及有机物等组成，并具有较强的吸附和生物降解性能的结构。生物膜代表了一类微生物群体，它是一种稳定的，由微生物细胞、胞外聚合物和其他非生物物质组成的复杂混合物的微生态系统。生物膜在载体表面分布的均匀性，以及生物膜的厚度随着污水中营养底物浓度、时间和空间的改变而发生变化。

2. 生物膜结构和净化机理

当污水与载体流动接触并经过一段时间后，载体表面将会形成一种膜状污泥，这就是生物膜。生物膜逐渐成熟，其标志是生物膜沿水流方向的分布，在其上由细菌及各种微生物组成的生态系统以及其对有机物的降解功能都达到了平衡和稳定的状态。从开始形成到成熟，生物膜要经历潜伏和生长两个阶段，一般的城市污水，在 20℃ 左右的条件下大致需要 30d 左右时间。图 7-1 是生物膜法污水处理中，生物滤池滤料上生物膜的基本结构。

生物膜是高度亲水的物质，污水不断在其表面更新的条件下，其外侧总是存在着一层附着水层。生物膜又是微生物高度密集的物质，在膜的表面和一定深度的内部生长繁殖着大量的各种类型的微生物和微型动物，并形成有机污染物—细菌—原生动物（后生动物）的食物链。

生物膜在其形成与成熟后，由于微生物不断增值，生物膜的厚度不断增加，在增厚到一定程度后，在氧不能透入的里侧深部即将转变成为厌氧状态，形成厌氧性膜。因此，生物膜由好氧和厌氧两层组成。好氧层的厚度一般为 2mm 左右，有机物的降解主要是在好氧层内进行。污水流过生物膜生长成熟的滤床时，污水中的有机污染物被生物膜中的微生物吸附、降解，从而得到净化。

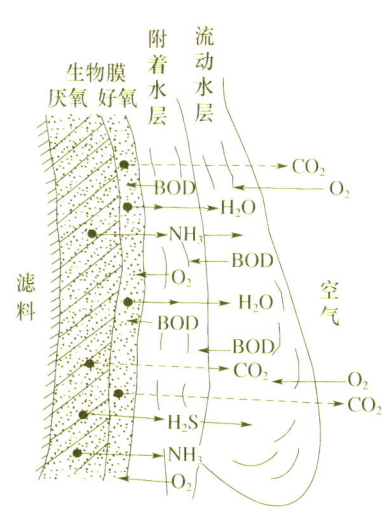

图 7-1 生物膜的基本结构

从图 7-1 可见，在生物膜内外，生物膜与水层之间进行着多种物质的传递过程。空气中的氧溶解于流动水层中，通过附着水层传递给生物膜，供微生物用于呼吸；污水中的有机污染物则由流动水层传递给附着水层，然后进入生物膜，并通过细菌的代谢活动而被降解。这样就使污水在其流动过程中逐步得到净化。微生物的代谢产物如 H_2O 等通过附着水层进入流动水层，并随其排走，而 CO_2 及厌氧层分解产物如 H_2S、NH_3 以及 CH_4 等气态代谢产物则从水层逸出进入空气中。

当厌氧层还不厚时，它与好氧层保持着一定的平衡关系，好氧层能够维持正常的净化功能。当生物膜较厚或废水中有机物浓度较大时，空气中的氧很快被膜表层微生物耗尽，使内层滋生大量厌氧微生物，膜内层微生物不断死亡并解体，降低了膜同载体的黏附力，厌氧微生物发酵所产生的气体也可减小膜同载体的黏附力，这时，过厚的生物膜即在本身重力及废水流动的冲刷作用下脱落。膜脱落之后的载体表面又开始新生物膜的形成过程，这是生物膜正常的更新过程。此外，生物膜中的还有大量的以生物膜为食料的噬膜微型动物，它们的活动也可导致膜的脱落或更新。比较理想的状况是减缓生物膜的老化进程，控制厌氧层的过分增长，加快好氧层的更新，并且尽量使生物膜不集中脱落。

3. 生物膜的组成

填料表面的生物膜中，生物种类相当丰富，一般由细菌（好氧、厌氧、兼性）、真菌、原生动物、后生动物、藻类以及一些肉眼可见的蠕虫、昆虫的幼虫等组成，生物膜中的生物相组成情况如下：

(1) 细菌

细菌对有机物氧化分解起主要作用，生物膜中常见的细菌种类有球衣菌、动胶菌、硫杆菌属、无色杆菌属、产碱菌属、假单胞菌属、诺卡氏菌属、色杆菌属、八叠球菌属、粪链球菌、大肠埃希氏杆菌、副大肠杆菌属、亚硝化单胞菌属和硝化杆菌属等。

(2) 真菌

真菌在生物膜中也较为常见，其可利用的有机物范围很广，有些真菌可降解木质素等难降解的有机物，对某些人工合成的难降解有机物也有一定的降解能力。丝状菌也易在生物膜中滋长，它们具有很强的降解有机物的能力，在生物滤池内丝状菌的增长繁殖有利于提高污染物的去除效果。

(3) 原生动物与后生动物

原生动物与后生动物都是微型动物中的一类，栖息在生物膜的好氧表层内。原生动物以吞食细菌为生（特别是游离细菌），在生物滤池中，对改善出水水质起着重要的作用。生物膜内经常出现的原生动物有鞭毛类、肉足类、纤毛类，后生动物主要有轮虫类、线虫类及寡毛类。在运行初期，原生动物多为豆形虫一类的游泳型纤毛虫。在运行正常、处理效果良好时，原生动物多为钟虫、独缩虫、等枝虫、盖纤虫等附着型纤毛虫。

例如，在生物滤池内经常出现的后生动物主要是轮虫、线虫等，它们以细菌、原生动物为食料，在溶解氧充足时出现。线虫及其幼虫等后生动物有软化生物膜、促使生物膜脱落的作用，从而使生物膜保持活性和良好的净化功能。

与活性污泥法一样，原生动物和后生动物可以作为指示生物，来检查和判断工艺运行情况及污水处理效果。当后生动物出现在生物膜中时，表明水中有机物含量很低并已稳定，污水处理效果良好。

另外，与活性污泥法系统相比，在生物膜反应器中是否有原生动物及后生动物出现与反应器类型密切相关。通常，原生动物及后生动物在生物滤池及生物接触氧化池的载体表面出现较多，而对于三相流化床或是生物流动床这类生物膜反应器，生物相中原生动物及后生动物的量则非常少。

(4) 滤池蝇

在生物滤池中，还栖息着以滤池蝇为代表的昆虫。这是一种体形比一般家蝇小的苍蝇，它的产卵、幼虫、成蛹、成虫等过程全部在滤池内进行。滤池蝇及其幼虫以微生物及生物膜为食料，故可抑制生物膜的过度增长，具有使生物膜疏松，促使生物膜脱落的作用，从而使生物膜保持活性，同时在一定程度上防止滤床的堵塞。但是，由于滤池蝇繁殖能力很强，大量产生后飞散在滤池周围，会对环境造成不良的影响。

(5) 藻类

受阳光照射的生物膜部分会生长藻类，如普通生物滤池表层滤料生物膜中可出现藻类。一些藻类如海藻是肉眼可见的，但大多数只能在显微镜下观察。由于藻类的出现仅限于生物膜反应器表层的很小部分，对污水净化所起作用不大。

生物膜的微生物除了含有丰富的生物相这一特点外，还有着其自身的分层分布特征。例如，在正常运行的生物滤池中，随着滤床深度的逐渐下移，生物膜中的微生物逐渐从低级趋向高级，种类逐渐增多，但个体数量减少。生物膜的上层以菌胶团等为主，而且由于营养丰富，繁殖速率快，生物膜也最厚。往下的层次，随着污水中有机物浓度的下降，可能会出现丝状菌、原生动物和后生动物，但是生物量即膜的厚度逐渐减少。到了下层，污水浓度大大下降，生物膜更薄，生物相以原生动物、后生动物为主。滤床中的这种生物分层现象，是适应不同生态条件（污水浓度）的结果，各层生物膜中都有其特征的微生物，处理污水的功能也随之不同，特别在含多种有害物质的工业废水中，这种微生物分层和处理功能变化的现象更为明显。如用塔式生物滤池处理腈纶废水时，上层生物膜中的微生物转化丙烯腈的能力特别强，而下层生物膜中的微生物则转化其他有害物质如转化上层所不易转化的异丙醇、SCN^-等的能力比较强。因此，上层主要去除丙烯腈，下层则去除异丙醇、SCN^-等。另外，出水水质越好，上层与下层生态条件相差越大，分层越明显。若分层不明显，说明上下层水质变化不显著，处理效果较差，所以生物膜分层观察对处理工艺运行具有一定指导意义。

7.1.2 生物膜处理工艺的主要特点

与传统活性污泥法相比，生物膜法处理污水技术因为操作方便、剩余污泥少、抗冲击负荷等特点，适合于中小型污水处理厂工程，在工艺上有如下几方面特征。

1. 微生物方面的特征

（1）微生物种类丰富，生物的食物链长

相对于活性污泥法，生物膜载体（滤料、填料）为微生物提供了固定生长的条件，以及较低的水流、气流搅拌冲击，利于微生物的生长增殖。因此，生物膜反应器为微生物的繁衍、增殖及生长栖息创造了更为适宜的生长环境，除大量细菌以及真菌生长外，线虫类、轮虫类及寡毛虫类等出现的频率也较高，还可能出现大量丝状菌，不仅不会发生污泥膨胀，还有利于提高处理效果。另外，生物膜上能够栖息高营养水平的生物，在捕食性纤毛虫、轮虫类、线虫类之上，还栖息着寡毛虫和昆虫，在生物膜上形成长于活性污泥的食物链。较多种类的微生物，较大的生物量，较长的食物链，有利于提高处理效果和单位体积的处理负荷，也有利于处理系统内剩余污泥量的减少。表7-1列出了生物膜和活性污泥上出现的微生物在类型、种属和数量的比较。

表7-1 生物膜和活性污泥上出现的微生物在类型、种属和数量的比较

微生物种类	活性污泥	生物膜法	微生物种类	活性污泥法	生物膜法
细菌	++++	++++	轮虫	+	+++
真菌	++	+++	线虫	−	++
藻类	−	++	寡毛虫	−	++
鞭毛虫	++	+++	其他后生动物	−	++
肉足虫	++	+++	昆虫类	−	++
纤毛虫	++++	++++			

（2）存活世代时间较长的微生物，有利于不同功能的优势菌群分段运行

由于生物膜附着生长在固体载体上，其生物固体平均停留时间（污泥龄）较长，在生物膜上能够生长世代时间较长，增殖速率慢的微生物，如硝化菌、某些特殊污染物降解专属菌等，为生物处理分段运行及分段运行作用的提高创造了更为适宜的条件。

（3）分段运行与优占种属：生物膜处理法多分段进行，每段都繁衍与进入本段污水水质相适应的微生物，并形成优占种属，非常有利于微生物新陈代谢功能的充分发挥和有机污染物的降解。

2. 处理工艺方面的特征

（1）对水质、水量变动有较强的适应性

生物膜反应器内有较多的生物量，较长的食物链，使得各种工艺对水质、水量的变化都具有较强的适应性，耐冲击负荷能力较强，对毒性物质也有较好的抵抗性。一段时间中断进水或遭到冲击负荷破坏，处理功能不会受到致命的影响，恢复起来也较快。因此，生物膜法更适合于工业废水及其他水质水量波动较大的中小规模污水处理。

（2）适合低浓度污水的处理

在处理水污染物浓度较低的情况下，载体上的生物膜及微生物能保持与水质一致的数量和种类，不会发生在活性污泥法处理系统中，污水浓度过低会影响活性污泥絮凝体的形成和增长的现象。生物膜处理法对低浓度污水，能够取得良好的处理效果，正常运行时可使 BOD_5 为 20~30mg/L（污水），出水 BOD_5 降至 10mg/L 以下。所以，生物膜法更适用于低浓度污水处理和要求优质出水的场合。

（3）剩余污泥产量少

生物膜中较长的食物链，使剩余污泥量明显减少。特别在生物膜较厚时，厌氧层的厌氧菌能够降解好氧过程合成的剩余污泥，使剩余污泥量进一步减少，污泥处理与处置费用随之降低。通常，生物膜上脱落下来的污泥，相对密度较大，污泥颗粒个体也较大，沉降性能较好，易于固、液分离。

（4）运行管理方便

生物膜法中的微生物是附着生长，一般无须污泥回流，也不需要经常调整反应器内污泥量和剩余污泥排放量，且生物膜法没有丝状菌膨胀的潜在威胁，易于运行维护与管理。另外，生物转盘、生物滤池等工艺，动力消耗较低，单位污染物去除耗电量较少。

生物膜法的缺点在于滤料增加了工程建设投资，特别是处理规模较大的工程，滤料投资所占比例较大，还包括滤料的周期性更新费用。生物膜法工艺设计和运行不当可能发生滤料破损、堵塞等现象。

7.1.3 生物膜法反应动力学介绍

生物膜反应动力学是生物膜法污水处理技术研究的深入，目前还处于继续研究和不断完善阶段，但生物膜在载体表面的固定、增长及底物去除规律的揭示，其对各种新型生物膜反应器的开发和技术进步，可以起到重要的推动作用。本节对生物膜在载体表面的附着过程及生物膜反应动力学的几个重要参数进行简要介绍。

1. 微生物在载体上附着的一般过程

微生物在载体表面的附着是微生物表面与载体表面间相互作用的结果，大量研究表明，微生物在载体表面的附着取决于细菌的表面特性和载体的表面物理化学特性。从理论上讲，细菌在载体表面附着过程可以划分为如图 7-2 所示的步骤。

（1）微生物向载体表面的运送

细菌在液相中向载体表面的运送主要通过以下两种方式完成：①主动运送：细菌借助于水力动力学作

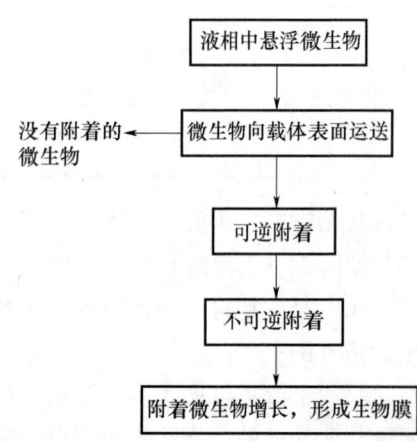

图 7-2 微生物在载体表面附着的步骤

用及浓度扩散向载体表面迁移;②被动运送:通过布朗运动、细菌自身运动和沉降等作用实现。

一般而言,主动运送是细菌从液相转移到载体表面的主要途径,特别是在动态环境中,它是细菌长距离移动的主要方式。同时,细菌自身的布朗运动增加了细菌与载体表面的接触机会。细菌附着的静态试验表明,由浓度扩散而形成的悬浮相与载体表面间的浓度梯度直接影响细菌从液相向载体表面的移动过程。悬浮相的细菌正是通过上述各种途径从液相被运送到载体表面,促成了细菌与载体表面的直接接触附着。在整个生物膜形成过程中,微生物向载体表面的运送过程至关重要。

(2) 可逆附着过程

微生物被运送到载体表面后,通过各种物理或化学作用使微生物附着于载体表面。在细菌与载体表面接触的最初阶段,微生物与载体间首先形成的是可逆附着。这一个过程是附着与脱落的双向动态过程,环境中存在的水力学力、细菌的布朗运动以及细菌自身运动都可能使已附着在载体表面的细菌重新返回悬浮液相中。生物的可逆附着取决于微生物与载体表面间力的作用强度。在微生物附着过程中,各种热力学力也影响细菌在载体表面附着的可逆性程度,试验表明,细菌的附着可逆性与微生物、载体间的自由能水平相关。

(3) 不可逆附着过程

不可逆附着过程是可逆过程的延续。不可逆附着过程通常是由微生物分泌的黏性代谢物质如多聚糖所形成。这些体外多聚糖类物质起到了生物"胶水"作用,因此附着的细菌不易被水力剪切力冲刷脱落。生物膜法实际运行中,若能够保证细菌与载体间的接触时间充分,微生物有足够时间进行生理代谢活动,不可逆附着过程就能发生。可逆与不可逆附着的区别在于是否有生物聚合物参与细菌与载体表面间的相互作用,而不可逆附着是形成生物膜群落的基础。

(4) 附着微生物的增长

经过不可逆附着过程后,微生物在载体表面建立了一个相对稳定的生存环境,可以利用周围环境所提供的养分进一步增长繁殖,逐渐形成成熟的生物膜。

2. 生物膜反应动力学的几个重要参数

生物膜反应动力学参数可从不同角度揭示生物膜的各种特征,在生物膜法处理技术研究及工程实际中都有重要的价值,下面为几个重要的生物膜反应动力学参数介绍。

(1) 生物膜比增长速率

微生物比增长速率(μ)是描述增长繁殖特征最常用的参数之一,反映了微生物增长的活性,如式(7-1)表示:

$$\mu = \frac{dX/dt}{X} \tag{7-1}$$

式中 μ——微生物比增长速率;
    X——微生物浓度。

当获得微生物增长曲线(t-X)后,可通过任一点的导数及对应的 X 值计算出微生物增长过程中 t 时刻对应的比增长速率。目前,生物膜比增长速率主要有两类:一是动力学增长阶段的比增长速率,亦称生物膜最大比增长速率,二是整个生物膜过程的平均比增长速率。

① 生物膜最大比增长率(μ_{max}):根据式(7-1),生物膜在动力学增长期遵循如下规律:

$$\frac{dM_b}{dt} = \mu_{max} M_b \tag{7-2}$$

积分后得：

$$\lg M_b = \mu_{max} t + C \tag{7-3}$$

式中 M_b——生物膜总量，为活性生物量 M_a 和非活性物质 M_i 之和，即：$M_b = M_a + M_i$。

C——常数。

根据公式，可绘制 $t\text{-}\ln M_b$ 曲线图，用图解法来确定 μ_{max}。

② 生物膜平均比增长速率（$\bar{\mu}$）：生物膜平均比增长率一般根据下式计算：

$$\bar{\mu} = \frac{(M_{bs} - M_{b0})/t}{M_{bs}} \tag{7-4}$$

式中 M_{bs}——生物膜稳定时所对应生物量；

M_{b0}——初始生物膜量。

生物膜平均比增长速率反映了生物膜表观增长特性。由于生物膜成长过程中往往伴随着非活性物质的积累，因此，从严格生物学意义上说，$\bar{\mu}$ 并不能真实反映生物膜群体的增长特性。

(2) 底物比去除速率（q_{obs}）

$$q_{obs} = \frac{Q(S_0 - S)}{A M_b} \tag{7-5}$$

式中 q_{obs}——底物比去除速率；

Q——进水流量；

S_0——进水底物浓度；

S——出水底物浓度；

A_0——载体表面积。

在实际过程中，底物比去除速率反映了生物膜群体的活性，底物的比去除速率越高，说明生物膜生化反应活性越高。

(3) 表观生物膜产率系数（Y_{obs}）

表观生物膜产率系数（Y_{obs}）是指微生物在利用、降解底物的过程中自身增长的能力，定义为每消耗单位底物浓度时生物膜自身生物量的积累，即：

$$Y_{obs} = \frac{A_0}{V_0} \frac{dM_b/dt}{dS/dt} \tag{7-6}$$

式中 Y_{obs}——表观生物膜产率系数；

V_0——生物膜反应器有效体积。

产率系数在生物膜研究中具有重要意义，它揭示了生物膜群体合成与能量代谢间的相互耦合程度，式（7-6）中 $V_0 \dfrac{dS}{dt}$ 可由下式表示：

$$V_0 \frac{dS}{dt} = Q(S_0 - S) \tag{7-7}$$

同时将式（7-2）及式（7-7）代入式（7-6）中有：

$$Y_{obs} = \frac{A_0 \mu_0 M_b}{Q(S_0 - S)} \tag{7-8}$$

对于处于稳态的生物膜，有 $M_b = M_{bs}$ 及 $S = S_e$，则：

$$Y_{\text{obs}} = \frac{A_0 \mu_0 M_{\text{bs}}}{Q(S_0 - S_e)} \tag{7-9}$$

式中 S_e——稳态下生物膜反应器出水底物浓度。

(4) 生物膜密度（ρ）

生物膜密度一般为生物膜平均干密度，经试验测定生物膜量（M_b）及生物膜膜厚（T_h）后，平均密度可通过 T_h-M_b 图求得，即：

$$M_b = \rho T_h \tag{7-10}$$

式中 ρ——T_h-M_b 拟合直线的斜率，即为生物膜平均密度。

7.2 生物滤池

生物滤池是生物膜法处理污水的传统工艺，先于活性污泥法。它是在污水灌溉的实践基础上发展起来的人工生物处理法。1893年在英国试验成功，1900年开始应用于废水处理。生物滤池的工作原理是废水从上向下从滤料空隙间流过，与生物膜充分接触，有机污染物被吸附降解；主要依靠滤料表面的生物膜对废水中有机物的吸附氧化作用。

早期的普通生物滤池水力负荷和有机负荷都很低，虽净化效果好，但占地面积大，易于堵塞。后来开发出采用处理水回流，水力负荷和有机负荷都较高的高负荷生物滤池；以及污水、生物膜和空气三者充分接触，水流紊动剧烈，通风条件改善的塔式生物滤池。近年来发展起来的曝气生物滤池已成为一种独立的生物膜法污水处理工艺。

生物滤池法的基本流程是由初沉池、生物滤池、二次沉淀池组成。进入生物滤池的污水，必须通过预处理，去除悬浮物、油脂等会堵塞滤料的物质，并使水质均化稳定。一般在生物滤池前设初沉池，但也可以根据污水水质而采取其他方式进行预处理，达到同样的效果。生物滤池后面的二次沉淀池，用以截留滤池中脱落的生物膜，以保证出水水质。其工艺流程为：污水→预处理（格栅、沉砂池、初沉池等）→生物滤池→二次沉淀池→排放。

7.2.1 影响生物滤池性能的主要因素

生物滤池中有机物的降解同时发生着多过程：有机物在污水和生物膜中的传质过程，有机物的好氧和厌氧代谢过程，氧在污水和生物膜中的传质过程，生物膜的生长和脱落等过程。这些过程的发生和发展决定了生物滤池净化污水的性能。影响这些过程的主要因素有滤池高度、负荷、回流、供氧等。

1. 滤池高度

滤床的上层和下层相比，生物膜量、微生物种类和去除有机物的速率均不相同。滤床上层，污水中有机物浓度较高，微生物繁殖速率高，种属较低级，以细菌为主，生物膜量较多，有机物去除速率较高。随着滤床深度增加，微生物从低级趋向高级，种类逐渐增多，生物膜量从多到少（表7-2），滤床中的这一递变现象，类似污染河流在自净过程中的生物递变。因为微生物的生长和繁殖同环境因素息息相关，所以当滤床各层的进水水质互不相同时，各层生物膜的微生物就不相同，处理污水（特别是含多种性质相异的有害物质的工业废水）的功能也随之不同。

表 7-2　滤床高度与处理效率之间的关系和滤床不同深度处的生物膜量

离滤床表面的深度（m）	污染物去除率/%				生物膜量 /（kg/m³）
	丙烯腈 156mg/L	异丙醇 35.4mg/L	SCN⁻ 18.0mg/L	COD 955mg/L	
2	82.6	31	6	60	3.0
5	99.2	60	10	66	1.1
8.5	99.3	70	24	73	0.8
12	99.4	91	46	79	0.7

2. 负荷

生物滤池的负荷是一个集中反映生物滤池工作性能的参数，同滤床的高度一样，负荷直接影响生物滤池的工作。

生物滤池的负荷以水力负荷和 5d 生化需氧量容积负荷表示。水力负荷以滤池面积计，单位 $m^3/(m^2 \cdot d)$。由于生物滤池的作用是去除污水中有机物或特定污染物，它的负荷以有机物或特定污染物质来计算较为合理，对于一般污水则常以 BOD_5 为准，负荷的单位以 $kgBOD_5/(m^3 \cdot d)$ 表示。

在低负荷条件下，随着滤率的提高，污水中有机物的传质速率加快，生物膜量增多，滤床特别是它的表面很容易堵塞。在高负荷条件下，随着滤率的提高，污水在生物滤床中停留的时间缩短，出水水质将相应下降。

3. 回流

利用污水厂的出水，或生物滤池出水稀释进水的做法称回流，回流水量与进水量之比叫回流比。

对于高负荷生物滤池与塔式生物滤池，常采用回流。其优点：①无论原废水的流量如何波动，滤池可得到连续投配的废水，因而其工作较稳定；②可以冲刷去除老化生物膜，降低膜的厚度，并抑制滤池蝇的孳生；③均衡滤池负荷，提高滤池的效率；④可以稀释和降低有毒有害物质的浓度以及进水有机物浓度。

4. 供氧

生物滤池中，微生物所需的氧一般直接来自大气，靠自然通风供给。影响生物滤池通风的主要因素是滤床自然拔风和风速。

自然拔风的推动力是池内温度与气温之差，以及滤池的高度。温度差越大，通风条件越好。当水温较低，滤池内温度低于气温时（夏季），池内气流向下流动；当水温较高、池内温度高于气温时（冬季），气流向上流动。若池内外无温差时，则停止通风。正常运行的生物滤池，自然通风可以提供生物降解所需的氧量。自然通风不能满足时，应考虑强制通风。

7.2.2　普通生物滤池构造与设计

1. 普通生物滤池的构造

普通生物滤池又称低负荷生物滤池或称滴滤池。其由池体、滤料、布水装置和排水系统等部分组成。图 7-3 是典型的普通生物滤池示意图。

(1) 池体

普通生物滤池的平面形状一般为方形、矩形或圆形。池壁高度一般应高出滤料表面0.5～0.9m。池壁分带孔洞和不带孔洞两种形式，有孔洞的池壁有利于滤料的内部通风，但在冬季易受低气温的影响。池底起支撑和排除处理后污水的作用。一般为钢筋混凝土结构或砖混结构。必要时池体应考虑防冻、采暖以及防蝇等措施。

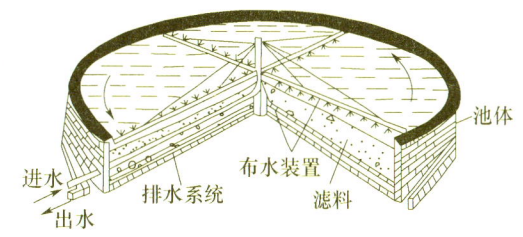

图 7-3　普通生物滤池示意图

(2) 滤床及滤料

滤床由滤料组成，滤料是微生物生长栖息的场所。普通生物滤池的滤料一般为实心拳状滤料，如碎石、卵石、炉渣等；工作层的滤料的粒径为25～40mm，承托层滤料的粒径为70～100mm；同一层滤料要尽量均匀，以提高孔隙率；滤料的粒径越小，比表面积就越大，处理能力可以提高；但粒径过小，孔隙率降低，则滤料层易被生物膜堵塞；一般当滤料的孔隙率在45%左右时，滤料的比表面积为65～100m^2/m^3。

滤料主要特性有：①提供大量的表面积，有利于微生物的附着；②能使废水以液膜状均匀分布于其表面；③有足够大的孔隙率，使脱落的生物膜能随水流到池底，同时保证良好的通风；④适合于生物膜的形成与黏附，且应该既不被微生物分解，又不抑制微生物的生长；⑤有较好的机械强度，不易变形和破碎。

(3) 布水设备

滤池的布水系统很重要，只有在滤池表面上均匀地分布废水，才能充分发挥每一部分滤料的作用，提高工作效率。设置布水设备的目的是使污水能均匀地分布在整个滤床表面上。生物滤池的布水设备分为两类：旋转布水器和固定布水器系统。普通生物滤池多采用固定式布水装置，高负荷生物滤池和塔式生物滤池则常用旋转布水装置。

固定式布水装置如图7-4所示，这种布水装置是间歇布水方式，由投配池、布水管道、喷嘴等部分组成。投配池设于滤池的一端或两座滤池的中间，其内设有虹吸装置，布水管道设在滤池表面下0.5～0.8m，其上设有一系列规矩排列、伸出池面0.15～0.20m的竖管，竖管顶端安装喷嘴。当污水流入投配池并达到一定高度后，虹吸装置开始作用，污水泄入布水管道，并从喷嘴喷出，被倒立圆锥体所阻，向四外分散，形成水花；当投配池内水位降到一定位置后，虹吸被破坏，停止喷水。这种布水系统布水不够均匀，而且不能连续不断地冲刷生物膜，以防止滤池的堵塞，所需水头也较大（2m）。

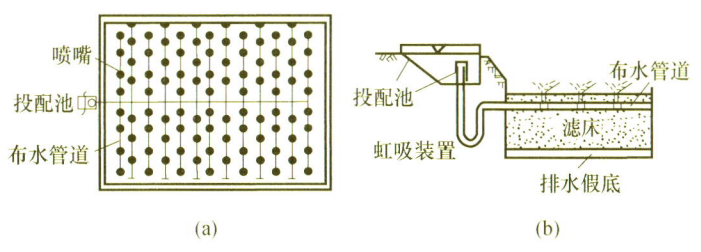

图 7-4　固定式布水装置

旋转布水器的中央是一根空心的立柱,底端与设在池底下面的进水管衔接。布水横管的一侧开有喷水孔口,孔口直径10～15mm,间距不等,越近池心间距越大,使滤池单位平面积接受的污水量基本上相等,如图7-5所示。布水器的横管可为两根(小池),或四根(大池),对称布置。污水通过中央立柱流入布水横管,由喷水孔分配到滤池表面。污水喷出孔口时,作用于横管的反作用力推动布水器绕立柱旋转,转到方向与孔口喷嘴方向相反。所需水头在0.6～1.5m。如果水头不足,可用电动机转动布水器。

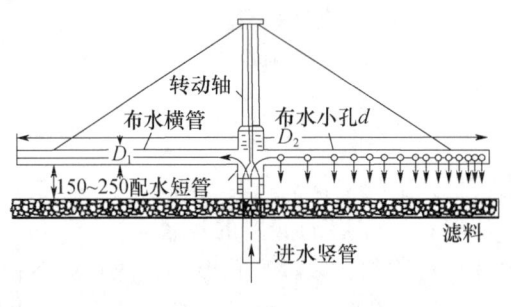

图7-5 旋转布水器

(4) 排水系统

池底排水系统的作用是:①收集滤床流出的污水与生物膜;②保证通风;③支承滤料。池底排水系统由池底、排水假底和集水沟组成,如图7-6所示。排水假底是用特制砌块或栅板铺成(图7-7),滤料堆在假底上面。早期都是采用混凝土栅板作为排水假底,自从塑料填料出现以后,滤料质量减轻,可采用金属栅板作为排水假底。假底的空隙所占面积不宜小于滤池平面的5%～8%,与池底的距离不应小于0.6m。

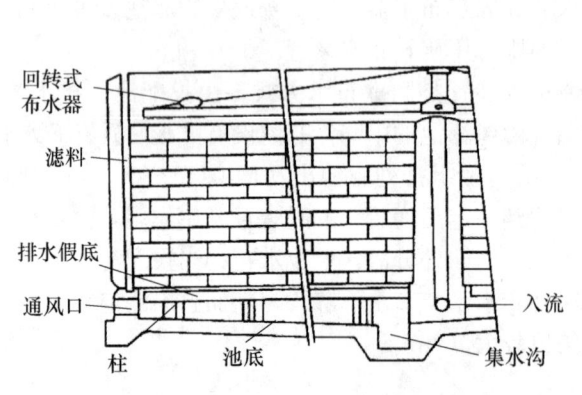

图7-6 生物滤池排水系统示意图

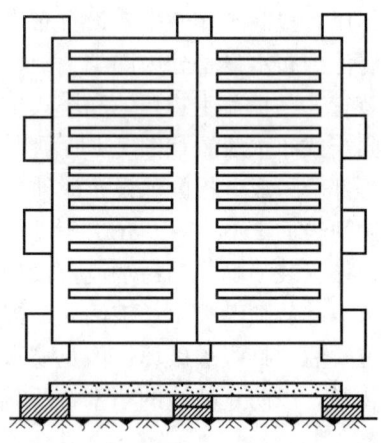

图7-7 混凝土板式渗水装置

池底除支承滤料外,还要排泄滤床上的来水,池底中心轴线上设有集水沟,两侧底面向集水沟倾斜,池底和集水沟的坡度为1%～2%。集水沟要有充分的高度,并在任何时候不会满流,确保空气能在水面上畅通无阻,使滤池中空隙充满空气。

2. 普通生物滤池的设计与计算

普通生物滤池的设计与计算一般分两部分进行。一是滤料的选定,滤料容积的计算以及滤池各部位如池壁、排水系统的设计;二是布水装置系统的计算与设计。

(1) 滤池容积计算

普通生物滤池的滤料容积一般按负荷率进行计算，有两种负荷率：一是 BOD_5 容积负荷率；二是水力负荷率。

BOD_5 容积负荷率：在保证处理水达到要求质量的前提下，单位滤料在单位时间内所能接受的 BOD_5 量，其表示单位为 $gBOD_5/(m^3 滤料 \cdot d)$。当处理对象为生活污水或以生活污水为主体的城市污水时，BOD_5 容积负荷率可根据表 7-3 选用。

表 7-3 BOD_5 容积负荷率

年平均气温/℃	BOD_5 容积负荷率/$[gBOD_5/(m^3 滤料 \cdot d)]$
3~6	100
6.1~10	170
>10	200

水力负荷率：在保证处理水达到要求质量的前提下，每 $1m^3$ 滤料或每 $1m^2$ 滤池表面在单位时间内所能够接受的污水水量（m^3），其表示单位为 $m^3/(m^3 滤料 \cdot d)$ 或 $m^3/(m^2 滤料 \cdot d)$，对生活污水可取 $1 \sim 3 m^3/(m^3 滤料 \cdot d)$。

(2) 布水装置系统计算

布水装置喷嘴布置有多种形式，如图 7-8 所示，喷水周期一般为 5~8min，喷洒时间为 1~5min，配水管自由水头起端为 1.5m，末端为 0.5m。

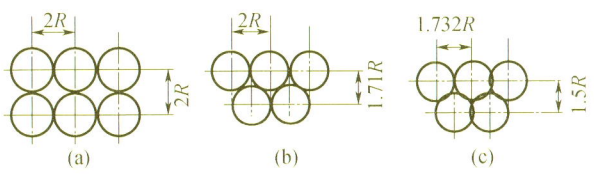

图 7-8 喷嘴布置形式

① 喷嘴出水量

$$q = \mu f = \sqrt{2gH_1} \tag{7-11}$$

式中 q——每个喷嘴的喷出流量，m^3/s；
μ——流量系数，$\mu = 0.60 \sim 0.75$；
f——喷嘴孔口的有效面积，m^2；
H_1——喷嘴孔口自由水头，m。

② 投配池最大出水量 Q_{max}（m^3/s）

$$Q_{max} = nq_{max} \tag{7-12}$$

式中 q_{max}——每个喷嘴的最大流量，m^3/s；
n——每个滤池喷嘴个数，个。

7.2.3 高负荷生物滤池构造与设计

1. 高负荷生物滤池构造

高负荷生物滤池是在低负荷生物滤池的基础上，通过采取处理出水回流等技术限制进水 BOD_5 含量并获得较高的滤率（>3m/d），将 BOD_5 容积负荷提高 6~8 倍，同时确保 BOD_5

去除率不发生显著下降。

高负荷生物滤池的高滤率是通过限制进水 BOD_5 值和在运行上采取处理水回流等技术措施而达到的。进入高负荷生物滤池的 BOD_5 值须低于 200mg/L，否则用处理水回流加以稀释。处理水回流可以均化与稳定进水水质，加大水力负荷，及时冲刷过厚和老化的生物膜，加速生物膜更新，抑制厌氧层发育，使生物膜经常保持较高的活性；同时抑制滤池蝇的过度滋长，减轻散发的臭味。

高负荷生物滤池的构造如图 7-9 所示，与普通生物滤池基本相同，采用旋转布水器布水。滤料粒径相对较大，一般为 40～100mm，孔隙率较高，宜采用碎石或塑料制品做填料。滤料层厚度为 2～4m，当采用自然通风时，一般不应大于 2m。滤床分为两层，工作层层厚 1.2m 左右，粒径 40～70mm，承托层层厚 0.2m 左右，粒径 70～100mm。当滤料层厚度超过 2m 时，一般应采取人工通风措施。

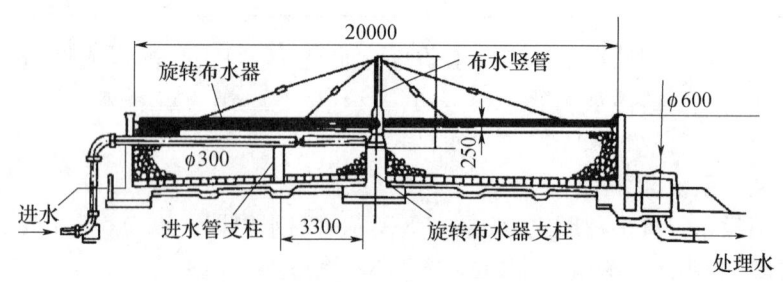

图 7-9　高负荷生物滤池结构示意图

2. 高负荷生物滤池设计与计算

高负荷生物滤池的设计主要包括池体和旋转布水器的设计计算，其中池体的设计多采用负荷率法。高负荷生物滤池按平均日污水量设计，容积负荷宜大于 $1.8 kgBOD_5/(m^3 \cdot d)$，水力负荷宜为 $40 \sim 70 m^3/(m^2 \cdot d)$。

(1) 各项参数的确定

① 经回流水稀释后进水的 BOD_5 浓度为：

$$S_a = \alpha S_e \tag{7-13}$$

式中　S_a——稀释后进水的 BOD_5 值，mg/L；

　　　S_e——滤池处理出水的 BOD_5 值，mg/L；

　　　α——系数，依据温度、滤料层厚度选取。

② 回流稀释倍数：

$$n = \frac{S_0 - S_a}{S_a - S_e} \tag{7-14}$$

式中　n——回流稀释倍数；

　　　S_0——滤池进水的 BOD_5 值，mg/L。

(2) 滤池容积计算

① 按 BOD_5 容积负荷计算

滤料容积 V：

$$V = \frac{Q(n+1)S_a}{N_v} \tag{7-15}$$

式中　Q——原污水日平均流量，m^3/d；

V——滤料容积，m³；

N_V——BOD₅ 容积负荷率，gBOD₅/(m³滤料·d)。

滤池表面积：

$$A=V/H \tag{7-16}$$

式中 H——滤料层高度，m；

A——滤料表面积，m²。

② 按 BOD₅ 面积负荷计算滤料容积 V

$$A=\frac{Q(n+1)S_a}{N_A} \tag{7-17}$$

式中 N_A——BOD₅ 面积负荷，gBOD₅/(m²·d)。

滤池容积 V：

$$V=A \cdot H \tag{7-18}$$

③ 按水力负荷计算

$$A=\frac{Q(n+1)}{q} \tag{7-19}$$

式中 q——滤池水力负荷，m³/(m²·d)。

(3) 旋转布水器的计算与设计

旋转布水器按最大污水量计算，每架布水器布水横管为 2~4 根。布水器计算参考图 7-5，回流式滤池的布水器转速见表 7-4。

表 7-4 回流式滤池的布水器转速

滤率/(m/d)	转速/(r/min)（4 根横管）	转速/(r/min)（2 根横管）
15	1	2
20	2	3
25	2	4

布水横管可以采用金属管或高分子材料管，其管底离滤床表面的距离，一般为 150~250mm，以避免风力的影响。布水器所需水压为 0.6~1.5m。

① 每根布水横管上布水小孔个数

$$m=\frac{1}{1-\left(1-\frac{4d}{D_2}\right)^2} \tag{7-20}$$

式中 m——每根布水横管上布水小孔个数；

d——布水小孔直径，mm，一般为 10~15mm；

D_2——布水器直径，mm，$D_2=D-200$（D 为池内径）。

② 布水小孔与布水器中心距离

$$r_i=R\sqrt{\frac{i}{m}} \tag{7-21}$$

式中 R——布水器半径，m；

i——布水横管上布水小孔从布水器中心开始的排列序号。

③ 布水器转速

$$n=\frac{34.78\times10^6}{md^2D_2}Q_{1\max} \tag{7-22}$$

式中　n——布水器转速，r/min；

　　　$Q_{1\max}$——每架布水器上最大设计污水量，m³/s。

④ 布水器水头损失

$$H = \left(\frac{Q_{1\max}}{n_0}\right)^2 \left(\frac{256\times 10^6}{m^2 d^4} - \frac{81\times 10^6}{D_1^4} + \frac{294 D_2}{K^2 \times 10^3}\right) \tag{7-23}$$

式中　H——布水器水头损失，m；

　　　n_0——每架布水器横管数；

　　　D_1——布水横管直径，mm，$D_1 = 50\sim 250$mm；

　　　K——流量模数，L/s。

3. 高负荷生物滤池流程

在实际运行中，一级生物滤池的进水 BOD_5 负荷要显著高于二级滤池进水负荷，故一级滤池中的生物膜的增加速度相对较快，容易产生生物量过剩现象，而二级滤池生物量增长速度较慢，处理潜力难以发挥。工程上常采用交替式二级生物滤池法的流程，如图 7-10 所示。运行时，滤池是串联工作的，污水经初沉池后进入一级生物滤池，出水经相应的中间沉淀池去除残膜后用泵送入二级生物滤池，二级生物滤池的出水经过沉淀后排出污水处理厂。工作一段时间后，一级生物滤池因表层生物膜的累积，即将出现堵塞，改作二级生物滤池，而原来的二级生物滤池则改作一级生物滤池。运行中每个生物滤池交替作为一级和二级滤池使用。这种方法在英国曾广泛采用。交替式二级生物滤池法流程比并联流程负荷可提高 2～3 倍。

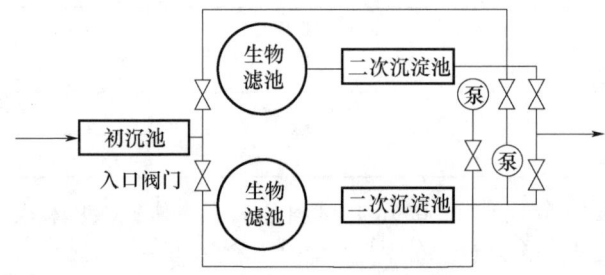

图 7-10　交替式二级生物滤池流程

图 7-11 所示是几种常用的回流式生物滤池法的流程。当条件（水质、负荷、总回流量与进水量之比）相同时，它们的处理效率不同。图中次序基本上是按效率从较低到较高排列的，符号 Q 代表污水量，R 代表回流比。当污水浓度不太高时，回流系统可采用图 7-11 （a）流程，回流比可以通过回流管线上的闸阀调节，当入流水量小于平均流量时，增大回流量；当入流水量大时，减少或停止回流。图 7-11 （c）、（d）是二级生物滤池，系统中有两个生物滤池。这种流程用于处理高浓度污水或出水水质要求较高的场合。

【例 7-1】已知：某卫星镇设计人口 $N=80000$ 人，污水量标准 $q=100$L/（人·d），BOD_5 含量 S_0' 为 20g/（人·d）。镇内有一座化纤厂，污水量 $Q_p=2000$m³/d，污水 BOD_5 浓度 S_0'' 为 600mg/L。混合污水冬季平均温度为 14℃，总变化系数 $K_z=1.8$。年平均气温为 8℃。拟采用高负荷生物滤池处理，滤料层厚度 H 为 2m，采用旋转布水器布水，流量模数 $K=43$L/s，处理后出水要求 $BOD_5 \leq 25$mg/L。试设计高负荷生物滤池和旋转布水器。

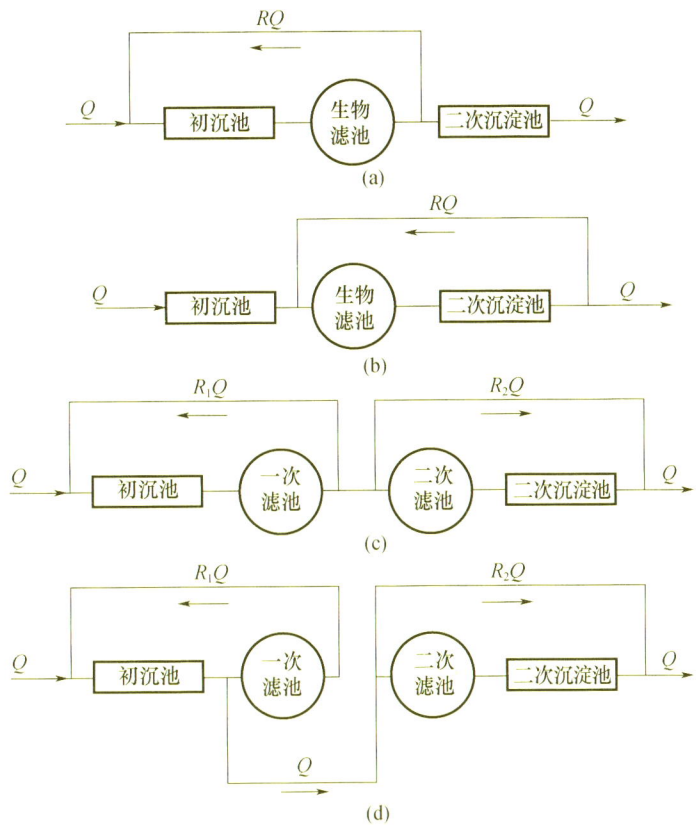

图 7-11 回流生物滤池法流程
注：Q—污水流量；R—回流比

解：

(1) 高负荷生物滤池计算：

① 混合污水平均日流量：

$$Q = \frac{Nq}{1000} + Q_p = \frac{80000 \times 100}{1000} + 2000 = 10000 \text{ (m}^3\text{/d)}$$

② 混合污水 BOD_5 浓度：

$$S_0 = (NS'_0 + Q_q S''_0)\frac{1}{Q} = (80000 \times 20 + 600 \times 2000) \times \frac{1}{10000} = 280 \text{(mg/L)}$$

$S_0 > 200 \text{mg/L}$，必须进行稀释。

③ 回流稀释后混合污水要求的 BOD_5 浓度：

$$S_a = \alpha S_e$$

当 $H = 2\text{m}$，混合污水冬季平均温度 14℃，年平均气温为 8℃，查表 7-5 可得 $\alpha = 4.4$，

表 7-5 滤池滤料厚度

污水冬季平均温度/℃	年平均气温/℃	滤池滤料厚度/m				
		2.0	2.5	3.0	3.5	4.0
8~10	<3	2.5	3.3	4.4	5.7	7.5
10~14	3~6	3.3	4.4	5.7	7.5	9.6
>14	>6	4.4	5.7	7.5	9.6	12.0

$$S_a = 4.4 \times 25 = 110 (\text{mg/L})$$

④ 回流稀释倍数：
$$\eta = \frac{S_0 - S_a}{S_a - S_e} = \frac{280 - 110}{110 - 25} = 2$$

⑤ 滤池总面积，当 $N_A = 2000 \text{gBOD}_5/(\text{m}^2 \cdot \text{d})$ 时：
$$A = \frac{Q(n+1)S_a}{N_A} = \frac{10000 \times (2+1) \times 110}{2000} = 1650 (\text{m}^2)$$

⑥ 滤池滤料总体积：
$$V = AH = 1650 \times 2 = 330 (\text{m}^3)$$

⑦ 每个滤池面积，采用4个滤池，则：
$$A_1 = \frac{1}{4}A = \frac{1}{4} \times 1650 \approx 413 (\text{m}^2)$$

⑧ 滤池直径：
$$D = \sqrt{\frac{4A_1}{\pi}} = \sqrt{\frac{4 \times 413}{\pi}} \approx 23 (\text{m})$$

⑨ 校核水力负荷：
$$q = \frac{N_A}{S_a} = \frac{2000}{110} \approx 18.2 \ [\text{m}^3/(\text{m}^2 \cdot \text{d})]$$

$q > 10 \text{m}^3/(\text{m}^2 \cdot \text{d})$，满足要求。

(2) 旋转布水器计算：

① 污水最大设计流量：
$$Q_{max} = QK_z = \frac{10000 \times 1000}{86400} \times 1.8 \approx 208 (\text{L/s})$$

② 每个滤池的最大设计流量：
$$Q_{1max} = \frac{1}{4}Q_{max} = \frac{1}{4} \times 208 \approx 52 (\text{L/s})$$

③ 布水器横管管径和布水孔直径：

每个滤池设置一台布水器，每架布水器设四根布水横管，其直径 $D_1 = 100\text{mm}$，布水孔直径 $d = 15\text{mm}$。

④ 布水器直径：
$$D_2 = D - 200 = 23 \times 1000 - 200 = 22800 (\text{mm})$$

⑤ 每根布水横管上的布水孔数目：
$$m = \frac{1}{1 - \left(1 - \frac{4d}{D_2}\right)^2} = \frac{1}{1 - \left(1 - \frac{4 \times 15}{22800}\right)^2} \approx 190.25 \ (\text{个})$$

取 $m = 192$ 个。

⑥ 布水孔与布水器中心的距离：

第一个布水孔距离：
$$r_1 = R\sqrt{\frac{1}{m}} = 11.4 \times \sqrt{\frac{1}{192}} \approx 0.82 \ (\text{m})$$

第96个布水孔距离：

$$r_{96}=R\sqrt{\frac{96}{m}}=11.4\times\sqrt{\frac{96}{192}}\approx 8.06\ (\text{m})$$

第192个布水孔距离：

$$r_{192}=R\sqrt{\frac{192}{m}}=11.4\times\sqrt{\frac{192}{192}}=11.4\ (\text{m})$$

⑦ 布水器转速：

$$n=\frac{34.78\times 10^6}{md^2 D_2}Q_{1\max}=\frac{34.78\times 10^6}{192\times 15^2\times 22800}\times 52\approx 1.84\ (\text{r/min})$$

⑧ 布水器所需水头（布水器水头损失）：

$$H=\left(\frac{Q_{1\max}}{n_0}\right)^2\left(\frac{256\times 10^6}{m^2 d^4}-\frac{81\times 10^6}{D_1^4}+\frac{294D_2}{K^2\times 10^3}\right)$$

$$=\left(\frac{52}{4}\right)^2\left(\frac{256\times 10^6}{192^2\times 15^4}-\frac{81\times 10^6}{100^4}+\frac{294\times 22800}{43^2\times 10^3}\right)$$

$$\approx 452.6\ (\text{mm})$$

7.2.4 塔式生物滤池

1. 塔式生物滤池

塔式生物滤池简称滤塔，也是一种高负荷滤池，它是德国工程师舒尔兹根据化学工业中的填料洗涤塔原理于1951年发明的。由于其具有负荷高、占地少、无须专设供氧设备等优点，近年来一直受到人们的重视。

塔式生物滤池的污水净化机理与普通生物滤池一样，但是与普通生物滤池相比具有负荷高（比普通生物滤池高2～10倍）、生物相分层明显、滤床堵塞可能性减小、占地小等特点。

2. 塔式生物滤池构造

塔式生物滤池一般高达8～24m，直径1～3.5m，径高比介于1:6～1:8，填料层厚度宜为8～12m，平面形状多为圆形或矩形。塔式生物滤池由塔身、滤料、布水系统、通风及排水装置所组成，其构造如图7-12所示。

（1）塔身

塔身主要起围挡滤料的作用。塔身一般沿塔高分层建造，在分层处建格栅，格栅承托在塔身上，而其本身又承托着滤料。滤料荷重分层负担，每层高度以不大于2.5m为宜，以免将滤料压碎，每层都应设检修口，以便更换滤料。应设测温孔和观察孔，用以测量池内温度和观察塔内滤料上生物膜的生长情况及滤料表面布水均匀程度，并取样分析测定。塔顶上缘应高出最上层滤料表面0.5m左右，以免风吹影响污水的均匀分布。

塔的高度在一定程度上能够影响滤塔对污水的处理效果。试验与运行的资料表明，在负荷一定的条件下，滤塔的高度增高，处理效果亦增高。提高滤塔的高度，能够提高进水有机污染物的浓度，即在处理水水质的要求确定后，滤塔的高度可以根据进水浓度确定。

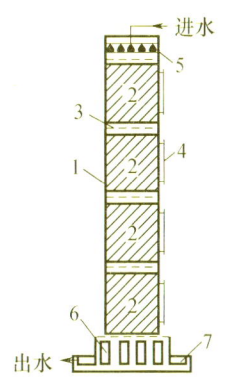

图7-12 塔式生物滤池的构造示意图
1—塔身；2—滤料；3—格栅；
4—检修口；5—布水器；
6—通风孔；7—集水槽

(2) 滤料

塔式生物滤池多采用轻质滤料,轻质滤料的开发与使用为塔式生物滤池的应用创造了条件。目前广泛采用由聚氯乙烯、聚苯乙烯、聚丙烯等制成的大孔径波纹板、斜管式和蜂窝式等滤料。其特点是质轻、强度高、耐腐蚀、比表面积和孔隙率都较大。滤池填料应分层,每层高度不宜大于2m,并应便于安装和养护。表7-6列出了立体波纹板与蜂窝式两种塑料滤料参数比较。

表 7-6 两种塑料滤料参数比较

型式	孔径/mm	比表面积/(m²/m³)	孔隙率/%	密度/(kg/m³)
立体波纹板	30×65	198	>90	70
	40×85	150	>93	60
	50×100	113	>96	50
蜂窝式	19	201	>98	36~38
	25	153	≈99	26~28
	32	122	≈99	21~23
	36	98	>99	20~22

(3) 布水装置

塔式生物滤池的布水装置与一般的生物滤池相同,对大中型塔式生物滤池多采用电机驱动的旋转布水器,也可以用水流的反作用力驱动。

(4) 通风

塔式生物滤池一般都采用自然通风,塔底有高度为0.4~0.6m的空间,并且周围留有通风孔,其有效面积不得小于滤池面积的7.5%~10%。

塔式滤池内部通风情况非常良好,污水从上向下淌落,水流紊动强烈,污水、空气、滤料上的生物膜三者接触充分,充氧效果良好,污染物质传质速度快,这些都非常有助于有机污染物质的降解,是塔式生物滤池的独特优势。

3. 塔式生物滤池的计算与设计

塔式生物滤池按平均日污水量设计,水力负荷和有机负荷可分别高达80~200m³/(m²·d)和2000~3000gBOD$_5$/(m³·d)。不同污水水质,不同处理要求的容积负荷不一样,应通过试验确定。塔式生物滤池的个数应不少于2个,并按同时工作设计。

塔式生物滤池一般采用自然通风。但对含有易挥发有毒物质的污水,宜采用人工通风,尾气应经过淋洗处理后才能排入大气。

塔式生物滤池的布水装置,对大中型滤池一般采用旋转布水器,对小型滤池可采用多孔管或喷嘴布水。

(1) 塔式生物滤池滤料总体积

$$V = \frac{Q(S_0 - S_e)}{M} \tag{7-24}$$

式中 Q——平均日污水流量,m³/d;
  S_0、S_e——进、出水 BOD$_{20}$,g/m³;
  M——滤料容积负荷,kgBOD$_{20}$/(m³·d)。

(2) 滤池总高度

$$H_0 = H + h_1 + (m-1)h_2 + h_3 + h_4 \tag{7-25}$$

式中 H_0——滤池总高度，m；

H——滤料层总高度，m；

h_1——超高，m，取 0.5m；

m——滤料层层数，层；

h_2——滤料层间隙高度，m，取 0.2～0.4m；

h_3——最下层滤料底面与集水池最高水位距离，一般大于 0.5m；

h_4——集水池最大水深，m。

当塔式生物滤池进水 BOD_5 浓度较高时，由于生物膜生长迅速，容易引起滤料堵塞。所以，塔式生物滤池进水 BOD_5 浓度需控制在 500mg/L 以下，否则必须采取处理水回流稀释措施。同时，其基建投资较大，BOD_5 去除率也较低。

7.2.5 生物滤池的运行

生物滤池投入运行之前，先要检查各项机械设备（水泵、布水器等）和管道，然后用清水替代污水进行试运行，发现问题时需做必要的整修。

生物滤池正式运行之后，有一个"挂膜"阶段，即培养生物膜的阶段。在这个运行阶段，洁净的无膜滤床逐渐长出了生物膜，处理效率和出水水质不断提高，逐步进入正常运行状态。

处理含有毒物质的工业废水时，生物滤池的运行要按设计确定的方案进行。一般来说，有毒物质也正是生物滤池的处理对象，而能分解氧化某种有毒物质的微生物在一般环境中并不占优势，或对这种有毒物质还不太适应。因此，在滤池正常运行前，要有一个让它们适应新环境、繁殖壮大的运行阶段，称为"挂膜—驯化"阶段。

工业废水生物滤池的挂膜—驯化有两种方式。一种方式是从其他工厂废水处理设施或城市污水厂，取来活性污泥或生物膜碎屑，进行挂膜—驯化。可把取来的数量充足的污泥同工业废水、清水和养料（生活污水或培养微生物用的化学品，有些工业废水并不需要外加养料）按适当比例混合后淋洒生物滤池，出水进入二次沉淀池，并以二次沉淀池作为循环水池，循环运行。当滤床明显出现生物膜迹象后，以二次沉淀池出水水质为参考，在循环中逐步调整工业废水和出水的比例，直到出水正常。这时，挂膜—驯化结束，运行进入正常状态。这种方式是目前常用的方式，特别适用于试验性装置。

对大型生物滤池，由于需要的活性污泥量太多，有时采用另一种方式，即用生活污水、城市污水或回流出水，替代部分工业废水进行运行挂膜—驯化，运行过程中把二次沉淀池中的污泥不断回流到滤池的进水中。在滤床明显出现生物膜迹象后，以二次沉淀池出水水质为参考，逐步降低稀释用水流量和增加工业废水量，直至正常运行。

7.3 生物转盘法

生物转盘法是生物膜法的一种，是在生物滤池的基础上发展起来的。1954 年在联邦德国的 Heilbronn 建成世界上第一座生物转盘污水处理厂。至 20 世纪 70 年代仅在欧洲就已有1000多座生物转盘。由于生物转盘具有净化效果好和能源消耗低等优点，因此在世界范围内得到广泛的应用，其研究在相应方面取得很大进展。我国于20世纪70年代开始进行研究生物转盘，在印染、造纸、皮革和石油化工等行业的工业废水处理中得到应用，效果较好。

7.3.1 生物转盘的净化机理与组成

1. 净化机理

生物转盘处理废水的机理与生物滤池基本相同，不同的是生物转盘处理装置中的生物膜附着生长在一系列转动的盘片上，而不是生长在固定的填料上。

如图7-13所示，当圆盘缓慢转动浸没于污水中时，污水中的有机物被盘片上的生物膜吸附，当圆盘离开污水时，盘片表面形成薄薄一层水膜。水膜从空气中吸收氧气，同时生物膜分解被吸附的有机物。这样，圆盘每转动一圈，即进行一次吸附—吸氧—氧化分解过程。圆盘不断转动，污水得到净化，同时盘片上的生物膜不断生长、增厚，生物膜的厚度为0.5～2.0mm，老化的生物膜靠圆盘旋转时产生的剪切力脱落下来，生物膜得到更新。老化、剥落、脱落的生物膜由二次沉淀池沉降去除。

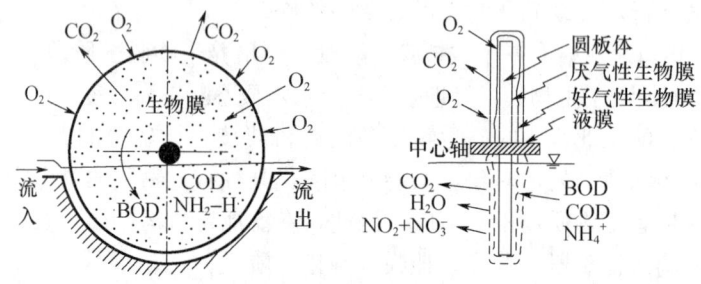

图7-13 生物转盘工作情况示意图

2. 生物转盘的组成

生物转盘主要由旋转圆盘、转动横轴、动力及减速装置和氧化槽几部分组成。

生物转盘的主体是垂直固定在中心轴上的一组圆形盘片和一个同其配合的半圆形水槽，转轴以下40%～50%的盘面浸没在废水中。

生物转盘的盘体材料应质轻、高强度、耐腐蚀、抗老化、易挂膜、比表面积大以及方便安装、养护和运输。目前多采用聚乙烯硬质塑料或玻璃钢制作盘片，一般是由直管蜂窝填料或波纹板填料等组成，盘片直径一般是2～3m，最大为5m。盘片净距，进水端宜为25～35mm，出水端宜为10～20mm。轴长通常小于7.6m。当系统要求的盘片总面积较大时，可分组安装，一组称一级，串联运行。转盘分级布置使其运行较灵活，可以提高处理效率。

水槽可以用钢筋混凝土或钢板制作，断面直径比转盘略大（一般为20～40mm），使盘既可以在槽内自由转动，脱落的残膜又不至于留在槽内。

生物转盘的转轴强度和挠度必须满足盘体自重和运行过程中附加荷重的要求，轴的强度和刚度必须经过力学计算以防断裂，挠曲转轴中心高度应高出水位150mm以上。

驱动装置通常采用附有减速装置的电动机。根据具体情况，也可以采用水轮驱动或空气驱动。为防止转盘设备遭受风吹雨打和日光曝晒，应设置在房屋或雨棚内或用罩覆盖，罩上应开孔，以促进空气流通。

3. 生物转盘处理废水主要特点

(1) 效率高。生物转盘上的微生物浓度高,特别是最初几级的生物转盘。据测定统计,生物转盘上的生物膜量如折算成曝气池的 MLVSS,可达 40000~60000mg/L,F/M 比为 0.05~0.1,净化率高。

(2) 适应性强,耐冲击负荷。对于高浓度有机污水 BOD_5≥10000mg/L,出水水质仍然较好。

(3) 生物相分级,在每级转盘生长着适应于流入该级污水性质的生物相。

(4) 污泥龄长,生物膜上生物的食物链长,污泥产量少,为活性污泥法的 1/2 左右;具有硝化、反硝化的功能。

(5) 动力消耗低,不需要曝气,污泥也无须回流。

(6) 维护管理简单,功能稳定可靠,无噪声,无蚊蝇。

(7) 所需的场地面积一般较大,建设投资较高;受气候影响较大,顶部需要覆盖,有时需要保暖。

7.3.2 工艺流程

生物转盘法的基本流程如图 7-14 所示。根据转盘和盘片的布置形式,生物转盘可分为单轴单级式、单轴多级式(图 7-15)和多轴多级式(图 7-16),级数多少主要取决于污水水量与水质、处理水应达到的处理程度和现场条件等因素。

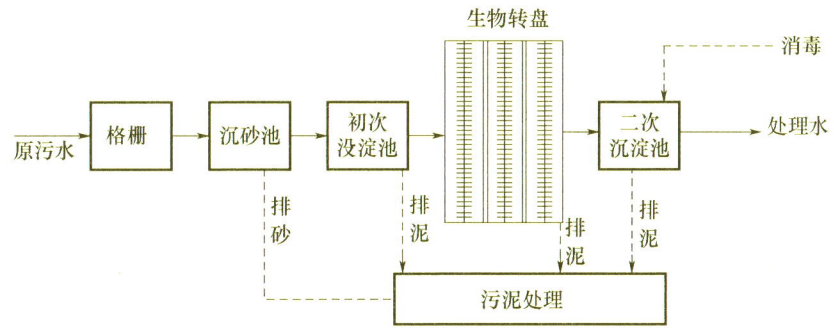

图 7-14 生物转盘法工艺流程图

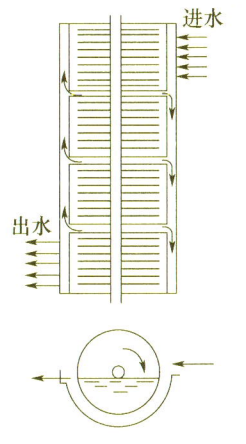

图 7-15 单轴多级式(四级)生物转盘

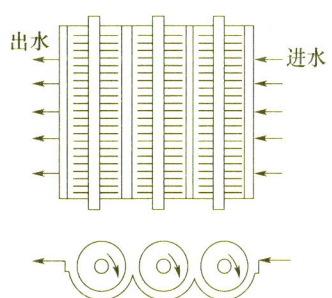

图 7-16 多轴多级式生物转盘

7.3.3 生物转盘的设计计算

生物转盘工艺设计的主要内容是计算转盘的总面积；表示生物转盘处理能力的指标是水力负荷和有机负荷。水力负荷可以表示为每单位体积水槽每天处理的水量，即 m^3（水）/[m^3（槽）·d]，也可以表示为每单位面积转盘每天处理的水量，即 m^3（水）/[m^2（盘片）·d]。有机负荷的单位是 $kgBOD_5$/[m^3（槽）·d]或 $kgBOD_5$/[m^2（盘片）·d]。生物转盘的负荷与污水性质、污水浓度、气候条件及构造、运行等多种因素有关，设计时可以通过试验或根据经验值确定。

1. 生物转盘的设计计算方法

（1）通过试验求得需要的设计参数：设计参数如有机负荷、水力负荷、停留时间等可通过试验求得。威尔逊等人根据生活污水做的试验研究，建议当采用 0.5m 直径转盘做试验，对所得参数进行设计时，转盘面积宜比试验值增加 25%；当试验采用的转盘直径为 2m 时，则宜增加 10% 的面积。

（2）根据试验资料或其他方法确定设计负荷：无试验资料时，城镇污水 5d 生化需氧量表面有机负荷，以盘片面积计，一般为 $0.005\sim0.020kgBOD_5/(m^2·d)$，首级转盘不宜超过 $0.030\sim0.040kgBOD_5/(m^2·d)$；表面水力负荷以盘片面积计，一般为 $0.04\sim0.20m^3/(m^2·d)$。

2. 设计参数计算

（1）转盘总面积（A）：

$$A=\frac{Q(S_0-S_e)}{L_A} \tag{7-26}$$

式中　Q——处理水量，m^3/d；

　　　S_0——进水 BOD_5，mg/L；

　　　S_e——出水 BOD_5，mg/L；

　　　L_A——生物转盘的 BOD_5 面积负荷，$g/(m^2·d)$。

（2）转盘盘片数（m）：

$$m=\frac{4A}{2\pi D^2}=0.64\frac{A}{D^2} \tag{7-27}$$

式中　D——转盘直径，m。

（3）污水处理槽有效长度（L）：

$$L=m(a+b)K \tag{7-28}$$

式中　a——盘片净间距，m；

　　　b——盘片厚度，视材料强度确定，m；

　　　m——盘片数；

　　　K——系数，一般取 1.2。

（4）废水处理槽有效容积（V）：

$$V=(0.294\sim0.335)(D+2\delta)^2·L \tag{7-29}$$

净有效容积（V_1）：

$$V_1=(0.294\sim0.335)(D+2\delta)^2·(L-mb) \tag{7-30}$$

当 $r/D=0.1$ 时，系数取 0.294；$r/D=0.06$ 时，系数取 0.335。

式中　r——中心轴与槽内水面的距离，m；

δ——盘片边缘与处理槽内壁的间距，m，不小于150mm，一般取$\delta=200\sim400$mm。

(5) 转盘的转速（n_0，单位为r/min）：

$$n_0 = \frac{6.37}{D}\left(0.9 - \frac{V_1}{Q_1}\right) \tag{7-31}$$

式中 Q_1——每个处理槽的设计水量，m^3/d；

V_1——每个处理槽的容积，m^3。

生物转盘转速宜为2.0~4.0r/min，盘体外缘线速度宜为15~19m/min。

实践证明，水力负荷、转盘的转速、级数、水温和溶解氧等因素都影响生物转盘的设计和操作运行，设计运行过程应重视这些参数的影响。

【例7-2】某住宅小区排水量$400m^3/d$，初沉池出水BOD_5值为300mg/L，平均水温为15℃，拟采用生物转盘处理，出水的BOD_5值要求不大于60mg/L。试设计生物转盘。

解：设计计算如下：

(1) BOD去除率

$$\eta = (300-60) \div 300 = 80\%$$

(2) BOD负荷取 $L_A = 30g/(m^2 \cdot d)$

(3) 水力负荷取 $L_S = 0.2m^3/(m^2 \cdot d)$

(4) 转盘总面积

按BOD负荷计算

$$A = \frac{Q(S_0 - S_e)}{L_A} = \frac{400 \times (300-60)}{30} = 3200(m^2)$$

按水力负荷计算

$$A = Q/L_S = 400 \div 0.2 = 2000(m^2)$$

可以看出二者有一定差距，为保证出水水质，按BOD负荷进行计算。

(5) 转盘盘片总数

取盘片直径$D=2m$

$$m = \frac{4A}{2\pi D^2} = 0.64\frac{A}{D^2} = \frac{0.64 \times 3200}{4} = 512(片)$$

拟采用三台转盘，每台盘片数为$m=172$片，每台转盘为单轴四级，第一、二级每级盘片数为50片，后两级每级盘片数为36片。

(6) 氧化槽有效长度

a取25mm，采用硬聚氯乙烯盘材，b值取4mm。

$$L = m(a+b)K = 172 \times (25+4) \times 1.2 \approx 5986 (mm)$$

(7) 氧化槽有效容积

采用半圆形氧化槽，r取200mm，r/D为0.1，系数取0.294，δ取200mm。

$$V_1 = (0.294 \sim 0.335)(D+2\delta)^2(L-mb)$$
$$= 0.294 \times (2+2\times0.2)^2 \times (5.986 - 172 \times 0.004) \approx 8.97(m^3)$$

(8) 转盘水力负荷

$$L_S = \frac{Q}{A} = \frac{400}{3200} = 0.125m^3/(m^2 \cdot d) = 125L/(m^2 \cdot d)$$

(9) 转盘旋转速度

$$n_0 = \frac{6.37}{D} \times \left(0.9 - \frac{V_1}{Q_1}\right) = \frac{6.37}{2} \times \left(0.9 - \frac{8.97}{\frac{400}{3}}\right) \approx 2.65 (\text{r/min})$$

(10) 污水在氧化槽内停留时间

$$t = \frac{V'}{Q} = \frac{8.97}{\frac{400}{3}} \times 24 \approx 1.6(\text{h})$$

7.3.4 生物转盘法的研究进展

以往生物转盘主要用于水量较小的污水处理工程，近年来的实践表明，生物转盘也可用于一定规模的污水处理厂。生物转盘可用作完全处理、不完全处理和工业废水的预处理。

生物转盘的主要优点是动力消耗低、抗冲击负荷能力强、无须回流污泥、管理运行方便。缺点是占地面积大、散发臭气，在寒冷的地区需做保温处理。

为降低生物转盘法的动力消耗、节省工程投资和提高处理设施的效率，近年来对生物转盘工艺进行了改进和发展，研制了空气驱动式生物转盘、将生物转盘与沉淀池合建的以及与曝气池组合的生物转盘和藻类转盘等。

空气驱动式生物转盘（图 7-17）是在盘片外缘周围设空气罩，在转盘下侧设曝气管，管上装有空气扩散器，空气从扩散器吹向空气罩，产生浮力，使转盘转动，同时具有曝气作用。

与沉淀池合建的生物转盘（图 7-18）是把平流沉淀池做成两层，上层设置生物转盘，下层是沉淀区。生物转盘用于初沉池时可起生物处理作用，用于二次沉淀池可进一步改善出水水质，节约池体。

与曝气池组合的生物转盘是在活性污泥法曝气池中设生物转盘，以提高原有设备的处理效果和处理能力。

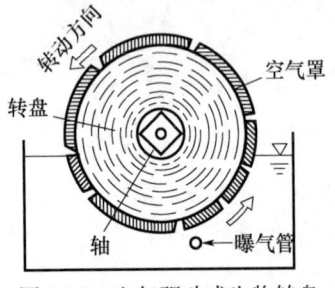

图 7-17 空气驱动式生物转盘

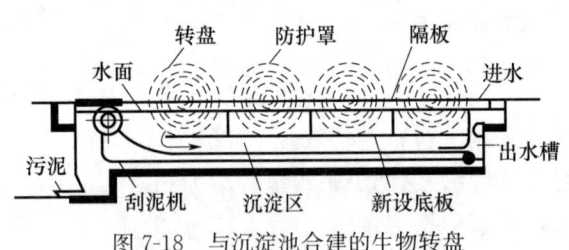

图 7-18 与沉淀池合建的生物转盘

7.4 生物接触氧化法

7.4.1 概述

生物接触氧化法是一种介于活性污泥法与生物滤池两者之间的生物处理技术。生物接触氧化法又称浸没式曝气生物滤池，于 1971 年在日本首创。近 10 年来，该技术在国内外得到了较为广泛的研究与应用，用于处理生活污水和某些工业的有机污水，并取得了良好的处理效果。目前，生物接触氧化法在国内的污水处理领域，特别在有机工业废水生物处理、小型生活污水处理中得到广泛应用，成为污水处理的主流工艺之一。

生物接触氧化池内设置填料，填料淹没在污水中，填料上长满生物膜，污水与生物膜接触过程中，水中的有机物被微生物吸附、氧化分解和转化为新的生物膜。从填料上脱落的生物膜，随水流到二次沉淀池后被去除，污水得到净化。空气通过设在池底的布气装置进入水流，随气泡上升时向微生物提供氧气。

生物接触氧化池主要特点：

(1) 生物接触氧化池内的生物固体浓度（10~20g/L）高于活性污泥法和生物滤池，具有较高的容积负荷［可达 3.0~6.0kgBOD$_5$/（m³·d）］；
(2) 不需要污泥回流，无污泥膨胀问题，运行管理简单；
(3) 对水量、水质的波动有较强的适应能力；
(4) 污泥产量略低于活性污泥法。

主要缺点：滤床易堵塞和更换，运行费用较高。

7.4.2 生物接触氧化池的构造

生物接触氧化池平面形状一般采用矩形，进水端应有防止短流措施，出水一般为堰式出水，图 7-19 为接触氧化池构造示意图。

接触氧化池主要由池体、填料和进水布气装置等组成。

池体用于设置填料、布水布气装置和支承填料的支架。池体可为钢结构或钢筋混凝土结构。从填料上脱落的生物膜会有一部分沉积在池底，必要时，池底部可设置排泥和放空设施。

生物接触氧化池填料要求对微生物无毒害、易挂膜、质轻、高强度、抗老化、比表面积大和孔隙率高。目前常采用的填料主要有聚氯乙烯塑料、聚丙烯塑料、环氧玻璃钢等做成的蜂窝状和波纹板状填料，纤维组合填料，立体弹性填料等。

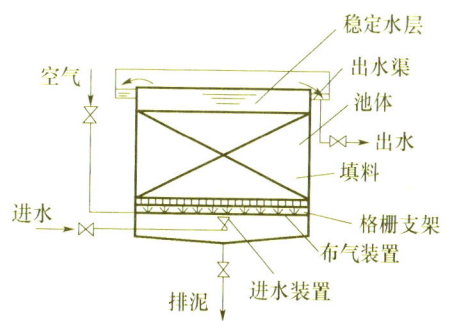

图 7-19 接触氧化池构造示意图

纤维状填料是用尼龙、维纶、腈纶、涤纶等化学纤维编结成束，呈绳状连接。用尼龙绳直接固定纤维束的软性填料，易发生纤维填料结团（俗称起球）问题，现在已较少采用。实践表明，采用圆形塑料盘作为纤维填料支架，将纤维固定在支架四周，可以有效解决纤维填料结团问题，同时保持纤维填料比表面积大，来源广，价格较低的优势，得到较为广泛的应用。为安装检修方便，填料常以料框组装，带框放入池中，或在池中设置固定支架，用于固定填料。

生物接触氧化池中的填料可采用全池布置，底部进水，整个池底安装布气装置，全池曝气，如图 7-19 所示；两侧布置，底部进水，布气管布置在池子中心，中心曝气，如图 7-20 所示；或单侧布置，上部进水，侧面曝气，如图 7-21 所示。填料全池布置、全池曝气的形式，由于具有曝气均匀，填料不易堵塞，氧化池容积利用率高等优势，是目前生物接触氧化法采用的主要形式。但不管哪种形式，曝气池的填料应分层安装。

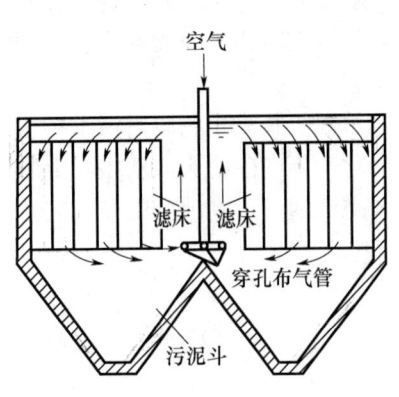
图 7-20 中心曝气的生物接触氧化池

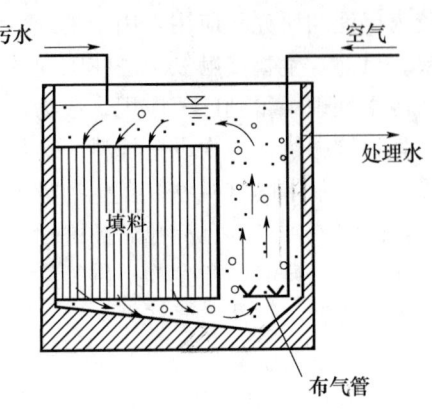
图 7-21 侧面曝气的生物接触氧化池

7.4.3 生物接触氧化法的工艺流程

生物接触氧化法的工艺流程应根据进水水质和处理程度确定。一般可分为一段（级）处理流程、二段（级）处理流程和多段处理流程。

1. 一段（级）处理流程

如图 7-22 所示，原污水经初次沉淀池处理后进入接触氧化池，经接触氧化池的处理后进入二次沉淀池，在二次沉淀池进行泥水分离，从填料上脱落的生物膜在这里形成污泥排出系统，澄清水则作为处理水排放。

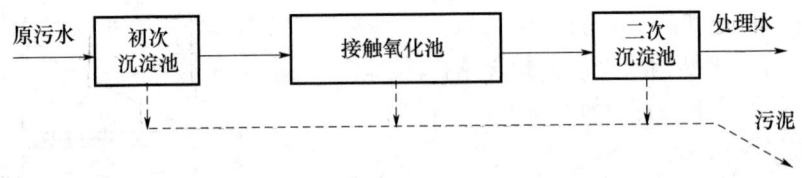

图 7-22 单级生物接触氧化法工艺流程

接触氧化池的流态为完全混合型，微生物处于对数增殖期和减衰增殖期的前期，生物膜增长较快，有机物降解速率也较高。

生物接触氧化的一段处理流程简单，易于维护运行，投资较低。

2. 二段（级）处理流程

如图 7-23 所示，在二级处理流程中，两级接触氧化池串联运行，必要时中间可设中间沉淀池（简称中沉池）。二段处理流程的每座接触氧化池的流态都属于完全混合型，而结合在一起又属于推流式。

图 7-23 二级生物接触氧化法工艺流程（设中沉池）

3. 多段处理流程

多段处理流程中串联三座或三座以上的接触氧化池。

在一段接触氧化池内 P/M 值应高，微生物增殖不受污水中营养物质含量的制约，处于对数增殖期，BOD_5 负荷率亦高，生物膜增长较快；在二段接触氧化池内 F/M 值较低，一般为 0.5 左右，微生物增殖处于减衰增殖期或内源呼吸期，BOD_5 负荷率降低，处理水水质提高。

7.4.4 生物接触氧化法的设计计算

1. 设计要求

（1）生物接触氧化池应根据进水水质和处理程度确定采用一段式或二段式。生物接触氧化池平面形状宜为矩形，有效水深宜为 3～5m。生物接触氧化池不宜少于两个，每池可分为两室。

（2）生物接触氧化池中的填料可采用全池布置（底部进水、进气）、两侧布置（中心进气、底部进水）或单侧布置（侧部进气、上部进水），填料应分层安装。

（3）宜根据生物接触氧化池填料的布置形式布置曝气装置。底部全池曝气时，气水比宜为 8∶1。

（4）生物接触氧化池进水应防止短流，出水宜采用堰式出水，生物接触氧化池底部应设置排泥和放空设施。

（5）生物接触氧化池的 5d 生化需氧量容积负荷，宜根据试验资料确定，无试验资料时，碳氧化宜为 2.0～5.0 $kgBOD_5/(m^3 \cdot d)$，碳氧化/硝化宜为 0.2～2.0 $kgBOD_5/(m^3 \cdot d)$。

2. 生物接触氧化法的设计计算

生物接触氧化池工艺设计的主要内容是计算填料的有效容积和池子的尺寸，计算空气量和空气管道系统。目前一般是在有机负荷计算填料容积的基础上，按照构造要求确定池子具体尺寸、池数以及池的分级。对于工业废水，最好通过试验确定有机负荷，也可审慎地采用经验数据。

（1）生物接触氧化池的有效容积（即填料体积）V

$$V = \frac{Q(S_0 - S_e)}{L_v} \tag{7-32}$$

式中 Q——设计污水处理量，m^3/d；

S_0、S_e——进水、出水 BOD_5，mg/L；

L_v——填料容积负荷，$kgBOD_5/[m^3(填料) \cdot d]$。

（2）生物接触氧化池的总面积（A）和池数（N）

$$A = V/h_0 \tag{7-33}$$

$$N = A/A_1 \tag{7-34}$$

式中 h_0——填料高度，一般采用 3.0m；

A_1——每座池子的面积，m^2。

（3）池深 h

$$h = h_0 + h_1 + h_2 + h_3 \tag{7-35}$$

式中 h_1——超高，0.5～0.6m；

h_2——填料层上水深，0.4～0.5m；

h_3——填料至池底的高度，一般采用 0.5m。

生物接触氧化池池数一般不少于 2 个，并联运行，每池由二级或二级以上的氧化池组成。

(4) 有效停留时间 t

$$t = V/Q \tag{7-36}$$

(5) 供气量（D）和空气管道系统计算

$$D = D_0 Q \tag{7-37}$$

式中 D_0——1m³污水需气量，m³/m³；根据水质特性、试验资料或参考类似工程运行经验数据确定。

生物接触氧化法的供气量，要同时满足微生物降解污染物的需氧量和氧化池的混合搅拌强度。满足微生物需氧所需的空气量，可参照活性污泥法计算。为保持氧化池内一定的搅拌强度，满足营养物质、溶解氧和生物膜之间的充分接触，以及老化生物膜的冲刷脱落，D_0 值宜大于10，一般取 15～20。

空气管道系统的计算方法与活性污泥法曝气池的空气管道系统计算方法基本相同。

【例 7-3】 已知某居民区平均日污水量 $Q = 2400 \text{m}^3/\text{d}$，污水 BOD_5 浓度 $S_0 = 160 \text{mg/L}$。拟采用生物接触氧化池处理，出水 BOD_5 浓度 $S_e \leq 20 \text{mg/L}$。试设计生物接触氧化池。

解：

(1) 确定设计参数：

① 平均时污水量

$$Q = 2400 \text{m}^3/\text{d} \approx 100 (\text{m}^3/\text{h})$$

② 进水 BOD_5 浓度：

$$S_0 = 160 (\text{mg/L})$$

③ 出水 BOD_5 浓度：

$$S_e = 20 (\text{mg/L})$$

④ BOD_5 去除率：

$$\eta = \frac{S_0 - S_e}{S_0} = \frac{160 - 20}{160} \approx 0.875 = 87.5\%$$

⑤ 根据试验资料确定：

填料容积负荷：

$$L_v = 1500 \ [\text{gBOD}_5/(\text{m}^3 \cdot \text{d})]$$

有效接触时间：

$$t = 2 (\text{h})$$

气水比：

$$D_0 = 15 (\text{m}^3/\text{m}^3)$$

(2) 生物接触氧化池计算：

① 有效容积（填料体积）：

$$V = \frac{Q(S_0 - S_e)}{L_v} = \frac{2400 \times (160 - 20)}{1500} = 224 (\text{m}^3)$$

② 氧化池总面积，设 $h_0 = 3\text{m}$，分三层，每层高 1m：

$$A = V/h_0 = 224 \div 3 \approx 74.7$$

③ 每格氧化池面积，采用8格氧化池，则每格面积为：

$$A_1 = A/N = 74.7 \div 8 \approx 9 \text{m}^2 < 259 (\text{m}^2)$$

每格氧化池尺寸 $L \times B = 3\text{m} \times 3\text{m}$。

④ 校核有效接触时间：
$$t=\frac{NA_1h_0}{Q}=\frac{8\times9\times3}{100}\approx2.16\text{h}\approx2.0(\text{h})$$

⑤ 氧化池总高度：

$h_0=3\text{m}$，$h_1=0.6\text{m}$，$h_2=0.5\text{m}$，$m=3$，$h_3=0.3\text{m}$，$h_4=1.5(\text{m})$

$h=h_0+h_1+h_2+(m-1)h_3+h_4=3+0.6+0.5+(3-1)\times0.3+1.5=6.2(\text{m})$

⑥ 污水在池内实际停留时间：
$$t'=\frac{NA_1(h-h_1)}{Q}=\frac{8\times9\times(6.2-0.6)}{100}\approx3.58(\text{h})$$

⑦ 选用 $\phi25\text{mm}$ 蜂窝形玻璃钢填料，所需填料总体积：
$$V'=NA_1h_0=8\times9\times3=216(\text{m}^3)$$

⑧ 采用多孔管鼓风曝气供氧，所需气量：
$$D=D_0Q=15\times2400=36000\text{m}^3/\text{d}\approx25(\text{m}^3/\text{min})$$

⑨ 每格氧化池所需空气量：
$$D_1=D/n=25\div8\approx3.125(\text{m}^3/\text{min})$$

⑩ 空气管路计算：同曝气池多孔管曝气系统。

7.5 曝气生物滤池

7.5.1 曝气生物滤池的构造、原理与工艺

1. 概述

曝气生物滤池简称BAF，是在20世纪70年代末80年代初出现于欧洲的一种生物膜法处理工艺。它充分运用了给水处理中过滤技术的先进经验，将生物接触氧化法与过滤法工艺相结合的一种好氧生物膜法废水处理工艺。该处理工艺是将生物接触氧化与过滤结合在一起，不设沉淀池，通过反冲洗再生实现滤池的周期更替。在废水的二级处理中，曝气生物滤池体现出处理负荷高、出水水质好、占地面积省等待点。

曝气生物滤池最初用于污水二级处理后的深度处理，由于其良好的处理性能，应用范围不断扩大。20世纪90年代初得到了较大发展，在法国、英国、奥地利和澳大利亚等国已有较成熟的技术和设备产品，并发展成为可以脱氮除磷的工艺。曝气生物滤池的运行方式可灵活调整，可以处理生活污水、高浓度工业废水，也可以用于废水深度处理或饮用水净化。

2. 曝气生物滤池的构造及工作原理

如图7-24所示，曝气生物滤池的结构与普通快滤池基本相同，但增加了曝气系统。曝气生物滤池由池体、布水系统、布气系统、承托层、滤层、反冲洗系统等部分组成。池底设承托层，上部为滤层。曝气生物滤池分为上向流式和下向流式。

（1）下向流式

早期开发的一种下向流式曝气生物滤池。这种曝气生物滤池的缺点是负荷不够高，大量被截留的SS集中在滤池上端几十厘米处，此处水头损失占了整个滤池水头损失的绝大部

分；滤池纳污率不高，容易堵塞，运行周期短。

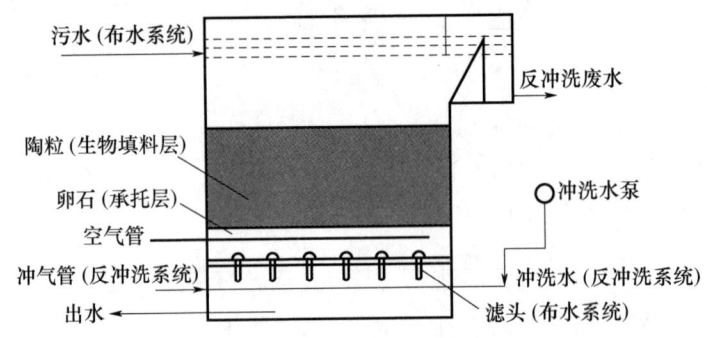

图 7-24 曝气生物滤池构造示意图

(2) 上向流式

图 7-25 所示为典型的上向流式（气水同向流）BIOFOR 曝气生物滤池，其底部为气水混合室，其上为长柄滤头、曝气管、承托层、滤料。所用滤料密度大于水，自然堆积，滤层厚度一般为 2～4m。

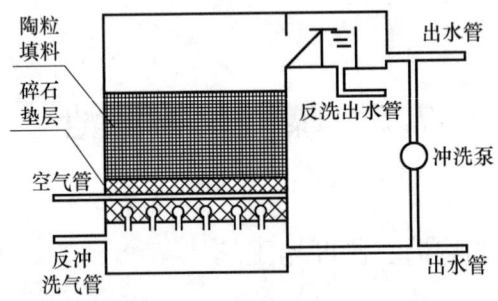

图 7-25 曝气生物滤池 BIOFOR 结构示意图

下面以下向流式为例介绍其工作原理。

曝气生物滤池的池内充填滤料，废水从池上部流入通过滤料，并淹没整个滤料，在池底铺设布气装置，使空气均衡地向上通过滤层。废水通过滤料层，在滤料表面生长发育成为生物膜。废水中溶解性有机物为存活性生物膜上的微生物所摄取、降解，而脱落的生物膜则部分地为滤料所截留，成为游离的生物污泥。

经过一段时间的运行，由于微生物的增殖，使生物膜得到增长，游离的生物污泥也逐渐增多，废水通过滤料的阻力增大，通水量降低，并可能产生局部堵塞、死水区，为了恢复滤层的过滤性能，对滤层定期地用水、气进行强制的冲洗。反冲洗水通过反冲洗水排放管排出后，回流至初沉池。

曝气生物滤池承托层采用的材质应具有良好的机械强度和化学稳定性，一般选用卵石作承托层，其级配自上而下为：卵石直径 2～4mm、4～8mm、8～16mm；卵石层高度分别为 50mm、100mm。曝气生物滤池的布水布气系统有滤头布水布气系统、栅型承托板布水布气系统和穿孔管布水布气系统。城市污水处理一般采用滤头布水布气系统。曝气用的空气管、布水布气装置及处理水集水管兼作反冲洗水管，可设置在承托层内。

滤料是生物膜的载体，同时兼有截留悬浮物质的作用，直接影响曝气生物滤池的效能。滤料费用在曝气生物滤池处理系统建设费用中占有较大的比例，所以，滤料的优劣直接关系到系统的合理与否。开发经济高效的滤料是曝气生物滤池技术发展的重要方面。

对曝气生物滤池滤料有以下要求：

(1) 质轻，堆积密度小，有足够的机械强度；
(2) 比表面积大，孔隙率高，属多孔惰性载体；
(3) 不含有害于人体健康的有害物质，化学稳定性良好；
(4) 水头损失小，形状系数好，吸附能力强。

3. 曝气生物滤池的工艺

如图 7-26 所示，曝气生物滤池污水处理工艺由预处理设施、曝气生物滤池及滤池反冲洗系统组成，可不设二次沉淀池。预处理一般包括沉砂池、初沉池或混凝沉淀池、隔油池等设施。污水经预处理后使悬浮固体浓度降低，再进入曝气生物滤池，有利于减少反冲洗次数和保证滤池的正常运行。如进水有机物浓度较高，污水经沉淀后可进入水解调节池进行水质水量的调节，同时也提高了污水的生物可降解性。曝气生物滤池的进水悬浮固体浓度应控制在 60mg/L 以下，并根据处理程度不同，可分为碳氧化、硝化、后置反硝化或前置反硝化等。碳氧化、硝化和反硝化可在单级曝气生物滤池内完成，也可在多级曝气生物滤池内完成。

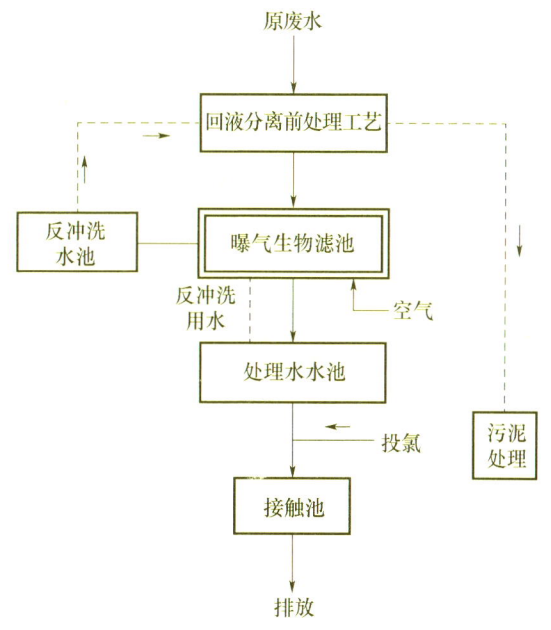

图 7-26 曝气生物滤池污水处理工艺系统图

曝气生物滤池运行时，污水从底部进入气、水混合室，经长柄滤头配水后通过承托层进入滤料，在此进行有机物、氨氮和 SS 的去除。反冲洗时，气、水同时进入气水混合室，经长柄滤头进入滤料，反冲洗出水回流入初沉池，与原污水合并处理。采用长柄滤头的优点是简化了管路系统，便于控制，缺点是增加了对滤头的强度要求，滤头的使用寿命会受影响。上向流的主要优点有：①同向流可促使布气布水均匀。若采用下向流，则截留的 SS 主要集中在滤料的上部，运行时间一长，滤池内会出现负水头现象，进而引起沟流，采用上向流可避免这一缺点。②采用上向流，截留在底部的 SS 可在气泡的上升过程中被带入滤池中上部，加大滤料的纳污率，延长反冲洗间隔时间。③气水同向流有利于氧的传递与利用。

4. 曝气生物滤池的特点

(1) 曝气生物滤池的主要优点

① 从投资费用上看，该工艺的处理装置结构紧凑，生化反应和过滤在一个单元中进行，不需要设二次沉淀池，水力负荷、容积负荷远高于传统污水处理工艺，停留时间短，厂区布置紧凑，可以节省占地面积和建设费用。

② 从工艺效果上看，曝气生物滤池填料的颗粒细小，提供了大的比表面积，使滤池单位体积内保持较高生物量，同时由于滤池周期性反冲洗使得填料上的生物膜较薄，其活性相对较高，生物量很大，可达 10g/L，因此，工艺的有机物容积负荷和去除率都较高。

③ 由于曝气生物滤池生物量大以及滤料截留和生物膜的生物絮凝作用，抗冲击负荷能力较强，耐低温，易挂膜，启动快，不发生污泥膨胀，出水水质高。

④ 曝气生物滤池中气、水相对运动，气液接触面积大，气、水与生物膜的接触时间长，曝气生物滤池中氧的传输效率高，曝气量小，供氧动力消耗低，处理单位污水电耗低。此外，自动化程度高，运行管理方便。

⑤ 曝气生物滤池具有多种净化功能，除了用于有机物去除外，还能够去除 NH_3-N 等。通过沿滤层高度上充氧强度的灵活调整达到下层缺氧区和上层好氧区的相互配合，以实现在同一装置中快速脱氮除磷功能。

(2) 曝气生物滤池的主要缺点

① 曝气生物滤池对进水的 SS 要求较高，需要采用对 SS 有较高处理效果的预处理工艺。而且，进水的浓度不能太高，否则容易引起滤料结团、堵塞。

② 曝气生物滤池水头损失较大，加上大部分都建于地面以上，进水提升水头较大。

③ 曝气生物滤池的反冲洗是决定滤池运行的关键因素之一，滤料冲洗不充分，可能出现结团现象，导致工艺运行失效。操作中，反冲洗出水回流入初沉池，对初沉池有较大的冲击负荷。此外，设计或运行管理不当会造成滤料随水流失等问题。

④ 产泥量略大于活性污泥法，污泥稳定性稍差。

7.5.2 曝气生物滤池的设计

曝气生物滤池的工艺设计参数主要有水力负荷、容积负荷、滤料高度、滤料粒径、单池面积，以及反冲洗周期、反冲洗强度、反冲洗时间和反冲洗气水比等。

(1) 形状、座数

① 曝气生物滤池的平面形状以正方形、圆形及长方形为宜，考虑的出发点是废水滤过均衡、避免和防止滤水短路和在滤层的局部部位出现脱落生物膜的积聚和堵塞现象。

② 曝气生物滤池单池的表面面积以不高于 $50m^2$ 为宜。如表面面积过大就要增大处理水贮池、反冲洗用水池的容积，增大反冲洗用水泵及风机的出力，也给均衡布气增加难度，这都是不利的。

③ 曝气生物滤池座数不宜少于 2 座。从便于维护管理方面考虑、最高座数以 8~12 座为宜。这样，最高的日处理废水量为 10000~15000m^3/d。

(2) 主要设计参数

① 滤速。曝气生物滤池的滤速按日最大废水量考虑，取值 20~30m/d 为宜。如超过此值应考虑增设废水调节池。

② BOD_5 容积负荷。按处理水的 BOD_5 值为 20mg/L 考虑，并按日最大废水量进行计

算。在碳氧化阶段，曝气生物滤池的污泥产率系数可为 0.75kgVSS/kgBOD$_5$。曝气生物滤池的容积负荷宜根据试验资料确定，无试验资料时，曝气生物滤池的 5d 生化需氧量容积负荷宜为 3～6kgBOD$_5$/(m^3·d)，硝化容积负荷（以 NH$_3$-N 计）宜为 0.3～0.8kgNH$_3$-N/(m^3·d)。反硝化容积负荷（以 NO$_3^-$—N 计）宜为 0.8～4.0kgNO$_3^-$—N/(m^3·d)。表 7-7 为曝气生物滤池的典型负荷。

③ 曝气量与鼓风机。曝气生物滤池由于反应时间短，供氧量应当充足，为此，从处理水 BOD 值为 20mg/L 的要求考虑，流入废水每 1kgBOD 的氧需要量与活性污泥处理系统相同为 0.9～1.4kgO$_2$。在计算时还应留有余地。

需氧量按下式计算：

$$Q_D = QSO' \times 10^{-3} \tag{7-38}$$

式中　Q_D——曝气生物滤池需氧量，kgO$_2$/d；
　　　Q——设计日最高废水量，m^3/d；
　　　S——流入曝气生物滤池废水的 BOD 值，mg/L；
　　　O'——每 1kgBOD 的需氧量，kgO$_2$/kgBOD。

④ 曝气生物滤池的反冲洗宜采用气、水联合反冲洗，通过长柄滤头实现。反冲洗空气强度宜为 10～15L/(m^2·s)，反冲洗水强度不应超过 8L/(m^2·s)。在一般情况下，每座滤池反冲洗需时 20～30mm。

表 7-7　曝气生物滤池典型负荷

负荷类别	碳氧化	硝化	反硝化
水力负荷/[m^3/(m^2·h)]	2～10	2～10	—
最大容积负荷/[kgX/(m^3·d)]	3～6	<1.5 (10℃)	<2 (110℃)
	3～6	<2.0 (20℃)	<5 (20℃)

注：碳氧化、硝化和反硝化时，X 分别代表 5d 生化需氧量、氨氮和硝酸盐氮。

7.6　生物流化床

流化床从开发至今只有几十年的历史，最初主要用于化工合成和石化行业。流化床反应器是利用流态化的概念进行传质或传热操作的一类反应器。后来由于此类反应器在许多方面所表现出来的独特优势，使它的应用范围逐渐拓展到煤的燃烧、金属的提炼、空气的净化等诸多领域。

7.6.1　生物流化床的概述

生物流化床处理污水的研究和应用始于 20 世纪 70 年代初的美国。当时，作为固定床生物膜法的生物滤池已得到较为普遍的应用。固定床操作存在着容易堵塞的弊病，因此要求选用大粒径的滤料，然而大粒滤料却限制了微生物附栖生长的比表面积，降低了反应器内的生物量，从而影响处理效率。能否在解块堵塞问题的同时又能保证高的处理效率成为人们所关心的课题。正是在这样的背景下，提出了将固定床改变为流化床的设想。

生物流化床处理技术是借助流体（液体、气体）使表面生长着微生物的固体颗粒（生物颗粒）呈流态化，同时进行有机污染物降解的生物膜法处理技术。生物流化床是一种强化生物处理、提高微生物降解有机物能力的高效工艺。

生物流化床是生物膜法的一种。在原理上，它是通过载体表面的生物膜发挥去除作用，但从反应器形式上看，它又有别于生物转盘、生物滤池等其他生物膜法。在生物流化床中，生物膜随载体颗粒在水中呈悬浮态，加之反应器中同时存在有或多或少的游离生物膜和菌胶团，因此它同时具备有悬浮生长法（活性污泥法）的一些特征。从本质上讲，生物流化床是一类既有固定生长法特征又有悬浮生长法特征的反应器，这使得它在微生物浓度、传质条件、生化反应速率等方面有一些优点。

（1）生物流化床中小粒径的载体提供了微生物附栖生长的巨大比表面积，使反应器内能维持高的微生物浓度（可达 40～50g/L），因而提高了反应器的容积负荷［可达 3～6 kg/(m^3·d)甚至更高］。

（2）流态化的操作方式创造了反应器内良好的传质条件，无论是氧还是基质的传递速率均明显提高。对于像食品、酿造这类可生化性较好的工业废水，生化反应的速率较快，因此生物流化床在传质上的优势更能明显体现。

（3）较高的生物量和良好的传质条件使生物流化床可以在维持处理效果的同时减小反应器容积，节省投资，且占地面积小。

（4）与活性污泥法相比，生物流化床具有较强的抵抗冲击负荷的能力，不存在污泥膨胀问题。

（5）生物流化床反应器中为了阻止载体流失，一般在反应器顶设置沉淀区，在沉淀区同时可将脱落的生物膜分离出来。在负荷不高、对出水悬浮物浓度无特殊要求时可以省去二次沉淀池，剩余污泥通过脱膜设备排出系统，这就简化了流程。

尽管生物流化床具有上述的诸多优点，而且近三十年来其应用范围和规模都日益扩展，但是其普及程度始终远不及活性污泥法、生物接触氧化，也不及生物滤池。原因是多方面的，其中最主要的一点是由于流态化本身的特点，使生物流化床反应器的设计和运转管理对技术的要求较高。其主要缺点是设备的磨损较固定床严重，载体颗粒在湍流过程中会被磨损变小。此外，设计时还存在着生产放大方面的问题，如防堵塞、曝气方法、进水配水系统的选用和生物颗粒流失等。因此，目前我国污水处理中应用较少，上述问题的解决，有可能使生物流化床获得较广泛的工程规模应用。

7.6.2 生物流化床的原理

1. 生物流化床的定义

若流体自下而上通过颗粒固定床层，其初期压降将随流速的增大而增大，且压降与流速呈线性关系。当流速增大到某一数值，此时压力降低的数值等于颗粒床层的浮重时，床中颗粒便由静止开始向上运动，床层也由固定床开始膨胀；若流速继续增大，则床层进一步膨胀，直到颗粒之间互不接触，悬浮在流体中，这一状态叫初始流态化。达到初始流态化以后，如再继续增大流速，床层会进一步膨胀，但压降却不再增大。初始流态化状态对应的流速叫临界流化速度（u_{mf}）。

在图 7-27 所示的关系曲线中，(a) 为理想状态，(b) 的曲线由于颗粒间相互粘连而发生偏差，这种情况在生物流化床停止运行又重新启动时十分明显。从图 (b) 中还可看到，当颗粒大小不一时，床层由固定转向流态的过程是逐渐过渡的，因而难以准确确定临界状态。此外，当有气体引入两相床（好氧床底部曝气或厌氧床内产生沼气）而使床层成为三相床时，临界状态将变得更为模糊。这些原因使试验确定 u_{mf} 变得困难，所以通过计算确定 u_{mf} 就显得颇有意义。

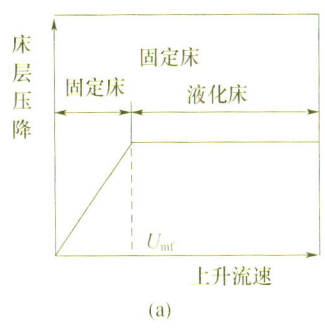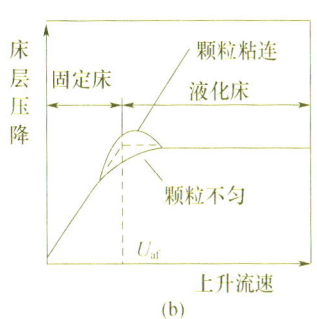

图 7-27　床层压降与上升流速的关系

临界流化速度 u_{mf} 是指示固定床与流化床之中间状态的关键参数，它实际上是使颗粒流化的最小流化流速。在生物流化床的设计中 u_{mf} 是一个重要的校核参数，必须保证设计时所选择的流体上升流速大于 u_{mf}。对于 u_{mf} 的计算，目前已有多种方法适用于不同的场合。

在达到初始流态化以后床层开始流化，此时随着流速的增大颗粒间的平均距离也增大，即床层的空隙率增大，当空隙率增大到一定数值时，颗粒会随着流体从反应器中流失，此时的流体流速称为冲出速度。显然，在生物流化床的操作过程中，流体流速应介于临界流化速度和冲出速度之间。床层中流体流速与空隙率之间是密切相关的，二者之间的关系描述了床层的膨胀行为，这是进行生物流化床设计的基础。

2. 流化床的类型与特性

按照使载体流化的动力来源不同，生物流化床一般可分为以液流为动力的两相流化床和以气流为动力的三相流化床。

（1）两相生物流化床特性及工艺

液-固两相流化床膨胀特性通常用 Richardson-Zaki 方程描述：

$$\varepsilon^n = \frac{u_l}{u_i} \tag{7-39}$$

式中　ε——床层孔隙率，ε＝（床层体积－固相颗粒真体积）/床层体积；

n——系数，由颗粒特性决定，u_l 一定时为一常数；

u_l——液相表观流速，cm/s，u_l＝液体体积流量/床层截面积；

u_i——ε＝1 时的 u_l，cm/s。

式 (7-39) 只是一个经验关联式，至今仍没有为这一方程找到理论依据，但多年的应用证实，用这一方程描述两相流化床的行为是十分准确的。若以 $\ln\varepsilon$ 对 $\ln u_l$ 作直线，线性相关系数能达到 0.99 以上。因此这一方程一直是流化床反应器设计的基础关联式。

式 (7-39) 中的 u_i 是一个反映固相颗粒特性的参数，它近似等于颗粒在液相中的静置沉降终速度（u_t），但略受颗粒直径与反应器直径之比（d/D）的影响，在应用中一般忽略这一影响。将式 (7-40) 写成：

$$\varepsilon^n = \frac{u_l}{u_t} \tag{7-40}$$

式中，n 值与颗粒沉降雷诺数 Re_t 有关，Re_t 的值一般在 1～200 之间，这时：

$$n = (4.4 + 1.8d/D) Re_t^{-0.1} \tag{7-41}$$

氧气或空气为氧源的液-固二相流化床流程如图 7-28 所示。污水与部分回流水在充氧设备中与氧混合，使污水中的溶解氧达到 32～40mg/L，然后从底部通过布水装置进入生物流化床，缓慢均匀地沿床体横断面上升，同时与生物膜接触，发生生物氧化反应。处理后的污水从上部流出床体，进入二次沉淀池，分离脱落的生物膜，处理水得到澄清。为了及时脱除载体上老化的生物膜，应在流程中设脱膜装置。

（2）三相生物流化床特性及工艺

在三相生物流化床中，由于气体的加入，其膨胀特性要比两相床复杂得多。生物流化床中的颗粒一般属于小颗粒的范畴，小颗粒三相流化床表现出均匀膨胀的特性，即开始向液-固床中引入气体时，发生的不是床层膨胀而是收缩，在达到某一临界气速之前，增加气速会继续发生床层收缩，且液速越大，收缩程度也越大。在到达临界点以后，再增加气速则床层开始膨胀（图 7-29）。

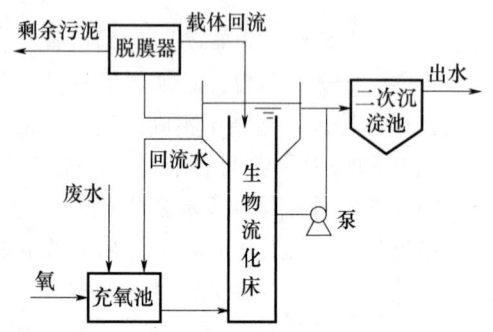

图 7-28 两相生物流化床工艺流程图

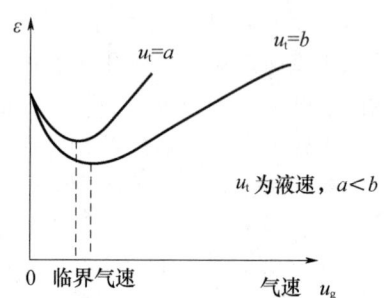

图 7-29 三相生物流化床中气速与孔隙率的关系

对于三相生物流化床床层膨胀的经验关联式，目前还没有成熟的方程可供利用。原因是除了表观液速、表观气速、生物颗粒特性等基本参数以外，其他众多因素如反应器规模、曝气方式、气泡大小、颗粒分级等均对膨胀特性有较大影响。在某些特定条件下所得到的膨胀关联式不具备普遍性。

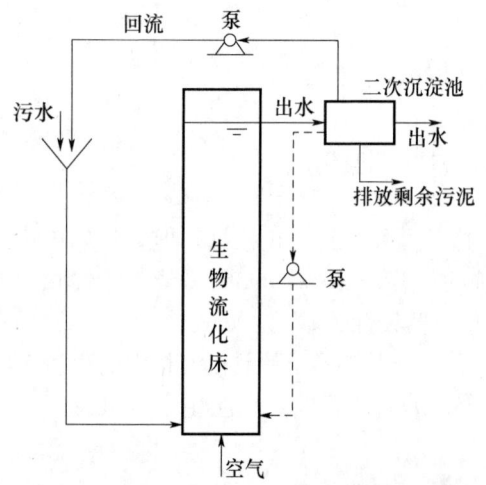

图 7-30 三相生物流化床工艺流程图

以空气为氧源的三相流化床的工艺流程如图 7-30 所示。本工艺的流化床由三部分组成，在床体中心设输送混合管，其外侧为载体沉降区，上部为载体分离区。空气由输送混合管的底部进入，在管内形成气液固混合体，混合液在空气的搅拌作用下载体之间产生强烈的搅拌摩擦作用，外层生物膜自动脱落，因此不需要特别的脱膜装置。但载体易流失，气泡易聚集变大，影响充气效果。为了控制气泡大小，可以采用减压释放空气的方式充氧或射流曝气充氧。

生物流化床除用于好氧生物处理外，尚可用于生物脱氮和厌氧生物处理。

7.6.3 生物流化床的主要构造

(1) 床体

生物流化床床体平面多呈圆形，多由钢板焊接而成，需要时也可以由钢筋混凝土浇灌而成。

(2) 载体

生物流化床载体是生物流化床的核心部件，通常采用细石英石、颗粒活性炭、焦炭、无烟煤球、聚苯乙烯等。一般颗粒直径为 0.6~1.0mm，所提供的表面积很大。例如用直径为 1mm 的砂粒作载体，其比表面积为 3300m²/m³ 粒径，是一般生物滤池的 50 倍。

(3) 布水装置

生物流化床布水装置一般位于滤床的底部，它能起到均匀布水和承托载体颗粒的作用，因此是生物流化床的关键技术环节。目前在生物流化床的应用中通常采用的形式有：多孔板、多孔板上设砾石粗砂承托层、圆锥布水结构及泡罩分布板。

(4) 反应器沉淀区及三相分离器

在生物流化床中，为了处理出水排出之前将生物颗粒与水分离，有时也为了去除水中的游离菌胶团或脱落的生物膜并排除剩余污泥，需要在反应器顶部设置沉淀区。对于三相床，除了实现液-固两相分离之外，还应能将气泡从水中分离，一般称这种沉淀区为三相分离器。

反应器的沉淀区根据工艺要求的不同可设计成不同的形式，取用不同的参数。当流化床有后续的二次沉淀池，无须从反应器中排出剩余污泥时，沉淀区的目的仅仅是分离生物颗粒和废水，防止载体流失，这时应选择适当的表面负荷。既能有效分离生物颗粒又不致于使脱落的生物膜在反应器中积累。对石英砂载体负荷以 4~5m³/(m²·h) 为宜，沉淀区形式如图 7-31 (a) 所示。

如果对流化床出水的悬浮物含量有较高要求，而且后续流程中不设二次沉淀池，此时沉淀区应能将生物颗粒和脱落的生物膜分别分离，沉淀区总的表面负荷以 1~1.5m³/(m²·h) 为宜，沉淀区可做成图 7-31 (b) 的形式。

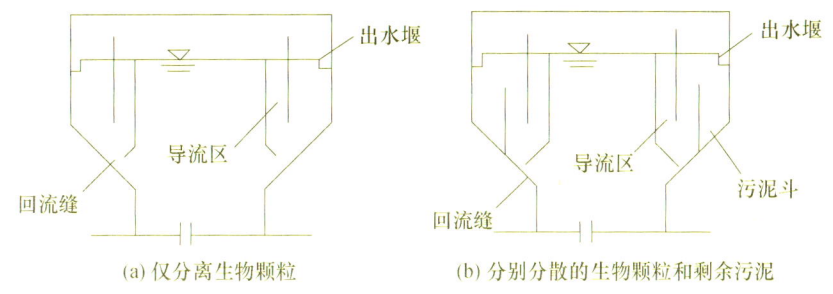

图 7-31 反应器沉淀区

7.6.4 生物流化床的设计计算

1. 选择载体种类，确定载体参数

对于石英砂、活性炭这类近似球形的载体，平均粒径 d、以 0.3~1.0mm 为宜，最大与最小粒径之比不应大于 2。对于形状各异的人工载体，其流化特性应根据试验定出。

2. 生物膜厚度及生物颗粒

取生物膜厚度 $\delta = 0.10 \sim 0.20 \text{mm}$。生物膜厚度的取值与进水 BOD_5 有关，对与生活污水性质相近的工业废水，δ 取 $0.10 \sim 0.12 \text{mm}$。生物颗粒的粒径和密度计算如下：

$$d_p = d_s + 2\delta \tag{7-42}$$

$$\rho_p = \frac{\rho_s d_s^3 + (d_p^3 - d_s^3)\rho_f}{d_p^3} \tag{7-43}$$

式中 ρ_s、ρ_f、ρ_p——载体、湿生物膜、生物颗粒的密度，g/cm^3，ρ_f 取 $1.02 \sim 1.04 g/cm^3$；

d_p、d_s——分别为生物颗粒、载体的平均粒径，mm；

δ——生物膜厚度。

3. 生物颗粒的沉降特性

生物颗粒的静置沉降终速度 u_t（cm/s）为

$$u_t = \sqrt{\frac{40(\rho_p - \rho_l)g d_p}{3\rho_l C}} \tag{7-44}$$

式中 ρ_l——废水密度，g/cm^3；

g——重力加速度，$9.8 m/s^2$；

C——系数，由下式给出：

$$C = \frac{24}{Re_t} + \frac{3}{\sqrt{Re_t}} = 0.34 \tag{7-45}$$

式中 Re_t——生物颗粒静置沉降的雷诺数，由下式给出：

$$Re_t = \frac{u_t d_p \rho_l}{\mu} \times 0.1 \tag{7-46}$$

式中 μ——废水绝对黏度，$g/(cm \cdot s)$。

通过对上式进行计算，可确定 u_t、C 和 Re_t。

4. 床层的膨胀行为

首先由下式计算 Richardson-Zaki 常数（忽略反应器壁的影响）：

$$n = 4.4 Re_t^{-0.1} \tag{7-47}$$

再确定床层的临界流化速度：

$$u_{mf} = u_t \varepsilon_{mf}^n \tag{7-48}$$

式中 ε_{mf}——临界空隙率，对近似球形的载体可取 $\varepsilon_{mf} = 0.4$。

取废水在床内的上升流速 $u_l = 1.5 \sim 2.5 u_{mf}$，则由下式可得到床层空隙率：

$$\varepsilon = \left(\frac{u_l}{u_t}\right)^{1/n} \tag{7-49}$$

5. 反应器的有效容积

反应器中所需装填的载体多少由参数 M_s 给定，M_s 为载体的总质量（kg）。选取 M_s 以后载体的真体积 V_s（m^3）为：

$$V_s = \frac{M_s}{\rho_s} \times 10^{-3} \tag{7-50}$$

床层的体积，即反应器的有效容积 V（m^3）由下式确定：

$$V = \frac{(d_p/d_s)^3 V_s}{1-\varepsilon} \times 10^{-3} \tag{7-51}$$

6. 核算污泥负荷

$$F_s = \frac{(S_i - S_e)Q}{\left[\left(\dfrac{d_p}{d_s}\right)^3 - 1\right]\rho_f V_s (1-P) \times 10^6} \tag{7-52}$$

式中　S_i——进水有机物浓度，mg/L；

S_e——出水有机物浓度，mg/L；

Q——废水流量，m³/d；

P——生物膜含水率，一般取 $P=95\%$；

F_s——污泥负荷，kg/(kg·d)，F_s 应在 0.1~0.3kg/(kg·d) 的范围内，如核算得到的 F_s 过大，应调整 M_s 的取值，使 F_s 满足要求。

7. 反应器尺寸

一般生物流化床中单凭废水的流量不足以使载体流化，因此应将部分出水回流至反应器入口。取回流比 $R=100\%\sim200\%$，则床层截面积：

$$A = \frac{Q(1+R)}{864u_t} \tag{7-53}$$

式中　Q_r——回流水量，m³/d，$R=Q_r/Q$。

床层高由下式计算：

$$H = V/A \tag{7-54}$$

如果得到的床高 H 及截面积 A 使 H/D 比例不当，则可相应调整 R 值。R 值的大小应考虑进水的稀释、充氧等因素。

8. 进行流体分布器、沉淀区等设施的设计

上述设计方法仅适用于两相生物流化床。对三相床的情形，生物膜的厚度考虑水力紊动原因应取得小一些，而且作为设计核心的 Richardson-Zaki 方程，应根据所用气量的大小作相应的修正。

7.7　序批式生物膜反应器

序批式生物膜反应器（Sequencing Batch Biofilm Reactor，SBBR），是一种将生物膜法与活性污泥法进行有机结合的新型复合式生物膜反应器。SBBR 是在 SBR 基础上，在反应器内装有不同的填料，使污泥颗粒化或在反应器内安装填料使活性污泥在填料上形成生物膜，运行上遵循 SBR 的运行模式。

SBBR 工艺具有与 SBR 类似的工艺流程，如图 7-32 所示。一个 SBBR 工艺完整的操作过程包括五个阶段：进水、反应、沉淀、出水、闲置，其运行工况是以时间顺序间歇操作。在一个运行周期中，各个阶段的运行时间、反应器内混合液的体积变化及运行状态都可以根据污水水质、出水水质要求、运行功能等要求灵活控制。与传统的 SBR 相比，SBBR 可以不设置沉淀过程。

按照所选填料的不同，SBBR 一般可分成三类：①固定填料式 SBBR，反应器内装有陶粒、塑料及其他固定式生物载体。②流动填料式 SBBR，反应器内装有粒状可流化的生物载

体，如活性炭等。③微孔膜 SBBR，反应器内装有一个可透过性膜，这种膜可以成为微生物的载体，同时又能完成充氧功能。

SBBR 通过将生物膜法与活性污泥法进行有机结合，形成了一些特有的优势，主要特点如下：

(1) 微生物相多样化

由于生物膜固定在填料上，具有稳定的生态条件，能栖息增殖速度慢、世代时间长的细菌和较高级的微生物，如硝化菌，还可能出现大量的丝状菌、线虫类、轮虫类等，故采用 SBBR 法可获得较好的脱氮效果。

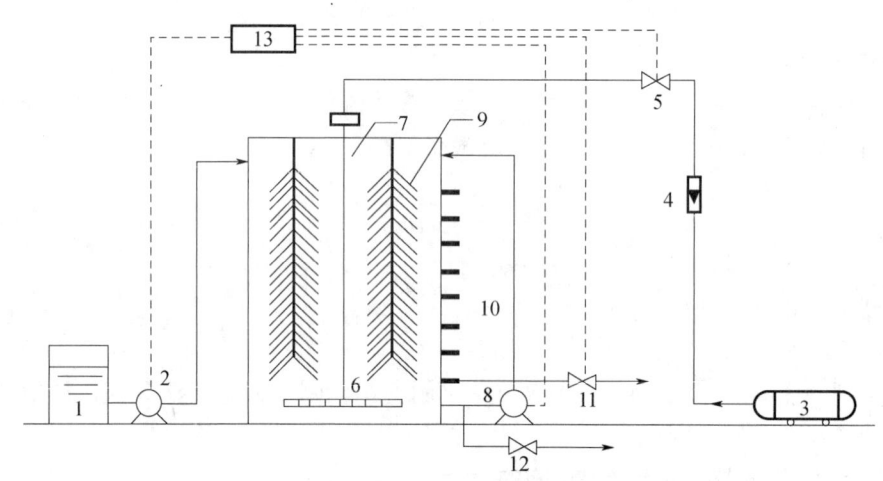

图 7-32　序批式生物膜反应器工艺流程图
1—污水槽；2—进水泵；3—空气压缩机；4—空气流量计；5—空气电磁阀；6—微孔曝气器；
7—反应器；8—回流泵；9—生物载体；10—出水口；11—出水电磁阀；12—排空阀；13—自动控制装置

(2) 微生物量高，耐冲击负荷

SBBR 内挂的生物膜具有较少的含水率，单位体积内的生物量可达活性污泥法的 5～10 倍；而且反应器内生物膜的浓度和性质分布均匀，故具有良好的抗冲击负荷的能力。

(3) 剩余污泥产量少

SBBR 的生物膜上栖息较多高营养水平的微生物，食物链较长，生物污泥量较少，降低了污泥的处理与处置费用。

(4) 动力消耗小，易于维护管理

由于 SBBR 填料的剪切作用，提高了氧的传输效率，故动力消耗较 SBR 小，且其不需要污泥回流，因而不需要经常调整污泥量和污泥排出量，易于维护管理。

SBBR 兼具生物膜法和活性污泥法两种技术的特点，工艺简单，污泥产量少，基建运行费用低，实现了在一个反应器内污水的脱氮除磷，是目前国内外正在研究、应用的一种污水生物处理新工艺。国内的研究集中在工业污水的处理上，国外的研究主要集中在有毒、难降解有机物的处理上。

SBBR 研究和应用中尚存在一些问题有待进一步解决，如填料的选择、厌氧—好氧交替状态对微生物活性和种群分布的影响、同步脱氮除磷性能的提高等，SBBR 是一种尚处于不断发展、完善阶段的生物处理技术。

7.8 生物膜法的进展

随着污水处理技术的快速发展,近年来研究开发出许多生物膜法新型工艺方法,并在工程实践中得到应用。

(1) 生物膜—活性污泥法联合处理工艺:这类工艺综合发挥生物膜法和活性污泥法的特点,克服各自的不足,使生物处理工艺发挥出更高的效率。工艺形式包括活性污泥—生物滤池法及生物滤池—活性污泥法串联处理工艺、悬浮滤料活性污泥法等。

(2) 生物脱氮除磷工艺:应用硝化—反硝化生物脱氮原理,组合生物膜反应器的运行方式,使生物膜法具备生物脱氮能力。同时,采取在出水端或反应器内少量投药的方法,进行化学除磷,使整个工艺系统具备脱氮除磷的能力,满足当今污水处理脱氮除磷的要求。

(3) 生物膜反应器:包括微孔膜生物反应器、复合式生物膜反应器、移动床生物膜反应器等。

习题与思考

1. 什么是生物膜法?生物膜成熟的标志是什么?生物膜法具有哪些特点?
2. 试述生物膜法净化废水的机理。
3. 比较生物膜法和活性污泥法的优缺点。
4. 什么是生物接触氧化法?有哪些典型工艺流程?
5. 生物膜法有哪几种形式?试比较它们的特点。
6. 试述各种生物膜法处理构筑物的基本构造及其功能。
7. 生物滤池有几种形式?各适用于什么具体条件?
8. 影响生物滤池处理效率的因素有哪些?它们是如何影响处理效果的?
9. 影响生物转盘处理效率的因素有哪些?它们是如何影响处理效果的?
10. 某工业废水水量为 600m³/d,BOD_5 为 430mg/L,经初沉池后进入高负荷生物滤池处理,要求出水 $BOD_5 \leqslant 30$mg/L,试计算高负荷生物滤池尺寸和回流比。
11. 某印染厂废水量为 1000m³/d,废水平均 BOD_5 为 170mg/L,COD 为 600mg/L,试计算生物转盘尺寸。
12. 某印染厂废水量为 1500m³/d,废水平均 BOD_5 为 170mg/L,COD 为 600mg/L,采用生物接触氧化池处理,要求出水 $BOD_5 \leqslant 20$mg/L,$COD \leqslant 250$mg/L,试计算生物接触氧化池的尺寸。

8 污水自然处理

> **学 习 提 示**
> **本章学习要点**：掌握污水稳定塘及土地处理系统的净化机理和设计计算；了解稳定塘系统的组成工艺。

污水的自然处理是利用天然（或经一定人工修整）的池塘或土地对污水进行生物处理的过程，也称为自然条件下的生物处理法。自然生物处理通常包括两大类型：①水体净化处理系统（如稳定塘），其净化原理与活性污泥法相似；②土地处理系统（如土地渗滤和污水灌溉），其净化原理与生物膜法相似。

自然生物处理系统不仅费用低廉、运行管理简便，而且对难生物降解的有机物、氮、磷等营养物质和细菌的去除率均高于常规二级生物处理。此外，在一定条件下，生物稳定塘还能作为养殖塘加以利用，污水灌溉可利用污水中的营养物质作为水肥资源，故自然生物处理是一种兼具环境效益和经济效益的污水处理工艺，在中小城镇的污水处理中具有一定的优势。

8.1 稳 定 塘

8.1.1 概述

1. 稳定塘的发展及应用

稳定塘又称氧化塘、生物塘，对污水的净化过程与自然水体的自净过程相似，是一种利用天然净化能力对污水进行处理的构筑物的总称。稳定塘始于20世纪初，多用于小型污水处理，可用作一级处理、二级处理，也可用作三级处理。20世纪50~60年代稳定塘技术的发展较快，但占城市废水处理的比例很低；目前，在美国、加拿大、澳大利亚等有一定发展。我国的环境保护技术政策规定："城市废水处理，应推行废水处理厂与氧化塘、土地处理系统相结合的政策"。

2. 稳定塘的净化原理与分类

（1）稳定塘内的净化原理

稳定塘是经过人工适当的修整，设围堤和防渗层的池塘，其净化过程与自然水体的自净过程相似，主要利用菌藻的共同作用处理污水中的有机污染物。污水在塘内缓慢流动，较长时间贮存，通过微生物和包括水生植物在内的多种生物的综合作用，同时稳定塘中发生着各种物理、化学及生物化学反应，使污水中有机污染物降解，污水得到净化。

稳定塘是一种复杂的半人工生态系统，由生物和非生物两部分组成。其中生物部分主要有细菌、藻类、原生动物、后生动物、水生植物以及高等水生动物。非生物因素主要包括光照、风力、温度、有机负荷、pH值、溶解氧、二氧化碳、氮及磷营养元素等。

（2）稳定塘的分类

根据塘水中微生物反应的类型和供氧方式，稳定塘可以划分为：好氧塘、兼性塘、厌氧塘、曝气塘、深度处理塘、综合生物塘等。

好氧塘：好氧塘的深度较浅，阳光能透至塘底，全部塘水内都含有溶解氧，塘内菌藻共生，溶解氧主要是由藻类光合作用和大气复氧供给，好氧微生物起净化污水作用。

兼性塘：兼性塘的深度较大，上层是好氧区，藻类的光合作用和大气复氧作用使其有较高的溶解氧，由好氧微生物起净化污水作用；中层的溶解氧逐渐减少，称兼性区（过渡区），由兼性微生物起净化作用；下层塘水无溶解氧，称厌氧区，沉淀污泥在塘底进行厌氧分解。

厌氧塘：厌氧塘的塘深在2m以上，有机负荷高，全部塘水均无溶解氧，呈厌氧状态，由厌氧微生物起净化作用，净化速度慢，污水在塘内停留时间长。

曝气塘：曝气塘采用人工曝气供氧，塘深在2m以上，全部塘水有溶解氧，由好氧微生物起净化作用，污水停留时间较短。

深度处理塘：深度处理塘又称三级处理塘或熟化塘，属于好氧塘。其进水有机污染物浓度很低，一般$BOD_5 \leq 30mg/L$。常用于处理传统二级处理厂的出水，提高出水水质，以满足受纳水体或回用水的水质要求。

其他还有水生植物塘、生态塘、完全储存塘。

（3）常用稳定塘的特点和适用条件

常用稳定塘的特点和适用条件见表8-1。

表8-1 常用稳定塘比较

项目	好氧塘	兼性塘	厌氧塘	曝气塘
优点	① 池塘浅、溶解氧高、菌藻共生、活跃；② 基建投资少，运行费用低；③ 处理效果较好；④ 管理方便	① 基建投资和运行费用低；② 塘中分不同区域有不同的作用，耐冲击负荷；③ 处理效果较好；④ 管理简便	① 耐冲击负荷强；② 占地少；③ 所需动力很少；④ 储泥多，且起到一定的浓缩消化作用	① 耐冲击负荷较强；② 体积较小、占地省；③ 所产生气味小；④ 处理程度较高
缺点	① 池面大、占地多；② 出水中藻类含量高，需进行补充处理；③ 产生一定臭味	① 池地大，占地较多；② 出水水质不稳定，有波动；③ 夏季运行常有漂浮污泥；④ 产生一定臭味	① 对温度要求较高；② 产生臭味大	① 出水中含固体物质高；② 运行费用较高；③ 易起泡沫
适用条件	① 去除营养物；② 去除溶解性有机物；③ 处理生化二级出水	① 适于城市污水和工业废水；② 适于小城镇污水处理	适宜处理温度高、有机物浓度高的污水	适宜处理城市污水和工业废水

(4) 稳定塘计算公式

稳定塘最常用的设计方法是根据表面有机负荷设计塘的面积，然后再相应确定塘结构的其他尺寸，校核停留时间，表 8-2 列出了稳定塘的基本计算公式。

表 8-2　稳定塘基本计算公式

计算项目	计算公式	符号说明
塘的总面积	$A = \dfrac{Q_V \rho_0}{N_S}$　(8-1)	A——氧化塘有效面积，m^3 Q_V——进水设计流量，m^3/d ρ_0——进水 BOD_5 浓度，mg/L N_S——负荷，$gBOD_5/(m^2 \cdot d)$
单塘有效面积	$A_1 = \dfrac{A}{n}$　(8-2)	A_1——单塘有效面积，m^2 n——塘个数
单塘水面长度	$L_1 = \sqrt{RA_1}$　(8-3)	L_1——单塘水面长度，m R——池水面的长宽比例，如长宽比为 3:1 时，$R=3$
单塘水面宽度	$b_1 = \dfrac{1}{R}L_1$	b_1——单塘水面宽度，m
单塘有效容积 (有斜坡的长方形塘)	$V_1 = [L_1 b_1 + (L_1-2sh_1)(b_1-2sh_1) +$ $4(L_1-sh_1)(b_1-sh_1)]h_1/6$ (8-4)	V_1——单塘有效容积，m^3 h_1——单塘有效深度，m s——水平坡度系数，例如坡度为 3:1 时，$s=3$
水力停留时间	$HRT = nV_1/Q_V$　(8-5)	HRT——水力停留时间，d
单塘长度	$L = L_1 + 2s(h-h_1)$　(8-6)	L——单塘长度，m h——塘总深度，m
单塘宽度	$b = b_1 + 2s(h-h_1)$　(8-7)	b——单塘宽度，m
单塘容积	$V_2 = [Lb + (L-2sh)(b-2sh) +$ $4(l-sh)(b-sh)]h/6$　(8-8)	V_2——单塘容积，m^3
塘总容积	$V = nV_2$　(8-9)	V——塘总容积，m^3

出水有机物的浓度可根据以下经验公式计算：

$$\rho_e = 16.3 \rho_0^{0.7}(HRT)^{-0.44} t^{-0.55} \quad (8\text{-}10)$$

式中　ρ_0——进水 BOD_5 浓度，mg/L；

　　　ρ_e——出水 BOD_5 浓度，mg/L；

　　　HRT——水力停留时间，d；

　　　t——平均水温，℃。

8.1.2　好氧塘

1. 好氧塘分类

好氧塘深度较浅，一般不超过 0.5m，阳光能够透入塘底，主要依靠藻类光合作用和塘表面风力搅动自然复氧供氧，全部塘水呈好氧状态，由好氧微生物起净化作用。好氧塘内的生物种群主要有藻类、菌类、原生动物、后生动物、水蚤等微型动物。

按有机负荷的高低，好氧塘可分为高负荷好氧塘、普通好氧塘和深度处理好氧塘。高负荷好氧塘水深较浅，水力停留时间短，有机负荷高，出水藻类含量高，运行技术较复杂，只适用于气候温暖且阳光充足的地区；普通好氧塘有机负荷高，水力停留时间长，适用于污水的二级处理；深度处理好氧塘水深比高负荷好氧塘大，有机负荷低，多串联在二级处理之后，进行深度处理。

好氧塘的净化功能模式如图8-1所示，采用较低的有机负荷值，塘内存在着藻类及原生动物的共生系统，在阳光照射时间内，塘内的藻类在光合作用下释放出大量的氧，塘表面由于风力的搅动进行自然复氧，使塘水保持良好的好氧状态。在水中繁殖生育的好氧异养微生物通过其本身的代谢活动对有机物进行氧化分解，而它的代谢产物二氧化碳作为藻类光合作用的碳源，藻类摄取二氧化碳及氮磷等无机盐，利用太阳能合成其本身的细胞物质，并释放出氧。

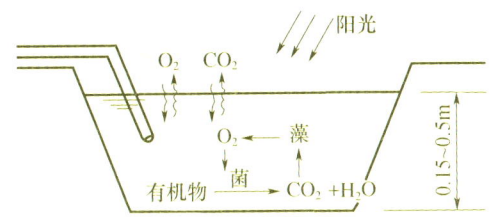

图 8-1 好氧塘的净化功能模式

藻类光合作用使塘水的溶解氧和 pH 值呈昼夜变化。白天，藻类光合作用使 CO_2 降低，pH 值上升。夜间，藻类停止光合作用，细菌降解有机物的代谢没有终止，CO_2 累积，pH 值下降。

其平衡关系式如式 (8-11)。

$$\left.\begin{array}{l} CO_2 + H_2O \Longleftrightarrow H_2CO_3 \Longleftrightarrow HCO_3^- + H^+ \\ CO_3^{2-} + H_2O \Longleftrightarrow HCO_3^- + OH^- \\ H_2O \Longleftrightarrow OH^- + H^+ \end{array}\right\} \tag{8-11}$$

好氧塘的优点是净化功能较好，有机污染物降解速率高，污水停留时间短，但进水需进行较彻底的预处理，去除其中可沉悬浮物，以防形成污泥沉积层。

好氧塘存在占地面积大，处理水中含有大量的藻类，对细菌的去除效果较差等缺点。好氧塘多应用于串联在其他稳定塘后做进一步处理，不用于单独处理。

2. 好氧塘主要设计尺寸

(1) 长宽比：多采用矩形塘，$L:W = 3:1 \sim 4:1$。一般以塘深的 1/2 处的面积作为计算塘面。塘堤的超高为 0.6~1.0m。单塘面积不宜大于 4hm^2。

(2) 塘深。有效水深：高负荷好氧塘为 0.3~0.45m；普通好氧塘为 0.5~1.5m；深度处理好氧塘为 0.5~1.5m；超高为 0.6~1.0m。

(3) 堤坡：塘内坡度为 1:2~1:3；塘外坡度为 1:2~1:5。

(4) 单塘面积：单塘面积介于 0.8~4.0hm^2；好氧塘不得少于 3 座（至少 2 座）。

表 8-3 是好氧塘的典型设计参数。

表 8-3 好氧塘的典型设计参数

设计参数	高负荷好氧塘	普通好氧塘	深度处理好氧塘
BOD_5 表面负荷/[kgBOD$_5$/(hm^2·d)]	80~160	40~120	<5
HRT/d	4~6	10~40	5~20

续表

设计参数	高负荷好氧塘	普通好氧塘	深度处理好氧塘
有效水深/m	0.30～0.45	0.5～1.5	0.5～1.5
pH 值	6.5～10.5	6.5～10.5	6.5～10.5
温度范围/℃	5～30	0～30	0～30
BOD_5 去除率/%	80～95	80～95	60～80
藻类浓度/(mg/L)	100～260	40～100	5～10
出水，SS/(mg/L)	150～300	80～140	10～30

8.1.3 兼性塘

1. 兼性塘的净化功能模式

如图 8-2 为典型兼性塘的净化功能模式。一般兼性塘深 1.2～2.5m，在塘上层，阳光能够透射到的部位为好氧层，好氧微生物对有机物进行氧化分解，藻类光合作用旺盛，溶解氧含量充足；在塘底，由沉淀污泥和衰亡的藻类、菌类形成了污泥层，溶解氧几乎为零，主要由厌氧微生物对不溶性的有机物代谢，从而称为厌氧层；在这两层之间为兼性层，其溶解氧很低，这层生长着兼性微生物，这类微生物既能够利用水中游离的分子氧，也能够在厌氧条件下，从 NO_3^-、CO_3^{2-} 中摄取氧，相继经过产酸、产氢、产乙酸和产甲烷等反应。液态代谢产物如 H_2O、有机酸、醇等与塘水混合，而如气态的代谢产物如 CO_2、CH_4 等则逸出水面，或在通过好氧区时为细菌所分解，被藻类所利用。

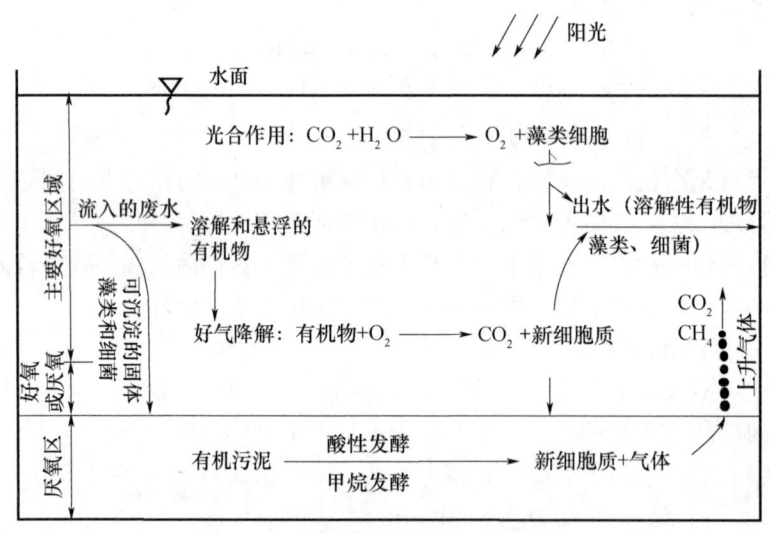

图 8-2 典型兼性塘的净化功能模式

兼性塘对水量、水质的冲击负荷有一定的适应能力，在相同处理效果条件下，其基建费用和维护管理费用低于其他生物处理工艺，可作为好氧塘的前级处理塘。兼性塘适用于 BOD_5 浓度为 200～500mg/L 的污水，去除率可达 70%～85%。兼性塘不仅可去除一般的有机污染物，还可以有效地去除磷、氮等营养物质和某些难降解的有机污染物。

2. 兼性塘设计

(1) 停留时间。兼性塘的停留时间一般规定为 7～180d 以上，其中较低的数值用于南方地区，较高的数值用于北方寒冷地区。设计水力停留时间的长短应根据地区的气象条件、设计进出水水质和当地的客观条件，从技术和经济两方面综合考虑确定。但一般不要低于7d和高于180d。低限是为了保持出水水质的稳定和卫生的需要，高限是考虑到即使在冰封期高达半年以上的地区，只要有足够的表面积时，其处理也能获得满意的效果。

（2）BOD_5负荷。兼性塘的塘表面面积负荷一般为$10\sim100kgBOD_5/(hm^2 \cdot d)$，其中低值用于北方寒冷地区，高值用于南方炎热地区。为了保证全年正常运行，一般根据最冷月份的平均温度作为控制条件来选择负荷进行设计。设计的BOD_5表面负荷见表8-4。

表 8-4 兼性塘 BOD_5 表面负荷

冬季平均气温/℃	BOD_5表面负荷/[$kgBOD_5/(hm^2 \cdot d)$]	水力停留时间/d
≥15	70～100	不小于7
10～15	50～70	20～7
0～10	30～50	40～20
-10～0	20～30	120～40
-20～-10	10～20	150～120
<-20	<10	180～150

（3）长宽比。兼性塘多采用矩形塘，长宽比为3:1～4:1。塘深：有效水深为1.2～2.5m；储泥厚度≥0.3m；超高0.6～1.0m。

（4）单塘面积。一般介于$0.8\sim4.0hm^2$；系统中兼性塘一般不少于3座，多串联，其中第一塘的面积占兼性塘总面积的30%～60%，单塘面积应少于$4hm^2$，以避免布水不均匀或波浪较大等问题。

8.1.4 厌氧塘

1. 厌氧塘的净化过程

厌氧塘对有机污染物的降解，与所有的厌氧生物处理设备相同，是由两类厌氧菌通过产酸发酵和甲烷发酵两阶段来完成的。即先由兼性厌氧产酸菌将复杂的有机物水解、转化为简单的有机物（如有机酸、醇、醛等），再由绝对厌氧菌（甲烷菌）将有机酸转化为甲烷和二氧化碳等。如图8-3所示，厌氧塘处于厌氧状态。在厌氧状态下，进入厌氧塘的可生物降解的颗粒性有机物，先被胞外酶水解而成为可溶性的有机物，溶解性有机物再通过产酸菌转化为乙酸，接着在产甲烷菌的作用下，将乙酸转变为甲烷和二氧化碳。虽然厌氧降解在机理上是有顺序的，但在厌氧塘处理系统中，这些过程则是同时进行的。

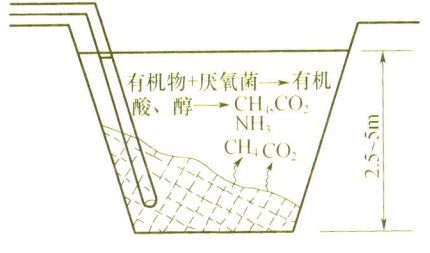

图 8-3 厌氧塘作用机理示意图

由于甲烷菌的世代时间长，增殖速度慢，且对溶解氧和pH值敏感，因此厌氧塘的设计和运行，必须以甲烷发酵阶段的要求作为控制条件，控制有机污染物的投配率，以保持产酸菌和甲烷菌之间的动态平衡。

应控制塘内的有机酸浓度在3000mg/L以下，pH值为6.5～7.5，进水的$BOD_5:N:P=100:2.5:1$，硫酸盐浓度应小于500mg/L，以使厌氧塘能正常运行。

厌氧塘除对污水进行厌氧处理以外，还能起到污水初次沉淀、污泥消化和污泥浓缩的作用。影响厌氧塘处理效率的因素有气温、水温、进水水质、浮渣、营养比、污泥成分等，其中气温和水温是影响厌氧塘处理效率的主要因素。

厌氧生物塘一般作为预处理而与稳定塘组成厌氧—好氧（兼氧）生物稳定塘系统，较好地应用于处理水量小、浓度高的有机废水。厌氧塘作为稳定塘的一种形式，通常设置于稳定塘系统的首端，以减少后续处理单元的有机负荷。厌氧塘可用于处理屠宰废水、禽蛋废水、制浆造纸废水、食品工业废水、制药废水、石油化工废水等，也可用于处理城市污水。在城市污水稳定塘系统首端设置厌氧塘，由于该塘在塘系总面积中所占比例较小，为清除污泥带来方便。另外，厌氧塘的进水口接到厌氧塘的底部，有利于利用塘内的厌氧污泥，提高处理率。厌氧塘的最大问题是无法回收甲烷，产生臭味，环境效果较差。

2. 厌氧塘设计

（1）厌氧塘塘内污水的污染度高，塘的深度大，容易污染地下水，因此该塘必须做防渗设计；厌氧塘一般都有臭气散发出来，该塘应离居住区在 500m 以上。

（2）长宽比：厌氧塘一般为矩形，长宽比为（2～2.5）：1；有效水深为 2.0～4.5m（2.5～5.0m）；储泥厚度≥0.5m；超高 0.6～1.0m；堤内坡度 1：1～1：3；堤外坡度：1：2～1：4。

（3）进、出水口：厌氧塘进口设在底部，高出塘底 0.6～1.0m；出水口应在水面下，淹没深度不小于 0.6m；应在浮渣层或冰冻层以下；进口和出口均不得少于两个。

（4）塘数及单塘面积：至少应有两座，可并联；单塘面积 0.8～4hm²。

（5）有机负荷：厌氧塘的负荷一般为 150～1000kgBOD$_5$/(10^4m²·d)，最大容许负荷为 2000kgBOD$_5$/(10^4m²·d)。

8.1.5 曝气塘

曝气塘是在塘面上安装有人工曝气设备的稳定塘。塘深在 2.0m 以上，多采用表面曝气机供氧，并对塘水进行搅动，也可采用鼓风曝气，在曝气条件下，藻类的生长和光合作用受到抑制。

曝气塘可分为好氧曝气塘和兼性曝气塘，这主要取决于曝气装置的数量、安设密度和曝气强度。当曝气装置的功率较大，使塘水中全部生物污泥都处于悬浮状态，并向塘水提供足够的溶解氧时，即为好氧曝气塘；如果曝气装置的功率仅能使部分固体物质处于悬浮状态，而有一部分固体物质沉积塘底，进行厌氧分解，曝气装置提供的溶解氧不满足全部需要，则为兼性曝气塘。

曝气塘虽属于稳定塘，但又不同于其他以自然净化过程为主的稳定塘，实际上它是介于活性污泥法中的延时曝气法与稳定塘之间的一种处理工艺。一般大多选好氧曝气塘，其设计塘水深在 1.5～5m，停留时间 2～10d，负荷在 100～600kgBOD$_5$/(10^4m²·d)，一般采用 100～400kgBOD$_5$/(10^4m²·d)。

8.1.6 稳定塘系统工艺流程及设计计算

1. 稳定塘系统工艺的一般规定

（1）污水量较小的城镇，在环境影响评价和技术经济比较合理时，宜谨慎采用污水自然处理。

（2）污水自然处理必须考虑对周围环境以及水体的影响，不得降低周围环境的质量，应根据区域特点选择适宜的污水自然处理方式。

(3) 污水厂二级处理出水水质不能满足要求时，有条件的可采用土地处理或稳定塘等自然处理技术进行处理。

(4) 有可利用的荒地和闲地等条件，技术经济比较合理时，可采用稳定塘处理污水。用作二级处理的稳定塘系统，处理规模不宜大于 $5000m^3/d$。

(5) 处理城镇污水时，稳定塘的设计数据应根据试验资料确定。无试验资料时，根据污水水质、处理程度、当地气候和日照等条件，稳定塘的5d生化需氧量总平均表面有机负荷可采用 $1.5\sim10gBOD_5/(m^2\cdot d)$，总停留时间可采用 $20\sim120d$。

(6) 稳定塘前宜设置格栅，污水含砂量高时宜设置沉砂池，稳定塘串联的级数不宜少于3级，第一级塘有效深度不宜小于3m，推流式稳定塘的进水宜采用多点进水。

(7) 在多级稳定塘系统的后面可设置养鱼塘，进入养鱼塘的水质必须符合国家现行的有关渔业水质的规定。

2. 稳定塘进水的预处理

为防止稳定塘内污泥淤积，污水进入稳定塘前应先去除水中的悬浮物质。常用设备为格栅、普通沉砂池和沉淀池。若塘前有提升泵站，而泵站的格栅间隙小于20mm时，塘前可不另设格栅。原污水中的悬浮固体浓度小于100mg/L时，可只设沉砂池，以去除砂质颗粒。原污水中的悬浮固体浓度大于100mg/L时，需考虑设置沉淀池。设计方法与传统污水二级处理方法相同。

3. 稳定塘塘体设计要点

(1) 塘的位置

稳定塘应设在居民区下风向200m以外，以防止塘散发的臭气影响居民区。此外，塘不应设在距机场2km以内的地方，以防止鸟类（如鸥类）到塘内觅食、聚集，对飞机航行构成危险。

(2) 防止塘体损害

为防止浪的冲刷，塘的衬砌应在设计水位上、下各0.5m以上。若需防止雨水冲刷时，塘的衬砌应做到堤顶。衬砌方法有干砌块石、浆砌块石和混凝土板等。

在有冰冻的地区，背阴面的衬砌应注意防冻，若筑堤土为黏土时，冬季会因毛细作用吸水而冻胀，因此，在结冰水位以上位置换为非黏性土。

(3) 塘体防渗

稳定塘的渗漏可能污染地下水源；若塘体出水再考虑回用，则塘体渗漏会造成水资源损失，因此，塘体防渗是十分重要的。但某些防渗措施的工程费用较高，选择防渗措施时应十分谨慎。防渗方法有素土夯实、沥青防渗衬面、膨胀土防渗衬面和塑料薄膜防渗衬面等。

(4) 塘的进、出口

进、出口的形式对稳定塘的处理效果有较大影响。设计时应注意配水、集水均匀，避免短流、沟流及混合死区。主要措施为采用多点进水和出水；进口、出口之间的直线距离尽可能大；进口、出口的方向避开当地主导风向。

4. 稳定塘的流程组合

稳定塘的流程组合依当地条件和处理要求不同而异，下面为几种典型的流程组合。

进水→好氧塘→出水；

进水→兼性塘→好氧塘→出水；

进水→厌氧塘→兼性塘→好氧塘→出水。

8.1.7 稳定塘系统设计计算的实例

【例 8-1】用面积负荷法计算普通好氧塘。污水量 $Q=3000\text{m}^3/\text{d}$，进水 $\text{BOD}_5=100\text{mg/L}$，出水 $\text{BOD}_5\leqslant 20\text{mg/L}$，水温在 6~23℃ 之间。

解：选用一个系统，两塘并联运行。

(1) 好氧塘有效面积 $A_\text{总}$

据表 8-3 选取面积负荷 $N_\text{A}=50\text{kgBOD}_5/(10^4\text{m}^2\cdot\text{d})$，好氧塘有效面积 $A_\text{总}$：

$$A_\text{总}=\frac{QS_0}{1000N_\text{A}}=\frac{3000\times 100}{1000\times 50}=6\ (10^4\text{m}^2)=6\ (\text{hm}^2)$$

单塘有效面积 A_1：

$$A_1=\frac{A_\text{总}}{2}=\frac{6}{2}=3\ (\text{hm}^2)$$

(2) 长宽比采用 4:1，则 $R=4$。单塘水面长度 L_1 和水面宽度 b_1：

$$L_1=\sqrt{RA_1}=\sqrt{4\times 3\times 10^4}\approx 346\ (\text{m})$$

$$b_1=\frac{L_1}{R}=\frac{346}{4}=86.5\ (\text{m})$$

(3) 水平坡度为 2.5:1，则 $s=2.5$，单塘有效深度 $h_1=0.5\text{m}$。单塘有效容积 V_1：

$$V_1=[L_1b_1+(L_1-2sh_1)(b_1-2sh_1)+4(L_1-sh_1)(b_1-sh_1)]\times\frac{h_1}{6}$$

$$=[346\times 86.5+(346-2\times 2.5\times 0.5)\times(86.5-2\times 2.5\times 0.5)+$$

$$4\times(346-2.5\times 0.5)\times(86.5-2.5\times 0.5)]\times\frac{0.5}{6}\approx 14695\ (\text{m}^3)$$

(4) 水力停留时间 t：

$$HRT=\frac{nV_1}{Q_v}=\frac{2\times 14695}{4000}\approx 7.3\ (\text{d})$$

(5) 塘超高采用 1m，塘总深 $h=1.5\text{m}$。单塘长度 L 和宽度 b：

$$L=L_1+2s(h-h_1)=346+2\times 2.5\times(1.5-0.5)=351(\text{m})$$

$$b=b_1+2s(h-h_1)=86.5+2\times 2.5\times(1.5-0.5)=91.5(\text{m})$$

(6) 单塘容积 V_2 和总容积 V：

$$V_2=[Lb+(L-2sh)(b-2sh)+4(l-sh)(b-sh)]\times\frac{h}{6}$$

$$=[351\times 91.5+(351-2\times 2.5\times 1.5)\times(91.5-2\times 2.5\times 1.5)+4\times$$

$$(351-2.5\times 1.5)\times(91.5-2.5\times 1.5)]\times\frac{1.5}{6}\approx 45714(\text{m}^3)$$

$$V=n\times V_2=91428(\text{m}^3)$$

(7) 好氧塘占地面积 A：

$$A=2bL=2\times 91.5\times 351=64233(\text{m}^2)$$

【例 8-2】用面积负荷法计算兼性塘。污水量 $Q=5000\text{m}^3/\text{d}$，进水 $\text{BOD}_5=150\text{mg/L}$，出水 $\text{BOD}_5\leqslant 30\text{mg/L}$，冬季平均气温为 8℃。

解：选用两个相同的系统，每个系统由三个塘串联。一塘面积负荷 N'_A 选用 $50\text{kgBOD}_5/(10^4\text{m}^2\cdot\text{d})$，总塘负荷 N_A 选用 $30\text{kgBOD}_5/(10^4\text{m}^2\cdot\text{d})$。

(1) BOD₅总量：
$$BOD_5 总量 = QS_0 = 5000 \times 0.15 = 750 (kg/d)$$

(2) 塘水面面积 A

一塘水面有效面积 A'_1：
$$A'_1 = \frac{BOD_5 总量}{N'_A} = \frac{750 \times 10^4}{50} = 15 \times 10^4 (m^2)$$

总塘水面有效面积 A：
$$A = \frac{BOD_5 总量}{N_A} = \frac{750 \times 10^4}{30} = 25 \times 10^4 (m^2)$$

每系统一塘水面有效面积 A_1：
$$A_1 = \frac{A'_1}{n} = \frac{15 \times 10^4}{2} = 7.5 \times 10^4 (m^2)$$

每系统其他二、三塘有效面积相同，则：
$$A_2 = A_3 = \frac{A - A'_1}{2 \times 2} = \frac{25 \times 10^4 - 15 \times 10^4}{2 \times 2} = 2.5 \times 10^4 (m^2)$$

(3) 塘尺寸

设塘长宽比 $R=3$，水平坡度系数 $s=2.5$，一塘有效水深 $h'_1=2.0m$，二、三塘有效水深均为 $h'_1=2.5m$，超高 1m，一塘总深 $h_1=3m$，二、三塘总深均为 $h_2=3.5m$。

一塘水面长 L'_1：
$$L'_1 = \sqrt{RA_1} = \sqrt{3 \times 7.5 \times 10^4} \approx 474 (m)$$

一塘水面宽 b'_1：
$$b'_1 = \frac{L'_1}{R} = \frac{474}{3} = 158 (m)$$

一塘长度 L_1：
$$L_1 = L'_1 + 2s(h_1 - h'_1) = 474 + 2 \times 2.5 \times (3 - 2.0) = 479 (m)$$

一塘宽度 b_1：
$$b_1 = b'_1 + 2s(h_1 - h'_1) = 158 + 2 \times 2.5 \times (3 - 2.0) = 163 (m)$$

二、三塘水面长 L'_2：
$$L'_2 = \sqrt{RA_2} = \sqrt{3 \times 2.5 \times 10^4} \approx 274 (m)$$

二、三塘水面宽 b'_2：
$$b'_2 = \frac{L'_2}{R} = \frac{274}{3} \approx 91 (m)$$

二、三塘长 L_2：
$$L_2 = L'_2 + 2s(h_2 - h'_2) = 274 + 2 \times 2.5 \times (3.5 - 2.5) = 279 (m)$$

二、三塘宽度 b_2：
$$b_2 = b'_2 + 2s(h_2 - h'_2) = 91 + 2 \times 2.5 \times (3.5 - 2.5) = 96 (m)$$

(4) 塘容积

一塘单塘有效容积 V'_1：
$$V'_1 = [L'_1 b'_1 + (L'_1 - 2sh'_1)(b'_1 - 2sh'_1) + 4(L'_1 - sh'_1)(b'_1 - sh'_1)] \times \frac{h'_1}{6}$$
$$= [474 \times 158 + (474 - 2 \times 2.5 \times 2.0) \times (158 - 2 \times 2.5 \times 2.0) +$$

$$4\times(474-2.5\times2.0)\times(158-2.5\times2.0)]\times\frac{2.0}{6}\approx143531(m^3)$$

一塘单塘总容积 V_1：

$$V_1=[L_1b_1+(L_1-2sh_1)(b_1-2sh_1)+4(L_1-sh_1)(b_1-sh_1)]\times\frac{h_1}{6}$$

$$=[479\times163+(479-2\times2.5\times3)\times(163-2\times2.5\times3)+$$

$$4\times(479-2.5\times3)\times(163-2.5\times3)]\times\frac{3}{6}=220011(m^3)$$

二、三塘单塘有效容积 $V_2{}'$：

$$V'_2=[L'_2b'_2+(L'_2-2sh'_2)(b'_2-2sh'_2)+4(L'_2-sh'_2)(b'_2-sh'_2)]\times\frac{h'_2}{6}$$

$$=[274\times91+(274-2\times2.5\times2.5)\times(91-2\times2.5\times2.5)+$$

$$4\times(274-2.5\times2.5)\times(91-2.5\times2.5)]\times\frac{2.5}{6}\approx57351(m^3)$$

二、三塘单塘总容积 V_2：

$$V_2=[L_2b_2+(L_2-2sh_2)(b_2-2sh_2)+4(L_2-sh_2)(b_2-sh_2)]\times\frac{h_2}{6}$$

$$=[279\times96+(279-2\times2.5\times3.5)\times(96-2\times2.5\times3.5)+$$

$$4\times(279-2.5\times3.5)\times(96-2.5\times3.5)]\times\frac{3.5}{6}\approx82617(m^3)$$

（5）水力停留时间：

一塘停留时间 t_1：

$$t_1=\frac{nV'_1}{Q}=\frac{2\times143531}{5000}\approx57.4(d)$$

二、三塘停留时间 t_2：

$$t_2=\frac{nV'_2}{Q}=\frac{4\times57531}{5000}\approx46.0(d)$$

总停留时间 t：

$$t=t_1+t_2=57.4+46.0=103.4(d)（在推荐范围内）$$

（6）兼性塘占地面积 $\sum A$：

$$\sum A=2L_1b_1+4L_2b_2=2\times479\times163+4\times279\times96=263290(m^2)\approx394.9(亩)$$

【例 8-3】厌氧塘计算。某城镇污水处理工程采用多级氧化塘工艺，其中一级塘为厌氧塘。厌氧塘设计条件：污水量 $Q=2400m^3/d$，进水 $BOD_5=300mg/L$，出水 $BOD_5\leqslant150mg/L$，冬季污水水温为 15℃。

解：

（1）由公式：

$$\frac{S_e}{S_0}=\frac{1}{1+K_Tt}$$

式中 K_T——温度为 T 时的反应速率常数，d^{-1}；

t——水力停留时间，d。

水力停留时间 t：

查图 8-4 厌氧塘反应速率常数 K 与水温的关系曲线，得 $K_{15}=0.15$。

$$t=\frac{\frac{S_0}{S_e}-1}{K_T}=\frac{\frac{300}{150}-1}{0.15}\approx 6.7(\text{d})$$

(2) 厌氧塘有效容积 V：
$$V=Qt=2400\times 6.7=16080(\text{m}^3)$$

设有 2 座厌氧塘，则单塘有效容积 V_1：
$$V_1=\frac{V}{n}=\frac{16080}{2}=8040(\text{m}^3)$$

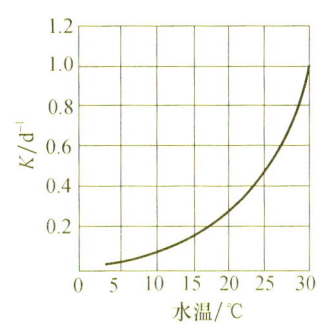

图 8-4 厌氧塘反应速度常数 K 与水温的关系曲线

(3) 厌氧塘尺寸

设厌氧塘有效水深 $h_1=4\text{m}$，塘长宽比 $R=3$，水平坡度系数 $s=2.5$，超高 0.9m，可采用【例 8-1】计算方法求得塘的水面宽、长度、有效面积、总容积等。

塘平均平面面积 A_1：
$$A_1=\frac{V_1}{h_1}=\frac{8040}{4}=2010(\text{m}^2)$$

假设有效水深 1/2 处面积接近平均面积，则 1/2 水深处长、宽：
$$A'=L_m b_m=R b_m b_m=3 b_m^2=2010(\text{m}^2)$$
$$b_m\approx 26(\text{m})$$
$$L_m=3 b_m=3\times 26=78(\text{m})$$

塘水面长度和宽度：
$$L_s=L_m+2\times s\times\frac{h_1}{2}=78+2\times 2.5\times\frac{4}{2}=88(\text{m})$$
$$b_s=b_m+2\times s\times\frac{h_1}{2}=26+2\times 2.5\times\frac{4}{2}=36(\text{m})$$

塘底长度和宽度：
$$L_b=L_m-2\times s\times\frac{h_1}{2}=78-2\times 2.5\times\frac{4}{2}=68(\text{m})$$
$$b_b=b_m-2\times s\times\frac{h_1}{2}=26+2\times 2.5\times\frac{4}{2}=16(\text{m})$$

单塘有效容积 V_1'：
$$V_1'=(L_s b_s+4 L_m b_m+L_b b_b)\times\frac{h_1}{6}=(88\times 36+4\times 78\times 26+68\times 16)\times\frac{4}{6}\approx 8245(\text{m}^3)$$

计算单塘有效容积 V_1' 与 V_1 值相差较多，需重新计算，根据前面计算，取 $b_m=25.9\text{m}$，则：
$$L_m=R b_m=3\times 25.9=77.7(\text{m})$$
$$L_s=L_m+2\times s\times\frac{h_1}{2}=77.7+2\times 2.5\times\frac{4}{2}=87.7(\text{m})$$
$$b_s=b_m+2\times s\times\frac{h_1}{2}=25.9+2\times 2.5\times\frac{4}{2}=35.9(\text{m})$$
$$L_b=L_m-2\times s\times\frac{h_1}{2}=77.7-2\times 2.5\times\frac{4}{2}=67.7(\text{m})$$
$$b_b=b_m-2\times s\times\frac{h_1}{2}=25.9-2\times 2.5\times\frac{4}{2}=15.9(\text{m})$$

$$V'_1 = (L_s b_s + 4 L_m b_m + L_b b_b) \times \frac{h_1}{6} = (87.7 \times 35.9 + 4 \times 77.7 \times 25.9 +$$

$$67.7 \times 15.9) \times \frac{4}{6} \approx 8183 (\text{m}^3)$$

其与 V_1 值比较接近，即此厌氧塘尺寸可行。

单塘长度和宽度：

$$L = L_s + 2(h - h_1) = 87.7 + 2 \times 2.5 \times (4.9 - 4) = 92.2 (\text{m})$$
$$b = b_s + 2(h - h_1) = 35.9 + 2 \times 2.5 \times (4.9 - 4) = 40.4 (\text{m})$$

单塘总容积 V_{T-1}：

$$V_{T-1} = [Lb + (L - 2sh)(b - 2sh) + 4(L - sh)(b - sh)] \times \frac{h}{6}$$

$$= [92.2 \times 40.4 + (92.2 - 2 \times 2.5 \times 4.9) \times (40.4 - 2 \times 2.5 \times 4.9) +$$

$$4 \times (92.2 - 2.5 \times 4.9) \times (40.4 - 2.5 \times 4.9)] \times \frac{4.9}{6} \approx 11273 (\text{m}^3)$$

厌氧塘总容积 V_T：

$$V_T = 2 V_{T-1} = 2 \times 11273 = 22546 (\text{m}^3)$$

（4）校核投配 BOD_5 面积负荷 N_A：

$$N_A = \frac{QS_0}{2 L_s b_s} = \frac{2400 \times 0.3}{2 \times 87.7 \times 35.9} \approx 0.114 [\text{kgBOD}_5/(\text{m}^2 \cdot \text{d})] = 1140 [\text{kgBOD}_5/(10^4 \text{m}^2 \cdot \text{d})]$$

计算面积负荷在推荐值范围内。

（5）厌氧塘占地面积 A：

$$A = 2Lb = 2 \times 92.2 \times 40.4 = 7449.76 (\text{m}^2) \approx 11.2 (亩)$$

【例 8-4】等容积串联好氧曝气塘计算。污水量 $Q = 12000 \text{m}^3/\text{d}$，进水 BOD_5 $S_0 = 200 \text{mg/L}$，出水 BOD_5 $S_e \leqslant 30 \text{mg/L}$，冬季平均气温 -6.5℃，排入塘内污水水温 13℃（假设串联各塘内水温相同）。

解：设计相同两组、每组 3 座曝气塘串联。

（1）一次计算

塘内污水停留时间：

设冬季塘水温 10℃，选用 $K_{C_{20}} = 2.5$，$\theta = 1.085$。$K_{C_{20}}$ 为完全混合一级反应速率常数，d^{-1}；一般应通过当地塘试验确定，估算值可取值 2.5d^{-1}。

$$K_{C_{10}} = K_{C_{20}} \theta^{T-20} = 2.5 \times 1.085^{10-20} \approx 1.1 (\text{d}^{-1})$$

$$t = \frac{n}{K_{C_T}} \times \left[\left(\frac{S_0}{S_e} \right)^{\frac{1}{n}} - 1 \right]$$

式中 t——污水塘内水力停留时间，d；

n——串联塘数，个；

S_0——原污水（进入塘前）BOD_5 浓度，kg/L；

S_e——串联第 n 级塘出水 BOD_5 浓度，kg/L。

$$t = \frac{3}{1.1} \times \left[\left(\frac{200}{30} \right)^{\frac{1}{3}} - 1 \right] \approx 2.4 \text{ (d)}$$

每组由 3 个塘串联，则单塘水力停留时间 $t_1 = t/3 = 2.4/3 = 0.8$ (d)

单塘有效容积 $V_1 = Qt_1/2 = 12000 \times 0.8 \div 2 = 4800 (\text{m}^3)$

验算冬季塘水温度 t_w：

设塘有水深 $d_1=2m$，塘长宽比 $R=3$，水平坡度系数 $s=2.5$。单塘水面面积根据【例 8-1】方法计算出：

单塘水面长度 $L_1=94.8m$；单塘水面宽度 $b_1=31.6m$。

单塘水面面积：
$$A_1=L_1 b_1=94.8\times 31.6\approx 2996(m^2)$$

计算塘水温（应用 Mancini-Barnhart 公式）：
$$t_w=\frac{AfT_a+QT_i}{Af+Q}$$

式中　t_w——塘水温度，℃；

　　　A——塘水面积，m^2；

　　　f——热损失系数；

　　　T_a——冬季平均温度，℃；

　　　T_i——入流污水温度，℃；

　　　Q——污水流量，m^3/d。

设 $f=0.5$，则塘水温度：
$$t_w=\frac{2996\times 0.5\times(-6.5)+6000\times 13}{2996\times 0.5+6000}\approx 9.1(℃)$$

如验算结果低于设定温度，说明设定温度高于实际温度，应修正设计水温，进行二次计算。

(2) 二次计算

塘内污水停留时间 t：

设冬季塘水温度为 9℃，其他参数意义相同。
$$K_{C_9}=K_{C_{20}}\theta^{T-20}=2.5\times 1.085^{9-20}\approx 1.02(d^{-1})$$

$$t=\frac{n}{K_{C_T}}\times\left[\left(\frac{S_0}{S_e}\right)^{\frac{1}{n}}-1\right]=\frac{3}{1.02}\times\left[\left(\frac{200}{30}\right)^{\frac{1}{3}}-1\right]\approx 2.6(d)$$

单塘水力停留时间 $t_1=t/3=2.6/3=0.87(d)$

单塘有效容积 $V_2=Qt_1/2=12000\times 0.87/2=5220(m^3)$

验算冬季塘水温度

其他设计参数同，则单塘水面长度 $L_1=98.5m$；单塘水面宽度 $b_1=32.8m$。

单塘水面面积：
$$A_1=L_1 b_1=98.5\times 32.8=3230.8(m^2)$$

计算塘水温：
$$t_w=\frac{AfT_a+QT_i}{Af+Q}=\frac{3230.8\times 0.5\times(-6.5)+6000\times 13}{3230.5\times 0.5+6000}\approx 8.86(℃)$$

本次计算与假设 9℃ 的误差为 1.6%（小于 5%），其结果可行。

(3) 校核 BOD_5 面积负荷
$$N_A=\frac{QS_0}{2\times 3A_1}=\frac{12000\times 0.2}{2\times 3\times 3230.8}\approx 0.1238[kg/(m^2\cdot d)]=1238[kgBOD_5/(10^4 m^2\cdot d)]$$

采用公式法计算结果，水力停留时间在推荐值范围内，但 BOD_5 面积负荷值较高，这可能是 $K_{C_{20}}$ 选用的是较高的估算值，故在工程设计中，宜根据当地塘试验后确定。

(4) 动力要求

好氧曝气塘在有机物降解和工艺等方面基本与延时曝气法相接近,所以需氧量计算可按活性污泥法需氧量计算。其夏季塘水温度可用 Mancini-Barnhart 公式估算。值得注意的是,污水中悬浮固体不能沉淀,当选用表面曝气时,其动力不仅要满足需氧要求,还需保证固体物质处于悬浮状态。有些专家提出不小于 $5.9kW/100m^3$ 污水。

第二级和第三级串联塘的容积、有效水深及面积与第一级塘相同。

8.2 污水土地处理系统

8.2.1 污水土地处理净化机理

1. 污水土地处理

污水土地处理是在污水农田灌溉的基础上发展起来的,污水农田灌溉的目的是利用水肥资源。污水农田灌溉没有专门的设计运行方法和参数,灌溉水的水质、水量是依据作物生长特性、农田灌溉水质来确定的。污水灌田所引起的臭气散发、土壤污染、地下水污染和植物污染等问题,随着城市迅速发展、人口高度集中,污水大量排放而日益突出。污水直接灌田已不能满足人们对环境卫生的要求,因此污水农田灌溉应是在污水处理基础上的应用。

污水土地处理系统是以土地作为主要处理系统的污水处理方法,其目的是净化污水,控制水污染。污水土地处理系统的设计运行参数需通过试验研究确定。在系统的维护管理、稳定运行、出水的排放和利用、周围环境的监测等方面都有较全面的考虑与规定。

污水土地处理系统是在人工调控和系统自我调控的条件下,利用土壤—微生物—植物组成的生态系统对废水中的污染物进行一系列物理的、化学的和生物的净化过程,使污水水质得到净化和改善;并通过系统内营养物质和水分的循环利用,使绿色植物生长繁殖,从而实现污水的资源化、无害化和稳定化的生态系统工程。

污水土地处理系统能使水质得到不同程度的改善,同时通过营养物质和水分的生物地球化学循环,促进绿色植物生长,是实现污水资源化与无害化的常年性生态系统工程。

2. 污水土地处理系统的净化机理

土壤对污水的净化作用是一个十分复杂的综合过程,包括物理过程中的过滤、吸附、化学反应与化学沉淀以及有机物的微生物降解等。

(1) 物理过滤

土壤颗粒间的孔隙具有截留、滤除水中悬浮颗粒的性能。污水流经土壤,悬浮物被截留,污水得到净化。影响土壤物理过滤净化效果的因素有:土壤颗粒的大小、颗粒间孔隙的形状和大小、孔隙的分布以及污水中悬浮颗粒的性质等。如悬浮颗粒过粗、过多,以及微生物代谢产物过多等,都能导致土壤颗粒的堵塞。

(2) 物理吸附与物理化学吸附

在非极性分子之间的范德华力作用下,土壤中致土矿物颗粒能够吸附土壤中的中性分子。污水中的部分重金属离子在土壤胶体表面,因阳离子交换作用而被置换吸附并生成难溶性的物质而固定在矿物的晶格中。金属离子与土壤中的无机胶体和有机胶体颗粒，由于螯合作用而形成螯合化合物，有机物与无机物的复合而生成复合物，重金属离子与土壤颗粒之间进行阳离子交换而被置换吸附，某些有机物与土壤中重金属生成可吸性螯合物而固定在土壤矿物的晶格中。

(3) 化学反应与化学沉淀

重金属离子与土壤的某些组分进行化学反应生成难溶性化合物而沉淀；如调整、改变土壤的氧化还原电位，能够生成难溶性硫化物；改变 pH 值，能够生成金属氢氧化物，某些化学反应还能够生成金属磷酸盐等物质而沉积于土壤中。

(4) 有机物的微生物降解

在土壤中生存着种类繁多、数量巨大的土壤微生物，它们对土壤颗粒中的有机固体和溶解性有机物具有强大的降解与转化能力，这也是土壤具有强大自净能力的原因。

3. 污水土地处理系统对污染物的净化

(1) BOD 的去除

BOD 大部分是在土壤表层土中去除的。土壤中含有大量的种类繁多的异养型微生物，它们能对被过滤、截留在土壤颗粒空隙间的悬浮有机物和溶解有机物进行生物降解，并合成微生物新细胞。当污水处理的 BOD 负荷超过土壤微生物分解 BOD 的生物氧化能力时，会引起厌氧状态或土壤堵塞。

(2) 磷和氮的去除

在土地处理中，磷主要是通过植物吸收，化学反应和沉淀，物理吸附和沉淀（土壤中的黏土矿物对磷酸盐的吸附和沉积），物理化学吸附（离子交换、络合吸附）等方式被去除。其去除效果受土壤结构、阳离子交换容量、铁铝氧化物和植物对磷的吸收等因素的影响。

氮主要是通过植物吸收，微生物脱氮（氨化、硝化、反硝化）、挥发、渗出（氨在碱性条件下逸出、硝酸盐的渗出）等方式被去除。其去除率受作物的类型、生长期、对氮的吸收能力以及土地处理系统等工艺因素的影响。

(3) 悬浮物质的去除

污水中的悬浮物质是依靠作物和土壤颗粒间的孔隙截留、过滤去除的。若悬浮物的浓度太高、颗粒太大，会引起土壤堵塞。

(4) 病原体的去除

污水经土壤处理后，水中大部分的病菌和病毒可被去除，去除率可达 92%～97%。其去除率与选用的土地处理系统工艺有关，其中地表漫流的去除率较低，但若有较长的漫流距离和停留时间，也可以达到较高的去除效率。

(5) 重金属的去除

重金属主要是通过物理化学吸附、化学反应与沉淀等途径被去除的。

8.2.2 污水土地处理系统的类型

根据处理目标、处理对象的不同，污水土地处理系统分为慢速渗滤、快速渗滤、地表漫流、地下渗滤和人工湿地处理五种工艺类型。

1. 慢速渗滤系统

慢速渗滤系统是将污水投配到种有农作物的土壤表面，污水在流经土壤—植物系统时得到充分净化的土地处理工艺（图 8-5）。在慢速渗滤系统中，投配的污水一部分被作物吸收，一部分渗入地下，流出处理场地的水量一般很少。系统中的水流途径取决于污水在土壤中的迁移及处理场地下水的流向。

慢速渗滤系统适用于渗水性能良好的土壤、沙质土壤及蒸发量小、气候润湿的地区。慢速渗滤系统的污水投配负荷一般较低，渗流速度慢，废水在表层土壤（含大量微生物）中的停留时间长，故污水净化效率高，出水水质优良。慢速渗滤系统有农业型和森林型两种。其主要控制因素为：灌水率、灌水方式、作物选择和预处理等。

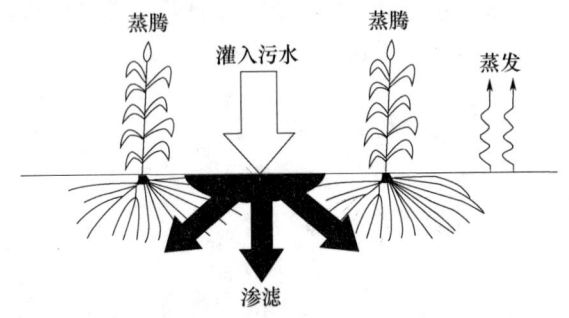

图 8-5 慢速渗滤系统示意图

慢速渗滤系统需要预处理，一级处理可以采用初次沉淀或酸化（水解）池处理，二级处理可以采用稳定塘或传统二级生物处理。

慢速渗滤系统作物选择：处理废水为目标时，可选多年生牧草，其生长期长，对氧利用率高，忍受水力负荷能力强；种植谷物则应以利用、生产为主，对废水的调蓄应加强管理。

2. 快速渗滤系统

快速渗滤系统是将污水有控制地投配到具有良好渗滤性能的土壤表面，污水在重力作用下向下渗滤的过程中，通过过滤、沉淀、氧化、还原以及生物氧化、硝化、反硝化等一系列物理、化学及生物的作用而使污水得到净化的污水土地处理工艺。

快速渗滤系统的水流途径如图 8-6 所示，主要由污水在土壤中的流动和处理场地地下水流方向确定。快速渗滤系统中污水是周期地向渗滤田灌水和休灌，使表层土壤处于淹水、干化，即厌氧、好氧交替运行状态。在休灌期，表层土壤恢复好氧状态，此时产生好氧降解反应，被土壤层截留的有机物被微生物所分解，休灌期土壤层脱水干化有利于下一个灌水周期水的下渗和排除。在土壤层形成的厌氧、好氧交替的运行状态则有利于氮、磷的去除。

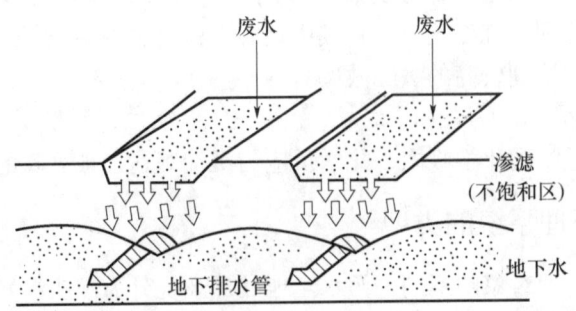

图 8-6 快速渗滤系统示意图

快速渗滤处理系统的优点：对氨氮、有机物、悬浮物等污染物质有很高的去除率；投资省，管理方便，土地面积需求量少，可常年运行；处理出水可用于回用或回灌以补充地下水。

快速渗滤系统的缺点：对快速渗滤场地的水文地质条件的要求较为严格；对总氮的去除率不高，处理出水中的硝态氮可能导致地下水污染。该系统的有机负荷与水力负荷比其他土地处理工艺明显高得多，但其净化效率仍很高。

3. 地表漫流系统

地表漫流是以喷洒方式将废水投配在有植被的倾斜土地上，使其呈薄层沿地表流动，径流水由汇流槽收集。其过程如图 8-7 所示。适宜于地表漫流的土壤是透水性差的黏土和亚黏土，处理场的土地应是 2%～6% 的中等坡度、地面无明显凸凹。

图 8-7 地表漫流系统

通常应在地面上种草本植物，以便为生物群落提供栖息场所和防止水土流失。在废水顺坡流动的过程中，一部分渗入土壤，并有少量蒸发，水中悬浮物被过滤截留，有机物则被生存于草根和表土中的微生物氧化分解。在不允许地表排放时，径流水可用于农田灌溉，或再经快速渗滤回注于地下水中。废水在投配前需经必要的预处理，设施有格栅、初次沉淀池或停留时间为 1d 的曝气塘等。其次，地表漫流系统只能在植被生长期正常运行，这就需要筛选那些净化和抗污能力强、生长期长的植被草种，同时设有供停运期使用的废水贮存塘。地表漫流的水力负荷率依前处理程度的不同而异，一般在 2～10cm/d。

4. 地下渗滤系统

地下渗滤系统如图 8-8 所示，是将经预处理的污水通入设置于地下的具有一定构造、距地面约 50cm 深并有良好渗透性的土壤中，利用毛细浸润和土壤渗滤作用，使投入污水向四周扩散，通过过滤、沉淀、吸附、生物降解等过程，使污水得到净化。

地下渗滤土地类型有：地下渗滤沟、地下毛管浸润沟、地下过滤池等。此外，还有浸润式生物滤池—毛管浸润的复合工艺。其中地下渗滤沟与地下毛管浸润沟是近年来开发并较常用的。

上述四种土地渗滤系统的选择应因地制宜，主要依据是土壤性质、地形作物种类、气候条件以及对废水的处理要求和处理水的出路等。有时，需要建立由几个系统组成的复合系统，以提高处理水水质，使之符合回用或排放要求。

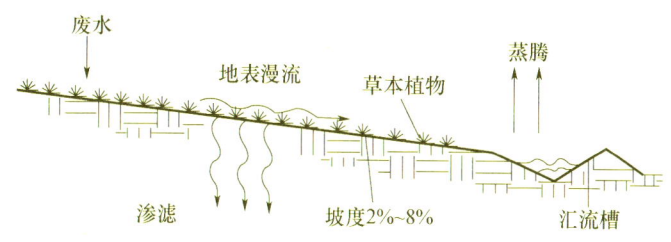

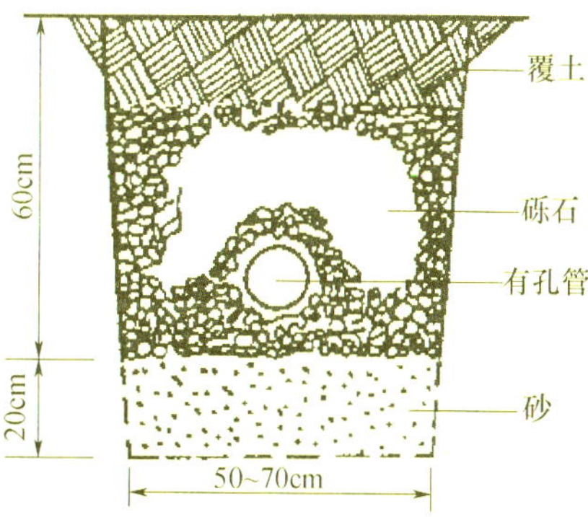

图 8-8 地下渗滤系统示意图

5. 人工湿地处理系统

人工湿地是 20 世纪 70～80 年代发展起来的新型污水处理技术，是由人工建造的具有自然湿地系统综合降解和净化功能且可人为控制的集物理、化学、生化反应于一体的污水处理系统。人工湿地由人工介质和生长在其上的植物和微生物组成，是一个独特的综合生态系统。水生植物和人工介质为氧化和去除有机物、N、P的微生物提供栖息场所，并改善氧化还原条件。附着在介质（填料）上和植物根际的大量微生物担负主要的降解作用。人工湿地具有缓冲能力大、处理效果好、工艺简单、投资省、耗电低、运行费用低等特点，适合于水量较小、水质变化不大、管理水平不高的小城镇污水处理。另外，人工湿地具有类似自然生态景观，有着很好的环境、生态和美学效果。

(1) 人工湿地的种类

人工湿地可以按湿地中主要植物的种类、废水在湿地中的流经方式进行分类。

① 根据湿地中主要植物种类分类。根据湿地中主要植物种类，人工湿地可分为浮水植物系统、挺水植物系统和沉水植物系统三种。浮水植物主要用于N、P去除和提高传统稳定塘效率。沉水植物主要用于对传统城市污水二级处理出水的深度处理。目前常用的人工湿地系统大多是挺水植物系统。

② 根据废水在湿地中的流经方式分类。根据废水在湿地中的流经方式，人工湿地可分为表面流人工湿地、水平潜流人工湿地、垂直（立式）流人工湿地三种，具体构造如图8-9所示。

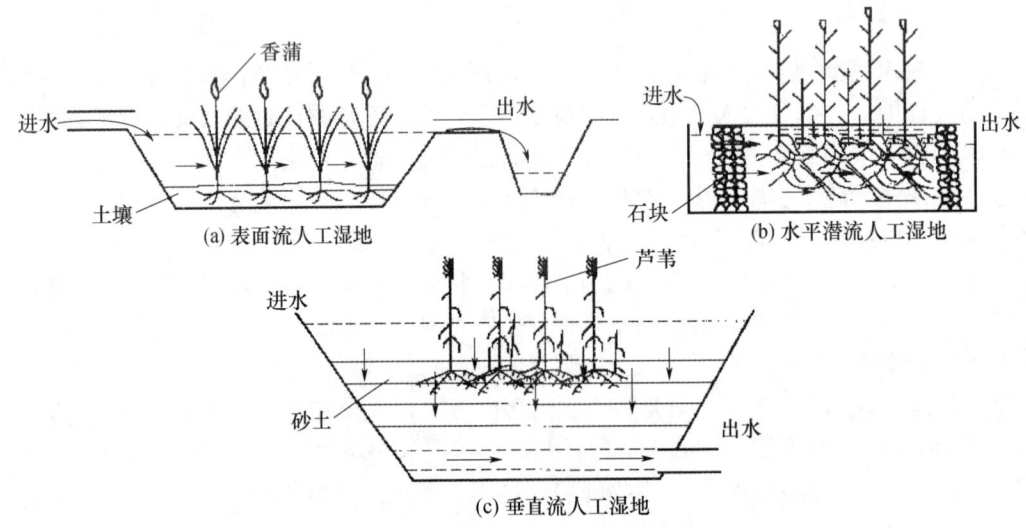

图8-9 三种不同类型人工湿地

不同类型人工湿地对污染物的去除效果不同。表面流湿地与自然湿地最为接近，废水在填料表面漫流，绝大部分污染物的降解由位于植物水下茎秆上的生物膜来完成。这种类型的人工湿地投资少、操作简单、运行费用低，但水力负荷率较小，占地面积较大，去除污染物能力有限，夏季滋生蚊蝇，卫生条件差。

水平潜流湿地的污水在填料层表面下潜流，它由一个或多个填料床组成，床体填充人工介质，床底设有防渗层，防止污染地下水。与表面流人工湿地相比，水平潜流人工湿地能充分利用整个系统的协同作用，水力负荷大，占地小，对BOD、COD、SS、重金属等污染指标的去除效果好，卫生条件也较好。但水平人工潜流湿地控制相对复杂，脱N除P效果不如垂直流人工湿地。

垂直流人工湿地的污水从湿地表面纵向穿过填料床，床体处于不饱和状态，氧可通过大气扩散和植物传输进入人工湿地系统。垂直流人工湿地的硝化能力高于水平潜流湿地，可用于处理氨氮含量较高的污水。其缺点是对有机物的去除能力不如水平潜流人工湿地系统，落干、淹水时间较长，控制相对复杂，夏季有滋生蚊蝇的现象。

(2) 人工湿地的构成

人工湿地由人工介质以及生长在人工介质上的水生植物、微生物和微型动物组成。

人工湿地中的介质又称填料或滤料，一般由土壤、细沙、粗砂、砾石、碎瓦片或灰渣等构成，其作用是为挺水植物或潜水植物的根提供物理固定和支持，同时也为各种复杂离子、化合物提供反应界面，为微生物提供附着载体。对填料的要求为具有良好的透气性和透水性。

水生植物在人工湿地系统中起固定床体表面，提供良好过滤条件，防止湿地被淤泥淤塞，为微生物提供良好根区环境以及冬季运行支持冰面的作用。另外，水生植物还具有显著增加微生物的附着（植物的根茎），将大气氧传输至底部，增加或稳定土壤的透水性等作用。植物种类主要有芦苇、灯芯草、香蒲等。

微生物是人工湿地中净化废水的"主角"。微生物以有机污染物质作为营养物质，将其转化为细胞质或分解获得能量。

(3) 人工湿地的净化作用

① 人工湿地中氧的变化。人工湿地中的氧来源于植物根毛的释氧及大气溶氧，通过光合作用产生的氧由植物组织输送到根部，再通过根毛释放到外部环境中。

② 人工湿地中氮、磷的去除。人工湿地处理系统对氮的去除作用包括介质的吸附、过滤、沉淀、挥发、植物的吸收和微生物硝化、反硝化等。氮是植物生长的必需元素，废水中的有机氮、NH_3-N 和 NO_3^--N，均可被人工湿地中的植物吸收，合成植物蛋白质，最后通过植物的收割加以去除。另外一部分 NH_3-N 还可以挥发到大气中去（该部分应尽量减小）。微生物的硝化和反硝化作用对氮的去除具有重要作用。硝化所需要的氧，或直接从大气扩散至水中，或由植物根释放。另外，人工湿地对重金属、氰化物及有机物等对硝化反应有抑制作用的物质也有一定的去除作用。

人工湿地处理系统对磷的去除作用包括介质的吸收、过滤、植物吸收、微生物去除及物理化学作用。介质的吸收和过滤对无机磷的去除作用因填料的不同而存在差异。

③ 人工湿地中有机物的去除。人工湿地对有机物有较强的降解能力。污水中不溶性有机物首先通过湿地的沉淀、过滤作用被截留，然后被微生物利用；污水中溶解性有机物则通过植物根系生物膜的吸附、吸收及生物代谢去除。

④ 人工湿地中金属离子的去除。人工湿地中金属离子主要通过植物的吸收和生物富集作用、土壤颗粒的吸附（如离子交换）、硫化物沉淀等途径去除。植物的吸收和土壤颗粒的吸附类似于磷的去除。硫化物沉淀中的硫来源于蛋白质等厌氧分解和硫酸盐还原。

(4) 人工湿地运行管理

污水湿地处理的运行管理主要包括设备运转、设施维护、田间管理和水质水量监控四个方面。其中设备运转、设施维护与其他污水处理厂的运行管理基本相同。田间管理则主要是湿地植物的管理。

(5) 人工湿地系统组成

人工湿地处理系统通常可以分为预处理、湿地田、水质水量监控三个组成部分。

① 预处理。污水人工湿地预处理一般包括沉砂池、提升泵、配水井、沉淀池或酸化水解池，其作用是保证后续工艺的正常运行。

② 湿地田。湿地田一般由一些具有缓坡的长方形单元地块组合而成。包括基层、水层、植物、动物、微生物五个基本部分。

③ 水质水量监控。水质监测包括 BOD_5、COD_{Cr}、SS、pH 值、水温等项目，根据运行要求确定。

6. 污水土地处理设计要求

(1) 污水土地处理的水力负荷，应根据试验资料确定，无试验资料时，可按下列范围取值：慢速渗滤 0.5～5m/a；快速渗滤 5～120m/a；地面漫流 3～20m/a。

(2) 在集中式给水水源卫生防护带、含水层露头地区、裂隙性岩层和熔岩地区，不得使用污水土地处理。

(3) 污水土地处理地区地下水埋深不宜小于 1.5m。

(4) 采用人工湿地处理污水时，应进行预处理。设计参数宜通过试验资料确定。

(5) 进入灌溉田的污水水质必须符合国家现行有关水质标准的规定。

7. 人工湿地工程应用实例

(1) 天津城市污水湿地处理系统

天津城市污水湿地处理系统是生产性的规模，总共占地 $20hm^2$，处理城市污水量 1200～1800m^3/d。工程以芦苇湿地为主体，包括渗滤湿地、自由水面湿地、天然湿地及人工芦苇床湿地，并有相应的稳定塘与鱼塘等单元。预处理采用一级沉淀池加稳定塘。

各种类型人工湿地的工艺参数如下所列。

HRT（水力停留时间）：渗滤湿地 HRT>10d；自由水面湿地 HRT 为 2～4d；天然湿地 HRT<10d。

水深：30～40cm（其中 15～20cm 为水层），天然湿地 40～80cm。

进水水温：>7℃。

进水方式：连续布水。

该人工湿地运转情况如下所述。

① 人工芦苇床

平均水力负荷 6.2cm/d，有机负荷 9.09$gBOD_5$/($m^2 \cdot d$)。净化效果：BOD_5 90%、SS 91.6%、NH_3-N 76.2%、TP 87.9%、洗涤剂 LAS 94.6%、氯苯类 81.9%、氯酚类 82.3%、农药类 89.1%、其他苯类 95%、大肠杆菌和粪大肠菌平均去除率 99%。经测定，芦苇的维管束系统的根部最大输氧速率为 28.8gO_2/($m^3 \cdot d$) 据此可估算出人工芦苇床的有机物负荷，可达 121.5$kgBOD_5$/($hm^2 \cdot d$) 以及氮负荷 24.3$kgNH_3$-N/($hm^2 \cdot d$) 芦苇床根区的硝化-反硝化作用是氮去除的主要作用，占 70%；芦苇吸收量仅占 2%。磷去除主要靠土壤物化截留作用，占 70%；芦苇吸收 17%。

② 自由水面湿地系统

占地面积 5845.7m^2，分成 5 组不同长宽比的床块，坡降 0.2%，芦苇种植密度 207 株/m^2，平均直径 0.5cm，表土上层有厚 5cm 的"根毡层"。该湿地系统采用"土壤生物活性"作为设计依据，湿地处理废水量 200m^3/d。进水 BOD_5 为 150mg/L，水力负荷为 150～200m^3/($hm^2 \cdot d$)，投配率 6.2cm/d，有机负荷 90.9$kgBOD_5$/($hm^2 \cdot d$)，出水水质相当于二级处理水平，BOD_5 去除率 90%，SS 91.6%。

③ 渗滤湿地

处理废水量 1000m^3/d，水流方向既有垂直向又有水平向，设集水管，埋深 1.0～1.5m，在布水区外侧水平距离 1.0m 可连续布水及出水。水力负荷 3～6cm/d。净化效果：BOD_5 90%～98%、SS 85%～100%、COD 65%～80%、TN 81%、TP 89%、出水 BOD_5<15mg/L、SS<20mg/L，相当于或优于二级处理水平。

(2) 北京昌平人工湿地

我国在"七五"期间开始进行人工湿地研究，首例人工湿地是 1988—1990 年在北京昌平进行的自由表面流湿地。该湿地面积为 $2hm^2$，进水为生活污水和工业废水的混合废水，规模为 500t/d，水力负荷为 4.7cm/d，HRT 为 4.3d，BOD 负荷为 $59kgBOD_5/(hm^2 \cdot d)$ 去除效果见表 8-5。

表 8-5 北京昌平人工湿地的污水处理效果

项目	COD	BOD_5	TOC	SS	TN	NH_3-N	TP
进水/(mg/L)	547.0	125.0	76.7	257.0	14.4	4.8	0.94
出水/(mg/L)	103.0	17.8	28.2	17.0	5.1	1.95	0.42
去除率/%	81.2	85.8	63.2	93.8	64.4	59.4	55.1

(3) 深圳市宝安区白泥坑人工湿地工程

深圳市宝安区白泥坑人工湿地工程建于 1990 年，设计服务人口 7000～1000 人，设计废水量 $3150m^3/d$，其中包括部分初期截留的污染较重的雨水。进水水质 BOD_5 为 80～120mg/L、SS 为 80～90mg/L、TN 为 25～30mg/L、TP 为 6～10mg/L。出水水质：BOD_5 及 SS<30mg/L、NH_3-N<15mg/L、P<0.5mg/L。

工艺流程：

废水→潜流芦苇床（三床并联）→潜流芦苇床（二床并联）→氧化塘（三塘并联）→潜流芦苇床（三床并联）→出水。

第一级潜流芦苇床介质层浅，深仅 40～50cm。第二级介质深 50～60cm。氧化塘深 1.5m。第四级湿地的介质层深 70～100cm，具有反硝化作用。

湿地底坡度从 0.5°～3°不等。该人工湿地系统的工艺流程长，系统出水水质的 BOD_5 和 SS 均能达到设计要求。关键在于氧化塘出水的藻类是否对后继的湿地有堵塞影响。此外，南方夏天气温高，故需妥善控制水位，以降低地温，防止对作物有不良影响。

 习题与思考

1. 简述稳定塘的组成及分类。
2. 简述好氧塘的净化模式。
3. 简述兼性塘、厌氧塘的净化模式。
4. 什么是人工湿地处理系统？人工湿地由哪几部分组成？
5. 人工湿地处理系统的类型有哪些？
6. 地表漫流系统具有哪些特点？
7. 自然条件下生物处理法的机理和条件与人工条件下生物处理法有何异同？
8. 为什么说污水灌溉必须积极而又慎重地进行？

9 污水的厌氧生物处理

> **学 习 提 示**
> **本章学习要点**：重点掌握污水的厌氧生物处理的基本原理和影响因素，了解厌氧生物处理的工艺，了解水解消化、上流式厌氧污泥床反应器的设计方法。

9.1 污水厌氧生物处理的基本原理

厌氧生物处理法，是在无氧的条件下由兼性厌氧菌和专性厌氧菌来降解有机污染物的处理方法。过去，它多用于城市污水处理厂的污泥、有机废料以及部分高浓度有机废水的处理。经过多年的发展，现已成为污水处理的主要方法之一，不但可用于处理高浓度和中等浓度的有机污水及好氧处理过程中所产生的剩余有机污泥，还可以用于低浓度有机污水的处理。

1. 厌氧生物处理的基本原理

早期的厌氧处理研究都针对污泥消化。污泥的厌氧处理面对的是固态有机物，称为消化，所以厌氧生物处理也称厌氧消化。污泥的消化过程明显分为两个阶段：固态有机物先是液化，称液化阶段；接着降解产物气化，称气化阶段。第一阶段最显著的特征是液态污泥的pH值迅速下降，称酸化阶段，污泥中的固态有机物主要是天然高分子化合物，如淀粉、纤维素、油脂、蛋白质等，在无氧环境中降解时，转化为有机酸、醇、醛、水分子等液态产物和CO_2、H_2、NH_3、H_2S等气体分子，气体大多溶解在泥液中；之后pH值开始回升，进入气化阶段，产生的气体类似沼泽散发的气体，称消化气，主体是甲烷、二氧化碳，还有微量硫化氢，因此气化阶段常称甲烷化阶段，与酸化阶段相应称为碱性发酵阶段。参与消化的细菌，酸化阶段的统称产酸或酸化细菌，几乎包括所有的兼性细菌；甲烷化阶段的统称甲烷细菌。

1967年，Bryant在研究中发现：整个厌氧过程主要由水解产酸菌、产氢产乙酸菌和产甲烷菌三大类群共同作用完成。因此，他认为将厌氧发酵简单地分为酸性发酵和碱性发酵是不合适的。他认为厌氧消化过程可大致分为三个连续的阶段：水解酸化阶段、产氢产乙酸阶段和产甲烷阶段（碱性发酵阶段），如图9-1所示。

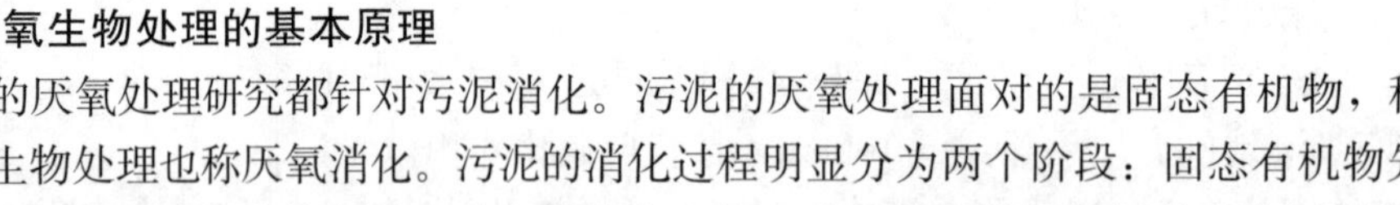

图9-1 厌氧消化的三个阶段

第一阶段：水解酸化阶段。水解和发酵性细菌将复杂有机物水解为小分子有机物，如：纤维素、淀粉水解为单糖，再发酵为丙酮酸；蛋白质水解为氨基酸，再脱氨基成有机酸和氨；脂类水解为低级脂肪酸和醇，如乙酸、丙酸、丁酸、乙醇、CO_2、H_2、NH_3和H_2S等。

第二阶段：产氢产乙酸阶段。产氢和产乙酸菌把第一阶段的产物进一步分解为乙酸和氢气。

第三阶段：产甲烷阶段。在该阶段，乙酸、乙酸盐、H_2和CO_2等被产甲烷细菌转化为甲烷。该过程分别由生理类型不同的两种产甲烷细菌共同完成，其中的一类把H_2和CO_2转化为甲烷，而另一类则通过乙酸或乙酸盐的脱羧途径来产生甲烷。

实际上，在厌氧反应器的运行过程中，厌氧消化的三个阶段同时进行并保持一定程度的动态平衡。这一动态平衡一旦为外界因素（如温度、pH值、有机负荷等）所破坏，则产甲烷阶段往往出现停滞，其结果将导致低级脂肪酸的积存和厌氧消化进程的异常。

2. 厌氧动力学

许多研究者致力于研究微生物代谢动力学，这一工作基于Monod公式：

（1）微生物的生长速率正比于基质的利用率

$$\left(\frac{dX}{dt}\right)_g = Y\left(\frac{dS}{dt}\right)_u = X\mu = X\frac{\mu_m S}{S+K_s} \quad (9\text{-}1)$$

（2）微生物的死亡率可以通过一级反应式表示。

$$\left(\frac{dX}{dt}\right)_d = -Xb \quad (9\text{-}2)$$

式中 X——微生物浓度，$gVSS/m^3$；
Y——微生物产率系数，$gVSS/gCOD_5$；
S——基质浓度，$mgCOD_5/L$；
t——反应时间，d；
μ_m——微生物比生长率，单位时间内相对增加的微生物，d^{-1}；
K_s——Monod（半饱和）常数，$mgCOD_5/L$；
g、u、d——代表生长、利用和死亡；
b——死亡常数，d^{-1}。

一个重要的动力学参数是比基质利用速率常数。这个常数给出了单位微生物在单位时间内可以代谢的最大基质量，可以从最大比生长率和产率常数计算：

$$K_m = \mu_m/Y$$

式中 K_m——比基质利用速率，$kgBOD_5/(kgVSS \cdot d)$。

根据众多试验研究的结果汇总了酸性发酵和甲烷发酵过程重要的动力学常数（表9-1）。处理复杂基质污水时，因为其他一些因素会使情况变得复杂，所以要根据实际情况来确定或作适当的调整。

表9-1 厌氧动力学参数（Henxen和Harremoes）

培养	μ_m/（1/d）	Y/（$gVSS/gCOD_5$）	K_m/（$kgBOD_5/kgVSS \cdot d$）	K_s（$mgCOD_5/L$）
产酸菌	2.0	0.15	13	200
甲烷菌	0.4	0.03	13	50
混合培养	0.4	0.18	12	—

3. 厌氧法的影响因素

厌氧法对环境条件的要求比好氧法更严格。一般认为，控制厌氧处理效率的基本因素有两类：一类是基础因素，包括微生物量（污泥浓度）、营养比、混合接触状况、有机负荷等；另一类是环境因素，如温度、pH 值、氧化还原电位、有毒物质等。

由厌氧法的基本原理可知，厌氧过程要通过多种生理上不同的微生物类群联合作用来完成，大致可以分为产酸菌和产甲烷菌两类。产酸菌包括厌氧细菌和兼性细菌，尤以兼性细菌居多。与产甲烷菌相比，产酸菌对 pH 值、湿度、厌氧条件等外界环境因素的变化具有较强的适应性，且其增殖速度快，而产甲烷菌是一群非常特殊的、严格厌氧的细菌，它们对生长环境条件的要求比产酸菌更严格，而且其繁殖的世代期更长。因此，产甲烷细菌是决定厌氧消化效率和成败的主要微生物，是厌氧过程速率的限制步骤。正因为此，在讨论厌氧过程的影响因素时，多以产甲烷菌的生理、生态特征来说明。

(1) 温度

各类微生物适宜的温度范围是不同的，一般认为，产甲烷菌的温度范围为 5~60℃。在 35℃ 和 53℃ 上下可以分别获得较高的消化效率，温度为 40~45℃ 时，厌氧消化效率较低。由于产甲烷菌适宜温度条件的不同，厌氧法可分为常温消化、中温消化和高温消化三种类型。

① 常温厌氧消化，指在自然气温或水温下进行废水厌氧处理的工艺，适宜温度范围 10~30℃。

② 中温厌氧消化，适宜温度 35~38℃，若低于 32℃ 或者高于 40℃，厌氧消化的效率即趋向明显降低。

③ 高温厌氧消化，适宜温度 50~55℃。

一定范围内，温度提高，有机物去除率提高，产气量提高。温度的急剧变化和上下波动不利于厌氧消化作用。短时内温度升降 5℃，沼气产量明显下降，波动的幅度过大时，甚至停止产气。温度的波动，不仅影响沼气产量，还影响沼气中甲烷的含量，尤其高温消化对温度变化更为敏感。温度的暂时性突然降低不会使厌氧消化系统遭受根本性的破坏，温度一经恢复到原来水平时，处理效率和产气量也随之恢复。

(2) pH 值

每种微生物可在一定的 pH 值范围内活动，产酸细菌对酸碱度不及甲烷细菌敏感，其适宜的 pH 值范围较广，在 4.5~8.0 之间。产甲烷菌要求环境介质 pH 值在中性附近，最适宜 pH 值为 6.8~7.2。

在厌氧法处理废水的应用中，由于产酸和产甲烷大多在同一构筑物内进行，故为了维持平衡，避免过多的酸积累，常保持反应器内的 pH 值在 6.5~7.5（最好在 6.8~7.2）的范围内。

厌氧体系中的 pH 值受多种因素的影响：进水 pH 值、进水水质（有机物浓度、有机物种类等）、生化反应、酸碱平衡、气-固-液相间的溶解平衡等。厌氧体系是一个 pH 值的缓冲体系，主要由碳酸盐体系所控制，一般来说，系统中脂肪酸含量的增加（累积），将消耗 HCO_3^-，使 pH 下降；但产甲烷菌的作用不但可以消耗脂肪酸，而且还会产生 HCO_3^-，使系统的 pH 值回升。所以，在生产运转中常把挥发酸浓度及碱度作为管理指标。

(3) 氧化还原电位

无氧环境是严格厌氧的产甲烷菌繁殖的最基本条件之一。产甲烷菌对氧和氧化剂非常敏感，一旦被氧化便与酶分离，从而使酶失去活性。

研究表明：高温厌氧消化系统适宜的氧化还原电位为 -600~-500mV；中温厌氧消化系统及浮动温度厌氧消化系统要求其氧化还原电位要低于 -380~-300mV。产酸细菌群对氧化还原电位的要求不太严格，相对而言，产甲烷细菌的条件比较苛刻，必须在-350mV甚至更低的条件下才可正常生长。

氧是影响厌氧反应器中氧化还原电位条件的重要因素，但不是唯一因素。一些氧化剂或者氧化态物质的存在（如废水中的Fe^{3+}、$Cr_2O_7^{2-}$、NO_3^-、SO_4^{2-}等），同样可使体系的氧化还原电位发生改变，当其浓度积累到一定程度便会抑制厌氧消化过程的进行，因此，体系中的氧化还原电位比溶解氧浓度更能全面地反映消化液所处的厌氧状态。除此以外，pH值的大小对氧化还原电位的影响也很显著。若pH值下降，则氧化还原电位升高；若pH值升高，则氧化还原电位降低。另外，体系中总氮浓度的高低也会对氧化还原电位造成影响。

(4) 有机负荷

在厌氧法中，有机负荷通常指容积有机负荷，简称容积负荷，即消化器单位有效容积每天接受的有机物量$\text{kgCOD}/(\text{m}^3 \cdot \text{d})$或$\text{kgBOD}/(\text{m}^3 \cdot \text{d})$。对悬浮生长工艺，也有用污泥负荷表达的，即$\text{kgCOD}/(\text{kgMLSS} \cdot \text{d})$或$\text{kgCOD}/(\text{kgMLSS} \cdot \text{d})$。

在污泥消化中，有机负荷习惯上以投配率或进料率表达，即每天所投加的湿污泥体积占消化器有效容积的百分数。由于各种湿污泥的含水率、挥发组分不尽一致，投配率不能反映实际的有机负荷，为此，又引入反应器单位有效容积每天接受的挥发性固体质量这一参数，即$\text{kgMLVSS}/(\text{m}^3 \cdot \text{d})$。

有机负荷值因工艺类型、运行条件以及废水中污染物的种类及其浓度而异。在通常的情况下，常规厌氧消化工艺中温处理高浓度工业废水的有机负荷为$2\sim3\text{kgCOD}/(\text{m}^3 \cdot \text{d})$，在高温下为$4\sim6\text{kgCOD}/(\text{m}^3 \cdot \text{d})$。

上流式厌氧污泥床反应器、厌氧滤池、厌氧流化床等新型厌氧工艺的有机负荷在中温下为$5\sim15\text{kgCOD}/(\text{m}^3 \cdot \text{d})$，最高可达$50\text{kgCOD}/(\text{m}^3 \cdot \text{d})$。在处理具体废水时，最好通过试验来确定其最适宜的有机负荷。

(5) 搅拌和混合

通过搅拌使进料迅速与池中原有料液相混匀，消除池内梯度，增加食料与微生物之间的接触，避免产生分层，促进沼气分离。搅拌的方法有：机械搅拌器搅拌法、消化液循环搅拌法、沼气循环搅拌法等。其中沼气循环搅拌，还有利于使沼气中的CO_2作为产甲烷的底物被细菌利用，提高甲烷的产量。

厌氧滤池和上流式厌氧污泥床等厌氧消化设备，虽没有专设搅拌装置，但以上流的方式连续投入料液，通过液流及其扩散作用，也起到一定程度的搅拌作用。

(6) 废水的营养比

厌氧微生物的生长繁殖需按一定的比例摄取碳、氮、磷以及其他微量元素。在碳、氮、磷比例中，碳氮比例对厌氧消化的影响更为重要。厌氧微生物对N、P等营养物质的要求略低于好氧微生物，其要求COD:N:P=200:5:1。

多数厌氧菌不具有合成某些必要的维生素或氨基酸的功能，所以处理工业有机废水有时需要投加：

① K、Na、Ca等金属盐类；
② 微量元素Ni、Co、Mo、Fe等；
③ 有机微量物质：酵母浸出膏、生物素、维生素等。

(7) 有毒物质

影响厌氧消化的有毒物质包括有毒有机物、重金属离子和一些阴离子等。对有机物来说，带醛基、双键、氯取代基、苯环等结构，往往具有抑制性。有毒物质的最高容许浓度与处理系统的运行方式、污泥驯化程度、废水特性、操作控制条件等因素有关。常见的抑制性物质有硫化物、氨氮、重金属等。

① 硫化物和硫酸盐。硫酸盐和其他硫的氧化物很容易在厌氧消化过程中被还原成硫化物，可溶的硫化物达到一定浓度时，会对厌氧消化过程主要是产甲烷过程产生抑制作用。投加某些金属如 Fe^{2+} 可以去除 S^{2-}，或从系统中吹脱 H_2S 可以减轻硫化物的抑制作用。

② 氨氮。氨氮是厌氧消化的缓冲剂，但浓度过高，则会对厌氧消化过程产生毒害作用，抑制浓度为 50～200mg/L，但驯化后，适应能力会得到加强。

③ 重金属。废水中微量的重金属会刺激厌氧微生物的生长，但若过量则会起到抑制作用，导致消化反应器失效。重金属离子可与细菌胞内酶的巯基、氨基、羧基等结合而使酶失活，或通过形成金属氢氧化物导致酶凝聚沉淀。

4. 厌氧生物处理的主要特征

(1) 优点

与废水的好氧生物处理工艺相比，废水的厌氧生物处理工艺具有以下主要优点：

① 应用范围广。既可用于高浓度有机废水处理，又可用于中、低浓度废水处理；厌氧微生物有可能对好氧微生物不能降解的一些有机物进行降解或部分降解；因此，对于某些含有难降解有机物的废水，利用厌氧工艺进行处理可以获得更好的处理效果，或者可以利用厌氧工艺作为预处理工艺，可以提高废水的可生化性，提高后续好氧处理工艺的处理效果。

② 能耗大大降低，而且还可以回收生物能（沼气）。

③ 处理负荷高、占地少，反应器体积小；通常好氧法的有机容积负荷为 $2\sim4kgBOD_5/(m^3\cdot d)$，而厌氧法为 $2\sim10kgBOD_5/(m^3\cdot d)$，高的可达 $50kgBOD_5/(m^3\cdot d)$。

④ 污泥产量很低，且其浓缩性、脱水性能良好。

⑤ 对营养物需求量小，其 $BOD_5:N:P=200:5:1$。

⑥ 厌氧处理过程有一定的杀菌作用，可以杀死废水和污泥中的寄生虫卵、病毒等。

⑦ 厌氧方法的菌种沉降性能好，生物活性保存期长，中止营养条件下可保留至少 1 年以上。

⑧ 密闭系统，臭味对环境影响小。

(2) 缺点

与废水的好氧生物处理工艺相比，废水厌氧生物处理工艺也存在着以下的明显缺点：

① 厌氧生物处理过程中所涉及的生化反应过程较为复杂，因为厌氧消化过程是由多种不同性质、不同功能的厌氧微生物协同工作的一个连续的生化过程，不同种属间细菌的相互配合或平衡较难控制，因此在运行厌氧反应器的过程中需要很高的技术要求。

② 厌氧微生物特别是其中的产甲烷细菌对温度、pH 值等环境因素非常敏感，也使得厌氧反应器的运行和应用受到很多限制和困难。

③ 虽然厌氧生物处理工艺在处理高浓度的工业废水时常常可以达到很高的处理效率，但其出水水质仍通常较差，一般需要利用好氧工艺进行进一步的处理。

④ 厌氧生物处理的气味较大。

⑤ 对氨氮的去除效果不好，一般认为在厌氧条件下氨氮不会降低，而且还可能由于原

废水中含有的有机氮在厌氧条件下的转化导致氨氮浓度的上升。

⑥ 厌氧反应器初次启动过程缓慢，一般需要 8～12 周时间。

9.2 污水厌氧生物处理方法

污水厌氧生物处理方法按微生物生长状态分为厌氧活性污泥法和厌氧生物膜法；按投料、出料及运行方式分为分批式、连续式和半连续式；根据厌氧消化中物质转化反应的总过程是否在同一反应器中并在同一工艺条件下完成，又可分为一步厌氧消化与两步厌氧消化等。

厌氧活性污泥法包括：普通厌氧消化池、水解反应器、厌氧接触法、上流式厌氧污泥床反应器、膨胀颗粒污泥床及厌氧内循环反应器。

厌氧生物膜法包括：厌氧流化床、厌氧生物滤池、厌氧生物转盘和挡板反应器等。

9.2.1 普通厌氧消化池

普通厌氧消化池又称传统或常规消化池，已有百余年的历史。如图 9-2 所示，消化池常用密闭的圆柱形池，废水定期或连续进入池中，经消化的污泥和废水分别由消化池底和上部排出，所产沼气从顶部排出。消化池直径从几米至三四十米，柱体部分的高度约为直径的 1/2，池底呈圆锥形，以利排泥。

为使进料与厌氧污泥尽快接触、使所产沼气气泡及时逸出而设置搅拌装置。常用搅拌方式有三种：池内机械搅拌、沼气搅拌、循环消化液搅拌。

进行中温和高温厌氧消化需要加温，常用加热方式有三种：①废水在消化池外先经热交换器预热到规定温度再进入消化池；②热蒸汽直接在消化器内加热；③在消化池内部安装热交换管。

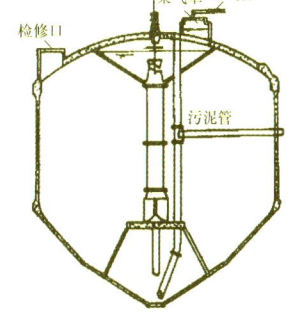

图 9-2　螺旋桨搅拌的消化池

普通消化池的特点是：可以直接处理悬浮固体含量较高或颗粒较大的料液；厌氧消化反应与固-液分离在同一个池内实现，结构较简单；缺乏持留或补充厌氧活性污泥的特殊装置，消化器中难以保持大量的微生物细胞；对无搅拌的消化器，还存在料液分层现象严重，微生物不能与料液均匀接触的问题；温度不均匀，消化效率低。

9.2.2 水解反应器

1. 水解工艺原理

水解（酸化）工艺的研究工作是从污水厌氧生物处理的试验开始，经过反复实践和理论分析，逐步发展为水解（酸化）生物处理工艺。工程上厌氧发酵产生沼气的过程可分为水解阶段、酸化阶段和甲烷化阶段三阶段。水解池是把反应控制在第二阶段完成之前，不进入第三阶段。在水解反应中实际上完成水解和酸化两个过程（酸化也可能不十分彻底），但为了简化，简称为水解。采用水解池较之全过程的厌氧池（消化池）具有以下的优点：

(1) 不需要密闭的池，不需要搅拌器，不需要三相分离器。

(2) 水解、产酸阶段的产物主要是小分子的有机物，可生化性一般较好，故水解池可以改变原污水的可生化性，从而减少反应时间和处理的能耗。

(3) 由于反应控制在第二阶段完成前，出水无厌氧发酵的不良气味，改善了污水处理厂的环境。

(4) 由于第一、二阶段反应迅速，故水解池体积小，节省基建投资。

(5) 水解池对固体有机物的降解，减少了污泥量，具有消化池的功能，所以水解工艺仅产生很少的剩余活性污泥，实现了污水、污泥一次处理，不需要中温消化池。

在以往的研究中，发现采用水解反应器，可以在短的停留时间（HRT=2.5h）和相对高的水力负荷下，获得较高的悬浮物去除率（平均85%的去除率）。这一工艺可以改善和提高原污水的可生化性和溶解性，以利于好氧处理工艺。但是，该工艺的COD去除率相对较低，仅有40%~50%，尤其溶解性COD的去除率很低。事实上，水解工艺仅仅能够起到预酸化作用。

2. 水解工艺特点

(1) 污染物数量和质量变化

在水解过程中，因大量悬浮物水解成可溶性物质，大分子降解为小分子，因此工艺过程中有一系列不同于传统工艺流程的特点。由于这些不同特点，使得单纯从出水水质中COD、BOD_5等的去除率来评价水解反应器的作用是不全面的。为此，应结合对后处理的影响，对各种现象进行分析，全面评价水解反应在整个系统中的功能。研究表明，经水解处理后，出水溶解性有机物的比例提高了。而一般经初沉后出水中溶解性COD、BOD_5的比例变化较小。众所周知，微生物对有机物的摄取只有溶解性的小分子物质才可直接进入细胞体内，而不溶性大分子物质，首先要通过胞外酶的分解才得以进入微生物体内的代谢过程。经水解处理，有机物在微生物的代谢途径上减少了一个重要环节，无疑将加速有机物的降解。

(2) 有机物的数量显著减少

水解反应器的另一个特点是有机污染物的去除率相对较高，COD平均去除率为40%~50%，而悬浮性COD去除率更高，约为80%。悬浮物去除率高，出水悬浮物的浓度低于50mg/L，这对于各种后处理是非常有利的。

(3) 污水可生化性的变化

污水经水解反应后，出水BOD_5/COD比值有所提高。BOD_5/COD比值的提高说明废水可生化性的提高，这表明水解反应器相对于曝气池起到了预处理的作用，使得经水解处理的废水变得更易于被好氧菌降解。

3. 水解—好氧联合处理工艺

水解—好氧工艺是一种污水处理的新工艺，其最为显著的特点是以多功能的水解反应器取代了功能专一的传统初沉池。利用水解和产酸菌的反应，将不溶性有机物水解成溶解性有机物、大分子物质分解成小分子物质，大大提高了污水的可生化性，并减少了后续好氧处理构筑物的负荷，使得污泥与污水同时得到处理，并可以取消污泥消化。下面将结合图9-3对水解—好氧工艺流程作详细说明。

从图9-3中可见，水解—好氧系统包括预处理部分、沉砂池、水解处理部分、好氧后处理部分和污泥处理部分。污水经水泵提升通过预处理装置，去除悬浮大颗粒物质后，污水进入沉砂池，在其中将砂粒去除。沉砂池出水进入水解反应器，水解池停留时间为2.0～4.0h。经水解反应器处理后的出水进入后续（好氧）处理构筑物。

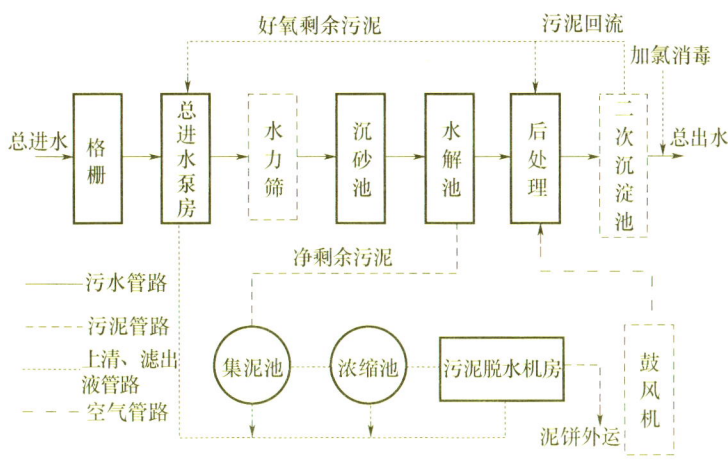

图9-3 包含水解单元的水解—好氧处理工艺

后续处理可以采用多种形式的处理方式，如传统活性污泥工艺、氧化沟和SBR等方式。如采用传统曝气池，污水在曝气池的停留时间较传统工艺可大为缩短，气水比也可大幅度降低。经曝气池处理后的水进入二次沉淀池，二次沉淀池的出水即可达标排放。曝气池产生的剩余污泥送入水解反应器，整个工艺流程的剩余污泥从水解池排出进入集泥池，污泥从集泥池用泵提升进入浓缩池，经12～24h浓缩后可脱水处理。集泥池和浓缩池的上清液流回集水井。

4. 水解酸化池的设计

水解酸化池的设计规定主要有以下几个方面。

(1) 水解酸化池一般可采用矩形和圆形池体，多为钢筋混凝土结构。池体数量一般不小于2，池体有效水深一般为4～6m，超高为0.8～1.0m，长宽比一般采用2:1，单池宽度应不超过15m。

(2) 池内废水上升流速为0.5～1.8m/h；清水区高度为0.5～1.5m。

(3) 采用穿孔管的小阻力多点配水系统，一般采用对称布置；每个穿孔管布水器的布水孔口向下距池底约0.2m；单个孔口服务面积为0.5～2m²，孔口位于所服务面积的中心；出水孔口孔径一般为15～25mm；池底按多槽形式设计，有利于布水均匀和克服死区；出水孔处需设45°导流板使出水散布池底，出水孔正对池底。

(4) 出水堰应在集水槽上加设三角堰；堰上水头大于25mm，水位于三角堰齿1/2处；出水收集应设在水解池顶部，尽可能均匀地收集处理过的废水；采用矩形池体时出水采用几组平行出水堰的多槽出水方式；采用圆形池体时宜采用放射状的多槽或多边形槽出水；出水堰负荷宜在1.5～2.0L/(s·m)。

(5) 池内污泥的水解率平均为30%，因此水解污泥的产量可取悬浮物去除量的70%。排泥装置位于池体中上部，日排泥次数一般为1～2次；对于矩形池，排泥应沿池纵向多点排泥，排泥点的服务面积不大于90m²；排泥管的直径一般不小于150～200mm。

水解酸化池的设计参数见表9-2。

表 9-2　水解酸化池的设计参数

设计参数	取值范围
COD 去除率/%	30%~45%
BOD_5 去除率/%	25%~35%
SS 去除率/%	75%~85%
污泥水解率/%	25%（冬季）~50%（夏季）
表面负荷/[m³/(m²·h)]	0.5~1.8
废水上升流速/(m/s)	0.5~1.8
水力停留时间/h	城镇污水 2~4；低浓度工业废水 4~6；难降解工业废水 4~6

水解酸化池的设计计算主要包括容积计算、池体尺寸计算、布水配水计算、出水设计以及排泥设计，常用公式如下：

$$V=\frac{K_zQt}{24} \tag{9-3}$$

$$A=\frac{V}{h} \tag{9-4}$$

$$v=\frac{Q}{A}=\frac{h}{t} \tag{9-5}$$

式中　V——池体总容积，m³；

　　　t——水力停留时间（HRT），h；

　　　A——池体表面积，m²；

　　　v——池内上升流速，m/h；

　　　h——有效水深，m。

5. 水解酸化池设计计算实例

【例 9-1】已知某城市污水处理厂的设计废水量 $Q=17000$m³/d，总变化系数为 $K_z=1.5$。设计进水水质 $BOD_5=200$mg/L，COD=430mg/L，SS=300mg/L，pH 为 6.5~7.5。水解酸化池的设计出水水质 $BOD_5=160$mg/L，COD=280mg/L，SS=60mg/L。试设计计算水解酸化池。

解：

（1）各水质参数的去除率计算

$$\eta_{BOD}=\frac{BOD_0-BOD_e}{BOD_0}=\frac{200-160}{200}=20\%$$

$$\eta_{COD}=\frac{COD_0-COD_e}{COD_0}=\frac{430-280}{430}\approx35\%$$

$$\eta_{SS}=\frac{SS_0-SS_e}{SS_0}=\frac{300-60}{300}=80\%$$

（2）废水可生化性对比计算

原废水的可生化性：

$$\frac{BOD_0}{COD_0}=\frac{200}{430}\approx47\%$$

水解酸化出水的可生化性：

$$\frac{BOD_e}{COD_e}=\frac{160}{280}\approx57\%$$

由此可见，水解酸化后废水的可生化性有所提高，可以降低后续好氧生物处理工艺的负荷。

(3) 水解酸化池容积计算

设水解酸化池的水力停留时间为 $t=2.5 \mathrm{h}$：

$$V=\frac{K_z Q t}{24}=\frac{1.5 \times 17000 \times 2.5}{24} \approx 2656 (\mathrm{m}^3)$$

水解酸化池分为两座，单座容积：

$$V_1=\frac{V}{n}=\frac{2656}{2}=1328 (\mathrm{m}^3)$$

(4) 池体积计算

设水解池有效水深为 $h=4.5 \mathrm{m}$，超高为 $1.0 \mathrm{m}$，池体长宽比为 $2:1$。

单座水解池表面积：

$$A=\frac{V_1}{h}=\frac{1328}{4.5} \approx 295.11 (\mathrm{m}^2)$$

单座水解池宽度：

$$B=\sqrt{\frac{A}{2}}=\sqrt{\frac{295.11}{2}} \approx 12.15 (\mathrm{m})$$

单座水解池长度

$$L=2B=2 \times 12.15=24.30 (\mathrm{m})$$

(5) 池内上升流速计算：

$$v=\frac{Q}{A}=\frac{h}{t}=\frac{4.5}{2.5}=1.8 (\mathrm{m/h})$$

(6) 配水方式

单座水解池设5根布水支管，每根布水支管的流量：

$$q=\frac{Q}{10}=\frac{17000}{10 \times 86400}=0.0197 (\mathrm{m}^3/\mathrm{s})$$

布水支管流速取 $v_1=0.6 \mathrm{m/s}$，布水支管直径：

$$d_1=\sqrt{\frac{4q}{\pi v_1}}=\sqrt{\frac{4 \times 0.0197}{\pi \times 0.6}} \approx 0.20 (\mathrm{m})$$

每个布水支管设6个穿孔管布水器，每个布水器长4.0m，取布水器管内流速 $v_2=0.6 \mathrm{m/s}$，每个布水器设布水孔10个，每个布水孔孔径 $d_3=0.015 \mathrm{m}$，布水孔口向下距池底0.2m，位于服务面积的中心。

穿孔管布水器内的流量：

$$q'=\frac{q}{6}=\frac{0.0197}{6}=0.0033 (\mathrm{m}^3/\mathrm{s})$$

穿孔管布水器的直径：

$$d_2=\sqrt{\frac{4q'}{\pi v_2}}=\sqrt{\frac{4 \times 0.0033}{\pi \times 0.6}} \approx 0.084 (\mathrm{m})$$

布水孔孔口流量：

$$q''=\frac{q'}{10}=\frac{0.0033}{10}=0.00033 (\mathrm{m}^3/\mathrm{s})$$

$$v_3=\frac{4q''}{\pi d_3^2}=\frac{4 \times 0.00033}{\pi \times 0.015^2} \approx 1.87 (\mathrm{m/s})$$

校核单个布水孔口的服务面积：

$$A_0 = \frac{A}{5\times6\times10} = \frac{260.44}{5\times6\times10} \approx 0.87(\text{m}^2)$$

经复核，单个布水孔口的服务面积满足设计要求（图9-4）。

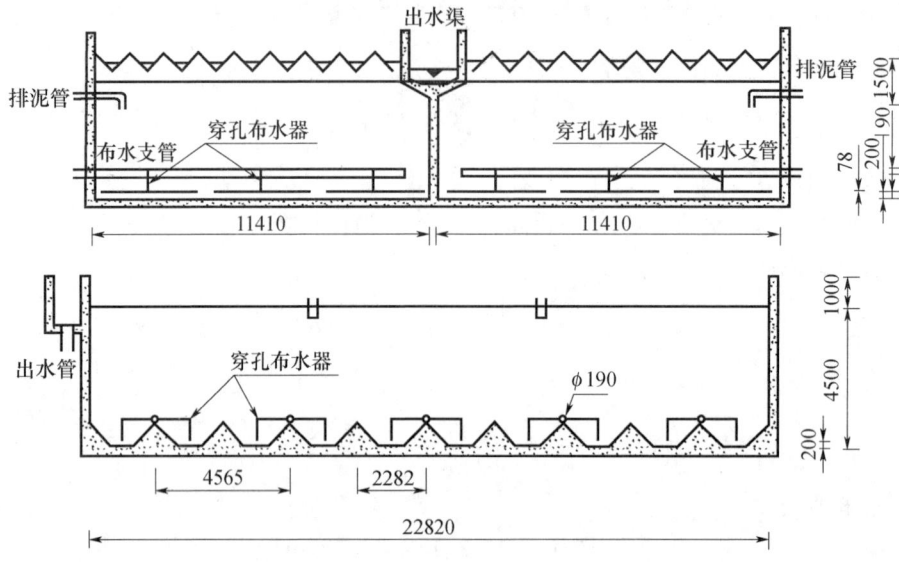

图9-4 水解酸化池设计简图

（7）出水设计

采用出水堰出水，池面水位在三角堰1/2处，共设置4对8条出水堰，每座池子2对4条出水堰，出水堰长度和池宽相同，均为12.15m，每对出水堰间距为0.3m。

校核堰负荷

$$A_0 = \frac{1000\times17000}{86400\times8\times12.15} \approx 2.0\text{L/(s·m)}$$

经复核，满足堰负荷的设计要求。

（8）排泥设计

采用静水压力排泥，排泥管高度为池体水面下1.5m处，直径200mm，沿矩形池体纵向多点排泥，单座池体设排泥点4个，则每个排泥点服务面积为73.8m^2，满足设计要求。

9.2.3 厌氧接触法

1. 厌氧接触法工艺

为了克服普通消化池不能持留或补充厌氧活性污泥的缺点，在消化池后设沉淀池，将沉淀污泥回流至消化池，形成了厌氧接触法。其工艺流程如图9-5所示。污水先进入消化池与回流的厌氧污泥相混合，污水中的有机物被厌氧污泥所吸附、分解，厌氧反应所产生的沼气由顶部排出；处理后的水与厌氧污泥的混合液从消化池上部排出，在沉淀池中完成固液分离，上清液由沉淀池排出，部分污泥回流至消化池，另一部分作为剩余污泥处理。在消化池中，搅拌可以用机械方法，

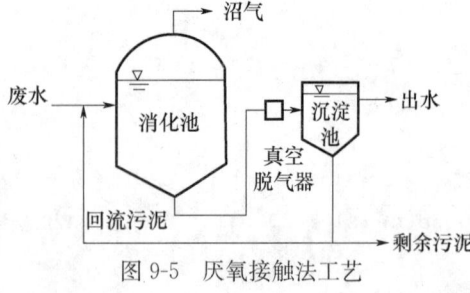

图9-5 厌氧接触法工艺

也可以用泵循环等方式。

厌氧接触法的主要特征是在厌氧消化池后设沉淀池,污泥进行回流,使厌氧消化池内维持较高的污泥浓度,缩短了水力停留时间。其对于悬浮物含量较高的有机污水处理效果较好,微生物可大量附着生长在悬浮污泥上,使微生物与污水的接触表面积增大,悬浮污泥的沉降性能也较好。

厌氧接触工艺存在的问题是,从厌氧反应器排出的混合液中的污泥由于附着大量气泡,在沉淀池中易于上浮到水面而被出水带走,此外进入沉淀池的污泥仍有产甲烷菌的活动,并产生沼气,使已沉下的污泥上翻,引起固-液分离不佳。

为了提高沉淀池中固液分离效果,目前采用以下几种方法脱气:①真空脱气,由消化池排出的混合液经真空脱气器,将污泥絮体上的气泡除去,改善污泥的沉降性能;②热交换器急冷法,将从消化池排出的混合液进行急速冷却;③絮凝沉淀,向混合液中投加絮凝剂,使厌氧污泥易凝聚成大颗粒,加速沉降;④用超滤器代替沉淀池,以改善固、液分离效果。

2. 厌氧接触法的特点

(1) 通过污泥回流,保持消化池内污泥浓度较高,一般为 10～15g/L,耐冲击能力强。

(2) 消化池的容积负荷较普通消化池高,中温消化时,一般为 2～10kgCOD/(m^3·d),水力停留时间比普通消化池大大缩短,如常温下,普通消化池为 15～30d,而接触法小于 10d。

(3) 可以直接处理悬浮固体含量较高或颗粒较大的料液,不存在堵塞问题;混合液经沉降后,出水水质好,但需增加沉淀池、污泥回流和脱气等设备。

(4) 厌氧接触法存在混合液难以在沉淀池中进行固液分离的缺点。

9.2.4 上流式厌氧污泥床反应器

上流式厌氧污泥床反应器简称 UASB 反应器,是由荷兰的 G.Lettinga 等人在 20 世纪 70 年代初研制开发的。污泥床反应器内没有载体,是一种悬浮生长型的消化器。

1. UASB 反应器原理

如图 9-6 所示 UASB 反应器构造示意图,UASB 反应器由反应区、沉淀区和气室三部分组成。反应器底部是浓度较高的污泥层,称污泥床;污泥床上部是浓度较低的悬浮污泥层,通常把污泥层和悬浮层统称为反应区。反应区上部设有气-液-固三相分离器。

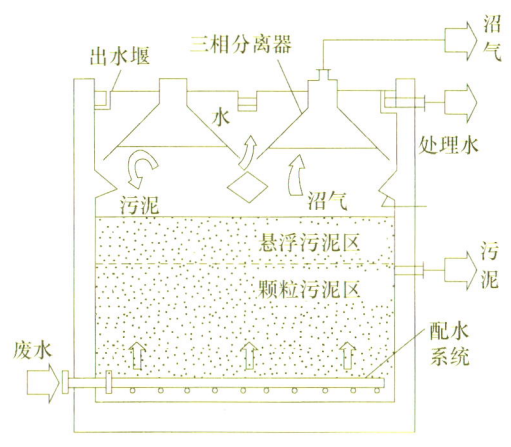

图 9-6 UASB 反应器构造示意图

废水从污泥床底部进入,与污泥床中的污泥进行混合接触,微生物分解废水中的有机物产生沼气,微小沼气泡在上升过程中,不断合并逐渐形成较大的气泡。由于气泡上升产生较强烈的搅动,在污泥床上部形成悬浮污泥层。气、水、泥的混合液上升至三相分离器内,沼气气泡碰到分离器下部的反射板时,折向气室而被有效地分离排出;污泥和水则经孔道进入三相分离器的沉淀区,在重力作用下,水和泥分离,上清液从沉淀区上部排出,沉淀区下部的污泥沿着斜壁返回到反应区内。在一定的水力负荷下,绝大部分污泥颗粒能保留在反应区内,使反应区具有足够的污泥量。

2. UASB反应器的构造

(1)进水配水系统:将废水均匀地分配到整个反应器的底部,水力搅拌。

(2)反应区:又分为污泥床区和污泥悬浮区。底部的颗粒污泥区中污泥呈颗粒状,污泥浓度为40000~80000mg/L,容积占整个反应器容积的30%,但其降解有机物的量占全部降解量的70%~90%;上部的悬浮污泥区中污泥呈絮状,污泥浓度15000~30000mg/L,且浓度自下而上逐渐减少,容积占整个容积的70%,承担着有机物降解量的10%~30%。

(3)三相分离器由沉淀区、回流缝和气封组成,其主要功能是气液分离、固、液分离和污泥回流。污泥经沉淀区沉淀后经回流缝回流到反应区,沼气分离后进入气室。三相分离器的分离效果好坏将直接影响反应器的处理效果,保证出水水质、反应器内污泥量、污泥颗粒化。

(4)出水系统:把沉淀区的处理后的废水均匀地加以收集,并排出反应器。

(5)气室:也称集气罩,主要作用是收集沼气。

(6)浮渣收集系统:功能是清除沉淀区液面和气室液面的浮渣。

(7)排泥系统:功能是均匀地排除反应器内的剩余污泥。

一般来说,UASB反应器的型式有两种:一种是顶部不加密封,或仅加一层不密封盖板的开敞式UASB反应器;另一种是顶部加盖密封的封闭式UASB反应器。UASB的断面形状一般为圆形或矩形,矩形断面便于三相分离器的设计和施工,反应器常为钢结构或钢筋混凝土结构,反应器一般不加热,多采用保温措施,必须采取防腐措施。

3. UASB反应器的特点

(1)反应器内污泥浓度高,一般平均污泥浓度为30~40g/L,其中底部污泥床污泥浓度60~80g/L,污泥悬浮层污泥浓度5~7g/L。

(2)污泥床中的污泥由活性生物量占70%~80%的高度发展的颗粒污泥组成,颗粒的直径一般在0.5~5.0mm之间,颗粒污泥是UASB反应器的一个重要特征。

(3)有机负荷高,水力停留时间短,中温消化,COD容积负荷一般为30~50kgCOD/($m^3 \cdot d$)。

(4)反应器内设三相分离器,被沉淀区分离的污泥能自动回流到反应区,一般无污泥回流设备。

(5)无混合搅拌设备。投产运行正常后,利用本身产生的沼气和进水来搅动。

(6)污泥床内不填载体,节省造价及避免堵塞问题。

(7)反应器内有短流现象,影响处理能力。进水中的悬浮物应比普通消化池低得多,特别是难消化的有机物固体不宜太高,以免对污泥颗粒化不利或减少反应区的有效容积,甚至引起堵塞。

(8)运行启动时间长,对水质和负荷突然变化比较敏感。

4. UASB反应器颗粒污泥

能形成沉降性能良好、活性高的颗粒污泥是UASB反应器的重要特征,颗粒污泥的形成与成熟,是保证 UASB 反应器高效稳定运行的前提。

(1) 颗粒污泥的外观

颗粒污泥的外观多种多样,呈卵形、球形、丝形等;平均直径为 1mm,一般为 0.1~2mm,最大可达 3~5mm;反应区底部的颗粒污泥多以无机粒子作为核心,外包生物膜;颗粒的核心多为黑色,生物膜的表层则呈灰白色、淡黄色或暗绿色等;反应区上部的颗粒污泥的挥发性相对较高;颗粒污泥质软,有一定的韧性和黏性。

(2) 颗粒污泥的组成

颗粒污泥的组成主要包括:各类微生物、无机矿物以及有机的胞外多聚物等。其 VSS/SS 一般为 70%~90%;颗粒污泥的主体是各类微生物,包括水解发酵菌、产氢产乙酸菌、产甲烷菌,有时还会有硫酸盐还原菌等,细菌总数为 $(1\sim 4)\times 10^{12}$ 个/gVSS;常见的优势产甲烷菌有索氏甲烷丝菌、马氏和巴氏甲烷八叠球菌等;一般颗粒污泥中 C、H、N 的比例为 C40%~50%、H7%、N10%;灰分含量因接种污泥的来源、处理水质等的不同而有较大差距,一般灰分含量可达 8.8%~55%;灰分含量与颗粒的密度有很好的相关性,但与颗粒的强度的相关性不是很好;灰分中的 FeS、Ca^{2+} 等对于颗粒污泥的稳定性有着重要的作用。颗粒污泥中铁的含量比例特别高,镁的含量比钙高。胞外多聚物是颗粒污泥的另一重要组成,在颗粒污泥的表面和内部,一般可见透明发亮的黏液状物质,主要是聚多糖、蛋白质和糖醛酸等,含量差异很大,以胞外聚多糖为例,少的占颗粒干重的 1%~2%,多的占 20%~30%。胞外多聚物的存在有利于保持颗粒污泥的稳定性。

(3) 颗粒污泥的生物活性

颗粒污泥在 UASB 反应器中呈现成层分布,即外层中占优势的细菌是水解发酵菌,而内层则是产甲烷菌;颗粒污泥实际上是一种生物与环境条件相互依存和优化的生态系统,各种细菌形成了一条很完整的食物链,有利于种间氢和种间乙酸的传递,因此其活性很高。

(4) 颗粒污泥的培养条件

在 UASB 反应器中培养出高浓度高活性的颗粒污泥,一般需要 1~3 个月;可以分为启动期、颗粒污泥形成期、颗粒污泥成熟期三个阶段。颗粒污泥的培养条件包括:接种污泥的选择;维持稳定的环境条件,如温度、pH 值等;初始污泥负荷一般为 0.05~0.1kgCOD/(kgSS·d),容积负荷一般应小于 0.5kgCOD/(m^3·d);保持反应器中低的 VFA 浓度;表面水力负荷应大于 0.3m^3/(m^2·d),以保持较大的水力分级作用,冲走轻质的絮体污泥;进水 COD 浓度不宜大于 4000mg/L,否则可采取水回流或稀释等措施;进水中可适当提供无机微粒,特别可以补充钙和铁,同时应补充微量元素(如 Ni、Co、Mo)。

合理的营养供给对于 UASB 的启动十分重要。COD:N 控制在 (40~70):1,C:P 控制在 (100~150):1,有利于颗粒污泥的生长。在启动期投加尿素和磷酸二铵,使废水中的 COD:N:P=200:5:1,对甲烷菌的生长繁殖有利。

5. UASB 反应器的相关设计

在实际工程中应用的 UASB 多是根据经验或半经验的方法设计,UASB 工艺设计包括反应区容积设计、三相分离器设计、进水区设计、沉淀区设计及集气系统设计。

(1) UASB 的设计原则

UASB 反应器的设计参数是有机负荷或水力停留时间。这个参数还不能从理论上推导得到,往往通过试验取得。对于颗粒污泥和絮状污泥反应器的设计负荷是不相同的,各种工业废水的有机负荷的参考值,可参见设计规范和设计手册。

一旦所需的有机负荷(或停留时间)确定,反应器的体积可以根据式(9-6)计算,而采用停留时间可用式(9-7)计算反应器的体积:

$$V=\frac{Q(S_0-S_e)}{N_v} \tag{9-6}$$

$$V=Q \cdot HRT \tag{9-7}$$

式中　V——厌氧反应器的容积,m^3;

　　　N_v——厌氧反应器有机物负荷,$kgBOD_5/(m^3 \cdot d)$;

　HRT——废水在厌氧反应器中的停留时间,d。

(2) 反应器的几何尺寸

① 反应器的高度。选择适当高度反应器的原则是从运行上和经济上综合考虑。从运行方面考虑,选择反应器高度应注意如下影响因素:

a. 高流速增加污水系统扰动,因此增加污泥与进水有机物之间的接触;

b. 过高的流速会引起污泥流失,为保持足够多的污泥,上升流速不能超过一定的限值,从而反应器的高度也就会受到限制;

c. 在采用传统的 UASB 系统的情况下,上升流速的平均值一般不超过 0.5m/h;

d. 最经济的反应器高度(深度)一般在 4～6m 之间,并且在大多数情况下这也是系统最优的运行范围。

② 反应器的面积和反应器的长、宽。在同样的面积下,正方形池的周长比矩形池要小。在已知反应器的高度时,反应器的表面积计算式如下:

$$A=V/H \tag{9-8}$$

式中　A——厌氧反应器的表面积,m^2;

　　　V——厌氧反应器的容积,m^3;

　　　H——厌氧反应器的高度,m。

在确定反应器容积和高度后,对矩形池必须确定反应器的长和宽。正方形池周长比矩形池小,从而矩形反应器需更多的建筑材料;单池从布水均匀性和经济性考虑,矩形池长宽比在 2∶1 以下较为合适,长与宽之比在 4∶1 时费用增加十分显著;对采用公共壁的(或多组)矩形池,池的长宽比对造价有较大的影响,这是一个在设计中需要优化的参数;从目前的实践看,反应器的宽度<20m(单池)是成功的;反应器长度在采用渠道或管道布水时不受限制。

(3) 反应器的升流速度

反应器高度确定后,UASB 反应器的高度与上升流速之间的关系表达如式(9-9)。

$$v=Q/A=V/(HRT \cdot A)=H/HRT \tag{9-9}$$

厌氧反应器的上升流速 $v=0.1～0.9m/h$。

(4) 反应器的进水系统

UASB 反应器进水系统的合理设计是非常重要的,一般来说,UASB 的进水系统可以参照滤池的大阻力布水系统的形式设计,在反应器底部设置布水点均匀布水,主要包括布水点的设置、进水方式的选择。

布水点的服务面积是保证布水均匀的关键,每个布水点服务面积的大小与反应器的容积负荷和污泥形态有关,进水配水系统的布置形式有多种,如树枝管式、穿孔管式、多点多管式配水等。

(5) 三相分离器的设计

三相分离器的设计是 UASB 工艺设计的关键部分，其设计内容可分为沉淀区设计、回流缝设计和气液分离设计 3 个方面。目前，三相分离器的构造有多种，但其设计思路基本是一致的，高效的三相分离器需具备以下功能：在固-液-气混合液进入沉淀区之前，必须先将气泡有效地分离去除；为避免在沉淀区中产气，污泥在沉淀区的停留时间必须较短，保持沉淀区液流稳定；沉淀后的污泥需能迅速返回反应器中，以保持较高的污泥浓度和较长的污泥龄。图 9-7 为三相分离器的一种形式。

① 沉淀区设计

UASB 沉淀区的设计与普通二次沉淀池设计相似，主要考虑沉淀区面积和水深两个因素。沉淀区面积根据处理的污水流量和沉淀区的表面负荷确定。对于污泥颗粒化的反应器，沉淀区的表面负荷采用 $1\sim2\,m^3/(m^2 \cdot h)$，对于污泥为絮状的反应器，沉淀区的表面负荷采用 $0.4\sim0.8\,m^3/(m^2 \cdot h)$。因在沉淀区仍有少量的沼气产生，故建议表面水力负荷小于 $1.0\,m^3/(m^2 \cdot h)$。

为确保沉淀区获得良好的固液分离效果，三相分离器集气罩（气室）顶部以上覆盖的水深建议采用 $0.5\sim1.0\,m$，沉淀区斜面的坡度为 $55°\sim60°$，沉淀区斜面的高度 $0.5\sim1.0\,m$，沉淀区总水深 $\geqslant 1.5\,m$，保证水流在沉淀区的停留时间 $1.5\sim2.0\,h$。

② 回流缝设计

三相分离器由上、下两组重叠的三角形集气罩组成，如图 9-8 所示，根据几何关系可得：

$$b_1 = h_3/\tan\theta \tag{9-10}$$

式中　b_1——下三角形集气罩的 1/2 宽度，m；

h_3——下三角形集气罩的垂直高度，m；

θ——下三角形集气罩斜面的水平夹角，一般为 $55°\sim60°$。

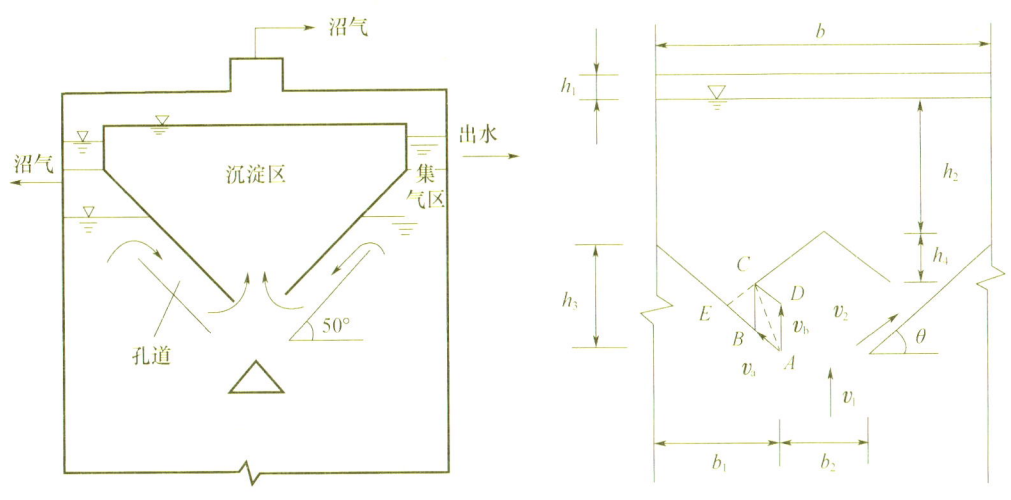

图 9-7　三相分离器示意图　　图 9-8　三相分离器计算示意图

下三角形集气罩污泥回流缝中混合液的上升流速：

$$v_1 = Q/S_1 \tag{9-11}$$

$$S_1 = nb_2l \tag{9-12}$$

式中 Q——反应器的设计污水量，m^3/h；
　　　S_1——下三角形集气罩回流缝的总面积，m^2；
　　　b_2——下三角形集气罩回流缝的宽度，m，$b_2=b-2b_1$；
　　　l——反应器的宽度，即三相分离器的长度，m；
　　　n——反应器三相分离器的单元数。

为使回流缝的水流稳定，建议 $v_1<2.0\text{m/h}$。上三角形集气罩与下三角形集气罩之间回流缝的流速：

$$v_2=Q/S_2 \tag{9-13}$$

$$S_2=2ncl \tag{9-14}$$

式中 S_2——上三角形集气罩回流缝的总面积，m^2；
　　　c——上三角形集气罩回流缝的宽度，即图 9-8 中 C 点至 AB 斜面的垂直距离 CE，建议 $c>0.2\text{m}$。

为确保良好的分离效果和污泥回流，使回流缝和沉淀区的水流平稳，设计要求此 $v_2<v_1<2.0\text{m/h}$。

③ 气、液分离设计

由图 9-8 的几何关系可知，欲达到气、液分离的目的，上、下两组三角形集气罩的斜边必须重叠，重叠的水平距离越大，去除气泡的直径越小，气体的分离效果越好。所以重叠量的大小是决定气液分离效果好坏的关键因素之一。

由反应区上升的水流从下三角形集气罩回流缝过渡到上三角形集气罩回流缝，再进入沉淀区，其水流状态比较复杂。为了简化计算，可假定当混合液上升至 A 点后将沿着 AB 斜面方向以速度 v_a 流动，同时假定 A 点的气泡以速度 v_b 垂直上升，故气泡将沿着 v_a 和 v_b 的合成速度方向运行，根据速度合成的平行四边形法则，则有：

$$\frac{v_b}{v_a}=\frac{AD}{AB}=\frac{BC}{AB} \tag{9-15}$$

欲使气泡分离后进入沉淀区的必要条件是：

$$\frac{v_b}{v_a}>\frac{AD}{AB}\left(=\frac{BC}{AB}\right) \tag{9-16}$$

具体设计中主要考虑导流板与集气罩斜面重叠部分宽度应在 10～20cm。气泡的上升流速 v_b 的大小与其直径、水温、液体和气体的密度、污水的动力学黏度系数等因素有关，可以用斯托克斯公式计算。

$$v_b=\frac{\beta g}{18\mu}(\rho_1-\rho)d^2 \tag{9-17}$$

式中 d——气泡直径，cm；
　　　ρ_1、ρ——分别为污水、沼气密度，g/cm^3；
　　　β——碰撞系数，一般取 0.95；
　　　μ——污水的动力黏滞系数，$g/(cm \cdot s)$。

(6) 排泥系统的设计

UASB 反应器的设计必须设有剩余污泥排放口，一般认为设置在反应器中部为好，也有的反应器将剩余污泥排放口设在反应器底部或在离反应器底部 0.5m 的地方。UASB 反应器污泥床均匀排泥是反应器正常工作的重要因素，为了保证反应器的处理效果，必须进行多点排泥，建议每 $10m^2$ 设一个排泥口，若采用穿孔管配水系统时，把穿孔管兼作为排泥管较为适宜。排泥点的多少适宜，尚有待于实践中进一步总结。

6. UASB 反应器的设计计算

【例 9-2】 设计数据：$Q=150\text{m}^3/\text{h}$，进水 COD 为 8000mg/L，COD 去除率 $E=80\%$。试设计 UASB 反应器。

解：

1. UASB 反应器结构尺寸设计计算

(1) UASB 反应器的有效容积（包括沉淀区和反应区）

设计容积负荷为 $N_v=4.8\text{kgCOD}/(\text{m}^3\cdot\text{d})$。

UASB 有效容积

$$V_{有效}=\frac{QS_0E}{N_v}=\frac{150\times24\times8\times0.8}{4.8}=4800(\text{m}^3)$$

式中 Q——设计处理流量，m^3/d；

S_0——进水有机物浓度，kgCOD/m^3；

N_v——容积负荷，$\text{kgCOD}/(\text{m}^3\cdot\text{d})$。

(2) UASB 反应器的形状和尺寸

工程设计反应器 4 座，横截面为矩形。

① 单池面积

反应器的有效高度为 $h=7\text{m}$，则池面积：

$$A=\frac{V_{有效}}{h}=\frac{4800}{7}\approx685.7(\text{m}^2)$$

单池面积：

$$A_1=\frac{A}{n}=\frac{685.7}{4}\approx171.4(\text{m}^2)$$

② 单池面积

单池从布水均匀性和经济性考虑，矩形池长宽比在 2：1 以下较为合适。

设池长 $L=15\text{m}$，则池宽：

$$B=\frac{A_1}{L}=\frac{171.4}{15}\approx11.4(\text{m})$$

取 $B=12\text{m}$，则单池面积：

$$A'_1=LB=15\times12=180(\text{m}^2)$$

③ 反应器容积

设计反应器总高 $H=8.5\text{m}$，其中超高 0.5m。

单池总容积：

$$V_1=A'_1H'=180\times(8.5-0.5)=1440(\text{m}^3)$$

单池有效反应容积：

$$V'_{有效}=A'_1h=180\times7=1260(\text{m}^3)$$

单个反应器实际尺寸为 $15\text{m}\times12\text{m}\times8.5\text{m}$，反应器数量 4 座。

总池面积：

$$A_{总}=A'_1n=180\times4=720(\text{m}^2)$$

反应器总容积：

$$V=V_1n=1440\times4=5760(\text{m}^3)$$

总有效反应容积：

$$V_{有效}=V_{单有效}n=1260\times4=5040(m^3)>4800(m^3)$$，符合有效负荷要求。

UASB 体积有效系数＝(5040/5760)×100%＝87.5%，在 70%～90% 之间。

(3) 水力停留时间（HRT）及水力负荷率（V_τ）

水力停留时间：

$$HRT=\frac{V_{有效}}{Q}=\frac{5040}{150}=33.6(h)$$

水力负荷率：

$$V_\tau=\frac{Q}{A_{总}}=\frac{150}{720}\approx 0.21\ m^3/(m^2\cdot h)$$

根据参考文献，对颗粒污泥，水力负荷 V_τ＝0.1～0.9 $m^3/(m^2\cdot h)$，故符合要求。

2. 三相分离器构造设计计算

(1) 沉淀区设计

根据一般设计要求，水流在沉淀室内的表面负荷率 $q'<0.7 m^3/(m^2\cdot h)$，沉淀室底部进水口表面负荷一般小于 $2.0 m^3/(m^2\cdot h)$。

本工程设计中，与短边平行，沿长边每池布置 6 个集气罩，构成 6 个分离单元，则每池设置 6 个三相分离器。图 9-9 是单元三相分离器结构示意图。

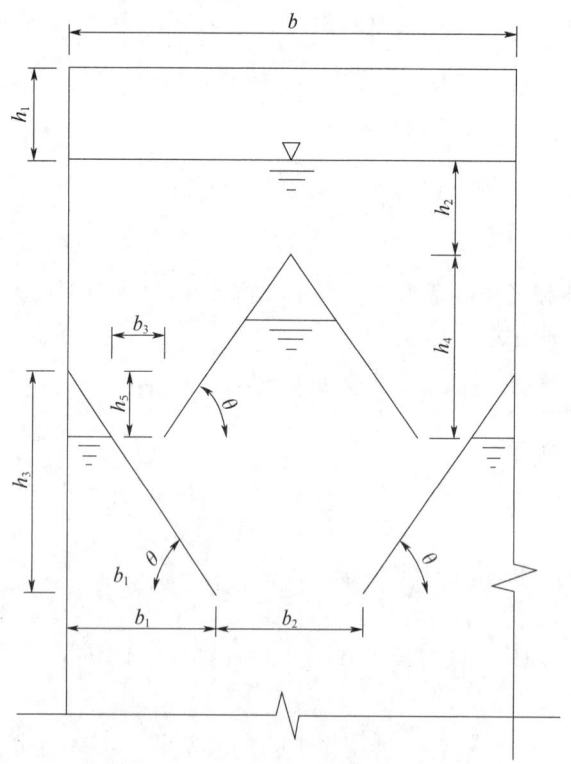

图 9-9 单元三相分离器结构示意图

三相分离器长度 $L=15m$，每个单元宽度：

$$b=L/6=15/6=2.5\ (m)$$

沉淀区的沉淀面积即为反应器的水平面积，即 $180m^2$。

沉淀区的表面负荷率：
$$Q_1/S = 37.5/180 \approx 0.21 \text{ m}^3/(\text{m}^2 \cdot \text{h}) < 1.0 \sim 2.0 \text{ m}^3/(\text{m}^2 \cdot \text{h})$$

（2）回流缝设计

如图 9-10 所示，设上、下三角形集气罩斜面水平夹角 θ 为 55°，取下三角形集气罩的垂直高度 $h_3 = 1.2$m，则下三角形集气罩底的 1/2 宽度
$$b_1 = h_3/\tan\alpha = 1.2/\tan 55° \approx 0.84 \text{ (m)}$$

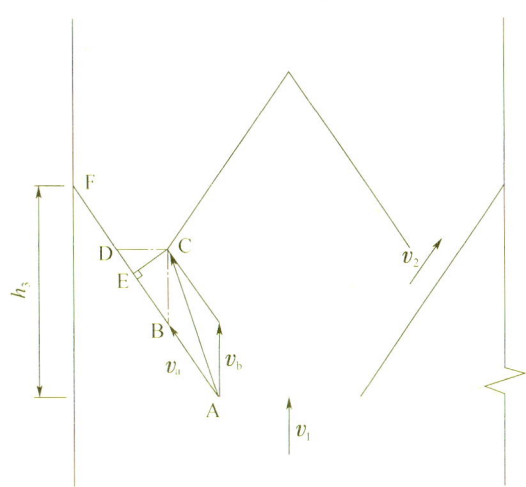

图 9-10 三相分离器局部放大图

相邻两个下三角形集气罩之间的水平距离（即污泥回流缝之一的宽度）：
$$b_2 = b - 2b_1 = 2.5 - 2 \times 0.84 = 0.82 \text{ (m)}$$

下三角形集气罩回流缝的总面积：
$$S_1 = nb_2l = 6 \times 0.82 \times 12 = 59.04 \text{ (m}^2\text{)}$$

式中 n——反应器的三相分离器的单元数；

l——反应器的长度，即三相分离器的宽度 B，m。

下三角形集气罩之间污泥回流缝中混合液的上升流速：
$$v_1 = Q_1/S_1 = \frac{37.5}{59.04} \approx 0.64 \text{ (m/s)}$$

为使回流缝水流稳定，固-液分离效果良好，污泥能顺利回流，一般 $v_1 < 2$m/h。

设上三角形集气罩下端与下三角形斜面之间的水平距离 $b_3 = CD = 0.3$m，则此回流缝的宽度
$$c = CE = CD\sin 55° = 0.3 \times \sin 55° \approx 0.25 \text{ (m)}$$

此回流缝面积
$$S_2 = 2ncl = 2 \times 6 \times 0.25 \times 12 = 36 \text{ (m}^2\text{)}$$

此回流缝中水流的速度
$$v_2 = Q_1/S_2 = 37.5/36 \approx 1.04 \text{ (m/h)}$$

假定 S_2 为控制断面 $A_{\min}$，一般其面积不低于反应器面积的 20%，v_2 就是 $v_{\max}$。同时要满足 $v_1 < v_2 < 2.0$m/h。

（3）气-液分离设计

由图 9-10 可知：

$$BC = \frac{CE}{\sin 35°} = \frac{0.25}{\sin 35°} \approx 0.44 \text{(m)}$$

设 $AB=0.5$m，则上三角形集气罩高度：

$$h_4 = \left(AB\cos 55° + \frac{b_2}{2}\right)\tan 55° = \left(0.5\cos 55° + \frac{0.82}{2}\right)\tan 55° \approx 1.00 \text{(m)}$$

校核气液分离。如图 9-10 所示，假定气泡上升流速和水流速度不变，根据平行四边形法则，要使气泡分离不进入沉淀区的必要条件是：

$$\frac{v_b}{v_a} > \frac{BC}{AB}$$

沿 AB 方向水流速度：

$$v_a = v_2 = 1.04 \text{(m/h)}$$

设气泡直径 $d=0.01$cm，35℃下，$\rho_l=1.03$g/cm³，$\rho_g=1.15\times 10^{-3}$g/cm³，$v=0.0101$cm²/s，$\beta=0.95$。

废水动力黏滞系数 $\mu = v\rho_l = 0.0101 \times 1.03 \approx 0.0104$ g/(cm·s)，由于废水动力黏滞系数值比净水的大，所以取 0.02g/(cm·s)。

气泡上升速度：

$$v_b = \frac{\beta g}{18\mu}(\rho_l - \rho_g)d^2 = \frac{0.95 \times 981}{18 \times 0.02} \times (1.03 - 1.15 \times 10^{-3}) \times 0.01^2 \approx 0.266 \text{(cm/s)} \approx 9.58 \text{(m/h)}$$

$$\frac{BC}{AB} = \frac{0.44}{0.5} = 0.88$$

$$\frac{v_b}{v_a} = \frac{9.58}{1.04} \approx 9.21; \quad \frac{v_a}{v_b} > \frac{BC}{AB}$$

可脱去 $d \geq 0.01$cm 的气泡。

(4) 三相分离器与 UASB 高度设计

$$AF = h_3/\sin 55° = 1.2/\sin 55° \approx 1.46 \text{(m)}$$

$$DF = AF - AB - BD = AF - AB - \frac{CD}{\cos 55°} = 1.46 - 0.5 - \frac{0.3}{\cos 55°} \approx 0.44 \text{(m)}$$

$$h_5 = DF\sin 55° = 0.44 \times \sin 55° \approx 0.36 \text{(m)}$$

h_2 为集气罩以上的覆盖水深，取 0.5m，则三相分离区总高度。

$$h = h_2 + h_3 + h_4 - h_5 = 0.5 + 1.2 + 1.0 - 0.36 = 2.34 \text{(m)}$$

UASB 总高 $H=8.5$m，沉淀区高 2m，污泥床高 2.5m，悬浮区高 3.5m，超高 0.5m。

9.2.5 膨胀颗粒污泥床（EGSB）及厌氧内循环（IC）反应器

1. EGSB 反应器

20 世纪 90 年代初期，荷兰 Wagcningen 农业大学开始了膨胀颗粒污泥床（EGSB）反应器的研究。为了提高 UASB 反应器的处理效果，研究者开始考虑通过改变 UASB 反应器的结构设计和操作参数，以使反应器适合在高的液体表面上升流速条件下稳定运行，进而发展成为膨胀状态的颗粒污泥床，由此形成了早期的 EGSB 反应器（图 9-11）。

EGSB 反应器作为一种改进型的 UASB 反应器，虽然在结构形式、污泥形态等方面与 UASB 非常相似，但其工作运行方式与 UASB 显然不同，主要表现在 EGSB 中一般采用 2.5~6m/h的液体表面上升流速（最高可达 10m/h），高的液体表面上升流速使颗粒污泥床层处于膨胀状态，不仅使进水与颗粒污泥能充分接触，提高了传质效率，而且有利于基质和代谢产物在颗粒污泥内外的扩散、传送，保证了反应器在较高的容积负荷条件下正常运行。

EGSB 反应器的特点如下：

(1) 上升流速 (V_{up}) 大 (2.5~6m/h)，有机负荷高，约 40gCOD/(L·d)；

(2) 反应器高径比大，污泥床处于膨胀状态；

(3) 反应器设有出水回流系统，更适合于处理含有悬浮性固体和有毒物质的废水；

(4) 以颗粒污泥接种，颗粒污泥活性高，沉降性能好，粒径较大，强度较好；

(5) 由于 V_{up} 大，有利于污泥与废水间充分混合、接触，因而在低温处理低浓度有机废水时有明显的优势。

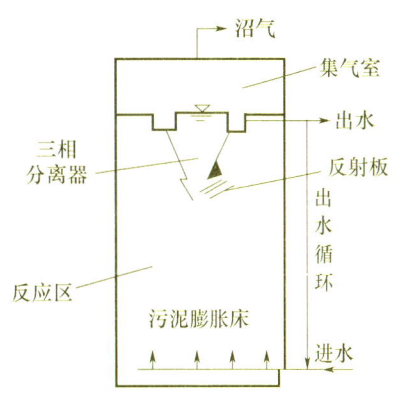

图 9-11　EGSB 反应器构造示意图

20世纪90年代以来，荷兰 BiothaneSystem 公司推出了一系列工业规模的膨胀颗粒污泥床（商品名：BoibedEGSB）反应器，应用领域已涉及啤酒、食品、化工等行业。实际运行结果表明，EGSB 反应器的处理能力可达到 UASB 反应器的 2~5 倍。从目前的世界厌氧反应器的工程实际来看，EGSB 厌氧反应器可以称得上世界上处理效能最高的厌氧反应器。

2. 厌氧内循环（IC）反应器

IC 反应器是由荷兰某公司于 20 世纪 80 年代中期，在上流式厌氧污泥床（UASB）反应器基础上开发成功的第三代高效厌氧反应器。1986年以后，该公司把该项技术应用于生产中。IC 反应器的高径比大、上升流速快、有机负荷高。由于废水和污泥能很好接触，从而强化了传质效率，污泥活性也得到提高。IC 反应器去除有机物能力远远超过目前已成功应用的第二代厌氧反应器，如 UASB 反应器等。

IC 反应器由下部的 EGSB 反应器和上部的 UASB 反应器重叠串联而成，如图 9-12 所示。反应器中的两级三相分离能使生物量得到有效滞留。一级（底部）分离器分离沼气和水，二级分离器（顶部）分离颗粒污泥和水。由于大部分沼气已在一级分离器中得到分离，第二厌氧反应室中几乎不存在紊动，因此二级分离器可以不受高的气体流速影响，能有效分离出水中颗粒污泥。进水和循环回的泥水在第一厌氧反应室充分混合，使进水得到稀释和调节，并在此形成致密的厌氧污泥膨胀床。

反应器内循环的结果使第一厌氧反应室不仅有很高的生物量和很长的污泥龄，并具有很大的升流速度，使该室内的颗粒污泥完全达到流化状态，有很高的传质速率，使生化反应速率提高，从而大大提高反应器去除有机物的能力。

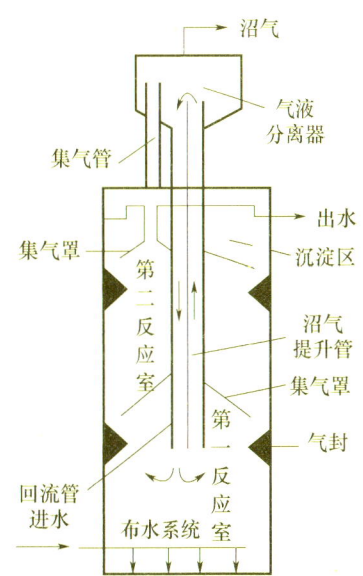

图 9-12　IC 反应器构造示意图

IC 反应器优点：

(1) 高径比大，占地面积小，基建投资省。

(2) 有机负荷率高，水力停留时间短。

(3) 出水稳定，耐冲击负荷能力强。

(4) 适应范围广，可处理低中高浓度废水，可处理含毒物质废水。

IC反应器已成功地用于处理各种工业废水和低、中、高浓度农产品加工废水。

9.2.6 厌氧流化床

1. 工艺流程

厌氧流化床工艺流程如图9-13所示，床内充填细小的固体颗粒填料，如石英砂、无烟煤、活性炭、陶粒和沸石等，填料粒径一般为0.2～3mm。污水从床底流入，水流沿反应器横断面均匀分布，为使床层膨胀，要采用出水回流，在较大上升流速下，颗粒被水流提升，产生膨胀现象。一般认为，膨胀率为20%～70%时称为厌氧流化床。

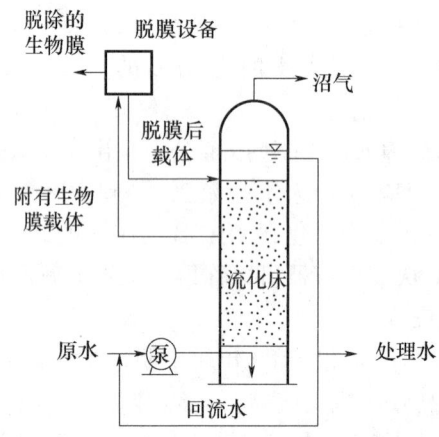

图9-13 厌氧流化床工艺图

厌氧流化床中的微生物浓度与载体粒径和密度、上升流速、生物膜厚度和孔隙率等有关，载体的物理性质对流化床的特性也有影响：载体的颗粒粒径过大时，颗粒自由沉降速度大，为保证一定的接触时间，必须增加流化床的高度，水流剪切力大，生物膜易于脱落，比表面积较小，容积负荷低；但载体颗粒过小时，则操作运行较困难。

2. 主要特点

细颗粒的载体为微生物的附着生长提供了较大的比表面积，使床内的微生物浓度很高（一般可达30gVSS/L）；具有较高的有机容积负荷$[10～40kgCOD/(m^3 \cdot d)]$，水力停留时间较短；具有较好的耐冲击负荷的能力，运行较稳定；载体处于流化状态，可防止载体堵塞；床内生物固体停留时间较长，运行稳定，剩余污泥量较少；既可应用于高浓度有机废水的处理，也应用于低浓度城市废水的处理。

主要缺点：载体的流化耗能较大；系统的设计运行要求高。

9.2.7 厌氧生物滤池

厌氧生物滤池又称厌氧固定膜反应器，是20世纪60年代末开发的新型高效厌氧处理装置，其工艺如图9-14所示。

1. 厌氧生物滤池构造

厌氧生物滤池呈圆柱形，池内装放填料，池底和池顶密封。

厌氧微生物附着于填料的表面生长，当废水通过填料层时，在填料表面的厌氧生物膜作用下，废水中的有机物被降解，并产生沼气，沼气从池顶部排出。滤池中的生物膜不断地进行新陈代谢，脱落的生物膜随出水流出池外。

填料是厌氧生物滤池的主要部分。填料的选择对厌氧生物滤池的运行有重要影响。这些影响因素包括填料的材质、粒度、比表面积和孔隙率等。表面粗糙、孔隙率高、比表面积大、易于生物膜附着是对填料的基本要求；同时还要求填料的化学及生物学稳定性强、机械强度高；此外对微生物无抑制作用、质轻、价格低廉也是

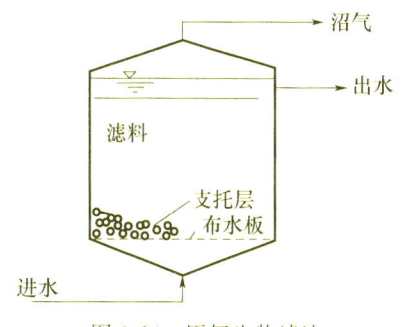

图 9-14　厌氧生物滤池

选择填料时需要考虑的重要因素。填料的种类很多，例如碎石、陶瓷、炉渣、玻璃、珊瑚、贝壳、海绵、网状泡沫塑料等。

2. 厌氧生物滤池的分类

根据水流方向，厌氧生物滤池可分为升流式和降流式两种形式。如图 9-15 (a) 为升流式厌氧生物滤池示意图，污水从反应器底部进入并均匀布水，向上流动通过滤料，处理水从滤池顶部旁侧流出，沼气通过设于滤池顶部最上端的收集管排出滤池。部分老化的生物膜剥落随出水排出，在反应器后设置的沉淀池中分离成为剩余污泥。

升流式厌氧生物滤池有机容积负荷率高，适合处理含悬浮物浓度较高的有机污水。普通升流式厌氧生物滤池的缺点有：①底部易于堵塞；②污泥浓度沿深度分布不均匀，上部滤料不能充分利用。为避免这些不足可采取处理出水回流的措施。

图 9-15 (b) 为降流式厌氧生物滤池示意图，污水从反应器顶部旁侧进入，处理后水由池底排出，沼气收集管仍设于池顶部上端。其堵塞问题不如降流式厌氧生物滤池严重，但是其膜的形成较慢，反应器的容积负荷也较低。

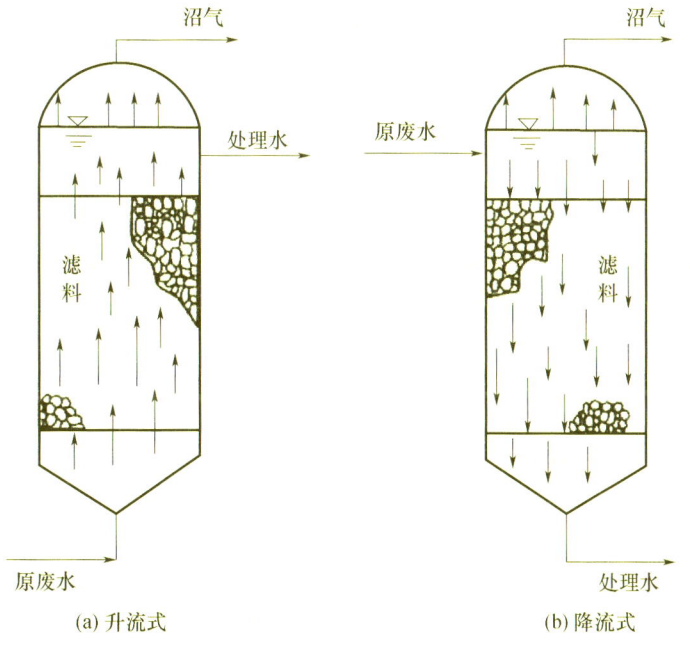

(a) 升流式　　　　(b) 降流式

图 9-15　厌氧生物滤池进水方式

3. 厌氧生物滤池的运行特征

在厌氧生物滤池中,厌氧微生物大部分存在于生物膜中,少部分以厌氧活性污泥的形式存在于滤料的孔隙中。厌氧微生物总量沿池高度分布是很不均匀的,在池进水部位高,相应的有机物去除速度快。当废水中有机物浓度高,特别是进水悬浮固体浓度和颗粒较大时,进水部位容易发生堵塞现象。厌氧生物滤池中生物膜的厚度为 1~4mm;降流式较升流式厌氧生物滤池中的生物固体浓度的分布更均匀;厌氧生物滤池适合于处理多种类型、浓度的有机废水,其有机负荷为 $0.2\sim16\mathrm{kgCOD/(m^3 \cdot d)}$;在相同的水质条件及水力停留时间下,升流式的 COD 去除率较降流式的高;当进水 COD 浓度过高(>8000mg/L)时,应采用出水回流的措施。回流作用:①减少碱度的要求;②降低进水 COD 浓度;③增大进水流量,改善进水分布条件。

4. 厌氧生物滤池的特点

(1) 由于填料为微生物附着生长提供了较大的表面积,滤池中的微生物量较高,又因生物膜停留时间长,平均停留时间长达 100d 左右,因而可承受的有机容积负荷高,COD 容积负荷为 $2\sim16\mathrm{kgCOD/(m^3 \cdot d)}$,且耐冲击负荷能力强。

(2) 废水与生物膜两相接触面大,强化了传质过程,因而有机物去除速度快。

(3) 微生物固着生长为主,不易流失,因此不需污泥回流和搅拌设备。

(4) 启动或停止运行后再启动比前述厌氧工艺法时间短。

(5) 处理含悬浮物浓度高的有机废水,易发生堵塞,尤以进水部位更严重。滤池的清洗也还没有简单有效的方法。

9.2.8 厌氧生物转盘和挡板反应器

1. 厌氧生物转盘

厌氧生物转盘的构造与好氧生物转盘相似,不同之处在于盘片大部分(70%以上)或全部浸没在废水中,为保证厌氧条件和收集沼气,整个生物转盘设在一个密闭的容器内。

(1) 构造

厌氧生物转盘由盘片、密封的反应槽、转轴及驱动装置等组成。

(2) 运行

厌氧生物转盘对废水的净化靠盘片表面的生物膜和悬浮在反应槽中的厌氧菌完成,产生的沼气从反应槽顶排出。由于盘片的转动,作用在生物膜上的剪力可将老化的生物膜剥落,在水中呈悬浮状态,随水流出槽外。

(3) 特点

① 厌氧生物转盘内微生物浓度高,因此有机物容积负荷高,水力停留时间短;

② 无堵塞问题,可处理较高浓度的有机废水;

③ 一般不需回流,所以动力消耗低;

④ 耐冲击能力强,运行稳定,运转管理方便,但盘片造价高。

2. 厌氧挡板反应器

厌氧挡板反应器是从研究厌氧生物转盘发展而来的,生物转盘不转动即变成厌氧挡板反应器,如图 9-16 所示。挡板反应器与生物转盘相比,可减少盘的片数和省去转动装置。

在反应器内垂直于水流方向设多块挡板来维持较高的污泥浓度。挡板把反应器分为若干上向流室和下向流室,上向流室比下向流室宽,便于污泥的聚集。通往上向流的挡板下部边缘处加50°的导流板,便于将水送至上向流室的中心,使泥水充分混合。因而无须混合搅拌装置,避免了厌氧滤池和厌氧流化床的堵塞问题和能耗大的缺点,启动期比上流式厌氧污泥床短。

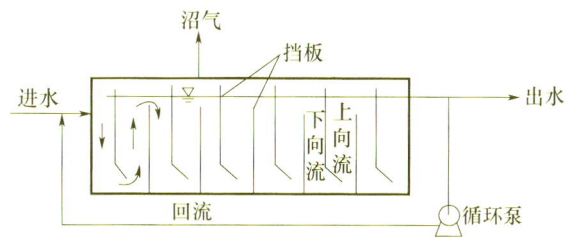

图9-16 厌氧挡板反应器示意图

9.2.9 两相厌氧消化工艺

参与厌氧消化的微生物可分为两大菌群,即发酵细菌和甲烷细菌,但两大菌群的生理特性及其对环境条件的要求很不一致:前者生化速率高,繁殖快,适应的pH值及温度范围宽,环境条件突变对其影响较小;后者的生化速率低,繁殖慢,对环境条件要求较苛刻。如果将两大菌群进行的生化过程分别在两个容器中独立完成,并且维持各自的最佳环境条件,将会促进整个厌氧消化过程。此外,酸化器具有较强的抗毒物负荷及环境条件突变的能力,运行起来比较稳定。因此,出现了两相(或分段)厌氧消化系统。前一容器称为酸性发酵池,主要进行废水的酸化,可采用很高的负荷率,如$20\sim50kgCOD/(m^3 \cdot d)$,维持pH值在$5.0\sim5.5$,且可采用较低的消化温度,如$28\sim30℃$。后一容器称为甲烷发酵池,主要进行气化,负荷率较低,且维持在弱碱性条件(如$7.0\sim7.2$),消化温度以33℃左右为佳。两相厌氧消化工艺流程如图9-17所示。

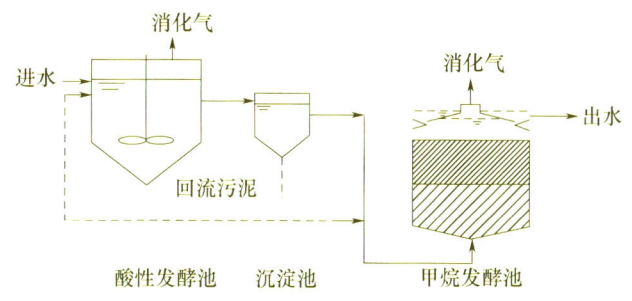

图9-17 两相厌氧消化工艺流程图

两相厌氧消化系统可根据废水量和水质的不同而采用不同的组合方式。当进水悬浮物含量高时,酸发酵可考虑采用厌氧接触系统,甲烷发酵可采用厌氧接触系统(水量大时)或上流式厌氧污泥床反应器(水量小时)。当进水悬浮物含量低且水量不大时,可考虑采用上流式厌氧污泥床反应器两级串联的组合方式,甲烷发酵也可采用厌氧生物滤池;如处理废水中的有机物为溶解态,可采用两个厌氧生物滤池串联的方式,也可采用两个污泥床串联的方式。

两相厌氧工艺最本质的特征是实现相的分离,方法主要有:①化学法:投加抑制剂或调整氧化还原电位,抑制产甲烷菌在产酸相中的生长;②物理法:采用选择性的半透膜使进入两个反应器的基质有显著的差别,以实现相的分离;③动力学控制法:利用产酸菌和产甲烷菌在生长速率上的差异,控制两个反应器的水力停留时间,使产甲烷菌无法在产酸相中生长;但实际上,很难做到相的完全分离。

两相厌氧工艺主要优点:有机负荷比单相工艺明显提高;产甲烷相中的产甲烷菌活性得到提高,产气量增加;运行更加稳定,承受冲击负荷的能力较强;当废水中含有 SO_4^{2-} 等抑制物质时,其对产甲烷菌的影响由于相的分离而减弱;对于复杂有机物(如纤维素等),可以提高其水解反应速率,因而提高了其厌氧消化的效果。

9.3 厌氧生物反应器的运行与管理

9.3.1 厌氧设备的启动

厌氧设备在进入正常运行之前应进行污泥的培养和驯化。

厌氧处理工艺的缺点之一是微生物增殖缓慢,设备启动时间长,若能取得大量的厌氧活性污泥就可缩短投产期。

厌氧污泥最好选择同样物料的厌氧消化污泥作为种源,也可以取自江河湖泊沼泽底泥、下水道及污水腐臭处等厌氧生境中的污泥。如果采用一般的未经消化的有机污泥自行培养,所需时间更长。

一般来说,接种污泥量为反应器有效容积的 10%~90%,依消化污泥的来源方便情况酌定,原则上接种量比例增大,启动时间缩短。其次是要尽量使其中含有丰富的产甲烷细菌。

在启动过程中,要控制升温速度为 1℃/h,达到目标温度后要维持恒温。要将 pH 值控制在 6.8~7.8 之间,并要合理控制有机负荷。在启动初期,宜采取较低的有机负荷,而后再逐步增加负荷。除厌氧污泥床外,其他厌氧反应器对初始负荷和负荷递增过程的要求相对较低,故启动时间也相对较短。此外,若废水本身的缓冲性能较好,也可考虑在较高的负荷下启动。

成熟的厌氧活性污泥呈深灰色或黑色,带焦油气,无硫化氢臭味,pH 值介于 7.0~7.5 之间,污泥易于脱水。当进水量、处理效率、产气量和产甲烷率均达到要求时,标志着启动期基本结束。

9.3.2 运行监测

在消化池正常运行时,要通过对进出水 pH 值、池内碱度、COD、BOD_5、悬浮物、总氮、总磷、产气量、气体成分、氧化还原电位、有机物去除率以及温度等指标进行日常监测,从而对厌氧消化系统进行科学调控,达到相应的处理效率。通常,厌氧消化过程易出现酸化现象。具体表现为:①消化液中挥发性有机酸浓度增高,pH 值下降;②沼气中甲烷含量降低,沼气产率下降;③有机物去除效率降低。造成酸化现象的原因有多种,如进水 pH 值过高或过低、有机负荷过高、碱度过低、池内有溶解氧或其他氧化剂存在、有毒物质抑制、排泥量过大、温度变化较大等。对于出现的不正常现象和不利因素应及时有针对性地采取消除措施。

除了酸化现象外，还可能出现上清液水质恶化的现象，其主要表现是 BOD_5 和 SS 浓度增高，加重废水处理设施的负担。原因可能是排泥量不足、固体负荷过大、消化不完全、混入浮渣、上清液与消化污泥分离不佳以及搅拌过度等。要针对具体情况，寻求相应的解决方法以改善上清液水质。

在运行时气泡异常也是会常发生的现象，如连续地喷出气泡、不起泡、产气量正常但有大量气泡剧烈喷出等。当出现连续喷出气泡现象时，应采取降低有机负荷或者加强搅拌等措施。当出现不起泡现象时，可暂时减少或终止进水，充分搅拌并消除浮渣。当产气量正常但有大量气泡剧烈喷出时，应改善浮渣破碎设备的运行状况并加强搅拌。

9.3.3　运行管理中的安全要求

厌氧设备的运行管理很重要的问题是安全问题。

沼气中的甲烷比空气轻、非常易燃，空气中甲烷含量为 5%～15%时，遇明火即发生爆炸。因此消化池、储气罐、沼气管道及其附属设备等沼气系统的各个环节，必须绝对密封，不允许漏气。要经常进行检查，一旦漏气，要立即修理。沼气生产区、沼气发电室内严禁明火和电气火花，禁止放置易燃易爆物品，并要配备足够的消防设备。

沼气中含有微量有毒的硫化氢（H_2S），但低浓度的硫化氢就能被人们所察觉，硫化氢比空气重，必须预防它在低凹处积聚。沼气中的二氧化碳也比空气重，同样应防止在低凹处积聚，因为它虽然无毒，却能使人窒息。凡需因出料或检修进入消化池之前，务必以新鲜空气彻底置换池内的消化气体，以保证安全。

习题与思考

1. 厌氧生物法与好氧生物法相比有哪些优缺点？
2. 试简述厌氧生物处理的基本原理，影响厌氧生物处理的主要因素有哪些？
3. 厌氧消化的三阶段为什么可在一个池子进行？
4. UASB 由哪几部分构成？简述 UASB 的特点。
5. 两相厌氧工艺的实现原理和方法如何？简述两相厌氧工艺的特点。

10 污泥的处理与处置

> **学 习 提 示**
>
> **本章学习要点**：了解污泥的来源、特性；掌握污泥的浓缩与稳定；重点掌握污泥的处理工艺和污泥的脱水。

10.1 污泥概述

10.1.1 污泥的来源与种类

生活污水和工业废水的处理过程中分离或截流的固体物质统称为污泥。污泥作为污水处理的副产物通常含有大量的有毒、有害或对环境产生负面影响的物质，必须妥善处置，否则将形成二次污染。

污泥来源于污水处理工艺中的不同工序，主要包括：
(1) 初沉污泥，即由初次沉淀池排出的污泥；
(2) 二沉污泥，即生物处理系统二次沉淀池排出的剩余污泥或腐殖污泥；
(3) 消化污泥，即初次沉淀池污泥、腐殖污泥、剩余活性污泥经厌氧消化处理后的污泥；
(4) 化学污泥，即经混凝、化学沉淀等处理所产生的污泥。

污泥的种类除可按其来源的不同进行划分之外，还可根据所含固体成分的不同划分为污泥和沉渣两大类。以有机物为主要成分者俗称污泥，具有相对密度小、颗粒细、含水率高且不易脱水、易腐化发臭的特点；而以无机物为主要成分者称为沉渣，具有相对密度较大、颗粒较粗、含水率较低且容易脱水、流动性差等特点。

生物化学处理系统中初次沉淀池、二次沉淀池以及消化处理后的沉淀物均属于污泥，习惯上将前两者统称为生污泥，而将厌氧消化或好氧消化处理后的污泥称为熟污泥；沉砂池及某些工业污水处理系统沉淀池的沉淀物多属于沉渣。

10.1.2 污泥的主要特性

1. 污泥相对密度

污泥相对密度指污泥的质量与同体积水质量的比值。污泥相对密度主要取决于含水率和污泥中固体组分的比例。污泥相对密度 γ 与其组分之间存在如下关系：

$$\gamma = \frac{1}{\sum_{i=1}^{n}\left(\frac{w_i}{\gamma_i}\right)} \tag{10-1}$$

式中 w_i——污泥中第 i 项组分的质量分数,%;

γ_i——污泥中第 i 项组分的相对密度。

固体组分的比例越大,含水率越低,则污泥的相对密度也就越大。城镇污水及其类似污水处理系统排除的污泥相对密度一般略大于1。工业废水处理系统排出的污泥相对密度往往较大。

如果污泥仅含有一种固体成分,或者近似为一种成分,且含水率为 P(%),则上式可简化如下:

$$\gamma = \frac{100\gamma_1\gamma_2}{P\gamma_1+(100-P)\gamma_2} \tag{10-2}$$

式中 γ_1——固体相对密度;

γ_2——水的相对密度。

一般城市污泥中固体的相对密度下 γ_1 为 2.5,若含水率为 99%,则由式(10-2)可知该污泥相对密度约为 1.006。

2. 污泥含水率

污泥中所含水分的含量与污泥总质量之比称为污泥含水率。污泥的含水率一般都很大,相对密度接近1,主要取决于污泥中固体的种类及其颗粒大小。通常,固体颗粒越细小,其所含有机物越多,污泥的含水率越高。由于多数污泥都由亲水性固体组成,因此含水率一般都很高。不同污泥,其含水率差异很大,对污泥特性有重要影响。

3. 污泥固体

污泥总固体包括溶解物质和不溶解物质两部分。前者叫溶解固体,后者叫悬浮固体。总固体、溶解固体和悬浮固体,又可依据其中有机物的含量,分为稳定性固体和挥发性固体。挥发性固体是指在 600℃ 下能被氧化,并以气体产物逸出的那部分固体,它通常用来表示污泥中的有机物含量(VSS),而稳定性固体则为挥发后的残余物。污泥固体的含量可用质量浓度表示(mg/L),也可用质量分数表示(%)。

4. 污泥体积与含水率的关系

污泥体积、相对密度和含水率的关系如下:

$$V = \frac{m_s}{\rho_w \gamma (100-P)} \tag{10-3}$$

式中 V——污泥体积,m³;

m_s——污泥中固体的质量,kg;

ρ_w——水的密度,kg/m³。

对于含水率为 P_0、体积为 V_0、相对密度为 γ_0 的污泥,经浓缩后含水率变为 P,体积变为 V,相对密度变为 γ,忽略浓缩过程中的质量损失,则依据质量守恒定律和式(10-3)可得:

$$V_0 \rho_w \gamma_0 (100-P_0) = V \rho_w \gamma (100-P) \tag{10-4}$$

将式(10-2)代入式(10-4),整理后得:

$$V = V_0 \frac{[100\gamma_2+P(\gamma_1-\gamma_2)](100-P_0)}{[100\gamma_2+P_0(\gamma_1-\gamma_2)](100-P)} \tag{10-5}$$

当 γ_1 与 γ_2,P 与 P_0 接近时,可简化为:

$$V = V_0 \frac{100-P_0}{100-P} \tag{10-6}$$

当城市污泥含水率大于80%时，可按简化公式（10-6）计算污泥体积。当污泥的含水率由99%降到98%，由97%降到94%，或由95%降到90%，其污泥体积均能减少一半。由此可见，含水率越高，降低污泥的含水率对减小其体积越加明显。

10.1.3 污泥量

污水处理中产生的污泥量，视污水水质与处理工艺而异。水质不同，同一体积的污水产生的污泥量不同；同一污水，处理工艺不同，产生的污泥量也不同。污泥的数量是处理构筑物工艺尺寸计算的重要数据。计算城市污水厂的污泥量时，一般以表10-1所列的经验数据为依据。

表10-1 城市污水厂的污泥

污泥来源	污泥量/（L/m³）	含水率/%	密度/（kg/L）
沉砂池的沉砂	0.03	60	1.5
初沉池	14～25	95～97.5	1.015～1.02
生物膜法	7～19	96～98	1.02
活性污泥法	10～21	99.2～99.6	1.005～1.008

10.1.4 污泥中的水分及分离方法

污泥中的水分按存在形式，大致可分为间隙水、毛细水、表面吸附水、内部水。

1. 间隙水

存在于污泥颗粒间隙中的水，称为间隙水或游离水，约占污泥水分的70%。这部分水一般借助外力可脱除，如浓缩法分离。

2. 毛细水

存在于污泥颗粒间的毛细管中的水，称为毛细水，约占污泥水分的20%，可用高速离心机、负压或正压过滤机脱水。

3. 表面吸附水

被吸附在污泥颗粒表面的水，称为表面吸附水，约占7%，可用加热脱除。

4. 内部水

存在污泥颗粒内部或微生物细胞内的水，约占污泥水分的3%，可采用生物法破除细胞膜除去胞内水或用高温加热法、冷冻法去除。

污泥处理的方法常取决于污泥的含水率和最终的处置方式。例如，含水率大于98%的污泥，一般要考虑浓缩，使含水率降至96%左右，以减少污泥体积，有利于后续处理。为了便于污泥处置时的运输，污泥要脱水，使含水率降至80%以下，失去流态。某些国家规定，若污泥进行填埋，其含水率要在60%以下。

10.1.5 污泥的处理与处置方式

由污泥的性质可知，污泥不但含水率高，体积庞大，而且含高浓度有机物，很不稳定，容易在微生物作用下腐烂，发出难闻的气味；且常常含有病原微生物、寄生虫以及重金属等有害成分。因此，污泥的处理与处置是确保污水处理厂正常运行的一个重要问题。

污泥处理与处置的基本流程如图10-1所示。污泥的处理主要包括去水处理（浓缩、脱水和干化）、稳定处理（生物稳定和化学稳定）以及最终处理与利用（填埋、焚烧、堆肥等）。

污泥处置目前主要有两种形式：一种是农用，即当污泥中的重金属、病毒、寄生虫、细菌以及有机物含量符合相应排放标准，并经脱水与稳定处理后，用做农田肥料或土壤改良剂。另一种处置是填埋与焚烧，填埋前要考虑到地下水的污染问题，填埋后要进行管理，焚烧处理要防止对大气的污染。

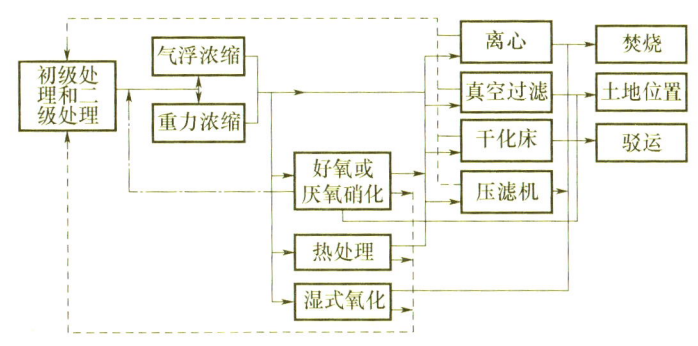

图 10-1　污泥处理与处置基本流程

10.2　污泥处理工艺

污泥处理的主要目的是减少污泥量并使其稳定，便于污泥的运输和最终处置。污泥处理工艺主要由污泥的性质以及污泥最终处置的要求所决定。

1. 城镇污水二级处理厂污泥处理工艺

以活性污泥法为主的城镇污水二级处理厂污泥处理典型流程为：储存→浓缩→稳定→调理→脱水→干化→最终处置。

（1）储存

来自一级处理的初沉污泥和二级处理的剩余污泥分别进入储泥池，以调节污水处理系统污泥的产生量和污泥处理系统处理能力之间的平衡。

（2）浓缩

随后进行污泥浓缩，浓缩的方法有自然浓缩和机械浓缩，自然浓缩又分为重力浓缩和气浮浓缩，但目的均为大幅度地削减污泥体积，减少后续处理的水量和污泥调理时的药剂投量。

（3）污泥稳定

污泥稳定是减少污泥中的有机物含量和致病微生物的数量，降低污泥利用的风险；稳定的方法有厌氧消化、好氧消化和化学稳定。

（4）调理

调理则是提高污泥的脱水性能（减小污泥的比阻）。

（5）脱水和干化

脱水的目的是进一步降低污泥的含水率，经脱水后的污泥可直接进行最终处置，也可经干化后再进行最终处置。

（6）最终处置

污泥的最终处置有卫生填埋、用作绿化用肥或农家肥料及建筑材料等。具体处置方式主要由污泥的性质和最终用途所决定。

2. 无机物为主的工业污泥处理工艺

以无机物为主的工业废水处理系统产生的污泥处理工艺典型流程：储存→浓缩→调理→脱水→最终处置。该流程省去了污泥稳定操作单元。

3. 生物除磷的城镇污水处理厂污泥处理工艺

目前在城镇污水处理中普遍采用生物除磷的工艺，此时所产生的剩余污泥由于富含无机磷，进行重力浓缩时，由于浓缩池内的厌氧状态，会促使磷的释放。常用的典型的工艺流程为：储存→调理→浓缩脱水→最终处置。本工艺流程经调理后直接进行机械浓缩和脱水，使用的主流设备为污泥浓缩脱水一体机。

10.3 污 泥 浓 缩

浓缩的主要目的是减少污泥体积，以便后续的单元操作。例如剩余活性污泥的含水率高达99%，若含水率减小为98%，则相应的污泥体积降为原体积的一半，如果后续处理为厌氧消化，则消化池容积可大大减小；如果进行湿式氧化，不仅加热所需的热量可大大减小，而且提高了污泥自身的比热。污泥浓缩的技术界限大致为：活性污泥含水率可降至97%～98%，初次沉淀污泥可降至90%～92%。污泥浓缩的操作方式有间歇式和连续式两种。通常间歇式主要用于污泥量较小的场合，而连续式则用于污泥量较大的场合。浓缩方法有重力浓缩、气浮浓缩和离心浓缩，其中重力浓缩应用最广。

10.3.1 重力浓缩

污泥颗粒在重力浓缩池中的沉降行为属于成层沉降，其沉降过程如图10-2所示。

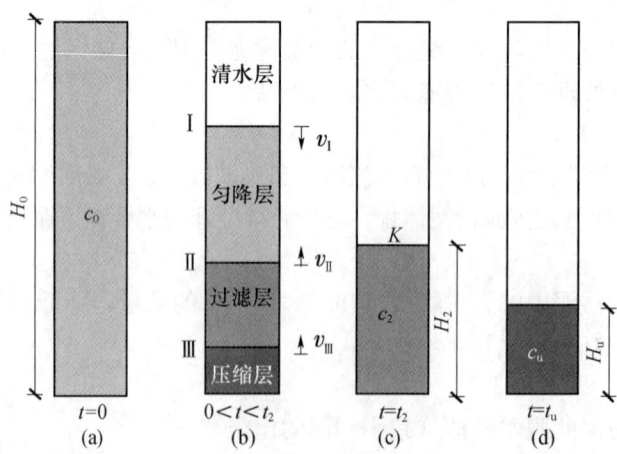

图 10-2 分层沉降过程

取一定体积的污泥（浓度大于1000mg/L）置于有刻度的沉降筒内，搅拌均匀后让其静置沉降。假定起始的液面高度为 H_0，污泥浓度为 ρ_0。沉降开始不久沉降筒内的污泥即出现分层现象，最上面为清水层，其下为浓度均匀的匀降层，再下面为浓度渐变的过渡层，最下面是压缩层。四层之间有三个界面（Ⅰ、Ⅱ和Ⅲ）。随着沉降时间的延长，界面Ⅰ（浑液面）以等速 v_1 下沉；界面Ⅱ和界面Ⅲ分别以变速 $v_Ⅱ$ 和 $v_Ⅲ$ 上升。到某一时刻，界面Ⅰ和Ⅱ首先重合，匀降层消失，浑液面由匀速下降转入变速下降，并且速度逐渐减慢。此后不久，界面Ⅲ又与浑液面重合，此时的浑液面叫临界面，其上为清水区，下面是浓度为 c_2 和高度为 H_2 的压缩层。记录不同时间浑液面的高度，并以沉降时间为横坐标，浑液面高度为纵坐标，所得的曲线即为浑液面的沉降曲线（图 10-3）。该曲线分三段，上部为均匀沉降段，中部为减速沉降段，下部为最终压缩沉降段。曲线上任一点的斜率，即为浑液面在该高度处的下降速度。一般认为，临界面出现时的下降速度 v_2 可近似等于匀降速度 v_1 和最终压缩沉降速度 v_u 的平均值。由此可求出临界面在曲线上的位置 K。引上下两线段上的切线 AB 和 CD，其夹角等分线与曲线的交点即为 K 点。

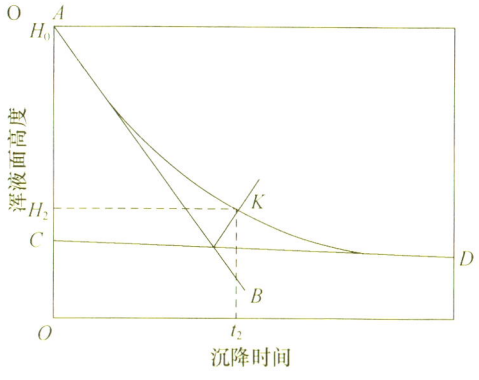

图 10-3 沉降曲线

间歇式重力浓缩池的工作状况与上面描述的沉降过程相同。浓缩池的设计可按相同沉降试验下所需的沉降时间进行设计。

连续式重力浓缩池的构造与沉淀池基本相同，其基本工作状况可由如图 10-4 所示的竖流式浓缩池说明。被浓缩的污泥由中心筒进入浓缩池，浓缩后的污泥由池底（底流）排出，澄清水由溢流堰溢出。浓缩池沿高程可大致分为三个区域：顶部为澄清区，中部为进泥区，底部为压缩区。进泥区的污泥固体浓度与被浓缩污泥的固体浓度 c_0 大致相同；压缩区的浓度则越往下越浓，在排泥口达到要求的浓度 c_u。澄清区与进泥区之间有一污泥面（即浑液面），其高度由排泥量 Q_u 控制，通过调节底流流量可改变浑液面的高度和污泥的压缩程度。

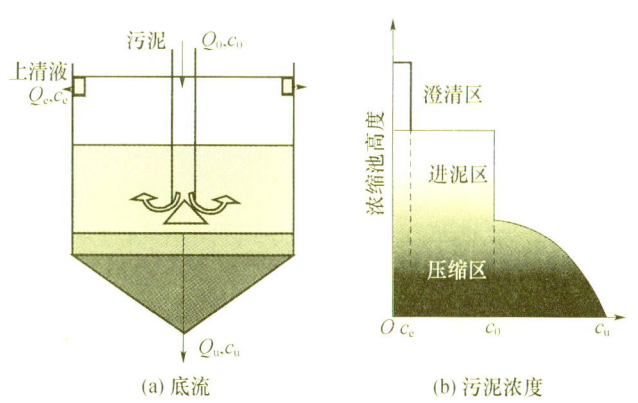

(a) 底流　　(b) 污泥浓度

图 10-4　连续式重力浓缩池的工作状况

设计重力浓缩池时，最主要的是确定水平断面积 A_1。计算 A_1 的方法很多，下面主要介绍其中的两种。

1. 沉降曲线简化计算法

沉降曲线简化计算法主要步骤如下（图 10-5）：

(1) 通过沉降试验绘制沉降曲线,求出临界面位置 $K(t_2, H_2)$;
(2) 由关系式 $H_u = H_0 c_0 / c_u$ 求出 H_u 值,其中 c_u 为要求的浓缩池底流排泥浓度,H_u 为沉降曲线上对应于 c_u 时的浑液面高度;
(3) 由 H_u 引水平线,与过 K 点的切线相交,交点的横坐标为 t_u;
(4) 由 $A_t = Q_0 t_u / H_0$,即可求出浓缩池面积 A_t。

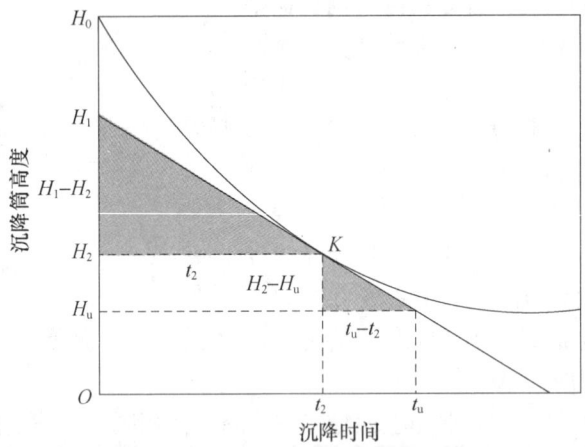

图 10-5 沉降曲线简化计算法求解示意图

沉降曲线简化计算法的依据如下:
由沉淀筒的物料计算可得:

$$H_0 A c_0 = H_u A c_u \quad \text{或} \quad H_u = H_0 c_0 / c_u \tag{10-7}$$

浓缩开始 (t_2, H_2) 和浓缩结束 (t_u, H_u) 时,排出的清水量 V_w 为:

$$V_w = A(H_2 - H_u) \tag{10-8}$$

排出的水量与浓缩时间 $(t_u - t_2)$ 的比值,即为此段时间内平均产水率 Q':

$$Q' = \frac{V_w}{t_u - t_2} = \frac{A(H_2 - H_u)}{t_u - t_2} \tag{10-9}$$

由临界点 K 引切线,可得浓缩开始 (t_2, H_2) 时的浑液面下降速度 v_2:

$$v_2 = \frac{H_1 - H_2}{t_2} \tag{10-10}$$

此时,瞬时产水率 Q'' 为:

$$Q'' = A v_2 = \frac{A(H_1 - H_2)}{t_2} \tag{10-11}$$

当浓缩池处于连续稳态工作时,Q' 和 Q'' 相等,同为溢流率,即:

$$\frac{H_2 - H_u}{t_u - t_2} = \frac{H_1 - H_2}{t_2} \tag{10-12}$$

如图 10-5 所示,由 H_u 引水平线,交于过 K 点的切线,其横坐标为 t_u,即得两相似三角形,相似边能满足式 (10-12),故知由 H_u 绘图求 t_u 的方法正确无误。

在 t_u 时间内,进入浓缩区的平均固体量为 $c_u H_u A_t$,则单位时间平均固体浓缩率为:

$$\frac{c_u H_u A_t}{t_u} \quad \text{或} \quad \frac{c_0 H_0 A_t}{t_u} \tag{10-13}$$

在连续稳态条件下,进入浓缩池的固体入流率 $(Q_0 c_0)$ 应等于浓缩池的固体浓缩率:

$$Q_0 c_0 = \frac{c_0 H_0 A_t}{t_u} \quad \text{或} \quad A_t = \frac{Q_0 t_u}{H_0} \tag{10-14}$$

2. 固体通量曲线法

固体通量指的是单位时间通过浓缩池某一断面单位面积的固体质量，单位为 kg/($m^2 \cdot h$)。在连续式重力浓缩池内，通过任一浓缩断面 i 的固体通量 G 等于固体静沉引起的通量 G_s 和底流排泥引起的通量 G_b 之和：

$$G = G_s + G_b \tag{10-15}$$

其中，固体静沉引起的通量 G_s 等于该断面的固体浓度 c_i 和对应的界面沉速 v_i 之积，即：

$$G_s = v_i c_i \tag{10-16}$$

底流排泥引起的通量 G_b 等于该断面的固体浓度 c_i 与排泥引起的液面下降速度 u 之积，即：

$$G_b = Q_u c_i / A \tag{10-17}$$

式中 Q_u——底流流量，m^3/h；

A——浓缩池断面面积，m^2。

在不同污泥浓度的沉降曲线图上（图 10-6），取匀降层静沉降速度 v_i 值（即直线段的斜率）与相应的污泥浓度 c 的乘积，以绘成 G_s（v_c）和 c 的关系曲线，该曲线为静沉引起的固体通量曲线。对连续式浓缩池，底流排泥流量 Q_u 不变，故 u 为一常数值，由此可知底流排泥引起的固体通量 G_b 和浓度 c_i 呈直线关系。将静沉通量和底流排泥通量叠加，得总通量曲线（图 10-7）。

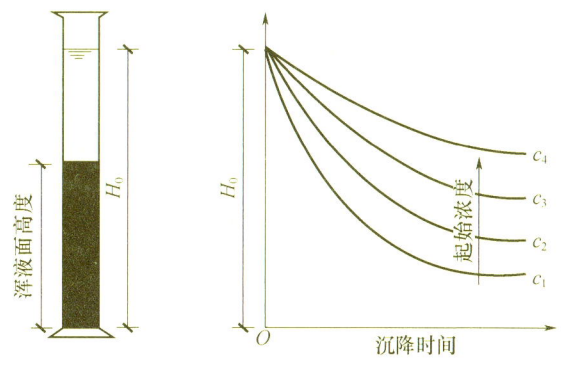

图 10-6　不同污泥浓度下的沉降曲线

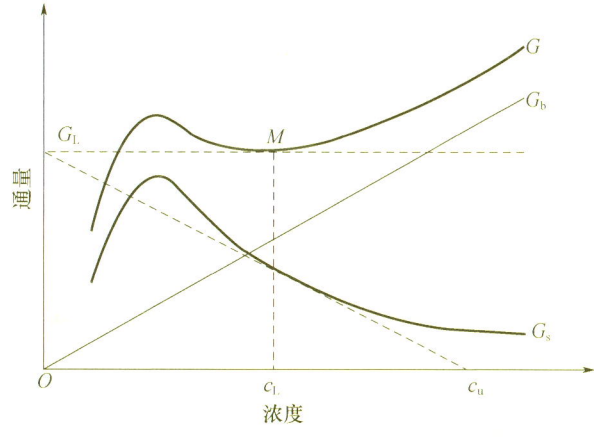

图 10-7　固体通量计算法示意图（总通量曲线）

假定池顶溢流固体浓度为零，则进入稳态连续工作浓缩池的固体总量 Q_0c_0 应等于断面积和通量的乘积：

当 Q_0c_0 为定值时，G 越小，则 A_t 越大；即采取最小通量 G_L，所对应面积 A_L 为浓缩池的设计面积，技术上最为可靠。总通量曲线上极小值在 M 点，其纵坐标 G_L 即为最小通量值（亦称为极限通量值）。在 G_b 线上与 G_L 相应的浓度值 c_u，即为底流排泥浓度。

$$Q_0c_0 = A_t G \quad \text{或} \quad A_t = Q_0c_0/G \tag{10-18}$$

在具体计算时，可用简化方法：做出静沉通量曲线 G_s，在横坐标上找到给定的 c_u 值，通过 $(c_u, 0)$ 点作曲线 G_s 的切线，其纵坐标截距即为 G_L 值，将 G_L 值代入式（10-18），即可求出浓缩池设计面积 A_L。

浓缩池直径 D (m)：

$$D = \sqrt{\frac{4A_{t1}}{\pi}} \tag{10-19}$$

式中　A_{t1}——单池面积，$A_{t1} = A_t/n$；

　　　n——池的个数，个。

浓缩池深度计算：

在实际工程计算中，由于缺少试验数据，常用以下方法进行计算。该方法是把重力浓缩池的深度划分为五部分，即：

浓缩池工作部分有效水深高度：

$$h_1 = \frac{TQ_0}{24A_t} \tag{10-20}$$

式中　T——浓缩时间，$12 < T < 24$，h。

浓缩池超高：h_2，一般取 0.3m。

缓冲层高度：h_3，一般取 0.3m。

刮泥设备所需池底坡度造成的深度 h_4：

$$h_4 = \frac{D}{2} \times i \tag{10-21}$$

式中　i——池底坡度，根据排泥设备取 0.003～0.01，常用 0.05；

　　　D——池的直径，m。

泥斗深度：h_5（另计）。

根据排泥间隔计算泥斗容积后（正圆台或正棱台）确定高度，泥斗壁与水平的倾角不小于 50°。

有效水深：

$$H_1 = h_1 + h_2 + h_3 \tag{10-22}$$

浓缩池总深度：

$$H = H_1 + h_4 + h_5 \tag{10-23}$$

重力浓缩池也可按现有的经验数据进行设计计算。但对于工业废水污泥来说，由于浓缩池的负荷随污泥种类不同而有显著差异，因此，最好还是经过试验来确定污泥负荷及断面积的大小。

图 10-8 是设有搅拌栅条的重力浓缩池。当栅条随刮泥机缓慢移动时（2～20cm/s），可以破坏污泥网状结构和胶着状态，促使其中的水分及气泡的释放，提高固体沉降速度和静沉

固体通量，采取这种措施通常可提高浓缩效率20%。中小型池多用重力排泥，一般不设搅拌栅条。

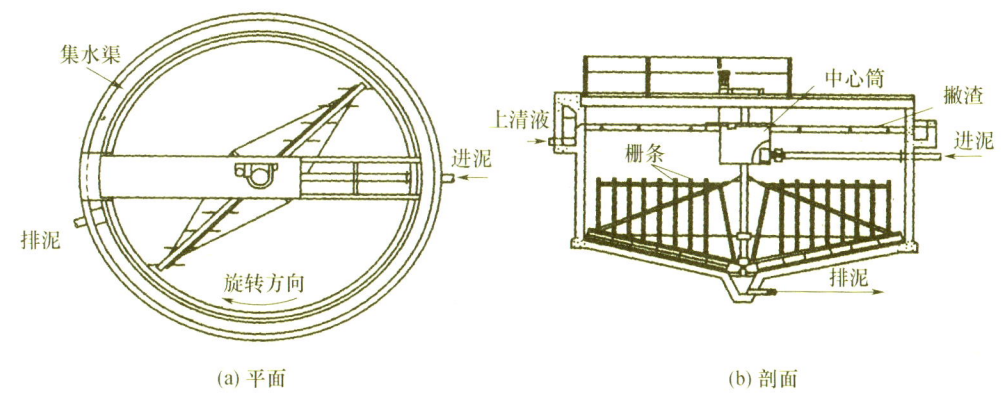

图 10-8 设有栅条的的重力浓缩池

浓缩活性污泥时，重力式污泥浓缩池的设计应符合下列要求：

（1）污泥固体负荷宜采用30~60kg/(m²·d)；浓缩时间不宜小于12h；由生物反应池后二次沉淀池进入污泥浓缩池的污泥含水率为99.2%~99.6%时，浓缩后污泥含水率可为97%~98%；有效水深宜为4m；采用栅条浓缩机时，其外缘线速度一般宜为1~2m/min，池底坡向泥斗的坡度不宜小于0.05。

（2）污泥浓缩池宜设置去除浮渣的装置。

（3）当采用生物除磷工艺进行污水处理时，不应采用重力浓缩。

（4）当采用机械浓缩设备进行污泥浓缩时，宜根据试验资料或类似运行经验确定设计参数。

（5）污泥浓缩脱水可采用一体化机械。

（6）间歇式污泥浓缩池应设置可排出深度不同的污泥水的设施。

在无试验资料时，可参考表10-2中的数据。

表 10-2 重力浓缩池设计参数表

污泥种类	进泥含水率/%	出泥含水率/%	水力负荷/[m³/(m²·d)]	固体通量/[kg/(m²·d)]	溢流TSS/(mg/L)
初沉池污泥	95~97	92~95	24~33	80~120（90~144）	300~1000
剩余污泥	99.2~99.6	97~98	2.0~4.0	30~60	200~1000
混合污泥	98~99	94~96	4.0~10.0	25~80	300~800
生物膜	96~99	94~98	2.0~6.0	35~50	200~1000

注：（）内为参考值。

3. 污泥重力浓缩计算实例

【例 10-1】已知：污水厂剩余污泥量$Q=1800m^3/d$，含水率$P_1=99.3\%$，浓缩后污泥含水率要求$P_2=97\%$。试设计重力浓缩池。

解：

（1）计算污泥浓度（污泥密度按1000kg/m³计）

根据当污泥含水率>65%时，污泥浓缩后体积质量与原体积质量含水率之间的关系：

$$\frac{V_1}{V_2}=\frac{W_1}{W_2}=\frac{100-P_2}{100-P_1}=\frac{C_2}{C_1}$$

式中 V_1、W_1、C_1——污泥含水率为 P_1 时的污泥体积、质量与固体质量浓度；

V_2、W_2、C_2——污泥含水率为 P_2 时的污泥体积、质量与固体质量浓度；

代入已知条件，有：

$$C_1=(1-P_1)\times 10^3=(1-0.993)\times 10^3=7(\text{kg/m}^3)$$
$$C_2=(1-P_2)\times 10^3=(1-0.97)\times 10^3=30(\text{kg/m}^3)$$

（2）浓缩池面积

污泥固体通量根据表 10-2 取 30kg/（m²·d），则：

$$A_t=\frac{Q_0 c_0}{G}=\frac{1800\times 7}{30}=420(\text{m}^2)$$

采用两个浓缩池（$n=2$），有：

$$A_{t1}=\frac{A_t}{n}=\frac{420}{2}=210(\text{m}^2)$$

浓缩池直径为：

$$D=\sqrt{\frac{4A_{t1}}{\pi}}=\sqrt{\frac{4\times 210}{\pi}}\approx 16.36(\text{m})$$

（3）浓缩池高度：取 $T=16\text{h}$，则

$$h_1=\frac{TQ_0}{24At}=\frac{16\times 1800}{24\times 420}\approx 2.86(\text{m})$$

（4）超高：$h_2=0.3\text{m}$。

（5）缓冲层：$h_3=0.3\text{m}$。

（6）池底坡度造成的深度：

$$h_4=\frac{D}{2}\times i=\frac{16.36}{2}\times 0.01\approx 0.082(\text{m})$$

（7）泥斗深度：$h_5=1.2\text{m}$，其算法参见沉淀池。

（8）有效水深：

$$H_1=h_1+h_2+h_3=2.86+0.3+0.3=3.46(\text{m})>3\text{m}，符合规定。$$

（9）浓缩池总高度：

$$H=H_1+h_4+h_5=3.46+0.082+1.2\approx 4.74(\text{m})$$

10.3.2 气浮浓缩

1. 气浮浓缩概述

气浮浓缩法常用于相对密度接近于 1 的轻质污泥（如活性污泥）或含有气泡的污泥（如消化污泥）浓缩处理。其工作原理是通过水射器或空压机将空气引入，然后在溶气罐内溶入水中。溶气水经减压阀进入混合池，与流入该池的新污泥混合。减压析出的空气泡附着于污泥颗粒上，利用气泡-污泥颗粒共载体的浮力作用，将污泥颗粒浮升至水面实现泥水分离，并以此达到浓缩污泥的目的。气浮浓缩的工艺流程如图 10-9 所示。

常用的气浮浓缩方法为压力溶气气浮法，其压力溶气形式又可分为全加压、部分加压和回流加压三种方式。实际中常用的平流式气浮污泥浓缩池的结构如图 10-10 所示。该浓缩池在运行时，先用泵把污泥打入混合池，同时进入的溶气水在此减压、扩散，产生小气泡并与

污泥颗粒接触附着；浮升到水面上的浓缩污泥由移动刮板收集，分离处理的出水一部分回流用做溶气水。

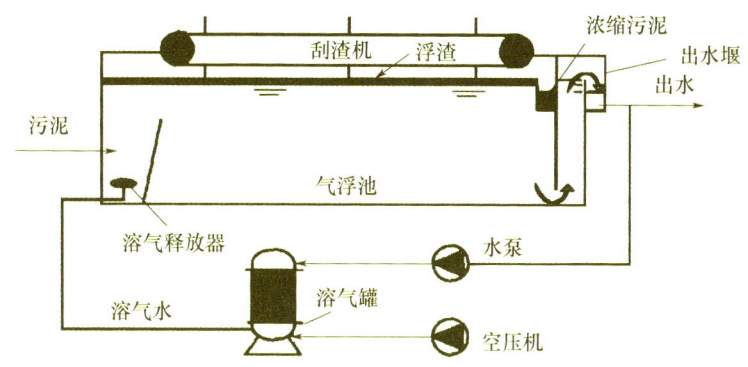

图 10-9　气浮池及压力溶气系统

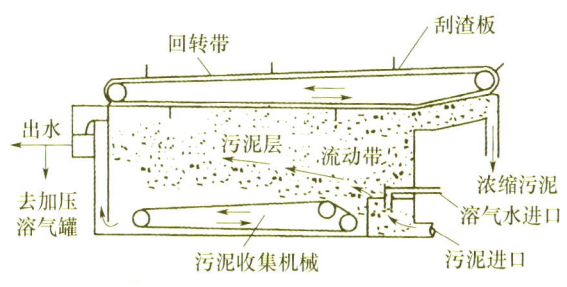

图 10-10　平流式气浮污泥浓缩池的结构图

与重力浓缩法相比，气浮浓缩池的负荷率高，一般为 120～240kg/(m²·h)，浓缩过程不受污泥膨胀的影响，且污泥浓缩比大，占地面积小，但运行费用高，操作较复杂。

气浮浓缩池的主要设计参数为负荷率和供气量。根据污泥负荷率计算气浮池面积的公式如下：

$$A = \frac{Q_s C_0}{污泥负荷率} \tag{10-24}$$

式中　A——气浮池面积，m²；

　　　Q_s——入流污泥流量，m³/h；

　　　C_0——入流污泥浓度，mg/L。

气浮浓缩池设计的主要参数为气固比，其定义为浓缩单位质量的污泥固体所需的空气质量，该值可按下式计算：

$$\frac{Q_g}{Q_s} = \frac{(QS_a + QRfS_a p/p^\ominus) - (R+1)QS_a}{Q_0} = \frac{RS_a(fp/p^\ominus - 1)}{c_0} \tag{10-25}$$

式中　Q_g——气浮池释放出的气体量，等于进、出池溶解气体量之差值，kg/h；

　　　Q_s——流入的污泥固体量，kg/h；

　　　Q——流入的污泥量，m³/h；

　　　c_0——流入的污泥浓度，kg/m³；

　　　R——回流比，加压溶气水量与需要浓缩的污泥量的体积比；

　　　S_a——常压下空气在回流水中的饱和浓度，kg/m³；

p——溶气罐压力（绝对压力），一般采用 0.3MPa；

f——溶解效率，当溶气罐内加填料及溶气时间为 2~3min 时，f 取 0.9，不加填料时，f 取 0.5。

上式分子中的第一项 QS_a 为新污泥所携带的空气量，若为活性污泥或好氧消化污泥，可近似认为处于饱和状态；若为初次污泥，则 $QS_a=0$。

在有条件时，设计前应进行必要的试验，针对污泥及溶气水的特性，求得在不同压力下、不同污泥负荷、水力负荷时的污泥浓缩效果以及出水的悬浮固体浓度、回流比、气固比等，从而决定最佳设计参数。

在缺乏试验条件时，气固比一般取 0.01~0.04；水力负荷取 40~80m³/(m²·d)。

气浮浓缩的浓缩效果随气固比的增加而提高，一般气固比以 0.01~0.04 为宜。回流比一般取不小于 1；污泥负荷可参考表 10-3 取值。

表 10-3 气浮池污泥负荷①

污泥种类	污泥负荷/[kg/(m²·d)]
空气曝气的活性污泥	25~75
空气曝气的活性污泥经沉淀后	50~100
纯氧曝气的活性污泥经沉淀后	60~150
50%初次沉淀污泥+50%活性污泥经沉淀后	100~200
初次沉淀污泥	<260

注：本表摘自：北京市环境保护科学研究所．水污染防治手册．上海：上海科学技术出版社，1989。
① 不投加化学絮凝剂。

2. 气浮浓缩计算实例

【例 10-2】某污水处理厂的剩余活性污泥量为 360m³/d，含水率 99.3%，泥温 20℃。现采用回流加压溶气气浮法浓缩污泥，要求含固率达到 4%，压力溶气罐的表压 p 为 3×10^5Pa。试计算气浮浓缩池的面积 A 和回流比 R。若浓缩装置改为每周运行 7d，每天运行 16h，计算气浮池面积。

解：

设计一座矩形平流式气浮浓缩池：

污泥流量：

$$Q=360\text{m}^3/\text{d}=15(\text{m}^3/\text{h})$$

(1) 气浮浓缩池面积 A：

污泥负荷取 75kg/(m²·d)，污泥密度为 1000kg/m³：

$$A=\frac{360\times100\times(1-99.3\%)}{75}=33.6(\text{m}^2)$$

(2) 回流比 R：

根据经验，气固比取 0.02；

采用装设填料的压力罐，$f=0.9$；

20℃时，空气饱和溶解度

$$S_a=0.0187\times1.164=0.0218(\text{mg/L})=21.8(\text{mg/L})$$

流入的污泥浓度为 7000g/m³。

代入气固比计算式，有：

$$\frac{Q_g}{Q_s} = \frac{RS_a(fp/p^{\ominus}-1)}{c_0}$$

$$0.02 = \frac{21.8 \times R \times (0.9 \times 3 - 1)}{7000}$$

$$R \approx 3.78 \approx 380\%$$

回流水量：

$$Q_R = 380\% \times 15 = 57(m^3/h)$$

溶气罐体积（不包括填料）按溶气水停留 3min 计算，则：

$$V_N = 57 \times \frac{3}{60} = 2.85(m^3)$$

以水力负荷校核气浮池面积：

$$\frac{(R+1)Q}{A} = \frac{(380\%+1) \times 360}{33.6} = 51.4[m^3/(m^2 \cdot d)] = 2.14[m^3/(m^2 \cdot h)]$$

符合要求。

(3) 若浓缩池每天运行 16h，则流量：

$$Q = 360/16 = 22.5(m^3/h)$$

污泥负荷仍取 75kg/$(m^2 \cdot d)$ = 3.125kg/$(m^2 \cdot h)$，则：

$$A = \frac{22.5 \times 1000 \times (1-99.3\%)}{3.125} = 50.4(m^2)$$

回流比仍为 380%。

回流水量：

$$380\% \times 22.5 = 85.5(m^3/h)$$

溶气罐净体积：

$$V_N = 85.5 \times \frac{3}{60} = 4.275(m^3)$$

以水力负荷校核气浮池面积：

$$\frac{(R+1)Q}{A} = \frac{(380\%+1) \times 22.5}{50.4} \approx 2.14[m^3/(m^2 \cdot h)]$$

符合要求。

10.3.3 离心浓缩

离心浓缩是利用离心力达到污泥浓缩的目的。离心浓缩法是根据污泥中固体颗粒与水的密度差异，利用离心力场的作用实现泥水分离，同时使污泥得到浓缩的方法。一些试验结果表明，利用离心机可将浓度为 0.5% 的活性污泥浓缩到 5%～6%。离心浓缩法不但效率高、占地少，而且卫生条件好，但费用较高。

重力浓缩法、气浮浓缩法和离心浓缩法各有特点，其对比见表 10-4。在实际运用中，可根据具体情况进行比较选择。

表 10-4 三种污泥浓缩方法的比较

方法种类	优点	缺点
重力浓缩法	储存污泥能力高，运行费用较低，操作要求不高	占地面积大，不稳定，易产生臭气，且浓缩后的污泥含水率仍很高

续表

方法种类	优点	缺点
气浮浓缩法	泥水分离效果较好，污泥含水率低；与重力浓缩相比，占地面积小，产生臭气少，并可使砂砾不与浓污泥相混，此外，还可除去油脂	运行费用较重力浓缩法高，存储污泥的能力较小
离心浓缩法	占地最少，处理能力高，几乎没有臭气产生	对设备要求严，耗能大；对操作者要求较高

设计过程中，污泥浓缩结合实际情况还需注意：
(1) 污泥浓缩池宜设置去除浮渣的装置。
(2) 当采用生物除磷工艺进行污水处理时，不应采用重力浓缩。
(3) 当采用机械浓缩设备进行污泥浓缩时，宜根据试验资料或类似运行经验确定设计参数。
(4) 污泥浓缩脱水可采用一体化机械。
(5) 间歇式污泥浓缩池应设置可排出深度不同的污泥水的设施。

10.4 污泥稳定

各种有机污水处理过程中产生的污泥都含有大量有机物，对环境造成各种危害，所以需采用措施降低其有机物含量或使其暂时不产生分解。污泥稳定就是通过氧化降解减少污泥中的有机物量，降低其生物活性的一种方法。其目的主要是防止有机污泥在处置和运输过程中因生物活动而产生臭味等。

污泥稳定的方法有生物法和化学法。生物稳定就是在人工条件下加速微生物对污泥中有机物的分解，使之变成稳定的无机物或不易被生物降解的有机物的过程；化学稳定是向污泥中投加化学药剂杀死微生物，或改变污泥的环境使微生物难以生存，从而使污泥中的有机物在短期内不致腐败的过程。

10.4.1 污泥的生物稳定

污泥的生物稳定依据应用的微生物类型可分为厌氧消化和好氧消化。根据污泥性质、环境要求、工程条件和污泥处置方式，选择经济适用、管理方便的污泥消化工艺，可采用污泥厌氧消化或好氧消化工艺。污泥经消化处理后，其挥发性固体去除率应大于 40%。

1. 污泥的厌氧生物稳定

目前城市污水处理厂所产生的污泥多采用厌氧消化方法进行处理。常见的厌氧消化池有传统消化池、高速消化池和厌氧接触消化池（图 10-11）。

高速消化池和传统消化池的主要区别在于前者进行搅拌，由此产生了两种完全不同的运行工况；而厌氧接触消化池则是在消化池内搅拌的同时增加了污泥回流。传统消化池的缺点是，由于污泥的分层使微生物和营养物质得不到充分接触，因而负荷小、产气量低，此外，消化池内形成的浮渣层不但使有效池容减小，而且造成操作困难。高速消化池内的污泥则处于完全混合状态,克服了传统消化池的缺点,从而使处理负荷和产气率均大大增加。厌氧接触消化池则由于消化污泥的回流在消化池内可维持更高的污泥浓度,因此效率更高。传统消化池、高速消化池和厌氧接触消化池三者的特点比较见表10-5。

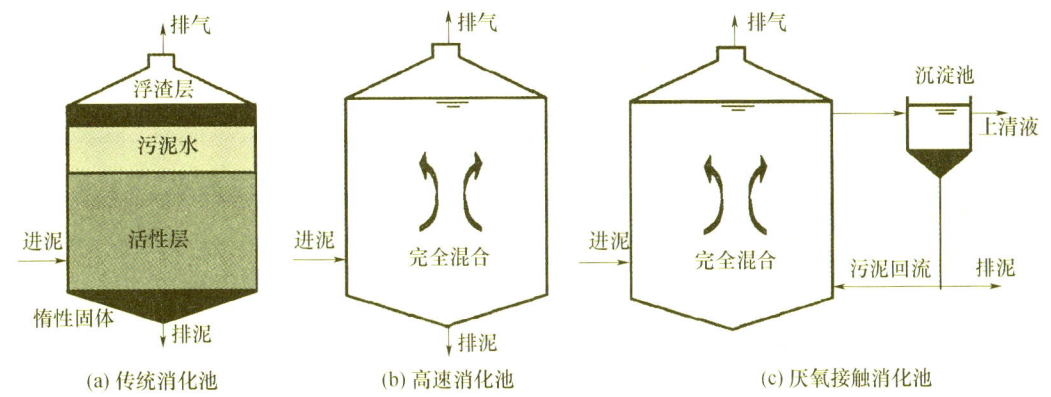

图 10-11 厌氧消化池

表 10-5 几种厌氧消化工艺比较

项目	传统消化池	高速消化池	厌氧接触消化池
加热情况	加热或不加热	加热	加热
停留时间/d	>40	10~15	<10
负荷/[kgVSS/(m³·d)]	0.48~0.8	1.6~3.2	1.6~3.2
加料、排料方式	间断	间断或连续	连续
搅拌	不要求	要求	要求
均衡配料	不要求	不要求	要求
脱气	不要求	不要求	要求
排泥回流利用	不要求	不要求	要求

厌氧消化池多为钢筋混凝土拱顶圆形池。其顶盖有固定式和浮动式两种。固定式在加料和排料时,池内可能造成正压和负压,结构易遭破坏,一旦渗入空气,不仅破坏反应条件,还会引起爆炸。浮动式则可克服上述缺点,但构造复杂,建设费用高。

厌氧消化可采用单级或两级中温消化。单级厌氧消化池(两级厌氧消化池中的第一级)污泥温度应保持在33~35℃。有初次沉淀池系统的剩余污泥或类似的污泥,宜与初沉污泥合并进行厌氧消化处理。单级厌氧消化池(两级厌氧消化池中的第一级)污泥应加热并搅拌,宜有防止浮渣结壳和排出上清液的措施。采用两级厌氧消化时,一级厌氧消化池与二级厌氧消化池的容积比应根据二级厌氧消化池的运行操作方式,通过技术经济比较确定;二级厌氧消化池可不加热、不搅拌,但应有防止浮渣结壳和排出上清液的措施。

消化池的附属设施有加料、排料、加热、搅拌、破渣、集气、排液、溢流及其他监测防护装置。

(1) 加料与排料

新污泥由泵提升,经池顶或中部进泥管送入池内。排泥时污泥从池底排泥管排出。加料和排料一般每日1~2次间歇进行。

(2) 加热

消化池的加热方法分为外加热和内加热两种。外加热是将污泥水抽出，通过池外的热交换器加热，再循环到池内去。内加热法采用盘管间接加热或水蒸气直接加热，后者比较简单，水蒸气压力多为 200kPa（表压）。用水蒸气喷射泵时，还同时起搅拌作用，但由于水蒸气的凝结水进入，故需经常排除泥水，以维持污泥体积不变。

厌氧消化池总耗热量应按全年最冷月平均日气温通过热工计算确定，应包括原生污泥加热量、厌氧消化池散热量（包括地上和地下部分）、投配和循环管道散热量等。选择加热设备应考虑 10%～20% 的富余能力。厌氧消化池及污泥投配和循环管道应进行保温。厌氧消化池内壁应采取防腐措施。

(3) 搅拌与破渣

搅拌可促进微生物与污泥基质充分接触，使池内温度及酸碱度均匀，既有利于消化气的释放，又可有效预防浮渣，因此，均匀搅拌是所有高效厌氧消化池运行的前提条件。每日将全池污泥完全搅拌（循环）的次数不宜少于 3 次。间歇搅拌时，每次搅拌的时间不宜大于循环周期的一半。搅拌的方法较多，常用的方法有水力搅拌、机械搅拌和消化气搅拌。

水力搅拌是将污泥抽出，从池顶泵入水力提升器内，形成内外循环。

机械搅拌采用螺旋桨，根据池子大小不同，可设若干个，每个螺旋桨下面设一个导流筒，抽出的污泥从筒顶向四周喷出，形成环流。螺旋桨搅拌效率高、耗电少（1m^3 污泥耗电 0.081W），但转轴穿池顶处密封困难。

消化气搅拌是用压缩机将污泥消化产生的气体压入池内竖管（一个或几个）的中部或底部，污泥随气泡上升时将污泥带起，在池内形成垂直方向的循环，也可在消化池底部设置气体扩散装置进行搅拌。消化气搅拌范围大、能力强、效果好、消化速率高，但设备繁多，成本昂贵，每小时所需搅拌气体量为有效池容的 36%～79%。

在消化过程中，部分细小的气泡附着于污泥上，浮于表面易形成浮渣，池内温度较高，浮于表面的污泥易失水，更加速了浮渣形成，如不及时破渣，容易形成坚硬的渣盖，严重威胁消化池的正常运行和安全。破渣可在池内液面装设破渣机，或用污泥水压力喷射来破渣。

(4) 集气

浮动盖式消化池的集气空间大，固定盖式则较小。固定盖式消化池加排料时，池内压力波动大，负压时易漏入空气，故宜单独设污泥贮气罐。贮气罐的主要作用在于调节气量。

(5) 排液

消化池的上清液要及时排出，这样可增加消化池处理容量，降低热耗。由于上清液的 BOD 很高，应重新返回到生物处理设施中去。

厌氧消化池的设计内容包括：确定运行温度与负荷、计算有效池容、确定池体构造、计算产气量及贮气罐容积、热力计算、搅拌装置的选择和沼气的利用等。

(1) 消化温度与负荷：污泥消化分为中温消化和高温消化。中温消化的温度一般控制在 30～35℃；高温消化的温度一般控制在 50～55℃。高温消化适于要求消毒的污泥及含有大量粪便等生污泥的场合，选择高温消化一般污泥本身温度较高或就近有多余热源。通常城镇污水处理厂的污泥厌氧消化均采用中温消化。消化池的设计负荷与消化温度、污泥类别以及污泥消化的工艺有关。对于城镇污水处理厂的污泥，如无试验资料时，可按表 10-6 进行选择。

表 10-6　城镇污水处理厂污泥常温厌氧消化时的设计参数

参数	传统消化池	高速消化池
挥发性固体负荷/[kg/(m³·d)]	0.6~1.2	1.6~3.2
污泥固体停留时间/d	30~60	10~20
污泥固体投配率/%	2~4	5~10

(2) 消化池的有效池容：消化池的有效池容 V（m³）可按固体停留时间或挥发固体负荷或污泥固体投配率计算，有关的计算方法如下：

$$V = V'T_d \tag{10-26}$$

$$V = V'c/L_{vs} \tag{10-27}$$

$$V = 100V'/P \tag{10-28}$$

式中　T_d——消化时间；

V'——每日投入消化池的原污泥容积；

c——污泥的挥发性固体浓度（VSS）；

L_{vs}——消化池挥发性固体容积负荷；

P——污泥投配率，%。

(3) 产气量与贮气罐容积：污泥消化产气量可以按厌氧消化的有关理论公式计算，也可以通过试验或经验资料确定。据资料报道，一般每破坏 1kg 挥发性有机物的产气量为 0.75~1.12m³。污泥消化产气量也可按每人每天的产气量进行计算，对于城镇污水二级处理厂该数值为每 1000 人每天产沼气量 15~28m³。

贮气罐容积可按产气量和用气量的变化曲线进行计算，或按平均日产气量的 25%~40%，即 6~10h 的平均产气量计算。

(4) 热力计算：消化池的加热和保温是维持其正常消化过程的必要条件，因此必须根据消化池的运行制度和方式、加热与保温的措施和材料等条件，参考有关资料和计算方法，进行热力学平衡计算，以确保消化池的正常工况。

(5) 消化气的利用：污泥厌氧消化时产生的消化气必须妥善加以利用，否则将引起二次污染。消化气的主要成分为 CH_4（60%~70%）和 CO_2（25%~35%），此外还含有少量的 N_2、H_2、H_2S 和水分。消化气一般用作燃料，用于锅炉或发电，也可用作化工原料。1m³ 消化气的热值相当于 1kg 的煤，1m³ 污泥气可发电 1.5kW·h。

厌氧消化工艺设计的其他注意事项：

(1) 厌氧消化池和污泥气贮罐应密封，并能承受污泥气的工作压力，其气密性试验压力不应小于污泥气工作压力的 1.5 倍。厌氧消化池和污泥气贮罐应有防止池（罐）内产生超压和负压的措施。

(2) 厌氧消化池溢流和表面排渣管出口不得放在室内，并必须有水封装置。厌氧消化池的出气管上，必须设回火防止器。

(3) 用于污泥投配、循环、加热、切换控制的设备和阀门设施宜集中布置，室内应设置通风设施。厌氧消化系统的电气集中控制室不宜与存在污泥气泄漏可能的设施合建，场地条件许可时，宜建在防爆区外。

(4) 污泥气贮罐、污泥气压缩机房、污泥气阀门控制阀、污泥气管道层等可能泄漏污泥气的场所，电机、仪表和照明等电气设备均应符合防爆要求，室内应设置通风设施和污泥气

(5) 污泥气贮罐的容积宜根据产气量和用气量计算确定。缺乏相关资料时，可按 6～10h 的平均产气量设计。污泥气贮罐内、外壁应采取防腐措施。污泥气管道、污泥气贮罐的设计，应符合现行国家标准《城镇燃气设计规范》GB50028 的规定。

(6) 污泥气贮罐超压时不得直接向大气排放，应采用污泥气燃烧器燃烧消耗，燃烧器应采用内燃式。污泥气贮罐的出气管上必须设回火防止器。

(7) 污泥气应综合利用，可用于锅炉、发电和驱动鼓风机等。

(8) 根据污泥气的含硫量和用气设备的要求，可设置污泥气脱硫装置。脱硫装置应设在污泥气进入污泥气贮罐之前。

2. 污泥的好氧生物稳定

污泥的好氧生物稳定又称为好氧消化。所谓好氧消化指的是对二级处理的剩余污泥或一、二级处理的混合污泥进行持续曝气，促使其中的生物细胞或构成 BOD 的有机固体分解，从而降低挥发性悬浮固体含量的方法。在好氧消化过程中，污泥中的有机物被氧化为 CO_2、NH_3 和 H_2O，以细胞（组成为 $C_5H_7NO_2$）为例，其氧化作用可以下式表示：

$$C_5H_7NO_2 + 5O_2 \longrightarrow 5CO_2 + NH_3 + 2H_2O$$

污泥好氧消化的主要目的是减少污泥中有机固体（VSS）的含量，细胞的分解速率随污泥中溶解态有机营养料和微生物比值（F/M）的增加而降低，通常初沉污泥的溶解态有机物含量高，因而其好氧消化作用慢。

好氧消化时，污泥中的固体有机物被氧化为 CO_2，和厌氧消化比较（固体有机物被转化为 CH_4 和 CO_2），微生物获得的能量高，因此，反应速率快。在 15℃ 条件下，一般只需 15～20d 即可减少挥发性固体 40%～50%，而达到同样效率时，厌氧消化却需 30～40d。同时，相对于厌氧消化而言，好氧消化微生物不但种群和数量丰富，而且结构稳定，所以，好氧消化不易受条件变化的冲击，消化效果比较稳定。

污泥好氧消化时，由于微生物的内源呼吸和消化作用，排出消化池的污泥量比流入的要少（而在活性污泥法系统中由于微生物的增殖，排出量大于输入量），减少量即为污泥的生物降解量，由此可得污泥泥龄（θ_c）的表达式为：

$$\theta_c = \frac{消化池内 VSS 量(kg)}{系统的 VSS 净输入量(kg/d)} \tag{10-29}$$

污泥泥龄相当于污泥净输入量消化时间的平均值。

污泥好氧消化的构筑物为好氧消化池。好氧消化池的结构及构造同普通曝气池，有关设计参数的选择一般应通过试验确定。

《室外排水设计标准》（GB 50014—2021）规定有关的设计参数和有关要求如下：

(1) 好氧消化时间宜为 10～20d。

(2) 挥发性固体容积负荷一般重力浓缩后的原污泥宜为 0.7～2.8kgVSS/($m^3 \cdot d$)；机械浓缩后的高浓度原污泥，挥发性固体容积负荷不宜大于 4.2kgVSS/($m^3 \cdot d$)。

(3) 好氧消化池宜根据气候条件采取保温、加热措施或适当延长消化时间。

(4) 好氧消化池中溶解氧浓度，不应低于 2mg/L。

(5) 好氧消化池采用鼓风曝气时，宜采用中气泡空气扩散装置，鼓风曝气应同时满足细胞自身氧化和搅拌混合的需气量，宜根据试验资料或类似运行经验确定。

(6) 当好氧消化池采用鼓风曝气时，应根据鼓风机的输出风压、管路及曝气器的阻力损失确定，宜为 5.0~6.0m。好氧消化池的超高，不宜小于 1.0m。

(7) 间歇运行的好氧消化池应设有排出上清液的装置；连续运行的好氧消化池，宜设有排出上清液的装置。

此外，由于消化池中的污泥固体的停留时间较长，消化池内可形成大量的硝化菌，细胞氧化分解产生的 NH_3 被完全硝化，出水中含有大量的硝酸盐，因此，在具有生物脱氮处理系统的污水处理厂，好氧消化池及后续处理系统排出的上清液和滤液应直接返回脱氮系统的反硝化段。

与厌氧消化相比，好氧消化效率高、消化液中 COD 含量低、无异味，且系统简单易于控制；缺点是能耗较大，污泥经长时间曝气会使污泥指数增大而难以浓缩。因此，通常好氧消化适合于污泥量较小的场合，但近年来国外有不少大型污水处理厂也采用好氧消化进行污泥稳定。

10.4.2 污泥的化学稳定

化学稳定是向污泥中投加化学药剂，以抑制和杀死微生物，消除污泥可能对环境造成的危害（产生恶臭及传染疾病）。化学稳定的方法有石灰稳定法和氯稳定法。

1. 石灰稳定法

向污泥中投加石灰，使污泥的 pH 值提高到 11~11.5，在 15℃ 下接触 4h，能杀死全部大肠杆菌及沙门氏伤寒杆菌，但对钩虫、阿米巴孢囊的杀伤力较差。经石灰稳定后的污泥脱水性能可得到大大改善，不仅污泥的比阻减小，泥饼的含水率也可降低。但石灰中的钙可与水中的 CO_2 和磷酸盐反应，形成碳酸钙和磷酸钙的沉淀，使得污泥量增大。

石灰的投加量与污泥的性质和固体含量有关，表 10-7 是有关的参考数据。

表 10-7 石灰稳定法的投加量

污泥类型	污泥固体浓度/%		$Ca(OH)_2$ 投加量/[g·g(SS)]	
	变化范围	平均值	变化范围	平均值
初沉污泥	3~6	4.3	60~170	120
活性污泥	1~1.5	1.3	210~430	300
消化污泥	6~7	6.5	140~250	190
腐化污泥	1~4.5	2.7	90~510	200

2. 氯稳定法

氯能杀死各种致病微生物，有较长期的稳定性。但氯化过程中会产生各种氯代有机物（如氯胺等），造成二次污染，此外污泥经氯化处理后，pH 值降低，使得污泥的过滤性能变差，给后续处置带来一定困难。大规模的氯稳定法应用较少，但当污泥量少，且可能含有大量的致病微生物，如医院污水处理产生的污泥，采用氯稳定仍为一种安全有效的方法。

3. 臭氧稳定法

臭氧稳定法是近年来国外研究较多的污泥稳定法，与氯稳定法相比，臭氧不仅能杀灭细菌，而且对病毒的灭活也十分有效，此外，臭氧稳定也不存在氯稳定时带来的二次污染问题。经臭氧处理后，污泥处于好氧状态，无异味，是目前污泥稳定最安全有效的方法。该法的缺点是臭氧发生器的效率仍较低，建设及运营费用均较高。但对一些危险性很高的污泥，采用臭氧稳定法仍不失为一种最安全的选择。

10.5 污泥调理与脱水

在污泥脱水前需要通过物理、化学或物理化学作用，改善污泥的脱水性能，该操作称之为污泥调理。通过调理可改变污泥的组织结构，减小污泥的黏性，降低污泥的比阻，从而达到改善污泥脱水性能的目的。污泥经调理后，不仅脱水压力可大大减少，而且脱水后污泥的含水率可大大降低。

污泥在脱水前，应加药调理。污泥加药应符合下列要求：药剂种类应根据污泥的性质和出路等选用，投加量宜根据试验资料或类似运行经验确定；污泥加药后，应立即混合反应，并进入脱水机。

将污泥含水率降低到80%以下的操作称为脱水。脱水后的污泥具有固体特性，成泥块状，能装车运输，便于最终处置与利用。脱水的方法有自然脱水和机械脱水。自然脱水的方法有干化场，所使用的外力为自然力（自然蒸发、渗透等）；机械脱水的方法有真空过滤、压滤、离心脱水等，所使用的外力为机械力（压力、离心力等）。

10.5.1 污泥调理

1. 化学调理

化学调理是向污泥中投加各种絮凝剂，使污泥中的细小颗粒形成大的絮体并释放吸附水，从而提高污泥的脱水性能。

调理所使用的药剂分为无机调理剂和有机调理剂。无机调理剂有铁盐、铝盐和石灰等；有机调理剂有聚丙烯酰胺等。无机调理剂价格低廉，但会增加污泥量，而且污泥的pH值对调理效果影响较大；而有机调理剂则与之相反。综合应用2~3种絮凝剂，混合投配或顺序投配能提高效能。调节剂的使用量范围一般需通过试验来确定。

2. 水力调理（淘洗）

在消化污泥池中，如果碱度越高，需投加的调节剂量就越大。水力调理（淘洗）的原理是利用处理过的污水与污泥混合，然后再澄清分离，以此冲洗和稀释原污泥中的高碱度，带走细小固体。水力淘洗主要用于对消化污泥的调理，通常消化污泥中的碱度很高，投加的酸性药剂（如三氯化铁和硫酸铝等）会与之反应，需要消耗大量药剂，通过淘洗可降低污泥的碱度，降低药剂消耗。此外，污泥中的细小固体不仅是化学药剂的主要消耗者，而且易堵塞滤饼，增加过滤阻力，通过淘洗将其冲走，可大大提高污泥的过滤性能。目前，淘洗分为单级、两级、多级以及逆流淘洗等方法。淘洗工艺通常采用多级逆流方式进行，淘洗液中的BOD和COD含量较高，需回流到污水处理设备去重新处理。

3. 物理调理

物理调理有加热、冷冻、添加惰性助滤剂等方法。

（1）加热调理

加热调理借助高压加热破坏水与污泥之间的结构关系，使污泥水解并释放细胞内的水分，从而使污泥的脱水性能得到改善。如污泥经过160~200℃和1~1.5MPa的高温加热和高压处理后，不但可破坏胶体结构，提高脱水性能（比阻降至$0.1 \times 10^9 S^2/g$），而且还能彻底杀灭细菌，解决卫生问题。但缺点是气味大、设备易腐蚀。

(2) 冷冻调理

污泥经反复冷冻后能破坏污泥中的固体与结合水的联系，提高过滤能力。人工冷冻成本较高，自然冷冻法则受气候条件的影响，故采用均很少。

(3) 添加惰性助滤剂

向污泥中投加无机助滤剂，可在滤饼中形成孔隙粗大的骨架，从而形成较大的絮体，减小污泥过滤比阻，常用的无机助滤剂有污泥焚化时的灰烬、飞灰、锯末等。

10.5.2 污泥脱水

1. 自然脱水

利用自然力（蒸发、渗透等）对污泥进行脱水的方法称之为自然脱水。自然脱水的构筑物为污泥干化场（也叫干化床或晒泥场）。污泥干化场的脱水包括上部蒸发、底部渗透、中部放泄等多种自然过程。其中，蒸发受自然条件的影响较大，气温高、干燥、风速大、日晒时间长的地区效果好，寒冷、潮湿、多雨地区则效果较差；渗透作用主要与干化场的渗水层结构有关。根据自然条件和渗水层特征，干化期由数周至数月不等，干化污泥的含水率可降至 65%～75%。

干化场一般由大小相等、宽度不大于 10m 的若干区段组成（图 10-12），围以土堤，堤上设干渠和支渠用以输配污泥（也可采用管道输送，设干管和支管）。渠道底坡度采用 0.01～0.03，支渠沿每块干化场的长度方向设几个放泥口，向干化场均匀配泥。每块干化场的底部设有 30～50cm 的渗水层，渗水层的结构为上层细沙，中层粗沙，底层为碎石或碎砖。渗水层下为 0.3～0.4m 厚的不透水层（防水层），坡向排水管。排水管管径为 75～150cm，每块干化场设 1～2 排，埋深 1～1.2m，各节排水管之间不接口，留有缝隙，以便于接纳下渗的污水，排水管的坡度采用 0.002～0.005，污水最后汇集于排水总渠。此外，在每块干化场的两侧设置若干排水井，用以收集从干化场不同高度放泄的上清液。

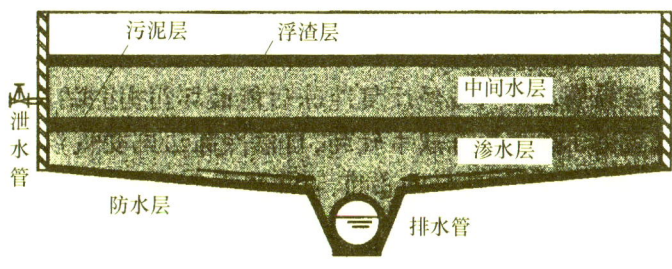

图 10-12 污泥干化场的横断面结构

污泥干化场采用间歇、周期运行，每次排放的污泥只存放于 1 块或 2 块干化场上，泥层厚 30～50cm，下一次排泥进入另外 1～2 块上，各组干化场依次存泥、干化和铲运。

污泥干化场设计的主要内容为确定有效面积、进泥周期、围堤高度、渗水层结构、污泥输配系统及排水设施等。

干化场的有效面积 A（m^2）按下式计算：

$$A = \frac{V}{h}T \tag{10-30}$$

式中　V——污泥量，m^3/d；

h——干化场每次放泥高度,一般采用 0.3～0.5m;

V/h——每天污泥需要的存放面积,应等于每块干化场面积的整数倍;

T——污泥干化周期,即某区段两次放泥相隔的天数,该值取决于气候条件及土壤条件。

考虑到土堤等所占面积,干化场实际需要的面积应比 A 增大 20%～40%。

围堤高度在最低处一般取 0.5～0.7m,最高处根据渠道坡度推算。冰冻期长的地区,应适当增高围堤。若污泥最终用作肥料,也可将冻结污泥运走,以节省场地。

污泥干化场的特点是简单易行、污泥含水率低,缺点是占地面积大、卫生条件差、铲运干污泥的劳动强度大。

2. 机械脱水

利用机械力对污泥进行脱水的方法称之为机械脱水。机械力的种类有压力、真空吸力、离心力等,脱水方式有过滤脱水和离心脱水,相应的设备为压力过滤机、真空过滤机和离心机。

污泥机械脱水的设计应符合下列规定:污泥脱水机械的类型,应按污泥的脱水性质和脱水要求,经技术经济比较后选用;污泥进入脱水机前的含水率一般不应大于 98%;经消化后的污泥,可根据污水性质和经济效益,考虑在脱水前淘洗;机械脱水间的布置,应按《室外排水设计标准》(GB 50014—2021)泵房中的有关规定执行,并应考虑泥饼运输设施和通道;脱水后的污泥应设置污泥堆场或污泥料仓贮存,污泥堆场或污泥料仓的容量应根据污泥出路和运输条件等确定;污泥机械脱水间应设置通风设施。每小时换气次数不应小于 6 次。

(1) 过滤脱水

过滤脱水是在外力(压力或真空)作用下,污泥中的水分透过滤布或滤网,固体被截留,从而达到对污泥脱水的过程。分离的污泥水送回污水处理设备进行重新处理,截留的固体以泥饼的形式剥落后运走。

污泥过滤性能主要取决于滤饼和滤布(或滤网)的阻力。过滤机的脱水能力可用下式(Darcy 方程)表示:

$$\frac{dV}{dt} = \frac{pA^2}{\mu(rcV+RA)} \tag{10-31}$$

式中 V——滤过水的体积,m³;

t——过滤时间,s;

p——过滤推动力(由过滤介质两侧的压力差产生),kg/m²;

A——有效过滤面积,m²;

μ——过滤水的黏度,Pa·s;

r——单位质量干滤饼的过滤阻力,称为比阻,m/kg;

c——单位体积滤过水所产生的滤饼质量,kg/m³;

R——单位面积滤布的过滤阻力,m/m²。

由上式可知,在过滤压力、面积、滤布材料已定的条件下,单位时间的滤过水量与滤液的黏性和滤饼的阻力成反比,也就是说,滤液的黏性和滤饼的比阻决定了污泥的脱水性能。一般而言,污泥颗粒小、粒径不均匀,有机颗粒和有机溶质较多时,黏性和比阻就大,相应的过滤性能就差;反之,过滤性能就好。

将式（10-31）积分，得：

$$\frac{t}{V} = \frac{\mu r c}{2pA^2}V + \frac{\mu R}{pA} \tag{10-32}$$

由上式可见，过滤脱水时滤液的体积与过滤时间和滤液体积的比值成正比。相对于泥饼而言，一般滤布的阻力很小，可忽略不计，式（10-32）可简化为：

$$\frac{t}{V} = \frac{\mu r c}{2pA^2}V \tag{10-33}$$

此外，污泥的比阻还与滤饼的可压缩性有直接关系。如果滤饼本身松散，受压时易变形，导致污泥密度增大，则对应的比阻也会随之增大；反之，如果滤饼颗粒比较密实，且具有较坚硬的空间结构，则受压时不易变形，对应的比阻也就较小。表征比阻与压力的关系通常用下式表示：

$$r = r' p^s \tag{10-34}$$

式中　　p——压力；

　　　　s——压缩系数；

　　　　r'——常数。

式（10-34）中的压缩系数表示滤饼的可压缩程度。对于难压缩的污泥，例如沙等，其压缩系数 $s=0$，此时比阻与压力无关，增加过滤压力并不会增加比阻，因此，可以通过增压提高过滤机的生产能力。但像活性污泥这样的易压缩污泥，增大压力，比阻也随之增加，此时增压对提高生产能力并无显著效果。

过滤脱水的方法有真空过滤和压力过滤。真空过滤主要有转筒式、绕绳式和转盘式过滤机；压力过滤主要有板框压滤机和带式压滤机，此外，在此基础上还发展了许多改型的过滤设备。以下主要论述生产上最为常用的转筒式真空过滤机、板框过滤机和带式压滤机。

① 真空过滤机

真空过滤机主要设备由两大部分组成：半圆形污泥槽和过滤转筒。

转筒式真空过滤机的结构如图 10-13 所示，转筒半浸没在污泥中，转筒外覆滤布，筒壁分成的若干隔间分别由导管连于回转阀座上。根据转动时各隔间所处位置的不同，与固定阀座上抽气管或压气管接通。当隔间位于过滤段时，与抽气管接通，污泥水通过滤布被抽走，固体被截留于滤布上。当转到脱水段时，仍与抽气管接通，水分继续被抽走，泥层逐渐干燥，形成滤饼。当转到排泥段时，由真空抽吸，改为正压吹脱段，滤饼被吹离滤布，并用刮刀刮下，通过装运小斗或皮带运输机将其运走。泥槽底部设有搅拌器，用以防止固体沉积。真空过滤机的转筒圆周速度为 0.75～1.1mm/s，真空度为 40～81.3kPa（过滤段）和 66.7～94.6kPa（脱水段），所形成的滤饼厚度视污泥浓度和转筒转速而异，一般为 2～6mm。

真空过滤机的特点是适应性强、连续运行、操作平稳、全过程自动化。它的缺点是多数污泥须经调理才能过滤，且工序多、费用高。此外，过滤介质（滤网或滤布）紧包在转筒上，再生与清洗不充分，容易堵塞。

折带式转筒真空过滤机（图 10-14）则克服了这一缺点，是用辊轴把过滤介质转出，这不仅使卸料方便，同时也使介质容易清洗再生。

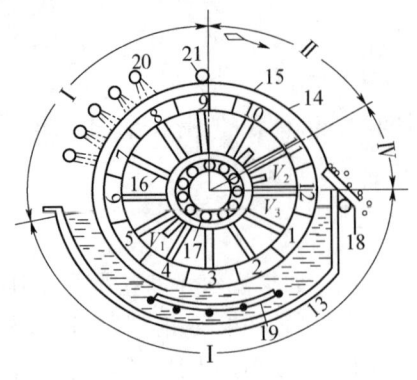

图 10-13 转鼓式真空过滤机

Ⅰ—滤饼形成区;Ⅱ—吸干区;Ⅲ—休止区;Ⅳ—反吹区
1~12—隔间;13—泥槽;14—过滤转筒;15—滤布;
16—导管;17—分配头;18—刮刀;19—搅拌器;
20—洗涤喷淋装置;21—滤饼压辊

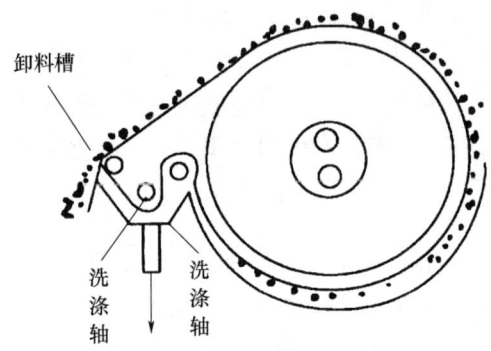

图 10-14 折带式转筒真空过滤机

② 板框压滤机

压力过滤机是由组滤板和滤框交替组装而成,故也称作板框压滤机。自动板框压滤机的工作原理及整体构型如图 10-15 所示。

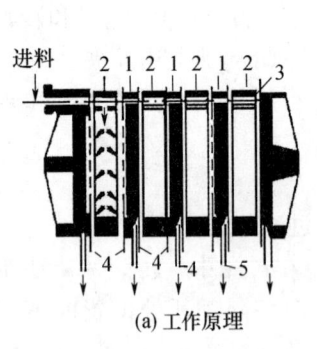
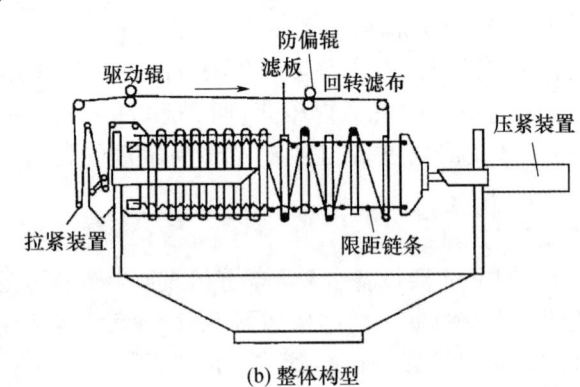

(a) 工作原理　　　　　　　　(b) 整体构型

图 10-15 自动板框压滤机

1—组滤板;2—滤框;3—通道;4—滤布;5—排水管道

自动板框压滤机的框边有通道,并有小沟道与板框接通;污泥由通道及小沟道进入滤框后,污泥水渗过滤板两面覆盖的滤布,沿板面沟流下,最后由滤板下方的滤过液排出管流入集水槽。污泥固体截留在滤框内的滤布上形成滤饼,当达到一定厚度时,拆开板框,取出滤布。将滤饼剥落,并冲洗干净后组装。自动板框压滤机可自动拆开和压紧,滤布为很长的能回转布带,卸料时,滤带在许多小活轮间绕过移动,滤饼便自动脱落。

压力过滤机特点是作用压力大于真空抽力,能产生很高的泥饼固体含量,但间断运行,拆装频繁,容易损坏。

③ 带式压滤机

带式压滤机由上、下两组同向移动的回转带组成,上面为金属丝网做成的压榨带,下面为滤布做成的过滤带。带式压滤机的结构如图 10-16 所示。

污泥由一端进入,在向另一端移动的过程中,先经过浓缩段,主要依靠重力过滤,使污泥失去流动性,然后进入压榨段,由于上、下两排支承辊压轴的挤压而得到脱水。滤饼含水率可降至80%～85%。这种脱水设备的特点是把压力直接施加在滤布上,用滤布的压力或张力使污泥脱水,而不需真空或加压设备,因此它消耗动力少,并可以连续运行。带式压滤机工艺简单,是目前广为采用的污泥脱水设备。带式压滤机的设计应符合下列要求:

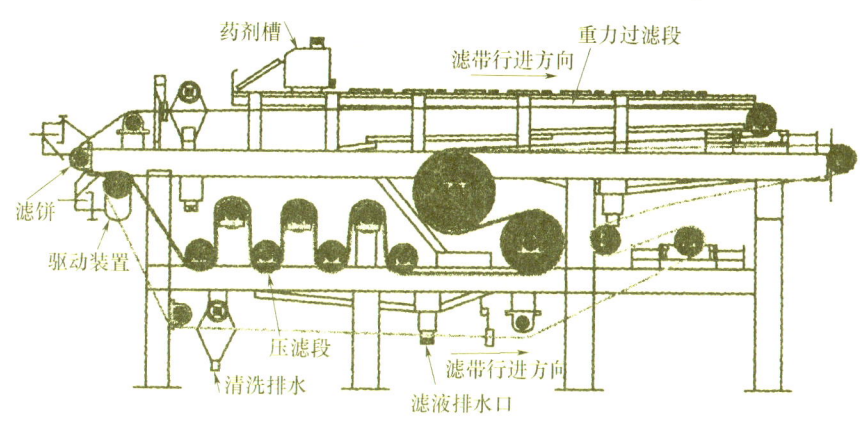

图 10-16　带式压滤机

① 污泥脱水负荷应根据试验资料或类似运行经验确定,可按表10-8的规定取值。

表 10-8　污泥脱水负荷

污泥类别	初沉原污泥	初沉消化污泥	混合原污泥	混合消化污泥
污泥脱水负荷/[kg/(m·h)]	250	300	150	200

② 应按带式压滤机的要求配置空气压缩机,并至少应有1台备用。
③ 应配置冲洗泵,其压力宜采用0.4～0.6MPa,其流量可按5.5～11m³/[m(带宽)·h]计算,至少应有1台备用。

(2) 离心脱水

利用离心力的作用对污泥脱水的过程称为离心脱水。当污泥颗粒随流体做旋转运动时,作用在颗粒上的离心力为:

$$F_c = m_e \omega^2 r = (\rho_s - \rho) V_p \omega^2 r \tag{10-35}$$

式中　F_c——离心力,N;
　　　m_e——颗粒质量,kg;
　　　ω——流体运动的角速度,1/s;
　　　r——颗粒距圆心的距离,m;
　　　ρ_s——颗粒密度,kg/m³;
　　　ρ——流体密度,kg/m³;
　　　V_p——颗粒体积,m³。

颗粒运动时的流体阻力:

$$F_D = \frac{1}{2}\rho C_D A v^2 \tag{10-36}$$

式中　F_D——流体阻力,N;
　　　C_D——阻力系数;

A——颗粒的横截面积，m^2；

v——颗粒运动速度，m/s。

忽略重力，依据牛顿第二定律，可得：

$$\rho_s V_p \frac{dv}{dt} = (\rho_s - \rho)V_p \omega^2 r - \frac{1}{2}\rho C_D A v^2 \tag{10-37}$$

将 $v = dr/dt$ 代入上式并整理后可得：

$$\frac{d^2 r}{dt^2} + C_D \frac{\rho}{\rho_s} \frac{3}{4d}\left(\frac{dr}{dt}\right)^2 - \frac{(\rho_s - \rho)}{\rho_s}\omega^2 r = 0 \tag{10-38}$$

当颗粒的运动处于层流状态时，阻力系数 C_D 与雷诺数 Re 的关系为：

$$C_D = \frac{24}{Re} \tag{10-39}$$

将式（10-39）代入式（10-38），得：

$$\frac{d^2 r}{dt^2} + \frac{18\mu}{\rho_s d^2}\frac{dr}{dt} - \frac{(\rho_s - \rho)}{\rho_s}\omega^2 r = 0 \tag{10-40}$$

式中 μ——流体的黏度。

式（10-40）对应的边界条件为 $t=0$，$r=0$ 和 $dr/dt=0$。积分式（10-40）求得在给定颗粒粒径、密度和旋转角速度下颗粒从离心机中心筒运动到 r 时所需的时间，该数值是离心机设计和选型的重要指标。当颗粒运动处于紊流状态下，可将对应的阻力系数表达式代入式（10-38），此时，所得的 r 与 t 的关系式为二阶非线性微分方程，必须通过数值计算确定相关的关系。

完成离心脱水的设备为离心机。离心机的种类很多，其中以中、低速转筒式离心机在污泥脱水中应用最为普遍。该机的主要构件是转筒和装于筒内的螺旋输泥机（图10-17）。污泥通过中空轴连续进入筒内，由转筒带动污泥高速旋转，在离心力的作用下，向筒壁运动，达到泥水分离。螺旋输泥机与转筒同向旋转，但转速不同，使输泥机的螺旋刮刀对转筒有相对转动，将泥饼由左端推向右端，最后从排泥口排出，澄清水则由另一端排水口流出。

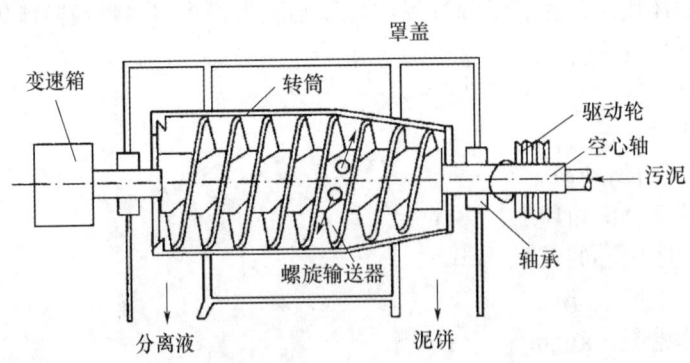

图 10-17 离心脱水机

经离心机脱水的污泥特性按初次沉淀污泥、消化后的初沉污泥、混合污泥、消化后的混合污泥顺序，其含水率相应可降至 65%～75%（前两者）和 76%～82%（后两者）；固体回收率为 85%～95%（前两者）及 50%～80% 和 50%～70%。若投加调理剂，四种污泥的回收率可高于 95%。显而易见，离心脱水机排出的"滤液"含有大量的悬浮固体，必须返回污水处理系统进行处理。

离心机的优点是设备小、效率高、分离能力强、操作条件好（密封、无气味）；缺点是制造工艺要求高、设备易磨损、对污泥的预处理要求高，而且必须使用高分子聚合电解质作为调理剂。

采用离心机脱水时需要注意以下事项：

（1）离心脱水机房应采取降噪措施。离心脱水机房内外的噪声应符合《工业企业噪声控制设计规范》（GB/T 50087—2013）的规定。

（2）污水污泥采用卧螺离心脱水机脱水时，其分离因数宜小于3000g（g为重力加速度）。

（3）离心脱水机前应设置污泥切割机，切割后的污泥粒径不宜大于8mm。

10.6 污泥的资源化与处置

10.6.1 污泥的综合利用

1. 污泥在农业上的应用

污泥中含有大量的有机物和N、K、P等营养元素以及各种微量元素如Ca、Mg、Cu、Zn、Fe等，既可以作为植物生长的养分，又能改良土壤结构，增加土壤肥力，促进作物的生长。但是另一方面，由于污泥中含有重金属、有毒的有机污染物、病原菌、寄生虫等，使用时应注意防止其对地下水、植物等的污染，以降低使用风险。

由于有机质在土壤肥力中有其他营养元素不可替代的作用，常以它作为划分土壤肥力高低的指标。一般认为有机质大于1.7%为高肥力，小于1.2%为低肥力。长期单独施用无机肥不仅使土壤肥分不完全，而且连续施用，易使土壤盐化板结，污染饮用水源，破坏生态环境，同时随着岁月的增长也会导致土壤有机质不断减少，土壤综合肥力下降。这一现象在我国许多地区都有体现，特别是西北和华北地区。污泥中含有大量的有机质，因此将污泥作为有机肥施用于农田正可以弥补农田土壤中有机质含量偏低的缺陷，从而达到改善土质，增加土壤肥力的目的。

污泥的农用价值首先在于其肥效性，其次为其物理性状（通透性）。表10-9和表10-10表明，污泥和其他有机肥、栽培介质、优良耕作土壤一样，含有作物生长需要的养分。表10-10以几种常见的有机肥、培作土为参考，采用pH值、有机质（物）、N、P、K等农业上常用的养分指标对污泥肥效进行评价。从中可以看到污泥中有机质含量为40%，明显高于腐殖土、火山灰土等优质栽培土而与几种优质农肥接近；而且污泥中P的含量显著高于表10-10所列的所有肥料，这对于开花植物来说是非常关键的元素；污泥中的有效N、P、K含量也很高，这部分养分更容易被植物吸收利用，是植物有效吸收的元素。同时污泥也含有大量Mo、Fe等植物所需的微量元素，其含量和土壤相比Mo为3.0倍，Fe为28.0倍。因此，污泥还是提供植物微量元素的来源。此外，污泥在形成及堆放过程中还繁殖了大量的微生物、藻类、原生动物活性物质。其中的消化细菌、甲烷单胞菌、假单胞菌等是污泥中有机物分解为无机物的重要菌种，在自然界的N循环中起着重要作用。所以污泥也是一种微生物肥料，对提高土壤微生物活性有积极的作用。

表 10-9　我国城市污水处理厂污泥典型肥分

污泥类别	总氮/%	磷（以 P_2O_5 计）/%	钾（以 K_2O 计）/%	有机物/%
初沉污泥	2～3	1～3	0.1～0.5	50～60
活性污泥	3.3～7.7	0.78～4.3	0.22～0.44	60～70
消化污泥	1.6～3.4	0.6～0.8		25～30

表 10-10　污泥及几种有机肥、栽培介质养分一览表（%干重）

项目	有机质	pH	TN	TP	TK	有效 N /(mg/kg)	有效 P /(mg/kg)	有效 K /(mg/kg)
污泥	38.0	6.9～8.0	2.03	3.78	0.79	1104.6	1553.6	1665.9
人粪	59.61	7.6	5.60	1.208	1.575			
沤肥	45.70	8.15	1.593	0.303	2.2			
农用垃圾	29.66	8.7	1.255	0.265	1.628			
腐殖土	23.05		0.868	0.092	1.66	405.0	15.3	210.0
火山灰	19.45		0.780	0.180	0.85	335.9	3.4	90.0
红土	3.90	5.6	0.147	0.106	0.86	172.4	2.0	14.0

　　污泥在农业上主要施用于以下几种土地：农业用地、林业用地、牧场的修复与重建、严重破坏土地的修复等。

　　① 农田施用。污泥在农业上的应用是一种积极有效的污泥处置方法，近年来日益受到重视。一方面是出于减少处置费用的考虑；另一方面是由于化肥价格上涨使污泥的利用更有发展前途。污泥不仅能增加土壤中的有机物的含量，还可作为土壤调节剂用于增加土壤中的石灰含量和改良土壤结构。农田施用污泥时必须采取措施以尽可能减轻污泥中的污染物所带来的危害，在这方面最重要的是重金属和病原体。

　　② 林业施用。林业对污泥的要求比农业要低一些，可以长期用于林业生产。

　　③ 牧场的恢复与重建。污泥作为有机改良剂用于退化牧场的恢复与重建已得到认可和有关试验的验证。长期放牧可使牧场土壤中的有机质和牧草产量、地表覆盖减少，地表径流和地面侵蚀增加。污泥可以作为有机改良剂用于退化牧场的恢复与重建。试验表明，只要污泥使用量适当，短期内可无重金属污染的危害。

　　④ 严重破坏土地的修复。严重破坏土地主要指采矿后废弃的土地、建筑取土排废用的深坑、森林采伐场、垃圾填埋场、地表严重破坏区等需要复垦的土地。这类土地一般已失去土壤的优良特性而无法直接植树种草。施入污泥可以增加土壤养分、改良土壤特性，促进地表植物的生长。这种方法也避开了食物链，对人类的威胁较小，既处置了污泥，又恢复了生态环境，是一种很好的污泥利用途径。

2. 污泥堆肥

　　污泥经过高温堆肥进行生物发酵处理后，把有机废物转化为稳定性较高的腐殖质，可达到无害化和资源化。即将污泥与调理剂（如锯末、秸秆、树叶、粪便、垃圾）及膨胀剂（如木屑、秸秆、花生壳、玉米芯等），在一定条件下（如 pH 值、C/K、通气、水分、温度）进行好氧堆沤。它一方面借助堆肥产生的高温有效杀死病原微生物及各种蠕虫卵，另一方面通过添加反稀释剂、调理剂、膨胀剂以改善污泥的胶体团粒结构，降低含水率；同时由于污泥的进一步腐殖化，挥发性成分减少而臭味减低，重金属有效态的含量也会降低，植物可利用的速效养分含量有所增加，成为一种比较干净而性质比较稳定的物质，大大提高了肥料的利用价值。污泥中营养物质的可利用性还与污泥的种类有关。消化后的污泥可利用率大大提高。例如原生污泥中氮的可利用率为30%～40%，而消化污泥则达到85%。这是因为污泥中含氮有机化合物经消化后部分地分解并转变为溶解状态的氨，易于被作物吸收。因此消化污泥比原生污泥更有农田施用价值。

堆肥后的污泥无蚊蝇滋生，基本无味，外观较松散，已达到腐熟程度。

3. 其他用途

从工业废水处理排除的泥渣中可以回收工业原料，例如，轧钢废水中的氧化铁皮，高炉煤气洗涤水和转炉烟气洗涤水的沉渣，均可作烧结矿的原料；电镀废水的沉渣为各种贵金属、稀有金属或重金属的氢氧化物或硫化物，可通过电解还原或其他方法将其回收利用。许多无机污泥或泥渣可作为铺路、制砖、制纤维板和水泥的原料。

10.6.2 湿式氧化

湿式氧化是将湿污泥中的有机物在高温高压下利用空气中的氧进行氧化分解的一种处理方法。湿式氧化系统由预热系统、反应系统和泥水分离系统组成，污泥经磨碎后，在污泥柜中预热到20～60℃，由污泥泵加压，同压缩机来的空气混合后通过热交换器，升温到210～220℃，然后在反应器内进行湿式氧化分解，产生的反应热使污泥在反应器内越向上温度越高（270℃）。反应物及气态混合物在分离器内分离，再在污泥柜与新污泥进行热交换，使温度降到40～70℃，经沉淀分离后，底部的泥渣进行脱水、干化处理，上清液排至处理设备重新处理。

影响湿式氧化效率的因素有反应温度、压力、空气量、污泥中挥发性固体的浓度以及含水率等。污泥湿式氧化时，所需的空气量G（mg/L）可按下式计算：

$$G = \frac{a\text{COD}}{0.232} \tag{10-41}$$

式中 0.232——空气中氧的质量分数；

a——空气过剩系数，试验表明湿式氧化的需氧量与其污泥的COD值接近，即a约为1，工程上采用1.02～1.05即可满足要求。

湿式氧化法的特点是能对污泥中几乎所有的有机物进行氧化，不但分解程度高，而且可以根据需要进行调节；经湿式氧化后的污泥，主要为矿化物质，污泥比阻小，一般可直接过滤脱水，而且效率高，滤饼含水率低。缺点是要求设备耐高温高压、投资费用大、运营费用高、设备易腐蚀。

10.6.3 污泥的焚烧

焚烧是污泥最终处置的最有效和彻底的方法。焚烧时借助辅助燃料，使焚烧炉内温度升至污泥中有机物的燃点以上，令其自燃，如果污泥中的有机物的热值不足，则须不断添加辅助燃料，以维持炉内的温度。燃烧过程中所产生的废气（CO_2、SO_2等）和炉灰，需分别进行处理。

影响污泥焚烧的基本条件包括：温度、时间、氧气量、挥发物含量以及泥气混合比等因素。温度超过800℃的有机物才能燃烧，1000℃时开始可以消除气味，焚烧时间越长越彻底。焚烧时必须有氧气助燃，氧气通常由空气供应。空气量不足，燃烧不充分；空气量过多，加热空气要消耗过多的热量，一般以50%～100%的过量空气为宜。挥发物含量高，含水率低，有可能维持自燃，否则尚需添加燃料。维持自燃的含水量与挥发物质量之比应小于3.5。

常见的焚烧装置有多床炉、流化床炉等。多床炉如图10-18所示，由多层炉床（一般6～12层）组成，每层炉床上装有旋转耙齿，由中空轴通过电机带动其旋转。脱水后的污泥由炉顶加入，从上到下由耙齿逐层刮下。炉内温度中间高两端低，上层为干燥段，温度约550℃，污泥在此处蒸发干燥；中间层为焚化段，温度在800～1000℃，污泥在此处与上升的高温气流和侧壁加入的辅助燃料一并燃烧；底部为冷却段，温度350℃左右，焚灰在此冷却后由排灰口排出。空气由风机沿中空轴鼓入，对耙齿转轴活动部分进行冷却，在上升的同时由于吸热而升温，热空气到达炉顶后，部分放空，部分由回风管回流到炉底，作为助燃剂，向上穿过多层床，经气体除尘净化后由燃烧气出口排走。

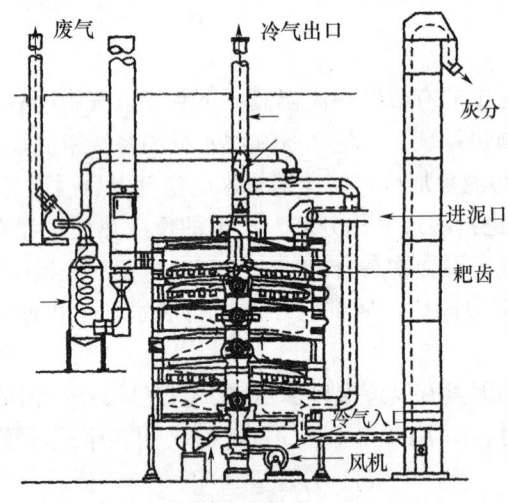

图10-18　多床炉

 习题与思考

1. 污泥的来源主要有哪些？
2. 污泥调理的作用是什么？调理的方法有哪些？
3. 污泥的浓缩有哪几种？分别适用于何种情况？
4. 论述各种污泥脱水的原理和方法。
5. 污泥的来源、性质及主要的指标是什么？
6. 污泥的最终出路是什么？
7. 污泥的含水率从97.5%降至94%，求污泥体积的变化。
8. 什么是污泥稳定？比较好氧方法与厌氧方法污泥生物稳定有何不同？
9. 污泥的最终处置方法有哪几种？各有什么作用？

11 污水处理厂设计

> **学习提示**
> 本章学习要点：熟悉工艺流程选择确定、平面布置与高程布置。

11.1 概 述

11.1.1 主要设计资料

1. 设计基础资料

（1）设计主要依据

污水处理厂工程设计的主要依据包括工程建设单位（甲方）的设计委托书及设计合同、工程可行性研究报告及批准书、污水处理厂建设的环境影响评价、城市现状与总体规划资料、所在区域水资源状况及其水污染现状、受纳水体的使用功能与水环境质量状况、排水专业规划及现有排水工程概况、废水处理设施现状、生活污水与工业废水水质水量预测、处理后废水再利用与污泥再利用的可能性与途径，以及其他与工程建设有关的文件。

（2）自然条件资料

① 气象特征资料。包括气温（年平均、最高、最低）、湿度、降雨量、蒸发量、土壤冰冻资料和风向玫瑰图等。

② 水文资料。包括排放水体的水位（最高水位、平均水位、最低水位）、流速（各特征水位下的平均流速）、流量及潮汐资料，同时还应了解相关水体在城镇给水、渔业和水产养殖、农田灌溉、航运等方面的情况。

③ 地质资料。包括污水处理厂厂址的地质钻孔柱状图、地基的承载能力、地下水位与地震资料等。

④ 地形资料。包括污水处理厂厂址和排放口附近的地形图。

（3）编制概预算资料

概预算编制资料包括当地现行的《建筑工程综合预算定额》《安装工程预算定额》《建筑企业单位工程收费标准》，建筑材料、设备供应和价格等资料，基本建设费率规定，以及关于租地、征地、青苗补偿、拆迁补偿等规定与办法。

2. 设计规范及水质排放标准

水处理厂工程设计中，依据的主要设计规标准《室外排水设计标准》（GB 50014—2021）、

《建筑给水排水设计标准》（GB 50015—2019）、《室外给水设计标准》（GB 50013—2018）、《城镇污水再生利用工程设计规范》（GB 50335—2016）、《建筑中水设计标准》（GB 50336—2018）及相关设备设计与安装规范。

工程的设计规模及水质排放标准在工程可行性研究报告和环境影响评价中提出，在初步设计中确定。其中，污水厂水质排放标准是按照排放水体的类别和环境影响评价的要求提出的。

11.1.2 设计原则

在进行废水处理工程设计时，必须遵守以下原则：

(1) 基础数据可靠

认真研究各项基础资料、基本数据，全面分析各项影响因素，充分掌握水质、水量的特点和地域特性，合理选择好设计参数，为工程设计提供可靠的依据。

(2) 厂址选择合理

根据城镇总体规划和排水工程专业规划，结合建设地区地形、气象条件，经全面分析比较，选择建设条件好、环境影响小的厂址。

(3) 工艺先进实用

选择技术先进、运行稳定、投资和处理成本合理的污水污泥处理工艺，积极慎重地采用经过实践证明行之有效的新技术、新工艺、新材料和新设备，使污水处理工艺先进、运行可靠、处理后水质稳定地达标排放。

(4) 总体布置考虑周全

根据处理工艺流程和各建筑物、构筑物的功能要求，结合厂址地形、地质和气候条件，全面考虑施工、运行和维护的要求，协调好平面布置、高程布置及管线布置间的相互关系，力求整体布局合理完美。

(5) 避免二次污染

污水处理厂作为环境保护工程，应避免或尽量减少对环境的负面影响，如气味、噪声、固体废物污染等，妥善处置污水处理过程中产生的栅渣、沉砂、污泥和臭气等，避免对环境的二次污染。

(6) 运行管理方便

以人为本，充分考虑便于污水厂运行管理的措施。污水处理过程中的自动控制力求安全可靠、经济实用，以利提高管理水平，降低劳动强度和运行费用。

(7) 近远期结合

污水处理厂设计应近远期全面规划，污水厂的厂区面积，应按项目总规模控制，并做出分期建设的安排，合理确定近期规模。

(8) 经济合理原则

在现有资源和财力条件下，使项目建设达到项目投资的目标，取得投资省、工期短、技术经济指标最佳的效果。

(9) 满足安全要求

污水处理厂设计须充分考虑安全运行要求，如适当设置分流设施、超越管线等。厂区消防的设计和消化池、贮气罐及其他危险单元设计，应符合相应安全设计规范的要求。

11.1.3 设计步骤

城市污水处理厂的设计程序可分为前期工作、初步设计和施工图设计三个阶段。

1. 前期工作

前期工作的主要任务是编制《项目建议书》和《工程可行性研究报告》等。

（1）编制《项目建议书》

《项目建议书》根据建设单位提出的建设污水处理厂的要求而编制，目的是为上级部门的投资决策提供依据。

（2）编制《工程可行性研究报告》

《工程可行性研究报告》应根据批准的项目建议书和建设单位提出的任务委托书进行编制。其主要是根据建设项目的工程目的和基础资料，对项目建设的必要性、技术可行性、经济合理性和实施可能性等进行综合分析论证、方案比较和评价，提出工程的推荐方案，以保证拟建项目技术先进、可行、经济合理，有良好的社会效益与经济效益。

2. 初步设计

初步设计应根据批准的工程可行性研究报告进行编制。主要任务是明确工程规模、工作计划、设计原则和标准，深化设计方案，进行工程概算，确定主要工程数量和主要材料设备数量，提出拆迁、征地范围和数量等设计中需进一步研究解决的问题、注意事项和有关建议。初步设计文件由设计说明书、工程数量、主要设备和材料数量、工程概算、设计图纸（平面布置图、工艺流程图及主要构筑物布置图）等组成。应能控制工程投资，满足审批、施工图设计、主要设备订货、控制工程投资和施工准备等要求。

3. 施工图设计

施工图应根据已批准的初步设计进行。其主要任务是提供能满足施工、安装和加工等要求的设计图纸、设计说明书和施工图预算。施工图设计文件应满足施工招标、施工、安装、材料设备订货、非标设备加工制作、工程验收等要求。

施工图设计的任务是将污水处理厂各处理构筑物的平面布置位置和高程布置，精确地表示在图纸上。

施工图设计图纸包括总平面图、平面布置图、污水和污泥处理工艺流程图、各处理构筑物工艺施工图、管渠平面布置及其结构示意图、附属构筑物和建筑物的布置图和结构图、设备安装与自动控制图、照明和通风等电气控制图及非标设备设计图和加工安装说明等。每张图纸都应按一定的比例，用标准图例精确绘制，使施工人员能够按照图纸准确施工。

施工图的预算是根据国家颁发的有关安装工程的预算定额结合施工图纸、按规定方法计算工程量，套用相应的预算定额及工程取费标准，以及建筑材料及人工费用的市场差价综合形成的建筑安装工程的造价文件。

11.1.4 设计文件编制

污水处理厂工程的设计文件编制应以一定的规范要求进行，下面为《市政工程设计文件编制深度规定》中有关城市污水厂内容的摘要，可供参考。

1. 项目建议书

（1）建设项目的必要性和依据。

（2）建设项目的内容和范围。

(3) 建设项目的规模和地点。
(4) 资源情况、建设条件、协作关系。
(5) 采用的技术标准。
(6) 污水和污泥处理的主要工艺路线。
(7) 工程投资估算和资金筹措设想。
(8) 项目建设进度设想。
(9) 预期达到的社会效益与环境效益等。

2. 工程可行性研究

(1) 概述

简述工程项目的背景、建设项目的意义和必要性，编制可行性研究报告的过程、编制依据、编制范围、编制原则、主要研究结论等。

(2) 概况

工程区域概况、工程区域性质及规模、自然条件、城市总体规划及排水规划、工程范围和相关区域排水现状、城市水域污染概况等。

(3) 方案论证

目标年限、雨污水排水体制、厂址选择和排放口位置选择、污水处理程度、进出水水质和处理工艺流程、污水和污泥综合利用等论证。

(4) 推荐方案内容

设计原则、工艺、建筑、结构、供电、仪表和自控、暖通、设备、辅助设施以及环境保护、劳动保护、节能、消防、新技术应用等。

(5) 管理机构、劳动定员、建设进度设想。
(6) 投资估算及资金筹措、经济评价、工程效益分析。
(7) 结论、建议、附图及附件。

3. 初步设计

(1) 概述

设计依据、工程相关批复文件和协议资料、主要设计资料、设计采用的指标和技术标准、概况及自然资料、排水现状等。

(2) 设计内容

厂址选择、处理程度、污水和污泥处理工艺选择、总平面布置原则、预计处理后达到的标准、按流程顺序说明各构筑物的方案比较或选型、工艺布置、构筑物和设备参数及尺寸、设备选型、台数与性能、采用新技术的工艺原理和特点，说明处理后的污水和污泥综合利用、对排放水体的环境卫生影响，说明厂内的给排水系统、道路标准、绿化设计，合流制污水处理厂设计还应考虑雨水进入后的影响。

(3) 建筑、结构、供电、仪表、自动控制及通信、采暖通风等设计内容。
(4) 环境保护、劳动保护、消防、节能等措施及新技术应用说明。

环境保护措施包括处理厂、泵站对周围居民点的卫生、环境影响、防臭措施，排放水体的稀释能力、排放水对水体的影响以及用于污水灌溉的可能性，污水回用、污泥综合利用的可能性或处置方式，处理厂处理效果的监测手段，锅炉房消烟除尘措施和预期效果，降低噪声措施等。

(5) 人员编制及经营管理、工程量（包括混凝土量、挖土方量和填土方量等）、主要材料及设备数量表（包括工程施工所需的钢材、木材和水泥的数量，各种设备的规格、数量）、工程概算。

(6) 设计图纸

① 平面布置图。比例采用1∶200～1∶500，标出坐标轴线、风玫瑰图，现有的和设计的构筑物，以及主要管渠、围墙、道路及相关位置，列出构筑物和辅助建筑物一览表和工程数量表，污水、污泥流程断面图，标出工艺流程中各构筑物及其水位标高关系，主要规模指标等。

② 主要构筑物工艺图。比例采用1∶100～1∶200，标出工艺布置、设备、仪表等安装尺寸、相对位置和标高，列出主要设备一览表和主要设计技术数据。

③ 主要构筑物建筑图，主要辅助建筑物的建筑图，供电系统和主要变配电设备布置图，自动控制仪表系统布置图，通风、锅炉房及供热系统图及各类配件和附件。

4. 施工图

(1) 设计说明

设计依据，执行初步设计批复情况，阐明变更部分的内容、原因、依据等，采用新技术、新材料的说明，施工安装注意事项及质量验收要求，运转管理注意事项。

(2) 主要材料及设备表、施工图预算。

(3) 设计图纸

① 总体布置图（流域面积图）。总图比例1∶5000～1∶10000，图上标示出地形、地貌、河湖、道路、居民点、工厂等，标出坐标网，绘出现有和设计的排水系统、废水处理厂的服务范围，列出主要工程项目及风向玫瑰图。

② 平面布置图［必要时可分构（建）筑物定位图和管线布置图两张］。比例1∶200～1∶500，包括坐标轴线、风向玫瑰图、构（建）筑物、围墙、绿地、道路等的平面位置，注明厂界四角坐标及构（建）筑物四角坐标或相对位置、构（建）筑物的主要尺寸，各种管渠及室外地沟尺寸、长度，地质钻孔位置等。附构（建）筑物一览表、工程量表、图例及说明。

③ 污水和污泥处理工艺流程图。标出各构筑物及其水位的标高、主要规模指标。

④ 竖向布置图。对地形复杂的处理厂应进行竖向设计，内容包括原地形、设计地面、设计路面、构筑物标高及土方平衡数量表。

⑤ 厂内管渠结构示意图。标出各类管渠的断面尺寸和长度、材料、闸门及所有附属构筑物、节点管件，附工程量及管件一览表。

⑥ 厂内各处理构筑物的工艺施工图，各处理构筑物和管渠附属设备的安装详图。

⑦ 管道综合图。当厂内管线种类较多时，应对干管、干线进行平面综合，绘出各管线的平面位置，注明各管线与构（建）筑物的距离尺寸和各管线间距尺寸。

⑧ 泵房、处理构筑物、综合楼、维修车间、仓库的建筑图、结构图，采暖、通风、照明、室内给排水安装图，电气图，自动控制图，非标准机械设备图等。

11.2 厂 址 选 择

厂址选择是污水处理厂设计的重要环节。污水处理厂的厂址与城市总体规划、城市排水规划、污水管网布局、污水走向、城区地形、处理后污水的出路密切相关，必须在城镇总体规划和排水工程专业规划的指导下进行，通过技术经济综合比较，反复论证后确定。污水处理厂厂址选择一般应遵循以下原则：

（1）污水处理厂厂址应选在城镇水体下游。污水处理厂处理后出水排入的河段，应对上下游水源的影响最小。若由于特殊原因，污水处理厂不能设在城镇水体的下游时，其出水口应设在城镇水体的下游。

（2）厂址选择应符合城市或企业现状对厂址的要求，并与选定的污水处理工艺相适应。

（3）处理后出水考虑回用时，厂址应与用户靠近，减少回用输送管道，但厂址也应与受纳水体靠近，以利安全排放。

（4）厂址选择要便于污泥处理和处置。

（5）厂址应设置在城镇夏季主风向的下风侧，并与城镇、工厂厂区、生活区及农村居民点之间，按环境评价和其他相关要求，保持一定的卫生防护距离。

（6）厂址应有良好的工程地质条件，一般应选在地下水位较低、地基承载力较大、岩石无断裂带以及对工程抗震有利的地段，可为工程的设计、施工、管理和节省造价提供有利条件。

（7）我国耕田少、人口多，选厂址时应尽量少拆迁、少占农田和不占良田，使污水处理厂工程易于实施。

（8）厂址选择应考虑远期发展的可能性，应根据城镇总体发展规划，满足将来扩建的需要。

（9）厂区地形不应受洪涝灾害影响，除采用人工湿地、稳定塘等自然生物处理工艺外，不应设在雨季易受水淹的低洼处。靠近水体的处理厂，防洪标准不应低于城镇防洪标准，有良好的排水条件。

（10）有方便的交通、运输和水电条件，有利于缩短污水厂建造周期和污水厂的日常管理。

（11）如有可能，选择在有适当坡度的位置，以利于处理构筑物高程布置，减少土方工程量。

11.3 工艺流程选择确定

处理工艺流程是指对各单元处理技术（构筑物）的优化组合，包括污水处理工艺流程选择、污泥处理工艺选择、除磷剂投加位置以及除磷剂选择等。处理工艺流程的确定主要取决于污水水质、工程规模、处理程度、建设地点的自然地理条件（如气候、地形）和社会经济条件、厂址面积、工程投资和运行费用等因素。

影响污水处理工艺流程选择的主要因素如下：

（1）污水水质和处理规模

污水水质和处理规模是工艺流程选择的重要影响因素。水质直接影响工艺流程的选择，而水量对构筑物选择有很大影响。

水质包括浓度、可生化性、BOD：N：P、BOD/TN、BOD/TP、SS、重金属、油类、抗生素以及有毒有害组分、水温等。水量包括总量及其排放规律。

如水质、水量变化大时应选用承受冲击能力较强的处理工艺。对于工业废水比例较高的城镇污水，污染物组分复杂，处理技术和工艺流程应根据水质的特点进行比较选择。另外，有些工艺仅适用于规模较小的污水处理厂。

(2) 污水的处理程度

处理程度是选择工艺流程的重要因素,确定废水处理程度主要根据处理后出水所要执行的排放标准,以及处理后的废水是否回用等。

① 出水回用时,根据相应的回用水水质标准确定。

② 排入天然水体或城市下水道时,根据国家制定的《城镇污水处理厂污染物排放标准》(GB 18918—2002)、《污水综合排放标准》(GB 8978—1996)、《污水海洋处置工程污染控制标准》(GB 18486—2001) 或相关地方标准,结合环境评价的要求确定。

(3) 工程造价和运行费用

工程造价和运行费用是工艺流程选择的重要因素。污水处理设施运行周期长、社会经济条件好的地区或城市比较重视工艺的先进性和自动化程度,以便未来设施能够长期高效、正常运行,工艺选择具有超前性,因而基建投资规模偏高。而社会经济条件较差的地区或城市更多地要求在确保稳定性的前提下节省投资规模、降低运行费用。因此在处理出水达标的前提条件下,应结合地区社会经济发展水平,对一次性投资、日常设备维护费用和运行费用等进行系统分析,合理选择污水处理工艺。

(4) 污水处理控制要求

仪器设备的控制要求对工艺流程的选择也有重要影响,如序批式活性污泥法要求在线检测曝气池水位、运行时间等,并采用计算机进行自动控制。同时,仪器设备及其自动化程度对技术人员素质和工程投资等产生很大影响。因此在工艺选择上要充分考虑控制要求的可行性和可靠性,使工艺过程运行能达到高效、安全与经济的目的。

(5) 选择合理的污泥处理工艺

污泥处理是污水处理厂工艺的重要组成部分,对环境有重要的影响。实践表明,污泥处理方案的选择合适与否,直接关系到工程投资、运行费用及日后的管理要求,是污水处理厂工艺选择不可分割的重要部分。

(6) 气候气象条件、用地与厂址、排放水体环境容量与洪水位、城市排水体制等

合流制排水体制涉及初期雨水的处理,因此工艺需要设计初沉池(旱季跳过)。如果排放水体洪水位高于二次沉淀池出水水位,需要在出水口设立提升泵站。排放水体水量小,污水处理厂排放尾水占水体的比例会较高,从而影响水体的稀释能力和自净能力,因而排放水体的环境容量制约污水处理厂的建设规模和尾水排放标准。

综上所述,工艺流程的选择必须对各项因素进行综合分析,进行多方案的技术经济比较,选择技术先进、经济合理、运行可靠的工艺及相应的工艺参数。

11.4 平面布置与高程布置

11.4.1 平面布置

污水处理厂平面设计的任务是对各单元处理构筑物与辅助设施等的相对位置进行平面布置,主要包括处理构筑物与辅助构筑物、各种管线、辅助建筑物、道路、绿化等。

污水处理厂平面布置的合理与否直接影响用地面积、日常的运行管理与维修条件以及周

围地区的环境卫生等。

1. 处理构筑物的平面布置

处理构筑物平面布置是污水处理厂平面布置的主要内容。进行处理构筑物的平面布置时，要根据各构筑物及其辅助构筑物（如泵房、鼓风机房等）的功能要求和污水处理流程的水力要求，结合厂址地形、地质及气象等自然条件，确定它们在平面图上的位置。一般应遵循以下基本原则。

（1）污水处理流程简短、流畅，使各处理构筑物以最方便的方式发挥作用。处理构筑物宜布置成直线形，受场地或地形限制不能按直线形布置时，应注意构筑物间的衔接。

（2）尽量利用地形，降低提升泵站的提升高度，节约运行成本。

（3）三区（污水处理区、污泥处理区和厂前区）分界明确，厂前区尽量设置在夏季主导风向的上风向，污泥区尽量设置在夏季主导风向的下风向，消毒间尽量设置在常年主导风向的下游。

（4）相对应的高程布置上使土方量能基本平衡，减少外运土方量，并开辟劣质土壤地段。

（5）构筑物间的连接管、渠简单而便捷，避免迂回曲折，运行时工人的巡回路线简短、方便。

（6）在遵循布置应尽量紧凑、缩短管线、节约用地的前提下，构筑物之间应保持一定的距离（一般为5~10m），以保证敷设连接管、渠的要求、施工间距要求及施工时地基的相互影响。某些有特殊要求的构筑物（如污泥消化池、沼气贮罐等），其间距应按有关规定确定。

（7）相同处理构筑物有两组及以上的，平面布置中应沿污水处理流程走向对称布置。

（8）对于分期建设的项目，预留地及远期构筑物的布置要与现阶段设计修建的构筑物统一规划，既要考虑近期的完整性又要考虑远期建成后整体布局的合理性。远期构筑物用虚线表示。

总之，构筑物的平面布置需要综合考虑其他因素，特别是优化高程布置及高程计算的过程中反复进行，经过几次布置方案比较后，才能得出最佳方案。

2. 管、渠的平面布置

污水处理厂中有各种管渠，主要是连接各处理构筑物的污水、污泥管渠以及与污水处理流程相关的其他管线（如曝气管、沼气管、消毒液投加管等）。布置时一般应遵循以下原则。

（1）确定需要布置的管线，不能疏漏

典型城市污水处理厂内的管线主要有原污水管、污泥管（曝气池污泥回流管、初沉池污泥管、二次沉淀池剩余污泥管、混合污泥管）、曝气管、消毒液管、消化液管、浓缩池上清液管、脱水机滤液管、沼气管、排空管、超越管、给水管、厂内污水管线、厂内雨水管线。

（2）确定管线走向

遵循管线水流条件最佳、长度短、防冻及不影响交通、便于巡检和建后维修的原则，既要有一定的施工位置，又要紧凑，并应尽可能平行布置和不穿越空地，以节约用地。具体要求如下。

① 各处理构筑物之间的管线以最短的直线形式布置。

② 对于多组相同的处理构筑物，采用并联形式的连接管渠，进水设配水井，出水设集水井，使各处理单元能独立运行，即当其中某一处理构筑物或某处理单元因故停止运行时，也不致影响其他构筑物的正常运行。

③ 构筑物间的连接管道在距离太长、或需要防冻、或需要穿越道路的情况下，一般采用倒虹吸的形式敷设管道，在构筑物间距很近时，可直接采用高架渠道连接。

④ 对于城市污水处理厂，一般情况下设置全厂超越管和一级超越管。全厂超越管指污水从厂内进水口直接到出水口的管线，一级超越管指污水从初沉池出来后直接排向厂内出水

口的管线，上述两条管线可以合并敷设。

⑤ 一般情况下，浓缩池上清液排放管、消化池消化液管以及污泥脱水机的滤液排放管要合并或单独排向处理流程最前端的污水提升泵房做二次处理。对于除磷产生的剩余活性污泥，由于要单独、快速处理，污泥脱水滤液需采用其他化学法处理。

⑥ 处理构筑物中污水的出入口处宜采取整流措施。

（3）远期构筑物的连接管线要统一布置，但不画出来。

（4）其他附属管线设置

① 沼气管从厌氧消化池接出，接到沼气利用系统（该系统一般做出示意即可）。

② 厂内产生的污水排放管（产生于各个建筑物或构筑物值班室或维修间），从产生地接到处理流程最前端的污水提升泵房进行处理。

③ 给水管从厂外某处接入，分配到各个建筑物、消毒间、构筑物值班室或维修间、消火栓（主要建筑物附近根据消防要求设一定数量的消火栓）或绿化带内的给水栓上（绿化带内敷设一定数量给水管，末端接阀门井，井内设给水栓）。管道敷设时给水管应在污水管的上方，如果条件限制，给水管在排水管的下方时，应在交叉处设套管保护。

④ 雨水管道系统。污水处理厂内应有完善的雨水管道系统，以免积水影响处理厂的运行。采用马路排水时，应加以说明。采用雨水管道排水时，要布置雨水管道。

总之，所有管线的安排要综合考虑其他因素，随着平面布置的变化而变化。

3. 辅助建筑物的平面布置

辅助建筑物包括泵房、鼓风机房、消毒间、污泥堆放场、集中控制室、变电所、机修仓库、化验室、办公室、门房、食堂等，它们是污水处理厂设计不可缺少的组成部分。

（1）辅助建筑物的建筑面积应按具体工艺要求与条件确定。

（2）辅助建筑物的位置应根据方便、安全等原则确定。如鼓风机房应设于曝气池附近以节省管道与动力，变电所宜设于耗电量大的构筑物附近，化验室应远离机器间和污泥干化场，以保证良好的工作条件。办公室、化验室等均应与处理构筑物保持适当距离，并应位于处理构筑物的夏季主风向的上风向处。操作工人的值班室应尽量布置在使工人能够便于观察各处理构筑物运行情况的位置。

（3）条件允许的情况下，可设立试验车间，用于不断改进污水处理技术研究之需。

（4）泵房（尤其是矩形泵房）和其他建筑物尽量布置成南北向。

4. 阀门与管道配件设计

（1）排泥阀门井

沉淀池每一个静压排泥管末端设置排泥阀门井。

（2）污水（污泥）检查井

污水（污泥）管在管线交会、跌水、变径、变坡及一定距离处要设检查井，具体参照《室外排水设计标准》（GB 50014—2021）。

（3）消火栓

应按照消防要求设消火栓。

（4）阀门井

厂内给水管在管线要分开时，为了便于检修和控制，给水要设阀门井。

（5）水表

在进入厂区的给水管上应设水表。

5. 其他附属设施的布设

(1) 道路。污水处理厂内的道路一般分为三类，按照实际需要和方便运输的原则合理布置。

① 主厂道。主厂道是污水处理厂人员进出和物料运输的主要道路。主厂道应与场外的入厂道路相连接，一直伸向厂区内某一适当的地方。主厂道宽度一般为4～6m，两侧视总体布置的要求，设置办公室、绿化带、人行道等，并应有回车道。

② 车行道。污水处理厂区内各主要建筑物或构筑物间的连通道路，一般为单车道，宽度为3.5～4.0m（双车道宽度6～7m），常布置为环状，以便车辆回程，转弯半径6～10m，车道与建筑物、构筑物外墙最小间距不得小于1.5m。

③ 人行道。辅助道路，为满足工作人员的步行交通及小型物件的人力搬运需要，宽度一般为1.5～2m。

(2) 绿化。污水厂内要植树绿化美化厂区，改善卫生条件，净化空气，按规定，污水处理厂厂区的绿化面积不得少于30%。

(3) 围墙。在平面布置图中要按照比例和厂区面积确定围墙区域，将整个污水处理厂恰当地置于其中，围墙高度不宜小于2m。

(4) 大门。污水处理厂一般有前门和后门两个门，前门接近办公楼，后门接近污泥最终处理地点，以利于运输污泥。门的规格一般设计为6～8m。污水处理厂的大门尺寸应能容许最大设备或部件出入。

平面布置图的比例一般采用1:500～1:1000。平面布置图应标出坐标轴线、风向玫瑰图或指北针、构筑物与辅助建筑物、主要管渠、围墙、道路及相关位置，列出构筑物与辅助建筑物一览表和工程数量表。对于工程内容较复杂的处理厂，可单独绘制管道布置图。

图 11-1 是某市污水处理厂平面布置图，在总平面设计中按照进出水水流方向和处理工艺要求，将污水处理厂按功能分为厂前区、污水处理区、污泥处理区。总平面布置中，按照不同功能、夏季主导风向和全年风频，合理分区布置。厂前区布置在处理构筑物的上风向，与处理构筑物保持一定距离，且用绿化隔离。各相邻处理构筑物之间间距的确定，要考虑管道施工维修方便。各主要构筑物之间均设有道路连接，便于池子间管道敷设及设备运输、安装和维修。

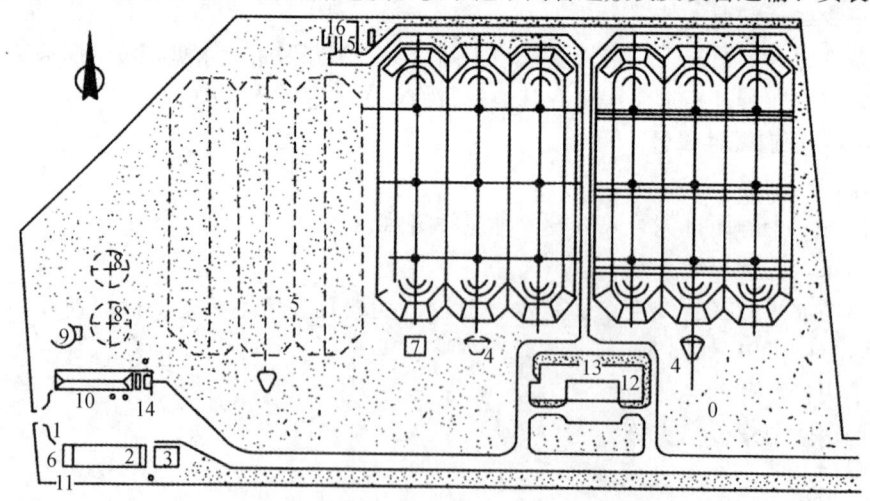

图 11-1 某市污水处理厂平面布置图

1—格栅间；2—曝气沉砂池；3—计量室；4—分配井；5—氧化沟；6—鼓风机房；7—污泥泵房；8—污泥浓缩池；9—均质池；10—污泥脱水机房；11—污泥泵房；12—配电室；13—管理室；14—容器；15—反冲洗泵站；16—处理水泵站

11.4.2 高程布置

污水处理厂高程设计的任务是对各单元处理构筑物与辅助设施等相对高程作竖向布置，通过计算确定各单元处理构筑物和泵站的高程、各单元处理构筑物之间连接管渠的高程和各部位的水面高程，使污水能够沿处理流程在构筑物之间通畅地流动。

高程布置的合理性也直接影响污水处理厂的工程造价、运行费用、维护管理和运行操作等。高程设计时，应综合考虑自然条件（如气温、水文地质、地质条件等）、工艺流程和平面布置等。必要时，在工艺流程不变的前提下，可根据具体情况对工艺设计作适当调整。如地质条件不好、地下水位较高时，通过修正单元处理构筑物的数目或池型以减小池子深度，改善施工条件，缩短工期，降低施工费用。图 11-2 为某污水处理厂的高程布置图。

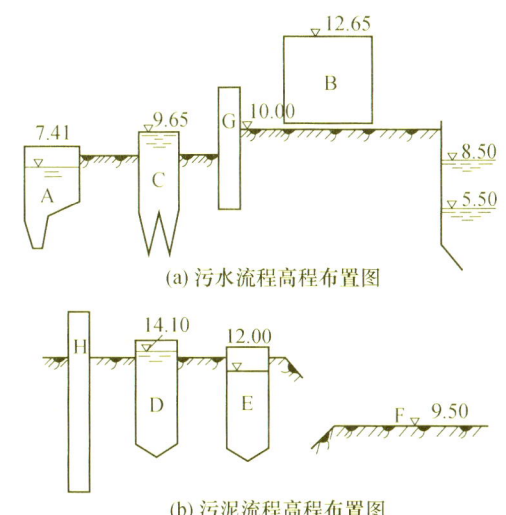

(a) 污水流程高程布置图

(b) 污泥流程高程布置图

A—初沉池；B—生物滤池；C—二沉池；D—一级消化池；
E—二级消化池；F—干化场；G—污水泵站；H—污泥泵站

图 11-2 某污水处理厂高程布置图

高程布置图需标明污水处理构筑物和污泥处理构筑物的池底、池顶及水面高程，表达出各处理构筑物间（污水、污泥）的高程关系和处理工艺流程。

高程布置图在纵向和横向上采用不同的比例尺绘制，横向与总平面布置图相同，可采用 1：500 或 1：1000，纵向为 1：50～1：100。

1. 布置原则与要求

（1）尽量采用重力流，减少提升，以降低动力消耗，方便运行。一般进厂污水经一次提升就能靠重力通过整个处理系统，中间一般不再加压提升。

（2）应选择距离最长、水头损失最大的流程进行水力计算，并应留有余地，以免因水头不够而发生涌水，影响构筑物的正常运行。

（3）水力计算时，一般以近期最大流量作为设计流量，涉及远期流量的管渠和设施应按远期最大流量进行计算，并适当预留贮备水头。

（4）注意污水流程与污泥流程间的配合，尽量减少污泥提升量，污泥处理设施排出的废水应能自流入集水井或其他污水处理构筑物。

（5）污水处理厂出水管渠高程，应使最后一个处理构筑物的出水能自流排出，不受水体顶托。

(6) 设置调节池的污水处理厂，调节池宜采用半地下式或地下式，以实现一次提升的目的。

2. 高程计算

为了减少运行费用，污水处理厂的水流常靠重力自流，而污泥也应尽可能少提升，因此在工程设计时必须精确计算其在流动过程中的水头损失。计算顺序是从最末端的控制点开始，沿水路和泥路逆向反算（倒推计算），即以受纳水体的最高水位或工业废水排放口作为起点，逆污水处理流程向上倒推计算。计算内容包括：污水流过处理构筑物的水头损失、流过计量设备的水头损失及流过连接管渠的水头损失等，但主要发生在配水和跌水上。

(1) 处理构筑物的水头损失

污水流经处理构筑物的水头损失包括从构筑物进水口到出水口的所有水头损失，主要产生在进、出口和需要的跌水处，而流经处理构筑物本身的水头损失则较小。在作初步设计时，各处理构筑物的水头损失（包括进、出水渠道的水头损失）可按表 11-1 估算。

表 11-1 处理构筑物的水头损失估算值

构筑物名称		水头损失/m	构筑物名称		水头损失/m
格栅		0.1～0.25	生物滤池（工作高度为2m时）	装有旋转式布水器	2.7～2.8
沉砂池		0.1～0.25		装有固定喷洒布水器	4.5～4.75
沉淀池	平流式	0.2～0.4	曝气生物滤池		2.5～3.5
	竖流式	0.4～0.5			
	辐流式	0.5～0.6	混合池或接触消毒池		0.1～0.3
双层沉淀池		0.1～0.2	污泥干化场		2～3.5
曝气池	污水潜流入池	0.25～0.5	配水井		0.1～0.3
	污水跌水入池	0.5～1.5	集水井		0.1～0.2
氧化沟		0.5～0.6	计量堰		0.2～0.4

(2) 连接管渠水头损失

污水流经连接前后两处理构筑物的管渠（包括配水设施）时产生的水头损失包括沿程和局部水头损失。

沿程水头损失 h_1（单位：m）：

$$h_1 = iL \tag{11-1}$$

式中 i——水力坡度，即单位管长的水头损失，根据流量、管径和流速等由《给水排水设计手册》查得；

L——管长，m。

局部水头损失 h_2（单位：m）：

$$h_2 = \xi v^2/(2g) \tag{11-2}$$

式中 ξ——局部阻力系数，可由《给水排水设计手册》查得；

v——管内流速，m/s，一般取 0.6～1.2m/s；

g——重力加速度，m/s²。

对于初步设计，局部水头损失可按 0.2 倍的沿程水头损失估算，即 $h_2 = 0.2h_1$。

(3) 计量设备水头损失

计量槽、计量堰、流量计的水头损失应通过有关计算公式、图表或者设备说明书来确定。一般污水厂进、出水管上计量仪表水头损失可按 0.2m 计算。

3. 高程设计计算举例

【例 11-1】某城市污水处理厂,设计规模为 45000m³/d,分两期建设,近期工程设计规模为 15000m³/d,总变化系数 $K_z=1.73$,$Q_{max}=300$L/s,处理后的污水排入农田灌溉渠道以供农田灌溉,农田不需水时排入某江,灌溉渠道水面标高 49.25m,某江常年高水位为 35.37m,污水处理厂的设计地面高程为 50.00m。设计采用完全混合活性污泥法工艺,污泥回流量按污水的 100% 计算,未设污泥处理系统,污泥通过污泥泵房直接送往农田作为肥料使用。污水处理厂平面布置如图 11-3 所示,处理构筑物有格栅、曝气沉砂池、方形初沉池、机械曝气方形曝气池和方形二次沉淀池等。在初沉池、曝气池和二次沉淀池之前,分别设薄壁计量堰,其中 F_1 为梯形堰,底宽 0.5m,F_2、F_3 为矩形堰,堰宽 0.7m。

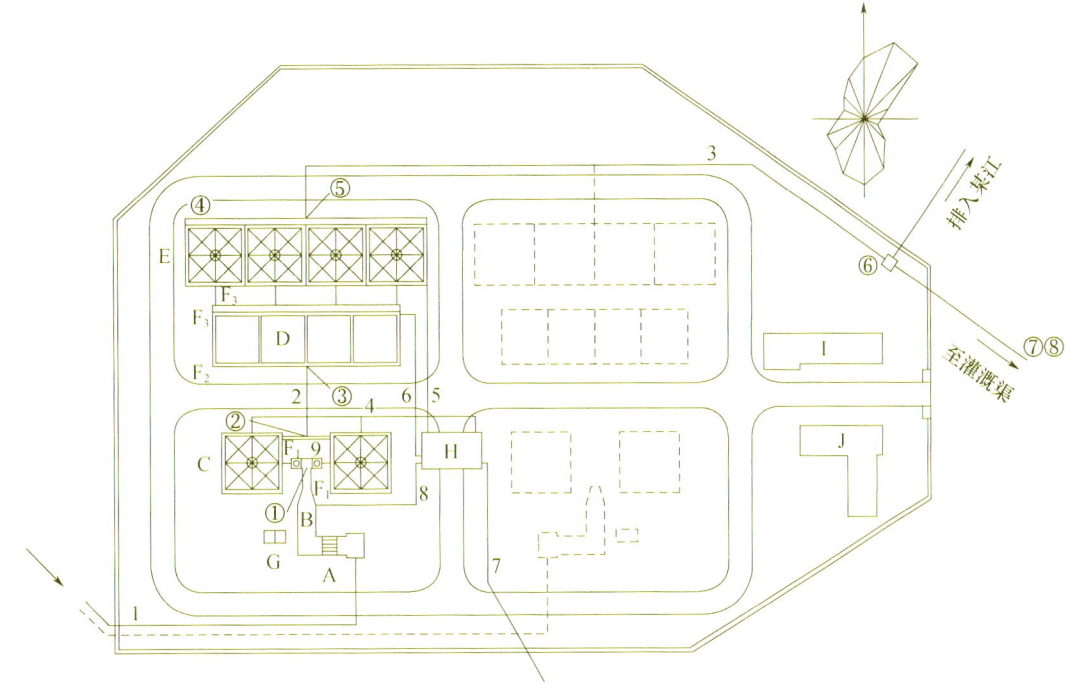

图 11-3 某城市污水处理厂总平面布置图

1—进水压力总管;2—初沉池出水管;3—出厂管;4—初沉池排泥管;5—二次沉淀池排泥管;
6—回流污泥管;7—剩余污泥压力管;8—空气管;9—超越管

A—格栅;B—曝气沉砂池;C—初沉池;D—曝气池;E—二次沉淀池;F_1、F_2、F_3—计量堰;
G—除渣池;H—污泥泵房;I—机修车间;J—办公室及化验室等;①~⑧为各设计计算点

解:
各处理构筑物间连接管渠的水力计算参数值见表 11-2。

表 11-2 处理构筑物之间连接管渠水力计算参数表

设计点编号	管渠名称	设计流量 /(L/s)	管渠设计参数					
			尺寸 D (mm) 或 B (m)×H (m)	$\dfrac{h}{D}$	水深 h /m	i	流速 v /(m/s)	管长 L /m
⑧~⑦	出厂管入灌溉渠	600	1000	0.8	0.8			
⑦~⑥	出厂管	600	1000	0.8	0.8	0.001	1.01	390

续表

设计点编号	管渠名称	设计流量 /(L/s)	管渠设计参数					
			尺寸 D (mm) 或 B (m)×H (m)	$\dfrac{h}{D}$	水深 h /m	i	流速 v /(m/s)	管长 L /m
⑥~⑤	出厂管	300	600	0.75	0.45	0.0035	1.37	100
⑤~④	沉淀池出水总渠	150	0.6×1.0		0.35×0.25[4]			28
④~E	沉淀池集水槽	75/2	0.30×0.53[3]		0.38[3]			10
E~F_3'	沉淀池入流管	150[1]	450			0.0028	0.94	
F_3'~F_3	计量堰	300						
F_3~D	曝气池出水总渠	600	0.84×1.0		0.64~0.42			48
	曝气池集水槽	150	0.6×0.55		0.26[5]			
D~F_2	计量堰	300						
F_2~③	曝气池配水渠	300[2]	0.84×0.85		0.62~0.54			
③~②	往曝气池配水渠	300	600			0.0024	1.07	27
②~C	沉淀池出水总渠	150	0.6×1.0		0.35~0.25			5
	沉淀池集水槽	150/2	0.35×0.53		0.44			28
C~F_1'	沉淀池入流管	150	450			0.0028	0.94	11
F_1'~F_1	计量堰	150						
F_1~①	沉淀池配水渠	150	0.8×1.5		0.48~0.46			3

注：1. 包括回流污泥量在内；
2. 按最不利条件，即推流式运行时，污水集中从一端入池计算；
3. 沉淀池集水槽宽度 $B = 0.9 \times \left(1.2 \times \dfrac{0.075}{2}\right)^{0.4} = 0.27\text{m}$，取 0.3m；水深 $h_0 = 1.25 \times 0.3 = 0.38\text{m}$；
4. 出口处水深：$h_k = \sqrt[3]{(0.15 \times 1.5)^2 / 9.8 \times 0.6^2} = 0.25\text{m}$（1.5 为安全系数），起端水深可按巴克梅切夫的水力指数公式用试算法决定，得 $h_0 = 0.35\text{m}$；
5. 曝气池集水槽采用潜孔出流，此处 h 为孔口至槽底高度（也为损失了的水头）。

处理后的污水排入农田灌溉渠道以供农田灌溉，农田不需水时排入某江。由于某江水位远低于渠道水位，故构筑物高程受灌溉渠水位控制，计算时，以灌溉渠水位作为起点，逆流程向上推算各水面标高。考虑到二次沉淀池挖土太深不利于施工，故排水总管的管底标高与灌溉渠中的设计水位平接（跌水 0.8m）。

高程计算时，管渠的沿程水头损失按表 11-2 所定的坡度计算，局部水头损失按流速水头的倍数计算。堰上水头按有关堰流公式计算，沉淀池、曝气池集水槽系平底，且为均匀集水，自由跌水出流，因此按式（11-3）和式（11-4）计算：

$$h_0 = 1.25B \tag{11-3}$$

$$B = 0.9Q^{0.4} \tag{11-4}$$

式中 h_0——集水槽起端水深，m；

B——集水槽宽，m；

Q——集水槽设计流量，m^3/s。为确保安全，对设计流量再乘以 1.2~1.5 的安全系数。

高程计算如下：
灌溉渠道（点⑧）水位为 49.25m
排水总管（点⑦）水位＝灌溉渠道（点⑧）水位＋跌水 0.8m＝50.05(m)
窨井⑥后水位＝排水总管（点⑦）水位＋沿程损失＝50.05＋0.001×390＝50.44(m)
窨井⑥前水位＝窨井⑥后水位＋平接管顶两端水位差 0.005m＝50.49(m)
二次沉淀池出水井水位（点⑤）＝窨井⑥前水位＋沿程损失＝50.49＋0.35＝50.84(m)
二次沉淀池出水总渠起端水位（点④）＝二次沉淀池出水井水位＋沿程损失
$$=50.84+0.35-0.25=50.94 \text{（m）}$$
二次沉淀池中水位＝二次沉淀池出水总渠起端水位＋集水槽起端水深＋自由跌落
　　＋堰上水头（计算或差表）
$$=50.94+0.38+0.10+0.02=51.44(\text{m})$$
堰 F_3 后水位＝二次沉淀池中水位＋沿程损失＋局部损失
$$=51.44+0.0028\times10+6.0\times\frac{0.94^2}{2g}$$
$$=51.75(\text{m})$$
堰 F_3 前水位＝堰 F_3 后水位＋堰上水头＋自由跌落＝51.75＋0.26＋0.15＝52.16(m)
曝气池出水总渠起端水位＝堰 F_3 前水位＋沿程损失＝52.16＋0.64－0.42＝52.38(m)
曝气池中水位＝曝气池出水总渠起端水位＋集水槽中水深＝52.38＋0.26＝52.64(m)
堰 F_2 前水位＝曝气池中水位＋堰上水头＋自由跌落＝52.64＋0.38＋0.20＝53.22(m)
点③水位＝堰 F_2 前水位＋沿程损失＋局部损失
$$=53.22+0.62-0.54+5.85\times0.69^2\div(2g)$$
$$=53.44(\text{m})$$
初沉池出水井（点②）水位＝点③水位＋沿程损失＋局部损失
$$=53.44+0.0024\times27+2.46\times1.07^2\div(2g)$$
$$=53.66(\text{m})$$
初沉池中水位＝初沉池出水井（点②）水位＋出水总渠沿程损失＋集水槽起端水深＋
　　自由跌落＋堰上水头
$$=53.66+(0.35-0.25)+0.44+0.10+0.03$$
$$=54.33 \text{（m）}$$
堰 F_1 后水位（点①）＝初沉池中水位＋沿程损失＋局部损失
$$=54.33+0.0028\times11+6.0\times0.94^2\div(2g)$$
$$=54.65 \text{（m）}$$
堰 F_1 前水位＝堰 F_1 后水位＋堰上水头＋自由跌落＝54.65＋0.30＋0.15＝55.10 (m)
沉砂池起端水位＝堰 F_1 前水位＋沿程损失＋沉砂池出口局部损失＋沉砂池中水头损失
$$=55.10+(0.48-0.46)+0.05+0.20$$
$$=55.37 \text{（m）}$$
格栅前水位＝沉砂池起端水位＋过栅水头损失＝55.37＋0.15＝55.52 (m)
总水头损失 $h=55.52-49.25=6.27$ (m)

11.5 技术经济分析

建设项目的技术经济分析是工程设计的有机组成部分和重要内容，是项目和方案决策科学化的重要手段。技术经济分析是通过对项目多个方案的投入费用和产出效益进行计算，对拟建项目的经济可行性和合理性进行论证分析，做出全面的技术经济评价，经比较后确定推荐方案，为项目的决策提供依据。

城镇污水处理工程对城镇的水务管理系统，包括排水管网、水资源利用、城镇水环境保护等都有重要的影响。因此，除需计算项目本身的直接费用、间接费用外，还应评估项目的直接效益和间接效益，据此从社会、环境与经济等方面综合判别项目的合理性。

11.5.1 技术经济分析的主要内容

1. 处理工艺技术水平比较

包括处理工艺路线与主要处理单元的技术先进性与可靠性、运行的稳定性与操作管理的复杂程度、各级处理的效果与总的处理效果、出水水质、污泥的处理与处置、工程占地面积、施工难易程度、劳动定员等。

2. 处理工程经济比较

包括工程总投资、经营管理费用（处理成本、折旧与大修费、管理费用等）和制水成本（水处理及相应的污泥处理过程所发生的各项费用）。

在技术经济比较过程中，一个方案的技术先进合理性或经济指标全部优于另一个方案的可能性较小，应注意综合性比较，除注意可比性的指标外，还应结合不同时期、不同地区的实际情况，做出科学的、全面的综合性比较，为项目的科学决策提供正确的依据。

11.5.2 建设投资与经营管理费用

1. 基本建设投资

基本建设投资（又称工程投资）是指项目从筹建、设计、施工、试运行到正式运行所需的全部资金，分为工程投资估算、工程建设设计概算和施工图预算三种。工程可行性研究阶段采用工程投资估算，初步设计阶段为工程建设设计概算，施工图设计阶段为施工图预算。

基本建设投资由工程建设费用、其他基本建设费用、工程预备费、设备材料价差预备费和建设期利息组成。在估算和概算阶段通常称工程建设费用为第一部分费用，其他基本建设费用为第二部分费用。按时间因素可分为静态投资和动态投资。静态投资指第一部分费用、第二部分费用和工程预备费。动态投资指包括设备材料价差预备费和建设期利息的全部费用。

第一部分费用（工程建设费用）由建筑工程费用、设备购置费用、安装工程费用、工器具及生产用具购置费组成。第二部分费用（其他基本建设费用）指根据规定应列入投资的费用，包括土地、青苗等补偿和安置费、建设单位管理费、试验研究费、培训费、试运转费、勘察设计费等。

基本建设投资估算通常采用指标估算法或造价公式估算法。

指标估算法采用国家或部门、地区指定的技术经济指标为估算依据,或以已经建设的同类工程的造价指标为基础,结合工程的具体条件,考虑时间、地点、材料差价等可变因素作必要的调整。

造价公式估算法是使用造价公式来进行估算。造价公式(或称费用模型)通过数学关系式来描述工程费用特征及其内在联系。如果要求精度不高,可使用废水处理厂造价公式直接计算。如果要求提高估算的精确度,则可按各单项构筑物的造价公式分别计算,然后累计得出总投资。

指标估算法或造价公式估算法具有快速实用的特点,但由于工艺设计标准、结构形式、水文地质条件等因素对工程投资的影响难以在其中得到反映,因而精确度较差,一般只能用来粗略估算投资或确定指导性的投资控制的粗略估算。

2. 经营管理费用

经营管理费用项目包括能源消耗费(动力费)、药剂费、工资福利费、检修维护费、其他费用(包括行政管理费、辅助材料费等)。

(1) 动力费 E_1(单位:元/a):

$$E_1 = \frac{365 \times 24 \times P \times d}{K} \tag{11-5}$$

式中　P——处理系统内的水泵、鼓风机和其他机电设备的功率总和(不包括备用设备),kW;
　　　d——电费单价,元/(kW·h);
　　　K——水量总变化系数。

(2) 药剂费 E_2(单位:元/a):

$$E_2 = 365 \times 10^{-6} Q \sum (A_i B_i) \tag{11-6}$$

式中　Q——平均日处理水量,m³/d;
　　　A_i——i 种化学药剂平均投加量,mg/L;
　　　B_i——i 种化学药剂单价,元/t。

(3) 工资福利费 E_3(单位:元/a):

$$E_3 = AM \tag{11-7}$$

式中　A——职工每人每年平均工资及福利费,元/(a·人);
　　　M——职工定员,人。

(4) 折旧提存费 E_4(单位:元/a):

$$E_4 = Sk \tag{11-8}$$

式中　S——固定资产总值,元/a;$S=$工程总投资×固定资产投资形成率,固定资产投资形成率一般取 90%～95%;
　　　k——综合折旧提存率(包括基本折旧及大修折旧),一般取 4.5%～7.0%。

(5) 检修维护费 E_5(单位:元/a):

检修维护费一般按固定资产总值的 1% 提取,受腐蚀较严重的构筑物和设备,应视实际情况予以调整。

$$E_5 = S \times 1\% \tag{11-9}$$

(6) 其他费用 E_6(包括行政管理费、辅助材料费等,单位:元/a):

$$E_6 = (E_1 + E_2 + E_3 + E_4 + E_5) \times 10\% \tag{11-10}$$

(7) 单位制水成本 T（单位：元/m³）：

$$T=\frac{\sum E_i}{\sum Q}=\frac{E_1+E_2+E_3+E_4+E_5+E_6}{365Q} \tag{11-11}$$

式中 Q——平均日处理水量，m³/d。

计算举例：

【例 11-2】某城市废水处理厂，平均日处理水量 50000m³，总用电量为 1100kW，电费单价 0.58 元，废水量总变化系数为 1.3，混凝剂平均投加量为 0.45mg/L，单价为 25000 元/t，消毒剂平均投加量 5mg/L，单价 2000 元/t，职工定员 60 人，人均年工资及福利 50000 元，基建投资 8500 万元，固定资产投资形成率 87%，建设期贷款利息 750 万元，综合基本折旧率 4.6%（土建 70 年，设备 30 年，平均为 50 年），大修基金提存率 2.5%，投资收益率 4%，投资回收年限 20 年，计算单位处理成本。

解：

(1) 动力费 $E_1=(365\times24\times1100\times0.58)/1.3\approx429.91$(万元)

(2) 药剂费 $E_2=365\times10^{-6}\times50000\times(0.45\times25000+5\times2000)\approx38.78$(万元)

(3) 工资福利费 $E_3=60\times50000=300$(万元)

(4) 基本折旧费 $E_4=(8500\times0.87+750)\times4.6\%=374.67$(万元)

(5) 大修折旧费 $E_5=(8500\times0.87+750)\times2.5\%\approx203.63$(万元)

(6) 检修维护费 $E_6=(8500\times0.87+750)\times1\%\approx81.45$(万元)

(7) 其他费用 $E_7=(E_1+E_2+E_3+E_4+E_5+E_6)\times10\%$
$=(429.91+38.78+300+374.67+203.63+81.45)\times10\%$
≈142.84(万元)

(8) 静态年成本费用

$$C_1=E_1+E_2+E_3+E_4+E_5+E_6+E_7$$
$$=429.91+38.78+300+374.67+203.63+81.45+142.84$$
$$=1571.28(万元)$$

(9) 动态年成本费用

$C_2=C_1-E_4+$(基建投资+贷款利息)$\times$[投资收益率$\times$(1+投资收益率)^{投资回收年限}]/[(1+投资收益率)$^{投资回收年限}-1$]

$=1571.28-374.67+(8500+750)\times[0.04\times(1+0.04)^{20}]/[(1+0.04)^{20}-1]$

≈1877.24(万元)

(10) 静态单位制水成本 $T_1=15712800/(365\times50000)\approx0.86$(元/m³)

(11) 动态单位制水成本 $T_2=18772400/(365\times50000)\approx1.03$(元/m³)

11.5.3 经济比较与分析方法

建设工程的经济分析，有指标对比法和经济评价法。对于大中型基本建设项目和重要的基本建设项目，应按经济评价法进行评价，对于小型简单的项目可按指标对比法进行比较。

1. 指标对比法

指标对比法是对各个设计方案的相应指标进行逐项比较，通过全面分析比较各指标，可以为方案推荐提供重要的经济分析依据。

基建投资和经营管理费用是主要指标，应先予以对比。对比时，若某方案的建设投资与年经营费用两项主要指标均为最小，一般情况下此方案从经济分析的角度可以推荐。但在对比时，遇到建设投资与年经营费用两项主要指标数值互有大小的情况，采用逐项对比法会产生一定困难。这时，一般可采用辅助指标对比，如占地多少，需要材料、设备当地能否解决等，并结合技术比较、效益评估等确定推荐方案。

2. 经济评价法

经济评价是在可行性研究过程中，采用现代分析方法对拟建项目计算期（包括建设期和生产使用期）内投入、产出诸多经济因素进行调查、预测、研究、计算和论证，遴选推荐最佳方案，作为项目决策的重要依据。

我国现行的项目经济评价分为两个层次，即财务评价和国民经济评价。

财务评价是在国家现行财税制度和价格的条件下，从企业财务角度分析、预测项目的费用和效益，考察项目的获利能力、清偿能力和外汇效果等财务状况，以评价项目在财务上的可行性。

国民经济评价是从国家、社会的角度考察项目，分析计算项目需要国家付出的代价和对国家与社会的贡献，以判别项目的经济合理性。除了计算项目本身的直接费用和直接效益外，还应计算间接费用和间接效益，即项目的全部效果，据此判别项目的经济合理性。

一般情况下，作为城市基础设施项目，应以国民经济评价结论作为项目取舍的主要依据。

11.5.4 社会效益与环境效益评估

社会效益与环境效益评估的主要内容包括：

（1）拟建污水处理厂对城镇的社会、经济发展和人民生活水平提高带来的重要影响，促进城镇可持续发展的作用。

（2）污染物和污水排放量的减少，水环境质量的改善，对农业和水产养殖业等的产量与质量等方面的积极影响。

（3）在改善环境、减少疾病、提高人民健康水平、减少医疗卫生费用、提高劳动生产率等方面的影响和作用。

（4）环境的改善对城市旅游业、地价等的有利影响。

11.6 污水处理厂的运行

11.6.1 工程验收和调试运行

1. 工程验收

污水处理厂工程竣工后，一般由建设单位组织施工、设计、质量监督和运行管理等单位联合进行验收。隐蔽工程必须通过由施工、设计和质量监督单位共同参加的中间验收。验收内容为资料验收、土建工程验收和安装工程验收，包括工程技术资料、处理构筑物、附属建筑物、工艺设备安装工程、室内外管道安装工程等。

验收以设计任务书、初步设计、施工图设计、设计变更通知单等设计和施工文件为依据，以建设工程验收标准、安装工程验收标准、生产设备验收标准和档案验收标准等国家现行标准和规范，包括《给水排水构筑物工程施工及验收规范》（GB 50141—2008）、《给水排水管道工程施工及验收规范》（GB 50268—2008）、《机械设备安装工程施工及验收通用规范》（GB 50231—2009）、机械设备自身附带的安装技术文件等为标准对工程进行评价，检验工程的各个方面是否符合设计要求，对存在的问题提出整改意见，使工程达到建设标准。

2. 调试运行

验收工作结束后，即可进行污水处理构筑物的调试。调试包括单体调试、联动调试和达标调试。通过试运行进一步检验土建工程、设备和安装工程的质量，验收工程运行是否能够达到设计的处理效果，以保证正常运行过程能够达到污水治理项目的环境效益、社会效益和经济效益。

污水处理工程的试运行，包括复杂的生物化学反应过程的启动和调试，过程缓慢，耗时较长。通过试运行对机械、设备及仪表的设计合理性、运行操作注意事项等提出建议。试运行工作一般由建设单位、试运行承担单位来共同完成，设计单位和设备供货方参与配合，达到设计要求后，由建设主管单位、环保主管部门进行达标验收。

11.6.2 运行管理及水质监测

污水处理厂的设计即使非常合理，但运行管理不善，也不能使处理厂运行正常和充分发挥其净化功能。因此，重视污水处理厂的运行管理工作，提高操作人员的基本知识、操作技能和管理水平，做好观察、控制、记录与水质分析监测工作，建立异常情况处理预案制度，对运行中的不正常情况及时采取相应措施，是污水处理厂充分发挥出环境效益、社会效益和经济效益的保障。

水质监测可以反映原污水水质、各处理单元的处理效果和最终出水水质等，运用这些资料可以及时了解运行情况，及时发现问题和解决问题，对于确保污水处理厂的正常运行起着重要作用。目前，国内水质监测的自动化程度还较低，很多指标仍然依赖于实验室的化学分析，不能动态跟踪，因此，往往不能及时发现和处理问题。大力推进监测仪器自动化，向多参数监测、遥测方向发展，同时，不断提高实验室分析的自动化、电子计算机化，实现在线监控，对提高处理效果有十分重要的作用。

污水处理厂水质监测指标，因污水性质和处理方法不同有所差异。一般监测的主要指标为水温、pH 值、BOD、COD、DO、NH_3-N、TN、TP、SS、污泥浓度等。当有特殊工业废水进入时，应根据具体情况增加监测项目。例如，焦化厂的含酚废水需增加酚、氰、油、色度等指标；皮革工业废水需测定 Cr^{3+}、S^{2-}、氯化物等项指标。

习题与思考

1. 污水处理厂设计应收集哪些基础资料？设计的主要原则是什么？
2. 污水处理厂工程设计分为哪几个阶段？各阶段编制文件的内容有哪些？
3. 确定污水处理工艺流程应主要考虑哪些因素？
4. 污水处理厂高程布置的任务是什么？水力计算如何进行方能保证污水的重力自流？
5. 建设投资与经营管理费用各包括哪些项目？

参考文献

[1] 同济大学. 排水工程(下册)[M]. 上海：上海科学技术出版社，1980.
[2] 许保玖. 现代给水与废水处理原理[M]. 北京：高等教育出版社，1990.
[3] 王宝贞. 水污染控制工程[M]. 北京：高等教育出版社，1990.
[4] 钱易，米祥友. 现代废水处理新技术[M]. 北京：中国科学技术出版社，1993.
[5] 顾夏声. 污水生物处理数学模式[M]. 3版. 北京：清华大学出版社，1993.
[6] 张自杰. 环境工程手册：水污染防治卷[M]. 北京：高等教育出版社，1996.
[7] 张希衡. 水污染控制工程(修订版)[M]. 北京：冶金工业出版社，1998.
[8] AMJAD Z. 反渗透——膜技术·水化学和工业应用[M]. 北京：化学工业出版社，1999.
[9] 刘雨，赵庆良，郑兴灿. 生物膜法污水处理技术[M]. 北京：中国建筑工业出版社，2000.
[10] 邵刚. 膜法水处理技术[M]. 北京：冶金工业出版社，2000.
[11] 张自杰，林荣忱，金儒霖. 排水工程(下册)[M]. 4版. 北京：中国建筑工业出版社，2000.
[12] 中国化工防治污染技术协会. 化工废水处理技术[M]. 北京：化学工业出版社，2000.
[13] 北京水环境技术与设备研究中心，北京市环境保护科学研究院，国家城市环境污染控制工程技术研究中心. 三废处理工程技术手册(废水卷)[M]. 北京：化学工业出版社，2000.
[14] 缪应祺. 水污染控制工程[M]. 南京：东南大学出版社，2002.
[15] 聂梅生. 水工业工程设计手册：废水处理及再用[M]. 北京：中国建筑工业出版社，2002.
[16] 王小文，张雁秋，宋志伟，等. 水污染控制工程[M]. 北京：煤炭工业出版社，2002.
[17] 严道岸. 实用环境工程手册——水处理工艺与工程[M]. 北京：化学工业出版社，2002.
[18] 史惠祥，杨万东，杨岳平. 实用环境工程手册——污水处理设备[M]. 北京：化学工业出版社，2002.
[19] 娄金生，王宇，等. 水污染治理新工艺与设计[M]. 北京：海洋出版社，2002.
[20] 任南琪，马放. 污染控制微生物学原理与应用[M]. 北京：化学工业出版社，2003.
[21] 国家环保总局《水和废水监测分析方法》编委会. 水和废水监测分析方法[M]. 4版. 北京：中国环境科学出版社，2003.
[22] 张自杰. 废水处理理论与设计[M]. 北京：中国建筑工业出版社，2003.
[23] 中华人民共和国住房和城乡建设部. 室外排水设计标准：GB 50014—2021[S]. 北京：中国计划出版社，2021.
[24] 张忠祥，钱易. 废水生物处理新技术[M]. 北京：清华大学出版社，2004.
[25] 任南琪. 厌氧生物技术原理与应用[M]. 北京：化学工业出版社，2004.
[26] 成官文. 水污染控制工程[M]. 北京：化学工业出版社，2009.
[27] 唐受印，戴友芝，汪大翚，等. 废水处理工程[M]. 2版. 北京：化学工业出版社，2004.

[28] 北京市市政工程设计总院. 给排水设计手册[M]. 2版. 北京：中国建筑工业出版社，2004.
[29] 王文峡. 污水处理厂运行管理培训教程[M]. 北京：化学工业出版社，2005.
[30] 周雹. 活性污泥工艺简明原理及设计计算[M]. 北京：中国建筑工业出版社，2005.
[31] 郭茂新. 水污染控制工程学[M]. 北京：中国环境出版社，2005.
[32] 马溪平，等. 厌氧微生物学与污水处理[M]. 北京：化学工业出版社，2005.
[33] 赵庆良，任南琪. 水污染控制工程[M]. 北京：化学工业出版社，2005.
[34] 沈耀良，王宝贞. 废水生物处理新技术[M]. 北京：中国环境科学出版社，2006.
[35] 尹军，崔玉波. 人工湿地污水处理技术[M]. 北京：化学工业出版社，2006.
[36] 唐玉斌. 水污染控制工程[M]. 哈尔滨：哈尔滨工业大学出版社，2006.
[37] 孙犁，王新文. 排水工程[M]. 武汉：武汉理工大学出版社，2006.
[38] 罗固源. 水污染控制工程[M]. 北京：高等教育出版社，2006.
[39] 吴向阳，李潜，赵如金. 水污染控制工程及设备[M]. 北京：中国环境出版社，2015.
[40] 郭正，张宝军. 水污染控制技术实验实训指导[M]. 北京：中国环境科学出版社，2007.
[41] 张光明，张盼月，张信芳. 水处理高级氧化技术[M]. 哈尔滨：哈尔滨工业大学出版社，2007.
[42] 谢冰，徐亚同. 废水生物处理原理和方法[M]. 北京：中国轻工业出版社，2007.
[43] 陈观文，徐平. 分离膜应用与工程案例[M]. 北京：国防工业出版社，2007.
[44] 朱开金，马忠亮. 污泥处理技术及资源化利用[M]. 北京：化学工业出版社，2007.
[45] 张宝军. 水污染控制技术[M]. 北京：中国环境科学出版社，2007.
[46] 马春香，边喜龙，周平英. 水质分析方法与技术[M]. 哈尔滨：哈尔滨工业大学出版社，2008.
[47] 陈洁璆. 环境工程技术手册[M]. 北京：科学出版社，2008.
[48] 赵奎霞. 水处理工程[M]. 2版. 北京：中国环境科学出版社，2008.
[49] 孙体昌，娄金生. 水污染控制工程[M]. 北京：机械工业出版社，2009.
[50] 徐亚同，谢冰. 废水生物处理的运行与管理[M]. 2版. 北京：中国轻工业出版社，2009.
[51] 彭党聪. 水污染控制工程[M]. 北京：冶金工业出版社，2010.
[52] 王怀宇，张辉，李宏罡. 环境工程给排水[M]. 北京：科学出版社，2010.
[53] 王惠丰，王怀宇. 污水处理厂的运行与管理[M]. 北京：科学出版社，2010.
[54] 田禹，王树涛. 水污染控制工程[M]. 北京：化学工业出版社，2010.
[55] 李宏罡. 水污染控制技术[M]. 上海：华东理工大学出版社，2011.
[56] 宋志伟，李燕. 水污染控制工程[M]. 北京：中国矿业大学出版社，2013.
[57] 崔玉川. 城市污水回用深度处理设施设计计算[M]. 北京：化学工业出版社，2015.
[58] 高廷耀，顾国维，周琪. 水污染控制工程（下册）[M]. 4版. 北京：高等教育出版社，2015.
[59] 王博涛. 水污染控制工程设计指导手册[M]. 北京：科学出版社，2017.